建筑工程施工图实例解读

第二版

段丽萍　主　编
刘　锷　崔　峥　副主编
郝　俊　主　审

化学工业出版社
·北京·

本书以实际工程设计为基础，精心挑选出一些具有代表性的各类建筑工程施工图（框架结构、框架—剪力墙结构、砖混结构、软土地基及基础、钢结构），以此为蓝本具体指导读者从施工技术人员的角度出发，识读建筑施工图。本书不仅可以帮助读者学会看图、掌握构造，同时还可用来对读者进行施工组织设计、施工图纸会审、工程概算、工程预算、招标和投标文件编制等能力的实训，具有很强的针对性。

本书可作为高职高专院校土建类专业的实训教材，也可供在职职工的岗位培训以及工程技术人员参考。

图书在版编目(CIP)数据

建筑工程施工图实例解读/段丽萍主编. —2版. —北京：化学工业出版社，2012.6(2017.10重印)

ISBN 978-7-122-14396-9

Ⅰ.建… Ⅱ.段… Ⅲ.建筑工程-建筑制图 Ⅳ.TU204

中国版本图书馆CIP数据核字(2012)第113223号

责任编辑：李仙华 王文峡 郎红旗　　装帧设计：关 飞

责任校对：边 涛

出版发行：化学工业出版社（北京市东城区青年湖南街13号 邮政编码100011）

印　　刷：北京永鑫印刷有限责任公司

装　　订：三河市宇新装订厂

880mm×1230mm 1/8 印张28¾ 字数560千字 2017年10月北京第2版第5次印刷

购书咨询：010-64518888(传真：010-64519686)　售后服务：010-64518899

网　　址：http://www.cip.com.cn

凡购买本书，如有缺损质量问题，本社销售中心负责调换。

定　　价：49.00元

前　言

本书是根据高等职业学校建筑工程类专业领域人才培养培训目标编写而成的，是教学与训练项目系列教材之一，编写过程中本着校企合作、企业技术人员积极参与的精神，组织建筑设计院的一线骨干工程师以及具有多年教学经验同时长期参与工程实践的双师型教师共同编写，2007 年正式出版使用以来，得到了广大师生和工程技术人员的好评。但随着我国 2010 建筑系列新规范的发行使用，及我国对建筑节能的控制要求，原《建筑工程施工图实例解读》中的一些内容已显陈旧，需进行更换、修改，故对《建筑工程施工图实例解读》进行再版。

再版《建筑工程施工图实例解读》的主要变化有，带建筑节能设计的别墅替代原六层砖混住宅楼，带建筑节能设计的公寓楼（框架—剪力墙结构）替换原新世界餐饮广场（由于篇幅所限施工图不完整）。其他内容则紧跟规范步伐，做了相应修改。

本书的宗旨是让学生了解组成建筑物的建筑、结构、水、暖、电等各工种间的相互关系，熟悉并掌握建筑、结构、水、暖、电等各工种施工图；力求培养学生将工程图纸转化为建筑实体的能力；同时根据施工图进行工程量计算，编写工程量清单，确定工程造价。

编写人员从现阶段大量工程设计实例中，精心挑选出一些具有代表性的各类建筑工程施工图（框架结构、框架—剪力墙结构、砖混结构、软土地基及基础、钢结构），以此为蓝本具体指导学生从施工技术员的角度出发，识读建筑施工图；本书不仅可以帮助学生学会看图、掌握构造，同时还可用来对学生进行施工组织设计、施工图纸会审、工程概算、工程预算、招标和投标文件编制等能力的实训，具有很强的实用性和针对性。本书可作为高职高专院校土建类专业的实训教材，也可供建筑工程技术人员参考。本书实践性强，内容全面，对培养学生职业岗位能力有较大帮助。

本书由段丽萍主编，并负责统稿、定稿；刘锷、崔峥任副主编。内蒙古建筑职业技术学院郝俊主审。具体编写分工如下：土建部分由内蒙古建筑职业技术学院段丽萍、崔峥、刘锷、王玉珏、于建民、柳瑞光、李翠兰和内蒙古建设工程招投标中心兰强编写，钢结构部分由内蒙古建筑职业技术学院赵金龙编写，设施部分由内蒙古建校建筑勘察设计有限公司李丽春、马志广编写，电气部分由内蒙古建筑职业技术学院武尚君、内蒙古建校建筑勘察设计有限公司范秀琴、张文娟编写，桩基础与基坑支护部分由北京科技大学刘洋编写。内蒙古建筑职业技术学院的丁劲松同志负责印前图形图像编辑。

本书在编写过程中得到了内蒙古建校建筑勘察设计有限公司、内蒙古绘智建筑设计咨询有限责任公司、内蒙古盛威结构设计咨询事务所、内蒙古建筑职业技术学院领导和教材编写委员会的大力支持，在此表示深切的谢意。

由于编者水平和能力所限，书中不妥之处在所难免，恳请各位读者批评指正。

编者

2012 年 5 月

第一版前言

本书根据高等职业学校建筑工程类专业领域人才培养培训目标编写而成，是教学与实训系列教材之一。本书编写过程中本着校企合作、企业技术人员积极参与的精神，由建筑设计院的一线骨干工程师及具有多年教学经验同时长期参与工程实践的双师型教师共同编写。

本书旨在让学生了解组成建筑物的建筑、结构、水、暖、电等各工种间的相互关系，熟悉并掌握建筑、结构、水、暖、电等各工种施工图；力求培养学生将工程图纸转化为建筑实体的能力；同时根据施工图进行工程量计算，编写工程量清单，确定工程造价。编写人员从大量工程设计实例中，精心挑选出一些具有代表性的各类建筑工程施工图（框架结构、框架—剪力墙结构、砖混结构、软土地基及基础、钢结构），以此为蓝本具体指导学生从施工技术员的角度出发，识读建筑施工图。本书不仅可以帮助学生学会看图、掌握构造，同时还可用来对学生进行施工组织设计、施工图纸会审、工程概算、工程预算、招标和投标文件编制等能力的实训，具有很强的实用性和针对性。本书可作为高职高专院校土建类专业的实训教材，也可供建筑工程技术人员参考。本书实践性强，内容全面，对培养学生职业岗位能力有较大帮助。

本书由段丽萍主编，负责统稿、定稿；刘锷、崔峥任副主编，内蒙古建筑职业技术学院郝俊主审。具体编写分工如下：土建部分由内蒙古建筑职业技术学院段丽萍、刘锷、崔峥、于建民和内蒙古建设工程招投标中心兰强编写；钢结构部分由内蒙古建筑职业技术学院赵金龙编写；设施部分由内蒙古建校建筑勘察设计有限公司李丽春、马志广编写；电气部分由内蒙古建筑职业技术学院武尚君、范秀琴编写；桩基础与基坑支护部分由北京科技大学刘洋编写。内蒙古建筑职业技术学院丁劲松负责施工图的编辑。

本书在编写过程中得到了内蒙古建校建筑勘察设计有限公司、内蒙古绘智建筑设计咨询有限责任公司、内蒙古盛威结构设计咨询事务所、内蒙古建筑职业技术学院领导和教材编写委员会的大力支持，在此表示深切的谢意。

由于编者水平和能力所限，书中不妥之处在所难免，恳请各位读者批评指正。

编者

2007 年 7 月

目 录

第一章　建筑工程施工图的理解与阅读

第一节　建筑工程施工图基础知识

一、建筑工程施工图

建筑工程施工图纸是建筑工程设计人员的专业语言，也是指导建筑工程施工必不可少的依据。因此，每个工程技术人员在具备专业理论知识的基础上，不仅要熟悉现行的中华人民共和国国家标准《房屋建筑制图统一标准》（GB/T 50001—2010）和《建筑结构制图标准》（GB/T 50105—2010）中的内容，还必须熟悉图纸中的线型、图中符号和构件代号等的含义。这是每个工程技术人员必备的基本素质。现将建筑工程中常用的图线表示方法介绍如下，见表 1-1。

表 1-1　图线

名　称		线　型	线　宽	用　途
实线	粗实线		b	表示主要可见轮廓线，如： 1. 平、剖面图中被剖切的主要建筑构造（包括构配件）的轮廓线，结构图中的主钢筋线、钢木支撑及系杆线； 2. 建筑立面图或室内立面图的外轮廓线； 3. 建筑构造详图中被剖切的主要部分的轮廓线； 4. 建筑构配件详图中的外轮廓线； 5. 平、立、剖面图的剖切符号，图名下划线
	中实线		$0.5b$	表示可见轮廓线、尺寸线、变更云线，如： 1. 平、剖面图中被剖切的次要建筑构造（包括构件）的轮廓线； 2. 建筑平、立、剖面图中建筑构配件的轮廓线； 3. 建筑构造详图及建筑构配件详图中的一般轮廓线
	细实线		$0.25b$	小于 $0.5b$ 的图形线、尺寸线、尺寸界线、图例线、索引符号、标高符号、详图材料做法引出线等
虚线	中虚线		$0.5b$	1. 建筑构造详图及建筑构配件不可见的轮廓线、图例线； 2. 平面图中的起重机（吊车）轮廓线； 3. 拟扩建的建筑物轮廓线
	细虚线		$0.25b$	图例线、小于 $0.5b$ 的不可见轮廓线；基础平面图中的管沟轮廓线等
粗单点长划线			b	起重机（吊车）轨道线；柱间支撑、垂直支撑、设备基础轴线图中的中心线
细单点长划线			$0.25b$	中心线、对称线、定位轴线
折断线			$0.25b$	不需画全的断开界线
波浪线			$0.25b$	不需画全的断开界线、构造层次的断开界线

（一）图线

了解不同图线所代表的含义是识读建筑施工图的第一步。在建筑施工图中，被剖切的建筑物的轮廓线常用粗实线或中实线绘制，被看到的物体的轮廓线常用细实线绘制。但在总平面图中，常用粗实线表示新建的建筑物，用细实线表示原有建筑物。在建筑施工图中，凡是存在而在当前图中又看不见的物体常用虚线绘制，如建筑首层平面图中的地下管沟、空门洞、墙上预留的洞或槽以及大堂中共享空间的表示等，见图 1-1。

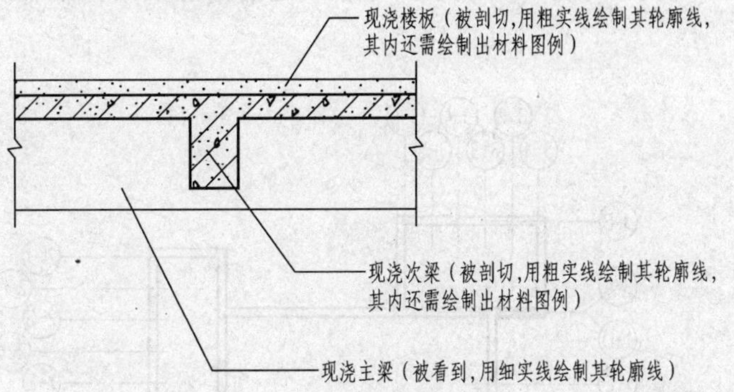

图 1-1　粗实线与细实线的用法

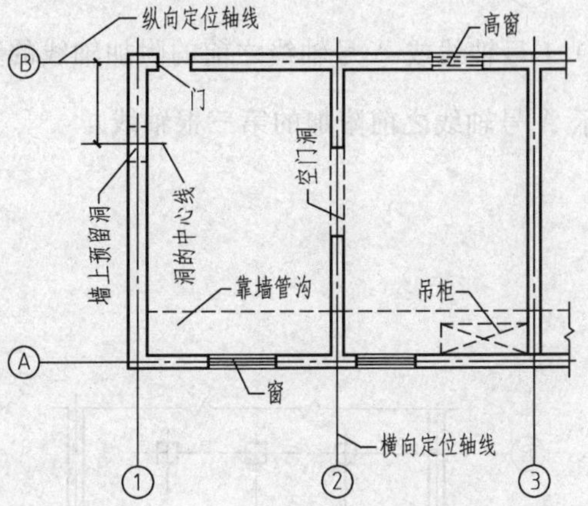

图 1-2　虚线与细长点划线的用法

在施工图中，细长点长划线常用来表示物体的中心线或定位轴线。它们的区别在于定位轴线的尾部带有轴线编号的圆圈，而中心线的尾部没有轴线编号的圆圈，见图 1-2。在施工图中，表示物体被切断时用折断线，表示物体内外的分层常用波浪线，见图 1-3。

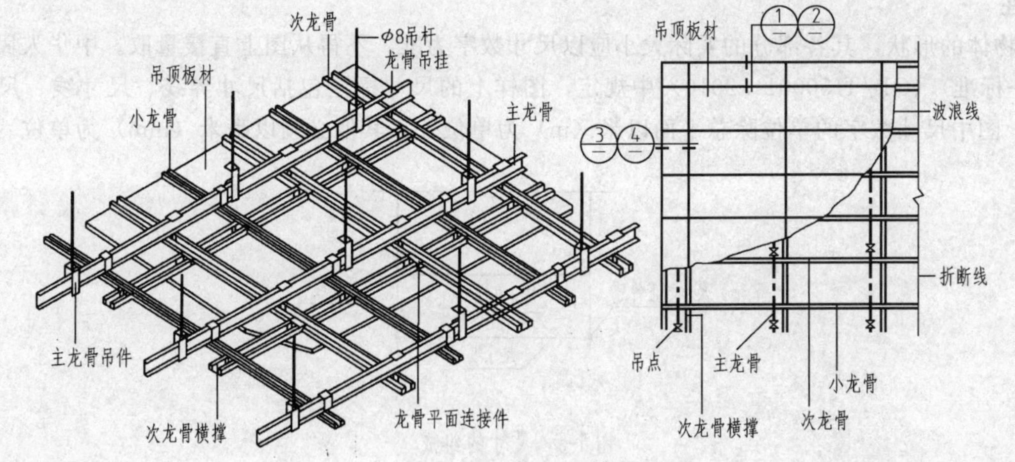

(a) 波浪线表示吊顶的内外分层

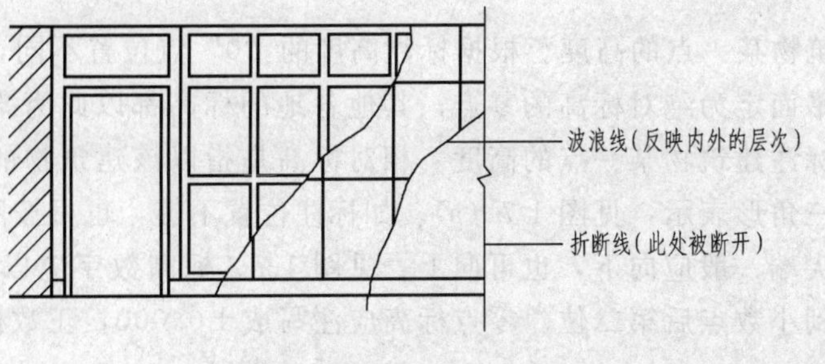

(b) 波浪线表示墙体的内外分层

图 1-3　折断线与波浪线的用法

（二）定位轴线

定位轴线是确定建筑物主要结构或构件的位置及其尺寸的线，用细单点长划线表示。在平面图上根据方向不同，它分为横向定位轴线和纵向定位轴线，一般将建筑物的短向称为横向，建筑物的长向称为纵向。横向定位轴线编号用阿拉伯数字，从左至右顺序编写。纵向定位轴线编号用大写拉丁字母从下至上顺序编写，见图 1-4，注意拉丁字母 I、O、Z 不得用作轴线编号。较复杂的图中定位轴线采用分区编号，见图 1-5。

施工图中的详图为通用时，其定位轴线应只画圆，不注写轴线编号。附加定位轴线的编号，以分数形式表示，一般按下列规定编写。

(1) 两根轴线间的附加轴线，应以分母表示前一轴线的编号，分子表示附加轴线的编号，编号宜用阿拉伯数字顺序编写，如：(1/12)表示 12 号轴线之后附加的第一根轴线；(2/B)表示 B 号轴线之后附加的第二根轴线。

(2) 1 号轴线或 A 号轴线之前的附加轴线的分母应以 01 或 0A 表示，如：(1/01)表示 1 号轴线之前附加的第一根轴线；(3/0A)表示 A 号轴线之前附加的第三根轴线。

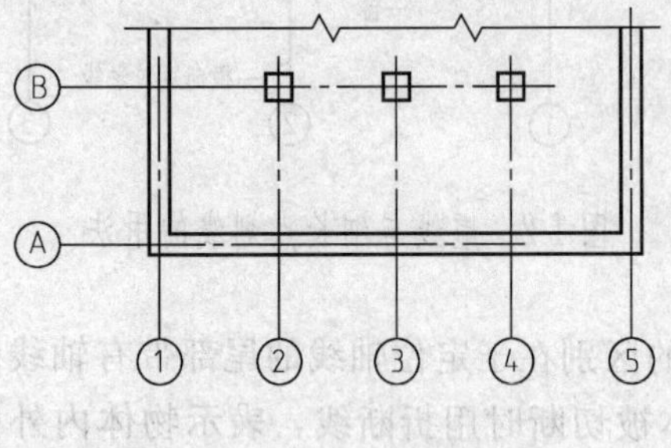

图 1-4　定位轴线的编号顺序

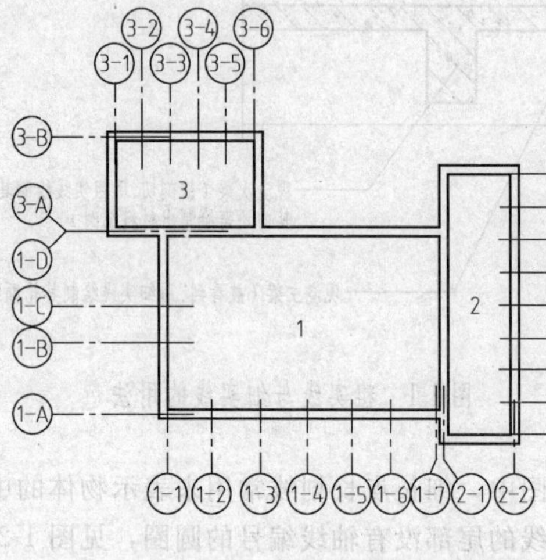

图 1-5　定位轴线的分区编号

（三）尺寸标注

图形只能表示物体的形状，其各部分的实际大小应以尺寸数字为准，不得从图上直接量取。中华人民共和国国家标准《房屋建筑制图统一标准》(GB/T 50001—2010) 中规定，图样上的尺寸标注包括尺寸界线、尺寸线、尺寸起止符号和尺寸数字，见图 1-6。图中尺寸数字的单位除总平面以米（m）为单位外，其他必须以毫米（mm）为单位。

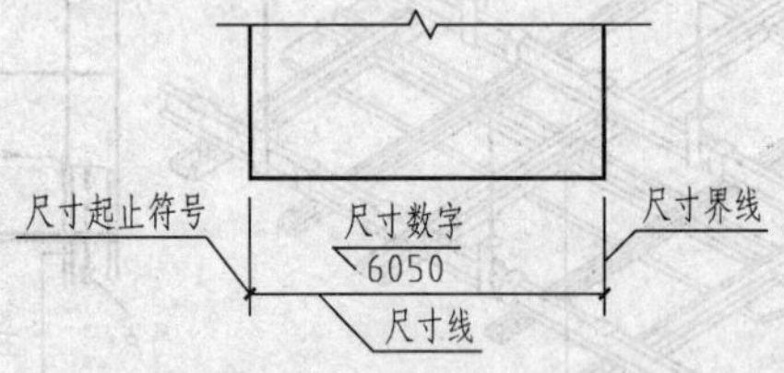

图 1-6　尺寸的组成

（四）标高

标高是用以标注建筑物某一点的高度。根据标注高度的“0”点位置不同，标高分为绝对标高和相对标高。我国规定将青岛的黄海平均海平面定为绝对标高的零点，其他各地的标高都以此为基准。为了施工时看图方便，建筑施工图一般都使用相对标高来标注建筑物某一点的高度。相对标高是指以该建筑物的首层室内地面为零点而标注的标高。标高的符号应以直角等腰三角形表示，见图 1-7 (a)。如标注位置不够，也可按图 1-7 (b) 形式表示。标高符号的尖端应指至被注高度的位置。尖端一般应向下，也可向上，见图 1-7。标高数字应以“m”为单位，注写到小数点后第三位。在总平面图中，可注写到小数点后第二位。零点标高应注写成±0.000，正数标高不注“+”，负数标高应注“－”，如 3.000、－0.600。

设计师在绘制施工图的过程中，遇到图纸内容相同而所在位置的高度不同时，为了省时省力，常采用同一位置注写多个标高数字的方法，见图 1-8。在施工图中，标高根据所标注的位置不同，又可分为建筑标高和结构标高。建筑标高常标注在构件装修以后的表面上，而结构标高则标注在构件装修以前的表面上，见图 1-9。

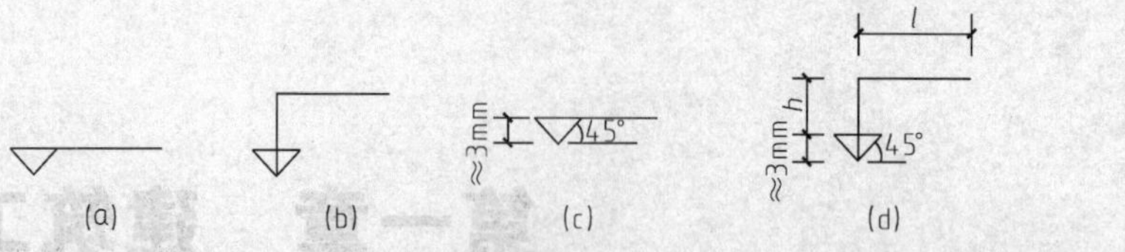

图 1-7　标高符号

l—取适当长度注写标高数字；*h*—根据需要取适当高度

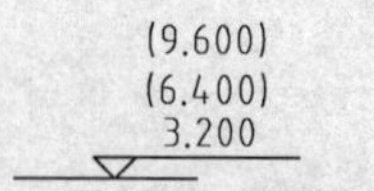

图 1-8　同一位置注写多个标高数字

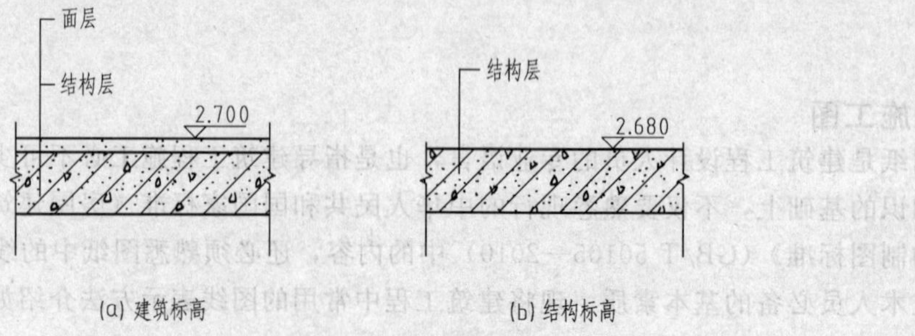

图 1-9　建筑标高与结构标高

在建筑物平面、立面和剖面图中，宜在以下部位标注出标高：室内外地坪、楼地面、地下室地面、阳台、平台、檐口、屋脊、女儿墙、雨篷、门、窗、台阶等处。平屋面等不易标明建筑标高的部位可标注结构标高，并予以说明。结构找坡的平屋面，屋面标高可标注在结构板面最低点，并注明找坡坡度。有屋架的屋面，应标注屋架下弦搁置点或柱顶标高。

（五）剖切符号

剖面图的剖切位置需查看平面图中的剖切符号。剖面图的剖切符号宜注在±0.000 标高的平面图上，即注在首层平面图上。剖视的剖切符号应由剖切位置线及投射方向线组成，其均应以粗实线绘制。投射方向线应垂直于剖切位置线，长度应短于剖切位置线。绘制时，剖视的剖切符号不应与其他图线相接触。剖视剖切符号的编号宜采用阿拉伯数字，按顺序由左至右、由下至上连续编排，并应注写在剖视方向线的端部。需要转折的剖切位置线，应在转角的外侧加注与该符号相同的编号，见图 1-10。

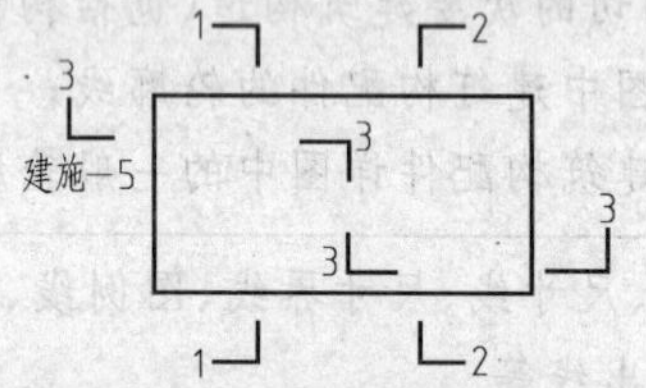

图 1-10　剖视的剖切符号

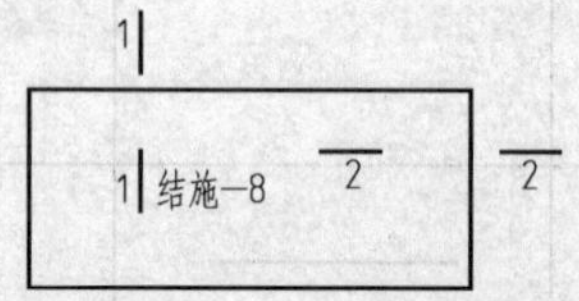

图 1-11　断面的剖切符号

（六）索引符号与详图符号

断面图的剖切符号应只用剖切位置线表示，并以粗实线绘制。其编号采用阿拉伯数字，按顺序连续编排，并应注写在剖切位置线的一侧。编号所在的一侧应为该断面的剖视方向。剖面图或断面图，如与被剖切图样不在同一张图内，可在剖切位置线的另一侧注明其所在图纸的编号，也可以在图上集中说明，见图 1-11。

施工图纸中的某一局部或构件，如需另见详图时，应以索引符号索引，见图 1-12 (a)。索引符号是由圆及水平直径组成，均以细实线绘制。索引出的详图，如与被索引的详图同在一张图纸内，在索引符号的上半圆中用阿拉伯数字注明该详图的编号，并在下半圆中间画一段水平细实线；索引出的详图，如与被索引的详图不在同一张图纸内，在索引符号的上半圆中用阿拉伯数字注明该详图的编号，并在下半圆中用阿拉伯数字注明该详图所在图纸的编号。索引出的详图，如采用标准图时，应在索引符号水平直径的延长线上加注该标准图册的编号。见图1-12。

索引符号如用于索引剖视详图时，应在被剖切的部位绘制剖切位置线，其用粗实线绘制，并以细实线绘制的引出线引出索引符号，引出线所在的一侧应为投射方向，见图 1-13。

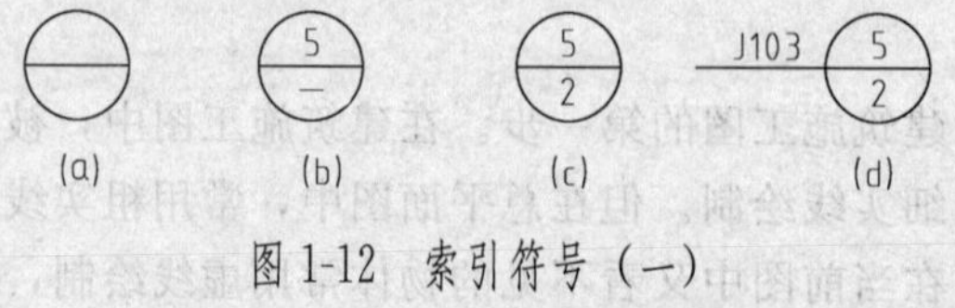

图 1-12　索引符号（一）

详图符号是用粗实线绘制的圆，并在圆内用阿拉伯数字注明详图的编号。当详图与被索引的图样不在同一张图纸内时，应用细实线在详图符号内画一水平直径，在上半圆中注明详图编号，在下半圆中注明被索引的图纸的编号，见图 1-14。

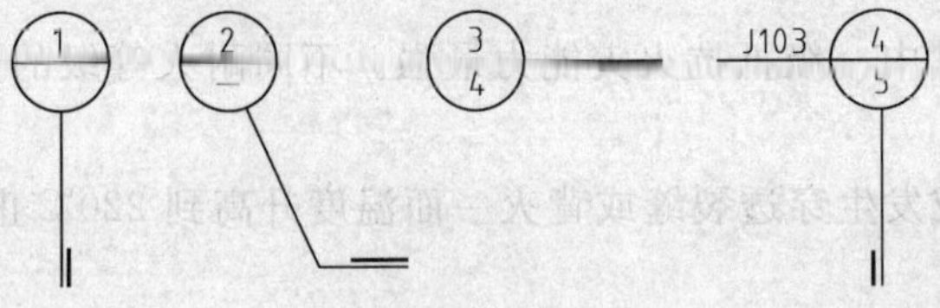

图 1-13　索引符号（二）

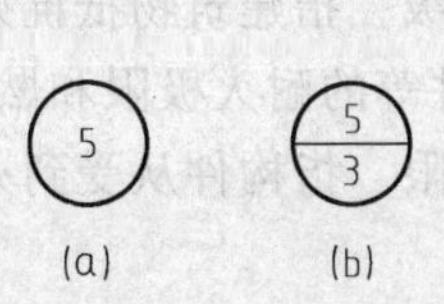

图 1-14　详图符号

(a) 与被索引图样同在一张图纸内的详图符号；
(b) 与被索引图样不在一张图纸内的详图符号

（七）引出线

施工图中的文字说明或索引符号等常用引出线引出。引出线用细实线绘制，见图 1-15。同时引出几个相同部分的引出线，可采取互相平行或画成集中于一点的放射线，见图 1-15。

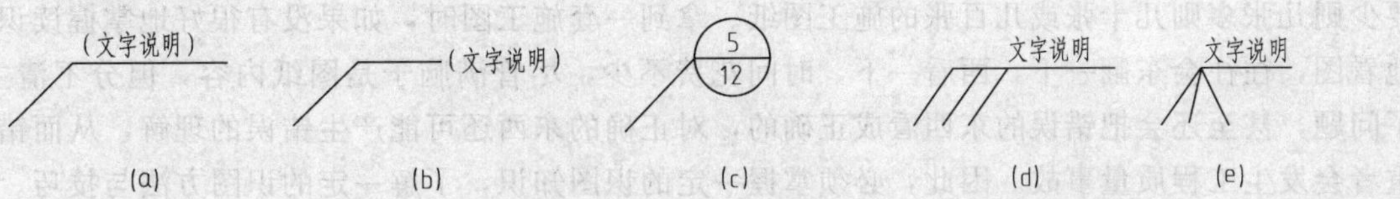

图 1-15　引出线（一）

多层构造或多层管道共用引出线时，应使引出线通过被引出的各层。说明的顺序应由上至下，并应与被说明的层次相互一致。如层次为横向排序时，则由上至下的说明顺序应与由左至右的层次相互一致，见图 1-16。

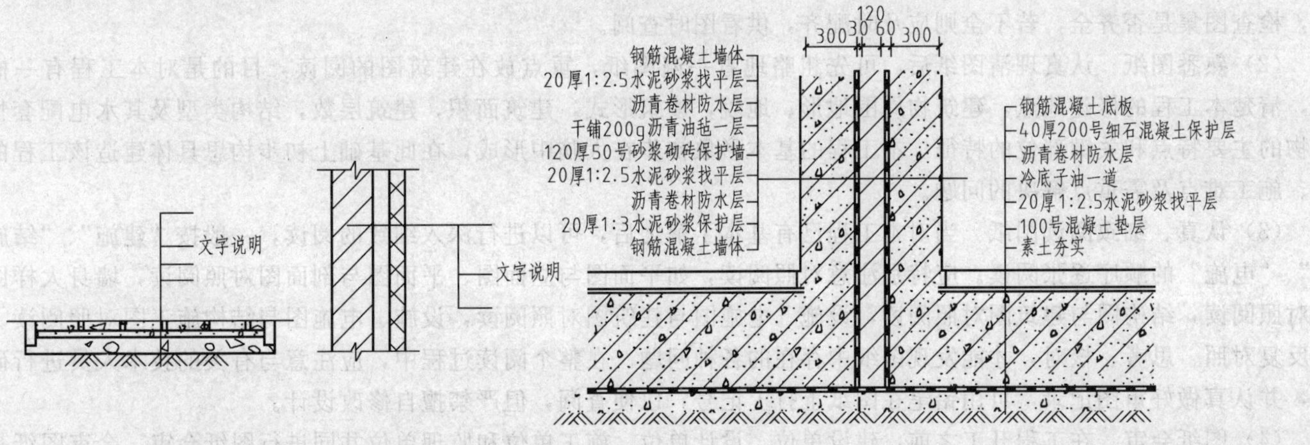

图 1-16　引出线（二）

（八）对称符号

对称符号是由对称线和两端的一对平行线组成的。当图形左右或上下对称时，为了省时省力，常在图形的中心标注对称符号，这样只需绘制出图形的一半或 1/4 即可。图形也可稍超出其对称中心线，此时可不画对称符号。对称的形体需画剖面图或断面图时，可以对称符号为界，一半画视图（外形图），一半画剖面图或断面图，见图 1-17。

（九）连接符号

因图纸的大小有限，当绘制位置不够时，可将图形分成几个部分绘制，并以连接符号表示相连。当较长的构件沿长度方向的形状相同或按一定规律变化时，可断开省略绘制，这种分段画图又要表示整体时，常采用连接符号。连接符号以两个折断线表示需连接的部位，连接符号之间的空白表示相同和连续。两部位相距过远时，折断线两端靠图样一侧应用大写拉丁字母表示连接编号，且字母相同，见图 1-18。

（十）指北针与风玫瑰

指北针与风玫瑰形状见图 1-19。其头部应注"北"或"N"字。指北针或风玫瑰应绘制在总图和建筑物±0.00 标高的平面图上（即首层平面图上）。其所指的方向两张图应一致，其他图不需再画。

风玫瑰图是根据某一地区多年平均统计的八个或十六个方向的风向、风速，按一定比例绘制成的气候统计图，因形似玫瑰花朵而命名。风玫瑰图包括风向玫瑰图和风速玫瑰图。风向玫瑰图表示各风向的频率，频率越高，表示该方向上的吹

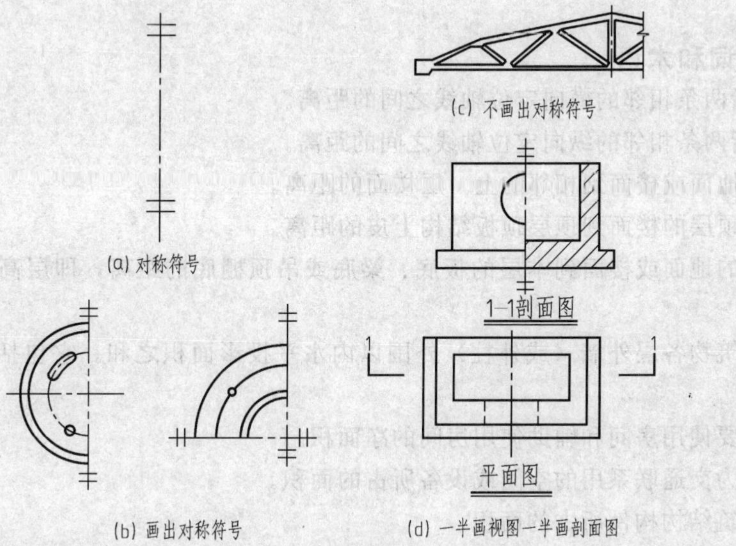

图 1-17　对称符号

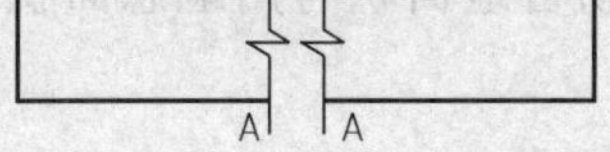

图 1-18　连接符号

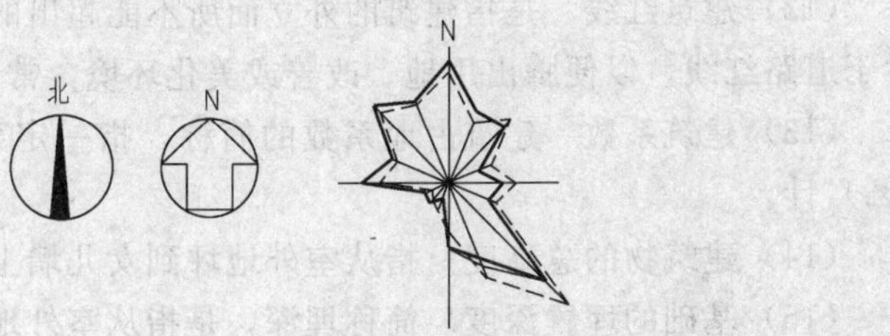

图 1-19　指北针与风玫瑰

风次数越多。风向玫瑰图上所表示的风的吹向是指从外面吹向地区中心。风速玫瑰图表示各方向的风速分布情况。风玫瑰图有各种表示方法，通常有常年（用实线绘制）、夏季（用虚线绘制）等。它能为城市规划、建筑设计以及气象研究提供帮助。

（十一）坐标

国家标准中规定，总图应按上北下南方向绘制。根据场地形状或布局，可向左或右偏转，但不宜超过 45°。图中为确定建筑物、道路等的位置，常需绘制坐标网格，见图 1-20。

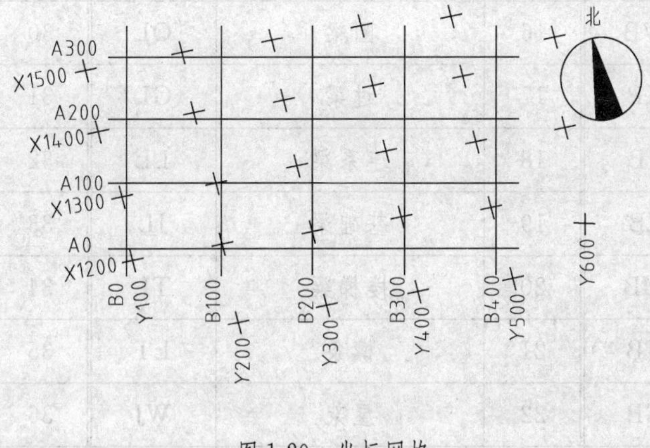

图 1-20　坐标网格

X—南北方向轴线，X 的增量在 X 轴上；Y—东西方向轴线，Y 的增量在 Y 轴上；
A 轴—相当于测量坐标网中的 X 轴；B 轴—相当于测量坐标网中的 Y 轴

坐标网格用细实线绘制，它分为测量坐标网和建筑坐标网。测量坐标网应画成交叉十字线，坐标代号宜用"X"、"Y"表示。测量坐标网是以 100m×100m 或 50m×50m 为一方格在地形图上绘制的方格网。它与地形图采用同一比例尺。建筑坐标网应画成网格通线，坐标代号宜用"A"、"B"表示，其分格的大小也是 100m×100m 或50m×50m。为了施工的方便，常将建设地区的某一点定为"0"，再用建筑物墙角距"0"点的距离确定其位置。总平面图上有测量和建筑两种坐标系统时，应在附注中注明两种坐标系统的换算公式。并在表示建筑物、构筑物位置的坐标时，宜注其三个角的坐标。如建筑物、构筑物与坐标轴线平行，可注其对角坐标。在一张图上，主要建筑物、构筑物用坐标定位时，较小的建筑物、构筑

物也可用相对尺寸定位。

二、常用的建筑名词和术语

(1) 开间（柱距） 指两条相邻的横向定位轴线之间的距离。

(2) 进深（跨度） 指两条相邻的纵向定位轴线之间的距离。

(3) 层高 指从本层地面或楼面到相邻的上一层楼面的距离。

(4) 顶层层高 指从顶层的楼面到顶层顶板结构上皮的距离。

(5) 净高 指从本层的地面或楼面到本层的板底、梁底或吊顶棚底的距离，即层高减去结构和装修厚度的房间净空高度。

(6) 建筑面积 指建筑物各层外墙（或外柱）外围以内水平投影面积之和。它包括使用面积、交通面积和结构面积三项。

(7) 使用面积 指主要使用房间和辅助使用房间的净面积。

(8) 交通面积 指作为交通联系用的空间或设备所占的面积。

(9) 结构面积 指建筑结构构件所占的面积。

(10) 建筑结构 简称结构，是指由构件（基础、墙、柱、梁、支撑、板等）组成的承受各种作用的整体。

(11) 道路红线 简称红线，是指道路用地的边界线。在红线内不允许建任何永久性建筑。

(12) 建筑红线 是指建筑的外立面所不能超出的界线。建筑红线可与道路红线重合，一般在城市中常使建筑红线退后于道路红线，以便腾出用地、改善或美化环境，常取得良好的效果。

(13) 建筑系数 建筑占地系数的简称，指一定建筑用地范围内所有建筑物占地面积与用地总面积之比，以百分率(%)计。

(14) 建筑物的总高度 指从室外地坪到女儿墙上皮或挑檐板上皮的距离。

(15) 基础的埋置深度 简称埋深，是指从室外地坪到基础底面的距离。

(16) 楼梯井 指楼梯段与休息平台所围合的空间。

(17) 抗震设防烈度 按国家规定的权限批准作为一个地区建筑物抗震设防依据的地震烈度。

(18) 建筑物 包括范围广泛，一般多指房屋。

(19) 构筑物 一般指附属的建筑设施，如烟囱、水塔、水坝等。

表 1-2 建筑结构图常用构件代号

序号	名称	代号	序号	名称	代号	序号	名称	代号
1	板	B	15	吊车梁	DL	29	基础	J
2	屋面板	WB	16	圈梁	QL	30	设备基础	SJ
3	空心板	KB	17	过梁	GL	31	桩	ZH
4	槽形板	CB	18	连系梁	LL	32	柱间支撑	ZC
5	折板	ZB	19	基础梁	JL	33	垂直支撑	CC
6	密肋板	MB	20	楼梯梁	TL	34	水平支撑	SC
7	楼梯板	TB	21	檩条	LT	35	梯	T
8	盖板或沟盖板	GB	22	屋架	WJ	36	雨篷	YP
9	挡雨板或檐口板	YB	23	托架	TJ	37	阳台	YT
10	吊车安全走道板	DB	24	天窗架	CJ	38	梁垫	LD
11	墙板	QB	25	框架	KJ	39	预埋件	M
12	天沟板	TGB	26	刚架	GJ	40	天窗端壁	TD
13	梁	L	27	支架	ZJ	41	钢筋网	W
14	屋面梁	WL	28	柱	Z	42	钢筋骨架	G

(20) 预埋件 指在构件中事先埋设好的、用于连接相邻构件的木件或铁件。

(21) 强度 指材料或构件抵抗破坏的能力。

(22) 刚度 指材料或构件抵抗变形的能力。

(23) 耐火等级 指建筑物抵抗火灾能力的等级。共分四级，其中一级抵抗火灾能力最强。不同耐火等级的建筑物对其各类构件和配件等的耐火极限和燃烧性能均有不同的要求。

(24) 耐火极限 指构件从受到火的作用时起到失掉支撑能力或发生穿透裂缝或背火一面温度升高到220℃止的时间，用小时表示。

(25) 建筑结构图常用构件代号 见表 1-2。

第二节 施工图的读图方法和步骤

一、读图的方法

建筑物由基础、墙或柱、楼层、屋顶和楼梯等主要部分组成，此外还有门窗、采光井、散水和勒脚等附属部分及上下水系统、电器、照明等组成。建筑工程施工图就是要把这些组成的构造、形状及尺寸等表示清楚。要想表示清楚这些建筑内容，就需要少则几张多则几十张或几百张的施工图纸。拿到一套施工图时，如果没有很好地掌握读识图的方法，其结果必然是盲目地看图，往往会东翻一下，西看一下，时间花费不少，尽管满脑子是图纸内容，但分不清主次，抓不住重点，不仅发现不了问题，甚至还会把错误的东西看成正确的，对正确的东西还可能产生错误的理解，从而错误指导施工，轻者造成损失，重者会发生工程质量事故。因此，必须掌握一定的识图知识，了解一定的识图方法与技巧。首先，必须清楚正投影的基本原理，熟悉建筑构造知识，了解一些结构基本原理及常用施工方法。一般识读施工图纸的方法是：先粗看后细看，先整体后局部、细部，先建筑后结构、水、电，相互对照发现问题、记录问题。

二、读图的步骤

(1) 了解工程概况，为具体看图做准备 首先查找图纸目录，根据图纸目录了解全套施工图纸总量，各类图纸分别有多少张，清理检查图纸有无缺失、残损，查明原因，补齐图纸。初看各工种施工图总说明，了解本工程各工种所用标准图集，检查图集是否齐全，若不全则应及时配齐，供看图时查阅。

(2) 熟悉图纸 认真理清图纸后，可先粗略地看一遍图纸，重点放在建筑图的阅读，目的是对本工程有一概略的了解，清楚本工程的修建地点，建筑物周围地形、地貌，建筑形式，建筑面积，建筑层数，结构类型及其水电配套情况，建筑物的主要特点和关键部位的特征。本工程的基本形象初步在大脑中形成，在此基础上初步构思具体建造该工程的施工方案、施工难点及需重点解决的问题。

(3) 认真、细致阅读图纸 当对本工程已有基本了解之后，可以进行深入细致的阅读，一般按“建施”、“结施”、“设施”、“电施”的顺序逐张阅读。应特别注意对照阅读，如平面图与立面图、平面图与剖面图对照阅读，墙身大样图与立面图对照阅读，结构图与建筑图对照阅读，设施、电施图与建筑图对照阅读，设施、电施图与结构施工图对照阅读。只有通过反复对照、思考、核对，才能发现图纸中存在的各种问题。在整个阅读过程中，应注意与有关的技术人员进行研究和分析，并认真做好审图记录，可用铅笔在图纸上打上记号，以便查阅，但严禁擅自修改设计。

(4) 图纸会审 在工程开工之前，建设单位、设计单位、施工单位和监理单位共同进行图纸会审。会审图纸是为了在开工之前全面地审查图纸，研究和讨论图纸在施工中存在的问题，提出修改意见，由建设单位或施工单位写出会审记录，设计单位负责修改，更改设计中的错误和不合理的部分。图纸会审是施工前的一次重要的技术会议，有关工程中的问题尽可能在会议上解决（重要工程可分几次会审）。施工中若再发现问题，只需由设计单位出设计变更或技术核定单即可，一般不再四方开会。会审记录、设计变更、技术核定单等均为重要的技术文件，必须妥善保管。

第三节 建筑图的识读

土建施工图中的建筑施工图部分，是整个工程施工图的龙头部分。它反映了整个建筑物的形状、大小、功能及立面造型等。建筑施工图由建筑总说明、总平面图、建筑平面图、建筑立面图、建筑剖面图及建筑详图六大部分组成。各部分主要反映的内容如下。

一、建筑总说明

建筑总说明主要说明：建筑工程概况，建筑物所在位置，建筑的面积、结构形式、层数、耐火等级。建筑±0.000所对应的绝对高程；设计依据（包括建设单位的设计委托书或设计任务书，设计合同及批文，设计所依据的国家现行规范）；工程的内、外装修做法；对施工的要求及工程验收所应遵循的标准、规范或规程；设计中所采用的有关标准图集及需要说明的其他内容。

二、总平面图

建筑总平面是在画有等高线或有坐标方格网的地形图上，画有原有房屋及拟建房屋的外轮廓线的水平投影图。它反映这些房屋的平面形状、位置、朝向，房屋之间的相互关系，与周围的道路、地形、地物之间的相互关系。

阅读建筑总平面图时，应注意以下几点。

① 看图样的比例、图例及有关说明。建筑总平面图所包含的地方范围较大，所以绘制建筑总平面图所采用的比例都较小（常用1∶500，有时也用1∶1000、1∶2000）。

② 了解工程用地范围、地形地貌，拟建建筑物的工程性质、形状、大小、层数及房屋的位置、朝向。

③ 了解拟建房屋周边地区的道路交通情况、美化及绿化情况。

三、建筑平面图

平面图是从本层门窗洞口略高处水平剖切的俯视图，反映各个房间和设施的布置、定位及其相互关系，具体内容包括以下几点。

① 纵、横向定位轴线及其编号，柱、墙的位置，房屋的使用功能、面积。

② 门窗的定位、编号，门的开启方向。

③ 楼梯、踏步、平台、栏杆扶手及上下箭头。

④ 家具、设备的布置。

⑤ 底层平面的散水、室外台阶、花池、坡道阳台等的位置及细部尺寸；二层的雨篷、阳台等的位置及细部尺寸；详图或标准图集的索引号。屋顶平面图四周的出檐尺寸、女儿墙的位置及屋面各部分的标高；屋面排水方向、坡度及各坡交线、天沟、檐口、泛水、出水口、雨水斗的位置、规格；屋面检修口、出入口、出屋面管道的位置尺寸等。

⑥ 尺寸、标高的标注。

⑦ 各工种对土建要求的坑、台、水池、地沟、电表箱、消火栓、雨水管等的位置和尺寸。

阅读每层平面图时，需注意的问题详见具体施工图实例中所附的读图提示。

四、建筑立面图

建筑立面图用于表示建筑物的外形轮廓及外装修做法。具体内容包括以下几点。

① 立面投影看到的建筑物轮廓线、构件轮廓线，门窗洞口、檐口、阳台、雨篷、雨水管等投影线，立面饰物的形状、大小、位置。

② 立面上的构配件及装饰细部做法。

③ 各部分用料及做法。如立面分格缝、檐口、勒脚的颜色做法。

④ 尺寸及标高标注。尺寸一般包括层高及总高，需要时亦包括一些其他细部尺寸；标高包括建筑物顶部标高、各不同水平高度的门窗洞口标高。

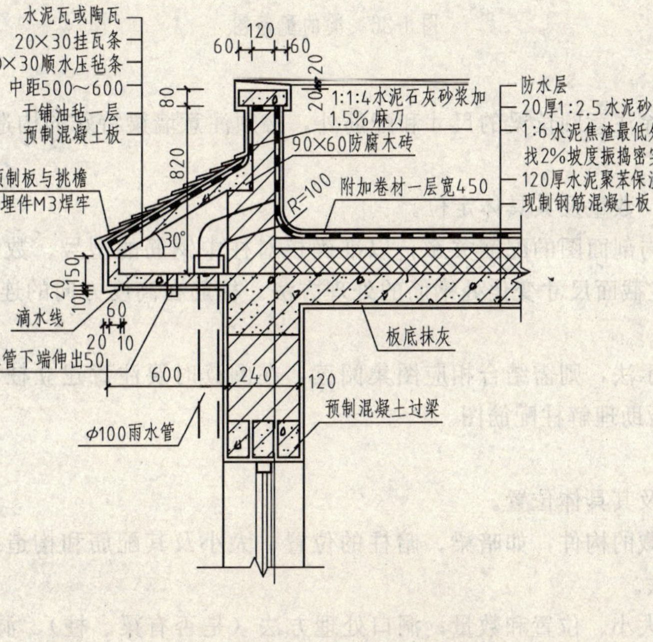

图 1-21　檐口大样图

阅读立面图，从图名或立面图两侧的轴线编号确定所读立面图是从哪个方向看到的图样，与平面图对照理解从该方向上看到的房屋的整个外貌形状，房屋的屋面、门窗、雨篷、阳台、台阶、花池及勒脚等细部的形式和位置，外墙面装修颜色、做法，一些复杂部位外墙墙身大样的剖切位置，细部做法或大样的索引标志符号等。

五、建筑剖面图

建筑剖面图是对建筑做垂直剖切后，对剩余部分的正投影图。用于表示建筑物内部的上下分层层高、梁板柱或墙之间的关系及门窗洞口的高度。

阅读建筑剖面图，首先从图名和轴线编号与平面图上的剖切号位置和轴线编号相对照，确定所读剖面图的剖切面通过位置及剖切后的投影方向，然后注意阅读房屋从地面到屋面的内部构造和结构形式。如各层梁、板、楼梯、屋面的结构形式、位置及其与墙（柱）的相互关系等，楼地面、屋面等的工程构造及其做法，楼地面、屋面及门窗等的竖向尺寸，屋面坡度等。

六、建筑详图

对建筑平面、立面、剖面图中的内容做局部放大的图。一般有单元大样详图、楼梯详图、墙身详图、门窗详图等，详图主要反映有关构件的构造关系、形状、细部尺寸及其工程做法。如图 1-21 檐口大样图及图 1-22 坡道与地面做法大样图。

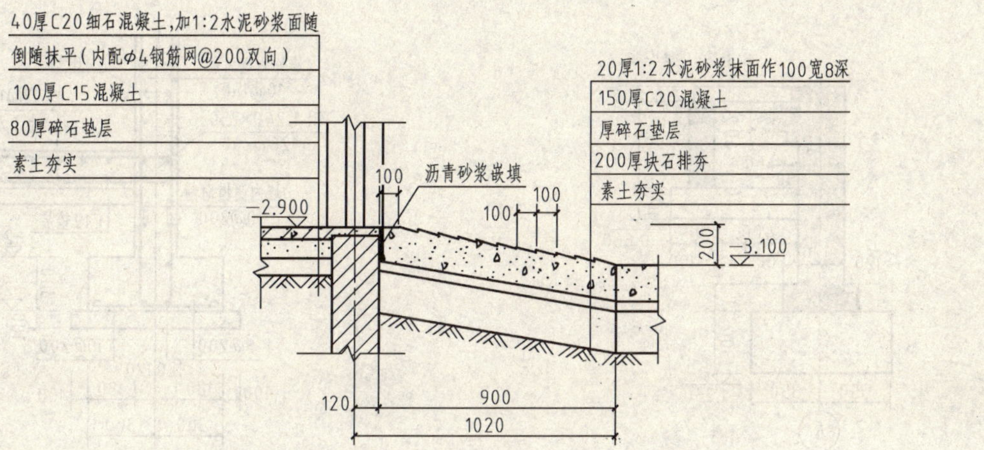

图 1-22　坡道与地面做法大样图

第四节　结构施工图的识读

结构施工图就是在建筑工程上所用的一种能十分准确地表达出建筑结构的外形轮廓、大小尺寸、结构构造和材料做法的图样。结构专业图包括以下几种。

① 结构总说明；

② 基础平面布置图；

③ 基础详图；

④ 一层结构平面图；

⑤ 标准层结构平面图；

⑥ 顶层结构平面图；

⑦ 梁、柱、剪力墙配筋图；

⑧ 楼梯配筋图。

一、结构总说明

通过阅读结构总说明，了解工程结构类型、建筑抗震等级、设计使用年限，结构设计所采用的规范、规程及所采用的标准图集，地质勘探单位、结构各部分所用材料情况，特别需注意结构说明中强调的施工注意事项。

二、基础图的阅读

基础图主要由基础说明、基础平面图和基础详图组成。其主要反映建筑物相对标高±0.000 以下的结构图。基础平面主要表示轴线号、轴线尺寸；基础的形式、大小，基础的外轮廓线与轴线间的定位关系；管沟的形式、大小、平面布置情况；基础预留洞的位置、大小与轴线的位置关系；构造柱、框架柱、剪力墙与轴线的位置关系；基础剖切面位置等。基础详图则表示具体工程所采用的基础类型、基础形状、大小及其具体做法。

阅读各部分图纸时应注意的问题如下。

（1）基础说明　通过阅读知道本工程基础底面放置在什么位置（基础持力层的位置），相应位置地基承载力特征值的大小，基础图中所采用的标准图集，基础部分所用材料情况，基础施工需注意的事项。

（2）基础平面图　首先对照建筑一层平面图，核对基础施工时定位轴线位置、尺寸是否与建筑图相符；核对房屋开间、进深尺寸是否正确；基础平面尺寸有无重叠、碰撞现象；地沟及其他设施、电施所需管沟是否与基础存在重叠、碰撞现象；确认地沟深度与基础深度之间的关系，沟盖板标高与地面标高之间的关系，地沟入口处的做法。其次注意各种管沟穿越基础的位置，相应基础部位采用的处理做法（如基础局部是否加深、具体处理方法，相应基础洞口处是否加设过梁等构件）；管沟转角等部位加设的构件类型（过梁）数量。

（3）基础详图　首先对本工程所采用基础类型的受力特点有一基本了解，各类基础的关键控制位置及需注意事项，在此基础上注意发现基础尺寸有无设计不合理的现象。如图 1-23 所示基础详图，读图后即知该基础为砖砌基础，基础下设有 300mm 厚素混凝土垫层，基础及垫层的详细尺寸，地沟与基础的关系，以及地沟宽度和做法；同时反映基础、地沟的标高。注意基础配筋有无不合理之处。如图 1-24 所示底板长向、短向配筋量标注是否有误，其上下关系是否正确。搞清复杂基础中各种受力钢筋间的关系；注意核对基础详图中所标注的尺寸、标高是否正确。与相关专业施工队伍技术人员配合，弄懂基础图中与一些专业设计（如涉及水暖、配电管沟、煤气设施等）有关的内容，进一步核对图纸内容，查漏补缺，发现问题。

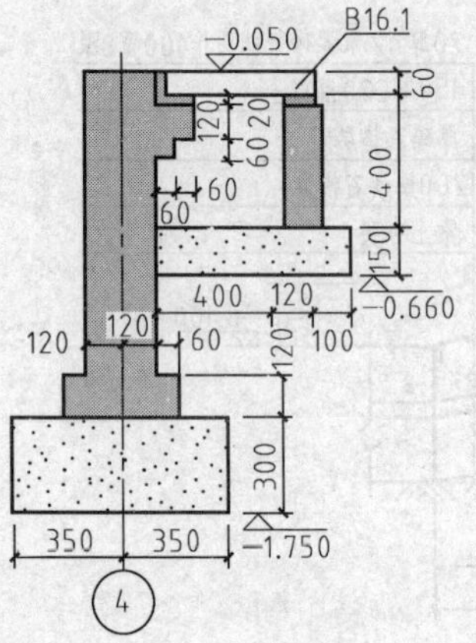

图 1-23　基础详图

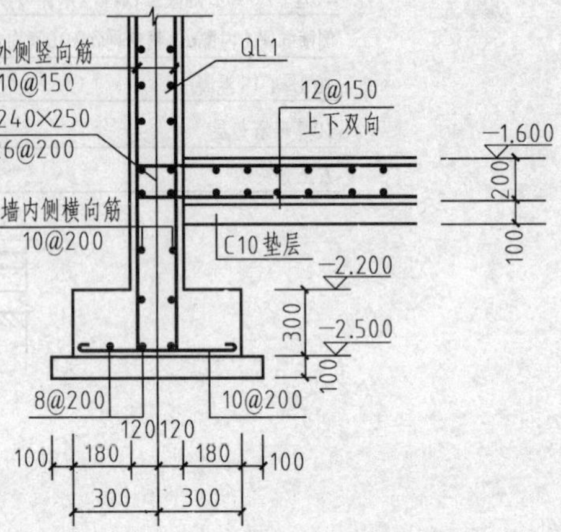

图 1-24　基础配筋图

三、结构平面图的阅读

结构平面布置图是假想沿楼板面将房屋水平剖切开俯视后所做的楼层的水平投影。故此结构平面图中的实线表示楼层平面轮廓，虚线则表示楼面下被遮挡住的墙、梁等构件的轮廓及其位置。注意查看结构平面图中各种梁、板、柱、剪力墙等构件的代号、编号和定位轴线、定位尺寸，即可了解各种构件的位置和数量，如图 1-25 所示。读图时需注意以下问题。

① 首先与建筑平面图（比相应结构层多一层的建筑平面图）相对照，理解结构平面布置图，建立相应楼层的空间概念，理解荷载传递关系、构件受力特点。同时注意发现问题。

② 现浇结构平面图。由结构平面布置图准确判断现浇楼盖的类型、楼板的主要受力部位，现浇板中受力筋的配筋方式及其大小，未标注的分布钢筋大小是否用文字说明（阅读说明时予以注意），现浇板的板厚及标高；墙、柱、梁的类型、位置及其数量；注意房间功能不同处楼板标高有无变化，相应位置梁与板在高度方向上的关系；板块大小差异较大时板厚有无变化；注意建筑造型部位梁、板的处理方法、尺寸（注意与建筑图核对）。

③ 预制装配式结构平面图。主要查看各种预制构件的代号、编号和定位轴线、定位尺寸，以了解所用预制构件的类型、位置及其数量；认真阅读图纸中预制构件的配筋图、模板图；进一步查阅图纸中预制构件所用标准图集，查阅标准图集中相关大样及说明，搞清施工安装注意事项；注意查看确定所用预埋件的做法、形式、位置、大小及其数量，并予以详细记录。

④ 板上洞口的位置、尺寸，洞口处理方法。若洞口周边加设钢筋，则需注意洞口周边钢筋间的关系、钢筋的接头方式及接头长度。

四、梁配筋图的阅读

① 注意梁的类型，各种梁的编号、数量及其标高。

② 仔细核对每根梁的立面图与剖面图的配筋关系，以准确核对梁中钢筋的型号、数量和位置，如图 1-26 所示。

③ 梁配筋图，若采用平面表示法，则需结合相应图集阅读，在阅读时要注意建立梁配筋情况的空间立体概念，必要时需将梁配筋草图勾画出来，以帮助理解梁配筋情况。

④ 注意梁中所配各类钢筋的搭接、锚固要求。注意跨度较大梁支撑部位是否设有梁垫、垫梁或构造柱，相应支撑部

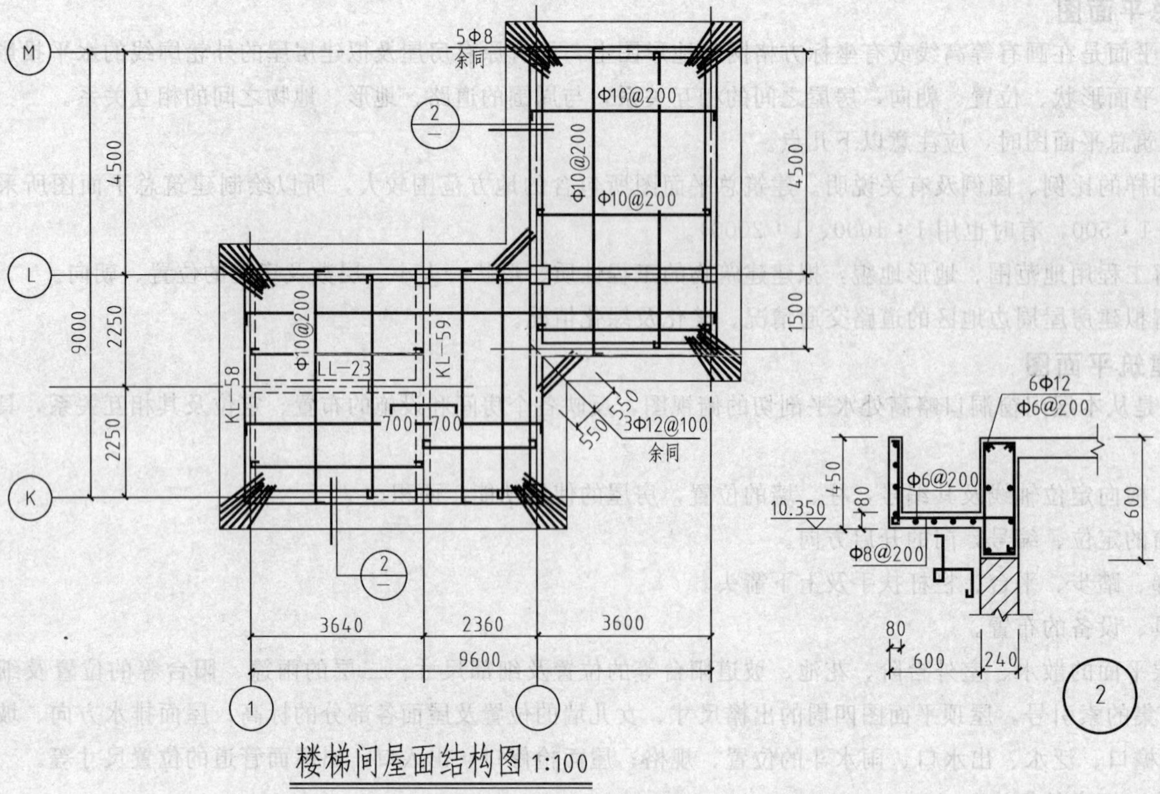

图 1-25　楼梯间屋面结构图

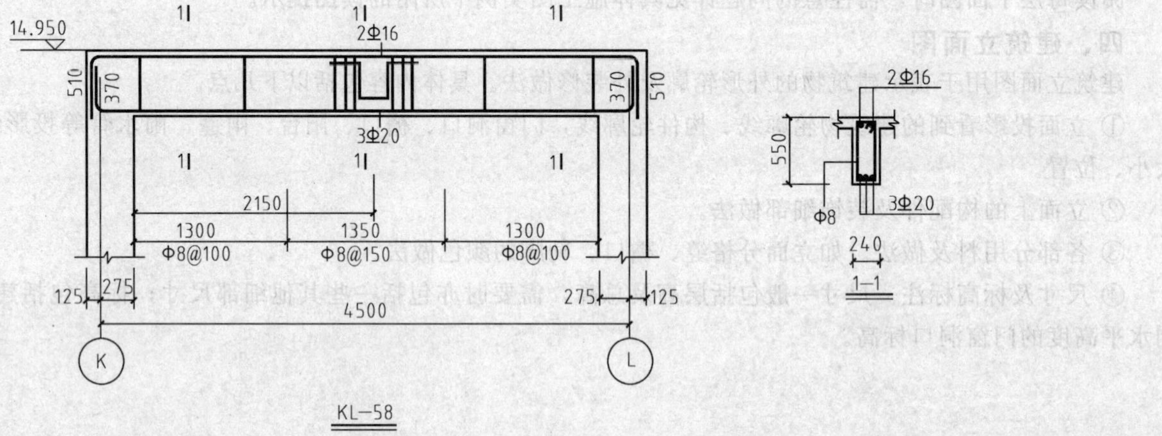

图 1-26　梁的配筋图

位梁上部钢筋的处理方法。

⑤ 混合结构中若设有墙梁，除注意阅读梁的尺寸和配筋外，必须注意墙梁特殊的构造要求及相应的施工注意事项。

五、柱配筋图的阅读

① 注意柱的类型，柱的编号、数量及其具体定位。

② 仔细核对每根柱的立面图与剖面图的配筋关系，以准确核对柱中钢筋的型号、数量、位置。注意柱在高度方向上截面尺寸有无变化，如何变化，柱截面尺寸变化处钢筋的处理方法。柱筋在高度方向的连接方式、连接位置、连接部位的加强措施。

③ 柱配筋图，若采用平面表示法，则需结合相应图集阅读，在阅读时要注意建立柱配筋情况的空间立体概念，必要时需将柱配筋草图勾画出来，以帮助理解柱配筋图。

六、剪力墙配筋图的阅读

① 注意剪力墙的编号、数量及其具体位置。

② 注意查看剪力墙中一些暗藏的构件，如暗梁、暗柱的位置、大小及其配筋和构造要求。注意剪力墙与构造柱及相邻墙之间的关系，相应的处理方法。

③ 注意剪力墙中开设的洞口大小、位置和数量；洞口处理方法（是否有梁、柱）、洞口四周加筋情况；对照建施图、设施图和电施图，阅读理解剪力墙中开设的洞口的作用、功能。

七、楼梯配筋图的阅读

① 楼梯结构平面图同楼梯建筑平面图一样，主要表示梯段及休息平台的具体位置、尺寸大小，上下楼梯的方向，梯段及休息平台的标高及踏步尺寸。

② 楼梯剖面图则清楚表达楼梯的结构类型（板式楼梯或梁式楼梯），更明确地表达梯段及休息平台的标高、位置。有时梯段配筋图及休息平台配筋图亦一并在剖面图中表达。

③ 楼梯构件详图具体表达梯段及楼梯梁的配筋情况，需特别注意折板或折梁在折角处的配筋处理。注意梯段板与梯段板互为支撑时受力筋间的位置关系。

八、结构大样图的阅读

① 注意与建施图中的墙身大样、节点详图相对照，核对相应部位结构大样的形状、大小尺寸、标高是否有误。注意构造柱、圈梁的配筋及构造做法。

② 在清楚掌握节点大样受力特点的基础上，搞清各种钢筋的形式及其相互关系。结构图中若有相应抽筋图，则需对照抽筋图来读图；若没有相应抽筋图则需在阅读详图时，按自己的理解画出复杂钢筋的抽筋图，在会审图纸时与设计人员交流确认正确的配筋方法。

③ 对于一些造型复杂部位，在清楚结构处理方法、读懂结构大样图的基础上，应注意思考施工操作的难易程度，若感到施工操作难度大，则需从施工操作的角度出发提出解决方案，与设计人员共同探讨、商量予以变更。

④ 对于采用金属构架做造型或装饰的情况，应注意阅读金属构架与钢筋混凝土构件连接部位的节点大样，搞清二者间的相互关系、二者衔接需注意的问题。并注意阅读金属构架本身的节点处理方法及其需注意的问题。

九、结构施工图的平面表示法识读

建筑结构施工图的平面整体表示方法（简称平法）对我国目前混凝土结构施工图的设计表示方法做了重大改革。

平法的表达形式，概括来讲就是把结构构件的尺寸和配筋等，按照平面整体表示方法的制图规则，整体直接地表达在各类构件的结构平面布置图中相应的位置上，再与标准构造详图相配合，即构成一套新型完整的结构设计。它改变了将构件从结构平面图中索引出来，再逐个绘制配筋详图的传统而繁琐的方法。

该图集适用于非抗震和抗震设防烈度6～9度地区抗震等级为特一级和一至四级的现浇混凝土框架、剪力墙、框架—剪力墙和框支剪力墙主体结构施工图的设计表达。

平面表示法的具体内容包括柱、墙、梁等构件。

（一）框架柱的制图规则

柱平法施工图是在柱平面布置图上采用列表注写方式或截面注写方式表达。另外还可以使用柱立面剖面表达方式。

1. 列表注写方式

列表注写方式是指在柱平面布置图上，分别在同一编号的柱中选择一个（需要时可以选择多个）截面标注柱号及几何参数代号，在柱表中注写柱号、柱段起止标高、几何尺寸与配筋的具体数值，并配以各种柱截面形式及箍筋类型的图示来表示柱施工图的方法。

柱的列表内容规定如下。

(1) 注写柱编号，由柱类型代号和序号组成（见表1-3）。

表1-3　柱编号

柱类型	代　号	序　号	柱类型	代　号	序　号
框架柱	KZ	××	剪力墙上柱	QZ	××
框支柱	KZZ	××	芯柱	XZ	××
梁上柱	LZ	××			

(2) 注写各段柱的起止标高，指从柱根部往上以变截面位置或截面未变但钢筋改变处为界限分段注写。框架柱或框支柱根部标高是指从基础顶面位置标高。芯柱根部标高是指根据结构实际需要而定的起始标高。梁上柱的根部标高是指梁顶面标高。剪力墙上柱的根部标高分两种：当柱纵筋锚固在墙顶部时，指墙顶部标高；当柱与剪力墙重叠一层时，是指墙顶面往下一层的结构层楼面标高。

(3) 注写柱截面尺寸

① 对于矩形柱，注写柱截面尺寸$b\times h$及与轴线关系的几何参数代号b_1、b_2和h_1、h_2的具体数值，相对应的各段柱分别注写，其中$b=b_1+b_2$，$h=h_1+h_2$。当截面的某一边收缩变化至与轴线重合或偏到轴线另一侧时，b_1、b_2、h_1、h_2中的某项为零或负值。

② 对于圆柱，表中$b\times h$一栏改用在圆柱直径数字前加d表示，也可用b_1、b_2、h_1、h_2表示，$d=b_1+b_2=h_1+h_2$。

(4) 注写柱纵筋，应分别注写角筋、截面b边中部钢筋和截面h边中部钢筋（不包括角筋）。当采用圆柱时，将纵筋注写在“全部钢筋”一栏。

(5) 注写箍筋类型号及箍筋支数，在箍筋类型栏内注写。应根据具体工程所设计的各种箍筋形式，画在表的上部或图中适当位置，其上标注与表中对应的b、h，并且编上类型号。

(6) 注写柱箍筋，包括钢筋级别、直径与间距

① 当为抗震设计时，用斜线“/”区分柱箍筋加密区与非加密区范围内箍筋的不同间距，其长度范围应根据柱的有关构造要求来确定。

② 当箍筋沿柱全高为一种间距时，则箍筋间距不使用斜线“/”。

③ 当圆柱采用螺旋箍筋时，需在箍筋前加“L”。

④ 当为非抗震设计时，在柱纵筋搭接长度范围内的箍筋加密由设计人员另注明。

2. 截面注写方式

在分标准层绘制的柱平面图的柱截面上，对柱进行编号，从相同编号的柱中选择一个截面，按另一种比例原位放大，绘制柱配筋图。在各柱配筋图上注写编号、截面与轴线关系的尺寸值、角筋数量和各边中部钢筋数量或全部钢筋数量、箍筋的数值（加密区与非加密区的间距）。当柱的截面总尺寸和配筋均相同，仅与轴线的关系不同时，可将其编为同一柱号，但应注写该柱截面与轴线关系的具体尺寸。

3. 立面剖面方式

(1) 立面注写　将柱统一编号，在相同编号的柱中选择一个柱，画出柱的立面（即纵剖面），在立面上标注纵筋在基础顶面及楼层处的断点位置、断点相对于基础顶面及楼层处的长度、纵筋的对接形式、楼层处的结构标高；在柱侧注写柱的每层的高度尺寸、加密区与非加密区的尺寸、箍筋的数值；在顶层柱头处注写纵筋锚固形式和长度；在柱身根据柱截面形式及配筋形式注出断面号。

(2) 剖面注写　根据柱身立面图中标注的断面号在图中画出柱的断面图，在断面中注明钢筋数量、钢筋位置、箍筋的形式及柱断面的尺寸。

（二）梁的制图规则

梁的平法施工图是在梁平面布置图上采用平面注写方式或截面注写方式表达。在梁平法施工图中，应注明各结构层的顶面标高及结构层号，对于轴线未居中的梁，应标出其偏心定位尺寸。

1. 平面注写方式

平面注写方式是在梁的平面布置图上，分别在不同编号的梁中各选一根梁，在其上注写截面尺寸和配筋具体数值的方式。

平面注写包括集中标注和原位标注，集中标注表达梁的通用数值，原位标注表达梁的特殊数值。当集中标注数值不适用于梁的某部位时，则将该项数值原位标注，施工时，原位标注取值优先。

梁的编号由梁的代号、序号、跨数及有无悬挑代号等几项组成（见表1-4）。

表1-4　梁编号

梁类型	代　号	序　号	跨数及有无悬挑
楼层框架梁	KL	××	(××),(××A),(××B)
屋面框架梁	WKL	××	(××),(××A),(××B)
框支梁	KZL	××	(××),(××A),(××B)
非框架梁	L	××	(××),(××A),(××B)
悬挑梁	XL	××	(××),(××A),(××B)

(1) 集中标注。梁集中标注的内容有五项必注值和一项选注值。

① 梁编号为必注值。

② 梁截面尺寸为必注值。当为等截面梁时用$b\times h$表示；当为加腋梁时用$b\times h$　$Yc_1\times c_2$表示，其中c_1为腋长，c_2为腋高，见图1-27 (a)；当有悬挑梁且根部和端部不同高时，用斜线分隔根部和端部的高度，即$b\times h_1/h_2$，见图1-27 (b)。

③ 梁箍筋为必注值，包括钢筋级别、直径、加密区与非加密区间距及肢数。加密区范围见相应抗震级别的构造

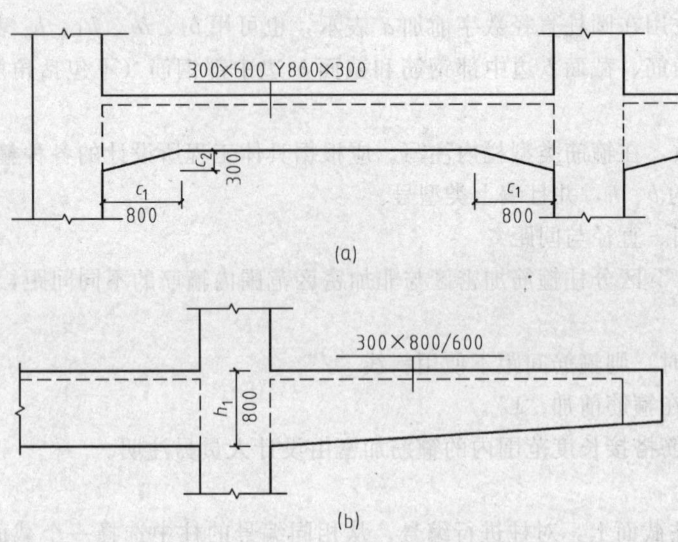

图 1-27 梁截面尺寸的标注

规定。

【例 1-1】 Φ10@100/200（4）表示箍筋为Ⅰ级钢筋，直径Φ10，加密区间距为 100，非加密区间距为 200，均为四肢箍（见图 1-28）。

Φ12@100（2）表示箍筋为Ⅰ级钢筋，直径Φ12，加密区与非加密区间距均为 100，两肢箍。

④ 梁上部通长钢筋或架立钢筋根数为必注值。所注根数应根据结构受力要求及箍筋肢数等构造要求确定。

【例 1-2】 2Φ25 表示用于双肢箍，两根通长钢筋。

2Φ25＋(2Φ12) 表示用于四肢箍，2Φ25 为通长钢筋，2Φ12 为架立钢筋（见图 1-28）。

当梁的上部纵筋和下部纵筋均为通长钢筋，且多数跨配筋相同时，此项可加注下部纵筋的配筋值，将上部与下部纵筋的配筋值用分号隔开。

【例 1-3】 4Φ25；3Φ22 表示梁上部配 4Φ25 的通长钢筋，下部配 3Φ22 的通长钢筋。

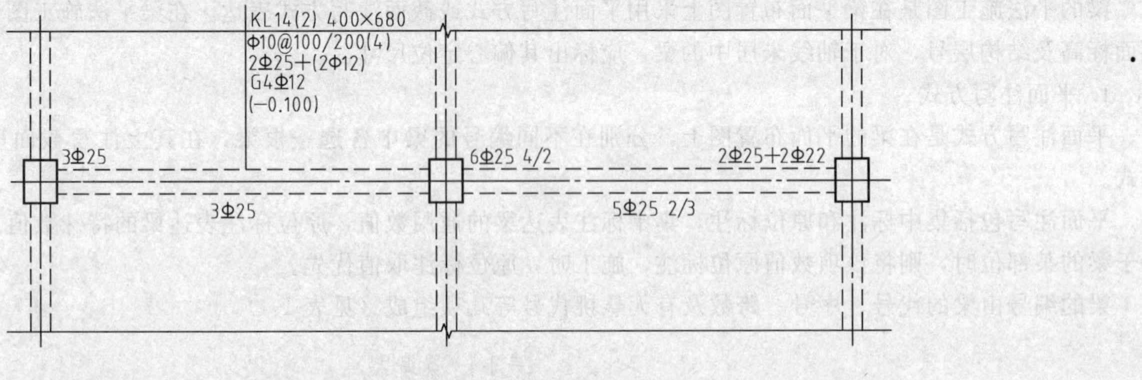

图 1-28 梁的平面注写方式

⑤ 梁侧面的纵向构造钢筋或受扭钢筋配置为必注值。

【例 1-4】 G4Φ12 表示梁的两侧面共配置 4Φ12 的纵向构造钢筋，每侧各配置 2Φ12（见图 1-28）。

N6Φ14 表示梁的两侧面共配置 6Φ14 的受扭纵向钢筋，每侧各配置 3Φ14。

⑥ 梁顶面标高高差为选注值。此值系指相对于本层结构楼面标高的高差值，有高差时注写。

【例 1-5】 (−0.100) 表示比本层的结构楼面标高低 0.100（见图 1-28）。

(0.050) 表示比本层的结构楼面标高高 0.050。

（2）梁原位标注。

① 梁支座上部纵筋，该部位包含通长筋在内的所有钢筋。当上部纵筋多于一排时，用斜线“/”将各排纵筋自上而下分隔开。

【例 1-6】 3Φ25 表示只有一排纵筋（见图 1-28）。

6Φ25 4/2 表示有两排纵筋，第一排为 4Φ25，第二排为 2Φ25（见图 1-28）。

当纵筋有两种直径时，用加号将两种直径的纵筋相连，角部纵筋写在前面。

【例 1-7】 2Φ25＋2Φ22 表示有两根 2Φ25 的角部纵筋（见图 1-28）。

② 梁下部纵筋多于一排时，用斜线“/”将各排纵筋自上而下分隔开。

【例 1-8】 3Φ25 表示只有一排纵筋（见图 1-28）

5Φ25 2/3 表示有两排纵筋，第一排为 3Φ25，第二排为 2Φ25（见图 1-28）。

当纵筋有两种直径时，用加号将两种直径的纵筋相连，角部纵筋写在前面。

【例 1-9】 2Φ25＋2Φ22 表示有两根 2Φ25 的角部纵筋，2Φ22 的中间纵筋。

③ 当梁的腹板高大于 450mm 时，需配置侧面纵向构造钢筋或按计算需配置抗扭纵筋时，注写方法同梁的集中注写法。

④ 附加箍筋或吊筋，将其直接画在平面图中的梁支座处，用引线注总配筋值或在其他地方说明总配筋值。

⑤ 当在梁上集中标注的内容不适用于某跨或悬挑部位时，应将其不同数值原位标注在该跨或悬挑部位。

2. 截面注写方式

截面注写方式是在绘制的梁平面布置图上，分别选取一根不同编号的梁，先将“单边截面号”画在该梁上，再将截面配筋详图画在本图或其他图上，在截面图上注写截面尺寸和配筋具体数值。如果某根梁的顶面标高与结构层的楼层标高不同时，应在其编号后注写梁顶面标高差。截面注写的表达方式同平面注写方式。

截面注写方式既可单独使用，也可与平面注写结合使用。

（三）剪力墙的制图规则

剪力墙平法施工图是在剪力墙平面布置图上采用列表注写或截面注写方式表达。

1. 列表注写方式

剪力墙可视为由剪力墙柱、剪力墙身、剪力墙梁三类构件构成。列表注写方式列出剪力墙柱表、剪力墙身表和剪力墙梁表，在对应的剪力墙平面图上编号，用绘制截面配筋图并注写几何尺寸与配筋具体数值的方式表达剪力墙平法施工图。

（1）编号规定：将剪力墙柱、剪力墙身、剪力墙梁三类构件分别编号。

① 剪力墙柱编号由剪力墙柱类型代号和序号组成（见表 1-5）。

② 剪力墙身编号由墙身代号和序号组成，表达形式为 Q××。

③ 剪力墙梁编号由墙梁类型代号和序号组成（见表 1-6）。

表 1-5 剪力墙柱编号

墙柱类型	代 号	序 号	墙柱类型	代 号	序 号
约束边缘暗柱	YAZ	××	构造边缘暗柱	GAZ	××
约束边缘端柱	YDZ	××	构造边缘翼墙(柱)	GYZ	××
约束边缘翼墙(柱)	YYZ	××	构造边缘转角墙(柱)	GJZ	××
约束边缘转角墙(柱)	YJZ	××	非边缘暗柱	AZ	××
构造边缘端柱	GDZ	××	扶 壁 柱	FBZ	××

表 1-6 剪力墙梁编号

墙梁类别	代 号	序 号	墙梁类别	代 号	序 号
连梁（无交叉暗撑及无交叉钢筋）	LL	××	暗梁	AL	××
连梁（有交叉暗撑）	LL（JC）	××	边框梁	BKL	××
连梁（有交叉钢筋）	LL（JG）	××			

（2）在剪力墙柱表中表达以下内容。

① 注写墙柱编号和绘制墙柱的截面配筋图，标注几何尺寸。

② 注写各段墙柱起止标高，自墙柱根部以上变截面位置或截面未变但配筋改变处为界分段注写。墙柱根部标高指基础顶面标高（框支剪力墙结构则为框支梁顶面标高）。

③ 注写纵向钢筋和箍筋，纵向钢筋注总配筋值，墙柱箍筋的注写方式同柱箍筋的注写方式。

(3) 在剪力墙身表中表达以下内容。

① 注写墙身编号。

② 注写各段墙身起止标高，自墙身根部以上变截面位置或截面未变但配筋改变处为界分段注写。墙身根部标高指基础顶面标高（框支剪力墙结构则为框支梁顶面标高）。

③ 水平分布钢筋、竖向分布钢筋和拉结筋。

(4) 在剪力墙梁表中表达以下内容。

① 注写墙梁编号。

② 注写墙梁所在楼层号。

③ 注写墙梁顶面标高高差，指相对于墙梁所在楼层标高的高差值，高于楼层为正值，低于楼层为负值。

④ 注写墙梁截面尺寸 $b \times h$，上部纵筋，下部纵筋和箍筋的具体数值。

2. 截面注写方式

截面注写方式是指在分层绘制的剪力墙平面布置图上，直接注写墙柱、墙身、墙梁的截面尺寸和配筋具体数值的方式来表达剪力墙平法施工图。

第五节　设备施工图的识读

现代的房屋建筑都是由建筑、结构、采暖、通风、空调、给水、排水、燃气、动力照明等相关工种构成的综合体，为了满足生产生活的需要，并提供卫生、舒适的环境，要求建筑物内部装设完善的给水、排水、采暖、通风、空气调节和燃气等各种设备。因此建筑设备工程是房屋建筑不可缺少的组成部分，在建筑中占有非常重要的地位。水暖施工图主要包括以下几点。

① 设计说明；

② 给排水大样图（卫生间详图）；

③ 平面图（一层平面、标准层平面、顶层平面）；

④ 系统图。

一、水暖系统

（一）建筑给水系统

建筑给水系统的任务是根据各类用户对水量水压的要求，将水由城市给水管网（或自备水源）输送到装置在室内的各种配水龙头、生产机组和消防设备等各用水点。

建筑内部给水系统按用途不同，可分为以下三类。

(1) 生活给水系统　供给人们生活中饮用、烹调、洗涤、盥洗和淋浴等生活上的用水。生活给水系统中与人体直接接触或饮用、淋浴等部分的水的水质必须符合国家规定的饮用水质标准。

(2) 生产给水系统　供工业企业生产设备、生产工艺、加工洗涤及其他工业用水。生产用水对水质、水量、水压以及安全方面的要求，由于工艺不同，差异是很大的。

(3) 消防给水系统　供给消防设备，提供建筑扑灭火灾所需用的水。

上述三种给水系统实际并不一定需要单独设置，按水质、水压、水温及室内给水系统情况考虑技术、经济和安全条件组成不同的共用给水系统，如生活—生产给水系统，生活—消防给水系统，生产—消防给水系统、生活—生产—消防给水系统。

我国的水资源并不丰富，为节约用水，减少排污量及污水对环境的污染，目前各地都在积极研究和应用循环和重复利用给水系统，如冷却水经处理后循环给水及污水经处理后再用的中水系统等。

建筑给水系统一般由下列几部分组成。

(1) 引入管（进户管）　室外给水管网与室内给水管网的连接管，其作用是将水由室外给水管网引入建筑内部。建筑物的引入管一般只设一条，对不允许间断供水或为了满足消防的要求应设两条以上的引入管。

(2) 水表节点　指引入管上装设的水表及其前后设置的闸门、泄水装置等的总称。分户水表一般安装在室内给水横支管上，住宅建筑总水表安装在室外水表井中，多雨地区可在地上安装。

(3) 管道系统　指建筑内部水平干管、垂直干管、立管、横支管等。

室内给水管道的布置方式主要分为下行上给式和上行下给式。下行上给式是指给水干管敷设在地沟内，通过立管自下而上供水；上行下给式指水平干管设在顶层天花板下或吊顶层内，通过立管从上向下供水。

室内给水管道的敷设方法有明装和暗装两种。

(4) 给水附件　指管道上的闸阀、止回阀、浮球阀等。控制附件及水龙头、盥洗龙头、热水龙头等配水附件，其主要作用是控制、分配水流。

(5) 给水设备　指室内给水系统中用来贮备水量、调节用水增加压力的各种设备，也可称为升压、贮水设备。

给水设备不是所有建筑给水系统都具有的建筑给水系统。根据建筑物的性质、高度、室内卫生器具或用水设备的分布情况，所需水压以及室外给水管网所能提供的水量、水压在一天内任何时间均能满足建筑内部用水需要时，采用直接给水方式，即室外给水管网直接向室内给水管网供水，不需设置任何给水设备。如果室外管网提供的水量和水压不能满足室内给水系统的需要，则必须设置给水设备。常用的给水设备有水箱、水泵、气压给水设备等。高层建筑中，还可进行竖向分区，经济合理地选择供水方式。

(6) 消防设备　指用来扑灭建筑物火灾时用的专用设备。按照建筑物防火要求及规定，建筑物可采用消火栓系统、自动喷水灭火系统、水幕系统等消防系统进行灭火。消火栓系统主要由水枪、水龙带、消火栓和消防管等组成。自动喷水灭火系统是一种能自动喷水灭火，并同时发出火警信号的消防灭火系统，它是由喷头、管网、报警阀及火灾探测系统等组成。水幕消防系统主要由喷头、管网和控制阀等组成。在室外管网的水量、水压不满足室内消防需要时，还需设置消防水泵、水箱和水池等升压、贮水设备。

（二）建筑排水系统

建筑排水系统的任务是将房屋内卫生器具和生产设备产生的污水及降落在屋顶上的雨雪水，通过排水管道收集后排到室外，按其所接纳污废水的性质可分为以下三类。

(1) 生活污水排水管道　用来排除人们日常生活中所产生的污水，包括洗涤污水和粪便污水。

(2) 工业废水管道　指排除工矿企业生产过程中所产生的污（废）水管道。

(3) 雨水系统　主要排除屋面的雨水和融化的雪水，可根据建筑物的结构形式、气候条件及使用要求等因素采用外排水系统或内排水系统。

上述三种排水系统如分别设置管道排出建筑物外，称为分流制排水；若将其中两类或三类在同一管道合流排出，称为合流制。

一般来说，建筑内部的生活污水与雨水采用分流体制，工业废水则视其性质、污染程度而考虑其排放体制。生活污水中也存在分流制与合流制问题，当粪便污水，洗涤污水分别采用独立的管道系统时，则称为分流体制；反之则称为合流制。当生活污水需经化粪池处理时，其粪便水宜与洗涤污水分流；当有污水处理厂时，洗涤污水宜与粪便污水合流排放。

建筑排水系统由以下几部分组成。

(1) 卫生器具或生产设备受水器　指各种卫生器具、排放工业废水的设备和雨水斗。

卫生器具的种类很多，一般可根据用途分为便溺用卫生器具，盥洗、淋浴用卫生器具，洗涤用卫生器具，专用卫生器具四类。

(2) 排水管道系统　指由器具至室外的所有管道，包括器具排水管（连接卫生器具和横支管的一段短管，除坐式大便器外，其间包括存水弯）、有一定坡度的横支管、立管、埋设在室内地下的干管和室外的排出管等。

(3) 清通设备　为疏通排水管道，保证排水系统水流畅通，在排水管系中设置的用于清通的设备，包括检查口、清扫口和检查井等。

(4) 通气系统　通气管的作用是保持排水管中有洁净的空气流动，减小排水时，排水管中的压力波动并能将有毒或有害气体排到大气中去。对于层数不多的建筑，采用将排水立管上部延伸出屋顶的通气方式，对于层数较多及高层建筑，除了伸顶通气管外，还应设专用通气立管、环形通气管、器具通气管等。

(5) 抽升设备　民用或工业用建筑的地下室高层建筑的地下技术层等，因为室内排出管标高低于室外排水管标高，污水不能自流排出室外，必须设置抽升设备，常用设备有集水坑、污水泵和气压扬液器等。

(6) 污水局部处理构筑物　当室内污水未经处理不允许直接排入城市下水道时，必须进行局部处理，常用的局部处理构筑物有化粪池、沉淀池和隔油池等。

(7) 室外排水管道　即室内排出管接出的第一个检查井至城市下水管网的管道，其任务是将室内污水排至城市下水管道中去。

（三）建筑内热水供应系统

热水供应系统的任务是将冷水在加热设备内集中加热，用管道输送到建筑物和各用水点，按照热水供应范围不同，热水供应系统分为局部热水供应系统、集中热水供应系统和区域热水供应系统。

热水供应系统由以下几部分组成。

(1) 热源　指把冷水加热成热水所需热量的来源，可采用热水锅炉加热或用锅炉产生的蒸汽进行加热，也可以利用太阳的辐射能量来作为热源。

(2) 加热设备　用来加热的设备，常用的有热水锅炉、容积式加热器、加热水箱和快速式水加热器。

(3) 热水管网　热水管网布置形式与给水系统一样，有上行下给式和下行上给式两种，热水系统按循环管道的情况不同，可布置成全循环系统、半循环系统和不循环系统。全循环系统是指立管、干管都设有循环管道，半循环系统仅于管设有循环管道，不循环系统是指不设循环管道的系统。

（四）采暖系统

采暖就是将热量以某种方式供给相应的建筑物，保持一定的室内温度，以创造适宜的生活条件或工作条件。

采暖系统主要由三部分组成，即热源（使燃料燃烧产生热能的部分）、输热部分（连接热源与散热器之间的管道）、散热部分（散发热量的部分如散热器等）。根据三个主要组成部分的相互位置关系，采暖系统可分为局部采暖系统和集中采暖系统。

热源、输热部分和散热部分三个主要组成部分在构造上都在一起的采暖系统称为局部采暖系统，如烟气采暖（火炉、火墙、火炕等）。

热源和散热部分分别设置，用输热部分的管道相连接，由热源向各个房间或各个建筑物供给热量的采暖系统称为集中式采暖系统。

采暖系统中，用来传递热量的介质为热媒，采暖系统常用的热媒是水、水蒸气等，根据热媒的不同，采暖系统可分为热水采暖系统、蒸汽采暖系统、热风采暖系统和烟气采暖系统。

热水采暖系统中，热水沿着采暖系统的管道和设备流动，热水采暖系统可按下述方法分类。

(1) 按系统循环动力的不同，可分为重力（自然）循环系统和机械循环系统。靠水的密度差进行循环的系统，称为重力循环系统；靠机械（水泵）力进行循环的系统，称为机械循环系统。

(2) 按散热器是否全部采取并联连接，可分为单管系统和双管系统，全部并联为双管系统，反之为单管系统。

(3) 按照供水干管的位置，可分为上分式（供水干管在上，由上而下供水）和下分式（供水干管在下，由下而上供水）。

(4) 按系统管道敷设方式的不同，可分为垂直式和水平式两种。

(5) 按热媒温度的不同，可分为低温水采暖系统和高温水采暖系统，室内热水采暖系统，大多采用低温水作为热媒，设计供回水温度多采用95℃/70℃。

机械循环热水供暖系统的常用形式有以下三种。

(1) 双管系统　双管系统分别设置供回水立管，各层散热器并联在立管上，每组散热器可根据室温进行单独调节。在供暖系统中，若供水干管设置在系统所有散热器的上方，回水干管设置在所有散热器的下方，则此系统称为上供下回式；若供回水干管均位于散热器的下方，则此系统称为下供下回式。如图1-29所示。下供下回式系统由于干管位于地下室（建筑物有地下室）或地沟内，比较美观，故常被采用。但下供下回式系统也存在排气困难的缺点。必须设置专门的排气装置。

(2) 单管水平串联式　单管常用的水平串联系统，经济美观，安装简便，但也存在一些缺点，如串联散热器很多时，运行时易出现水平失调，即前端过热和末端过冷现象。如图1-30所示。

(3) 单双管系统　将立管散热器分为若干组，每组包括2～3层，散热器按双管形式连接，而各组之间按单管式连接，该系统一般适用于八层以上的高层建筑，具有以下优点：避免垂直失调现象产生；可解决散热器立管管径过大的问题；克服单管系统不能调节的缺点。

采暖系统中，散热器的种类很多，按制作材料可分为铸铁散热器和钢制散热器。常用的散热器有柱型、翼型、串片式和板式等，其中最常用的散热器为四柱760型，过去也经常有M132型（二柱）散热器。卫生间常采用闭式钢串片式。

柱式散热器采用标注片数的方式进行标注。闭式钢串式采用标注长度的方式进行标注。另外需注意的是，铸铁散热器的组装片数不宜超过下列数值：二柱（M132型）——20片，柱型（四柱）——25片，长翼型——7片。

为使采暖系统正常、安全地工作，还需要设置一些辅助设备，主要有膨胀水箱、排气装置、循环水泵、除污器和疏水器等。膨胀水箱主要用来排除系统中的空气，自然循环热水采暖系统可用膨胀水箱排气，机械循环热水采暖系统可采用集气罐或自动排气阀排气，设置在干管最高处，除污器的作用是阻留管网中的污物，装在用户入口的供水或回水干管上。

（五）地辐射采暖系统

近年来，有很多新建住宅、饭店、展览馆和综合楼采用了一种新型的采暖方式——地辐射采暖方式，这种采暖供热方式是将交联聚乙烯管（PE-X）或其他用作地热的管道，以温度不高于60℃的热水为热媒，在加热管内循环流动，加热地板，通过地面以辐射和对流的传热方式向室内供热的供暖方式。

地辐射采暖的主要特点有：①舒适性强；②不占使用面积；③可按户计量收费。这也就解决几户不交暖气费，供热公

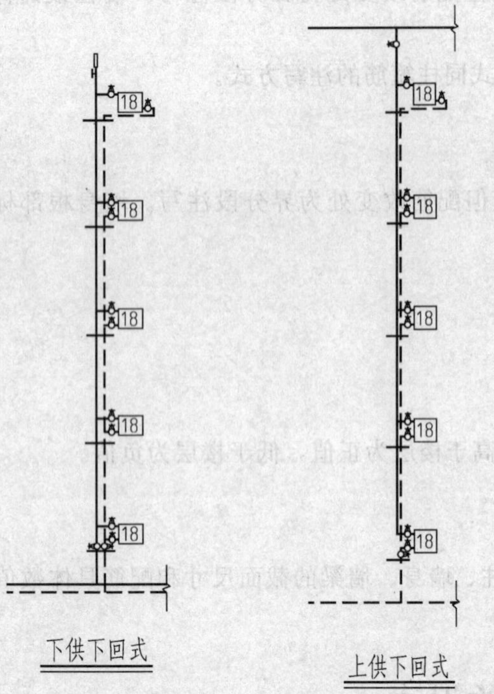

图1-29　双管系统

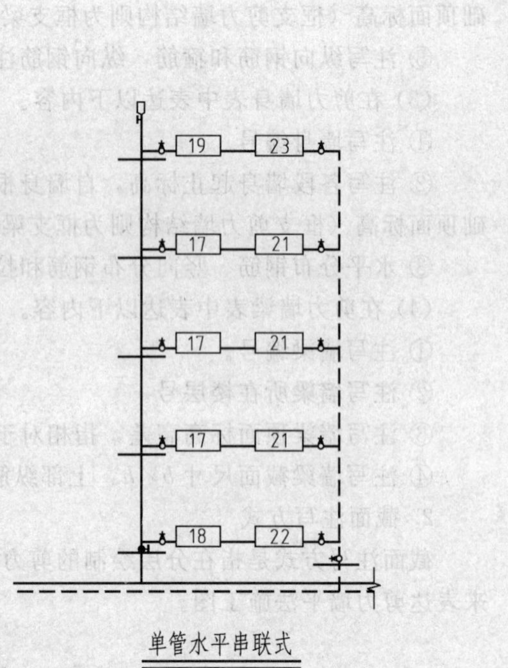

图1-30　单管水平串联式

司不予供暖，而使整个单元或整栋楼挨冻的局面。采用集中供热方式，地辐射采暖系统的热量流动方向：地沟入口引入→地沟内干管→房间内的立管→分水器→地辐射管（PEX管）→集水器→房间内回水立管。

常用的地辐射采暖管材有交联铝塑复合管（PAP、XPAP）、聚丁烯（PB）管、交联聚乙烯（PE-X）管和无规共聚聚丙烯（PP-R）管。

（六）通风系统

通风系统的任务就是在局部地点或整个车间把不符合卫生标准的污浊空气排至室外，把新鲜空气或经过净化符合卫生要求的空气送入室内，前者称为排风，后者称为送风，总称为通风系统。

按通风系统的作用范围不同，建筑通风可分为全面通风和局部通风。全面通风是对整个房间进行通风换气即用新鲜空气把整个房间的有害物浓度稀释到最高允许浓度以下，全面通风的风量远超过局部通风，局部通风只使室内局部保持良好的空气环境。按通风系统的通风动力不同，通风系统可分为机械通风和自然通风，自然通风依靠室外风和室内外空气温度差所造成的热压使空气流动，机械通风是依靠风机造成的风力使空气流动。

建筑通风系统一般包括室内送风口、室内排风口、风道（风管）、风机、风帽、室外进排风装置和净化处理设备。

（七）空气调节系统

空气调节系统是对室内空气环境进行控制和调节，其主要任务是对空气进行加热、冷却、加湿、干燥和净化等处理，然后将处理后的空气输送到各个房间，以保持房间内空气温度、湿度、洁净度和空气流速稳定在一定范围内，以满足房间对空气环境的要求。

空调系统根据空气处理设备的集中程度可分为集中式、半集中式和分散式。集中式空调系统，把所有空气处理设备（加热器、冷却器、过滤器、加湿器）以及通风机集中在机房。半集中式空调系统，这种空调系统除有集中在空调机房的空气处理设备可以处理一部分空气外，还有分散在被调房间内的空气处理设备。诱导器系统，风机盘管系统均属此类。分散式空调系统，将空气处理设备全分散在被调房间内，如公共场所及家庭所用的独立的空调。

空调系统根据负担室内热湿负荷所用的介质不同可分为全空气系统、全水系统、空气—水系统（风机盘管加新风）和制冷剂系统。

空调系统根据用途的不同可分为工艺性和舒适性空调系统。

空调系统根据控制精度不同可分为一般空调系统和高精度空调系统。

空调系统根据系统的运行时间不同可分为全年性空调系统和季节性系统。

空气调节系统由空气处理、空气输送、空气分配及调节系统四个基本部分组成。

（八）燃气供应系统

燃气是一种气体燃料，城市燃气供应可分为人工煤气、液化石油气和天然气三种。室内燃气供应系统由室内燃气管道、燃气计量表和燃气用具组成。

二、水暖施工图

水暖施工图主要由设计说明、给排水大样图（卫生间详图）、平面图和系统图等组成。

1. 阅读设计说明

通过阅读设计说明可了解设计依据、工程概况、所依据技术资料及规范、所采用的管材、管道的防腐和保温、支吊架的做法、管道的试压方式及建筑物验收时所依据的规范条文等。

2. 给排水大样图的阅读

阅读给排水大样图（卫生间详图）时，应注意以下几点。

① 先看给排水立管的具体位置及给排水立管的编号，如给水立管表示为 GL1、GL2 等，排水立管表示为 PL1、PL2 等。

② 再看卫生间专用通气立管的位置，通常表示为 TQ 或 TL1、TL2 等，注意其与排水立管的位置关系。

③ 进一步了解给水管道布置的具体做法，哪些地方是埋地敷设，哪些地方在地面上。

④ 地漏的设置情况，从而进一步了解排水管的具体布置。

⑤ 通过对厨房中洗涤盆的布置及给排水管的位置了解给排水管的具体布置，同时了解灶台与洗涤盆的相对位置关系。

3. 一层平面图的阅读

阅读一层平面图时，应注意以下几点。

① 首先注意一层平面图中指北针的方位，了解房屋的朝向。

② 对于采暖方式为散热器的建筑，注意一下采暖所采用的具体供暖形式是单管水平串联系统，还是双管系统或单双管系统形式。具体方式确定后，再看一下采暖立管的具体位置。

③ 对于采暖方式为地辐射采暖形式的建筑，要注意分集水器及采暖立管的具体位置。

④ 了解散热器的具体设置位置，以及所标注的片数，注意南、北朝向的房间，以及中间房间和靠边房间单位面积所需热量的不同。对于功能不同的房间也应注意这一点，如卧室和厨房的比较，以及房间与卫生间的比较。

⑤ 对于地辐射采暖方式的建筑，要注意图中所注盘管长度和间距（可用 a、b、H 等表示），可以按上述（4）进行比较。

⑥ 注意一下卫生间、厨房、盥洗间、给排水立管及通气立管的具体位置和编号，并与给排水大样图上的立管位置及编号相对照。

4. 一层干管平面图的阅读

阅读一层干管平面图时，对于采暖方式为散热器的建筑物来说，此图通常和一层暖卫平面图放在一起，该图包括的内容比较多，应特别注意以下几点。

① 首先注意采暖的入口位置，并与系统图上的入口位置相对照，可通过入口所选图集，了解入口的具体做法。

② 地沟在房间内的具体布置及尺寸等，通常采用半通行地沟。

③ 地沟内干管的具体布置，以及干管与支管的连接方式。地沟内干管采用同程式系统还是异程式系统，必须注意与干管相连的最近供水立管和最远供水的立管的位置。与回水干管相连的最远回水立管和最近回水立管的位置。因为通常我们采用同层式系统，供水立管位于最远端，其回水立管必为最近端。

④ 检查口的具体位置及大小。

⑤ 消防干管的具体布置及与消防立管的连接方式，消防管道的入口有几个，通常对于室内消火栓超过 10 个且室内消防用水量大于 15L/s 时，室内消防给水管道至少应有两条进水管与室外环状管网相连接，并应将室内管道连成环状或将进水管与室外道连成环状。

⑥ 与排水管相连的排出管的位置及编号，通常用 P1 表示，注意排出管应与煤气入口有一定安全距离。

5. 中间层平面图的阅读

阅读中间层（标准层）平面图应注意如下几点。

① 首先与一层平面图进行采暖立管的对比，再进行散热器片数和位置的比较，以及地辐射盘管间距和盘管长度的比较。对于相同面积、相同功能的房间来说，通常中间层（标准层）房间的暖气片数要比一层的少，盘管间距要比一层的大。

② 与一层平面图中给排水立管及通气立管的位置进行比较。

③ 与一层平面图中消防立管及消火栓的位置、手提灭火器的位置进行比较。

6. 顶层平面图的阅读

阅读顶层平面图时，应把相应的采暖给排水立管、散热器、消防立管等与一层平面、中间层平面进行比较，对于相同面积、相同功能的房间来说，通常顶层的散热器片数要比底层的多，盘管间距比底层的小。

7. 采暖系统图的阅读

阅读采暖系统图时，应注意如下几点。

① 系统图绘制时，主要根据三条轴线，水平线反映左右位置，垂直线反映上下位置，45°斜线反映前后位置。如图 1-31所示。

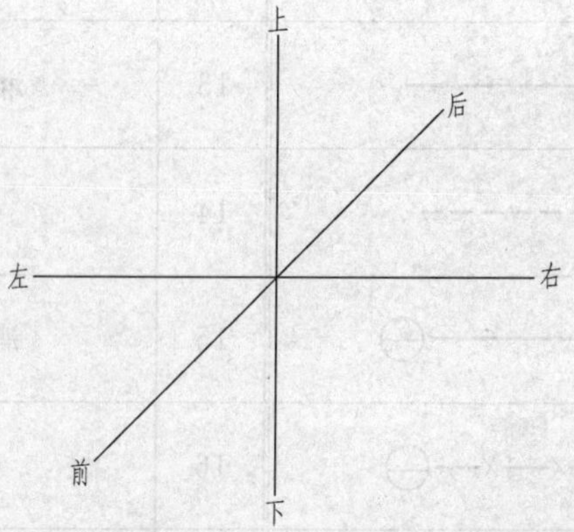

图 1-31　轴线示意

② 从采暖入口看起，并与一层平面入口相对照，进一步了解入口的具体做法。

③ 注意系统图中所标注层高及标注位置，进而确定各层地面位置及标高。

④ 与各层平面相对应的供回水立管散热器片数相对照，并把各层中的立管、散热器连接方式相对照，进一步了解立管、支管在前后、左右、上下的变化关系，注意立管的拐弯，连接散热器的支管向前、向后、向上、向下的拐弯。

⑤ 对于地辐射建筑采暖的建筑应注意供水支管设阀门、过滤器、热表，而回水支管仅设阀门。

⑥ 一层以上楼梯间散热器的放置位置及楼梯间散热器的具体采暖形式。

⑦ 散热器支管管径的标注，立管管径的标注。

⑧ 供回水干管管径的标注，从供水立管的最远端开始看起（供水干管管径最小的地方）直到供水立管最近端（供水干管管径最大的地方），回水干管也采用同样的方法。

⑨ 注意供回水干管入口处管径的大小。

⑩ 采暖系统图中附件的位置及型号，如散热器支管、供回水立管和干管上的阀门及旁通管、泄水阀等的位置，集气罐或自动排气阀的位置，管道支吊架的位置，伸缩器的位置，型号等。

8. 排水系统图的阅读

阅读给排水系统图应注意以下几点。

① 给水系统图中，市政给水的入口，给水干管的具体布置并与一层干管平面图中给水干管的具体布置相对照。

② 注意系统图中所标注层高及标注位置，进而确定各层地面位置及标高。

③ 与给排水大样图及各层平面图中立管和卫生洁具，以及立管与卫生洁具的连接方式相对照，注意给排水支管与立管的管径。

④ 水表的位置和规格。

⑤ 给水系统图中干管的管径。

⑥ 排水系统中排出管的位置方向，并与一层干管平面图相对照，注意排出管的管径、坡度以及标高等。

⑦ 排水系统图中伸顶通气管出屋面的高度。

⑧ 排水系统图中检查口、清扫口的位置。

9. 消防系统的阅读

阅读消防系统应注意以下几点。

① 消防系统入口与一层干管平面图相对照。

② 注意系统图中所标注层高及标注位置，进而确定各层地面位置及标高。

③ 把消防立管、消火栓位置与各层平面图相对照。

④ 消火栓的规格，所用水枪的大小，水龙带的长度。

⑤ 消防立管、干管的管径。

⑥ 消防立管、干管，阀门的位置以及泄水阀的位置，消防水泵结合器的位置及标高。

三、绘制水暖施工图时常用的图线及图例

水暖施工中常用的图线、图例如表 1-7 所示。

表 1-7　水暖施工中常用的图线、图例

序号	名　　称	图　　例	序号	名　　称	图　　例
1	采暖供水管		13	淋浴喷头	
2	采暖回水管		14	浴盆	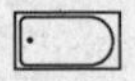
3	生活给水管		15	消火栓箱	
4	消火栓给水管	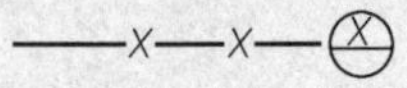	16	灭火器	
5	生活排水管		17	闸阀 1　截止阀	
6	坐式大便器		18	蝶阀	
7	蹲式大便器		19	自动排气阀	
8	普通洗脸盆		20	检查口	
9	台面式洗脸盆		21	清扫口	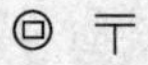
10	拖布池		22	通气帽	
11	落地式小便器		23	散热器	
12	方形地漏				

第六节　电气施工图的识读

一、电气施工图概况

（一）建筑电气工程施工图的分类

建筑电气工程施工图是以统一规定的图形和文字符号辅以简单扼要的文字说明，把建筑中电气设备安装位置、配管配线方式、安装规格、型号，以及其他一些特征和它们相互之间的联系表示出来的一种图样。一个电气工程的规模有大有小，不同规模的电气工程，其图纸的数量和种类是不同的，常用的电气工程施工图有以下几类。

1. 目录、说明、图例和设备材料明细表

(1) 图纸目录　包括序号、图纸名称、编号和张数等。

(2) 设计说明（施工说明）　主要阐述电气工程设计的依据、施工原则和要求、建筑特点、电气安装标准、安装方法、工程等级和工艺要求等，以及有关设计的补充说明。

(3) 图例　即图形符号，一般只列出本套图纸中涉及的一些图形符号。

(4) 设备材料明细表　列出了该项电气工程所需要的设备和材料的名称、型号、规格和数量，供设计概算和施工预算时参考。

2. 电气系统图

电气系统图是用电气符号或带注释的框，概略表示该系统或分系统的基本组成，各个组成部分之间的相互关系、连接方式，各组成部分的电器元件和设备的主要特征。

通过系统图可以了解工程的全貌和规模，但它只表示电气回路中各元件的连接关系，不表示元件的具体情况、安装位置和接线方法。

系统图是电气施工图中最重要的部分，是学习识图的重点。

系统图有变配电系统图、动力系统图、照明系统图和弱电系统图等。

3. 电气平面图

电气平面图是通过一定的图形符号、文字符号具体地表示所有电气设备和线路的平面位置、安装高度，设备和线路的型号、规格，线路的走向和敷设方法、敷设部位。它是进行电气安装的主要依据。

常用的电气平面图有变配电所平面图、动力平面图、照明平面图、防雷平成图、接地平面图和弱电平面图等。平面图按工程内容的繁简每层绘制一张或数张。

4. 设备布置图

设备布置图是表示各种电气设备的平面与空间相互关系及安装方式的图纸。通常由平面图、剖面图及各种构件详图等组成。

5. 安装接线图

安装接线图又称安装配线图，是用来表示电气设备、电气元件和线路的安装位置、配线方法、接线方法、配线场所等特征的图纸，通常用来指导安装、接线和查线。

6. 电气原理图

电气原理图是表示某一具体设备或系统的电气工作原理的图纸。它是按照各个部分的动作原理采用展开法来绘制的。通过分析原理图，可以清楚地了解整个系统的动作顺序。

电气原理图不能表明电气设备和器件的实际安装位置和具体的接线，但可以用来指导电气设备和器件的安装、接线、调试、使用与维修。

7. 详图

详图是表示电气工程中某一部分或某几部分的具体安装要求和做法的图纸。

以上所列是一般工程中电气设计施工图的内容。在一个具体工程中，往往可以根据实际情况适当增加某些图或省略某些图。

（二）建筑电气工程项目的分类及简介

1. 项目分类

电气工程是指某建筑的供电、用电工程，它通常包括以下几项内容。

(1) 外线工程　室外电源供电线路，主要是架空电力线路和电缆线路。

(2) 变配电工程　由变压器、高低压配电柜、母线、电缆、继电保护与电气计量等设备构成的变配电所（室）。

(3) 室内配线工程　主要有线管配线、桥架线槽配线、瓷瓶配线、钢索配线等。

(4) 电力工程　各种风机、水泵、电梯、机床、起重机等动力设备（各种类型的电动机）及控制器与动力配电箱。

(5) 照明工程　照明灯具、开关、插座、电扇和照明配电箱等设备。

(6) 防雷工程　建筑物、电气装置和其他设备的防雷设施。

(7) 接地工程　各种电气装置的工作接地和保护接地系统。

(8) 弱电工程　消防报警系统、安保系统、广播和闭路电视系统、综合布线，以及智能化建筑系统等。

(9) 自备发电工程　一般为备用的自备柴油发电机组及 EPS。

2. 项目简介

(1) 变配电工程图

① 变配电电气系统图。它表示将电能从电源输送，降压并分配到用户的电气联系图，又称为电能输送图，也称电气主接线图或一次设备接线图。它所描述的内容是系统的基本组成和主要特征，略去了其他许多环节和设备，对内容的描述是概略的，一般采用单线图表示。

② 变配电设备布置图。它是用来表明电气设备的平面位置、空间位置、安装方式、具体尺寸和线路的走向等，由平面图、立面图和剖面图等组成。

③ 二次设备原理图。它是用来反映变配电系统中二次设备的继电保护、电气测量、信号报警、控制及操作等系统工作原理的图纸。

④ 二次设备安装接线图。它主要用于对二次设备及线路的安装、接线、调试、查线、维护和故障处理等。

(2) 电力和照明工程图

① 电力和照明平面图。它是表示建筑物内电力设备、照明设备和配电线路平面布置的图纸，是一种位置简图。

它主要表现电力及照明线路的敷设位置，敷设方式，导线型号、截面、根数，线管的种类及线管管径，同时还标出各种用电设备（照明灯、吊扇、风机泵、插座）及配电设备（配电箱、控制箱、开关）的型号、数量、安装方式和相对位置。

② 电力和照明电气系统图。它表示建筑物内外的电力、照明及其他日用电器的供电与配电的图纸。电气系统图集中反映了电力及照明的安装容量、计算容量、配电方式，导线和电缆的型号、规格、敷设方式，穿管管径、开关及熔断器的型号、规格等。一般情况下，电力系统和照明系统分开绘制。

(3) 电气设备控制电路图　它是为了便于阅读与分析控制线路，将电器中各个元件以展开的形式绘制而成，图中元件所处位置并不按实际位置布置，并且只画出需要的电气元件和接线端子。

(4) 送电线路工程图

① 电力架空线路工程图。它既要反映架空线路的全貌，又要表明线路的某些细部结构。它由杆塔安装图、架空线路平面图、架空线路断面图、杆位明细表和电力架空线路弛度安装曲线图等组成。

② 电力电缆线路工程图。主要表现电缆敷设、安装、连接的具体位置与工艺要求。它一般由电缆敷设平面图、电缆排列剖面图和电缆施工工艺图等组成。

(5) 防雷与接地工程图

① 防雷工程图。它是建筑电气工程图中不可缺少的图纸，是用来描述防雷装置的工作原理、安装位置和保护范围等内容的电气工程图。

② 电气接地工程图。它是用来描述电气接地系统的构成、接地装置的布置及其技术要求等内容的工程图。

(6) 弱电工程图　弱电工程是现代建筑中不可缺的电气工程。现代建筑中都装有完善的弱电设施，包括火灾自动报警和联动控制装置、防盗报警装置、电视监视系统、电话电脑综合布线系统、共用天线有线电视系统、广播音响系统等。

弱电工程图通常由弱电平面图、弱电系统图和框图组成。

弱电平面图是决定装置、设备、元件和线路平面布置的图纸。

弱电系统图是表示弱电系统中设备和元件的组成及元件和器件之间相互的连接关系的图纸，主要用于指导安装施工。

弱电装置原理框图是说明弱电设备的功能、作用、原理的图纸，主要用于系统调试。

① 火灾自动报警和联动控制工程图。它是现代建筑电气工程图的重要组成部分。它是对建筑物内火灾进行监测、控制、报警、扑救的系统。一般在简化的土建图上用图形符号表示消防设备和器件，并标注文字说明，常用的图纸有系统图、平面图、原理框图等。

② 公共天线电视系统工程图。它主要由信号源、前端设备和传输分配网络等组成。其工程图主要描述系统的构成、原理和平面布置等。常用的图纸有系统图、框图、设备电路图、设备平面布置图、安装大样图等。

③ 防盗保安系统工程图。防盗保安系统是现代化管理、监测和控制的重要手段之一，用来防止无关人员非法侵入建筑物，防止盗窃，并对人员和设施进行安全保护。它主要有防盗报警系统和监视及安全管理系统两大内容，主要有防盗报警器、电子门锁、摄像机、监视器等，常用的图纸主要有防盗保安系统框图、电视监视系统框图、保安巡逻系统框图、出入管理系统框图、车库管理系统框图、防盗监视系统设备及线路平面图等。

④ 电话通信系统工程图。电话通信系统是现代建筑必须设置的一个弱电工程，它主要包括电话通信、电话传真、无线寻呼、电脑联网等。常用的图纸主要有电话配线系统框图、电话配线平面图、电话设备平面图等。

二、电气施工图的表示

(1) 常用图线　绘制电气图所用的各种线条统称为图线。常用图线见表1-8。

表1-8　图线形式及应用

图线名称	图线形式	图线应用	图线名称	图线形式	图线应用
粗实线	————	电气线路，一次线路	点划线	-·-·-·-	控制线
细实线	————	二次线路，一般线路	双点划线	-··-··-	辅助图框线
虚　线	--------	屏蔽线路，机械线路			

(2) 线路敷设方式文字符号　见表1-9。

表1-9　线路敷设方式文字符号

敷设方式	新符号	旧符号	敷设方式	新符号	旧符号
穿焊接钢管敷设	SC	G	电缆桥架敷设	CT	
穿电线管敷设	MT	DG	金属线槽敷设	MR	GC
穿硬塑料管敷设	PC	VG	塑料线槽敷设	PR	XC
穿阻燃半硬聚氯乙烯管敷设	FPC	ZYG	直埋敷设	DB	
穿聚氯乙烯塑料波纹管敷设	KPC		电缆沟敷设	TC	
穿金属软管敷设	CP		混凝土排管敷设	CE	
穿加压式薄壁钢管敷设	KBG		钢管敷设	M	

(3) 线路敷设部位文字符号　见表1-10。

表1-10　线路敷设部位文字符号

敷设方式	新符号	旧符号	敷设方式	新符号	旧符号
沿或跨梁(屋架)敷设	AB	LM	暗敷设在墙内	WC	QA
暗敷设在梁内	BC	LA	沿天棚或顶板敷设	CE	PM
沿或跨柱敷设	AC	ZM	暗敷设在屋面或顶板内	CC	PA
暗敷设在柱内	CLC	QM	吊顶内敷设	SCE	
沿墙面敷设	WS		地板或地下面敷设	F	DA

(4) 标注线路用途的文字符号　见表1-11。

表1-11　标注线路用途的文字符号

名称	常用文字符号			名称	常用文字符号		
	单字母	双字母	三字母		单字母	双字母	三字母
控制线路	W	WC		电力线路	W	WP	
直流线路		WD		广播线路		WS	
应急照明线路		WE	WEL	电流线路		WV	
电话线路		WF		插座线路		WX	
照明线路		WL					

线路的文字标注基本格式为：　　ab-c(d×e+f×g)i-jh

式中　a——线缆编号；

b——型号；

c——线缆根数；

d——线缆线芯数；

e——线芯截面，mm^2；

f——PE、N线芯数；

g——线芯截面，mm^2；

i——线路敷设方式；

j——线路敷设部位；

h——线路敷设安装高度，m。

上述字母无内容时则省略该部分。

【例1-10】 N1　BLX-3×4-SC20-WC表示有3根截面为$4mm^2$的铝芯橡皮绝缘导线，穿直径为20mm的水煤气钢管沿墙暗敷设。

用电设备的文字标注格式为：$\frac{a}{b}$

式中　a——设备编号；

b——额定功率，kW。

动力和照明配电箱的文字标注格式为：a-b-c

式中　a——设备编号；

b——设备型号；

c——设备功率，kW。

【例 1-11】 3 $\frac{\text{XL-3-2}}{35.165}$表示 3 号动力配电箱，其型号为 XL-3-2 型、功率为 35.165kW。

照明灯具的文字标注格式为：a-b $\frac{c\times d\times L}{e}$f

式中　a——同一个平面内，同种型号灯具的数量；

b——灯具的型号；

c——每盏照明灯具中光源的数量；

d——每个光源的容量，W；

e——安装高度，m；

f——安装方式；

L——光源种类（常省略不标）。

灯具安装方式文字符号见表 1-12。

表 1-12　灯具安装方式文字符号

名　称	新符号	旧符号	名　称	新符号	旧符号
线吊式	SW		顶棚内安装	CR	DR
链吊式	CS	L	墙壁内安装	WR	BR
管吊式	DS	G	支架上安装	S	J
壁装式	W	B	柱上安装	CL	Z
吸顶式	C	D	座装	HM	ZH
嵌入式	R	R			

常用电气图形符号见表 1-13。

三、电气施工图的读图提示

当对本工程已有基本了解之后，可以进行深入细致的阅读，一般按“强电”、“弱电”、“系统”、“平面”的顺序逐张阅读。应特别注意对照阅读，如平面图与系统图对照阅读，必要时可与结构图、建筑图、设施图对照阅读。

(1) 电气设计总说明的阅读　阅读电气设计总说明时，通过阅读总说明，了解工程概况、建筑面积、结构类型、负荷等级、供电要求、设计依据及动力、照明的内容和特点，弱电项目的配套及控制方式和集成化规模等，主要的施工方法及所用材料等。

(2) 电气总平面图的阅读　阅读电气总平面图时，应注意下列几点。

① 先看图样比例、图例及有关说明。注意电气（干线）总平面图上标注的强电、弱电进线位置、方式、标高以及各强、弱电箱体之间的连线走向、敷设方式。其次还要注意每个电源进线处的总等电位箱的位置标高以及各箱体是否有与上下层的竖向连线情况。

② 了解本工程是否室外立面照明及其电源的引出位置和敷设方式。

(3) 标准层平面图的阅读　阅读标准层平面图时，应注意下列几点。

① 了解标准层平面形状及房屋内部布局，房屋功能。

② 注意楼梯间（或竖井内）强、弱箱体的布置情况（可对照竖井大样图）。当无竖井时要注意电气与水暖系统、通风系统、消防系统预留洞口间的关系，这些洞口是否存在碰撞问题，思考施工的难易程度。

③ 注意室内灯具、开关、强、弱电控制箱、插座的位置和安装方式及标高，明确卫生间的局部等电位连接端子箱的位置标高。

(4) 顶层电气平面图的阅读　阅读顶层电气平面图时，应注意的内容如下。

① 顶层平面图不仅反映本层配电情况而且还要反映屋顶的广告照明风机、电梯及水箱间等的配电情况。

② 注意屋面的防雷平面图中避雷针（网、带）的布置情况和敷设方式，明确防雷引下线的位置，并且要求突出屋面的金属通风管、排气管等均与避雷网相连。

(5) 防雷接地平面图的阅读

① 首先搞清接地的方式，一般均为联合接地系统，即工作接地、弱电接地、防雷接地等共用一个接地系统，接地电阻要求小于 1 欧，接地极除利用自然接地极外，一般还需补做人工环网接地。进而要搞清人工接地极接地线所用的材料及规格。

② 明确各接地系统的接地干线与接地网的连接位置及在立面上防雷引下线的断接测试盒的设置位置、标高、尺寸等。

表 1-13　常用电气图形符号

序号	名　称	图例	型号、规格、做法说明	序号	名　称	图例	型号、规格、做法说明
1	变压器（双绕组）		或：	16	开关一般符号	形式一　形式二	
2	变电所、配电所	规划的：	运行的：	17	断路器		
3	杆上变电所	规划的：	运行的：	18	隔离开关		
4	移动发电站	规划的：	运行的：	19	三极熔断器式隔离开关		
5	屏、台、箱、柜一般符号			20	负荷开关		
6	电力或照明配电箱		画于　墙外为明装 墙内为暗装	21	各种灯具一般符号		
7	照明配电箱（屏）		画于　墙外为明装 墙内为暗装	22	球形灯		
				23	天棚灯		
8	交流配电盘（屏）			24	荧光灯		
9	多种电源配电箱		画于　墙外为明装 墙内为暗装	25	弯灯		
				26	壁灯		
10	熔断器一般符号			27	在专用电路上的事故照明灯		
11	电铃			28	局部照明灯		
12	防水防尘灯			29	信号灯一般符号		
13	防爆灯						
14	跌开式熔断器			30	投光灯一般符号		
15	多极开关一般符号	单线表示　多线表示		31	单相插座	(1)　(2)　(3)　(4)	(1)一般（明装） (2)密闭（防水） (3)防爆 (4)暗装

续表

序号	名称	图例	型号、规格、做法说明
32	带保护接点的插座(1) 单相插座带接地插孔(2)、(3)、(4)	(1) (2) (3) (4)	(1)带保护接点的插座 (2)密闭(防水) (3)防爆 (4)暗装
33	三相插座带接地插孔	(1) (2) (3) (4)	(1)一般(明装) (2)密闭(防水) (3)防爆 (4)暗装
34	单极开关	(1) (2) (3)	(1)明装 (2)暗装 (3)密闭(防水)
35	双极开关	(1) (2) (3)	(1)明装 (2)暗装 (3)密闭(防水)
36	拉线开关(单极)		
37	双控开关(单极三线)		
38	开关一般符号		
39	风扇一般符号(示出引线)	∞	
40	绕组间有屏蔽的双绕组单相变压器	形式一	形式二
41	自耦变压器	形式一	形式二
42	交流发电机	G	
43	交流电动机	M	
44	可拆卸的端子	⌀	
45	电钟		
46	端子板(示出带线端标记的端子板)	11 12 13 14 15 16	
47	盒(箱)一般符号		
48	连接盒或接线盒		
49	配电线路一般符号		

序号	名称	图例	型号、规格、做法说明
50	架空线路,画杆时		
51	柔软导线		
52	中性线		文字符号为:N
53	保护线		文字符号为:PE
54	电缆铺砖保护		
55	滑触线		
56	接地装置(无接地极)		
57	接地装置(有接地极)		
58	电缆中间接线盒		
59	电缆穿管保护		注:可加文字符号表示其规格数量
60	配线	(1) (2) (3)	(1)向上配线 (2)向下配线 (3)垂直通过配线
61	接地一般符号		
62	避雷器		
63	避雷针		
64	50V及以下电力及照明线路		
65	控制及信号线路(电力及照明用)		
66	一般电杆	$a\frac{b}{c}$	a—编号;b—杆型;c—杆高
67	带照明灯的电杆 (1)一般画法; (2)需要表示灯具投照方向时	(1) $a\frac{b}{c}Ad$ (2) $a\frac{b}{c}Ad$	a—编号;b—杆型;c—杆高;A—连接相序;d—容量

续表

序号	名称	图例	型号、规格、做法说明
68	带拉线电杆		
69	带撑杆电杆		
70	带高桩拉线电杆		
71	导线根数	(1) (2) (3) (4) (5) n	(1)单根 (2)2根 (3)3根 (4)4根 (5)*n*根

序号	名称	图例	型号、规格、做法说明
72	安装或敷设标高/m	(1) ±0.000 (2) ±0.000	(1)用于室内平面、剖面图 (2)用于总平面图上的室外地面
73	千瓦小时表	kWh	用虚线表示为表位
74	继电器、接触器和磁力启动器的线圈		
75	按钮一般符号		

第二章　工 程 实 例

第一节　实例一　×××房地产开发有限责任公司——×××住宅小区×××别墅

×××住宅小区×××别墅

工程地点　　内蒙古××县×××乡
设计编号　　××××-××
设计阶段　　施工图
设计证书编号　　××××××-××

院　　长 ____________
总工程师 ____________

×××××建筑勘察设计有限公司
××××年××月

建 筑 设 计 说 明

一、设计依据

（一）文件依据

《委托设计合同书》及甲方提供的有关要求。

（二）设计依据

根据国家及内蒙古自治区颁发的现行规范、规程、工程设计标准：

(1)《民用建筑设计通则》GB 50352—2005

(2)《住宅设计规范》GB 50096—1999（2003）

(3)《住宅建筑规范》GB 50368—2005

(4)《城市道路和建筑物无障碍设计规范》JGJ 50—2001

(5)《民用建筑热工设计规范》GB 50176—93

(6)《屋面工程技术规范》GB 50345—2004

(7)《建筑玻璃应用技术规程》JGJ 113—2009

(8)《建筑安全玻璃管理规定》发改运行［2003］2116 号

(9)《建筑内部装修设计防火规范》GB 50222—1995

(10)《民用建筑外保温系统及外墙装饰防火暂行规定》 公通字［2009］46 号

(11)《严寒和寒冷地区居住建筑节能设计标准》JGJ 26—2010

(12) 标准作法选自内蒙古《05J系列建筑标准设计图集》和国家建筑标准设计图集

二、设计范围

本次施工图内容不包括特殊装修构造、景观设计、高级二次精装修及智能化设计。当有其他具备资质的设计单位参与设计涉及本工程消防及建筑安全等问题时，其设计图纸必须取得我院认可。

三、工程概况

1. 工程名称：×××别墅。
2. 建设单位：内蒙古××××××有限公司
3. 建设地点：内蒙古××县×××乡。
4. 本（子项）工程建筑面积：372m²。
5. 建筑层数：地上 2 层。
6. 建筑高度（从室外地面至屋面檐口）：7.5m。
7. 建筑类别：二类。
8. 建筑使用性质：住宅。
9. 建筑设计使用年限：50 年。
10. 结构形式：砖混结构。
11. 结构抗震设防类别为丙类，抗震设防烈度：7 度。
12. 建筑耐火等级：二级。
13. 屋面防水等级：Ⅱ级。
14. 建筑设计标高：±0.000 相当于绝对标高现场定，室内外高差为 0.90m。
15. 本工程内部装修只做到初装修，装修做法详见“工程做法表”。
16. 本工程全套施工图纸须经消防、规划等政府职能部门以及施工图审查单位审查通过后方可施工。

四、尺寸标注

1. 所有尺寸均以图示标注为准，不应在图上度量。
2. 总平面图示尺寸、标高及其余尺寸均以“米”为单位。
3. 单体建筑设计中，标高以“米”为单位，其余尺寸以“毫米”为单位。
4. 除图中注明外，建筑平、剖、立面所注标高为建筑完成面标高，屋面为结构标高。
5. 门窗所注尺寸为洞口尺寸。

五、墙体工程

1. 外墙：外墙为 370 厚黏土空心砖墙；内墙：住宅户内隔墙为 240 厚黏土空心砖墙，局部隔墙为 200 厚陶粒混凝土砌块。
2. 墙身防潮层：在室内地坪下约 60 处做 20 厚 1∶2.5 水泥砂浆内加 5%防水剂的墙身防潮层（在此标高为钢筋混凝土构造，或下为砌石构造时可不做），当室内地坪变化处防潮层应重叠在距相应的室内坪下约 60 处做水平防潮层，并在高低差埋土一侧墙身做 20 厚 1∶2.5 水泥砂浆防潮层，埋土侧为室外的还应刷 1.5 厚聚氨酯防水涂料（或其他防潮材料）。
3. 凡水、电、暖、风管道穿墙及楼板时均需预留孔或预留套管，不得后凿，为保证设备管道留洞正确，大于 ϕ300 的预留孔均在结构图标注预留洞位置，请土建密切配合安装，核对各专业图纸预留或预埋。
4. 预留洞的封堵：混凝土墙留洞的封堵见结施，其余砌筑墙留洞待管道设备安装完毕后，用 C20 细石混凝土填实。
5. 若配电箱、消火栓等预留洞深同墙厚时，背面应做钢丝网粉刷，网宽每边大于洞口≥200，所有管道砌筑时，应确保砂浆饱满，其内侧采用 M5 混合砂浆随砌随抹平。
6. 卫生间四周墙体下部（门洞处除外）楼地面 150 高处用与墙同宽的 C20 混凝土浇捣。
7. 不同墙体材料的连接处均应按结构构造配置，详见结构图，砌筑时应相互搭接不能留通缝，做粉刷时应加设不小于 300m 宽的钢丝网。
8. 凡墙内预埋木砖均需作防腐处理，预埋铁件均需除锈处理，刷防锈漆两道。

六、门窗工程

1. 本工程门窗采用断桥铝合金单框中空双玻窗（6＋12A＋6），气密性能、水密性能、建筑外门窗抗风压性能由厂家计算，气密性能、水密性能、保温性能、隔声性能应严格执行国家有关质量规范及内蒙古自治区的有关法规。

(1) 窗户的气密性能不应低于国家标准 GB/T 7106—2008 规定的 6 级水平。

(2) 窗户的水密性能不应低于国家标准 GB/T 7106—2008 规定的 5 级水平。

(3) 窗户的保温性能不应低于国家标准 GB/T 8484—2008 规定的 7 级水平。

2. 门窗玻璃的选用应遵照《建筑玻璃应用技术规程》JGJ 113 和《建筑安全玻璃管理规定》发改运行［2003］2116 号及地方主管部门的有关规定。
3. 本建筑需要以玻璃作为建筑材料的下列部位必须使用安全玻璃：

(1) 面积大于 1.5m² 的窗玻璃或玻璃底边离最终装修面小于 500mm 的落地窗；

(2) 幕墙（全玻幕除外）；

(3) 室内隔断、浴室围护和屏风；

(4) 建筑物的出入口、门厅等部位；

(5) 易遭受撞击、冲击而造成人体伤害的其他部位。

4. 门窗立面均表示洞口尺寸，门窗加工尺寸要按照装修面厚度由承包商予以调整。
5. 门窗立樘：外门窗立樘详墙身节点图，内门窗立樘除图中另有注明者外，双向平开门及单向平开门立樘墙中，管道竖井门设 C15 混凝土门槛，高 300。
6. 当甲方要求采用特殊型号的门窗时，请提供样本及有关技术指标经设计单位确认后订货。
7. 门窗选料、颜色、玻璃见“门窗表”附注，门窗五金件由业主提供。
8. 门窗油漆除注明者外，木门均为一底二度，颜色做色板订。
9. 各类门窗必须按照当地风压情况和抗震烈度要求进行强度及安全性指标核算后，采取加强措施才能进行安装。

七、屋面防水工程

(1) 本工程屋面防水等级Ⅱ级，防水层合理使用年限 15 年，屋面防水层采用（3＋4）SBS 防水改性沥青防水卷材。

(2) 屋面构造做法见室外工程做法表：雨篷等见各层平面图及有关详图。

(3) 屋面排水组织见屋顶平面图，雨水管位置见屋顶平面图，雨水管为 *DN*100 镀锌钢管雨水管。

(4) 卫生间、厨房排气道出屋面见屋面排水图，做法参见 05J5-1-26-3，通风应高出屋面泛水 250mm。

(5) 屋面防水工程应严格按照《屋面工程技术规范》GB 50345—2004 进行施工，屋面与女儿墙转角处加≥300 宽附加防水卷材。

(6) 屋面工程的防水层应由经资质审查合格的防水专业队伍进行施工。

八、外装修工程

1. 外装修设计和做法索引见“立面图”及外墙详图。
2. 承包商进行二次设计的轻钢结构、饰物等，经确认后须向建筑设计单位提供预埋件的设置要求。
3. 外装修选用的各项材料其材质、规格、颜色等，均由施工单位提供样板，经建设和设计单位确认后进行封样，并据此验收。
4. 本工程外装修材料为涂料饰面，所有材料的颜色要求提供样板，由建设单位认可。

九、内装修工程

1. 室内装修材料选用应符合《建筑内部装修设计防火规范》GB 50222—1995，楼地面部分执行《建筑地面设计规范》GB 50037—1996，有关材料均选用不燃烧材料，须经防腐、防锈和防火处理，明露及未露明的金属构配件，须经防腐、防锈处理。铝合金须做氧化镀膜处理。
2. 楼地面构造交接处和地坪高度变化处，除图中另有注明者外均位于齐平门扇开启面处。
3. 凡设有地漏房间应做防水层，图中未注明整个房间做坡度者，均在地漏周围 1.8m 范围内做 1%坡度坡向地漏；卫生间的楼地面应做闭水试验，有防水要求房间穿楼、板立管应预埋防水套管，并高出楼地面 30mm，套管与立管间用建筑密封膏填实。有水房间的楼地面应低于相邻房间≥20mm 或做挡水门槛。
4. 洗衣机地漏处 1000×1000 范围内做防水。
5. 室内混合砂浆抹灰墙面、柱和墙阳角，均做宽 100，高 2000，20 厚的 1∶2 水泥砂浆护角。
6. 窗台板均为花岗岩，板厚 30，板宽伸出内墙面 50，板长同洞口宽，板端磨光。所有窗台高度低于 900 的窗均加护窗栏杆，做法详：06J403-1-78-H3 型（垂直杆件间距≤110）。
7. 内装修选用的各项材料，均由施工单位制作样板和选样，经确认后进行封样，并据此验收。
8. 建设单位欲进行精装修的房间由建设单位另行委托专业公司设计，本施工图中的材料做法仅作为参考。

十、油漆涂料工程

1. 室内装修所采用的油漆涂料部位见“室内装修表”。
2. 内木门窗油漆选用高级油漆，做法为 05J1 涂 2（含门套构造）。
3. 室内楼梯、落地窗护窗钢栏杆选用不锈钢，做法为 06J403-1-78-H3 型（垂直杆件间距≤110）。
4. 室内外各项露明金属件的油漆为刷防锈漆 2 道后再做同室内外部位相同颜色的漆，做法详见：05J1-24。
5. 各项油漆均由施工单位制作样板，经确认后进行封样，并据此进行验收。

十一、室外工程（室外设施）

室外台阶做法详见：05J9-1-67-1E，散水做法详见：05J9-1-57-2，所有室外坡、散水、台阶下均需加设 300 厚中砂防冻胀层。

挡墙做法详见：05J9-1-69-1。

十二、其他施工中注意事项

1. 凡平面图中未注明的尺寸均见详图，且以详图为准。
2. 索引方法：剖面索引及节点详图索引注在首层平面上，墙身节点 大样索引一般注在立面上，楼梯编号一般注在首层平面上。
3. 排水及空调安装

(1) 空调明装冷凝水管选用 05J6 (一/109)，ϕ30UPVC 排水管。

(2) 空调室外机安装位置在挑板上，位置详见户型大样图。

(3) 室内机位置及冷凝管留洞预埋在户型大样中表示。室内机安装在内墙上。

4. 本工程采用标准图集为内蒙古自治区 05 系列建筑标准设计图集和国家建筑标准设计图集。
5. 本工程所采用的建筑制品及建筑材料必须持有有关部门的质量检验证明。
6. 内外装修材料、幕墙材料、油漆、灯具、风口等，均应在施工前提供生产许可证及使用说明书，必要时由厂家进行施工技术指导，材料样板经建设单位确定后方可施工。
7. 由厂家负责详图设计的部分必须征得设计单位及建设单位同意后，并在施工前提供预留孔洞、预埋件位置及尺寸。
8. 工程施工必须严格执行《建筑安装工程及验收规范》及有关规定进行，施工各工种应紧密配合：如有问题应及时与设计单位协商解决。本图纸未经许可不得自行更改。
9. 所有设备留洞位置及尺寸均详见相应施工图纸，孔洞不得后凿。
10. 图中所选用标准图中有对结构工种的预埋件、预留洞，如楼梯、平台钢栏杆门窗、建筑配件等，本图所标注的各种留洞与预埋件应与各工种密切配合，确认无误后方可施工。
11. 两种材料的墙体交接处，应根据饰面材质在做饰面前加钉金属网或在施工中加贴玻璃丝网格布，防止裂缝。
12. 门窗过梁见结施。
13. 楼板留洞的封堵：待设备管线安装完毕后，用 C20 细石混凝土封堵密实，管道竖井每层在楼板处用耐火极限不低于同楼层混凝土楼板耐火极限的不燃性材料进行封堵。
14. 信报箱位置与形式由甲方自行安置。

<table>
<tr><td colspan="8">×××××建筑
勘察设计有限公司</td><td>业主</td><td colspan="2">×××房地产开发有限责任公司</td><td colspan="2" rowspan="2">建筑设计说明</td><td>工程编号</td><td colspan="2">××××-××-×</td></tr>
<tr><td>审批人</td><td></td><td></td><td>设计总负责人</td><td></td><td>校对人</td><td></td><td></td><td rowspan="3">工程项目</td><td colspan="2">×××住宅小区</td><td>档案编号</td><td colspan="2">××××-××-×</td></tr>
<tr><td>审定人</td><td></td><td></td><td>专业负责人</td><td></td><td>设计人</td><td></td><td></td><td colspan="2"></td><td>比例</td><td>日期</td><td>电子文件号</td><td colspan="2">××××-××-×</td></tr>
<tr><td></td><td></td><td></td><td></td><td></td><td>制图人</td><td></td><td></td><td>子项</td><td>×××别墅</td><td>1∶50</td><td>××××.××</td><td>图号</td><td>建施</td><td>01</td></tr>
</table>

工程做法表

一、楼面工程

楼1	地砖楼面800×800	120厚

1. 10厚地砖铺实拍平，稀水泥浆擦缝（用户自理）
2. 撒素水泥面（洒适量清水）
3. 20厚1∶4干硬性水泥砂浆结合层
4. 刷素水泥浆一道
5. 10厚水泥砂浆找平层
6. 60厚豆石混凝土地热采暖管卧层内设铅丝网片
7. 20厚聚苯板保温（带隔膜）
8. 现浇钢筋混凝土基板

楼2	防滑地砖楼面（防水）	140厚

1. 10厚地砖铺实拍平，稀水泥浆擦缝（用户自理）
2. 撒素水泥面（洒适量清水）
3. 20厚1∶4干硬性水泥砂浆结合层
4. 60厚豆石混凝土地热采暖管卧层内设铅丝网片
5. 20厚聚苯板保温（带隔膜）
6. SBS三遍涂膜防水层厚1.5～1.8防水层周边卷起高150
7. 15厚1∶3水泥砂浆找平层，四周抹小八字角
8. 50厚C15细石混凝土找坡不小于0.5%，最薄处不小于30
9. 现浇钢筋混凝土基板

楼3	大理石楼面	45厚

1. 20厚碎拼大理石板铺实拍平，1∶2水泥砂浆填缝，表面磨光
2. 25厚1∶4干硬性水泥砂浆
3. 素水泥浆结合层一遍
4. 钢筋混凝土板

二、地面工程

地1	地砖地面	330厚

1. 10厚地砖铺实拍平，稀水泥浆擦缝（用户自理）
2. 撒素水泥面（洒适量清水）
3. 20厚1∶4干硬性水泥砂浆结合层
4. 60厚豆石混凝土地热采暖管卧层内设铅丝网片
5. 70厚挤塑聚苯板保温（带隔膜）
6. 20厚1∶3水泥砂浆找平层
7. 150厚卵石灌浆
8. 素土夯实

地2	防滑地砖地面	395厚

1. 10厚地砖铺实拍平，稀水泥浆擦缝（用户自理）
2. 撒素水泥面（洒适量清水）
3. 20厚1∶4干硬性水泥砂浆结合层
4. 60厚豆石混凝土地热采暖管卧层内设铅丝网片
5. 70厚挤塑聚苯板保温（带隔膜）
6. SBS三遍涂膜防水层厚1.5～1.8防水层周边卷起高150
7. 15厚1∶3水泥砂浆找平层，四周抹小八字角
8. 50厚C15细石混凝土找坡不小于0.5%，最薄处不小于30
9. 20厚1∶3水泥砂浆找平层
10. 150厚卵石灌浆
11. 素土夯实

地3	大理石地面	195厚

1. 20厚碎拼大理石板铺实拍平，1∶2水泥砂浆填缝，表面磨光
2. 25厚1∶4干硬性水泥砂浆
3. 素水泥结合层一遍
4. 150厚卵石灌浆
5. 素土夯实

地4	细石混凝土地面	260厚

1. 50厚C25细石混凝土面层，内配Φ4@200双向钢筋
2. 水泥浆一道（内掺建筑胶）
3. 60厚C15混凝土垫层
4. 150厚卵石灌浆
5. 素土夯实

三、踢脚工程

踢1	大理石踢脚	40厚	120高

1. 灌20厚1∶2.5水泥砂浆
2. 20厚石质板材，水泥浆擦缝

踢2	水泥砂浆踢脚（暗踢脚）	25厚	120高

1. 15厚1∶3水泥砂浆
2. 10厚1∶2水泥砂浆

四、内墙面工程

内墙1	刮腻子墙面	17厚

1. 刮耐水柔韧腻子二道
2. 5厚1∶0.3∶2.5水泥石膏砂浆抹面压实抹光
3. 12厚1∶1∶6水泥石膏砂浆打底扫毛
4. 刷混凝土界面处理剂一道（随刷随抹底灰）

内墙2	水泥砂浆墙面	20厚

1. 15厚1∶3水泥砂浆
2. 5厚1∶2水泥砂浆

内墙3	刮腻子保温墙面	36厚

1. 刮耐水柔韧腻子二道
2. 6厚抗裂砂浆复合耐碱网布
3. 35厚挤塑聚苯板
4. 黏土多孔砖墙面（满涂专用界面处理砂浆）

五、顶棚工程

棚1	板底刮腻子	

1. 钢筋混凝土板底面清理干净
2. 刮耐水柔韧腻子二道

棚2	条型板吊顶	

1. 配套金属龙骨
2. 铝合金条型板

六、屋面工程

屋1	屋面	

1. 块瓦（加固措施详见05J5-2说明）
2. 40厚1∶3水泥砂浆卧瓦，最薄处30（内配Φ6@500×500钢筋网片）
3. 20厚1∶2水泥砂浆找平
4. 100厚挤塑聚苯板（$30kg/m^3$）
5. 20厚1∶3水泥砂浆找平层，砂浆中掺聚丙烯
6. 4mm厚SBS改性沥青防水
7. 现浇钢筋混凝土屋面板

七、外墙面工程

外墙1	贴面砖外墙面	

1. 饰面砖
2. 专用面砖粘接砂浆层
3. 专用抗裂砂浆复合热镀锌电焊网一层
4. 70厚挤塑聚苯板保温层
5. 3～5mm厚聚合物粘接砂浆层
6. 20厚1∶3水泥砂浆找平层
7. 黏土多孔砖墙体

外墙2	文化石外墙面	

1. 文化石
2. 1∶2.5抗裂砂浆
3. 镀锌钢丝网（孔距12×12）
4. 70厚挤塑聚苯板保温层
5. 3～5mm厚聚合物粘接砂浆层
6. 20厚1∶3水泥砂浆找平层
7. 黏土多孔砖墙体

说明：1. 钢筋混凝土墙体或构件抹灰前应清理干净，基层先刷一道YJ 302型混凝土界面处理剂，随刷随抹底灰。

2. 填充墙抹灰前应清理干净，基层先刷一道108胶水溶液（内掺水重25%的108胶），随刷随抹底灰。

3. 结合层所刷的素水泥浆，宜在水泥浆内掺水重5%的108胶。

室内装修表

	名称	地面	楼面	内墙	顶棚	踢脚	窗台板	窗帘盒
1	客厅 卧室餐厅	地1 毛地面（地砖用户自理）	楼1 毛地面（地砖用户自理）	内墙1	棚1	踢2	大理石窗台板（用户自理）	成品用户自理
2	厨房	地1 毛地面（地砖用户自理）	楼2 毛地面（地砖用户自理）	内墙2	棚2（用户自理）		（用户自理）	成品用户自理
3	卫生间	地2 毛地面（地砖用户自理）	楼2 毛地面（地砖用户自理）	内墙2	棚2（用户自理）		（用户自理）	成品用户自理
4	楼梯间	地3	楼3	内墙1	棚1	踢1		
5	车库	地4		内墙3	棚1	踢2		

×××××建筑勘察设计有限公司			业主	×××房地产开发有限责任公司	工程做法 室内装修表	工程编号	××××-××-×
						档案编号	××××-××-×
审批人	设计总负责人	校对人	工程项目	×××住宅小区		电子文件号	××××-××-×
审定人	专业负责人	设计人			比例 1∶50	日期 ××××.××	图号 建施 02
		制图人		子项 ×××别墅			

门 窗 大 样 图

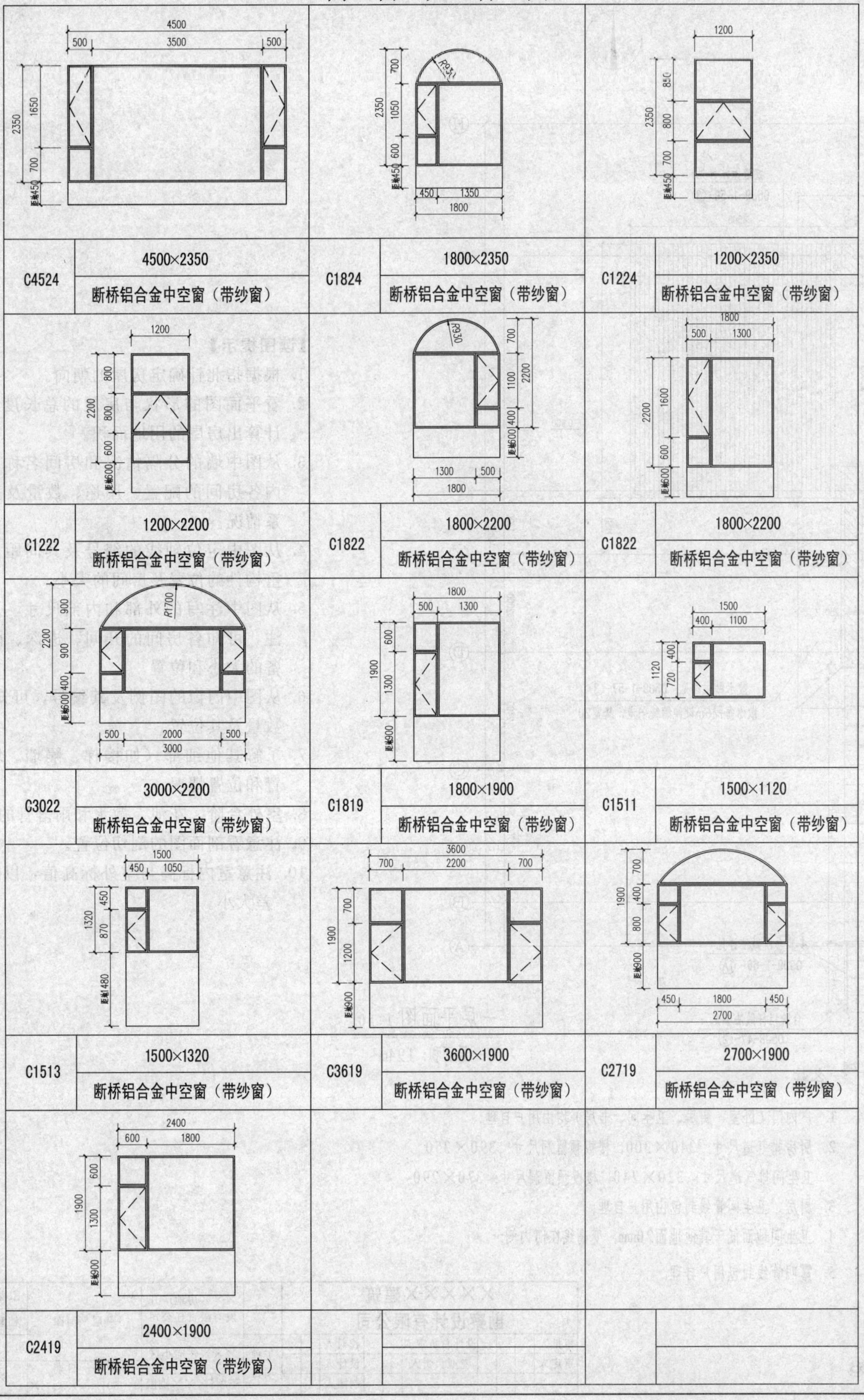

门 窗 表

类型	设计编号	洞口尺寸/mm	数量	图 集 名 称	备 注
门	M0821	800×2100	3	05J4-1-111-3MYa-0821	模压门
	M0921	900×2100	6	05J4-1-111-3MYa-0921	模压门
	M1521	1500×2100	1	三防门	用户自理
窗	C1222	1200×2200	1	详大样图	断桥铝合金中空窗
	C1224	1200×2350	1	详大样图	断桥铝合金中空窗
	C1511	1500×1120	1	详大样图	断桥铝合金中空窗
	C1513	1500×1320	2	详大样图	断桥铝合金中空窗
	C1819	1800×1900	2	详大样图	断桥铝合金中空窗
	C1822	1800×2200	2	详大样图	断桥铝合金中空窗
	C1824	1800×2350	1	详大样图	断桥铝合金中空窗
	C2419	2400×1900	1	详大样图	断桥铝合金中空窗
	C2719	2700×1900	1	详大样图	断桥铝合金中空窗
	C3022	3000×2200	1	详大样图	断桥铝合金中空窗
	C3619	3600×1900	1	详大样图	断桥铝合金中空窗
	C4524	4500×2350	1	详大样图	断桥铝合金中空窗

注：1. 本设计门窗所注尺寸均为结构洞口尺寸，厂商设计和安装门窗时应考虑墙体干挂石材后的实际尺寸，立面分格仅做参考。
2. 外门窗采用断桥铝合金单框中空双玻窗（6+12A+6）。
3. 门窗大样的强度及安全性必须符合规范要求。

×××××建筑勘察设计有限公司			业主	×××房地产开发有限责任公司	门窗表 门窗大样图	工程编号	××××-××-×
						档案编号	××××-××-×
审批人	设计总负责人	校对人	工程项目	×××住宅小区		电子文件号	××××-××-×
审定人	专业负责人	设计人			比例 1∶50 日期 ××××.××	图号	建施 03
		制图人		子项 ×××别墅			

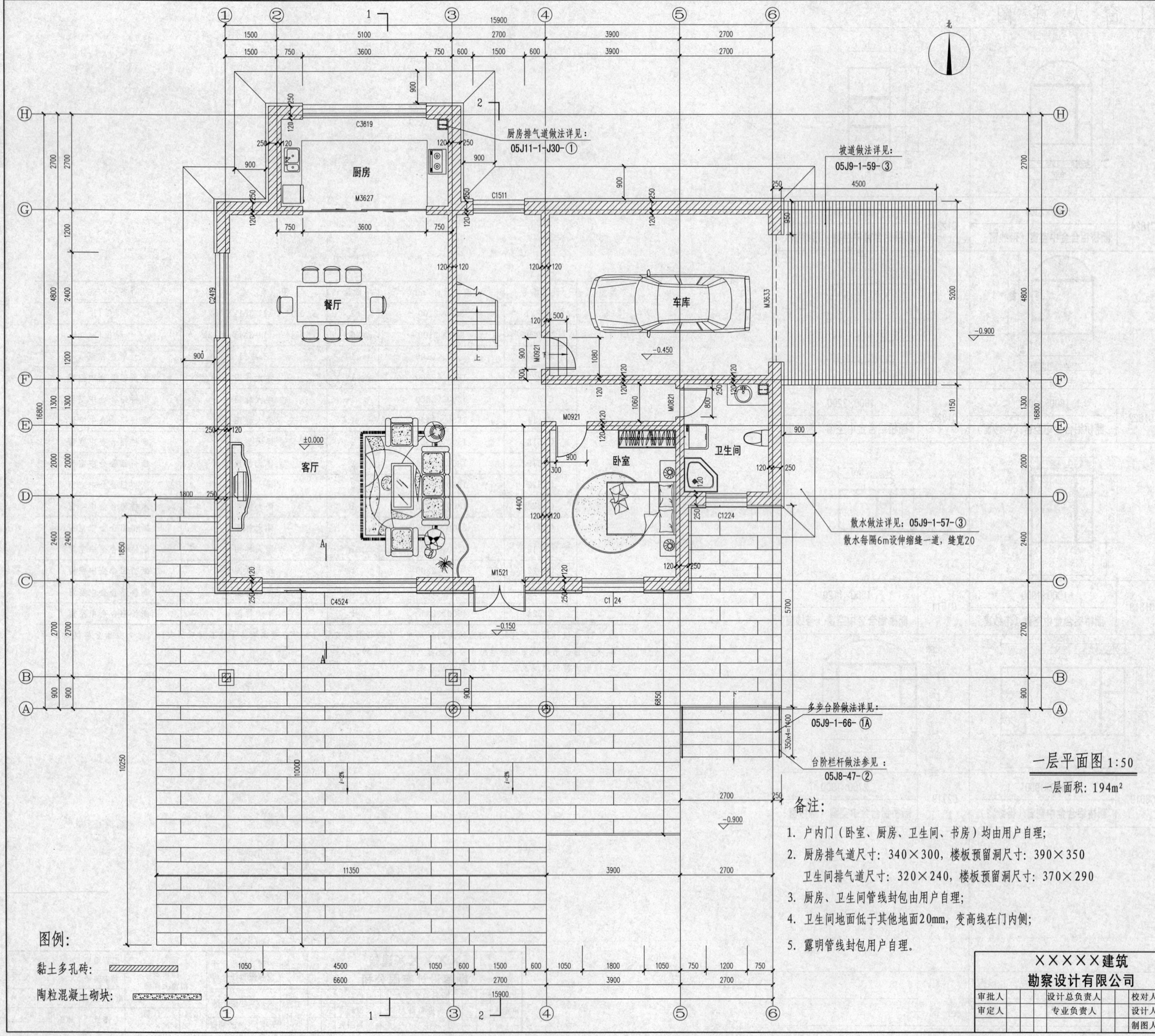

一层平面图 1:50

一层面积：194m²

【读图提示】

1. 根据指北针确定房屋的朝向。
2. 看平面图的形状与房屋的总长度、总宽度，可计算出房屋的用地面积。
3. 从图中墙的分隔情况和房间名称，可知建筑物内各房间的配置、用途、数量及其相互间的联系情况。
4. 从图中定位轴线的编号及其间距，可了解各承重构件的位置及房间的大小。
5. 从图中注写的外部和内部尺寸，及各道尺寸标注，可知各房间的开间、进深、门窗及室内设备的大小和位置。
6. 从图中门窗的图例及其编号，可知门窗的类型、数量及其位置。
7. 了解其他细部（如楼梯、隔墙、墙洞等）的配置和位置情况。
8. 室外台阶、花池、散水和雨落管的大小与位置。
9. 注意看剖面图的剖切位置。
10. 注意室内标高与室外标高值，以确定室内外高差大小。

备注：

1. 户内门（卧室、厨房、卫生间、书房）均由用户自理；
2. 厨房排气道尺寸：340×300，楼板预留洞尺寸：390×350
   卫生间排气道尺寸：320×240，楼板预留洞尺寸：370×290
3. 厨房、卫生间管线封包由用户自理；
4. 卫生间地面低于其他地面20mm，变高线在门内侧；
5. 露明管线封包用户自理。

图例：

黏土多孔砖：

陶粒混凝土砌块：

×××××建筑勘察设计有限公司			业主	×××房地产开发有限责任公司	一层平面图		工程编号	××××-××-×
审批人	设计总负责人	校对人	工程项目	×××住宅小区			档案编号	××××-××-×
审定人	专业负责人	设计人		子项 ×××别墅	比例 1:50	日期 ××××.××	电子文件号	××××-××-×
		制图人					图号	建施 04

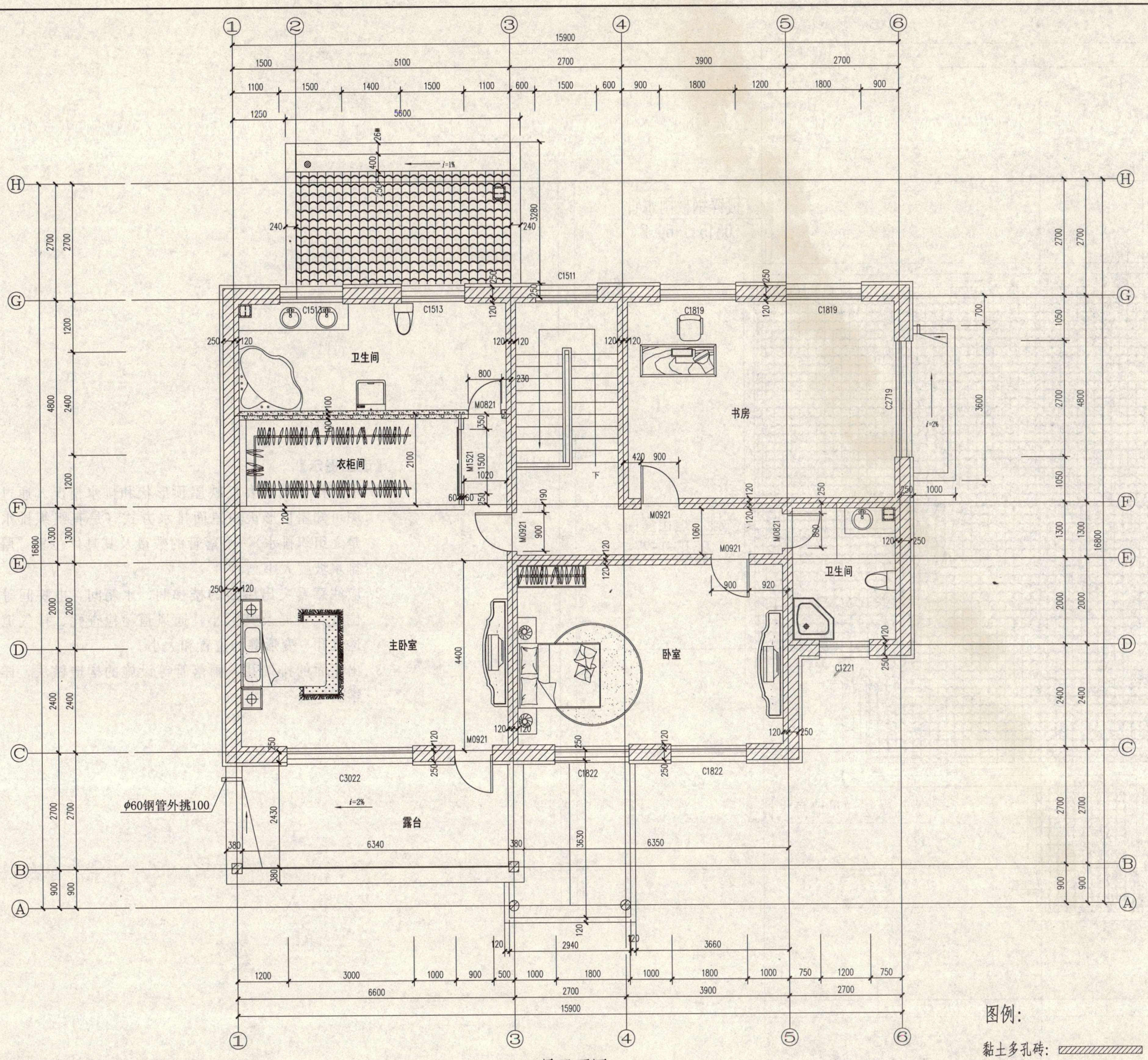

二层平面图 1:50

二层面积：178m²

【读图提示】

1. 与一层平面图相对照看房间布局与功能有何变化，与立面图、剖面图相结合看平面图中尺寸有无变化（包括房屋开间、进深尺寸变化，立面造型变化引起的尺寸变动）。
2. 注意楼面标高值。对照看各层楼面标高值，可知各层的层高；注意本层楼面标高值的变化（由于楼面做法不同，或房间地面、楼面不在同一水平位置而引起的楼面标高变化，如一般建筑物中卫生间楼面标高即低于本层其他房间的楼面标高）。
3. 在首层平面图的入口处，二层平面图中相应位置处一般设有雨篷，需注意看雨篷的数量、位置及雨篷的样式、大小、尺寸。本工程中二层的露台则兼顾雨篷的作用。

图例：

黏土多孔砖：

陶粒混凝土砌块：

×××××建筑勘察设计有限公司						业主	×××房地产开发有限责任公司	二层平面图	工程编号	××××-××-×
									档案编号	××××-××-×
审批人		设计总负责人		校对人		工程项目	×××住宅小区		电子文件号	××××-××-×
审定人		专业负责人		设计人			子项 ×××别墅	比例 1:50 日期 ××××.××	图号	建施 05
				制图人						

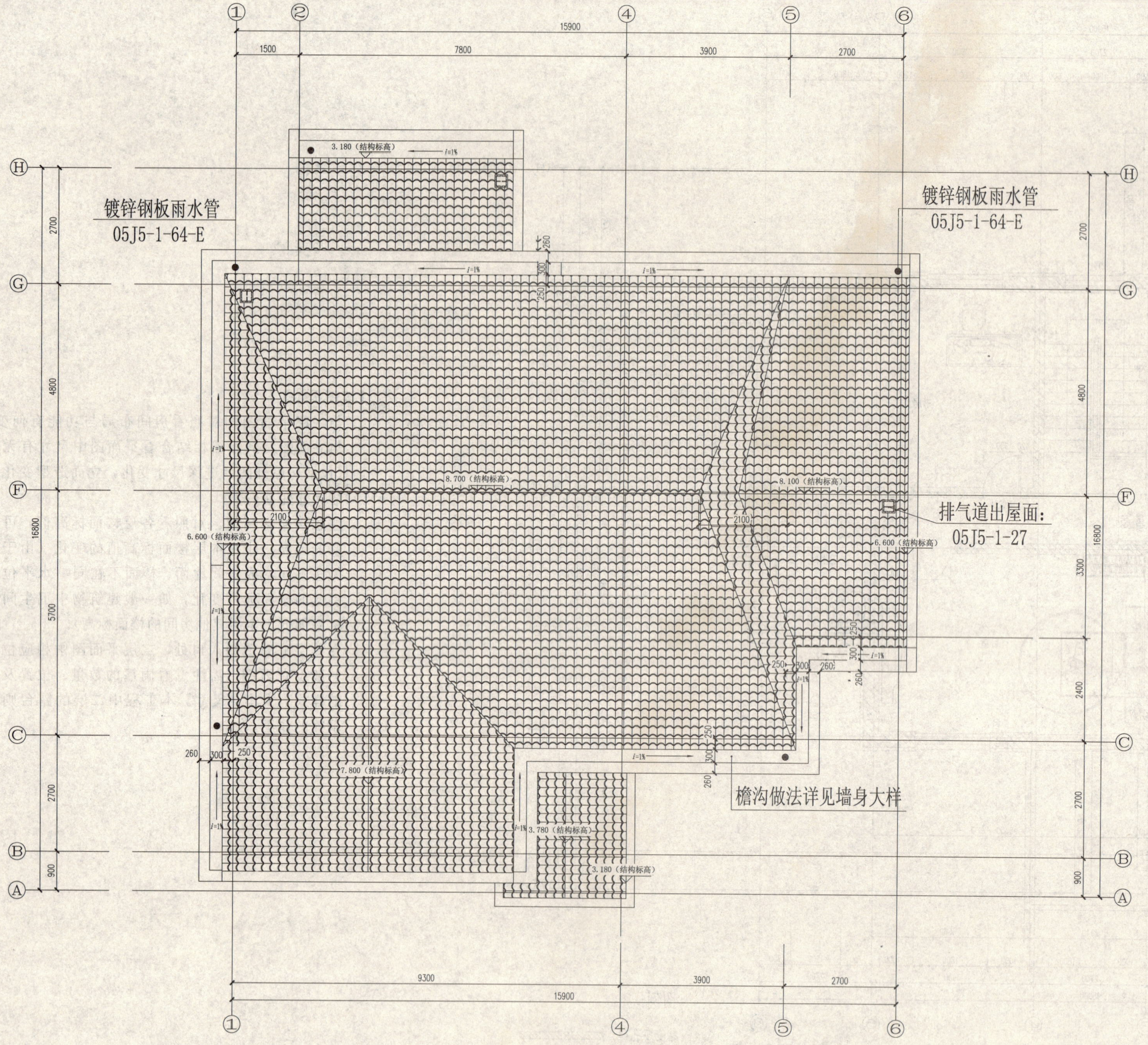

屋面排水图 1:50

【读图提示】

1. 屋面排水图主要反映屋顶形状和排水情况。通过看图可知屋顶形状和屋面排水方式（是有组织排水还是无组织排水），雨落管的数量及其具体位置，屋面排水坡度大小。
2. 应注意看突出屋面的楼梯间、水箱间、电梯间等的位置、布局及其大小；通风道、检查孔、排气道或透气孔、变形缝的位置和大小。
3. 出屋面的排气孔、雨落管等设施的构造做法、详图索引

×××××建筑勘察设计有限公司		业主	×××房地产开发有限责任公司	屋面排水图	工程编号	××××-××-×
审批人	设计总负责人	校对人			档案编号	××××-××-×
审定人	专业负责人	设计人	工程项目	×××住宅小区	电子文件号	××××-××-×
		制图人	子项 ×××别墅	比例 1:50 日期 ××××.××	图号	建施 06

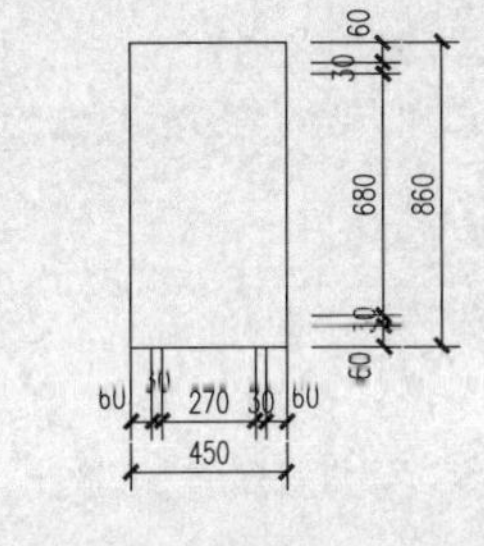

① 大样图1:50

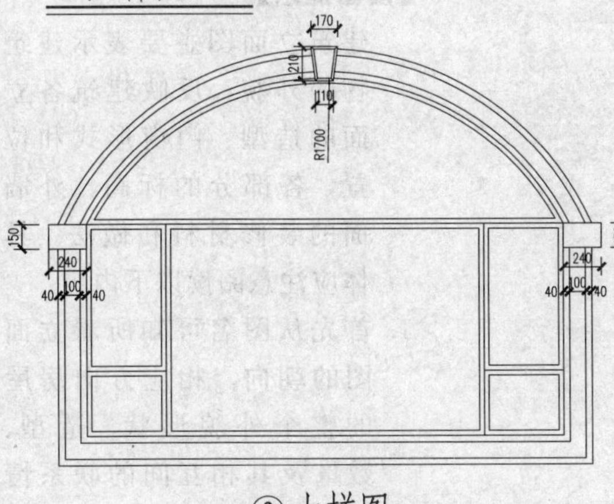

② 大样图1:50

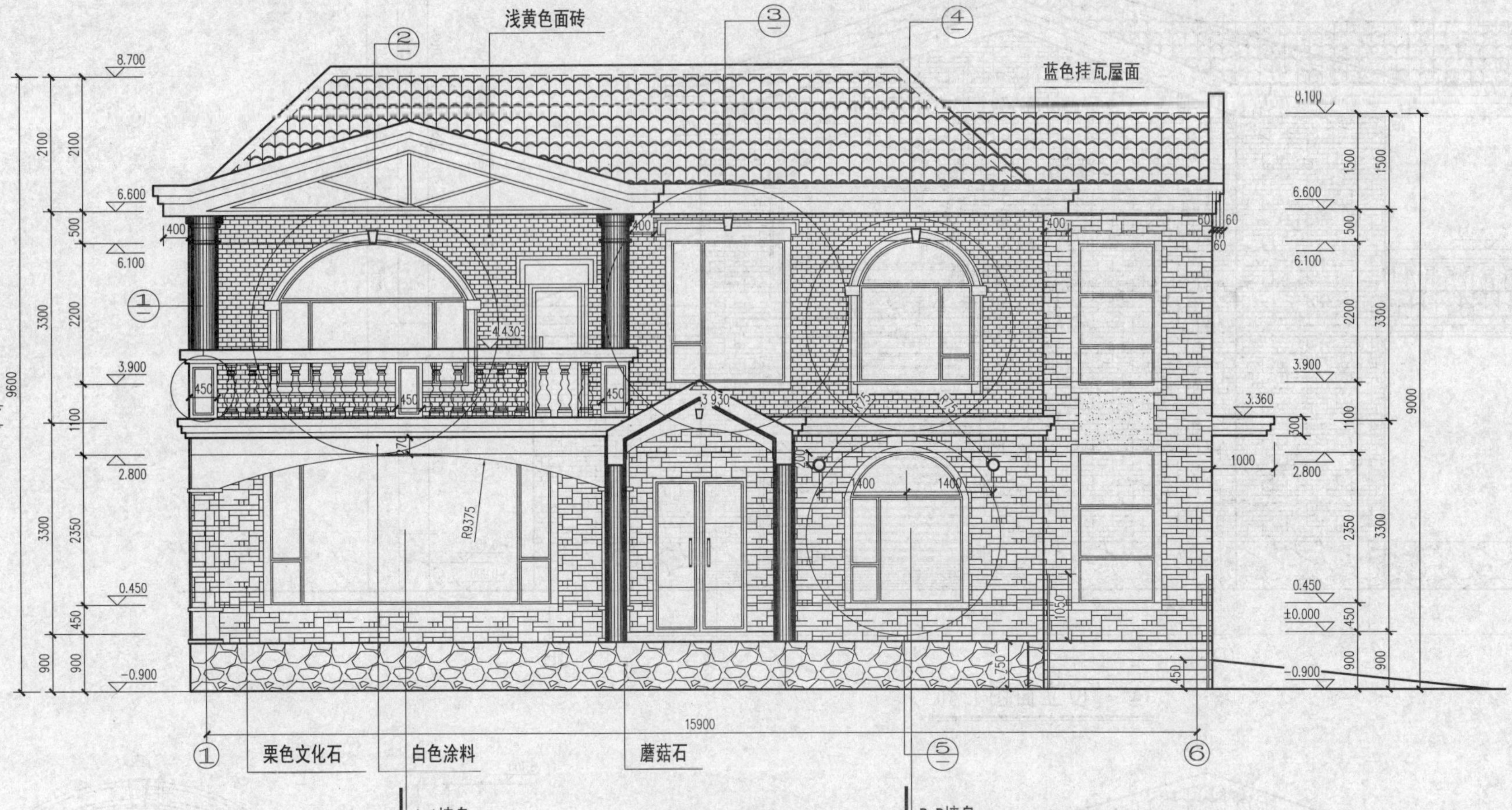

①-⑥ 立面图1:50

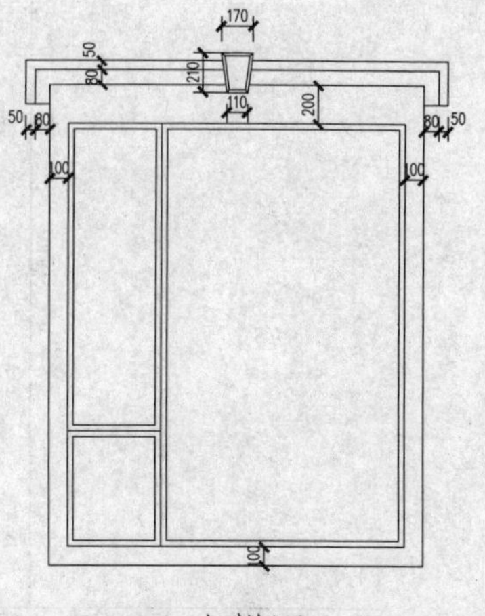

③ 大样图1:50

⑤ 大样图1:50

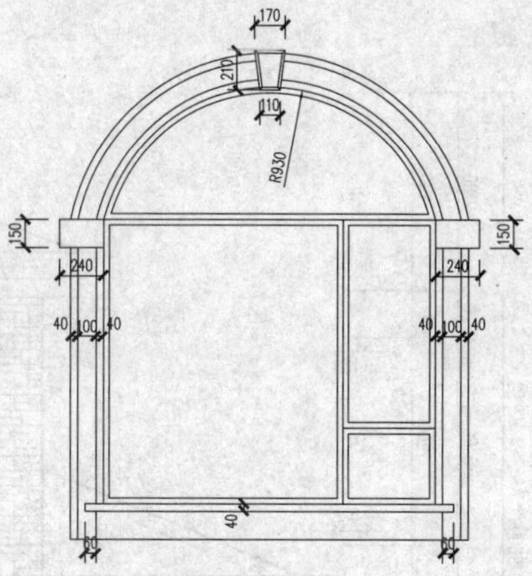

④ 大样图1:50

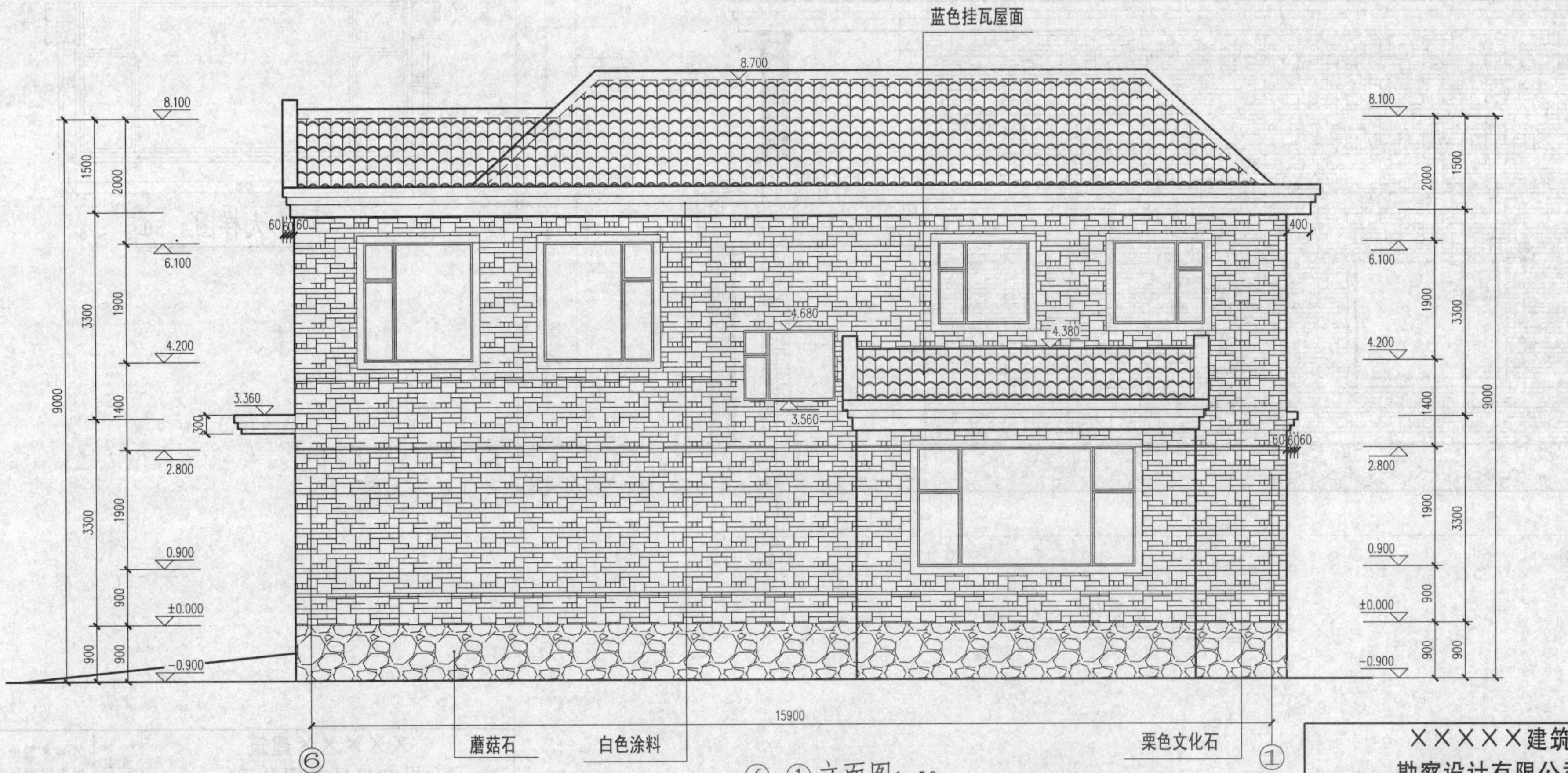

⑥-① 立面图1:50

×××××建筑 勘察设计有限公司				业主	×××房地产开发有限责任公司	①—⑥立面图 ⑥—①立面图		工程编号	××××-××-×
审批人		设计总负责人	校对人					档案编号	××××-××-×
审定人		专业负责人	设计人	工程项目	×××住宅小区	比例	日期	电子文件号	××××-××-×
			制图人		子项 ×××别墅	1:50	××××.××	图号	建施 07

Ⓐ-Ⓗ立面图1:50

Ⓗ-Ⓐ立面图1:50

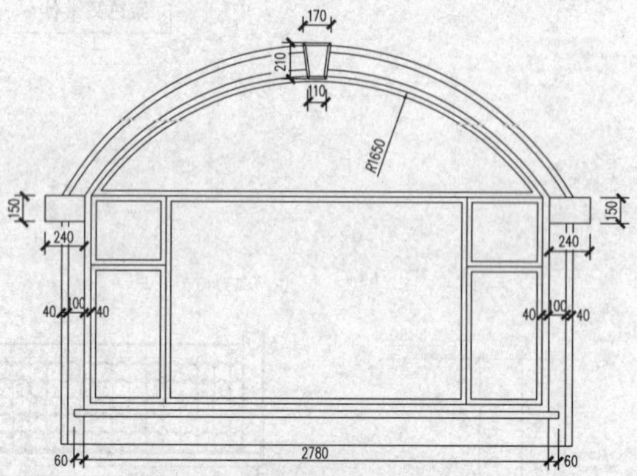

⑥大样图1:50

【读图提示】

建筑立面图主要表示建筑物的外貌，反映建筑各立面的造型、门窗形式和位置，各部分的标高、外墙面的装修材料和做法。具体应注意阅读以下内容：

1. 首先从图名可知所看立面图的朝向。相应方向房屋的整个外貌形状、造型、数量及其相互间的联系情况。该方向房屋的屋面、门窗、雨篷、阳台、台阶花池、勒脚、出屋面的楼梯间、电梯间等细部的形式和位置（可参照立面效果图来看）。
2. 阅读立面标高、立面尺寸。应注意室外地坪标高，出入口地面标高，门窗顶部、底部标高，檐口标高及雨篷、勒脚等处的标高。立面尺寸主要有表明建筑物外形高度方向的三道尺寸。即建筑物总高度、分层高度和细部高度。
3. 结合立面效果图看立面装修颜色、装修材料做法，建筑装饰物的形状、大小、位置及其做法。
4. 表明局部或外墙索引。

×××××建筑勘察设计有限公司			业主	×××房地产开发有限责任公司		Ⓐ—Ⓗ立面图 Ⓗ—Ⓐ立面图	工程编号	××××-××-×
							档案编号	××××-××-×
审批人	设计总负责人	校对人	工程项目	×××住宅小区			电子文件号	××××-××-×
审定人	专业负责人	设计人				比例 1:50	日期 ××××.××	图号 建施 08
		制图人		子项	×××别墅			

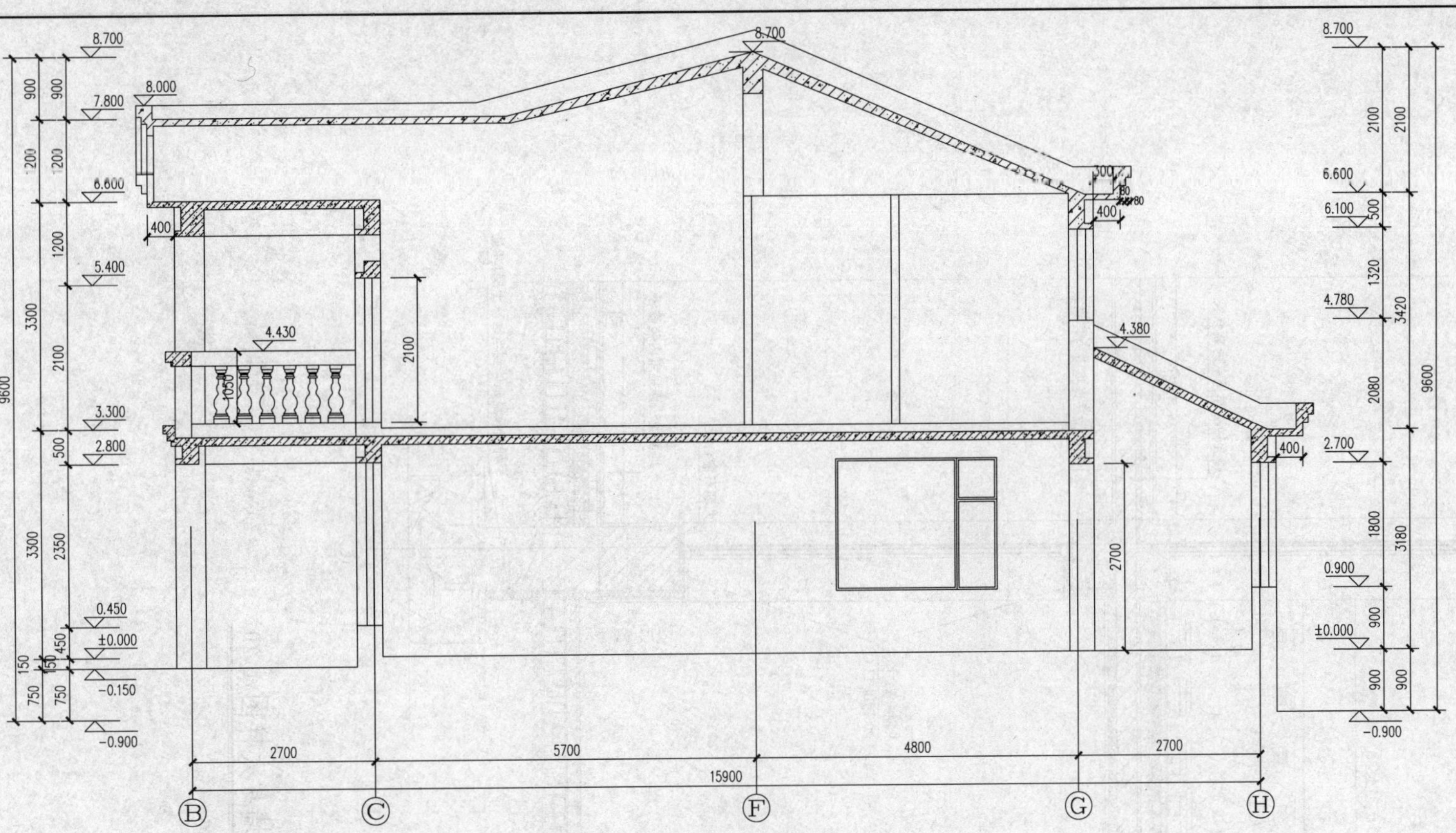

1—1剖面图1:50

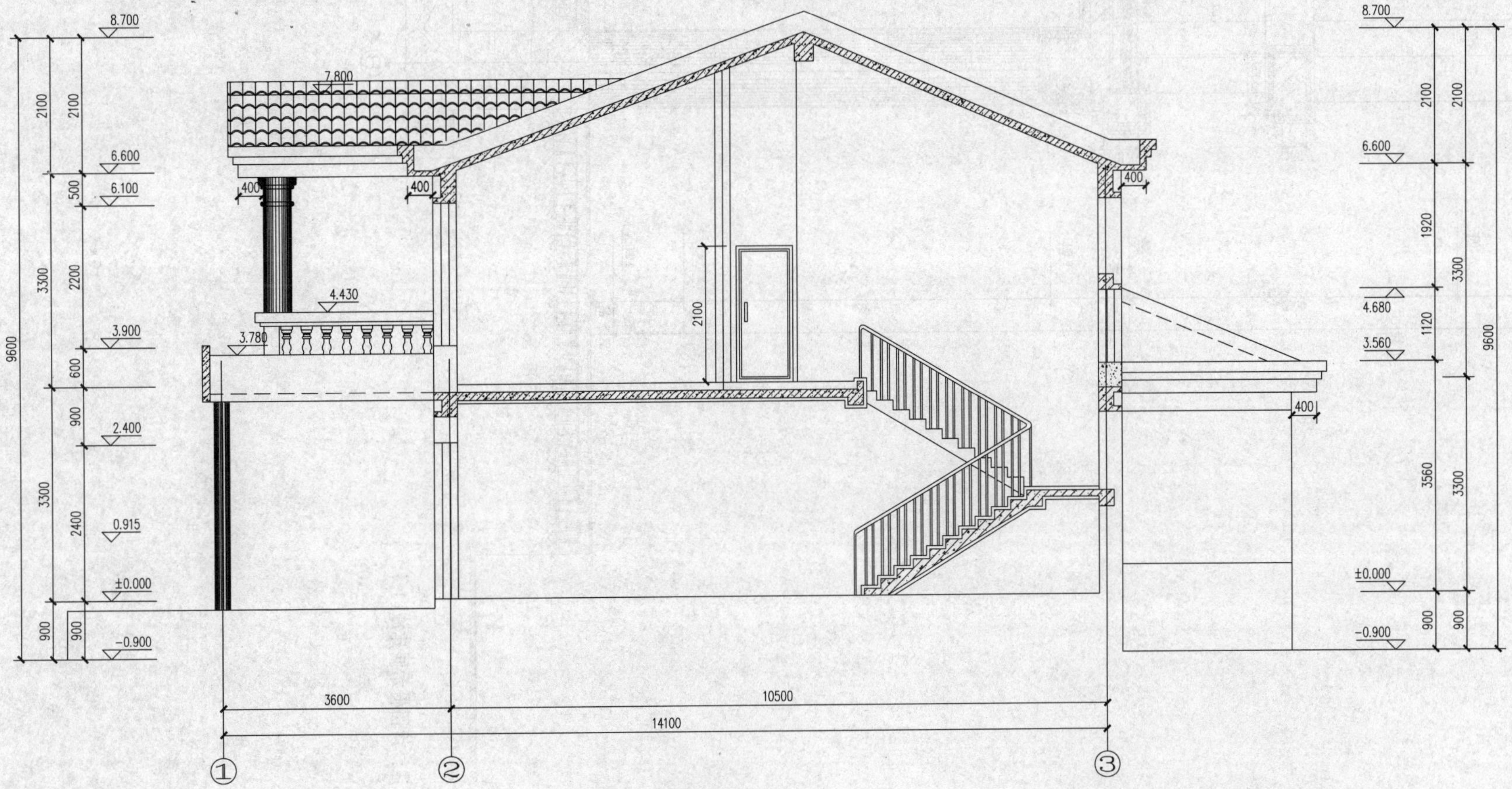

2—2剖面图 1:50

【读图提示】

建筑剖面图主要表示房屋内部的结构或构造形式、分层情况和各部位的联系、材料及其高度等，是与平面图、立面图相互配合不可缺少的图形。看剖面图需注意以下方面：

1. 将剖面图的图名和轴线编号与平面图上的剖切位置、轴线编号相对照，并根据平面图上所标注剖切符号位置、剖切符号所表达的视图方向来看图。
2. 由剖面图看房屋从地面到屋面的内部构造和结构形式，梁、板、柱、墙之间的关系，屋面形式、构成。
3. 阅读尺寸需注意以下问题：

(1) 剖面图所表示标高与平面图、立面图及墙身大样图所表示标高是否一致。

(2) 剖面图所标注高度方向的细部尺寸与立面图细部尺寸是否相符。

(3) 楼梯休息平台间尺寸、入口部位地面与楼梯休息平台间的尺寸是否满足要求，是否存在净高不足的问题（碰头问题）。

(4) 注意详图索引，逐个查阅详图以理解详图索引处细部构造及做法。

(5) 结合标准图集或室内、室外装修表详知室内各部位构造做法。

×××××建筑勘察设计有限公司			业主	×××房地产开发有限责任公司		1—1剖面图 2—2剖面图	工程编号	××××-××-×
							档案编号	××××-××-×
审批人	设计总负责人	校对人	工程项目	×××住宅小区			电子文件号	××××-××-×
审定人	专业负责人	设计人				比例 1:50	日期 ××××.××	
		制图人		子项	×××别墅		图号	建施 09

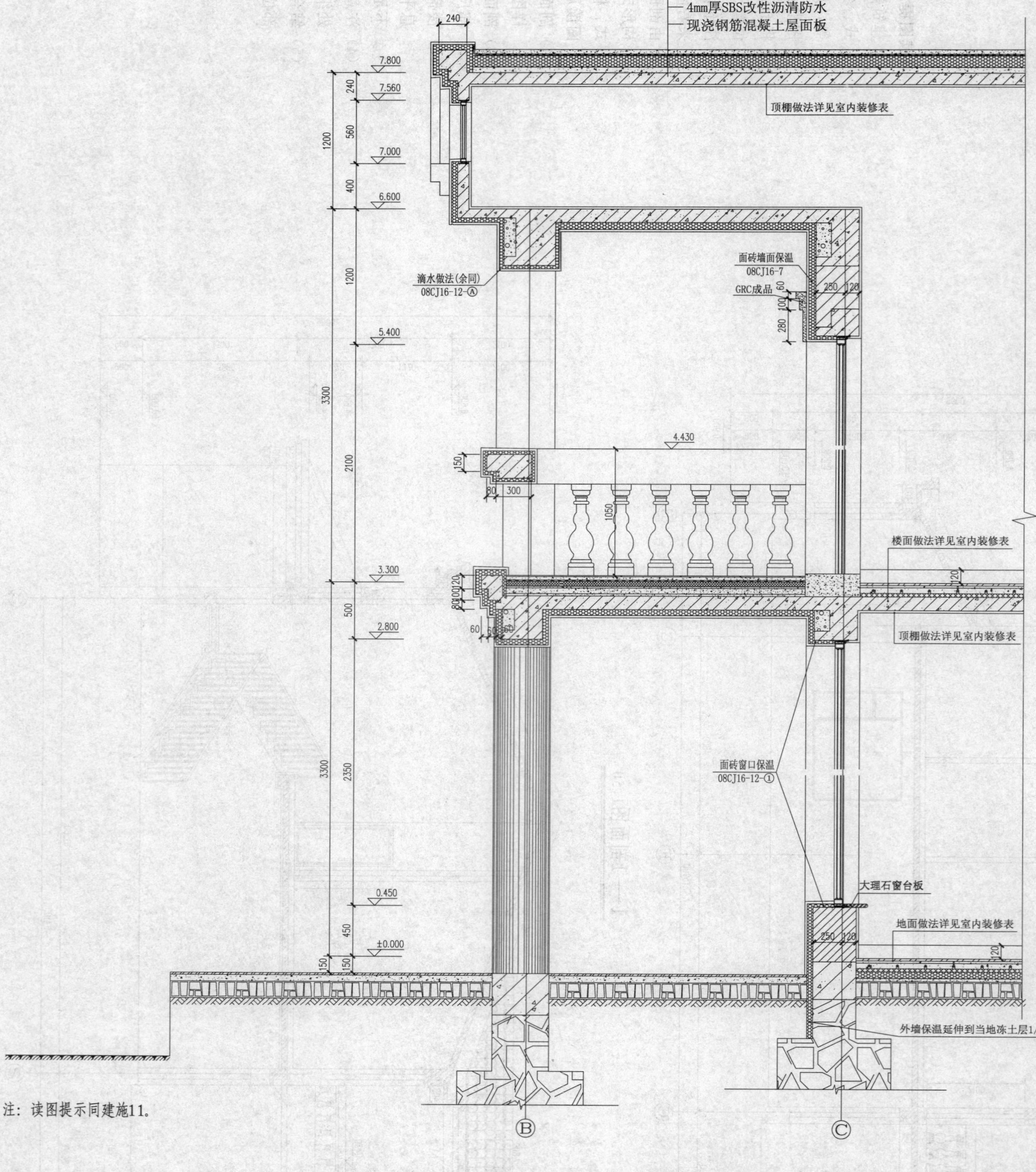

A—A墙身大样图 1:20

注：读图提示同建施11。

×××××建筑勘察设计有限公司				业主	×××房地产开发有限责任公司	A—A墙身大样图	工程编号	××××-××-×
审批人		设计总负责人	校对人				档案编号	××××-××-×
审定人		专业负责人	设计人	工程项目	×××住宅小区		电子文件号	××××-××-×
			制图人		子项 ×××别墅	比例 1:20 日期 ××××.××	图号	建施 10

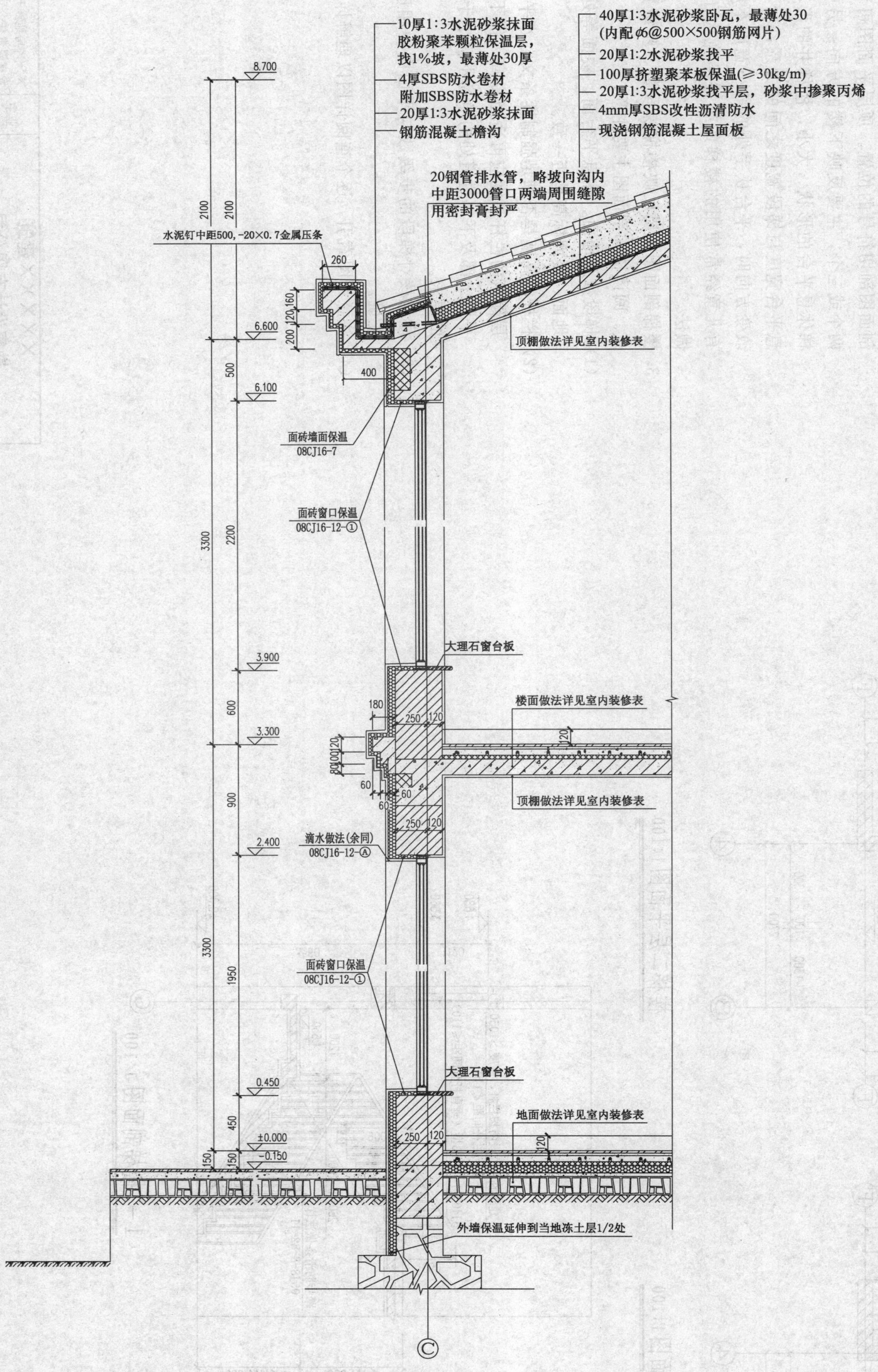

B—B墙身大样图1:20

【读图提示】

看墙身大样图需注意以下方面：

1. 注意看墙身大样图的图名和轴线编号与平面图或立面图上剖切位置处的内容是否一致。
2. 注意屋顶与墙面装饰细部构造、做法及尺寸。需与立面图及剖面图及立面效果图对照阅读。
3. 注意屋顶与墙面装饰尺寸、标高是否与立面图、剖面图一致。
4. 注意墙体、梁、柱之间的位置关系，它们与轴线之间的定位关系。
5. 注意如下部位节点构造：

（1）室内、外地坪处的外墙节点构造。如基础墙厚、室内外标高，散水、明沟或采光井，台阶或坡道，暖气管沟，踢脚、墙裙，首层室内外窗台，室外勒脚等做法。

（2）表明楼层处的外墙节点构造。如过梁、圈梁、主梁、次梁、顶棚、楼板、楼地面、踢脚、雨罩、阳台、楼层的室内外窗台等。如钢筋混凝土剪力墙结构、框架结构的外墙，若将钢筋混凝土剪力墙或框架梁、柱直接作为外墙使用，由于钢筋混凝土材料的导热系数大，易出现冷桥（或热桥）现象，使墙身受损，影响人们的正常使用，故常需要在钢筋混凝土外墙或框架梁的外侧或内侧作保温处理。具体做法一般在墙身大样图中表述，需注意阅读。

（3）表明屋顶处的外墙节点构造，如过梁、圈梁、主梁、次梁、顶棚、楼板、屋面、挑檐板、女儿墙、天沟、下水口、雨水斗、雨水管等做法。

（4）表明各处材料的做法，如内墙、外墙做法、地面、楼面、屋面做法等。

×××××建筑勘察设计有限公司				业主	×××房地产开发有限责任公司	B—B墙身大样图		工程编号	××××-××-×
审批人		设计总负责人	校对人	工程项目	×××住宅小区			档案编号	××××-××-×
审定人		专业负责人	设计人		子项 ×××别墅	比例 1:20	日期 ××××.××	电子文件号	××××-××-×
			制图人					图号 建施	11

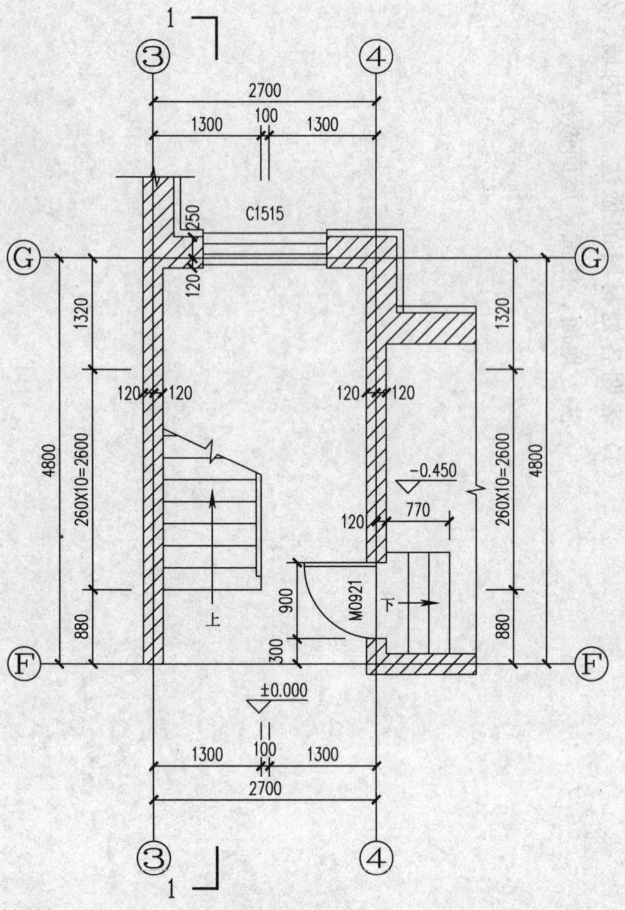

楼梯一层平面图 1:100

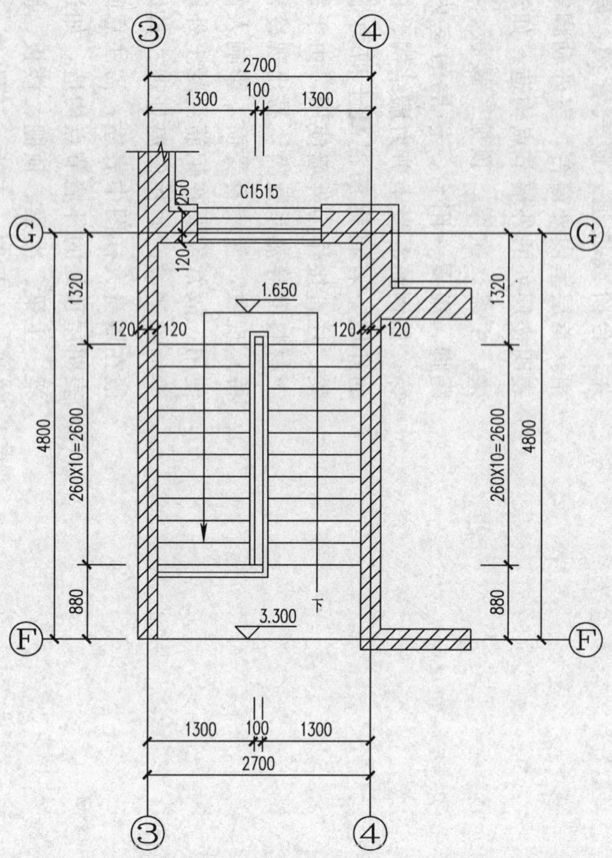

楼梯二层平面图 1:100

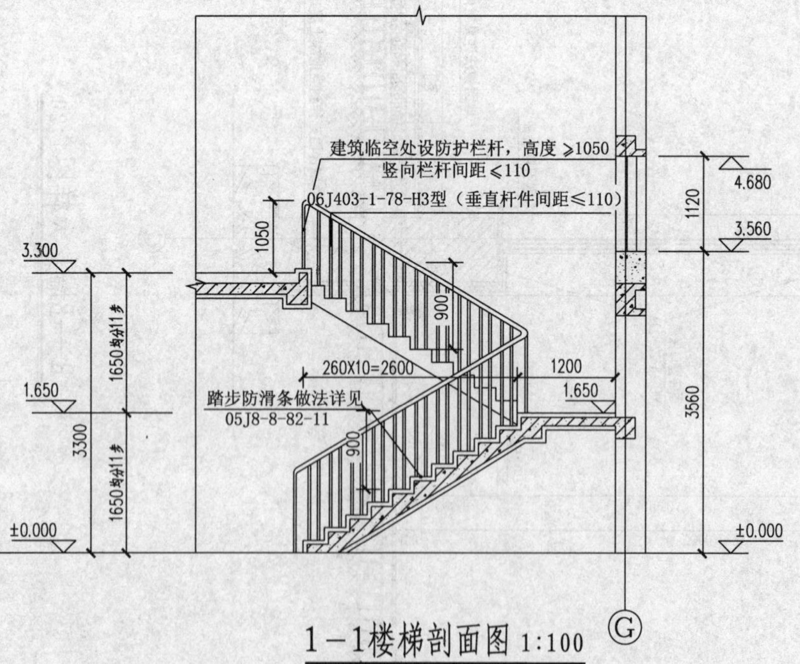

1-1楼梯剖面图 1:100

【读图提示】

1. 从平面图中楼梯的布置，首先理清本工程楼梯的种类，各种楼梯的数量，具体布置在哪一层、什么位置。然后再具体看每一种楼梯的具体构成形式及做法。
2. 阅读每种楼梯详图的方法、步骤及需注意的问题：
首先阅读楼梯平面图，读图时主要注意各层楼梯平面图的特点。底层平面图被剖切到的梯段栏板只有一个，主要反映上楼梯的方向，以及室内地面与楼梯入口地面间的关系（是否设有台阶，如何设置）；楼梯剖面图剖切符号的位置。顶层平面图可看到的梯段及栏板（栏杆）有两个或三个，主要反映下楼的方向；另中间层及顶层平面图还反映楼梯休息平台的形状、大小，楼梯井的形状、大小。阅读时注意核对休息平台宽度与梯段宽度之间的关系，看其是否满足强制性条文：梯段改变方向时，平台扶手处的最小宽度不应小于梯段净宽的要求。注意有儿童经常使用的楼梯的梯井净宽大于 0.2m 时，采取的安全措施、做法。
3. 楼梯剖面图主要反映楼梯梯段数、步级数以及楼梯的类型及其结构形式。阅读楼梯剖面图主要注意：

(1) 梯段数及地面、休息平台面、楼面等处所标注的标高与房屋的层数、地面、楼面标高是否一致。
(2) 栏杆的高度是否满足强制性条文：水平栏杆高度不应小于 1.05m，高层建筑的栏杆高度应再适当提高，但不宜超过 1.2m 要求；以及楼梯平台上部及下部过道处的净高不应小于 2m，梯段净高不应小于 2.2m 的要求。
(3) 注意核对梯段的步级数与平面图中相应梯段的踏步数间的关系是否正确。
(4) 注意详图索引，逐个查阅详图以理解详图索引处细部构造及其做法。

×××××建筑勘察设计有限公司			业主	×××房地产开发有限责任公司		楼梯详图	工程编号	××××-××-×
							档案编号	××××-××-×
审批人	设计总负责人	校对人	工程项目	×××住宅小区			电子文件号	××××-××-×
审定人	专业负责人	设计人						
		制图人		子项	×××别墅	比例 1:50 日期 ××××.××	图号	建施 12

结构设计总说明

一、工程概况

1. 本工程为二层砖混住宅楼，设计使用年限 50 年。

2. 本工程抗震设防烈度为 7 度（加速度 0.15g），地震设计分组为第一组，抗震设防类别为丙类。砌体结构施工质量控制等级为 B 级。

3. 本工程混凝土环境类别：室内部分为一类，室外部分为二 b 类。

4. 建筑物应按图中注明的使用功能使用，未经技术部门鉴定或设计单位许可，不得改变结构的用途和使用环境。

二、设计依据

1. 本工程按以下规范或规程进行设计：

《建筑结构可靠度设计统一标准》(GB 50068—2001)

《建筑工程抗震设防分类标准》　(GB 50223—2008)

《建筑结构荷载规范》　(GB 50009—2001)（2006 版）

《砌体结构设计规范》　(GB 50003—2001)

《建筑地基基础设计规范》　(GB 50007—2002)

《混凝土结构设计规范》　(GB 50010—2010)

《建筑抗震设计规范》　(GB 50011—2010)

2. 结构抗震验算采用中国建筑科学研究院 PKPM 软件。

3. 活荷载标准值

楼梯：2.0kN/m^2

客厅、卧室：2.0kN/m^2

卫生间：2.0kN/m^2

不上人屋面均布活荷载：0.5kN/m^2

上人屋面均布活荷载：2.0kN/m^2

三、材料选用及要求

1. 混凝土：现浇混凝土构件均采用 C25，外露构件 C25。

2. 钢筋和型材：钢筋的选用必须符合现行国家标准《混凝土结构工程施工及验收规范》及其他相关规范的要求。

HPB300：$f_y=270\text{N/mm}^2$；HRB335：$f_y=300\text{N/mm}^2$。

注：钢筋的强度标准值应具有不小于 95% 的保证率。

3. 砌体

墙体均采用 M10 混合砂浆砌筑 MU10 黏土多孔砖。

地下墙体均采用 M10 水泥砂浆砌筑 MU10 机砖。

四、构件选用

地沟构件：(02G04)

钢筋混凝土过梁：(02G05)

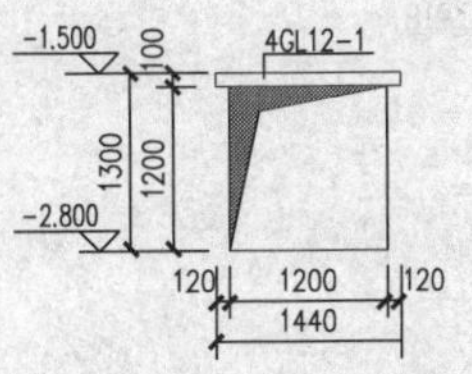

地沟入口做法

五、选用过梁

图中所有未标注门窗洞口（$l\geqslant300$）过梁选用：

内墙：SGLA24-XX2；外墙：SGLB37-XX2

六、构造要求

1. 纵向受力钢筋保护层厚度按下表要求设置，且不应小于主筋直径。

环境类别		板、墙	梁、柱
一		15	20
二	a	20	25
	b	25	35

注：1. 表中保护层厚度指最外层钢筋（包括箍筋、构造筋、分布筋等）外边缘至混凝土表面的距离。

2. 混凝土强度等级不大于 C25 时，表中保护层厚度数值增加 5mm。

3. 悬臂板上部钢筋的保护层厚度不应小于 20mm。梁、柱中箍筋和构造钢筋的保护层厚度不应小于 15mm。

2. 钢筋锚固

纵向受拉钢筋的基本锚固长度（l_{ab}）详见下表。

钢筋种类 \ 混凝土强度等级	钢筋直径	C20	C25	C30	C35	C40
光面钢筋(HPB300)	$d=6\sim25$	$39d$	$34d$	$30d$	$28d$	$25d$
带肋钢筋(HRB335)	$d\leqslant25$	$38d$	$33d$	$29d$	$27d$	$25d$

纵向受拉钢筋的锚固长度 $l_a=\zeta_a l_{ab}$

纵向受拉钢筋锚固长度修正系数 ζ_a

锚固条件		ζ_a		备　注
环氧树脂涂层带肋钢筋		1.25		修正系数多于一项时，可按连乘计算，但不应小于 0.6
施工过程中易受扰动的钢筋		1.10		
锚固区保护层厚度	$3d$	0.80	中间时按内插值	
	$5d$	0.70	d 为锚固钢筋直径	

3. 纵向受拉钢筋搭接接头

纵向受拉钢筋绑扎搭接长度应根据位于同一连接区段内的钢筋搭接接头面积百分率按下列公式计算：

纵向受拉钢筋搭接长度 $l=\zeta l_a$

纵向受拉钢筋搭接长度修正系数

纵向受拉钢筋搭接接头面积百分率/%	≤25	50	100
纵向受拉钢筋搭接长度修正系数 ζ	1.20	1.40	1.60

注：在任何情况下，纵向受拉钢筋绑扎搭接接头的搭接长度均不应小于 300。

4. 钢筋混凝土构造柱、圈梁抗震节点按（02G01-1）中有关节点大样进行施工。

5. 女儿墙每≤12m 留 10mm 缝，用油浸麻丝填缝外贴米厘条，钢筋不断，混凝土断。

6. 图中梁、板（短跨方向）≥4m 时宜按 0.2% 起拱，悬挑构件按悬挑长度的 0.3% 起拱。

7. 未注明板分布筋均为Φ 6@200。

8. 预制过梁遇现浇构件时均改为现浇。

9. 为防止或减轻房屋墙体的裂缝，应采取以下措施：

(1) 屋面保温（隔热）层及砂浆找平层应设置分隔缝，分隔缝间距不宜大于 6m，并与女儿墙隔开，其缝宽不小于 30mm。

(2) 底层及顶层外纵墙窗台标高处通设 60 厚 C20 混凝土现浇带，内配纵向钢筋 4Φ 8，横向钢筋Φ 6@150。

10. 楼梯栏杆预设埋件详见建施所选标准图；所有承重墙均设置钢筋混凝土圈梁（QL），圈梁兼过梁时按相应过梁施工。

11. ≤500 的墙垛，独立柱不得留洞埋设管线。与构造柱相连≤240 的墙垛与构造柱同时浇注。

12. 现浇板内预埋管线的直径不得大于板厚的三分之一，且避免集中。

13. 主次梁相交处，主梁设吊筋 U2Φ16 同时次梁两侧另设三组附加箍筋，间距为 50，箍筋直径肢数同相应梁。

14. 楼梯间休息平台处墙中通设 60 厚 C25 混凝土现浇带，配筋见 P-P 大样。

15. 顶层楼梯间墙体沿墙高每隔 500mm 设 2Φ 6 通长钢筋和Φ 4 分布短钢筋平面内点焊组成的拉结网片。

七、施工须知

1. 本工程须经施工单位、建设单位、设计单位三方图纸会审后方可正式开工建设。

2. 现浇预留孔洞按附图 a 施工。

3. 所有现浇板上的垫层和面层厚度必须控制在设计允许值以内，如果某些部位实际施工确有困难时必须预先向设计单位提出。未经设计单位许可不得在施工中变更设计。

4. 本工程未考虑冬季施工，如冬季施工必须严格按照冬季施工的有关现行规范和规程执行。

5. 除总说明外，其他各单项补充说明均须对照执行，且应遵循各有关施工验收规范的具体规定。

6. 埋件大小、位置施工方需与厂家共同预留。

7. 本图必须经过审图机构审验后方可施工。

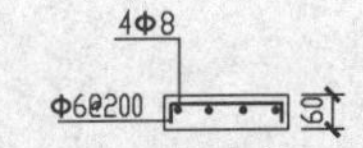

P—P

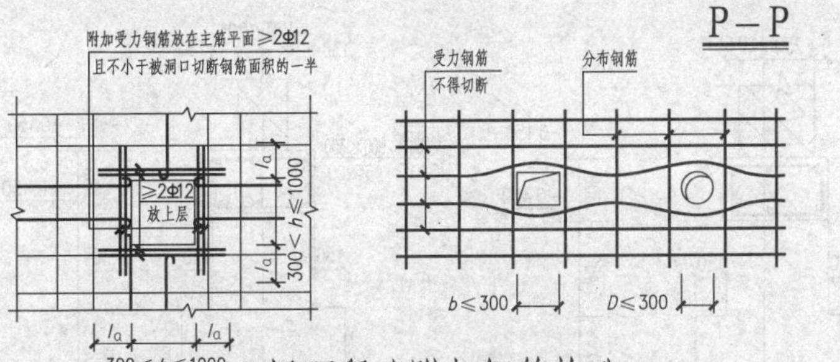

板预留孔附加钢筋构造

附图a

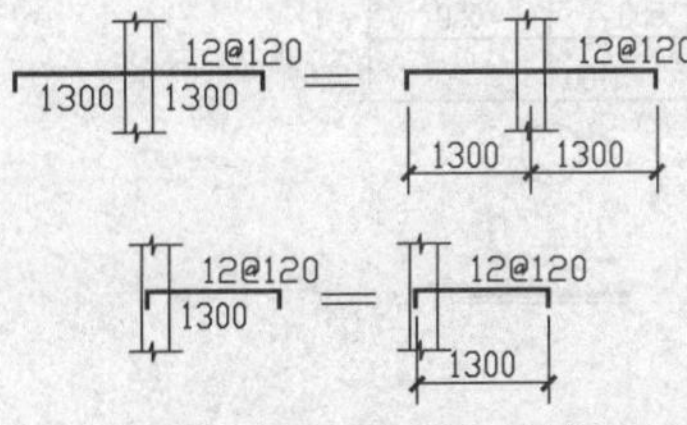

板上筋尺寸标注方式

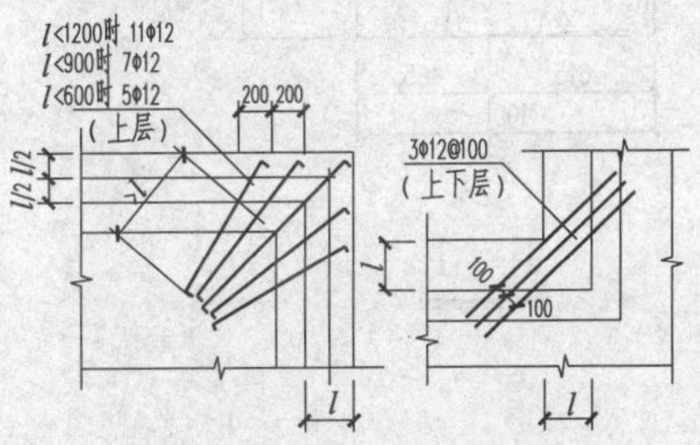

悬挑板转角加筋大样

XXXXX建筑勘察设计有限公司		业主	XXX房地产开发有限责任公司	结构设计总说明		工程编号	XXXX-XX-X
						档案编号	XXXX-XX-X
审批人	设计总负责人	校对人	工程项目	XXX住宅小区		电子文件号	XXXX-XX-X
审定人	专业负责人	设计人			比例 1：100	日期 XXXX.XX	图号 结施 1
		制图人	子项	XXX别墅			

基础设计说明

1. 本工程基础设计等级为丙级，根据岩土工程勘察报告，场地为人工回填砂土，基础需做换填处理，具体处理要求如下：

（1）基底下设1.0m厚砂夹石垫层，承载力特征值 f_{ak} 要求达到200kPa；

（2）基础大开挖清除杂填土后，做砂夹石垫层（其中碎石卵石占全重的30%～50%，粒径≤50，含土量≤5%。含水量15%左右），砂夹石应级配良好，不含植物残体、垃圾等杂物。要求压实系数≥0.96。

（3）垫层做至毛石基础底面，压实宽度不小于基础边线以外1m的距离。

2. 应采用现场原位测试，如动力触探试验评价场地的承载力；采用钎探评价场地的均匀性。

3. 基槽开挖后通知设计单位、勘探单位共同验槽后方可施工。

4. 毛石条形基础，采用M5水泥砂浆砌筑Mu30毛石。

5. 构造柱、地圈梁采用C25混凝土，未标注的构造柱为GZ-1。

6. 本图采用02G04《管沟及盖板》，地沟尺寸为1000mm×1300mm，型号为G-13Ⅰ-Ⅱ，地沟盖板采用GB 11，板顶标高为－0.150。

7. 地圈梁兼过梁处梁底加筋2Φ16，每边伸出洞口300。

8. 基础下返高度大于500时须以1∶2阶形过渡，每阶高小于等于500mm。

9. 图中粗点划线表示地圈梁。

10. 楼梯地梁位置及配筋详见楼梯大样图。

11. 不明之处须与设计单位协商解决。

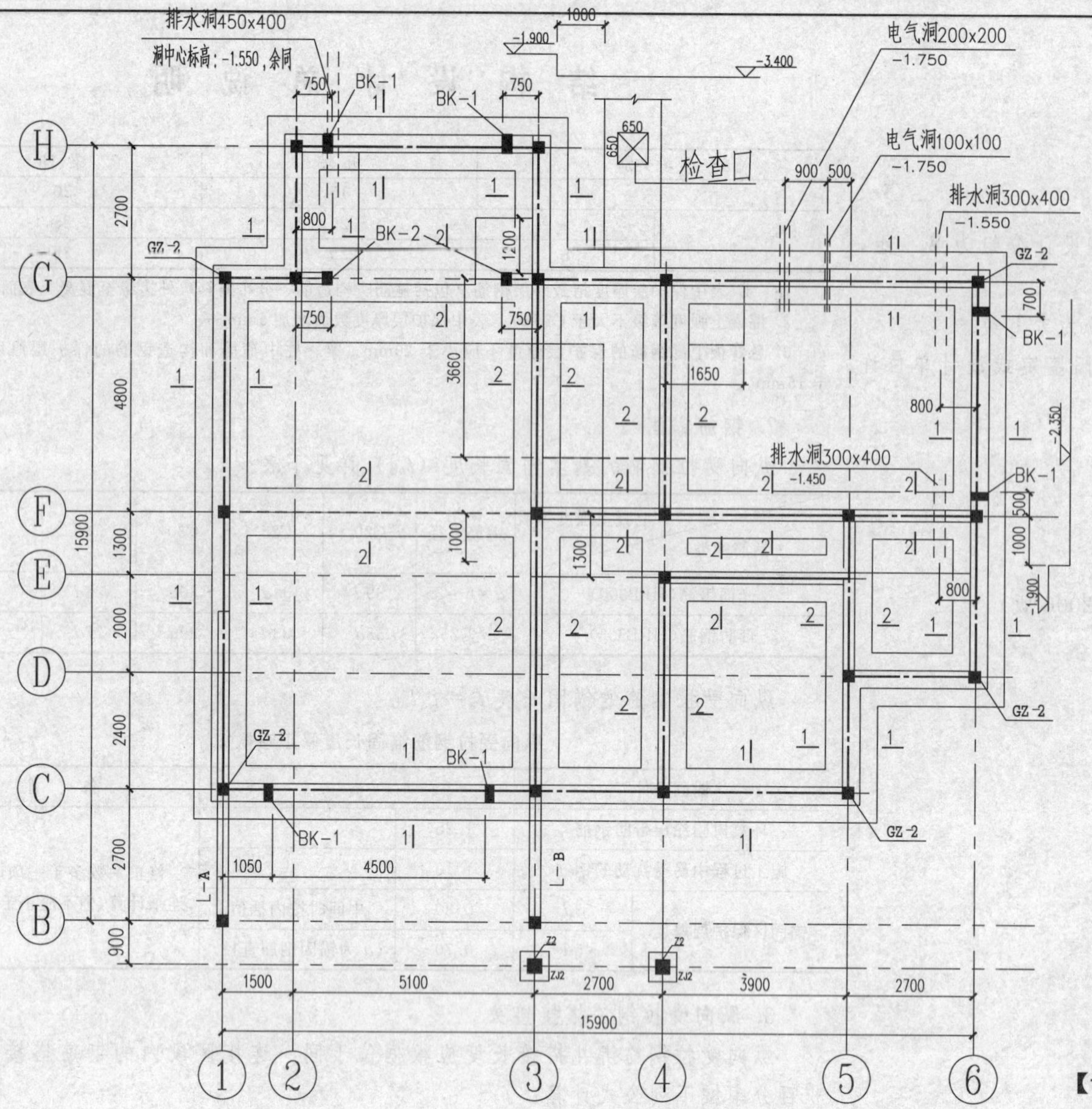

基础平面布置图 1:100

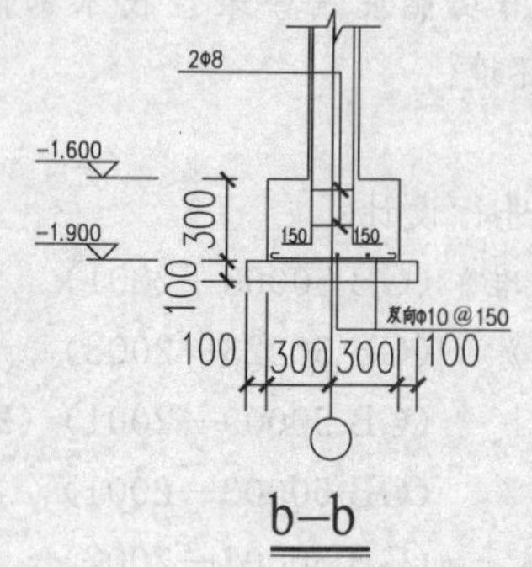

b－b

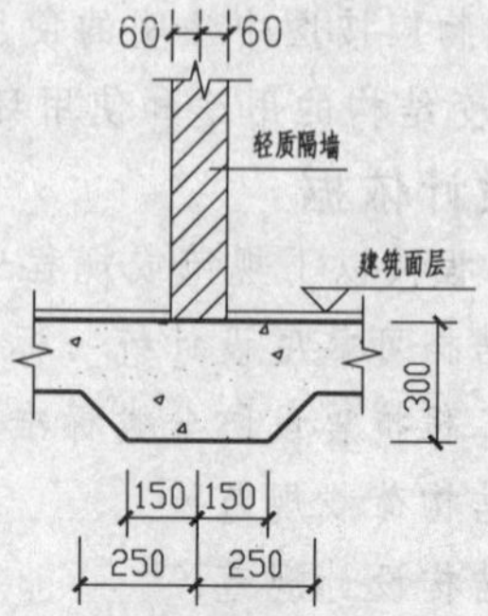

轻隔墙基础

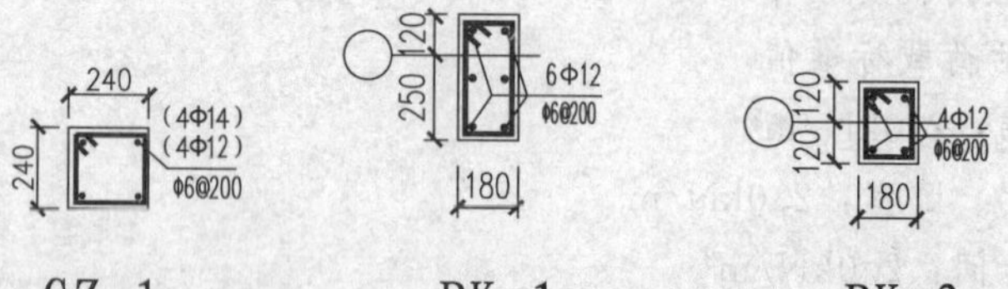

GZ-1
(GZ-2)

BK-1

BK-2

【读图提示】

阅读基础图应注意的问题如下：

1. 通过阅读基础设计说明知道本工程基础底面放置在什么位置（基础持力层的位置），相应位置地基承载力特征值的大小。基础图中所采用的标准图集，基础部分所用材料情况，基础施工需注意事项。
2. 阅读基础平面布置图时，首先对照建筑一层平面图，核对基础施工时定位轴线位置、尺寸是否正确；核对房屋开间、进深尺寸是否正确；基础平面尺寸有无重叠、碰撞现象；地沟及其他设施、电施所需管沟是否与基础存在重叠、碰撞现象。其次注意各种管沟穿越基础的位置，相应基础部位采用的处理方法（如基础局部是否加深、具体处理方法，相应基础洞口处是否加设过梁等构件）；管沟转角等部位加设的构件类型及其数量。
3. 注意地沟深度与基础深度之间的关系，沟盖板标高与地面标高的关系及地沟入口作法。

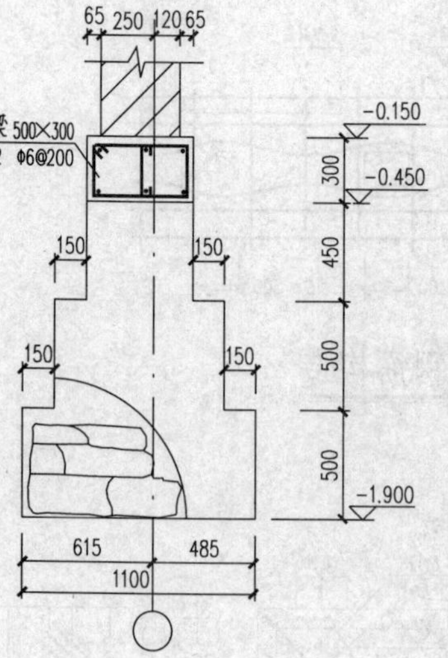

1－1

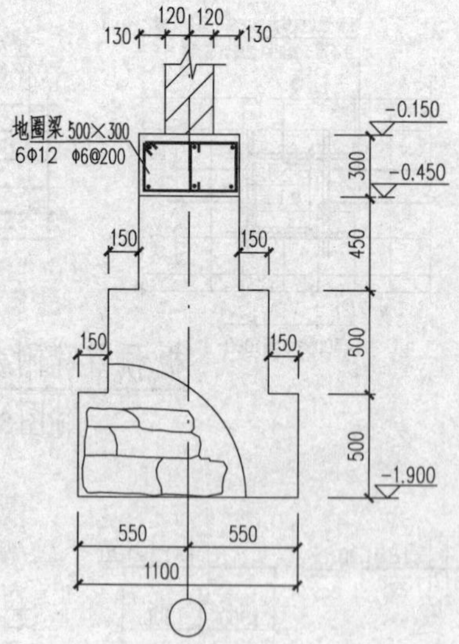

2－2

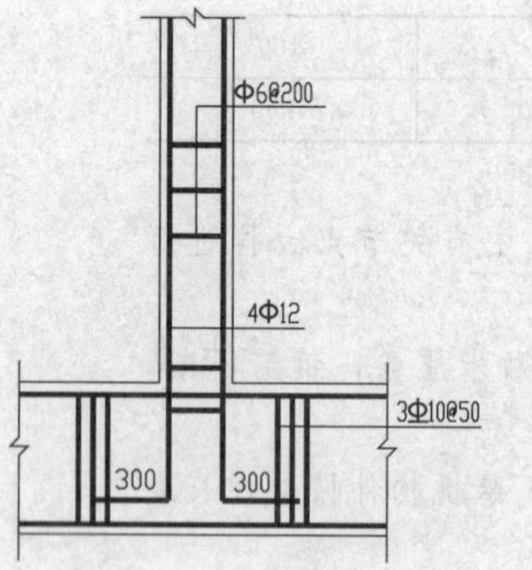

构造柱在梁内插筋详图

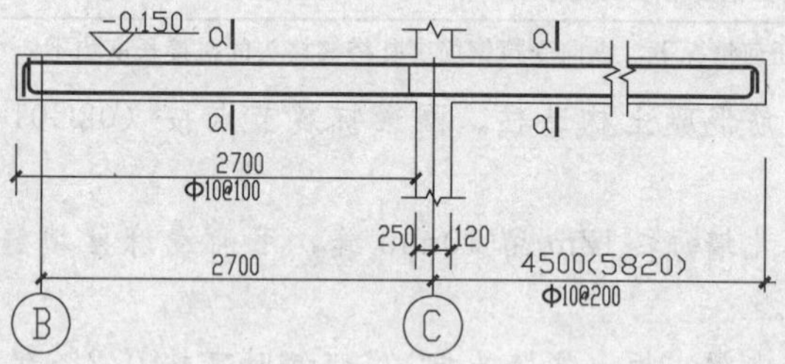

L－A
(L－B)

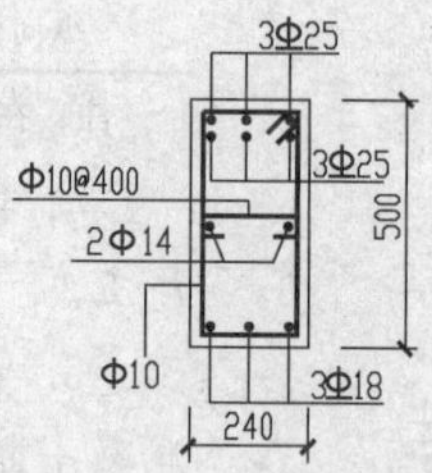

a－a

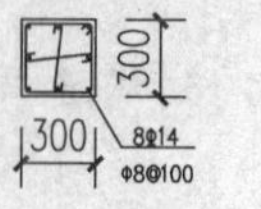

Z2

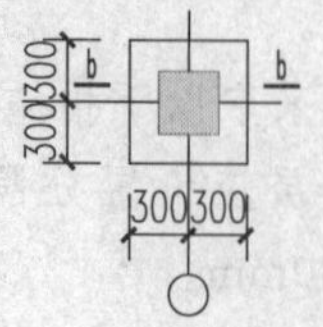

ZJ2

×××××建筑勘察设计有限公司				业主	×××房地产开发有限责任公司	基础图	工程编号	××××-××-×
审批人		设计总负责人	校对人	工程项目	×××住宅小区		档案编号	××××-××-×
审定人		专业负责人	设计人				电子文件号	××××-××-×
			制图人		子项 ×××别墅	比例 1:100 日期 ××××.××	图号	结施 2

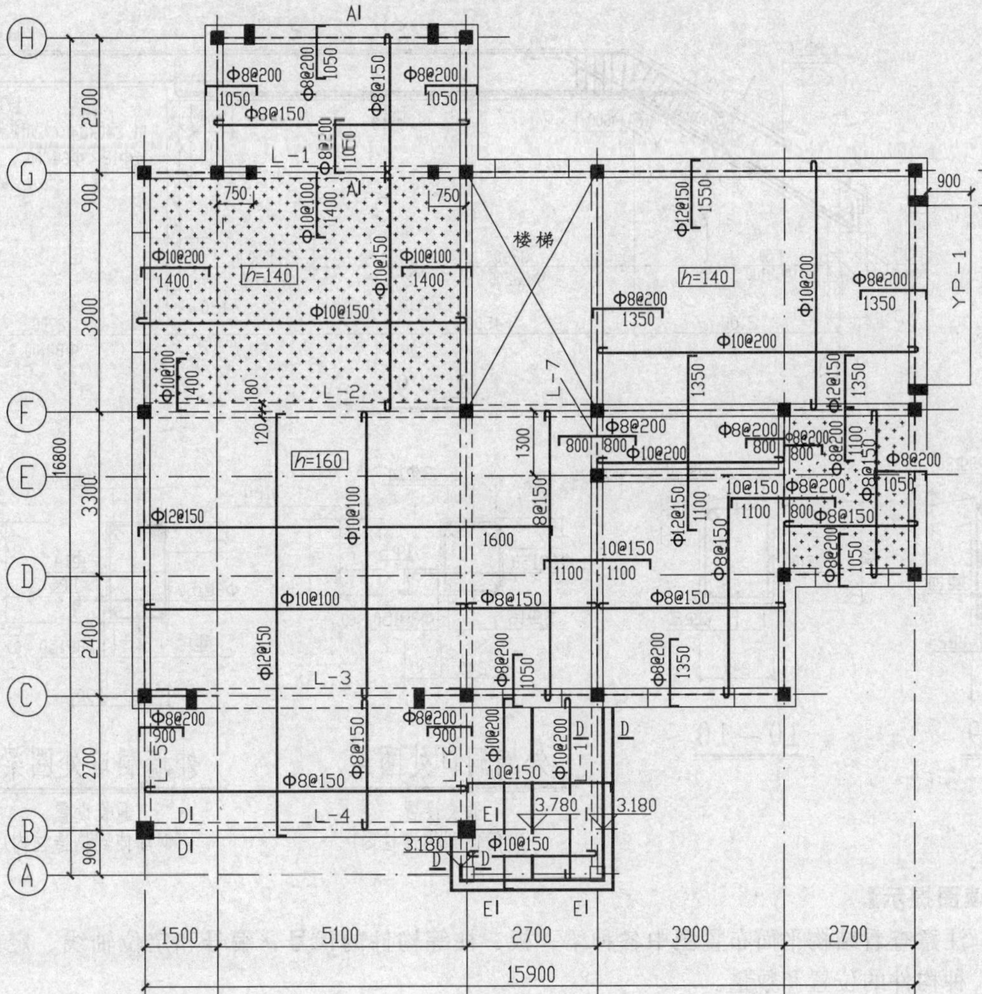

一层结构平面布置图

板面标高为3.180

后砌隔墙处板下加3Φ16的钢筋

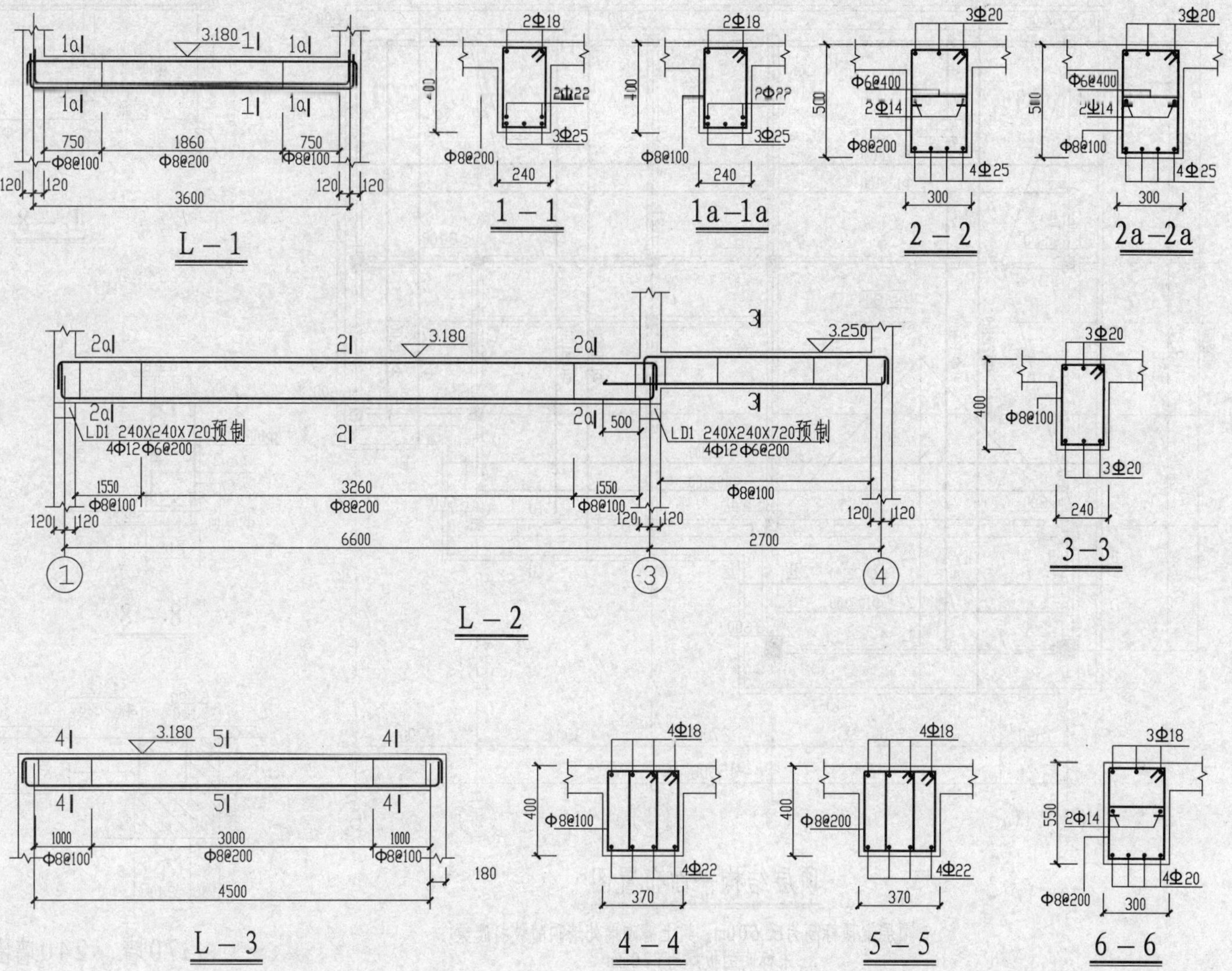

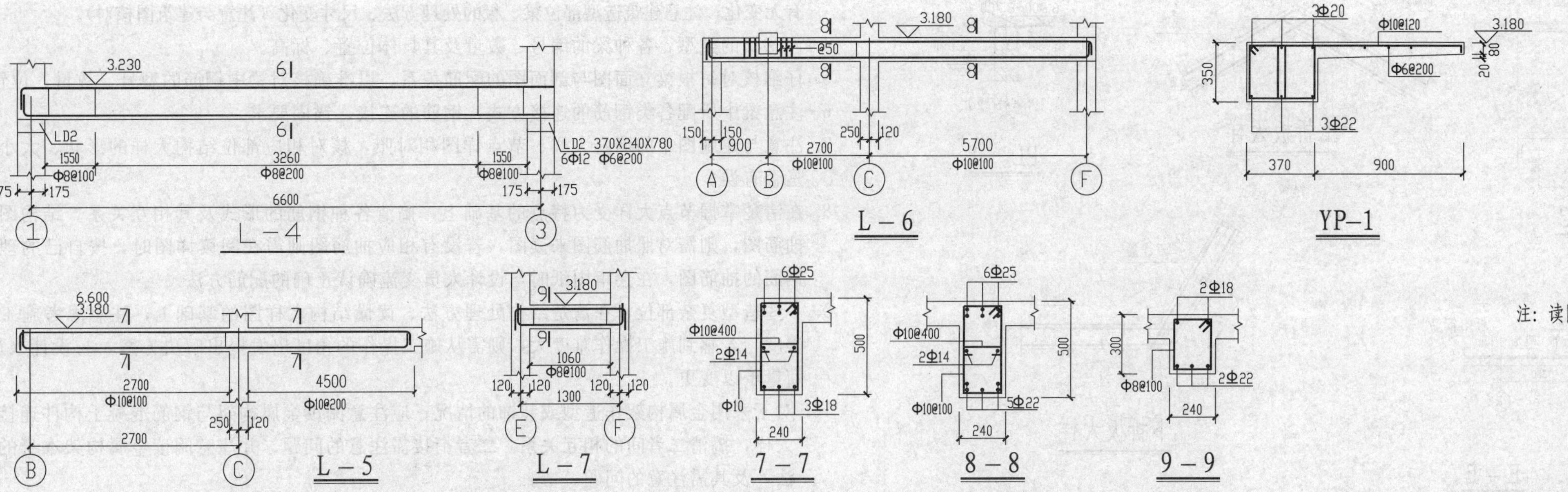

说明：

1. 未标明的板厚为120mm。
2. 楼面标高为3.180。
3. 卫生间地面低于本层结构楼面60mm。
4. 图中 ---------- 线示意圈梁。
5. 未注明的分布钢筋为Φ6@200。
6. 挑梁上柱均为GZ1，柱与上层梁间留20mm缝，缝间塞保温材料。
7. 图示 [卫生间填充图例] 为卫生间标高降60mm处。
8. 构造柱布置同基础平面布置图。

注：读图提示见结施4。

×××××建筑勘察设计有限公司				业主	×××房地产开发有限责任公司	一层结构平面布置图 L-1～L-7 配筋图	工程编号 ××××-××-×
							档案编号 ××××-××-×
审批人		设计总负责人	校对人	工程项目	×××住宅小区		电子文件号 ××××-××-×
审定人		专业负责人	设计人			比例 1：100 日期 ××××.××	图号 结施 3
			制图人		子项 ×××别墅		

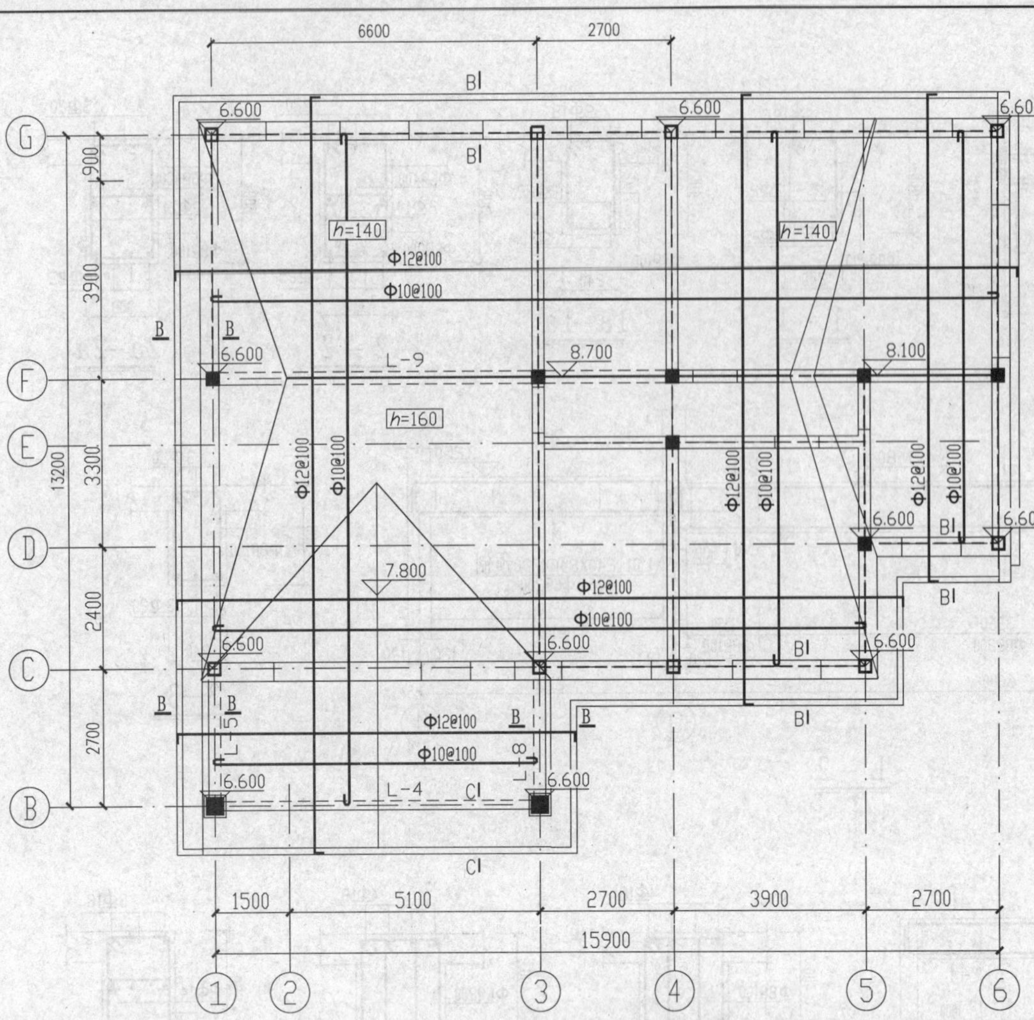

顶层结构平面布置图

顶层梁顶标高为6.600m，梁上需砌墙处墙顶随坡打爬梁
未标明的板厚为120mm

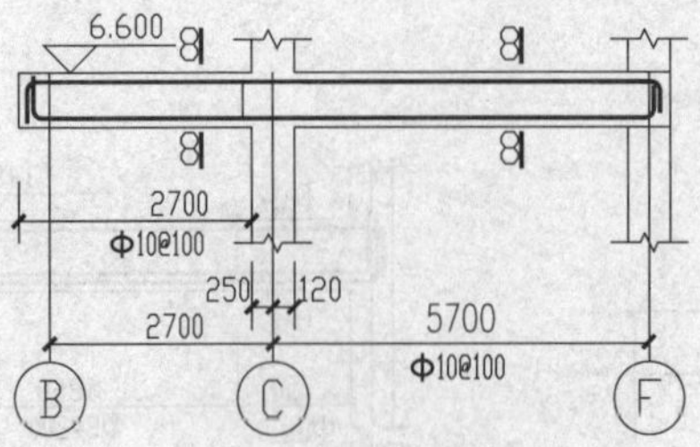

L－8

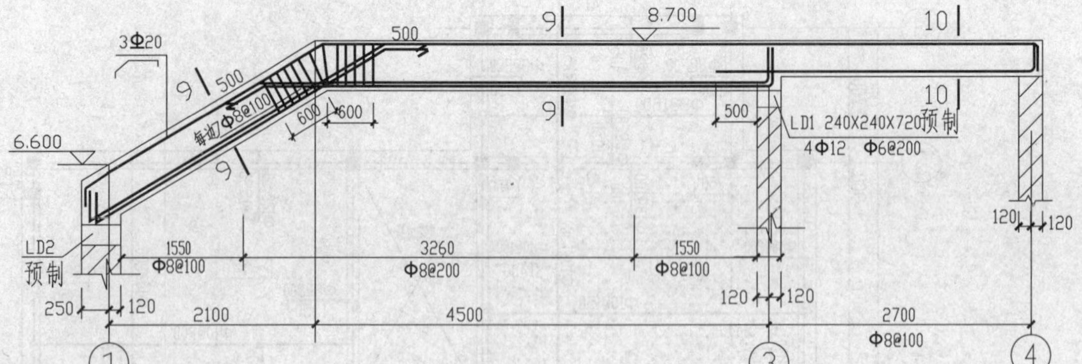

L－9

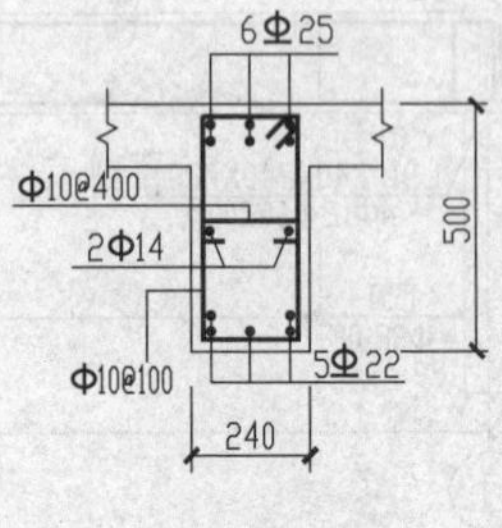

8－8

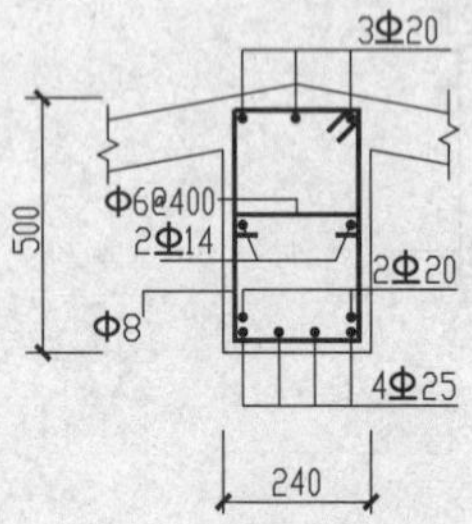

9－9

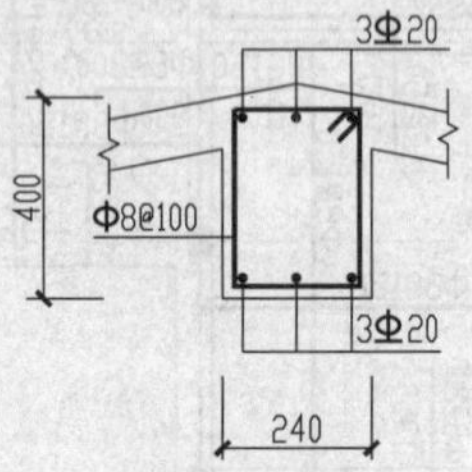

10－10

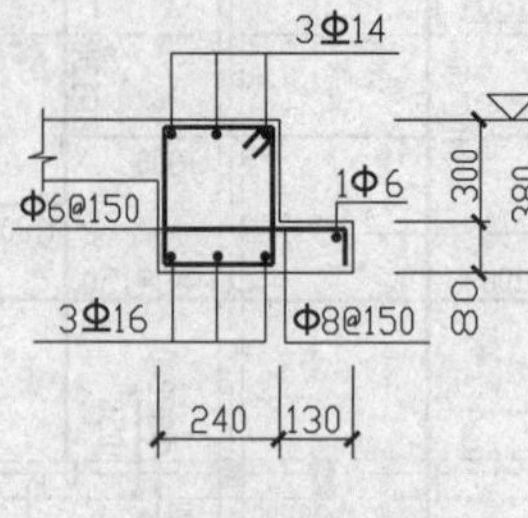

外墙洞口处圈梁

通长设置
（钢筋伸到构造柱内）

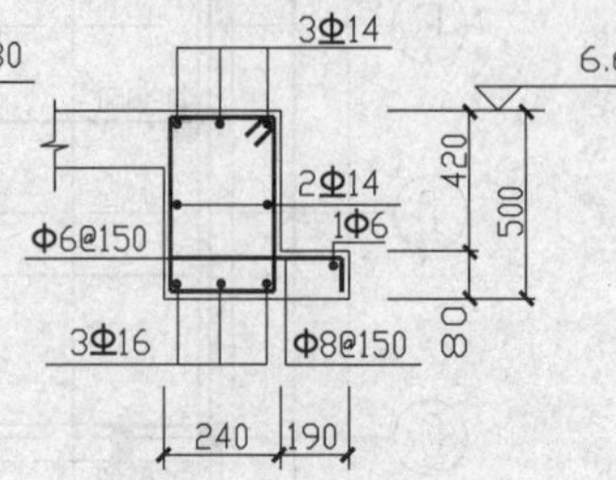

外墙洞口处圈梁

通长设置
（钢筋伸到构造柱内）

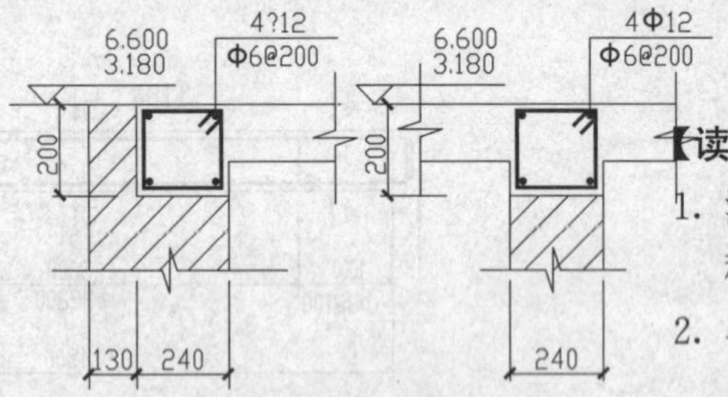

370墙、240墙圈梁QL

所有墙体均设置

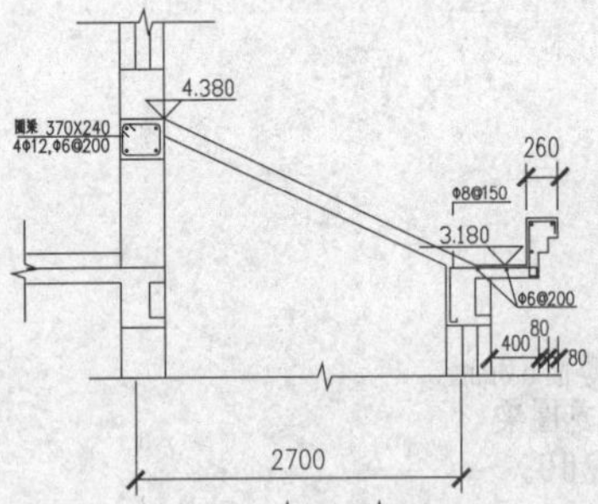

A－A

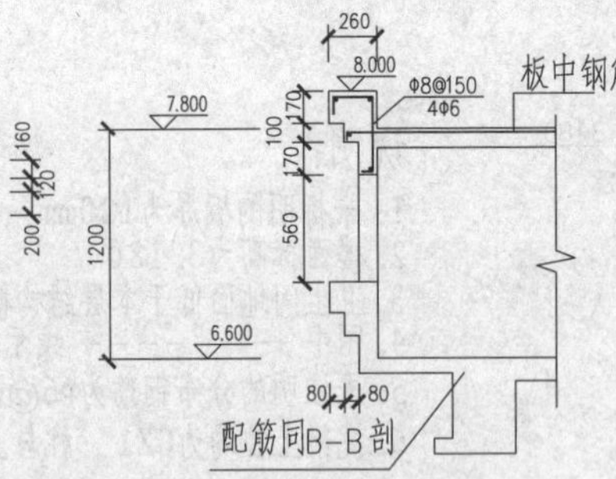

C－C

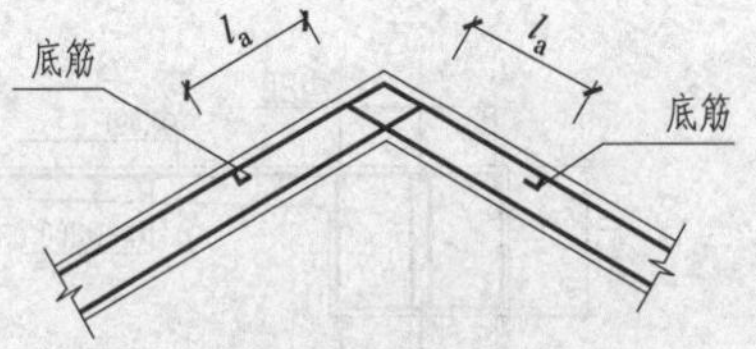

上折板大样

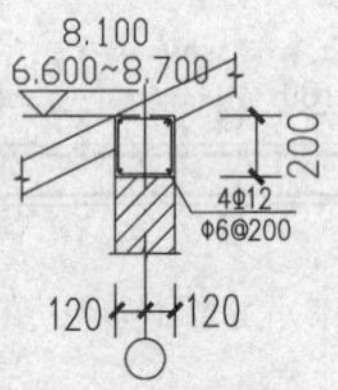

PL－1

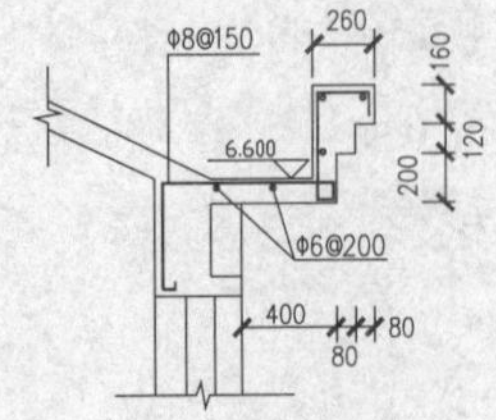

B－B

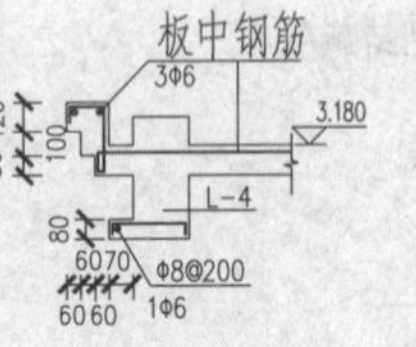

D－D

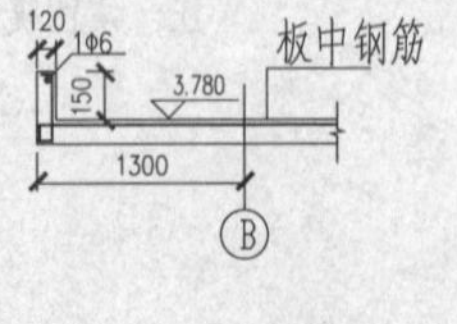

E－E

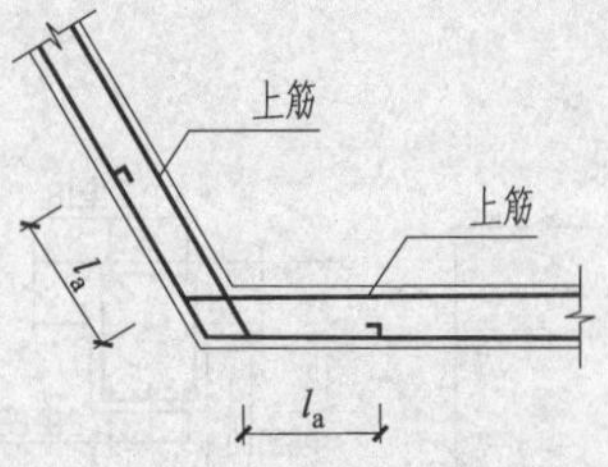

下折板大样

【读图提示】

1. 注意查看结构平面布置图中各种梁、板、柱等构件的代号、编号和定位轴线、定位尺寸，了解各种构件的位置和数量。
2. 与建筑平面图（比相应结构层多一层的建筑平面图）相对照，理解结构平面布置图，建立相应楼层的空间概念，理解荷载传递关系，构件受力特点。注意发现问题。
3. 由结构平面布置图准确判断现浇楼盖的类型、楼板的主要受力部位，现浇板中受力筋的配筋方式及其大小，未标注的分布钢筋大小一般用文字说明，阅读说明时予以注意；清楚梁的类型、位置及其数量，注意房间功能不同处楼板标高有无变化，相应位置梁与板在高度方向上的关系；板块大小差异较大时板厚有无变化；注意建筑造型部位梁、板的处理方法、尺寸变化（注意与建筑图核对）。
4. 注意梁的类型、各种梁的编号、数量及其具体位置、标高。
5. 仔细核对每根梁立面图与剖面图的配筋关系，以准确核对梁中钢筋的型号、数量、位置。
6. 注意梁中所配各类钢筋的连接方式、钢筋的连接、锚固要求。
7. 注意与建施图中的墙身大样、节点详图相对照，核对相应部位结构大样的形状、大小尺寸、标高是否有误。
8. 在清楚掌握节点大样受力特点的基础上，搞清各种钢筋的形式及其相互关系。结构图中若有相应抽筋图，则需对照抽筋图来读图，若没有相应抽筋图则需在阅读详图时，按自己的理解画出复杂钢筋的抽筋图，在会审图纸时与设计人员交流确认正确的配筋方法。
9. 一些造型复杂部位，在清楚结构处理方法、读懂结构大样图的基础上，注意思考施工操作的难易程度，若感到施工操作难度大，则需从施工操作的角度出发提出解决方案，与设计人员共同探讨、商量予以变更。
10. 对于采用金属构架作造型或装饰的情况，应注意阅读金属构架与钢筋混凝土构件连接部位的节点大样，搞清二者间的相互关系，二者衔接需注意的问题。并注意阅读金属构架本身的节点处理方法，及其需注意的问题。

×××××建筑勘察设计有限公司			业主	×××房地产开发有限责任公司	顶层结构平面布置图大样图	工程编号	××××-××-×
						档案编号	××××-××-×
审批人	设计总负责人	校对人	工程项目	×××住宅小区		电子文件号	××××-××-×
审定人	专业负责人	设计人					
		制图人		子项 ×××别墅	比例 1:100 日期 ××××.××	图号	结施 4

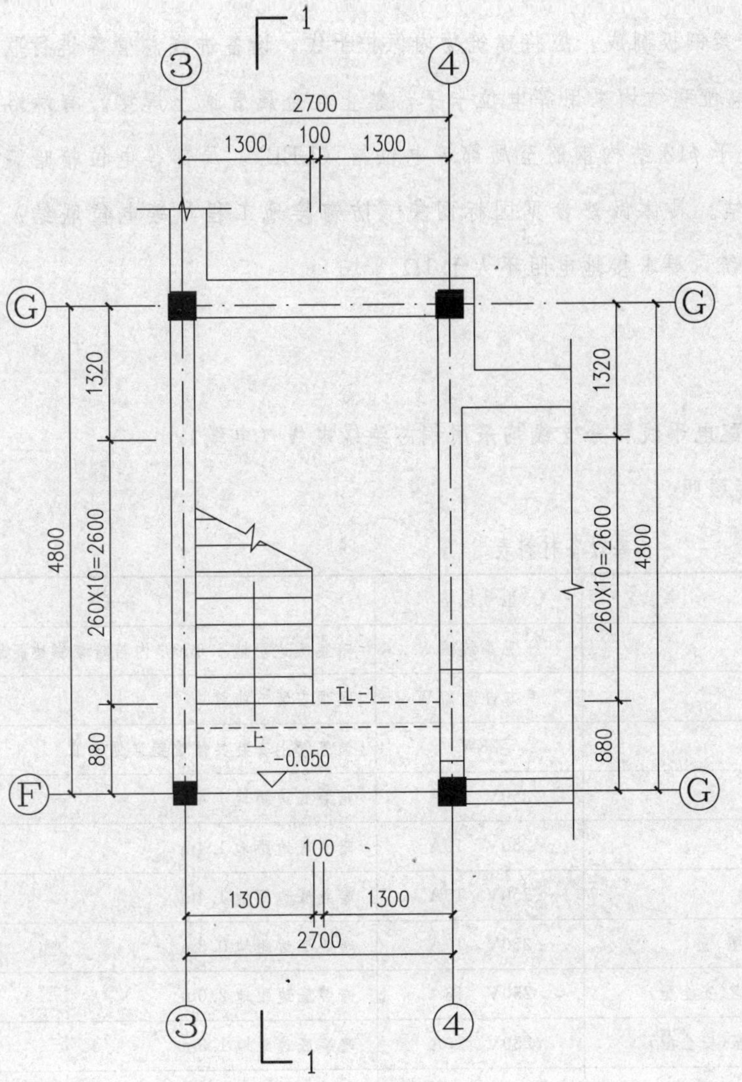

楼梯一层平面图 1:50

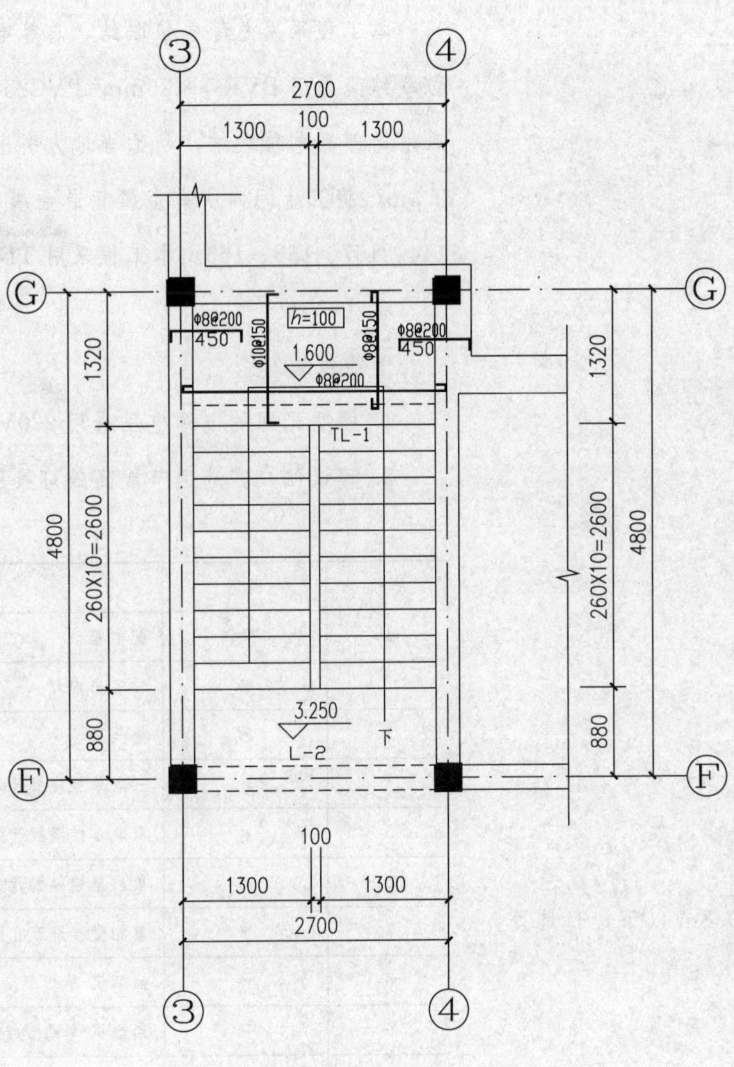

楼梯二层平面图 1:50

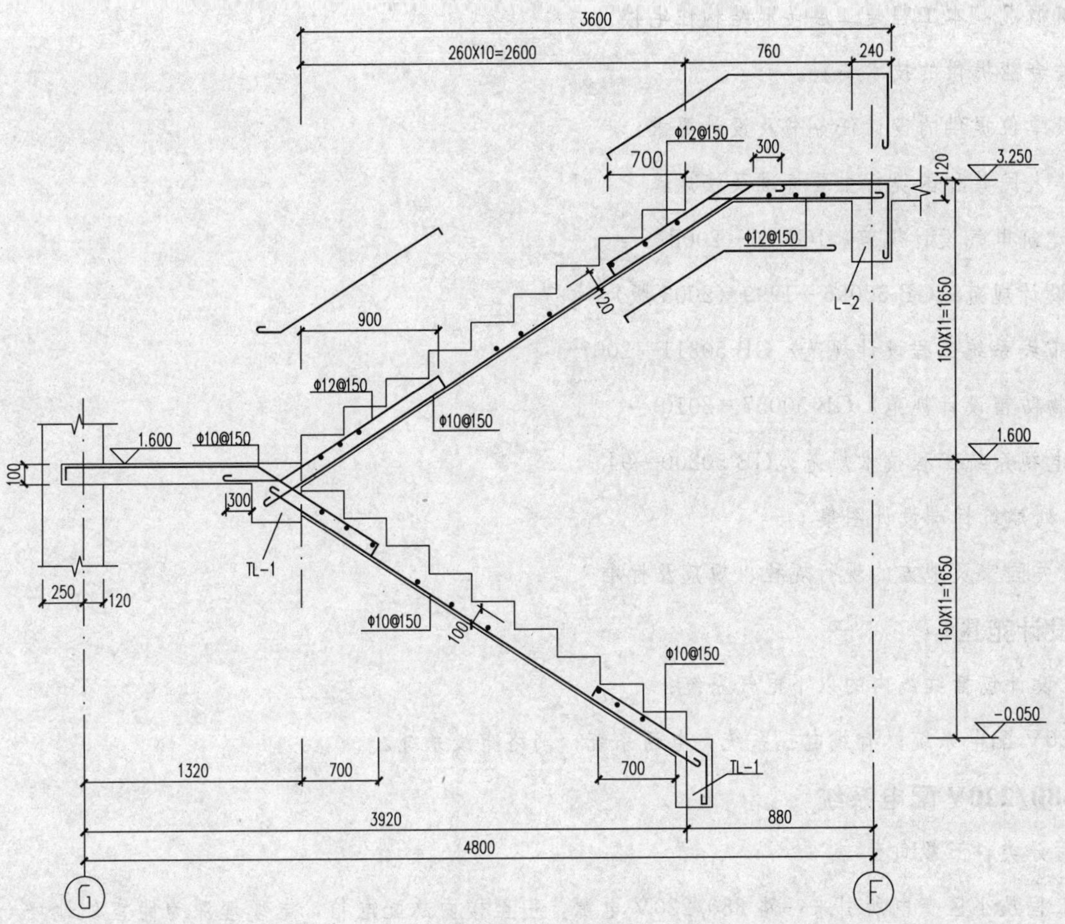

1-1

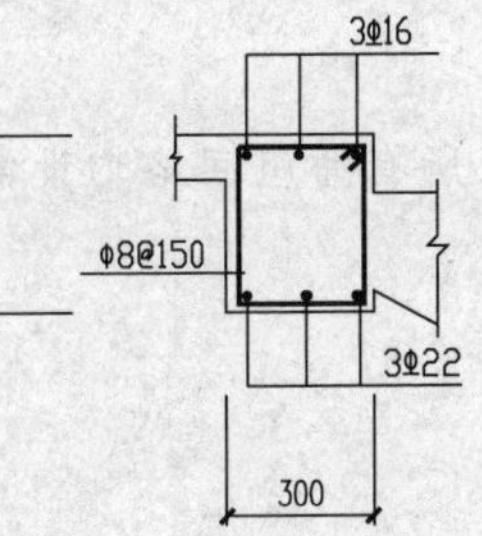

TL-1

说明：

1. 楼梯图中未标明分布筋均为Φ6@200。
2. 楼梯采用C25混凝土。
3. 楼梯栏杆下增设2Φ 14钢筋。
4. 楼梯栏杆预埋件详见建筑所选详图。

【读图提示】

1. 楼梯结构平面图同楼梯建筑平面图一样，主要表示梯段及休息平台的具体位置、尺寸大小，上下楼梯的方向，梯段及休息平台的标高及踏步尺寸。
2. 楼梯剖面图则清楚表达楼梯的结构类型（板式楼梯或梁式楼梯），更明确的表达梯段及休息平台的标高、位置。有时梯段配筋图及休息平台配筋图亦一并在剖面图中表达。
3. 楼梯构件详图具体表达梯段及楼梯梁的配筋情况，需特别注意折板或折梁在折角处的配筋处理。注意梯段板与梯段板互为支撑时受力筋间的位置关系。

×××××建筑 勘察设计有限公司			业主	×××房地产开发有限责任公司	楼梯图	工程编号	××××-××-×
						档案编号	××××-××-×
审批人	设计总负责人	校对人	工程项目	×××住宅小区		电子文件号	××××-××-×
审定人	专业负责人	设计人			比例 1:50 / 日期 ××××.××	图号	结施 5
		制图人		子项 ×××别墅			

电 气 设 计 总 说 明

一、设计依据

1. 建筑概况：本工程是二层砖混结构住宅楼。

2. 相关专业提供的技术资料。

3. 建设单位提供的设计任务书及设计要求。

4. 中华人民共和国现行主要标准及法规：

《民用建筑电气设计规范》JGJ 16—2008

《住宅设计规范》GB 50096—1999（2003 版）

《综合布线系统工程设计规范》GB 50311—2007

《建筑物防雷设计规范》GB 50057—2010

《有线电视系统工程技术规范》GB 50200—94

05D 系列建筑标准设计图集

其他有关国家及地方的现行规程、规范及标准

二、设计范围

本工程设计包括红线内的以下电气系统：

380/220V 配电系统；有线电视系统；电话系统；网络布线系统。

三、380/220V 配电系统

1. 负荷分类：三级负荷

2. 本工程从小区变电所引来一路 380/220V 电源，引至楼内总配电箱，电缆埋深为距室外地坪－0.8m 以下，过墙处穿管保护。楼内采用 TN-C-S 系统。

3. 计费：各户的计量分别由设置在一层的计量表箱计量。

4. 住宅用电指标：根据《住宅设计规范》及本工程住宅用电标准每户为 20kW。

5. 供电方式：采用放射式供电。

6. 照明配电：户内照明、插座均由不同的支路供电；除空调插座外，所有插座回路均设漏电断路器保护。除注明外照明回路均采用 BV-3X2.5 的导线，插座回路均采用 BV-3X4 的导线。

四、设备安装

1. 电源总进线箱设于一层楼梯间，距地 1.5m 暗装。

2. 除注明外，开关、插座分别距地 1.4m、0.3m 暗装。卫生间内插座选用防潮、防溅型面板；有淋浴、浴缸的卫生间插座须设在 2 区以外。安装高度小于 1.8m 的插座选用安全型。

五、弱电系统

1. 电视信号由室外有线电视网的市政接口引来，进楼处预埋一根 SC320 钢管。

系统采用 750MHz 邻频传输，要求用户电平满足（64±4)dB 图像清晰度不低于 4 级。

2. 本工程市政电话，网络电缆直埋引入楼内。

3. 所有弱电进户处均设 SPD 浪涌保护器。

4. 有线电视、电话、网络只做方案设计，穿管预留，施工时，请与专业部门联系，深化设计后，方可施工。

六、接地及安全措施

本工程采用总等电位联结，总等电位板由紫铜板制成，应将建筑物内保护干线、设备进线总管等进行联结，总等电位联结线采用 BVR-1×25mm^2 PVC25，总等电位联结均采用等电位卡子，禁止在金属管道上焊接。有淋浴室的卫生间采用局部等电位联结，从适当地方引出两根大于 ϕ12 结构钢筋至局部等电位箱（LEB），局部等电位箱暗装，底边距地 0.3m。将卫生间内所有金属管道金属构件联结。具体做法参见国标图集《防雷接地工程与等电位联结》05D10-136、144、157、158、163。本工程采用 TN-C-S 系统，要求接地电阻不大于 1Ω。

备注

节能措施

1. 照明光源的电源电压采用 220V。照明配电干线和分支线均采用铜芯绝缘电线（电缆）。

2. 建议住户亦选用节能高效灯具用于家装照明。

主要设备材料表

序号	图例	名称	型号规格	备注
1		配电箱	见系统图	暗装底边距地 1.5m 户内箱暗装底边距地 1.8m
2	⊗	住宅户内灯	甲方自选 28W	吸顶安装节能灯
3	⊖	排气扇	28W	通气管上安装具体位置详见暖卫
4		三联单控跷板开关	250V 10A	暗装底边距地 1.4m
5		双联单控跷板开关	250V 10A	暗装底边距地 1.4m
6		单联单控跷板开关	250V 10A	暗装底边距地 1.4m
7		单相带接地五孔插座(安全型)	250V 10A	暗装底边距地 0.3m
8	Y	油烟机-单相带接地三孔插座(安全型)	250V 16A	暗装底边距地 2.0m
9	R	油烟机-单相带接地三孔插座(安全型)	250V 16A	暗装底边距地 1.8m
10		单相带接地防溅型五孔插座(安全型)	250V 16A	暗装底边距地 1.5m
11	K	壁挂式空调单相带接地三孔插座(安全型)	250V 16A	暗装底边距地 2m
12		信息箱	见系统图	暗装底边距地 0.5m
13	TO	双口信息插座		暗装底边距地 0.3m
14	TV	电视插座		暗装底边距地 0.3m
15	MEB	总等电位端接箱	300×200×200	暗装底边距地 0.5m
16	LEB	局部总等电位端接箱	200×100×120	暗装底边距地 0.5m
17		立式三相空调插座	380V 16A	暗装底边距地 0.3m
18				
19				
20				
21				

×××××建筑勘察设计有限公司	业主	×××房地产开发有限责任公司	电气设计总说明		工程编号	××××-××-×
					档案编号	××××-××-×
审批人 设计总负责人 校对人	工程项目	×××住宅小区			电子文件号	××××-××-×
审定人 专业负责人 设计人		子项 ×××别墅	比例	日期 ××××.××	图号	电施 01
制图人						

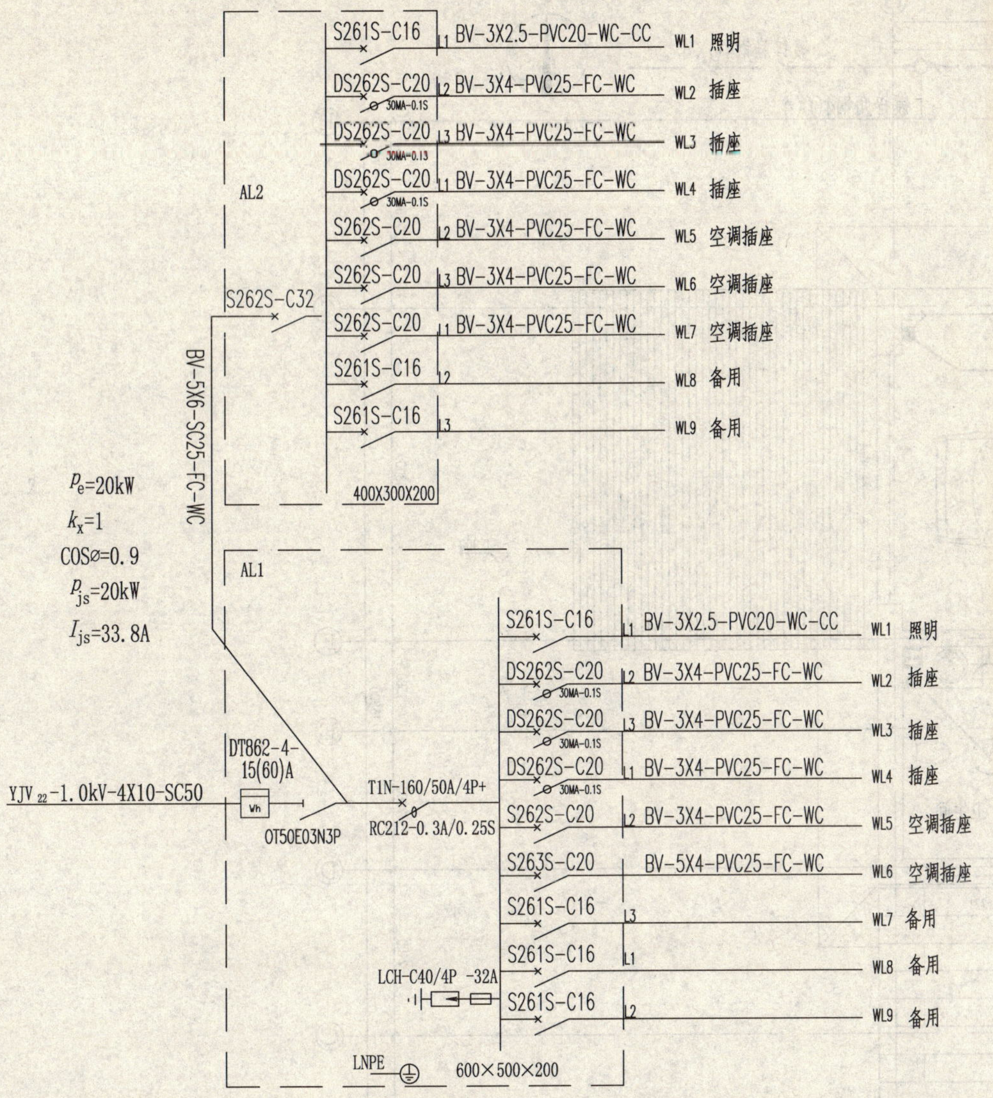

配电系统图

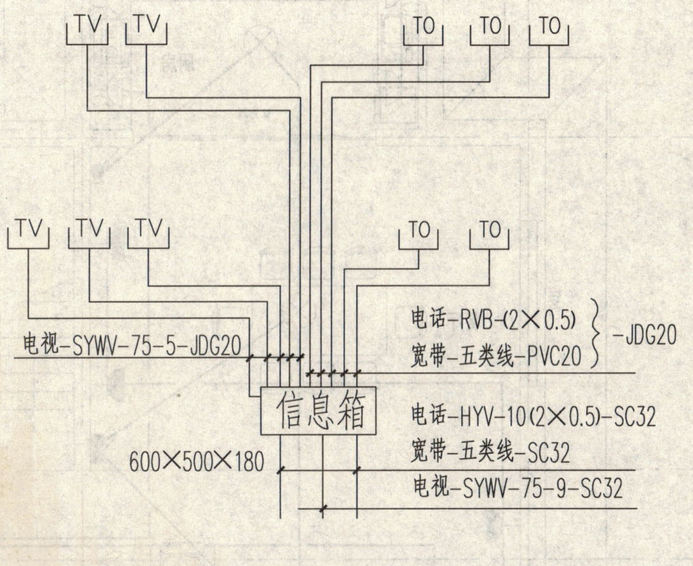

弱电系统图

【弱电系统图读图提示】

弱电信息箱一般选用成品箱，箱内设备包括电话、网络分线用的HUB，有线电视的分配分支器。

卫生间等电位说明：所有的卫生间采用局部等电位联结，从柱子适当地方引出两根大于ϕ12结构钢筋至局部等电位联结。LEB：长200×高100×厚120箱体暗装，底边距地0.3m，将卫生间内所有金属管道，金属构件及卫生间内插座的联结线均采用BVR-1×4mm²·PC16。预埋件各种管道的连接及端子板的做法参见国标图集《防雷接地工程与等电位联结》。

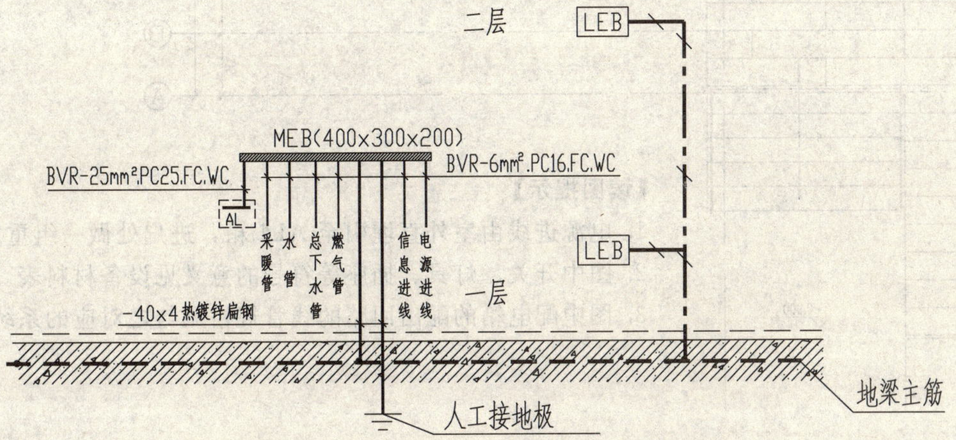

等电位联结示意图

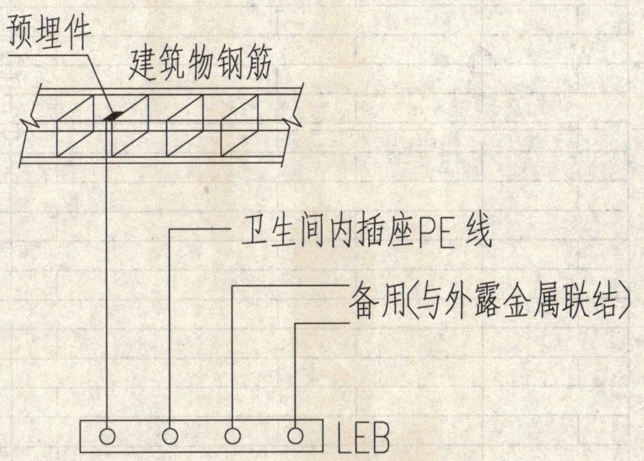

卫生间局部等电位联结示意图

【系统图读图提示】

1. 配电系统的接地形式采用TN-C-S系统，进线为三相四线，在总进线开关前做重复接地变为三相五线制，保护导体与中性导体分开后不应再合并，而且中性导体不应再接地。
2. 注意总开关与分路开关的漏电电流要有选择性。
3. 有洗浴设备的卫生间必须做局部等电位联结。

×××××建筑勘察设计有限公司					业主	×××房地产开发有限责任公司	电气系统图		工程编号	××××-××-×
									档案编号	××××-××-×
审批人		设计总负责人		校对人	工程项目	×××住宅小区			电子文件号	××××-××-×
审定人		专业负责人		设计人						
				制图人		子项 ×××别墅	比例	日期 ××××.××	图号	电施 02

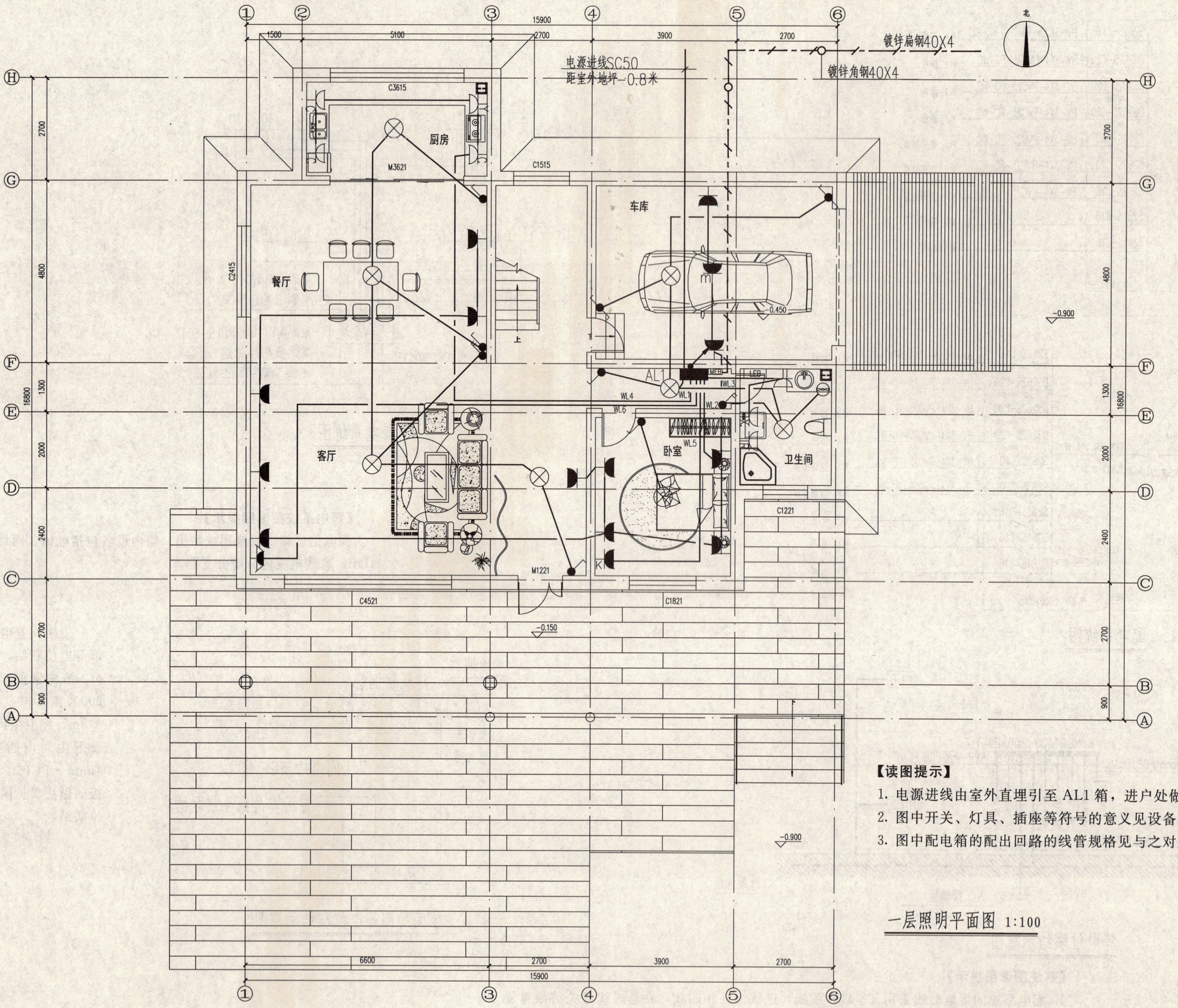

【读图提示】

1. 电源进线由室外直埋引至 AL1 箱，进户处做一组重复接地。
2. 图中开关、灯具、插座等符号的意义见设备材料表。
3. 图中配电箱的配出回路的线管规格见与之对应的系统图。

一层照明平面图 1:100

×××××建筑勘察设计有限公司					业主	×××房地产开发有限责任公司	一层照明平面图	工程编号	××××-××-×
								档案编号	××××-××-×
审批人		设计总负责人	校对人		工程项目	×××住宅小区		电子文件号	××××-××-×
审定人		专业负责人	设计人						
			制图人			子项 ×××别墅	比例 日期 ××××.××	图号 电施	03

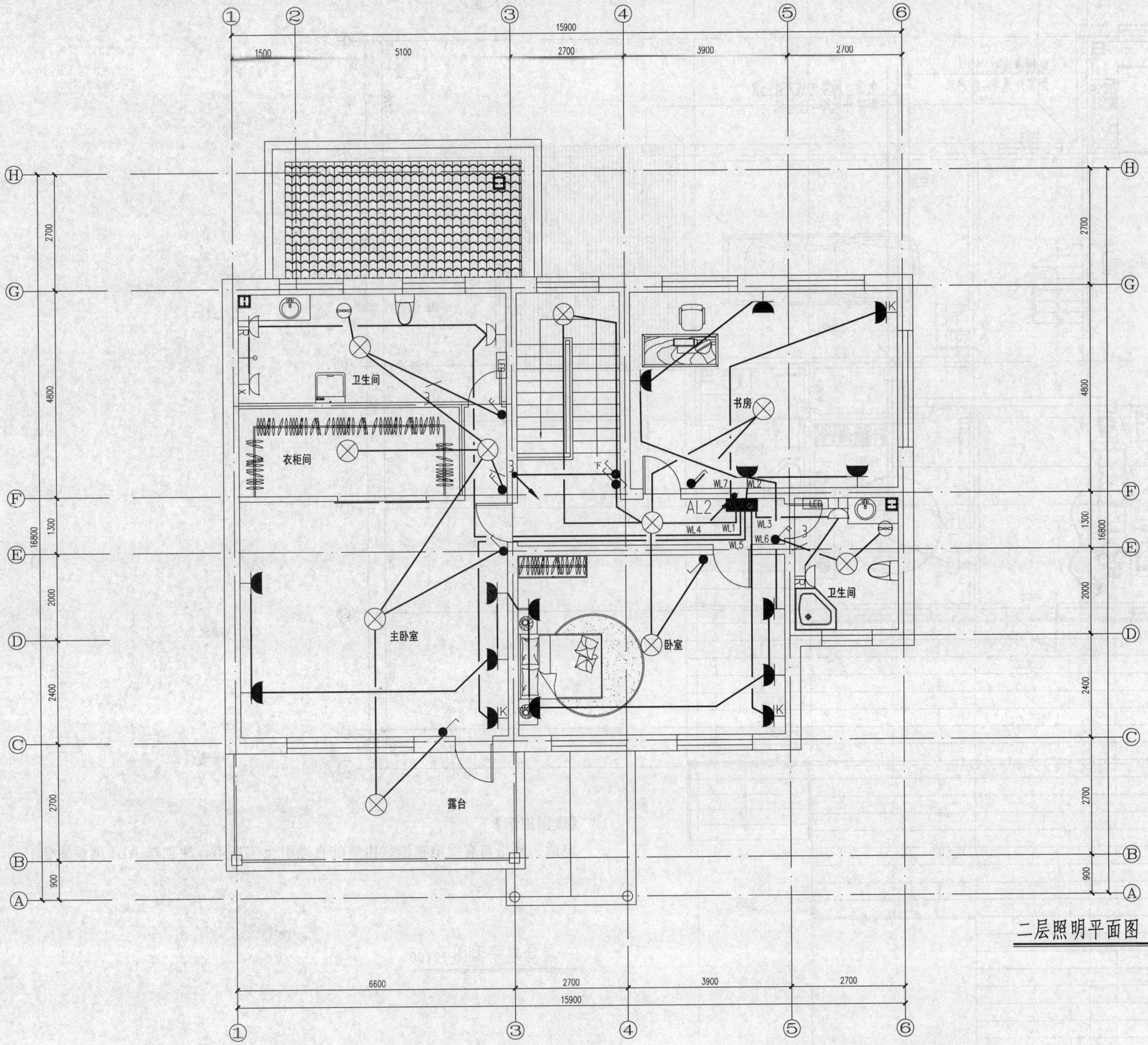

二层照明平面图 1:100

【读图提示】

1. 图中开关、灯具、插座等符号的意义见设备材料表。
2. 图中配电箱的配出回路的线管规格见与之对应的系统图。
3. 图中 AL2 箱的电源线由 AL1 箱配出，采用穿钢管沿墙敷设。

×××××建筑勘察设计有限公司					业主	×××房地产开发有限责任公司	二层照明平面图	工程编号	××××-××-×
								档案编号	××××-××-×
审批人		设计总负责人		校对人	工程项目	×××住宅小区		电子文件号	××××-××-×
审定人		专业负责人		设计人					
				制图人		子项 ×××别墅	比例 日期 ××××.××	图号 电施	04

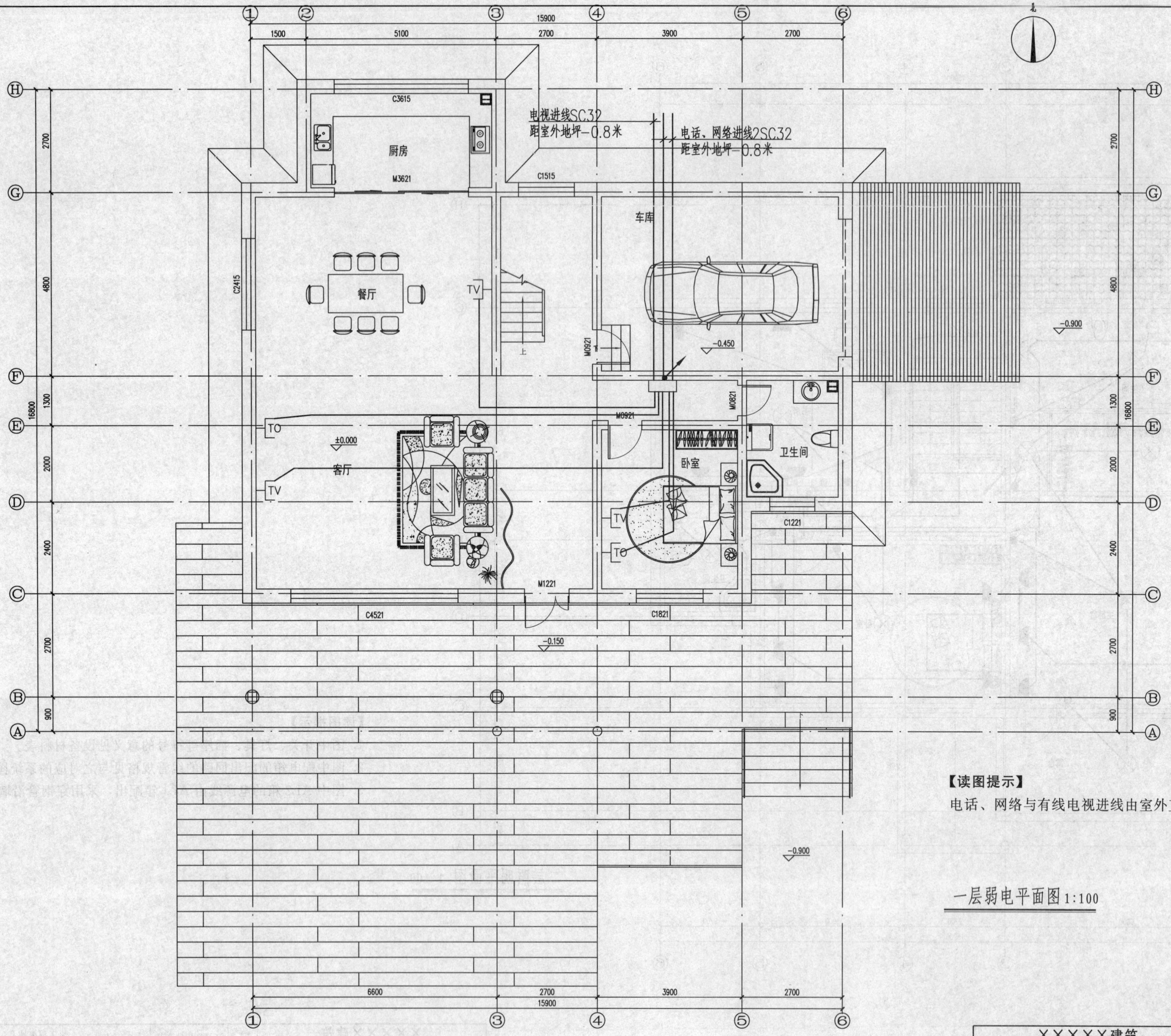

【读图提示】

电话、网络与有线电视进线由室外直埋引至信息箱，注意与AL1间位置错开。

一层弱电平面图 1:100

×××××建筑勘察设计有限公司			业主	×××房地产开发有限责任公司	一层弱电平面图		工程编号	××××-××-×
审批人	设计总负责人	校对人	工程项目	×××住宅小区			档案编号	××××-××-×
审定人	专业负责人	设计人					电子文件号	××××-××-×
		制图人		子项 ×××别墅	比例	日期 ××××.××	图号	电施 05

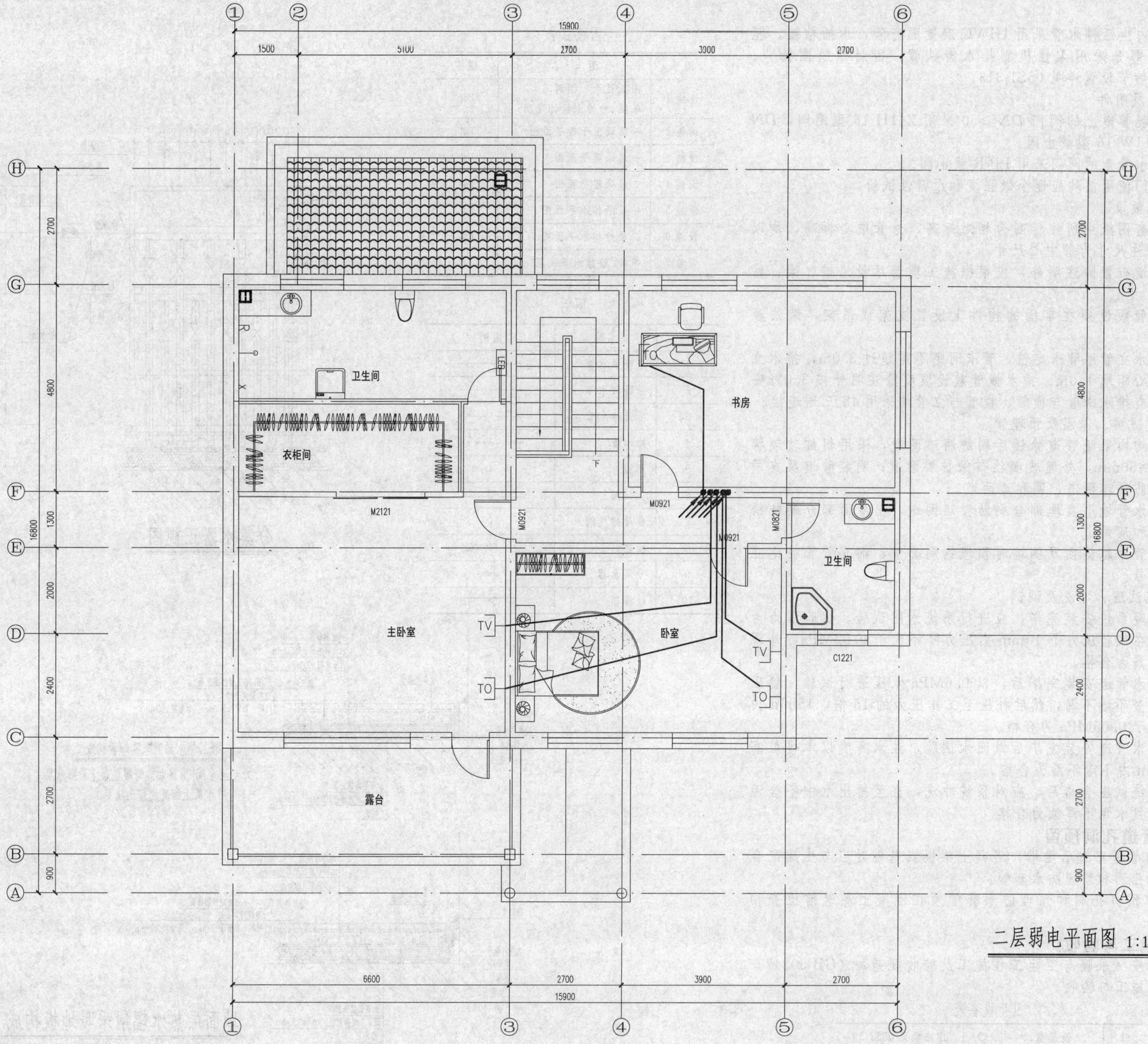

二层弱电平面图 1:100

【读图提示】
二层的电话、网络与有线电视均由一层的信息箱引来。

×××××建筑勘察设计有限公司						业主	×××房地产开发有限责任公司	二层弱电平面图		工程编号	××××-××-×
										档案编号	××××-××-×
审批人		设计总负责人		校对人		工程项目	×××住宅小区			电子文件号	××××-××-×
审定人		专业负责人		设计人				比例	日期	图号	电施 06
				制图人		子项	×××别墅		××××.××		

采暖给排水设计说明

一、设计依据

1. 建筑专业提供的工种图纸。

2. 规范与措施

《采暖通风与空气调节设计规范》GB 50019—2003

《建筑给水排水设计规范》GB 50015—2003（2009 年版）

《地面辐射供暖技术规程》JGJ 142—2004

《严寒和寒冷地区居住建筑节能设计标准》JGJ 26—2010

《住宅性能评定技术指标》GB/T 50362—2005

《住宅设计规范》GB 50096—1999（2003 版）

《住宅建筑规范》GB 50368—2005

《民用建筑热工设计规范》GB 50176—93

二、采暖

1. 本工程为低温热水地板辐射采暖设计供回水温度 55/45℃。

车库采用散热器采暖，散热器采用椭四柱 760 型铸铁散热器（内腔无黏砂型）。

本工程系统水阻力 40kPa。地沟入口作法见 05N1-13。

2. 本工程在地沟入口处设热计量表，实行分户控制与计量。

3. 地热管道采用 PEX 交联聚乙烯管（交联度：过氧化物＞92%，硅烷＞65%）管径 ϕ=20mm，壁厚 2.0mm。

4. 加热管固定点的间距，直管段宜为 500～700mm，弯曲管段宜大于200～300mm。

5. 在各房间门口处，房间面积超过 30m² 或边长超过 6m 时，填充层和面层设置宽度≥8mm 的伸缩缝。

6. 加热管始末端的适当距离内或密集处，当管间距≤100mm，采取设置柔性套管等保温措施。

7. 地板采暖施工应在室内初装修后与地面施工同时进行，入冬前完成，禁止冬季施工，施工环境在5℃以上。

8. 施工现场应进行清理，清除垃圾、杂物，要求地面平整无凹凸不平及砂石。

9. 回填混凝土时不允许踩压已铺设好的管路，豆石混凝土中应加入 5%防龟裂添加剂，卫生间应在豆石混凝土层上作防水层。

10. 施工过程中不允许重压已铺设好的塑料管，系统正式通水前先将管网系统进行冲洗打压后再与分集水器接通。

11. 系统安装完毕，关闭分集水器主阀门，打开旁通阀冲洗管道，待管道出水为五色透明后再运行地板辐射采暖系统。

12. 初始加热时，热水缓慢升温，供水温度控制在比当时环境温度高 10℃左右，且不高于 32℃，并连续运行 48h，以后每隔 24h，水温升高 3℃，直到达到供水温度。

13. 分集水器的各分环管道上采用铜制球阀。

14. 分集水器安装见 05N1-81，管道密集处隔热做法见 05N1-88。

三、设备与材料

1. 本工程所使用的设备、材料与制品均应符合国家的现行标准并具有合格证。

2. 本工程所使用的设备、材料与制品均应符合本设计的技术要求。

3. 本工程所使用的设备、材料与制品到货后均应检查并确认符合上述要求后方可进行安装。

4. 卫生洁具应选用住建部指定节水产品。

四、施工说明

1. 管材及接口

（1）地沟及采暖立管、分集水器前采暖管道采用焊接钢管，DN＞32 焊接，DN≤32 丝接。

（2）室内冷水管采用 PP-R 塑料给水管，热熔连接。

（3）室内生活排水管采用 UPVC 双壁隔音管，承插粘接。埋地及出屋面部分采用柔性机制排水铸铁管，密封橡胶圈捻口。UPVC 管伸缩节设置详见 05S1-313。

2. 阀门及附件

（1）采暖管道上的阀门 DN≥50 采用 Z41H-16 型闸阀，DN＜50 采用 J11W-16 型截止阀。

（2）冷水管上的阀门采用 PP-R 截止阀。

（3）阀门使用前均应逐个做强度和严密性试验。

3. 管道敷设

（1）本套图纸中所注标高为相对标高，为管中心标高，均以“m”记；所注尺寸为管中心尺寸。

（2）管道布置除注明外，应根据施工现场尽量沿墙、梁、柱直线敷设。

（3）横管敷设须在牢固的构件上设置支架或吊架，做法参照 05S9。

（4）排水立管用管卡定位，管卡间距不得超过 3.0m，排水立管检查口中心距地 1.0m。排水横管敷设坡度除注明外按 3.0%安装施工，所有排水横管与横管、横管与立管均采用 45°三通连接。

4. 管道防腐、保温及预埋管

（1）地沟内采暖管道除锈后刷防锈漆两道，采用超细玻璃棉管套保温 σ=50mm，外缠玻璃丝布保护层两道；明装管道及支吊架除锈后刷防锈漆两道，调和漆两道。

（2）排水管地下直埋部分刷沥青漆两道，出屋面部分刷防锈漆一道，调和漆两道。

（3）立管穿越楼面及侧墙时预埋钢制套管，钢套管管径比立管管径大两号。

5. 系统试压、冲洗及调试

（1）采暖系统安装完毕，应进行系统水压试验。试验压力为 0.60MPa，在试验压力下 10min 内压力降不大于 0.02MPa，外观检查不渗不漏为合格。

（2）给水管道安装完毕后，以 0.6MPa 水压进行试验，稳压 1h，外观检查不渗不漏，然后补压至工作压力的 15 倍，15min 内压力降不大于 0.05MPa 为合格。

（3）排水管道安装完毕后做闭水试验，注水高度以本楼层高为准，30min 内不渗不漏为合格。

（4）系统试压合格后，应对系统冲洗，直至排出水中不含泥沙、铁杂质且水色不浑浊为合格。

五、管道孔洞预留

1. 所有管道穿过承重墙，混凝土梁板或基础时应与土建配合施工，预留孔洞和预埋防水套管。

2. 所有预留孔洞和预埋防水套管须在混凝土浇筑前检查和核对。

六、施工与验收

本工程按《采暖与卫生工程施工及验收规范》（GB 50242—2002）进行施工与验收。

卫生设备表

1	洗脸盆		作法参见 05S1-39
2	厨房洗涤盆		作法参见 05S1-3
3	坐式大便器		作法参见 05S1-112
4	淋浴器		作法参见 05S1-105
5	水表		作法参见 05S1-229
6	地漏		作法参见 05S1-248

图纸目录

图例

序号	名称	图例
1	采暖供水管	
2	采暖回水管	
3	生活给水管	
4	排水管	
5	闸阀	
6	止回阀	
7	自动排气阀	
8	检查口	650×650
9	分集水器	
10	过滤器	

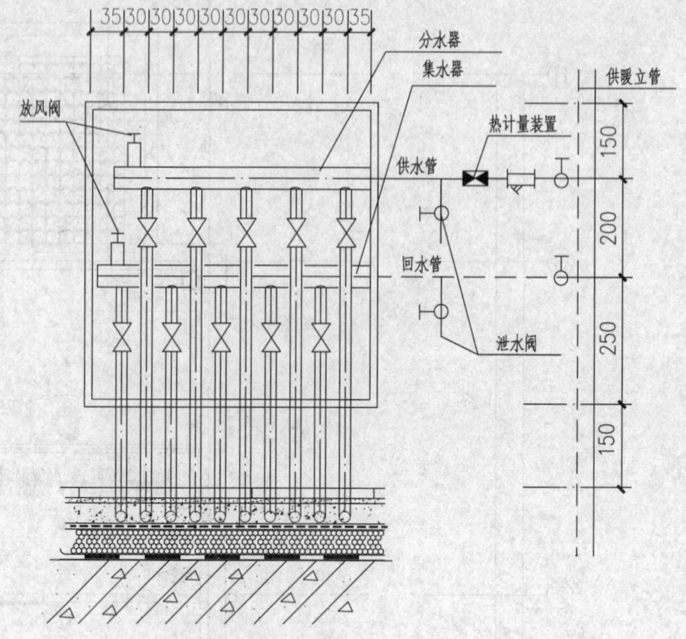

分集水器正视图

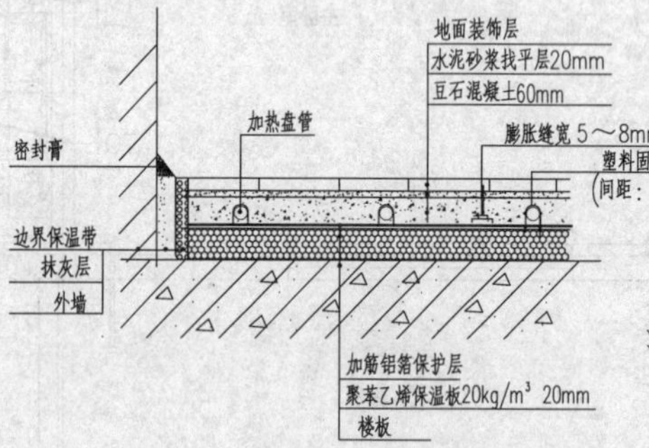

楼层热水辐射采暖地板构成

注：卫生间，厨房加热管覆盖层上设防水层防水层上翻高度按土建要求

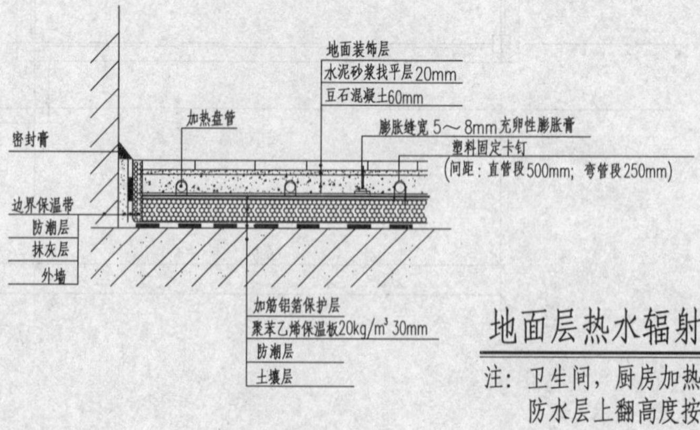

地面层热水辐射采暖地板构成

注：卫生间，厨房加热管覆盖层上设防水层防水层上翻高度按土建要求

×××××建筑 勘察设计有限公司	业主	×××房地产开发有限责任公司	采暖、给排水设计说明 图纸目录　图例	工程编号	××××-××-×
审批人　设计总负责人　校对人				档案编号	××××-××-×
审定人　专业负责人　设计人	工程项目	×××住宅小区		电子文件号	××××-××-×
制图人		子项　×××别墅	比例 1：50　日期 ××××.××	图号	设施　01

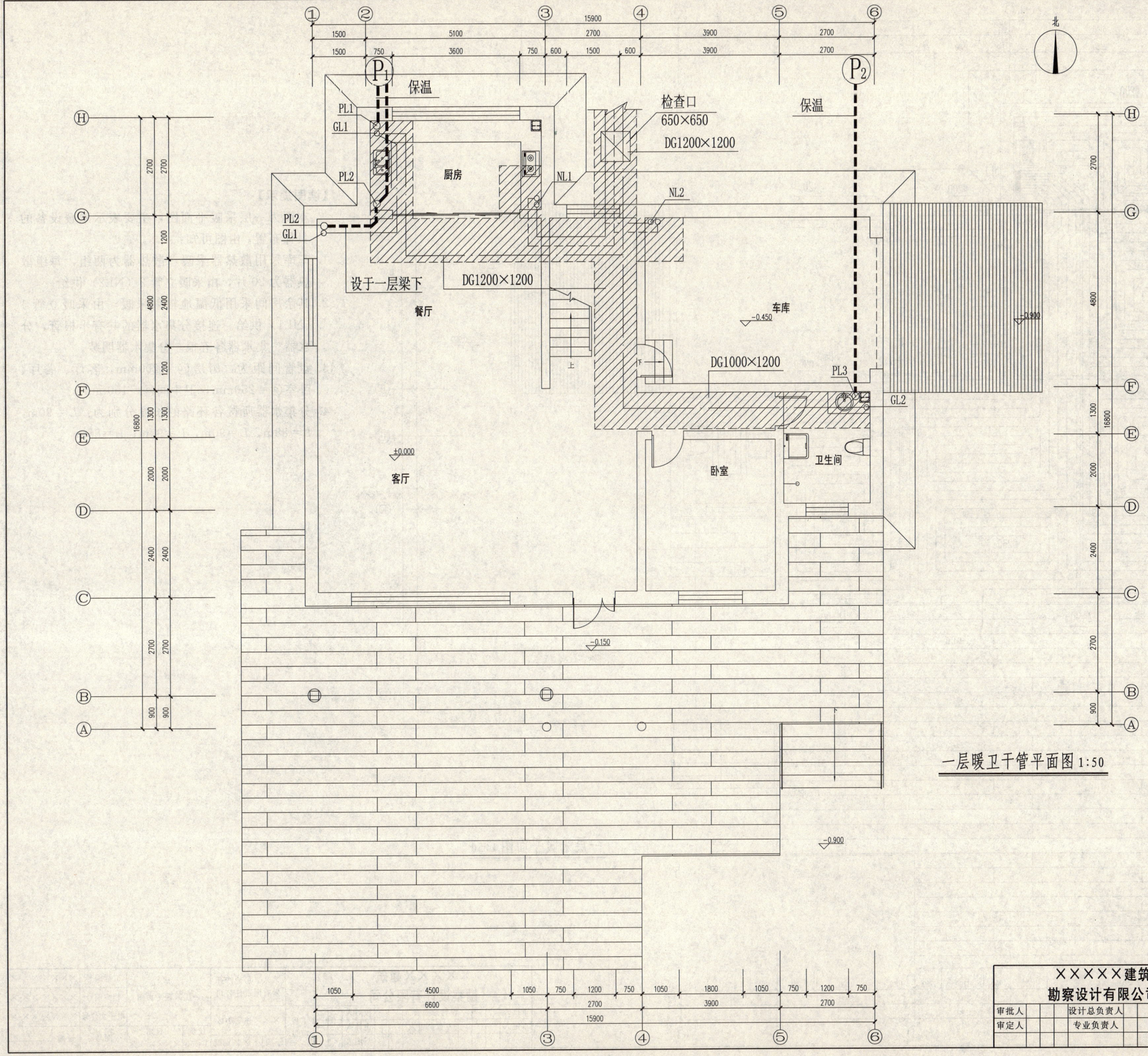

一层暖卫干管平面图 1:50

【读图提示】

本图为一层暖卫干管平面图，主要表示：①地沟和地沟内的采暖及给水干立管的具体布置；②室内排水立管及排水排出管的具体布置。由图可知：

1. 本建筑采暖系统采用的形式为下供下回式系统。供回水干管均位于地沟内，采暖入口位于Ⓖ轴北侧，③轴与④轴之间。采暖干管引入后，在Ⓖ轴南侧分两支，向西接采暖立管（NL1），向东接采暖立管2（NL2）检查井设于室外。
2. 生活给水入口位置与采暖相同，给水干管引入后，在Ⓖ轴南侧分两支，一支先向西至②轴东侧后，再向北接至给水立管1（GL1）；另一支先向南至Ⓕ轴南侧后，再向东接至给水立管2（GL2）。
3. 排水立管1（PL1）设于②轴与Ⓗ轴处；排水立管2（PL2）设于②轴与Ⓖ轴处；排水立管3（PL3）设于⑥轴与Ⓕ轴处。

所有排水均向北排出。

×××××建筑勘察设计有限公司				业主	×××房地产开发有限责任公司	一层暖卫干管平面图	工程编号	××××-××-×
							档案编号	××××-××-×
审批人		设计总负责人	校对人	工程项目	×××住宅小区		电子文件号	××××-××-×
审定人		专业负责人	设计人			比例 1:50	日期 ××××.××	
			制图人		子项 ×××别墅		图号	设施 02

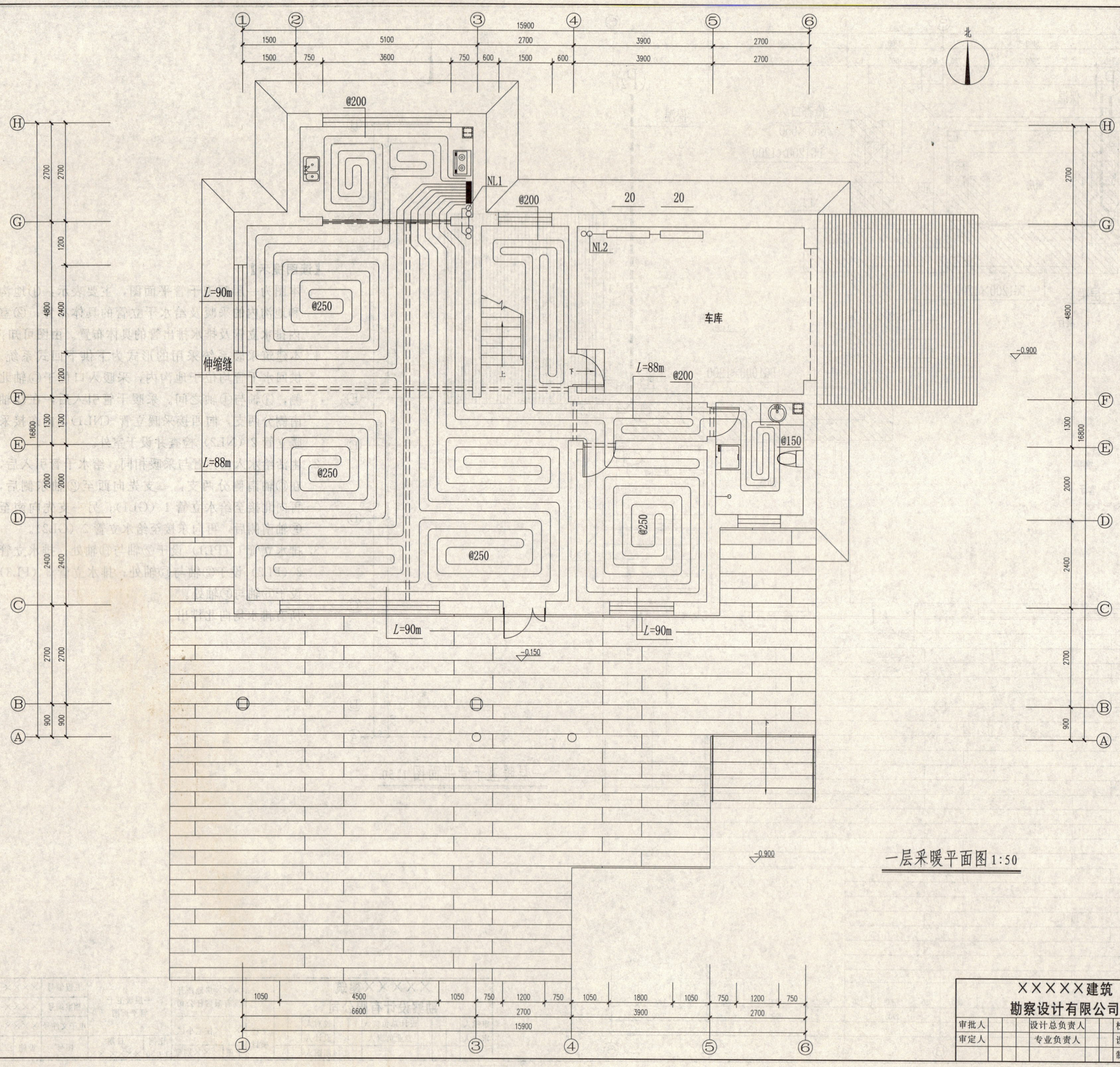

一层采暖平面图1:50

【读图提示】

本图为一层采暖平面图，主要表示采暖设备的具体布置。由图可知：

1. 车库采用散热器采暖，散热器为两组，每组散热器为20片，由采暖立管2（NL2）供给。
2. 其余房间采用低温地辐射采暖，由采暖立管1（NL1）供给。连接分集水器的共有十根管，分水器、集水器各五根。分集水器明装。
3. 盘管间距为：厨房@＝200mm，客厅、餐厅、卧室@＝250mm，卫生间@＝150mm。
4. 分集水器所接各环路的长度分别为：$L=90$m，$L=88$m，$L=90$m，$L=90$m，$L=88$m。

×××××建筑勘察设计有限公司						业主	×××房地产开发有限责任公司	一层采暖平面图	工程编号	××××-××-×
审批人		设计总负责人		校对人					档案编号	××××-××-×
审定人		专业负责人		设计人		工程项目	×××住宅小区		电子文件号	××××-××-×
				制图人		子项	×××别墅	比例 1:50 日期 ××××.××	图号	设施 03

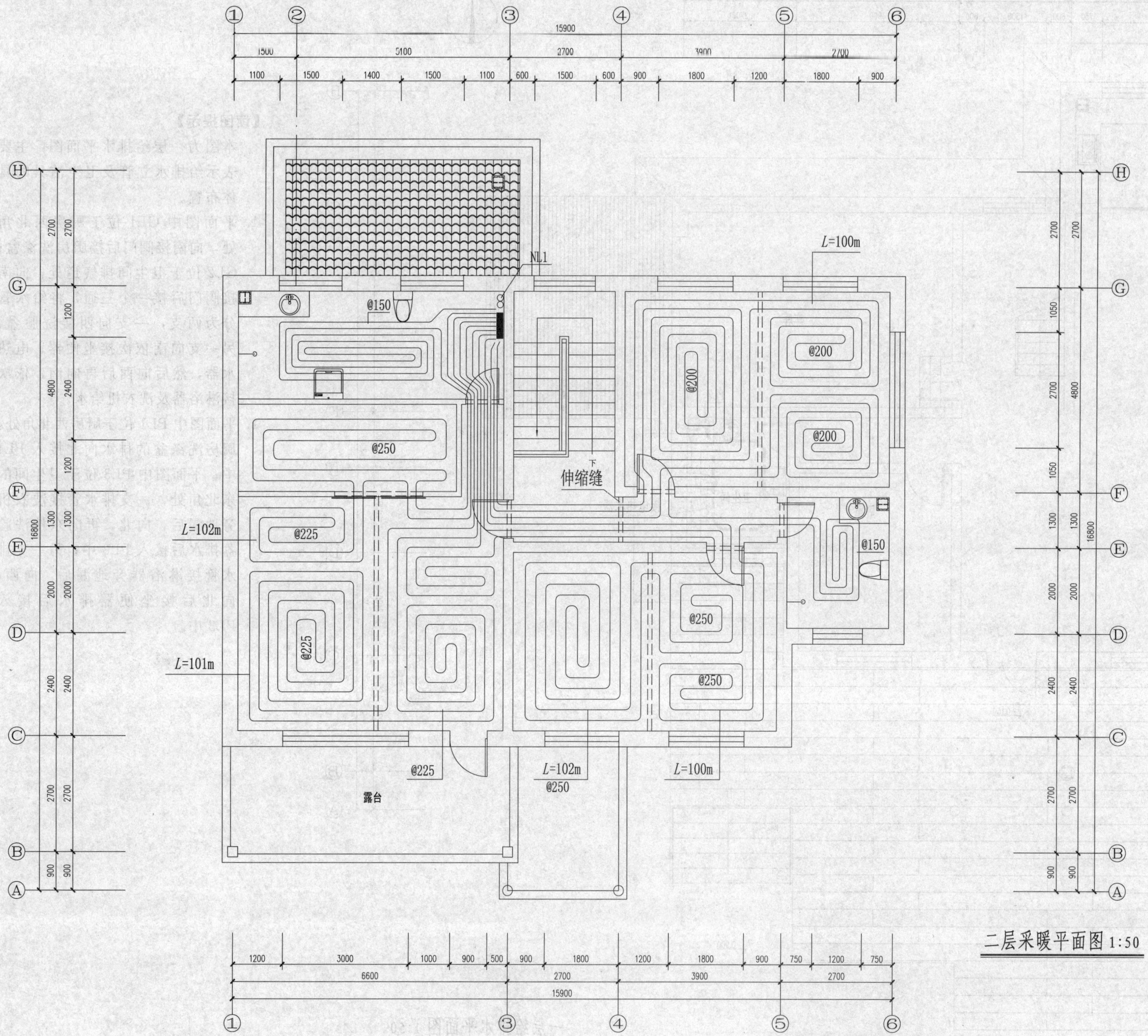

二层采暖平面图 1:50

【读图提示】

本图为二层采暖平面图，主要表示采暖设备的具体布置。由图可知：

1. 各房间采用低温地辐射采暖，由采暖立管1（NL1）供给。连接分集水器的共有十根管，分水器、集水器各五根。分集水器明装。
2. 盘管间距为：主卧室@＝225mm，书房@＝200mm，卫生间@＝150mm。卧室、衣柜间@＝250mm。
3. 分集水器所接各环路的长度分别为：$L=102m$，$L=101m$，$L=102m$，$L=100m$，$L=100m$。

×××××建筑勘察设计有限公司				业主	×××房地产开发有限责任公司	二层采暖平面图		工程编号	××××-××-×
								档案编号	××××-××-×
审批人		设计总负责人		校对人	工程项目	×××住宅小区		电子文件号	××××-××-×
审定人		专业负责人		设计人			比例	日期	图号	设施	04
				制图人		子项	×××别墅	1:50	××××.××		

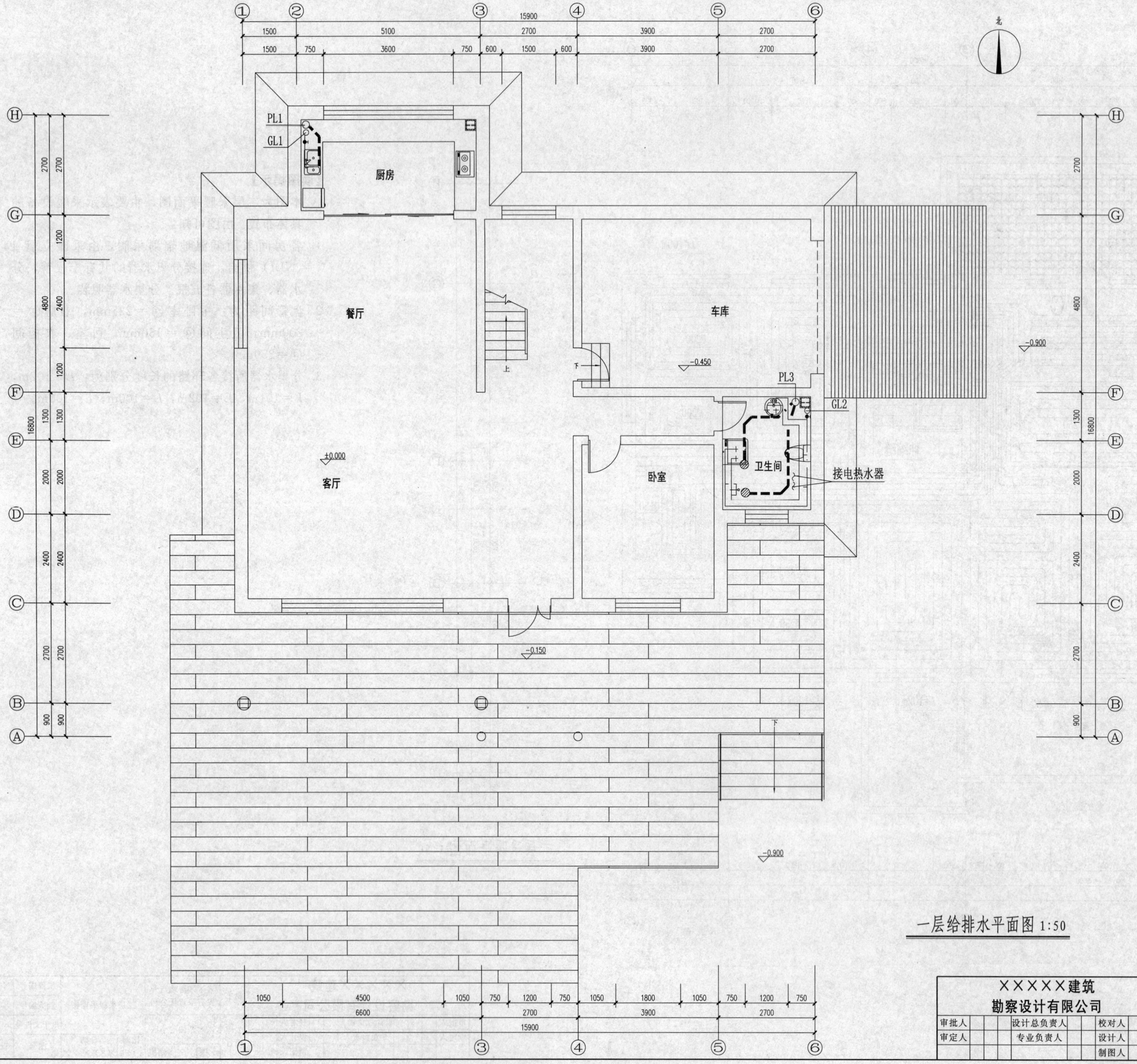

一层给排水平面图 1:50

【读图提示】

本图为一层给排水平面图，主要表示给排水立管及卫生洁具的具体布置。

1. 平面图中 GL1 位于厨房西北角处，向南接阀门后接厨房洗涤盆；GL2 位于卫生间排气道处，向南接阀门后接一个三通，将给水管分为两支，一支向西接洗脸盆，另一支向南依次接坐便器、电热水器，然后向西后再向南，依次接淋浴器及洗衣机给水。
2. 平面图中 PL1 位于厨房西北角处，厨房洗涤盆的排水向北接入 PL1 中；平面图中 PL3 位于卫生间的东北角处，一支排水管接洗衣机旁地漏后，向北，再向东接洗脸盆排水后接入 PL3 中；另一支排水管接淋浴器旁地漏后，向西，向北后接坐便器排水后接入 PL3 中。

×××××建筑勘察设计有限公司				业主	×××房地产开发有限责任公司	一层给排水平面图	工程编号	××××-××-×
							档案编号	××××-××-×
审批人	设计总负责人	校对人		工程项目	×××住宅小区		电子文件号	××××-××-×
审定人	专业负责人	设计人				比例 1：50 / 日期 ××××.××	图号	设施 05
		制图人			子项 ×××别墅			

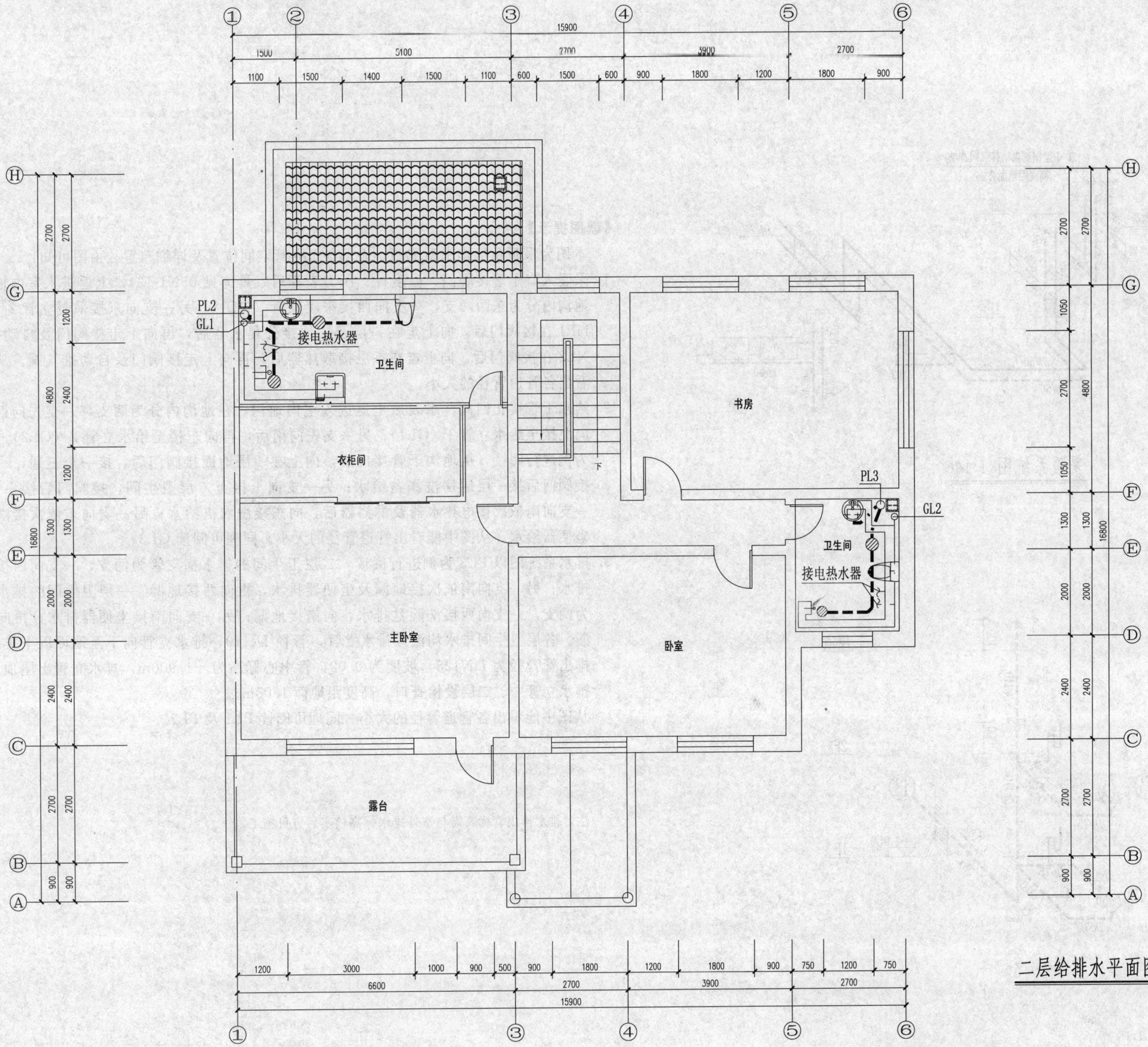

二层给排水平面图 1:100

【读图提示】

本图为二层给排水平面图，主要表示给排水立管及卫生洁具的具体布置。

阅读方法参照一层给排水平面图。

×××××建筑勘察设计有限公司			业主	×××房地产开发有限责任公司	二层给排水平面图	工程编号	××××-××-×
						档案编号	××××-××-×
审批人	设计总负责人	校对人	工程项目	×××住宅小区		电子文件号	××××-××-×
审定人	专业负责人	设计人			比例 1:50	日期 ××××.××	图号 设施 06
		制图人		子项 ×××别墅			

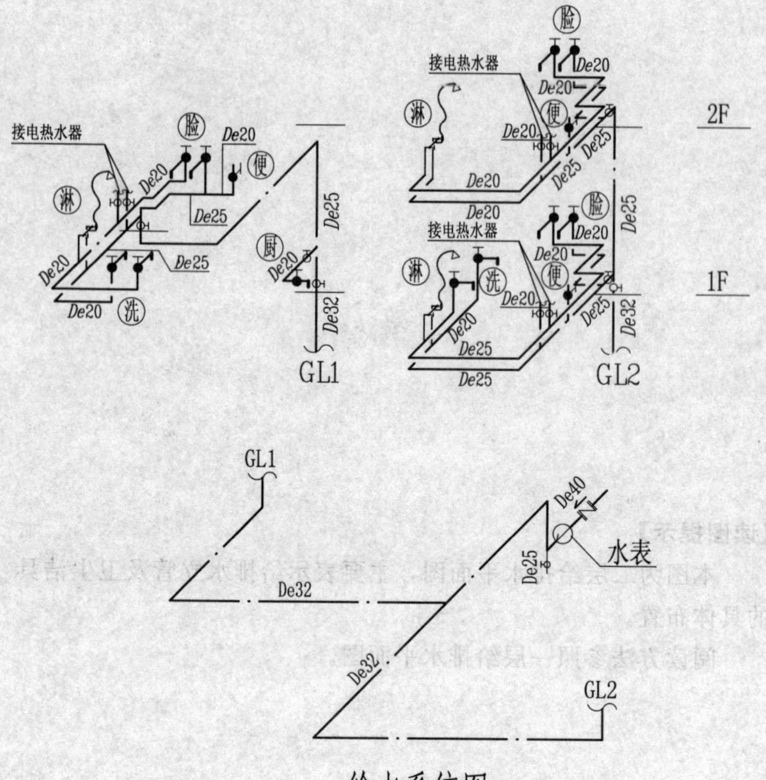

给水系统图 1:100

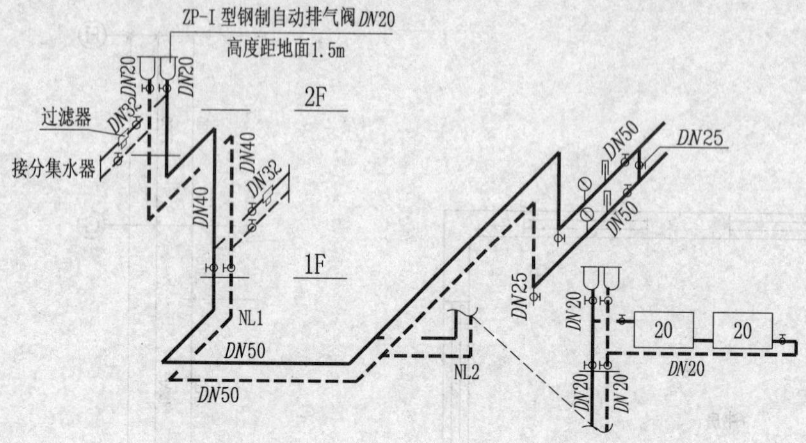

采暖系统图 1:100

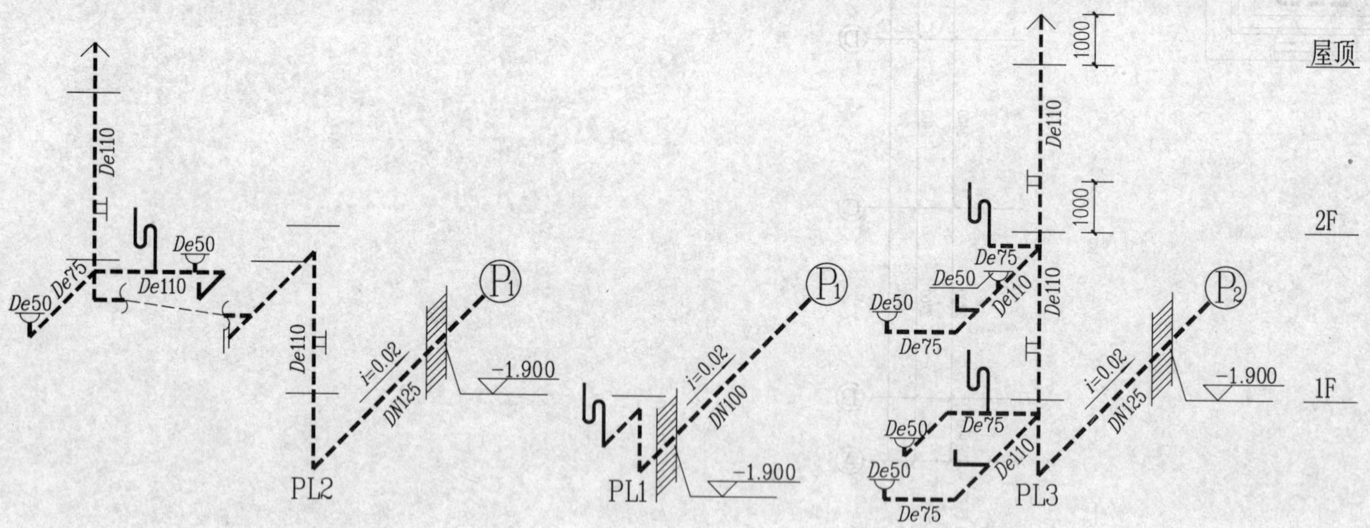

排水系统图 1:100

【读图提示】

本图为采暖及给排水系统图，表示各干立管空间位置及详细布置。由图可知：

1. 采暖入口干管接阀门、温度计、压力表等后（具体见 05N1-13），上返进入室内地沟，在地沟内分为东西两支，一支向西接采暖立管（NL1），另一支向东接采暖立管 2（NL2）。NL1 在接阀门后，向上走在一层及二层接分集水器后，再向上走接阀门及自动排气阀。NL2 在接阀门后，向上走在一层接散热器后，再向上走接阀门及自动排气阀。从图中能看出各管道管径的大小。
2. 给水干管接止回阀、水表后上返进入室内地沟，在地沟内分为两支，一支先向西后，再向北接至给水立管 1（GL1）；另一支先向南后，再向东接至给水立管 2（GL2）。以 GL1 为例进行阅读，从地沟干管接出后，向上在一层地面接阀门后，接一个三通，一支向南接阀门后接一层厨房洗涤盆给水；另一支向上接至二层卫生间，接阀门后接一个三通，一支向南依次接电热水器及淋浴器后，向东接洗衣机给水；另一支向东依次接洗脸盆及坐便器给水。从图中能看出管道管径的大小。同理可阅读 GL2。
3. 排水系统图以 PL3 为例进行阅读，二层卫生间的排水横支管为两支，一支向西接洗脸盆排水；另一支向南依次接地漏及坐便器排水，再向西接地漏。一层卫生间的排水横支管为两支，一支向西接洗脸盆排水，向南接地漏；另一支向南接坐便器排水，再向西接地漏。各层卫生间排水均汇入排水立管，管径 *De*110，排水立管向下至地面以下排出室外，排出管管径为 *DN*125，坡度为 0.02，管中心标高为－1.900m，排水立管出屋顶 1.00m，排水立管一、二层设检查口，高度距地面 1.00m。

从图中能看出各管道管径的大小。同理可阅读 PL1 及 PL2。

注：排水排出管标高需与室外排水标高核实后方可施工。

×××××建筑 勘察设计有限公司				业主	×××房地产开发有限责任公司		采暖、给排水系统图	工程编号	××××-××-×
								档案编号	××××-××-×
审批人		设计总负责人		校对人	工程项目	×××住宅小区		电子文件号	××××-××-×
审定人		专业负责人		设计人			比例	日期	图号
				制图人	子项	×××别墅	1:50	××××.××	设施 07

×××大学——逸夫教学楼

工程地点	呼和浩特市
设计编号	××××-××
设计阶段	施工图
设计证书编号	××××××-××

院　　长 ________

总工程师 ________

×××建筑勘察设计有限公司

××××年××月

图 纸 目 录

×××建筑勘察设计有限公司图纸目录清单

编 号	工 程 名 称	项 目	共 6 页
××××.××	×××大学	逸夫教学楼	第 1 页

建 筑 面 积	建施图纸张数	备 注
11151.6m²	20	

序 号	图 号	图 纸 名 称	
1	建施-1	总平面图	
2	建施-2	建筑设计说明	
3	建施-3	工程做法表	
4	建施-4	门窗表 门窗详图	
5	建施-5	一层平面图	
6	建施-6	二层平面图	
7	建施-7	三层平面图	
8	建施-8	四层平面图	
9	建施-9	五层平面图	
10	建施-10	六层平面图 屋顶平面图	
11	建施-11	东立面图 西立面图	
12	建施-12	南立面图 北立面图	
13	建施-13	屋顶平面图 剖面图	
14	建施-14	1♯楼梯详图	
15	建施-15	3♯楼梯、卫生间详图	
16	建施-16	4♯楼梯详图	
17	建施-17	A—A 墙身大样图	
18	建施-18	C—C 墙身大样图	

×××建筑勘察设计有限公司图纸目录清单

编 号	工 程 名 称	项 目	共 6 页
××××.××	×××大学	逸夫教学楼	第 2 页

建 筑 面 积	建施图纸张数	备 注
11151.6m²	20	

序 号	图 号	图 纸 名 称	
19	建施-19	B—B 墙身大样图 D—D 墙身大样图	
20	建施-20	E—E 墙身大样图 F—F 墙身大样图	

×××建筑勘察设计有限公司图纸目录清单

编　号	工程名称	项　目	共 6 页
××××.××	×××大学	逸夫教学楼	第 3 页

建筑面积	结施图纸张数	备　注
11151.6m^2	25	

序　号	图　号	图纸名称	
1	结施-1	结构设计总说明	
2	结施-2	框架结构基础平面布置图	
3	结施-3	砖混结构基础平面布置图	
4	结施-4	框架结构基础详图（一）	
5	结施-5	框架结构基础详图（二）	
6	结施-6	框架结构地梁配筋图	
7	结施-7	框架一层结构平面图	
8	结施-8	砖混一层结构平面图	
9	结施-9	框架二～四层结构平面图	
10	结施-10	砖混二、三层结构平面图	
11	结施-11	砖混四层结构平面图	
12	结施-12	框架五层结构平面图	
13	结施-13	框架六层结构平面图	
14	结施-14	框架一层梁配筋图	
15	结施-15	框架二层梁配筋图	
16	结施-16	框架三、四层梁配筋图	
17	结施-17	框架五层梁配筋图	
18	结施-18	框架六层梁配筋图	

×××建筑勘察设计有限公司图纸目录清单

编　号	工程名称	项　目	共 6 页
××××.××	×××大学	逸大教学楼	第 4 页

建筑面积	结施图纸张数	备　注
11151.6m^2	25	

序　号	图　号	图纸名称	
19	结施-19	柱编号平面图	
20	结施-20	框架柱配筋图（一）	
21	结施-21	框架柱配筋图（二）	
22	结施-22	框架柱配筋图（三）	
23	结施-23	1＃楼梯结构图	
24	结施-24	3＃楼梯结构图	
25	结施-25	4＃楼梯结构图	

×××建筑勘察设计有限公司图纸目录清单

编号	工程名称	项目	共 6 页
××××.××	×××大学	逸夫教学楼	第 5 页

建筑面积	设施图纸张数	备注
11151.6m²	10	

序号	图号	图纸名称	
1	设施-1	设施设计说明	
2	设施-2	一层暖卫平面图	
3	设施-3	二层暖卫平面图	
4	设施-4	三层暖卫平面图	
5	设施-5	四层暖卫平面图	
6	设施-6	五层暖卫平面图	
7	设施-7	六层暖卫平面图	
8	设施-8	采暖系统图	
9	设施-9	卫生间给水、排水大样图　给水、雨水系统图	
10	设施-10	排水、消防给水系统图	

×××建筑勘察设计有限公司图纸目录清单

编号	工程名称	项目	共 6 页
××××.××	×××大学	逸夫教学楼	第 6 页

建筑面积	电施图纸张数	备注
11151.6m²	18	

序号	图号	图纸名称	
1	电施-1	电施设计总说明、图例表	
2	电施-2	配电系统图（一）	
3	电施-3	配电系统图（二）	
4	电施-4	弱电系统图	
5	电施-5	一层进线及配电室布置平面图	
6	电施-6	一层照明、应急照明平面图	
7	电施-7	二层照明、应急照明平面图	
8	电施-8	三层照明、应急照明平面图	
9	电施-9	四层照明、应急照明平面图	
10	电施-10	五层照明、应急照明平面图	
11	电施-11	六层照明、应急照明平面图	
12	电施-12	一层弱电平面图	
13	电施-13	二层弱电平面图	
14	电施-14	三层弱电平面图	
15	电施-15	四层弱电平面图	
16	电施-16	五层弱电平面图	
17	电施-17	六层弱电平面图	
18	电施-18	屋顶防雷平面图	

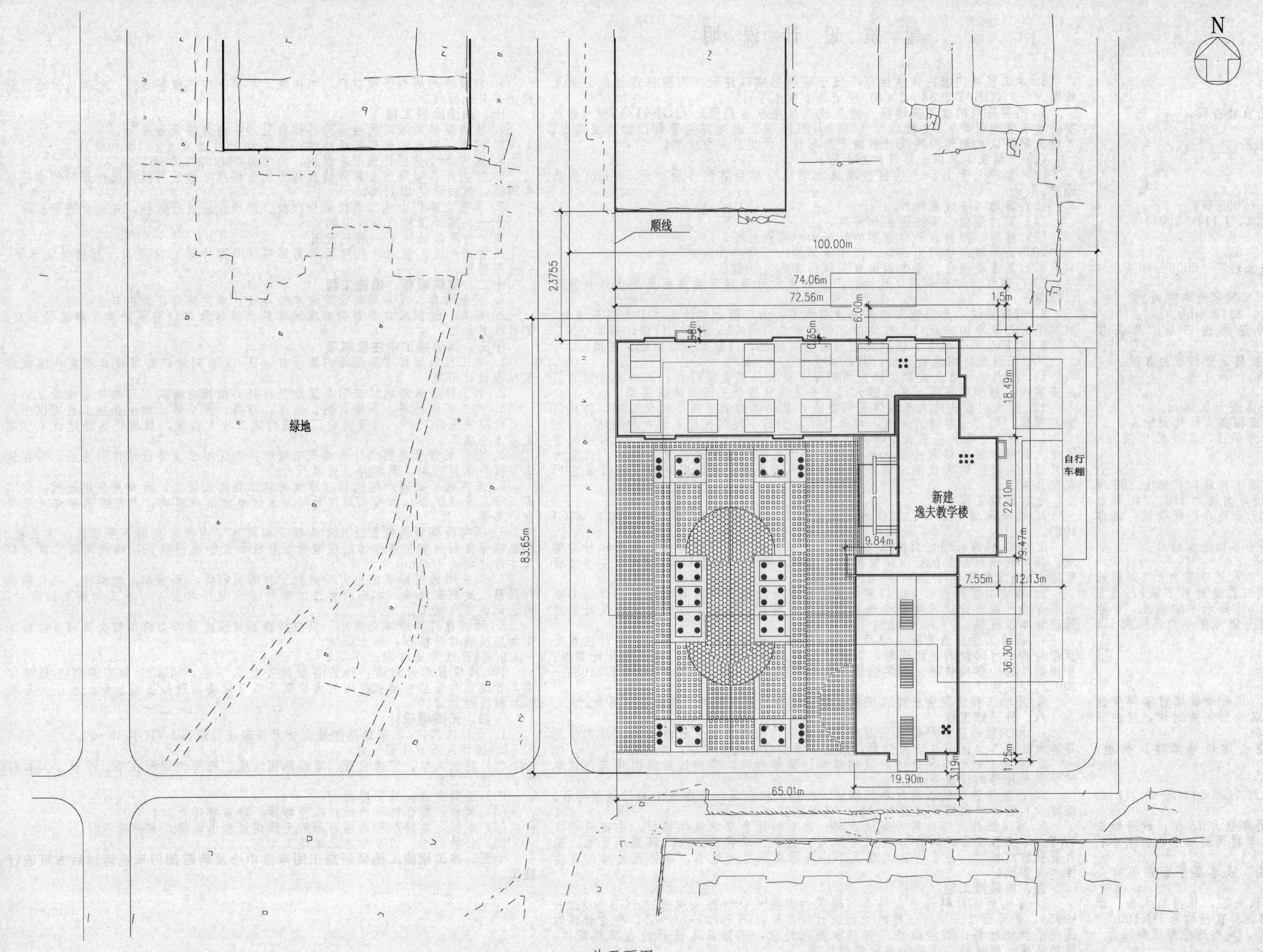

总平面图 1:500

【读图提示】

1. 先看图样比例、图例及有关说明。注意建筑总平面图上标注的尺寸单位为“米”，其他图中尺寸单位则为“毫米”。注意相对标高与绝对标高之间的关系。
2. 了解工程的性质、用地范围、地形、地貌和周围环境等情况（从图中房屋所注名称，可知拟建工程的性质）。
3. 明确拟建房屋的位置和朝向。从图上所画的指北针或风向频率玫瑰图，可确定房屋的朝向。
4. 了解建筑物周边的道路和绿化规划情况。

×××建筑勘察设计有限公司					
院审		专业组长		建设单位	×××大学
审核		校　对		工程项目	逸夫教学楼
设计负责人		设　计		总平面图	设计号 ××××.××
					图　号 建施-1
专业负责人		制　图			日　期 ××××.××

建 筑 设 计 说 明

一、设计依据

1. 经建设单位审定的初步设计方案文件及所签订的设计合同。

2. 由建设单位提供的地质勘察资料及地形图。

3. 经批准的本工程方案调整设计及建设方的相关意见。

4. 国家有关规范

《民用建筑设计通则》(GB 50352—2005)

《建筑设计防火规范》(GB 50016—2006)

《高层民用建筑设计防火规范》(GB 50045—1995)(2005 版)

《城市道路和建筑物无障碍设计规范》(JGJ 50—2001，J 114—2001)

《公共建筑节能设计标准》(DBJ 03—27—2007)

《办公建筑设计规范》(JGJ 67—2006)

《民用建筑外保温系统及外墙装饰防火暂行规定》(公通字［2009］46 号)

二、项目概况

1. 本工程为××××大学逸夫教学楼，基地位于××××大学院内。

2. 本工程总建筑面积：11151.6m²，基底建筑面积：2347.8m²。

3. 建筑层数：地上框架五层，局部六层，砖混结构四层。总高度为：23.8m。

4. 建筑结构形式为框架结构，使用年限为 50 年，抗震设防烈度为 8 度。

5. 防火设计的建筑分类为二类；其耐火等级为二级。

三、设计标高

1. 本工程±0.000 相对于绝对标高现场定，室内外高差为 0.90m。

2. 各层标注标高为完成面标高（建筑面标高），屋面标高为结构面标高。

3. 本工程标高以“m”为单位，总平面尺寸以 m 为单位，其他尺寸以 mm 为单位。

四、墙体工程

1. 本工程框架结构部分外墙为 400、300 厚陶粒混凝土砌块，内墙为 200 厚陶粒混凝土砌块。砖混结构部分为 490、370 厚红机砖墙，内墙为 370、240 厚红机砖墙和 100 厚木纤维石膏墙，具体位置见平面图。M7.5 混合砂浆砌筑，墙体与框架柱应采取拉接措施，具体做法详结构设计。

2. （陶粒混凝土空心砌块）墙的构造柱、水平配筋带等做法见结施。

3. 所有砌块墙，除说明者外，均砌至梁底或板底。

4. 墙身防潮层：在室内地坪下约 60 处做 20 厚 1∶2 水泥砂浆内加 5%防水剂的墙身防潮层（在此标高为钢筋混凝土构造或下为砌石构造时可不做），当室内地坪变化处防潮层应重叠在距相应的室内地坪下约 60 处做水平防潮层，并在高低差埋土一侧墙身做 20 厚 1∶2 水泥砂浆防潮层，埋土侧为室外的还应刷 1.5 厚聚氨酯防水涂料（或其他防潮材料）。

5. 墙体留洞及封堵

（1）墙预留洞见设备施工图；

（2）砌筑墙体预留洞过梁见结施说明；

（3）预留洞的封堵：混凝土墙留洞的封堵见结施，其余砌筑墙留洞待管道设备安装完毕后，用 C15 细石混凝土填实；变形缝处双墙留洞的封堵，应在双墙分别增设套管，套管与穿墙管之间嵌堵详见 05J2-A26。

6. 填充墙的做法应满足《框架结构填充小型空心砌块墙体建筑构造》02J102-2 要求。

五、屋面工程

1. 本工程的屋面工程应符合《屋面工程技术规范》(GB 50345—2004) 的要求。

2. 本工程的屋面防水等级为二级，防水层合理使用年限为 15 年，设防做法为二道防水设防，柔性防水层采用 SBS（4+3）厚防水卷材两道防水，防水卷材四周卷至泛水高度。

3. 屋面做法及屋面节点索引见建施“屋顶平面图”及各层平面图等有关详图。

4. 屋面排水组织见屋顶平面图，内排水雨水管见水施图，外排雨水斗、雨水管采用钢板雨水管，除图中另有注明者外，雨水管的公称直径均为 DN100。

5. 隔气层的的设置：本工程的所有屋面设置隔气层，其构造见屋面做法。

6. 屋面上的各通风道的防水构造见 05J5-1。

7. 屋面上的各设备基础及避雷装置的防水构造见 05J5-1。

六、门窗工程

1. 建筑外门窗抗风压性能由厂家计算，气密性能，水密性能，保温性能，隔声性能应严格执行国家有关质量规范及内蒙古自治区的有关建筑工程法规。

2. 本工程外门窗的气密性能不低于现行标准《建筑外门窗气密、水密、抗风压性能分级及检测方法》(GB/T 7106—2008) 规定的 4 级水平。

3. 本工程外门窗的水密性能不低于现行标准《建筑外门窗气密、水密、抗风压性能分级及检测方法》(GB/T 7106—2008) 规定的 4 级水平。

4. 本工程外门窗的抗风压性能不低于现行标准《建筑外门窗气密、水密、抗风压性能分级及检测方法》(GB/T 7106—2008) 规定的 5 级水平。

5. 本工程外门窗的保温性能不低于现行标准《建筑外门窗保温性能分级及检测方法》(GB/T 8484—2008) 规定的 4 级水平。

6. 门窗玻璃的选用应遵照《建筑玻璃应用技术规程》(JGJ 113) 和《建筑安全玻璃管理规定》(发改运行［2003］2116 号) 及地方主管部门的有关规定。本建筑需要以玻璃作为建筑材料的下列部位必须使用安全玻璃：

（1）7 层及 7 层以上建筑物外开窗；

（2）面积大于 1.5m² 的窗玻璃或玻璃底边离最终装修面小于 500mm 的落地窗；

（3）幕墙（全玻幕除外）；

（4）室内隔断、浴室围护和屏风；

（5）楼梯、阳台、平台走廊的栏板和中庭内栏板；

（6）公共建筑物的出入口、门厅等部位；

（7）易遭受撞击、冲击而造成人体伤害的其他部位。

7. 门窗立面均表示洞口尺寸，门窗加工尺寸要按照装修面厚度由承包商予以调整。

8. 门窗立樘：外门窗立樘详墙身节点图，内门窗立樘除图中另有注明者外，双向平开门立樘墙中，单向平开门立樘墙中，管道竖井门设 C15 混凝土门槛，高 300。

9. 门窗选料、颜色、玻璃见“门窗表”附注，门窗五金件由业主提供。

10. 门洞哑口均做筒子板，其做法见 05J7-1-46-8。

11. 防火墙和公共走廊上疏散用的平开防火门应设闭门器，双扇平开防火门应安装闭门器和顺序器，常开防火门须安装信号控制关闭和反馈装置。

12. 防火门窗的防火等级详见门窗表，其玻璃均采用夹层钢化玻璃，防火门窗与顶部、侧面土建墙的缝隙，均采用不小于三小时耐火极限的材料封堵。

13. 防火卷帘应安装在建筑的承重构件上，卷帘上部如不到顶，上部空间应用耐火极限与墙体相同的防火材料封闭；防火卷帘采用无机复合卷帘，以背火面升温为条件的耐火极限应满足三小时的规范要求，具体安装和预埋设置由厂家配合施工。

七、幕墙工程

1. 玻璃幕墙的设计、制作和安装应执行《玻璃幕墙工程技术规范》(JGJ 102)。

2. 本工程的幕墙立面图仅表示立面形式、分格、开启方式、颜色和材质要求，其中玻璃部分应执行《建筑玻璃应用技术规程》(JGJ 113)，《建筑安全玻璃管理规定》(发改运行［2003］2116 号)。

3. 幕墙工程及首层全玻门窗，楼层的铝合金门窗须由具有相应设计施工资质的专业厂家与设计人员配合进行图纸二次设计。二次设计经确认后及时向建筑设计单位提供。

4. 幕墙工程应满足防火墙两侧、窗间墙、窗槛墙的防火要求，同时应满足预埋件和受力部位的详细资料，以便结构施工图中表达清楚，施工中及时预埋；外围护结构的各项物理、力学性能要求；气密性依《建筑幕墙》(GB/T 21086—2007) 规定为 3 级。

5. 幕墙工程应配合土建、机电、擦窗设备、景观照明工程的各项要求。

八、外装修工程

1. 本工程外装修局部采用石材，其他部位采用高档仿石材涂料，其部位及具体做法详各立面图及墙身剖面，颜色必须经设计人看样后，方可施工。

2. 承包商进行二次设计的轻钢结构、装饰物等，经确认后须向建筑设计单位提供预埋件的设置要求。

3. 外装修选用的各项材料其材质、规格、颜色等，均由施工单位提供样板，经建设和设计单位确认后进行封样，并据此验收。

4. 本工程外装修材料为高级涂料；涂料的颜色要求提供样板，由建设单位认可。本工程变形缝的设计应满足防火、抗震、承载、防水、保温的要求，要有较强的耐候性，并在可能的情况下，外露面积尽可能小，以保证外墙的连续性和完整性。

九、内装修工程

1. 室内装修材料选用应符合《建筑内部装修设计防火规范》(GB 50222—1995)，楼地面部分执行《建筑地面设计规范》(GB 50037—1996)，有关材料均选用不燃烧材料；须经防腐、防锈和防火处理，明露及未露明的金属构配件，须经防腐、防锈铝合金须做氧化镀膜处理。

2. 楼地面构造交接处和地坪高度变化处，除图中另有注明者外均位于齐平门扇开启面处。

3. 凡设有地漏房间应做防水层，图中未注明整个房间做坡度者，均在地漏周围 1m 范围内做 1%坡度坡向地漏；卫生间的楼地面应做闭水试验，有防水要求房间穿楼、板立管应预埋防水套管，并高出楼地面 30mm，套管与立管间用建筑密封膏填实。有水房间的楼地面应低于相邻房间≥20mm 或做挡水门槛，有大量排水的应设排水沟和集水坑。

4. 墙面所有的阳角需做护角处理或用成品护角，护角高 2000。

5. 窗台板均为花岗岩，板厚 30，板宽伸出内墙面 50，板长同洞口宽，板端磨光。所有窗台高度低于 800 的窗均加护窗栏杆，做法详：05J6-63-2。

6. 内装修选用的各项材料，均由施工单位制作样板和选样，经确认后进行封样，并具此验收。

十、油漆涂料工程

1. 室内装修所采用的油漆涂料部位见“室内装修做法表”。

2. 内木门窗油漆选用高级油漆，做法为 05J1 涂 2（含门套构造）。

3. 室内外楼梯栏杆选用不锈钢，做法为 06J403-1-24-B14。

4. 室内外各项露明金属件的油漆为刷防锈漆 2 道后再做同室内外部位相同颜色的漆，做法详见 05J1-24。

5. 各项油漆均由施工单位制作样板，经确认后进行封样，并据此进行验收。

十一、室外工程（室外设施）

室外台阶做法详见一层平面图

所有室外坡、散水、台阶下均需加设 300 厚中砂防冻胀层。挡墙做法详见：一层平面图。

十二、建筑设备、设施工程

1. 卫生洁具、成品隔断由建设单位与设计单位商定，并应与施工配合。

2. 灯具、送回风口等影响美观的器具须经建设单位与设计单位确认样品后，方可批量加工、安装。

十三、其他施工中注意事项

1. 本工程采用标准图集为内蒙古自治区 05 系列建筑标准设计图集和国家建筑标准设计图集。

2. 本工程所采用的建筑制品及建筑材料必须持有有关部门的质量检验证明。

3. 内外装修材料，幕墙材料、油漆、灯具、风口等，均应在施工前提供生产许可证及使用说明书，必要时由厂家进行施工技术指导。材料样板经建设单位确定后方可施工。

4. 由厂家负责详图设计的部分必须征得设计单位及建设单位同意后，并在施工前提供预留孔洞、预埋件位置及尺寸。

5. 工程施工必须严格执行《建筑安装工程验收规范》及有关规定进行，施工各工种应紧密配合；如有问题应及时与设计单位协商解决。本图纸未经许可不得自行更改。

6. 所有设备留洞位置及尺寸均详见相应施工图纸，孔洞不得后凿。消火栓、配电箱等留洞遇有穿透墙体时在墙背面要求加设钢板网抹灰，钢板网尺寸较洞口尺寸每边均大 150mm。

7. 图中所选用标准图中有对结构工种的预埋件、预留洞，如楼梯、平台钢栏杆门窗、建筑配件等，本图所标注的各种留洞与预埋件应与各工种密切配合后，确认无误方可施工。

8. 两种材料的墙体交接处，应根据饰面材质在做饰面前加钉金属网或在施工中加贴玻璃丝网格布，防止裂缝。

9. 门窗过梁见结施。

10. 楼板留洞的封堵：待设备管线安装完毕后，用 C20 细石混凝土封堵密实，管道竖井每层在楼板处用耐火极限不低于同楼层混凝土楼板耐火极限的不燃性材料进行封堵。

十四、无障碍设计

1. 设计依据：《城市道路和建筑物无障碍设计规程》(JGJ 50—2001)。

2. 设计范围及主要设施

（1）建筑入口：室外台阶、室外地面坡度、轮椅坡道和扶手、平台、入口门厅、走道、门宽。

（2）公共通道：地面防滑。

（3）楼梯：带休息平台的折线型楼梯，踏步有踢面和扶手。

（4）电梯：电梯厅和电梯轿厢的无障碍设施由电梯厂家协助设计。

（5）公共厕所：内设专用无障碍卫生间。

十五、本工程施工图须经施工图审查中心及消防部门审查通过后方可进行施工。

×××建筑勘察设计有限公司					
院审		专业组长		建设单位	×××大学
审核		校 对		工程项目	逸夫教学楼
设计负责人		设 计		建筑设计说明	设计号 ××××.××
专业负责人		制 图			图 号 建施-2
					日 期 ××××.××

工 程 做 法 表

一、屋面工程

屋 1	细石混凝土保护层屋面（不上人）

1. 40 厚 C20 刚性防水混凝土保护层
2. 3 厚麻刀灰（或纸筋灰）隔离层
3. 3+4 厚聚酯胎 SBS 改性沥青防水卷材
4. 20 厚 1：2.5 水泥砂浆找平层，阴角处抹小八字角
5. 30 厚（最低处）水泥珍珠岩板，向出水口找 3% 坡度
6. 100 厚水泥聚苯板（$30kg/m^2$）
7. 现浇钢筋混凝土屋面板

二、外墙面工程

外墙 1	高级喷涂墙面	陶粒砌块墙 混凝土墙

1. 喷双组分聚氨酯罩面涂料一道
2. 喷丙烯酸弹性高级中层主涂料一遍
3. 喷封底涂料一遍，增强黏结力
4. BDB 耐水柔韧腻子找平
5. 8 厚 1：2.5 水泥砂浆抹光
6. 10 厚 1：3 水泥砂浆打底扫毛

三、楼面工程

楼 1	地砖楼面（防静电地砖）	50 厚

1. 10 厚地砖楼面，稀水泥浆擦缝
2. 撒素水泥面（洒适量清水）
3. 20 厚 1：3 水泥砂浆结合层
4. 刷素水泥浆一道
5. 20 厚水泥砂浆找平层
6. 120 厚钢筋混凝土基板

楼 2	防滑地砖楼面（防水）	110 厚

1. 10 厚地砖楼面，稀水泥浆擦缝
2. 撒素水泥面（洒适量清水）
3. 20 厚 1：3 干硬性水泥砂浆结合层
4. 60 厚 C20 细石混凝土向地漏找坡最薄处不小于 30 厚
5. SBS 三遍涂膜防水层厚 1.5～1.8 防水层周边卷起高 150
6. 20 厚 1：3 水泥砂浆找平层，四周抹小八字角
7. 120 厚钢筋混凝土基板

楼 3	水磨石楼面	50 厚

1. 18 厚 1：2.5 水泥磨石楼面磨光打蜡
2. 素水泥浆结合层一道
3. 32 厚 1：3 水泥砂浆找平层，上卧分格条
4. 120 厚钢筋混凝土基板

楼 4	花岗岩楼面	70 厚

1. 20 厚磨光花岗石楼，稀水泥浆擦缝
2. 撒素水泥面（洒适量清水）
3. 30 厚 1：3 水泥砂浆结合层
4. 刷素水泥浆一道
5. 20 厚水泥砂浆找平层
6. 钢筋混凝土

四、地面工程

地 1	水磨石地面	248 厚

1. 18 厚 1：2.5 水泥磨石地面磨光打蜡
2. 素水泥浆结合层一道
3. 20 厚 1：3 水泥砂浆找平层干后卧玻璃（或铜）分格条
4. 60 厚 C15 混凝土
5. 150 厚卵石灌浆
6. 素土夯实

地 2	防滑地砖地面（防水）	220 厚

1. 铺 10 厚地砖地面，灌稀水泥浆擦缝
2. 撒素水泥面（洒适量清水）
3. 20 厚 1：4 干硬性水泥砂浆结合层
4. 刷素水泥浆一道
5. SBS 三遍涂膜防水层厚 1.5～1.8 防水层周边卷起高 150
6. 40 厚 C20 细石混凝土随打随抹平，四周抹小八字角
7. 150 厚卵石灌浆
8. 素土夯实

五、踢脚工程

踢 1	地砖踢脚	25 厚 100 高

1. 8～10 厚地砖稀水泥浆擦缝
2. 5 厚 1：1 水泥细砂浆结合层
3. 12 厚 1：3 水泥细砂浆打底
4. 刷界面处理剂一道

踢 2	花岗岩踢脚	40 厚 100 高

1. 稀水泥浆擦缝
2. 安装 10～20 厚花岗岩板
3. 20 厚 1：2 水泥砂浆灌贴
4. 刷界面处理剂一道

踢 3	水磨石踢脚	32 厚 100 高

1. 贴 20 厚预制水磨石板
2. 12 厚 1：2 水泥砂浆打底
3. 刷界面处理剂一道

六、内墙面工程

内墙 1	刮腻子墙面	20 厚

1. 刮耐水柔韧腻子二道
2. 5 厚 1：0.3：2.5 水泥石膏砂浆抹面压实抹光
3. 12 厚 1：1：6 水泥石膏砂浆打底扫毛
4. 刷混凝土界面处理剂一道（随刷随抹底灰）

内墙 2	粘贴釉面瓷砖墙面	

1. 6～12 厚釉面瓷砖贴面，白水泥擦缝
2. 5 厚 1：2 建筑胶水泥砂浆（或专用胶）粘贴层
3. 素水泥浆结合层一道甩毛（用专用胶粘贴时无此道工序）
4. 9 厚 1：3 水泥砂浆打底压实抹平（用专用胶粘贴时要求）
5. EC 聚合物砂浆修补平整（配合比胶料：料粉＝1：4，质量比配合）

七、顶棚工程

棚 1	板底刮腻子顶棚	

1. 满刮防瓷腻子二道
2. BDB 耐水柔韧腻子找平
3. EC 聚合物砂浆修补平整（配合比为胶料：粉料＝1：4，质量比拌和）

棚 2	铝合金条板吊顶

详 05J1 顶 19

棚 3	铝合金矿棉板吊顶

详 05J1 顶 16

说明：1. 钢筋混凝土墙体或构件抹灰前应清理干净，基层先刷一道YJ－302型混凝土界面处理剂，随刷随抹底灰。
2. 填充墙抹灰前应清理干净，基层先刷一道108胶水溶液（内掺水重25%的108胶），随刷随抹底灰。
3. 结合层所刷的素水泥浆，宜在水泥浆内掺水重5%的108胶。
4. 块材结合层所撒的素水泥面，其质量配合比为水泥：108胶：水=1:0.05～0.1：适量。

房间用料表

楼层	房 间 名 称	地面	楼面	踢脚	内墙面	顶棚	窗台板
一层至六层	楼梯间	地 1	楼 4	踢 2	内墙 1	棚 1	
	教师休息室 准备室 扫描、打印室	地 1	楼 3	踢 3	内墙 1	棚 1	水磨石窗台板
	教室专业阅览室	地 1	楼 3	踢 3	内墙 1	棚 1	水磨石窗台板
	办公室 机房 会议室 暗室 门卫 库房	地 1	楼 3	踢 3	内墙 1	棚 1	水磨石窗台板
	走廊	地 1	楼 3	踢 3	内墙 1	棚 3	
	卫生间	地 2	楼 2		内墙 2	棚 2	水磨石窗台板
	展厅	地 1	楼 3	踢 3	内墙 1	棚 2	
	大厅	地 1		踢 3	内墙 1	棚 1	
	学生休息廊	地 1	楼 3	踢 3	内墙 1	棚 1	
	计算机室 电教室 自备计算机设计教室		楼 1	踢 1	内墙 1	棚 1	水磨石窗台板

×××建筑勘察设计有限公司					
院审		专业组长		建设单位	×××大学
审核		校 对		工程项目	逸夫教学楼
设计负责人		设 计		工程做法表	设计号 ××××.××
专业负责人		制 图			图 号 建施-3
					日 期 ××××.××

门窗一览表

序号	门窗编号	洞口尺寸	数量						产品型式	图集号	备注
		B×H	一层	二层	三层	四层	五层	六层			
1	C1	12450×2850	1	1	1	1	1	1	落地窗	见大样	
2	C2	6600×3350	9						落地窗	见大样	
3	C3	5100×700					20		固定窗		
4	C4	5950×3350	2						落地窗	见大样	
5	C5	2100×1300		2	2	2	2	2		见大样	
6	C6	2100×1200		6	6	6	6			见大样	
7	C6′	1500×1200	14	18	8	18				见大样	
8	C6″	2100×2050	1							见大样	
9	C7	1800×2100	3	3	3	2	2	2		见大样	
10	C7′	1800×1350	2	2	2					见大样	
11	C7″	1800×450	2	2	2	2				见大样	
12	C7‴	1800×2400				1				见大样	
13	C8	1500×1350	6	6	6					见大样	
14	C8′	1500×450	6	6	6	6				见大样	
15	C9	950×2100	4	4	4					见大样	
16	C9′	950×2400				4				见大样	
17	C10	800×2100	4	4	4					见大样	
18	C10′	800×2400				4				见大样	

序号	门窗编号	洞口尺寸	数量						产品型式	图集号	备注
		B×H	一层	二层	三层	四层	五层	六层			
1	C11	650×2100	42	42	42					见大样	
2	C11′	650×2400				42				见大样	
3	C12	600×2050		54	54	54	54			见大样	
4	C13	1800×1650				2				见大样	
5	C14	1500×1650				6				见大样	
6											
7	M1	6000×2850	2						无框玻璃门	见大样	
8	M2	2000×2700	1						铝合金玻璃门	见大样	
9	M3	1500×2700	2	2	2	2	2		铝合金玻璃门	见大样	
10	M4	1500×2100	3						铝合金玻璃门	见大样	
11	M5	1500×2400	13	15	14	17	8	5	夹板门		
12	M6	1000×2400	20	25	27	23	9	3	夹板门		
13	M7	600×2000	2	2	2	2	2	2	丙级防火门	成品	木质防火门
14	MF1	1500×2200	3	5	3	3	3	3	甲级防火门	成品	木质玻璃防火门
15											
16											
17											
18											

设计说明

一、概述

1. 本图为门窗一览表。
2. 门窗表中，门窗图中尺寸未注明者均以毫米(mm)为单位。
3. 铝合金窗均为单框双玻平开窗。内开铝合金窗参考图集05J4(一)。
4. 铝合金门、窗必需采用符合国家标准、符合设计要求的型材。

二、性能指标

1. 门窗的抗风压性能，不应低于现行国家标准。
   由厂家按施工图中的门窗面积大小和高度，根据地区风压核算抗风压性能，再采用合适的铝合金规格，玻璃及五金构件制造。
2. 门窗的空气渗透性能在1~6层建筑中不应低于现行国家标准。
3. 门窗的雨水渗透性能不应低于现行国家标准。
4. 门窗的隔声性能不应低于现行国家标准。

三、技术要求（材料、构造）

1. 铝合金窗型材规格采用60系列，壁厚1.4mm，框料颜色为深灰色。
2. 构造节点做法及安装由生产厂家提供图纸，并要经过设计单位认可方可使用。
3. 木门(内外门)参考图集05J4(一)，并要按现行国家规范、图集说明制作。
   木门均应预埋防腐处理，参考98J4(二)。

注：BL1、BL2、BL3、BL4、C4为白色透明钢化玻璃。

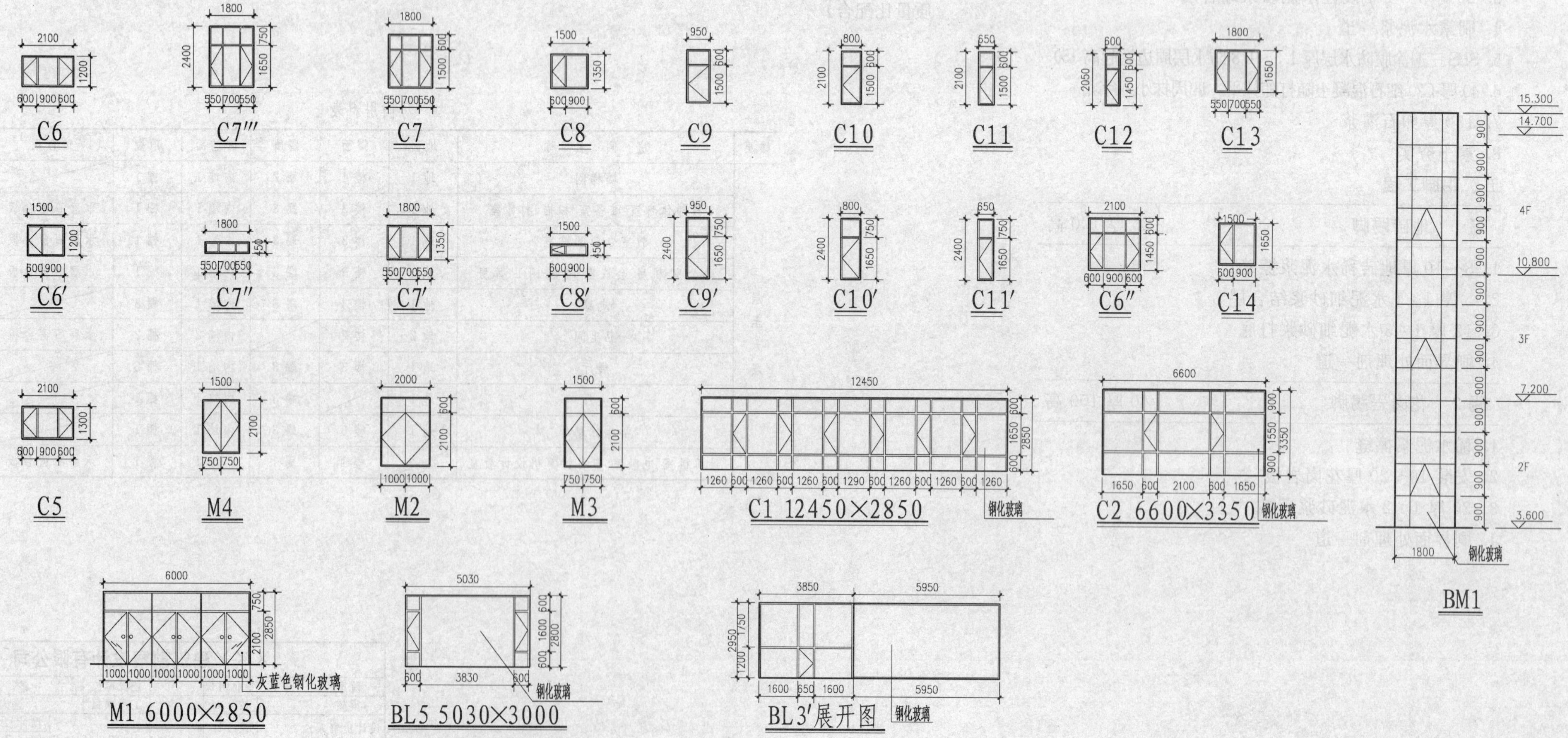

×××建筑勘察设计有限公司					
院审		专业组长		建设单位	×××大学
审核		校对		工程项目	逸夫教学楼
设计负责人		设计		门窗一览表 门窗详图	设计号 ××××.××
					图号 建施-4
专业负责人		制图			日期 ××××.××

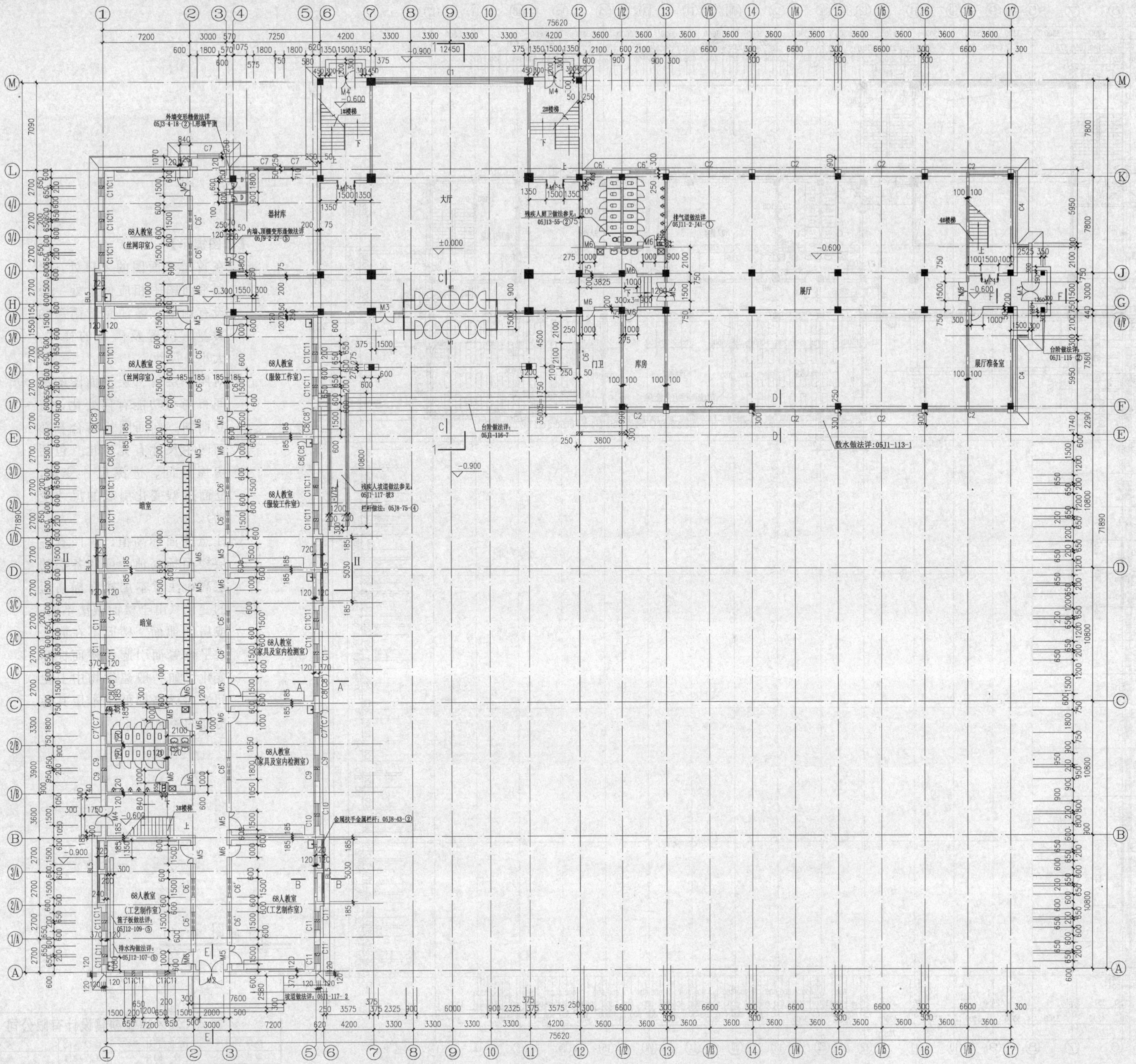

【读图提示】

1. 看平面图的形状与房屋的总长度、总宽度，可计算出房屋的用地面积。
2. 从图中墙的分隔情况和房间名称，可知建筑物内各房间的配置、用途数量及其相互间的联系情况。
3. 从图中定位轴线的编号及其间距，可了解各承重构件的位置及房间的大小。
4. 从图中注写的外部和内部尺寸，及各道尺寸标注，可知各房间的开间、进深、门窗及室内设备的大小和位置。
5. 从图中门窗的图例及其编号，可知门窗的类型、数量及其位置。
6. 了解其他细部（如楼梯、隔墙、墙洞等）的配置和位置情况。
7. 室外台阶、花池、散水和雨落管的大小与位置。
8. 注意看剖面图的剖切位置。
9. 注意室内标高与室外标高值，以确定室内外高差大小。

一层平面图 1:150

×××建筑勘察设计有限公司						
院审		专业组长		建设单位	×××大学	
审核		校对		工程项目	逸夫教学楼	
设计负责人		设计		一层平面图	设计号	××××.××
					图号	建施-5
专业负责人		制图			日期	××××.××

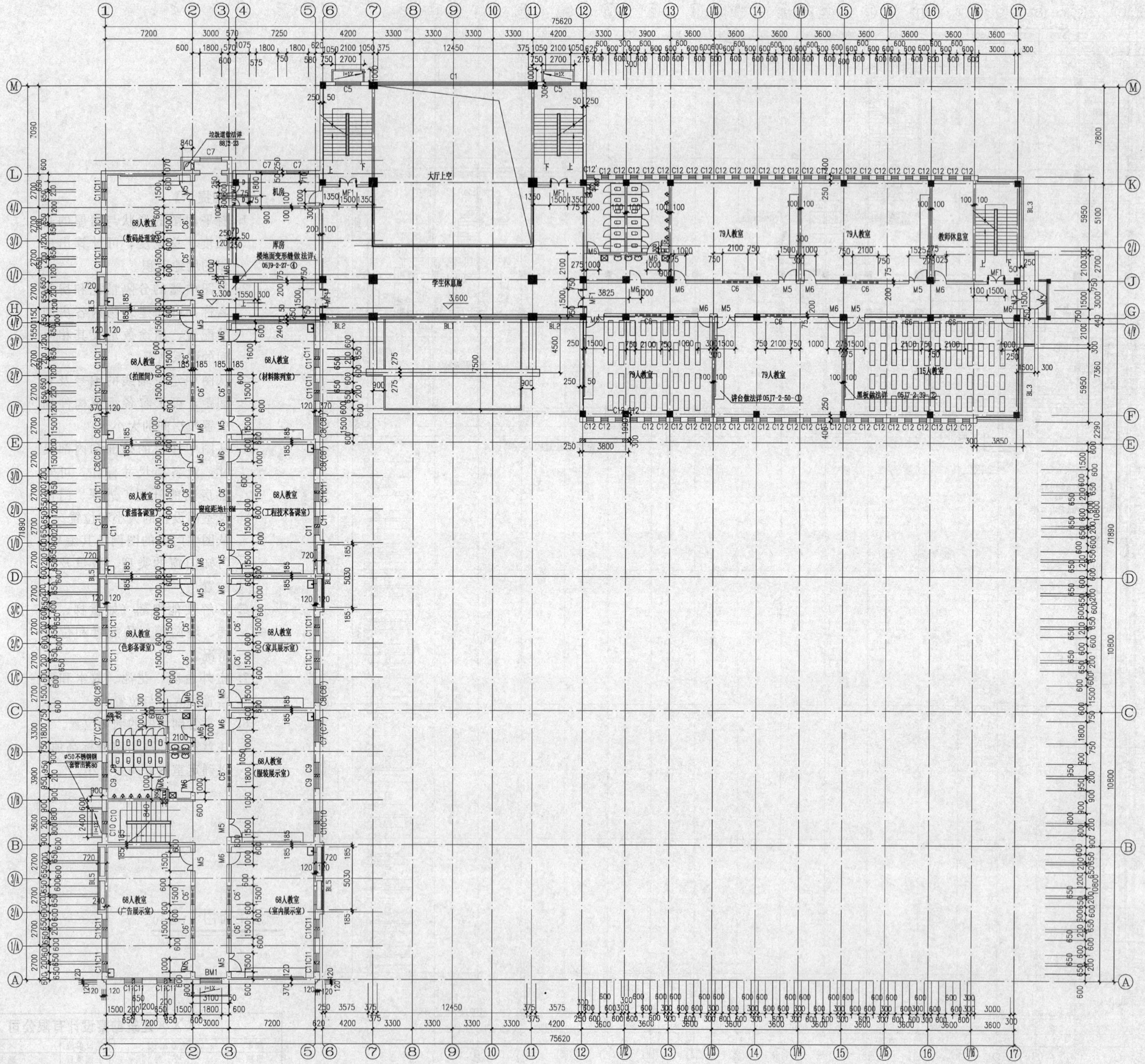

二层平面图 1:150

【读图提示】

1. 在首层平面图的入口处，二层平面图中相应位置处一般设有雨篷，需注意看雨篷的数量、位置及雨篷的样式、大小、尺寸。
2. 对照一层看二层平面图的房间布局与功能有何变化，与立面图、剖面图相结合看平面图中尺寸有无变化（包括房屋开间、进深尺寸变化，立面造型变化引起的尺寸变动）。
3. 注意楼面标高值。对照看各层楼面标高值，可知各层的层高；注意本层楼面标高值的变化（由于楼面做法不同，或房间地面、楼面不在同一水平位置而引起的楼面标高变化，如一般建筑物中卫生间楼面标高即低于本层其他房间的楼面标高）。

×××建筑勘察设计有限公司							
院审		专业组长		建设单位	×××大学		
审核		校　对		工程项目	逸夫教学楼		
设计负责人		设　计		二层平面图		设计号	××××.××
						图　号	建施-6
专业负责人		制　图				日　期	××××.××

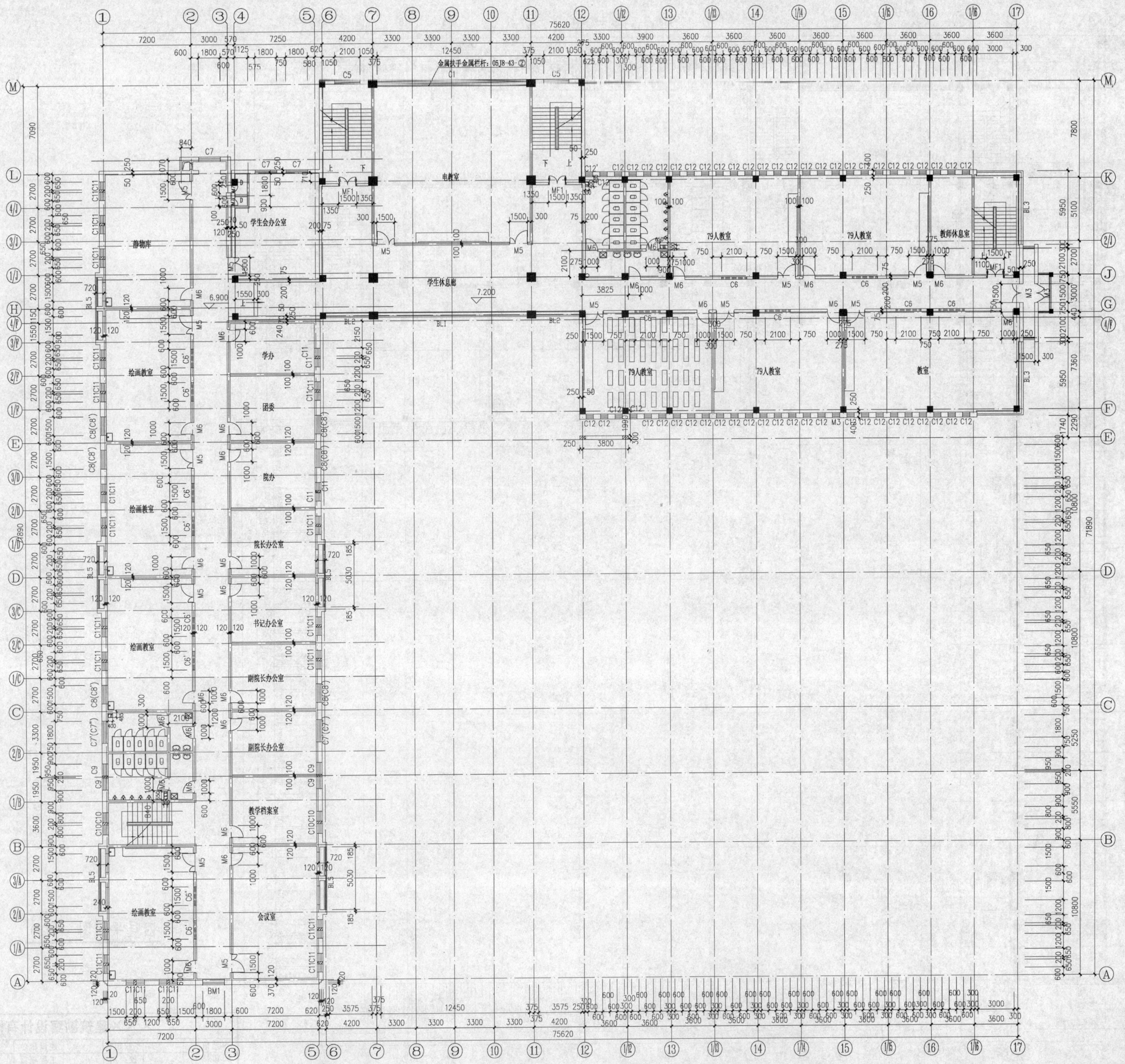

【读图提示】

1. 与一、二层平面图相对照看房间布局与功能有何变化，与立面图、剖面图相结合看平面图中尺寸有无变化（包括房屋开间、进深尺寸变化，立面造型变化引起的尺寸变动）。
2. 注意楼面标高值。对照看各层楼面标高值，可知各层的层高；注意本层楼面标高值的变化（由于楼面做法不同，或房间地面、楼面不在同一水平位置而引起的楼面标高变化，如一般建筑物中卫生间楼面标高即低于本层其他房间的楼面标高）。

后序：四层、五层、六层平面图读图提示同此。

三层平面图 1:150

×××建筑勘察设计有限公司						
院审		专业组长		建设单位	×××大学	
审核		校对		工程项目	逸夫教学楼	
设计负责人		设计		三层平面图	设计号	××××.××
					图号	建施-7
专业负责人		制图			日期	××××.××

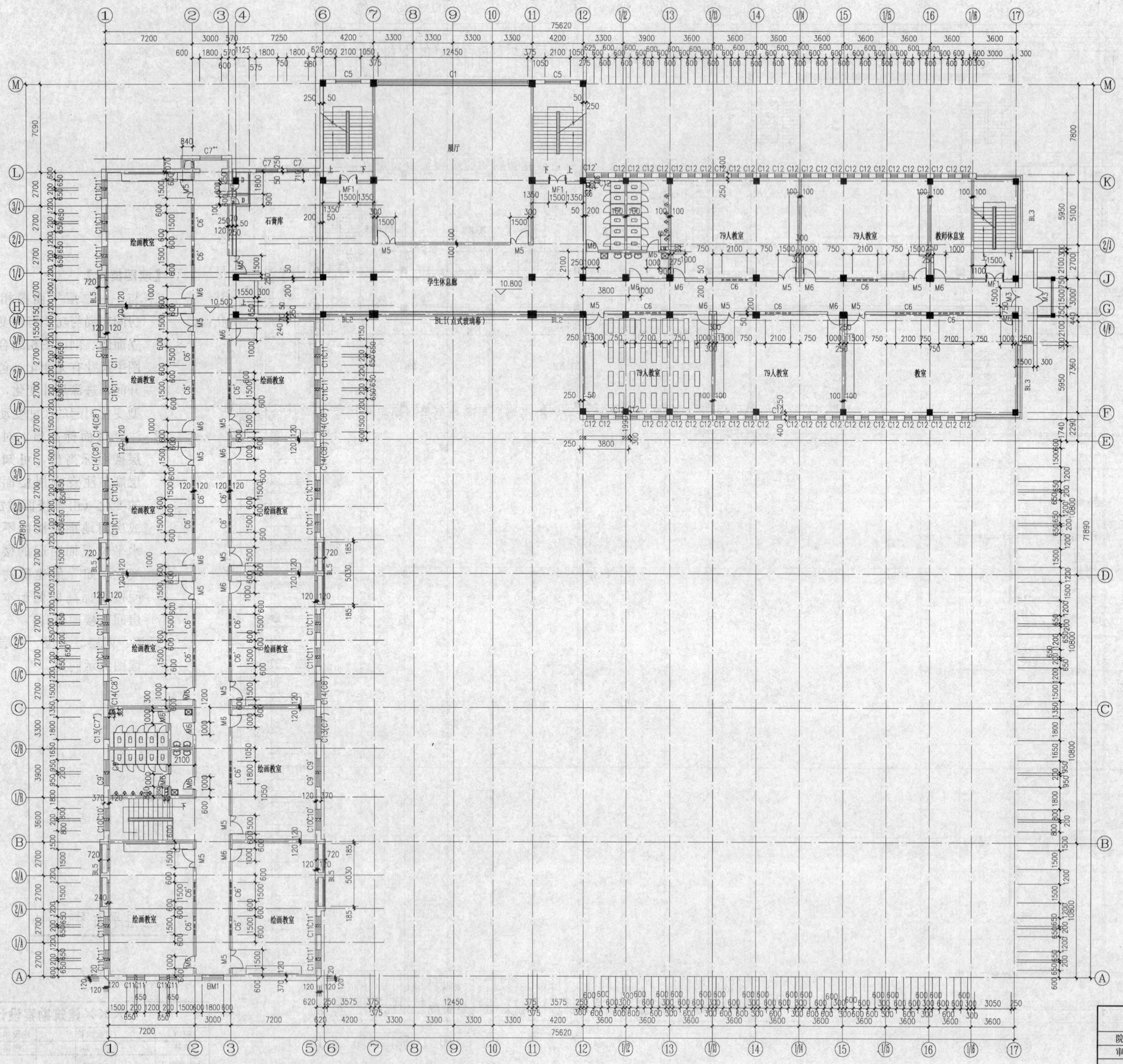

四层平面图 1:150

×××建筑勘察设计有限公司						
院审		专业组长		建设单位	×××大学	
审核		校 对		工程项目	逸夫教学楼	
设计负责人		设 计		四层平面图	设计号	××××.××
专业负责人		制 图			图 号	建施-8
					日 期	××××.××

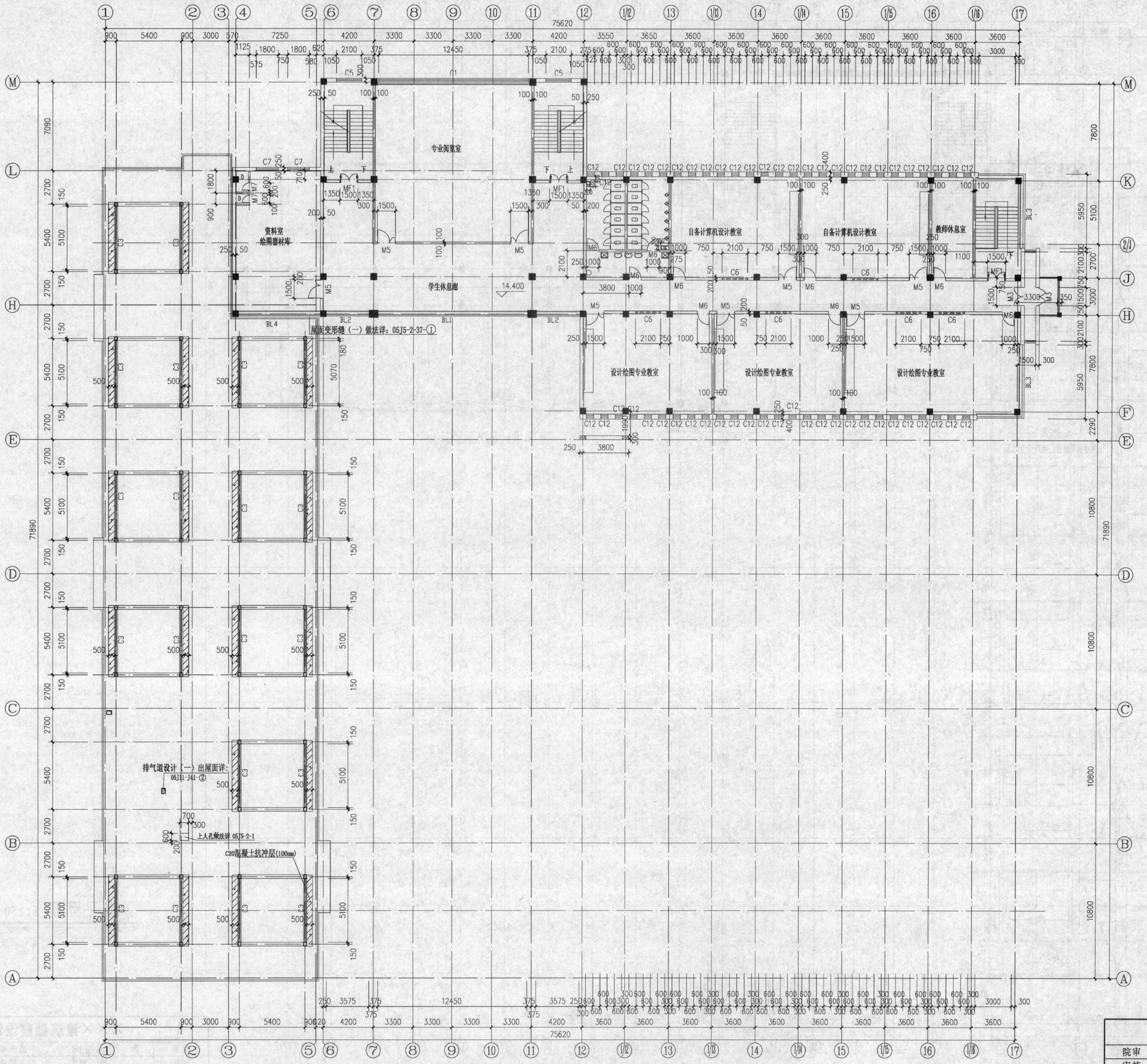

五层平面图 1:150

×××建筑勘察设计有限公司						
院审		专业组长		建设单位	×××大学	
审核		校 对		工程项目	逸夫教学楼	
设计负责人		设 计		五层平面图	设计号	××××.××
					图 号	建施-9
专业负责人		制 图			日 期	××××.××

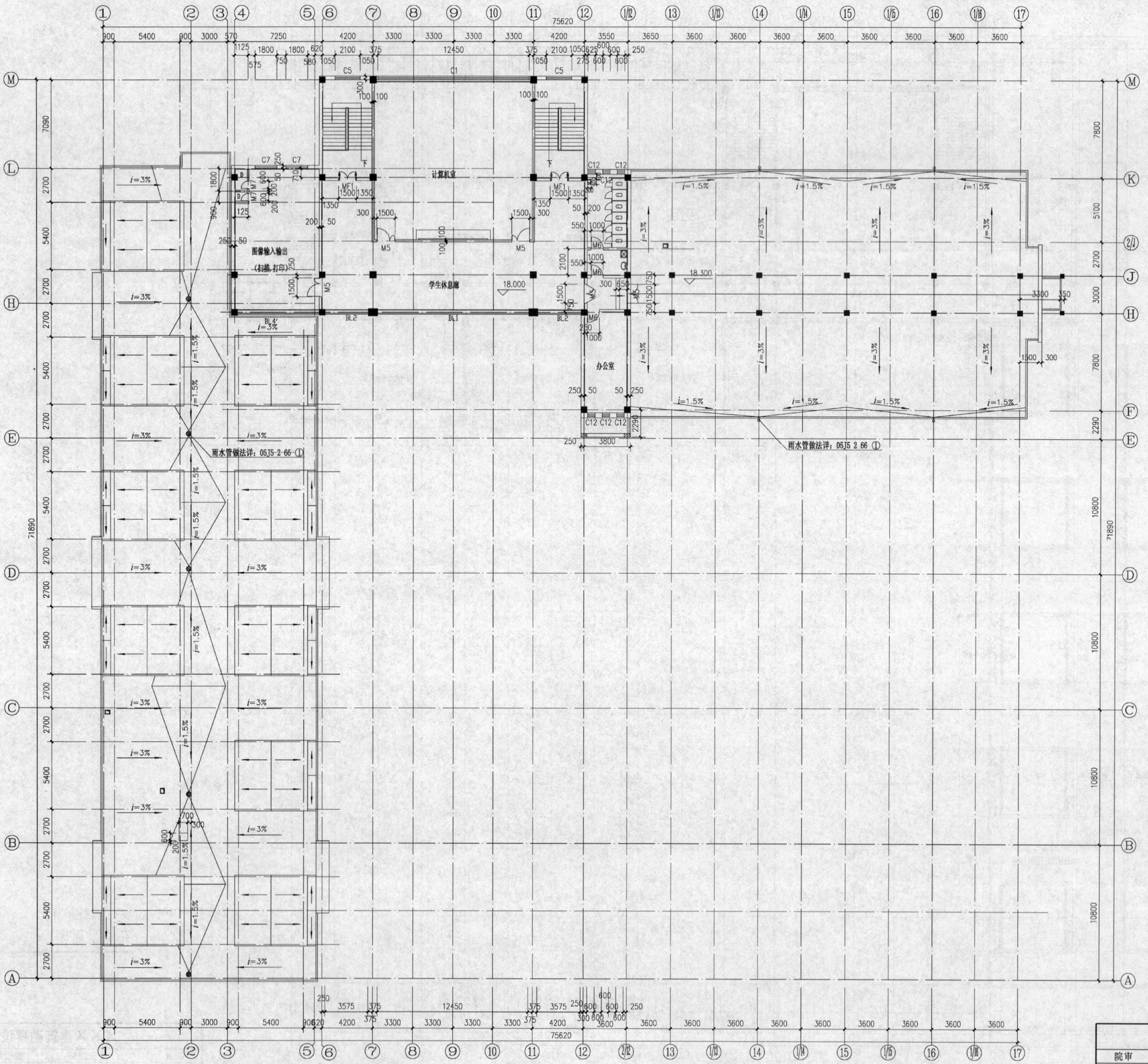

六层平面图 1:150

×××建筑勘察设计有限公司						
院审		专业组长		建设单位	×××大学	
审核		校对		工程项目	逸夫教学楼	
设计负责人		设计		六层平面图 层顶平面图	设计号	××××.××
专业负责人		制图			图号	建施-10
					日期	××××.××

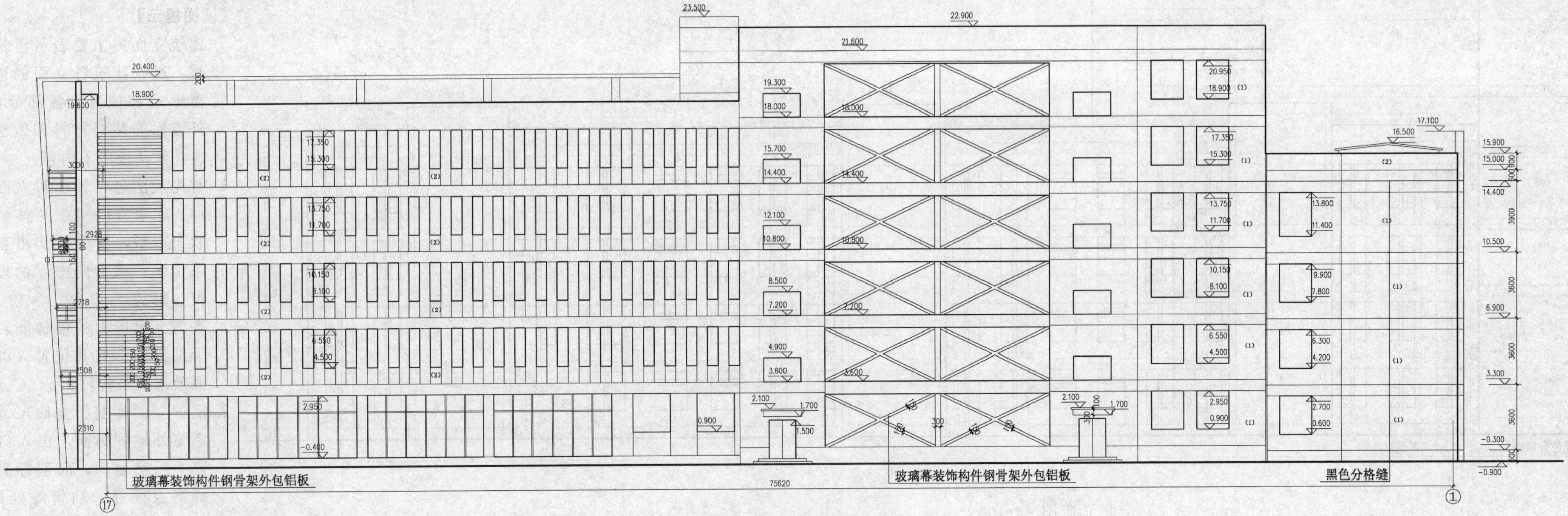

东立面图 1:100

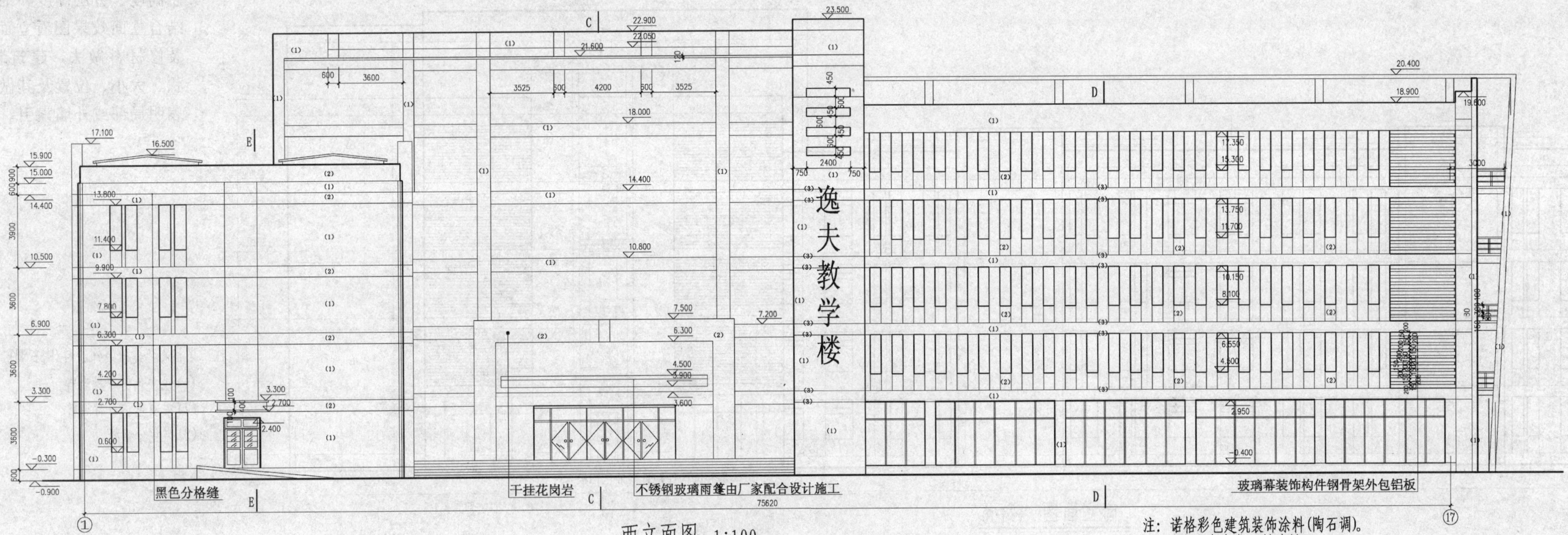

西立面图 1:100

注：诺格彩色建筑装饰涂料(陶石调)。
(1) 浅灰色仿石材涂料。
(2) 中灰色仿石材涂料。
(3) 黑色分格缝。

×××建筑勘察设计有限公司						
院审		专业组长		建设单位	×××大学	
审核		校对		工程项目	逸夫教学楼	
设计负责人		设计		东立面图 西立面图	设计号	××××.××
					图号	建施-11
专业负责人		制图			日期	××××.××

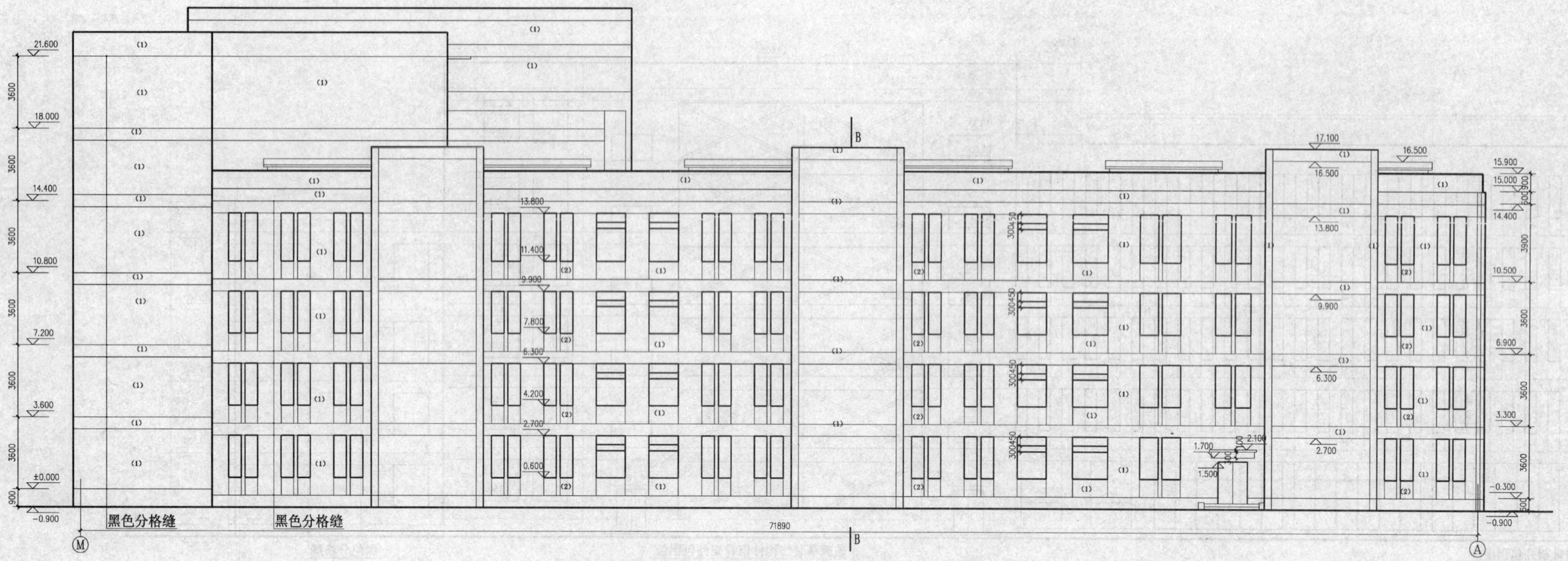

北立面图 1:100

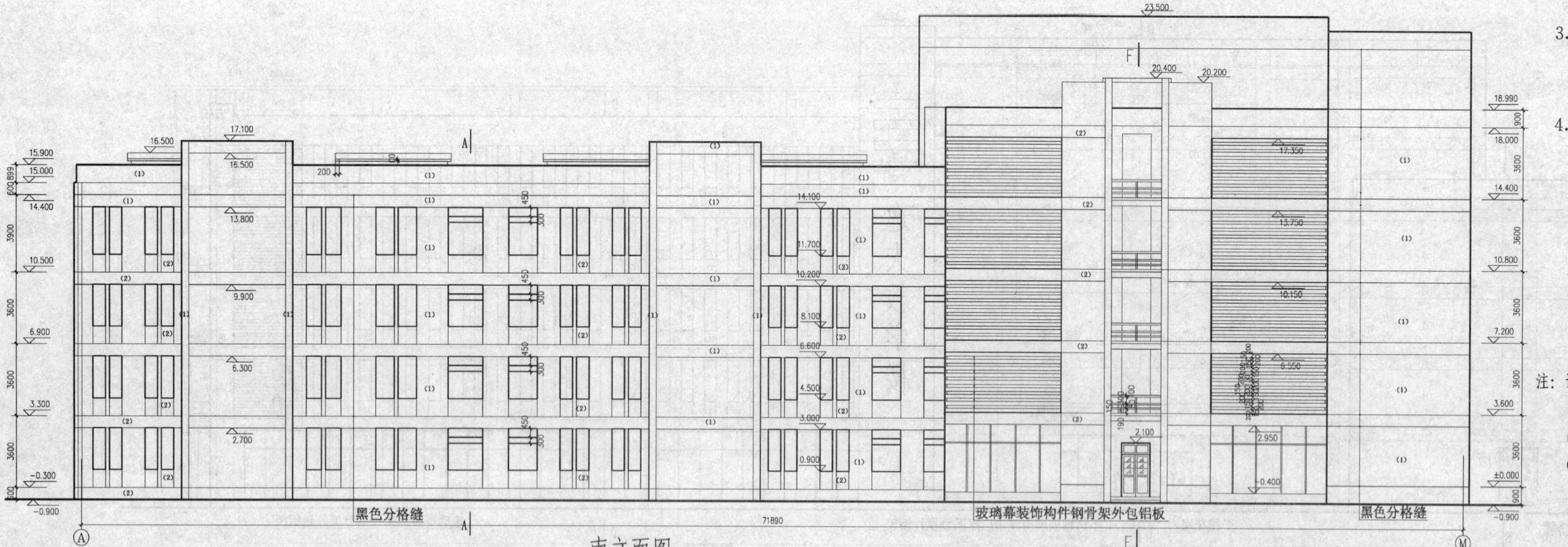

南立面图 1:100

【读图提示】

建筑立面图主要表示建筑物的外貌，反映建筑各立面的造型、门窗形式和位置，各部分的标高、外墙面的装修材料和做法。具体应注意阅读以下内容。

1. 首先从图名可知所看立面图的朝向。相应方向房屋的整个外貌形状、造型，数量及其相互间的联系情况。该方向房屋的屋面、门窗、雨篷、阳台、台阶、花池、勒脚、出屋面的楼梯间、电梯间等细部的形式和位置（可参照立面效果图来看）。
2. 阅读立面标高、立面尺寸。应注意室外地坪标高，出入口地面标高，门窗顶部、底部标高，檐口标高及雨篷、勒脚等处的标高。立面尺寸主要有表明建筑物外形高度方向的三道尺寸，即建筑物总高度、分层高度和细部高度。
3. 结合立面效果图看立面装修颜色、装修材料做法，建筑装饰物的形状、大小、位置及其做法。
4. 表明局部或外墙索引。

注：诺格彩色建筑装饰涂料(陶石调)。
(1)浅灰色仿石材涂料。
(2)中灰色仿石材涂料。
(3)黑色分格缝。

×××建筑勘察设计有限公司					
院审	专业组长	建设单位	×××大学		
审核	校对	工程项目	逸夫教学楼		
设计负责人	设计	北立面图 南立面图	设计号	××××.××	
			图号	建施-12	
专业负责人	制图		日期	××××.××	

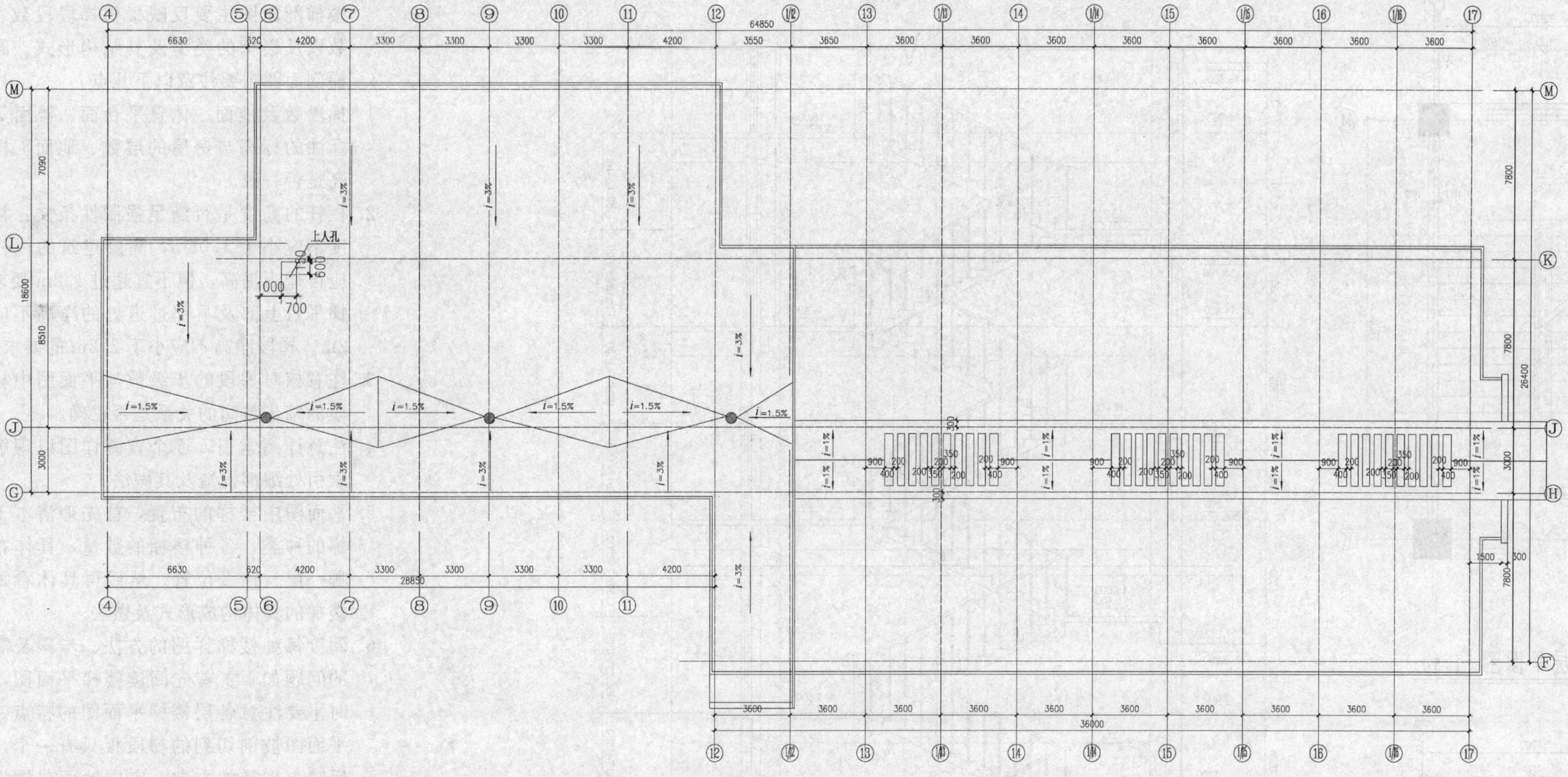

屋顶平面图 1:100

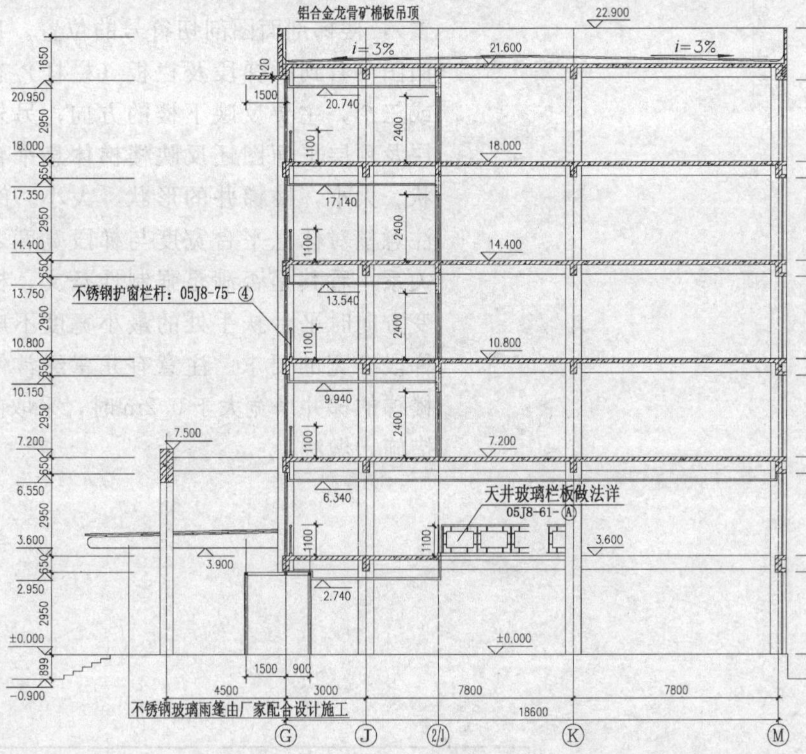

1—1剖面图 1:100

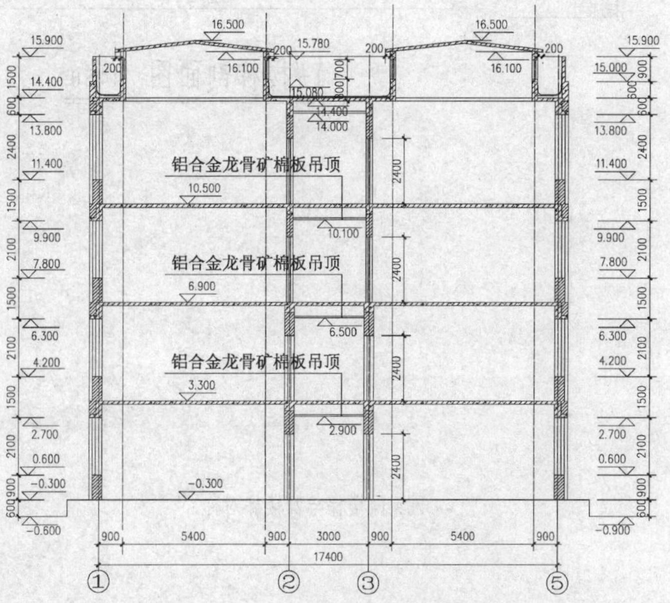

Ⅱ—Ⅱ剖面图 1:100

【屋顶平面图读图提示】

1. 屋顶平面图主要反映屋顶形状和排水情况。通过看图可知屋顶形状和屋面排水方式（是有组织排水还是无组织排水），雨落管的数量及其具体位置，屋面排水坡度大小。
2. 应注意看突出屋面的楼梯间、水箱间、电梯间等的位置、布局及其大小；通风道、检查孔、排气道或透气孔、变形缝的位置和大小。
3. 出屋面的排气孔、雨落管等设施的构造做法、详图索引。

【剖面图读图提示】

建筑剖面图主要表示房屋内部的结构或构造形式、分层情况和各部位的联系、材料及其高度等，是与平面图、立面图相互配合不可缺少的图形。看剖面图需注意以下方面。

1. 从剖面图的图名和轴线编号与平面图上的剖切位置、轴线编号相对照，并根据平面图上所标注剖切符号位置、剖切符号所表达的视图方向来看图。
2. 由剖面图看房屋从地面到屋面的内部构造和结构形式，梁、板、柱、墙之间的关系，以及屋面形式、构成。
3. 阅读尺寸需注意问题。

① 剖面图所表示标高与平面图、立面图及墙身大样图所表示标高是否一致。

② 剖面图所标注高度方向的细部尺寸与立面图细部尺寸是否相符。

③ 楼梯休息平台尺寸、入口部位地面与楼梯休息平台间的尺寸是否满足要求，是否存在净高不足的问题（碰头问题）。

④ 注意详图索引，逐个查阅详图以理解详图索引处细部构造及做法。

⑤ 结合标准图集或室内、室外装修表详知室内各部位构造做法。

×××建筑勘察设计有限公司						
院审		专业组长		建设单位	×××大学	
审核		校　对		工程项目	逸夫教学楼	
设计负责人		设　计		屋顶平面图 剖面图	设计号	××××.××
					图　号	建施-13
专业负责人		制　图			日　期	××××.××

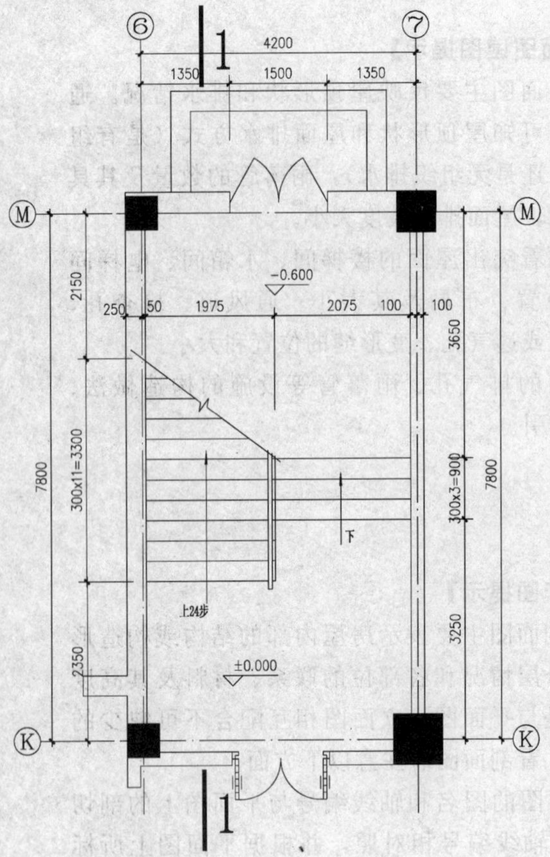

1#楼梯一层平面图 1:50

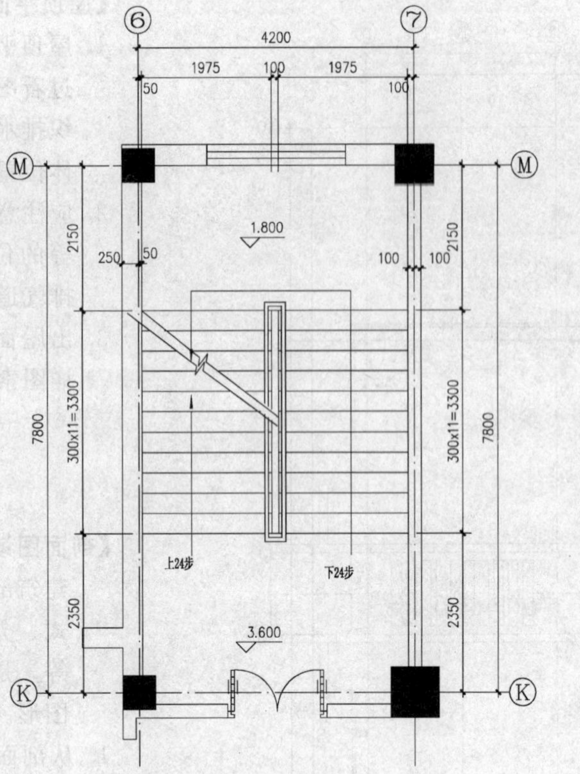

1#楼梯二层平面图 1:50

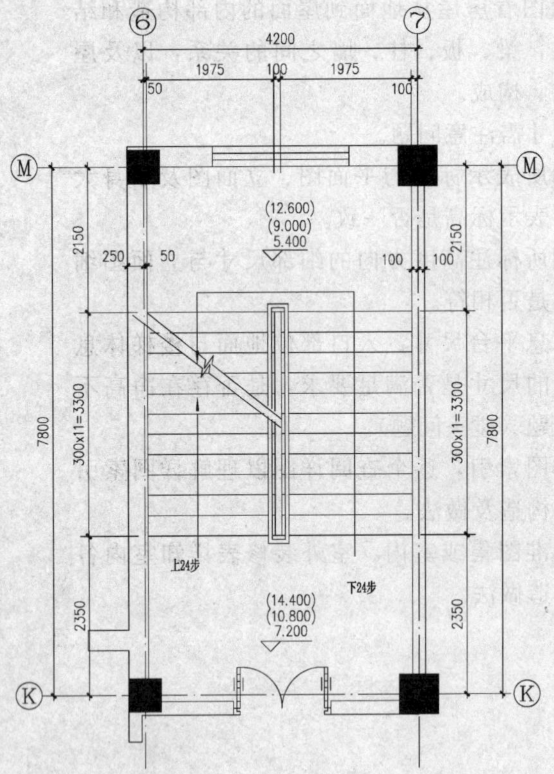

1#楼梯三～五层平面图 1:50

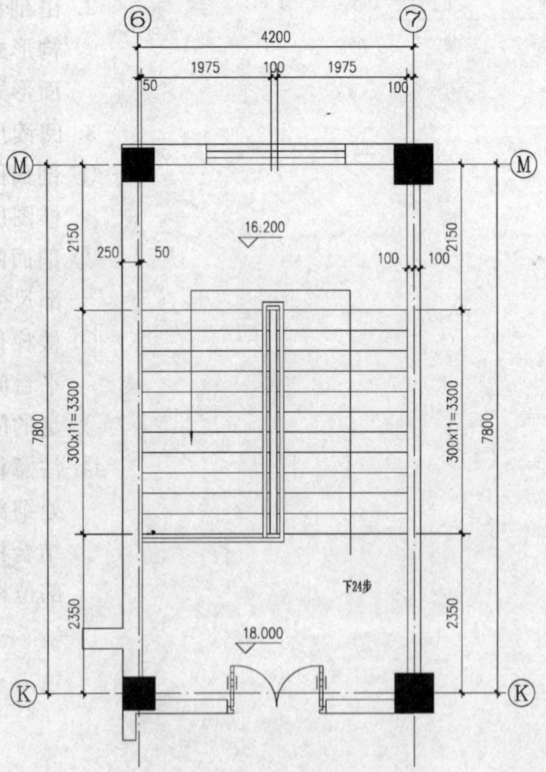

1#楼梯顶层平面图 1:50

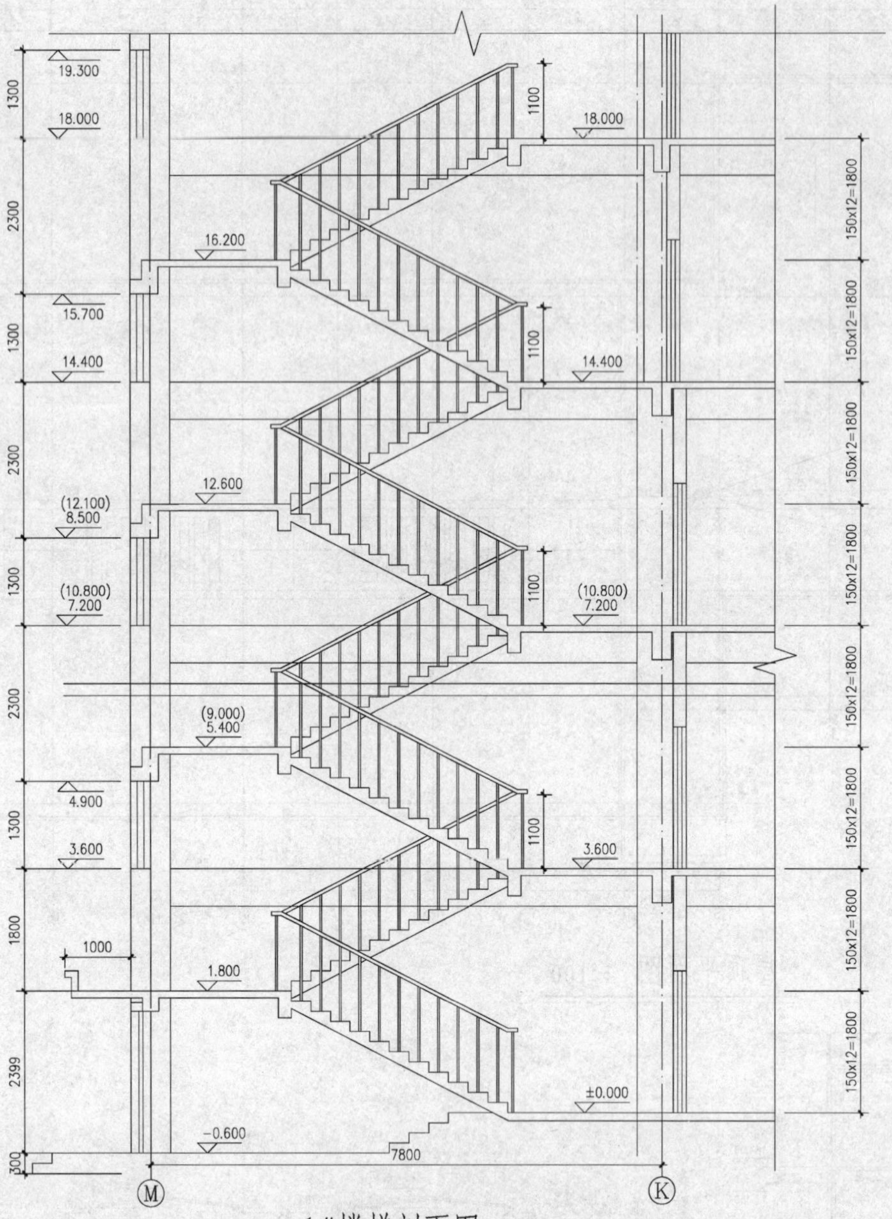

1#楼梯剖面图 1:50

注：1#楼梯与2#楼梯对称。

【读图提示】

楼梯剖面图主要反映楼梯梯段段数、步级数以及楼梯的类型及其结构形式。阅读楼梯剖面图主要注意以下几点。

1. 梯段数及地面、休息平台面、楼面等处所标注的标高与房屋的层数、地面、楼面标高是否一致。
2. 栏杆的高度是否满足强制性条文：栏杆高度不应小于1.05m，高层建筑的栏杆高度应再适当提高，但不宜超过1.2m要求；楼梯平台上部及下部过道处的净高不应小于2m，梯段净高不应小于2.2m的要求。
3. 注意核对梯段的步级数与平面图中相应梯段的踏步数间的关系是否正确。
4. 注意详图索引，逐个查阅详图以理解详图索引处细部构造及其做法。
5. 平面图中楼梯的布置，首先理清本工程楼梯的种类，各种楼梯的数量，具体布置在哪一层、什么位置。然后再具体看每一种楼梯的具体构成形式及做法。
6. 阅读每种楼梯详图的方法、步骤及需注意的问题如下：首先阅读楼梯平面图，读图时主要注意各层楼梯平面图的特点。底层平面图被剖切到的梯段板只有一个，主要反映上楼梯的方向，室内地面与楼梯入口地面间的关系（是否设有台阶，如何设置），楼梯剖面图剖切符号的位置。顶层平面图可看到的梯段及栏板（栏杆）有两个或三个，主要反映下楼的方向；另外中间层及顶层平面图还反映楼梯休息平台的形状、大小，楼梯井的形状、大小。阅读时注意核对休息平台宽度与梯段宽度之间的关系，看其是否满足强制性条文，梯段改变方向时平台扶手处的最小宽度不应小于梯段净宽的要求。注意有儿童经常使用的楼梯的梯井净宽大于0.2m时，采取的安全措施、做法。

×××建筑勘察设计有限公司				
院审	专业组长	建设单位	×××大学	
审核	校对	工程项目	逸夫教学楼	
设计负责人	设计	1#楼梯详图	设计号	××××.××
			图号	建施-14
专业负责人	制图		日期	××××.××

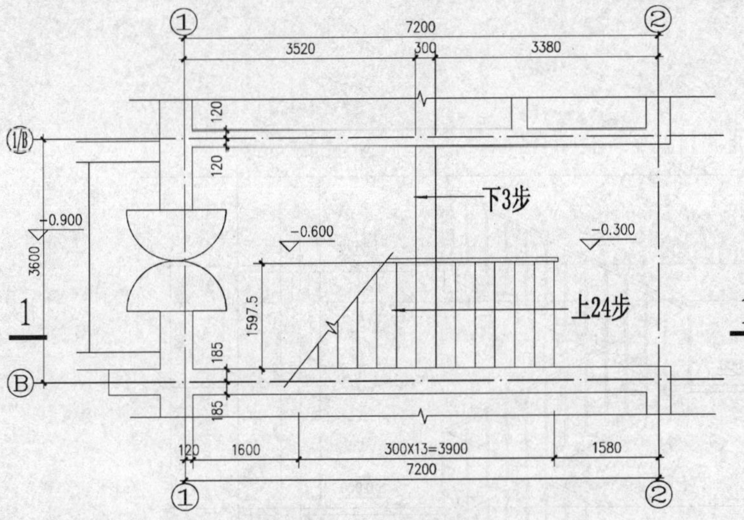

3#楼梯一层平面图 1:50

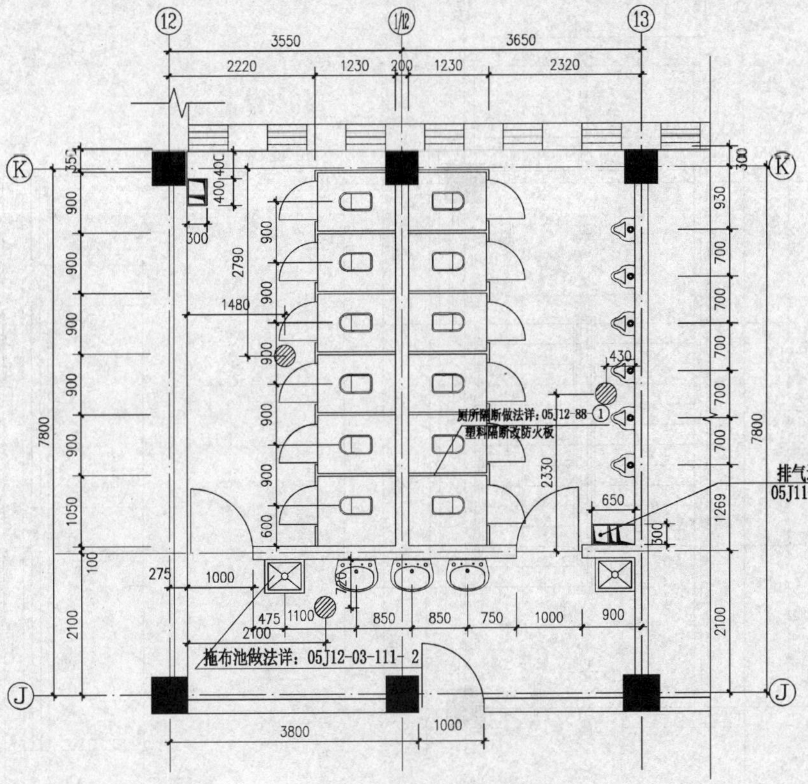

卫生间图 1:50

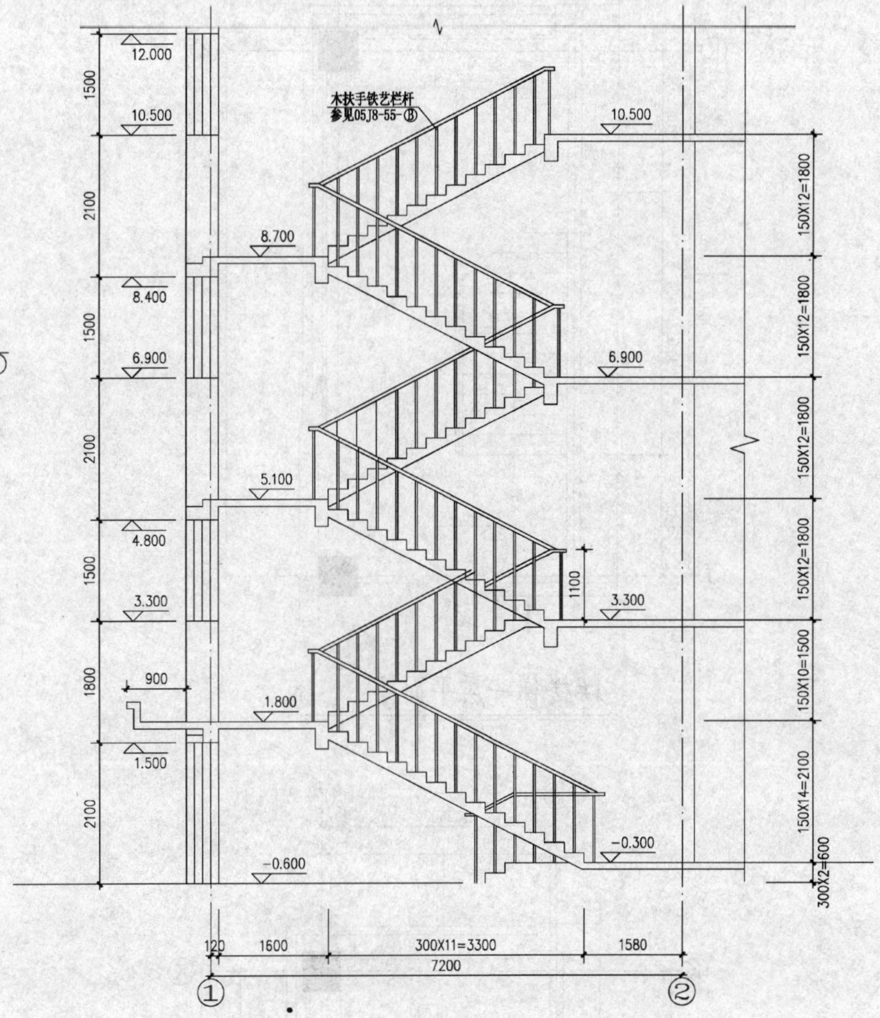

3#楼梯剖面图 1:50

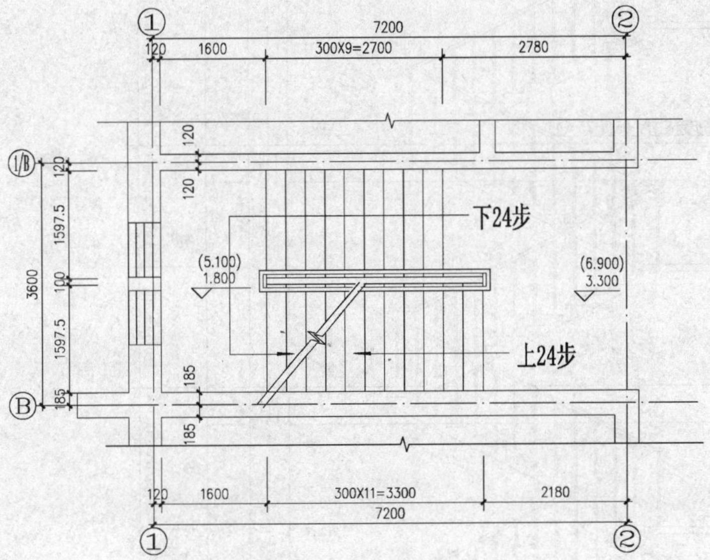

3#楼梯二层平面图 1:50

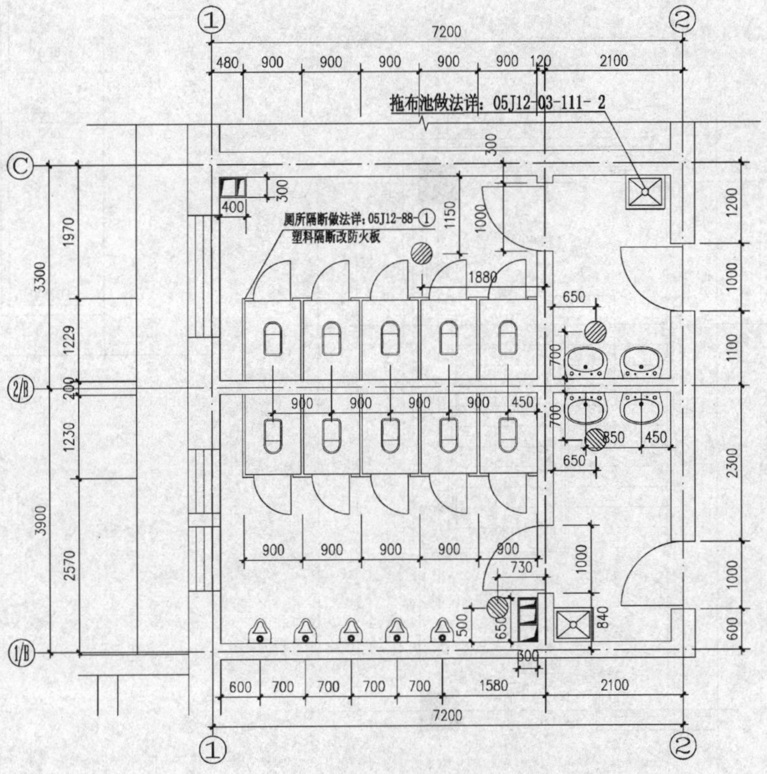

卫生间图 1:50

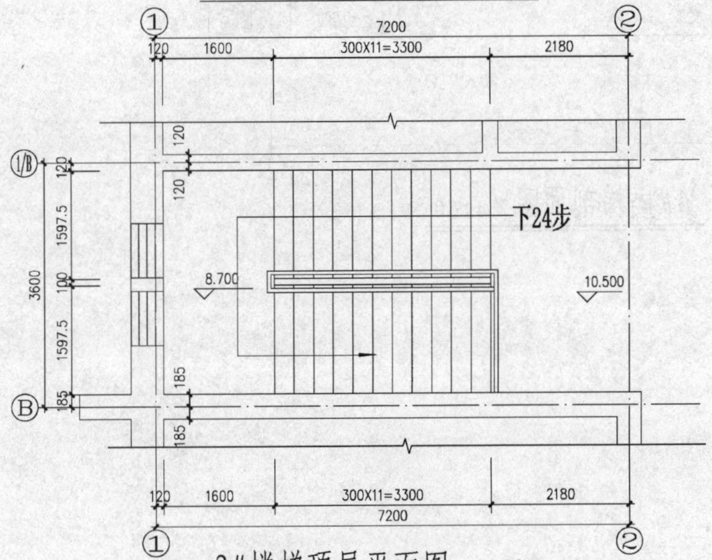

3#楼梯顶层平面图 1:50

×××建筑勘察设计有限公司						
院审		专业组长		建设单位	×××大学	
审核		校 对		工程项目	逸夫教学楼	
设计负责人		设 计		3#楼梯、卫生间详图	设计号	××××.××
专业负责人		制 图			图 号	建施-15
					日 期	××××.××

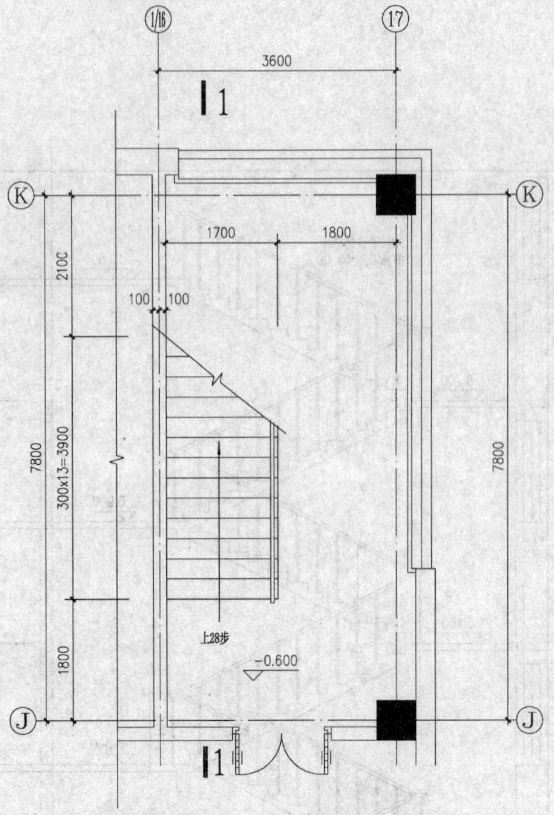

4#楼梯一层平面图 1:50

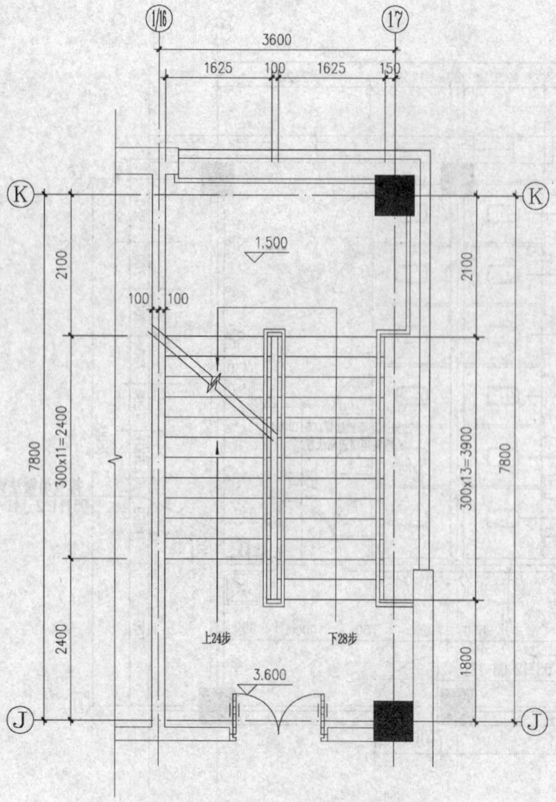

4#楼梯二层平面图 1:50

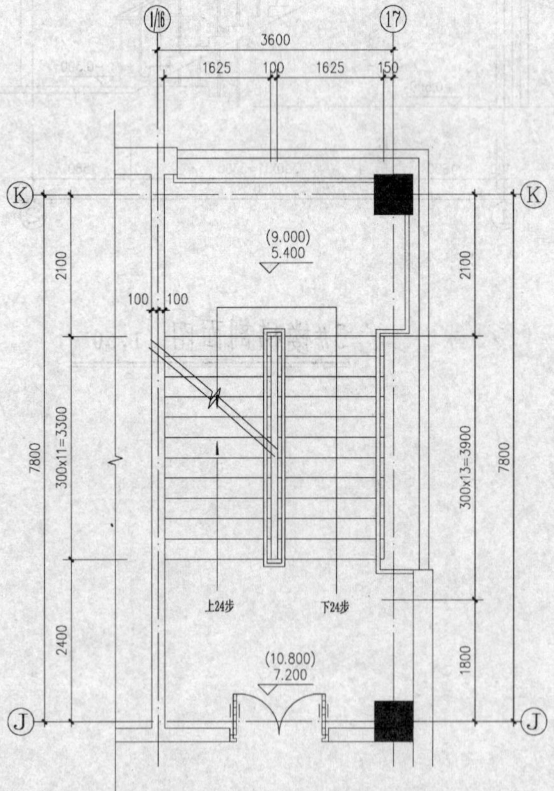

4#楼梯三、四层平面图 1:50

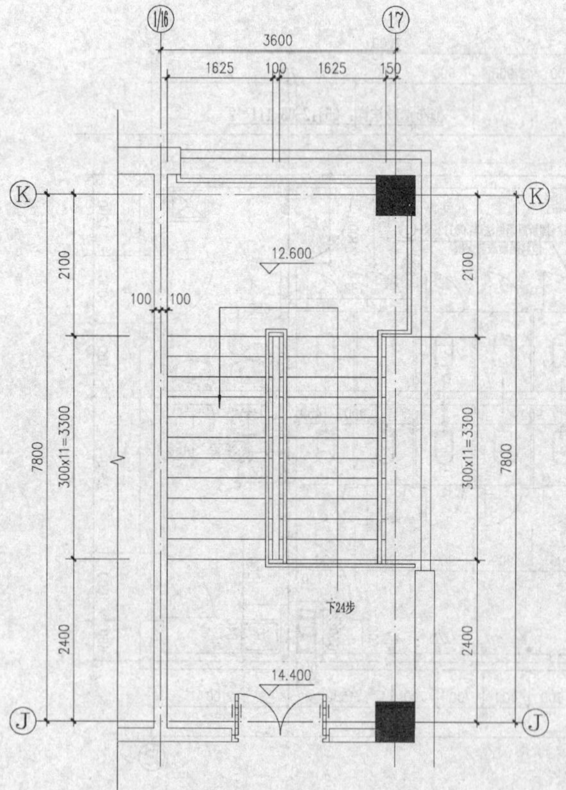

4#楼梯顶层平面图 1:50

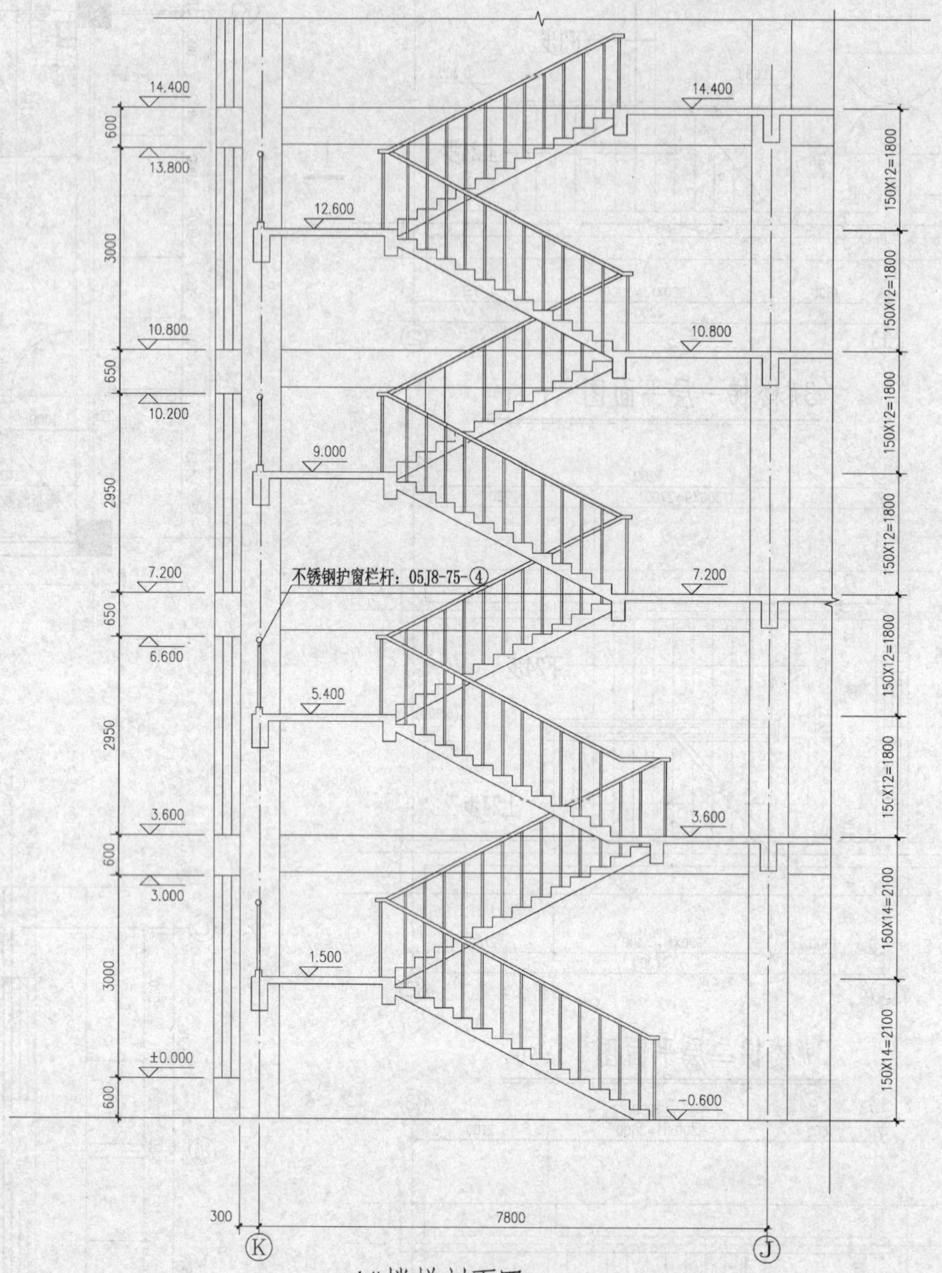

4#楼梯剖面图 1:50

×××建筑勘察设计有限公司						
院审		专业组长		建设单位	×××大学	
审核		校对		工程项目	逸夫教学楼	
设计负责人		设计		4#楼梯详图	设计号	××××.××
专业负责人		制图			图号	建施-16
					日期	××××.××

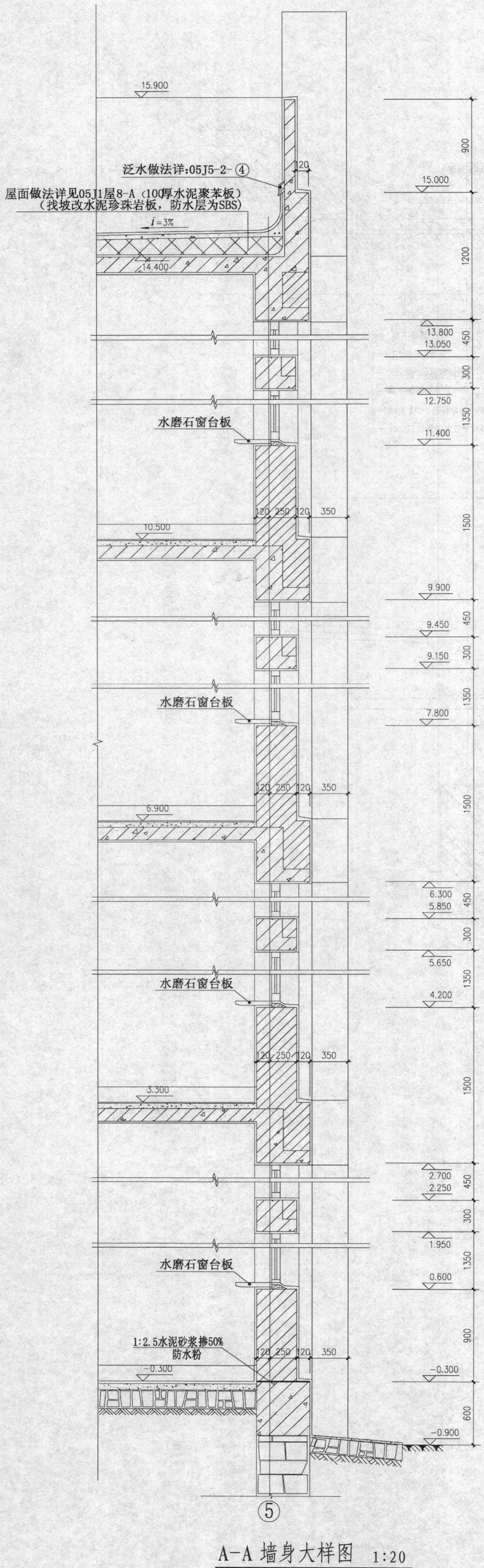

A-A 墙身大样图 1:20

【读图提示】

看墙身大样图需注意以下方面。

1. 注意看墙身大样图的图名和轴线编号与平面图或立面图上剖切位置处的内容是否一致。
2. 注意屋顶与墙面装饰细部构造、做法及尺寸。需与立面图及剖面图及立面效果图对照阅读。
3. 注意屋顶与墙面装饰尺寸、标高是否与立面图、剖面图一致。
4. 注意墙体、梁、柱之间的位置关系，它们与轴线之间的定位关系。
5. 注意如下部位节点构造。

① 室内、外地坪处的外墙节点构造。如基础墙厚、室内外标高，散水、明沟或采光井，台阶或坡道，暖气管沟，踢脚、墙裙，首层室内外窗台，室外勒脚等做法。

② 表明楼层处的外墙节点构造。如过梁、圈梁、主梁、次梁、顶棚、楼板、楼地面、踢脚、雨罩、阳台、楼层的室内外窗台等。如钢筋混凝土剪力墙结构、框架结构的外墙，若将钢筋混凝土剪力墙或框架梁、柱直接作为外墙使用，由于钢筋混凝土材料的导热系数大，易出现冷桥（或热桥）现象，使墙身受损，影响人们的正常使用，故常需要在钢筋混凝土外墙或框架梁的外侧或内侧作保温处理。具体做法一般在墙身大样图中表述，需注意阅读。

③ 表明屋顶处的外墙节点构造，如过梁、圈梁、主梁、次梁、顶棚、楼板、屋面、挑檐板、女儿墙、天沟、下水口、雨水斗、雨水管等做法。

④ 表明各处材料的做法，如内墙、外墙做法、地面、楼面、屋面做法等。

×××建筑勘察设计有限公司							
院审		专业组长		建设单位	×××大学		
审核		校 对		工程项目	逸夫教学楼		
设计负责人		设 计		A—A 墙身大样图		设计号	××××.××
						图 号	建施-17
专业负责人		制 图				日 期	××××.××

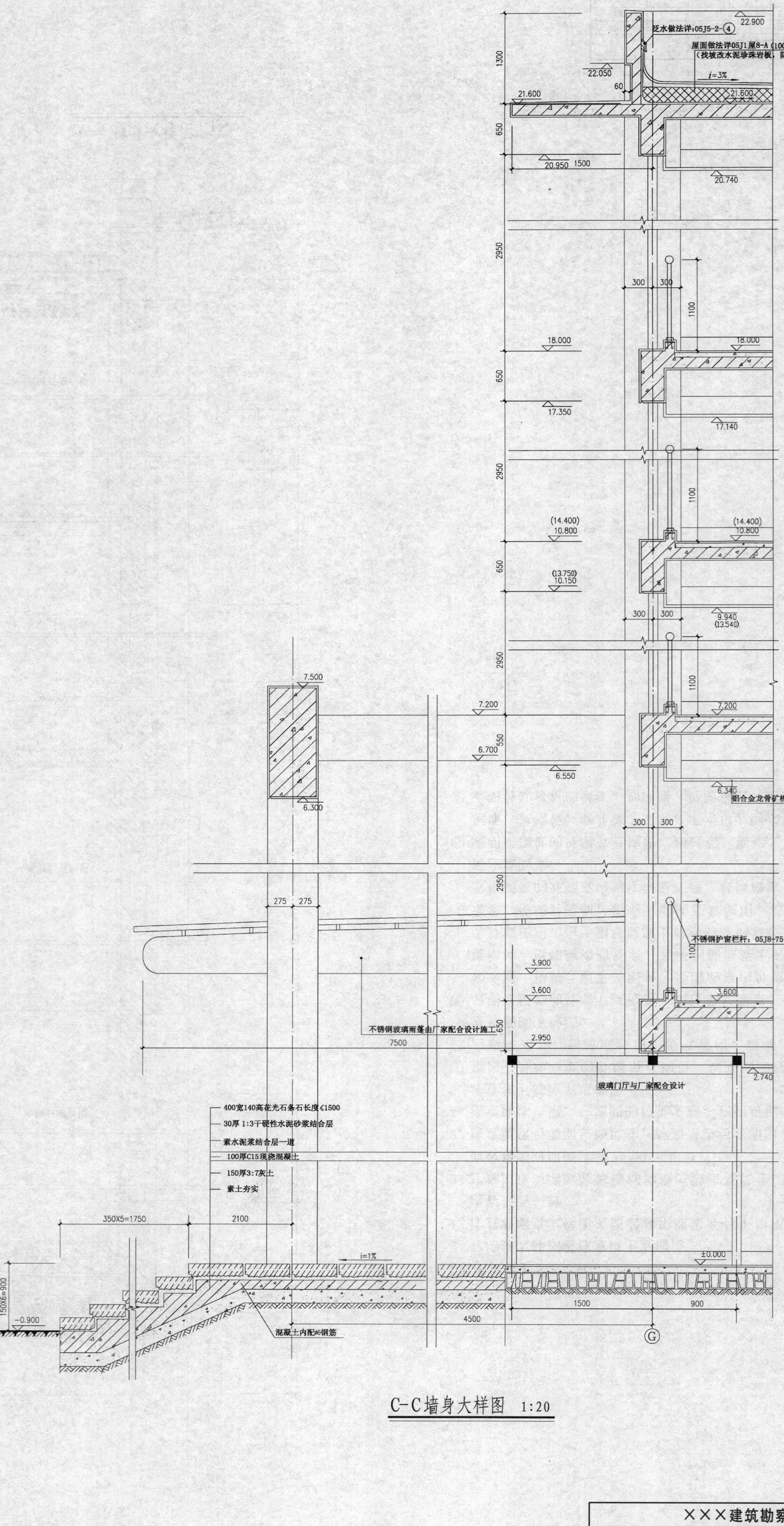

C-C墙身大样图　1:20

×××建筑勘察设计有限公司			
院审	专业组长	建设单位	×××大学
审核	校　对	工程项目	逸夫教学楼
设计负责人	设　计	C—C墙身大样图	设计号 ××××.××
			图　号 建施-18
专业负责人	制　图		日　期 ××××.××

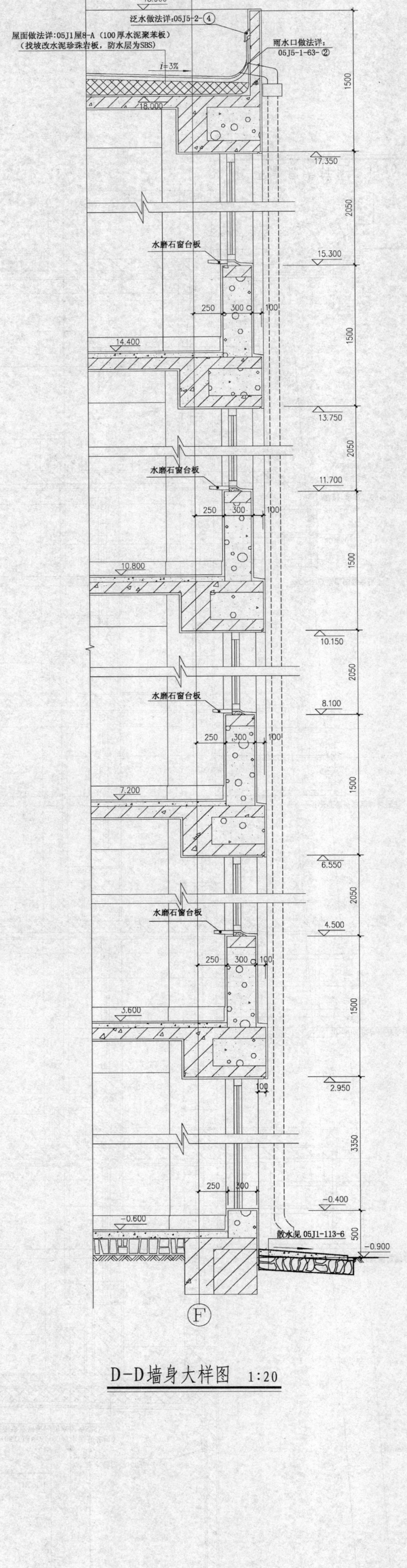

D-D墙身大样图 1:20

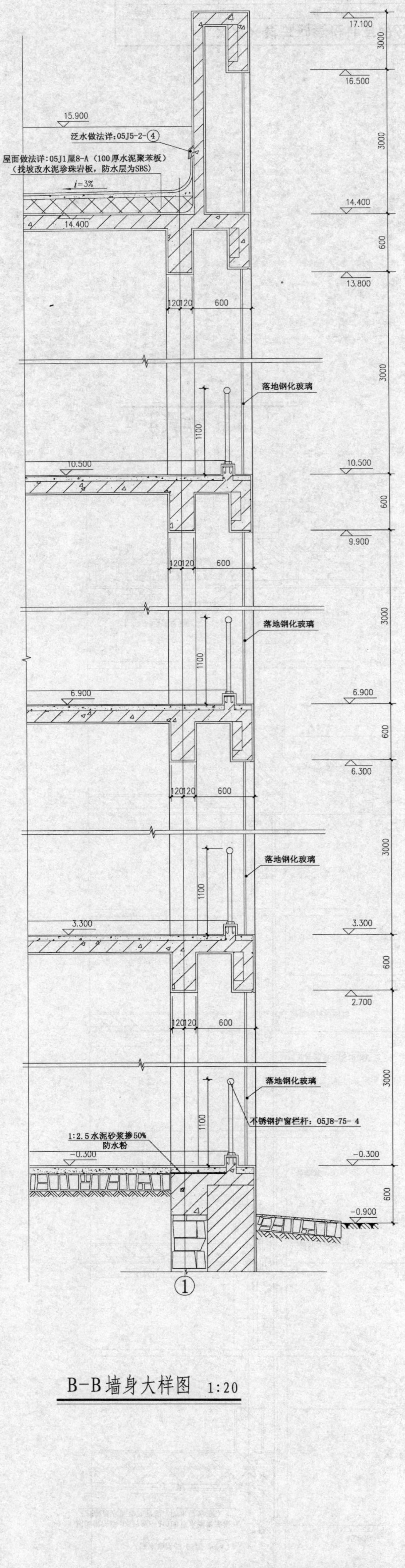

B-B墙身大样图 1:20

×××建筑勘察设计有限公司							
院审		专业组长		建设单位	×××大学		
审核		校 对		工程项目	逸夫教学楼		
设计负责人		设 计		B—B墙身大样图 D—D墙身大样图		设计号	××××.××
						图 号	建施-19
专业负责人		制 图				日 期	××××.××

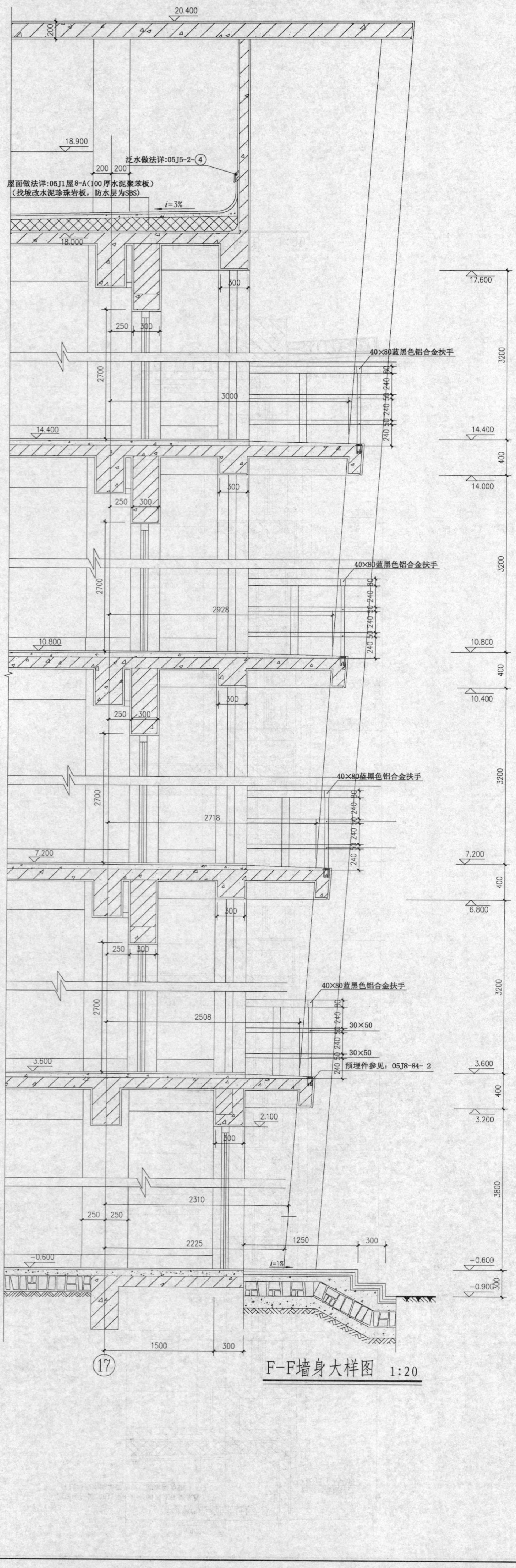

F-F墙身大样图 1:20

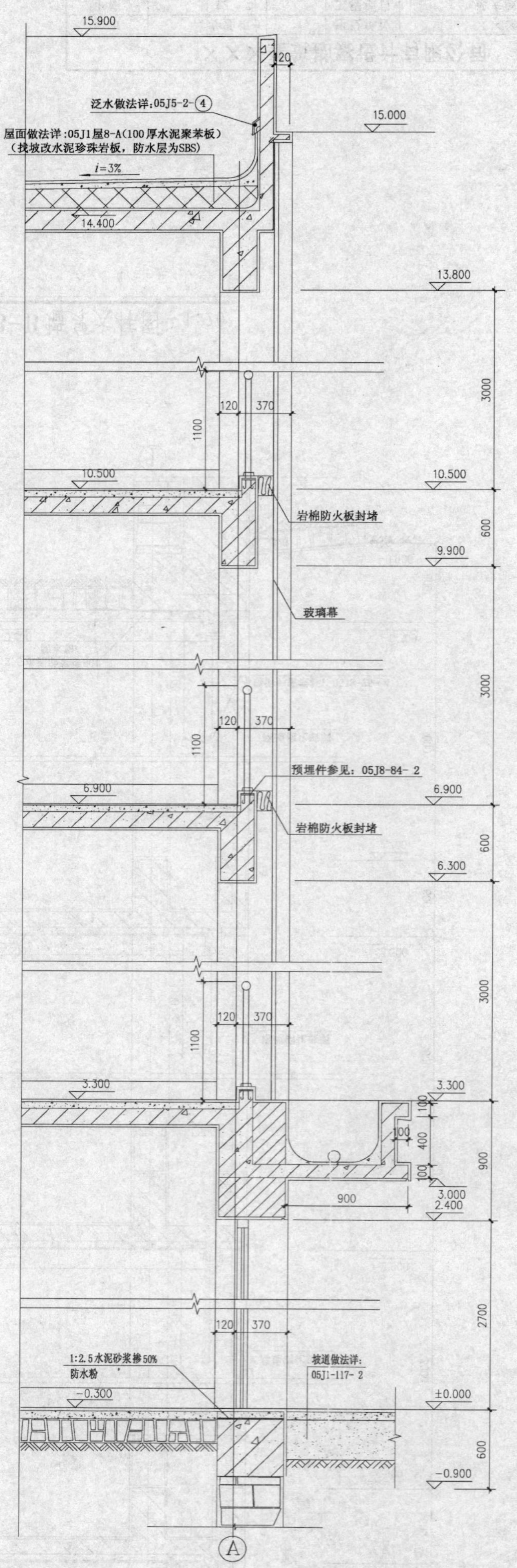

E-E墙身大样图 1:20

×××建筑勘察设计有限公司			
院审	专业组长	建设单位	×××大学
审核	校对	工程项目	逸夫教学楼
设计负责人	设计	E—E墙身大样图 F—F墙身大样图	设计号 ××××.××
专业负责人	制图		图号 建施-20
			日期 ××××.××

结 构 设 计 总 说 明

一、工程概况

本工程为×××大学逸夫教学楼，结构形式为部分框架，部分砖混。

抗震设防类别为丙类建筑，框架抗震等级为二级，抗震设防烈度为八度，地震分组为第一组（0.2g），设计使用年限为五十年，场地类别Ⅱ类。

设计按常温设计未考虑冬季施工，如进行冬季施工应按冬施有关规定执行。

二、设计依据及采用标准，结构分析软件

×××基础工程有限责任公司提供岩土工程勘察报告

《建筑结构荷载规范》 （GB 50009—2001）（2006 年版）

《建筑地基基础设计规范》（GB 50007—2002）

《混凝土结构设计规范》 （GB 50010—2010）

《建筑抗震设计规范》 （GB 50011—2010）

《建筑物抗震构造详图》 （11G329—1）

采用结构设计图集为《02 系列结构标准设计图集》

采用结构分析软件为 PKPM 系列 SATWE

三、本工程考虑的活荷载标准值

教室、办公室 $q_k=2.0\text{kN/m}^2$

走廊、门厅、楼梯 $q_k=2.5\text{kN/m}^2$

屋面活载 $q_k=0.5\text{kN/m}^2$

四、本工程所用材料

1. 混凝土 一、二层框架柱 C35

三、四层框架柱 C30

五、六层框架柱 C25

梁、板、构造柱、女儿墙均为 C25

2. 钢筋Φ—HPB300 级，Φ—HRB335 级。

3. 框架和斜撑构件（含梯段），其纵向受力钢筋的抗拉强度实测值与屈服强度实测值的比值不应小于 1.25；且其屈服强度实测值与强度标准值的比值不应大于 1.3；且钢筋在最大拉力下的总伸长率实测值不应小于 9%。

4. 框架填充墙采用 M7.5 混合砂浆砌筑陶粒混凝土砌块（容重＜9 kN/m^3）。

五、钢筋混凝土构造要求

1. 构件保护层厚度［指最外层钢筋（包括箍筋、分布筋等）外边缘至混凝土表面的距离］

梁 20mm 楼板屋面板 15mm

顶部梁（造型架部位）35mm 顶部开洞板 25mm

柱 20mm 顶部柱（造型架部位）35mm

2. 钢筋混凝土现浇板

（1）板的底部钢筋在支座搭接处伸入支座至梁的远边，上铁不能在支座搭接，上铁尺寸从梁边缘算起。

（2）板上孔洞应预留，避免后凿，一般结构平面图中只标出洞口尺寸大于 300mm 孔洞，施工时各工种必须根据各专业图纸配合土建预留全部孔洞，当孔洞尺寸≤300mm 时，洞边不再另加钢筋，板内钢筋由洞边绕过，不得截断，当洞口尺寸＞300mm 时，应设洞边加筋，按平面图标出的要求施工，当平面图未交代时，一般按以下要求：洞口每侧 2 根，其截面面积不得小于被洞口截断之钢筋面积，且不小于 2Φ14，长度为单向板受力方向以及双向板的两个方向沿跨度通长，并锚入支座≥$5d$，且应伸至中心线，单向板非受力方向洞口加筋长度为洞宽加两侧各 $30d$。

（3）楼板后砌隔墙的位置应严格遵守建筑施工图，不可随意砌筑，对于墙下无梁的后砌墙，应按建筑施工图所示位置在墙下板内设置 3Φ16 纵向加强筋（沿墙通长，两端锚入支座 250mm）。

（4）图中未标明板分布筋均为Φ6@250。

3. 钢筋混凝土梁

（1）框架梁纵向钢筋构造详见《11G329—1》。

（2）主梁内在次梁作用处，未注明箍筋者均在次梁两侧设 3 组箍筋，箍筋肢数、直径同梁箍筋，间距 50。

（3）梁内箍筋采用封闭形式，并作成 135°弯钩，当梁的上部钢筋为多排时，应增加直线段在两排或三排钢筋以下弯折。

（4）梁内第一根箍筋从柱边或梁边 50mm 起排。

（5）主、次梁高度不同时，次梁上铁位于主梁上铁之上；主次梁高度相同时，次梁上铁、下铁位于主梁上铁、下铁之上。

4. 钢筋混凝土柱

（1）柱纵筋全部采用机械连接或焊接，详见《11G329—1》。

（2）梁柱中心线无特别注明外，一律沿轴线居中布置。

六、其他事项

1. 楼梯栏杆处应预设预埋件，其位置及有关构造详见建施。

2. 所有填充墙门窗洞口过梁采用：内墙 GL-5，外墙 GL-1A（a）。

3. 现浇混凝土女儿墙每隔 10m 预留缝宽 10mm 的缝隙，钢筋连续混凝土断开，用油浸麻丝填缝。

4. 有玻璃幕墙处相应位置的梁上应预留埋件（根据条件待定）。

5. 现浇板外部设备管线不得穿梁。

6. 其他未尽事宜按《混凝土结构工程施工质量验收规范》（GB 50204—2002）（2011 版）执行。

7. 电气防雷之用柱纵向钢筋必须保证焊接质量，不得有漏焊部分，位置详见电气施工图。

8. 墙拉筋沿墙全长设置 2Φ6@300。

9. 框架梁柱的箍筋及拉筋弯钩采用 135°，平直段长为 $10d$。

10. 过梁遇框架柱和构造柱时改为现浇。

七、采用图集

框架填充墙与框架柱的拉结做法详见 11G329—2。

《混凝土结构施工图平面整体表示方法制图和构造详图》（11G101—1）。

钢筋混凝土过梁详见 02G05。

施工应执行《混凝土结构工程施工质量验收规范》（GB 50204—2002）（2011 版）。

《钢筋焊接及验收规范》（JGJ 18—2003）。

《建筑地基基础工程施工质量验收规范》（GB 50202—2002）等有关规范的规定。

八、未尽事宜详见现行有关国家规范的规定，不明之处请及时与设计单位联系

九、砖混部分

1. 一、四层墙体采用 M10 混合砂浆，砌筑 MU10 机砖。

2. 施工质量控制等级 B 级。

3. 选用图集 抗震锚拉 11G329—2。

4. 选用过梁 过梁《02G05》。

370 墙：GL××-2A；240 墙：GL××-2B。

十、现浇空心板说明

1. 芯管采用金属波纹管，安装前应进行检查是否平直，是否破裂封堵，是否严密牢固；应检验出厂合格证及厂家提供的物理力学性能检测报告。

2. 混凝土中石子粒径 5～12mm，水灰比不宜过大，坍落度控制在＜150mm。

3. 板钢筋放置要准确到位，芯管放置要准确、平直，不得有错位及高低不平的现象，竖向尺寸误差不大于 5mm，水平尺寸误差不大于 5mm。

4. 所有管线均应预埋，不得后凿，预埋管线应在板肋或在芯管头实浇部位走线，避免交叉走线。

十一、本施工图须经施工图审验机构审查后方可施工

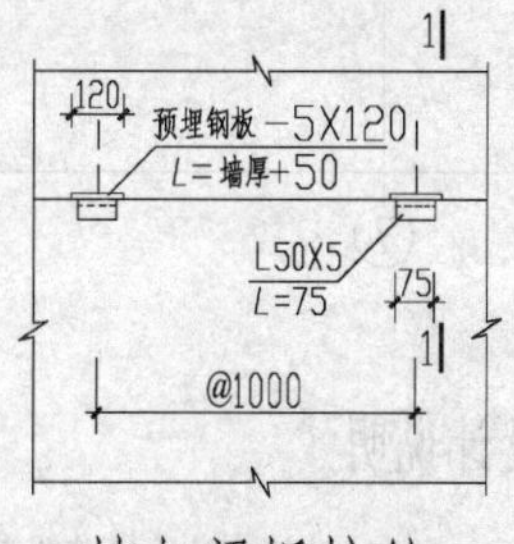

墙与梁板拉结

（当砖墙长＞5m时墙顶与梁板连接点立面图）

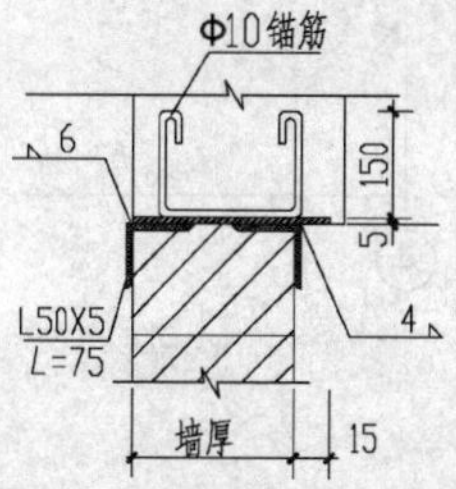

1-1

注：当墙上端与楼板相连或墙不与梁一侧齐平时，预埋钢板居墙中对称放置

×××建筑勘察设计有限公司							
院审		专业组长		建设单位	×××大学		
审核		校 对		工程项目	逸夫教学楼		
设计负责人		设 计		结构设计总说明		设计号	××××.××
						图 号	结施-1
专业负责人		制 图				日 期	××××.××

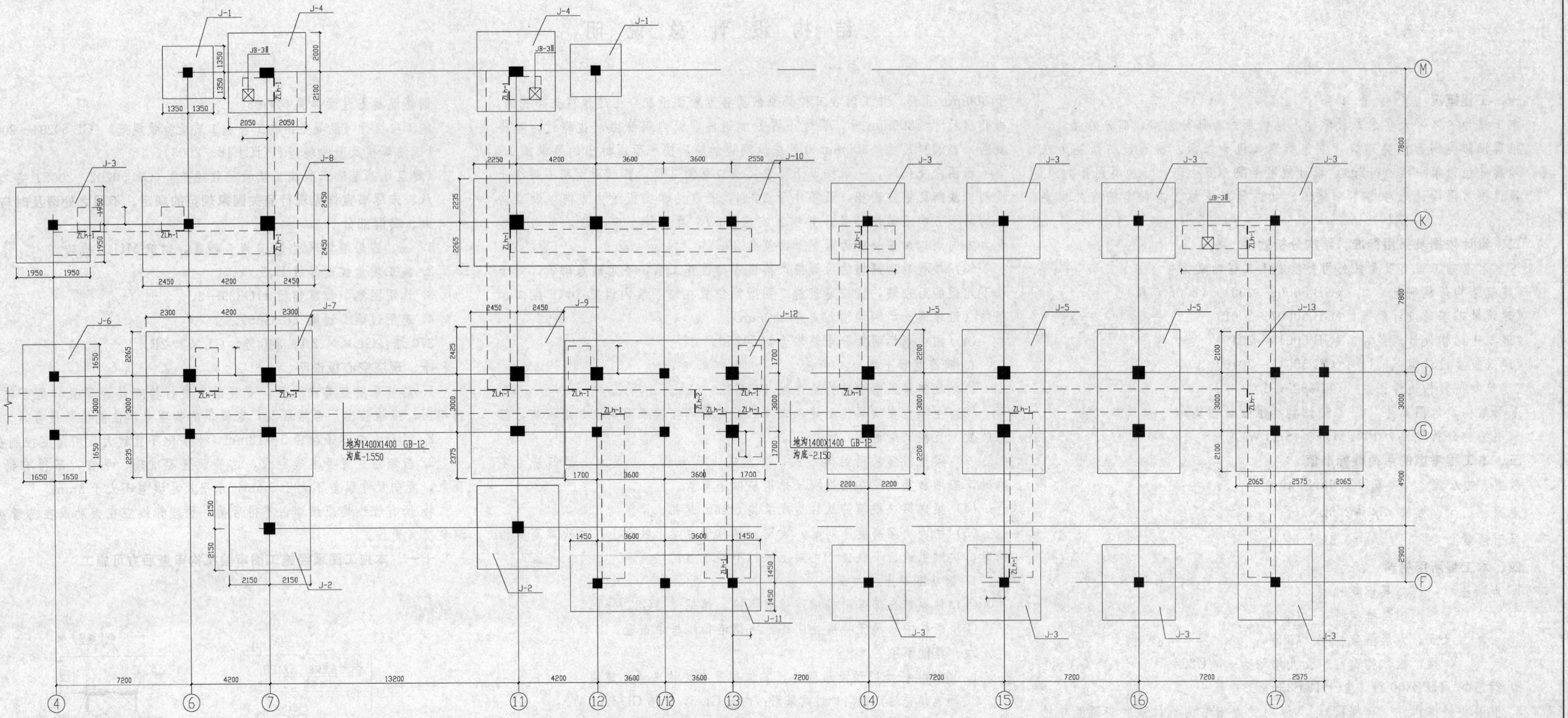

基础平面布置图

基础设计说明

1. 此基础地基为粉质黏土，土层承载力特征值为 f_{ak}=160kPa。
2. 地基基础设计等级为丙级。
3. 地基土冻结深度为1.60m。
4. 独立基础混凝土为C25，垫层为C15，片石基础采用M5水泥砂浆砌筑。
5. 地沟及地沟构件详见02G04。
6. 主地沟选用G—17Ⅱ
   支地沟选用G—13Ⅱ
7. 未标注的支地沟为1200×1200 GB-11
   其中④～⑬轴沟底-1.350
   ⑬～⑰轴沟底-1.950

【读图提示】

阅读基础图应注意的问题如下。

1. 通过阅读基础说明知道本工程基础底面放置在什么位置（基础持力层的位置），相应位置地基承载力特征值的大小。基础图中所采用的标准图集，基础部分所用材料情况，基础施工需注意事项。
2. 阅读基础平面图时，首先对照建筑一层平面图，核对基础施工时定位轴线位置、尺寸是否正确；核对房屋开间、进深尺寸是否正确；基础平面尺寸有无重叠、碰撞现象；地沟及其他设施、电施所需管沟是否与基础存在重叠、碰撞现象。其次注意各种管沟穿越基础的位置，相应基础部位采用的处理方法（如基础局部是否加深、具体处理方法，相应基础洞口处是否加设过梁等构件）；管沟转角等部位加设的构件类型及其数量。

×××建筑勘察设计有限公司							
院审		专业组长		建设单位	×××大学		
审核		校　对		工程项目	逸夫教学楼		
设计负责人		设　计		框架结构基础平面布置图		设计号	××××.××
						图　号	结施-2
专业负责人		制　图				日　期	××××.××

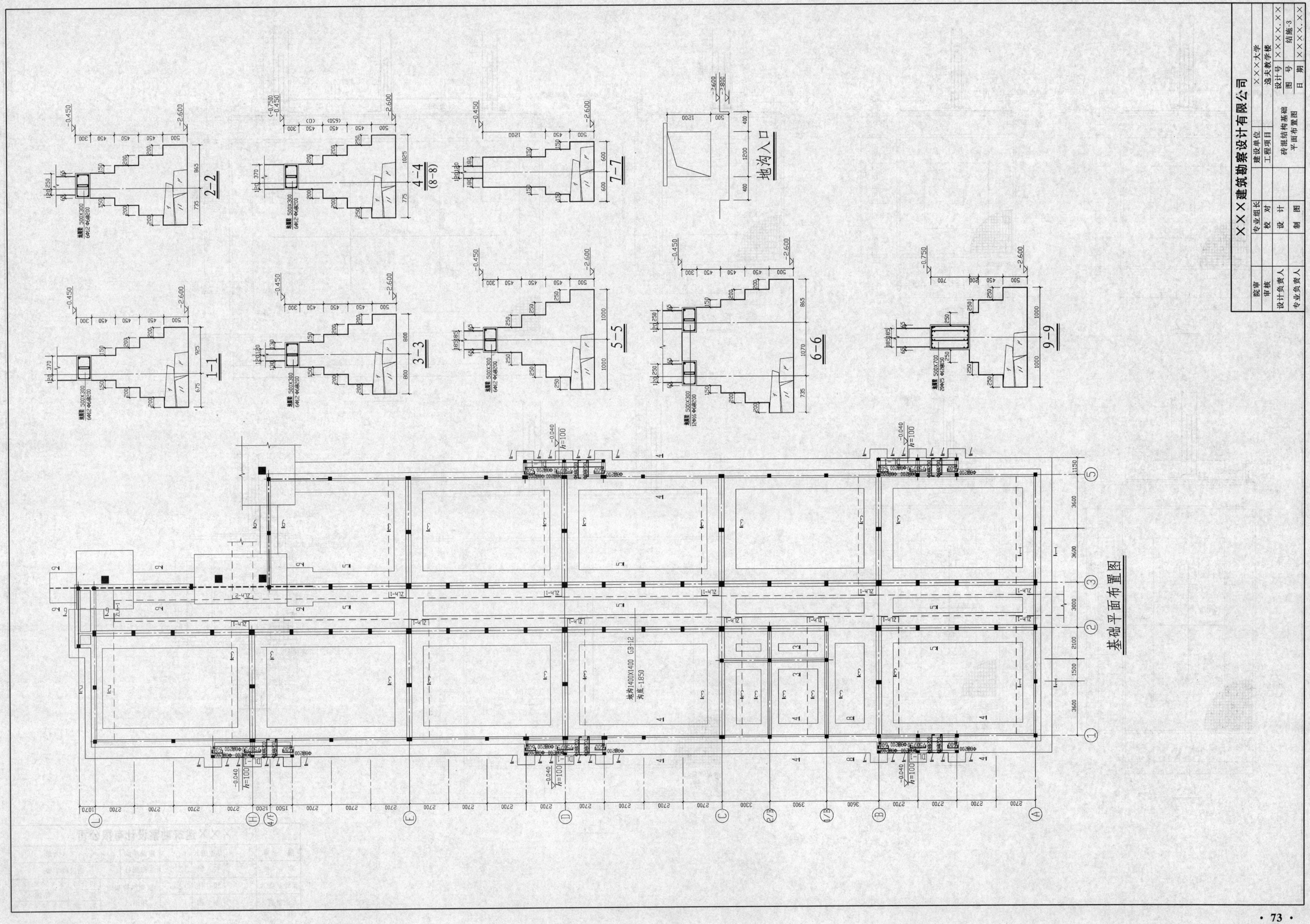

×××建筑勘察设计有限公司
院审
审核
设计负责人
专业负责人
专业组长
校对
设计
制图
建设单位
×××大学
工程项目
逸夫教学楼
砖混结构基础平面布置图
设计号
××××.××
图号
结施-3
日期
××××.××
基础平面布置图
1-1
2-2
3-3
4-4
(8-8)
5-5
6-6
7-7
9-9
地沟入口

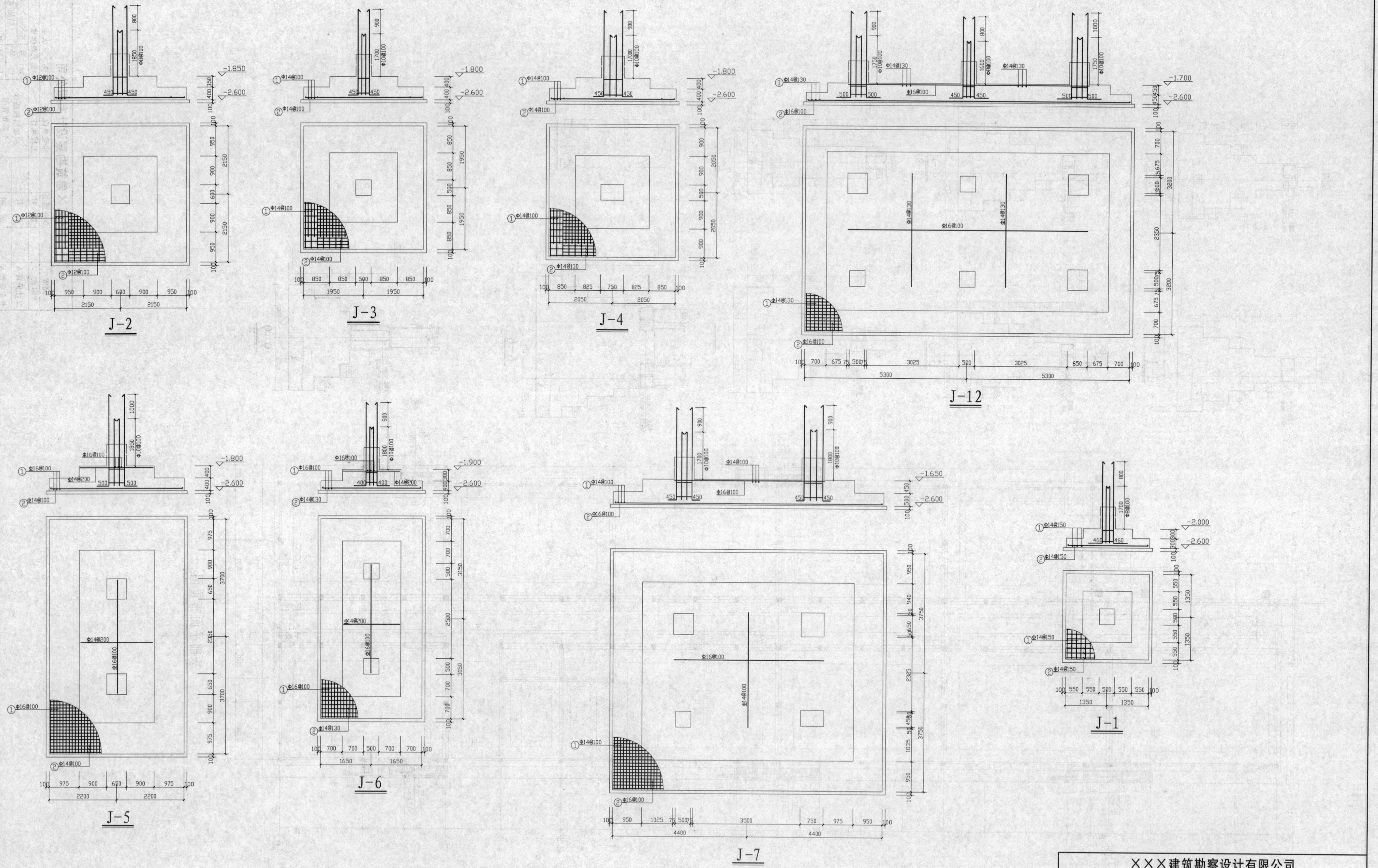

×××建筑勘察设计有限公司

院　审		专业组长		建设单位	×××大学	
审　核		校　对		工程项目	逸夫教学楼	
设计负责人		设　计		框架结构基础详图（一）	设计号	××××.××
专业负责人		制　图			图　号	结施-4
					日　期	××××.××

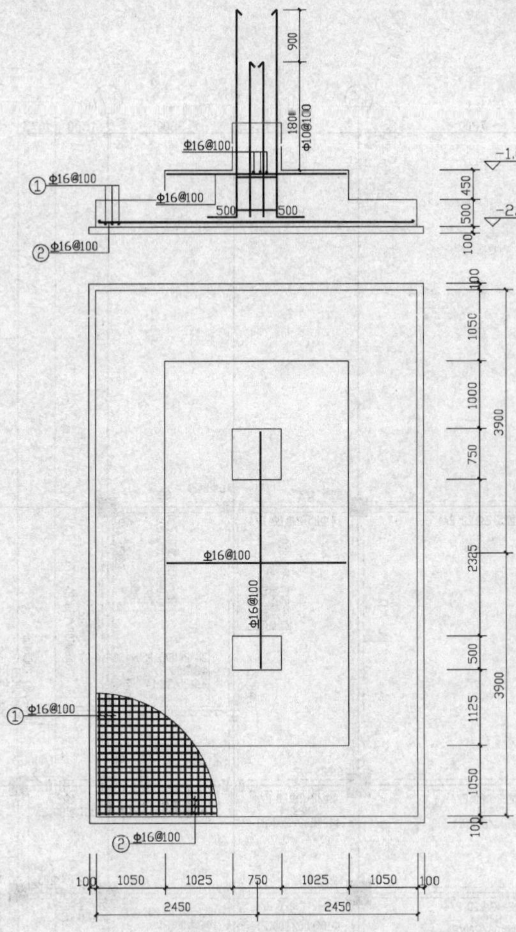

J-9

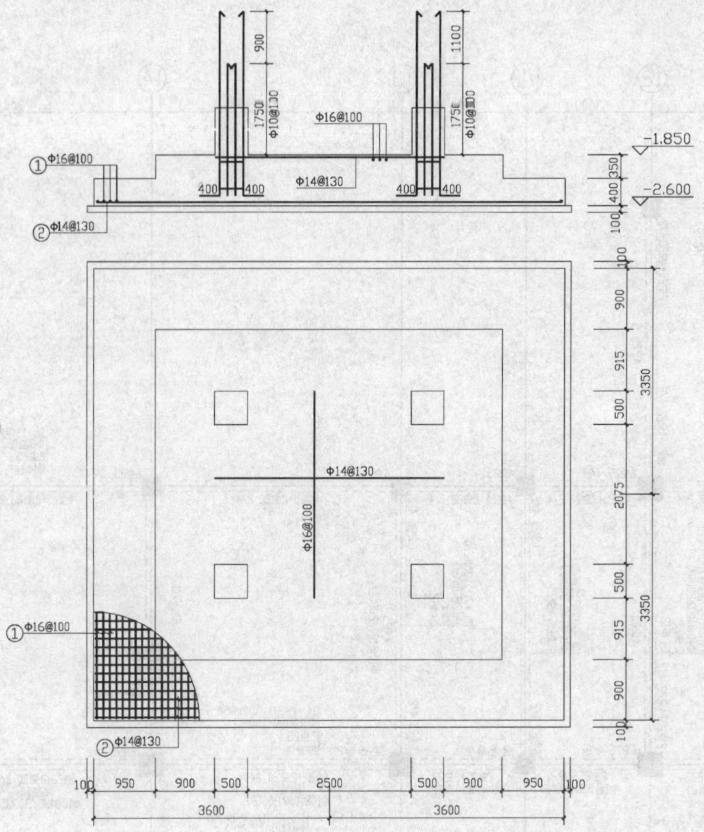

J-13

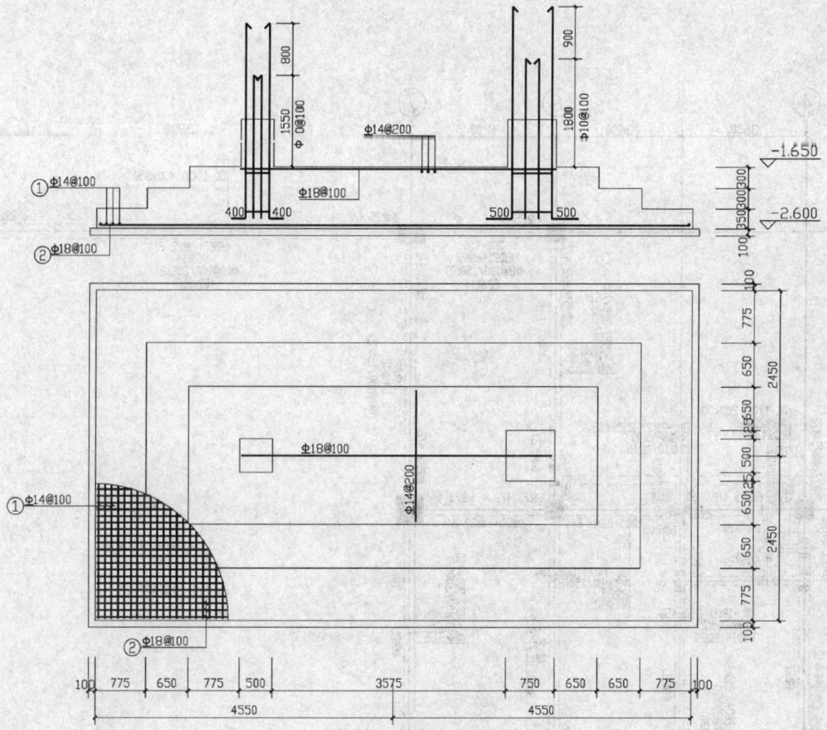

J-8

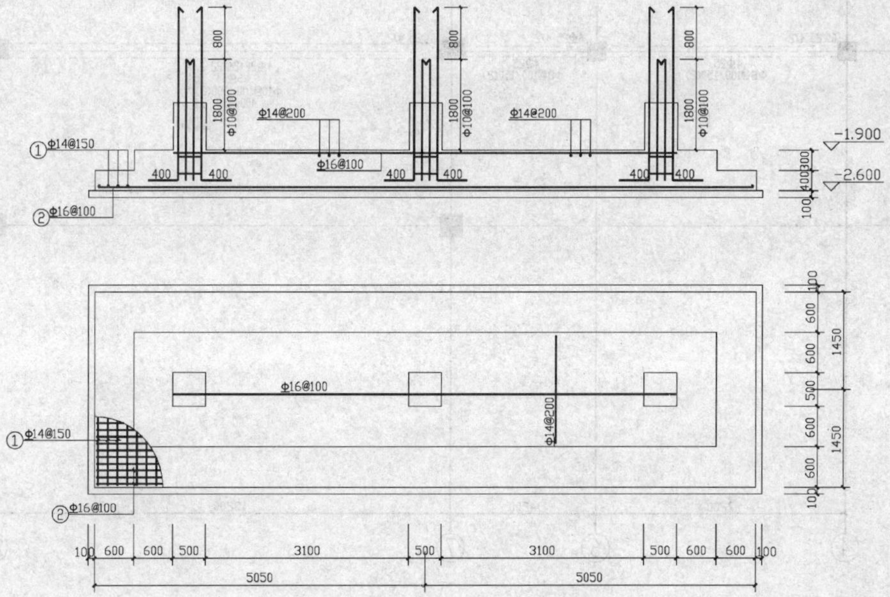

J-11

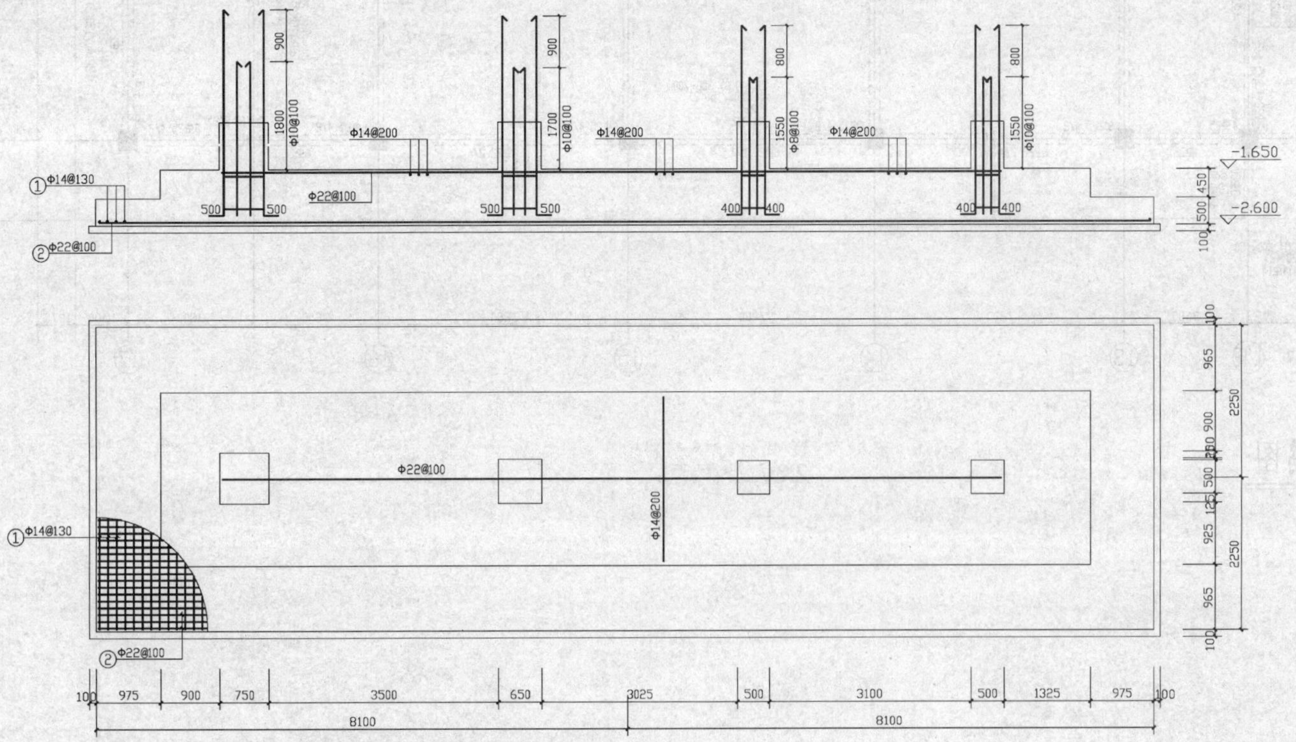

J-10

【读图提示】

阅读基础详图时，首先对本工程所采用基础类型的受力特点有一基本了解，各类基础的关键控制位置及需注意事项，在此基础上注意发现基础尺寸有无设计不合理现象；基础配筋有无不合理之处；搞清复杂基础中各种受力钢筋间的关系；注意对照建筑图核对基础详图中所标注的尺寸、标高是否正确。与相关专业施工队伍技术人员配合，弄懂基础图中与一些专业设计（如涉及人防、消防设施等）有关的内容，进一步核对图纸内容，查漏补缺发现问题。

×××建筑勘察设计有限公司						
院　审		专业组长		建设单位	×××大学	
审　核		校　对		工程项目	逸夫教学楼	
设计负责人		设　计		框架结构基础详图（二）	设计号	××××.××
					图　号	结施-5
专业负责人		制　图			日　期	××××.××

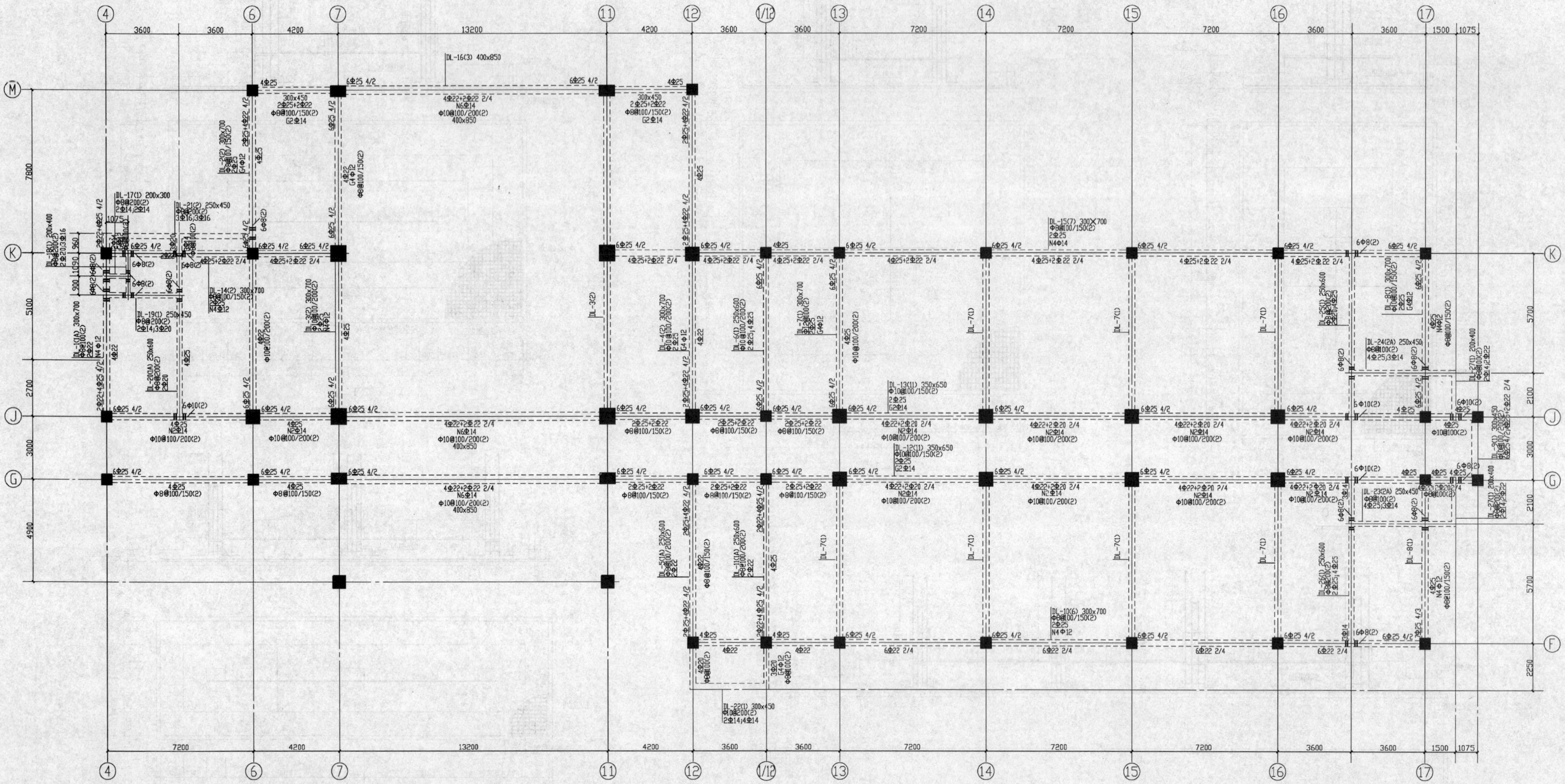

地梁配筋图

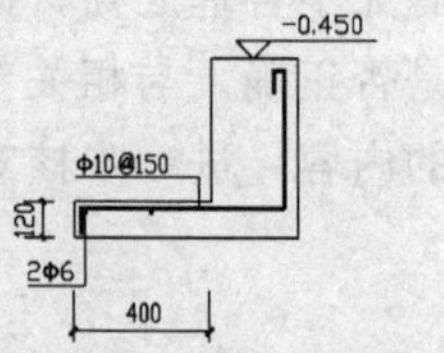

地梁断面示意

用于墙在柱外

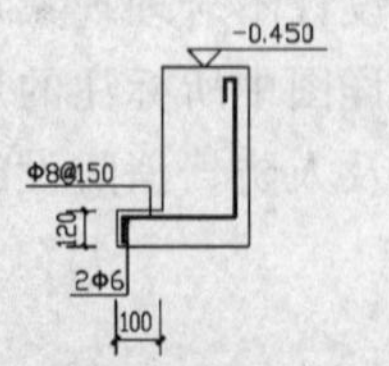

地梁断面示意

用于墙在柱间

×××建筑勘察设计有限公司						
院　审		专业组长		建设单位	×××大学	
审　核		校　对		工程项目	逸夫教学楼	
设计负责人		设　计		框架结构地梁配筋图	设计号	××××.××
					图　号	结施-6
专业负责人		制　图			日　期	××××.××

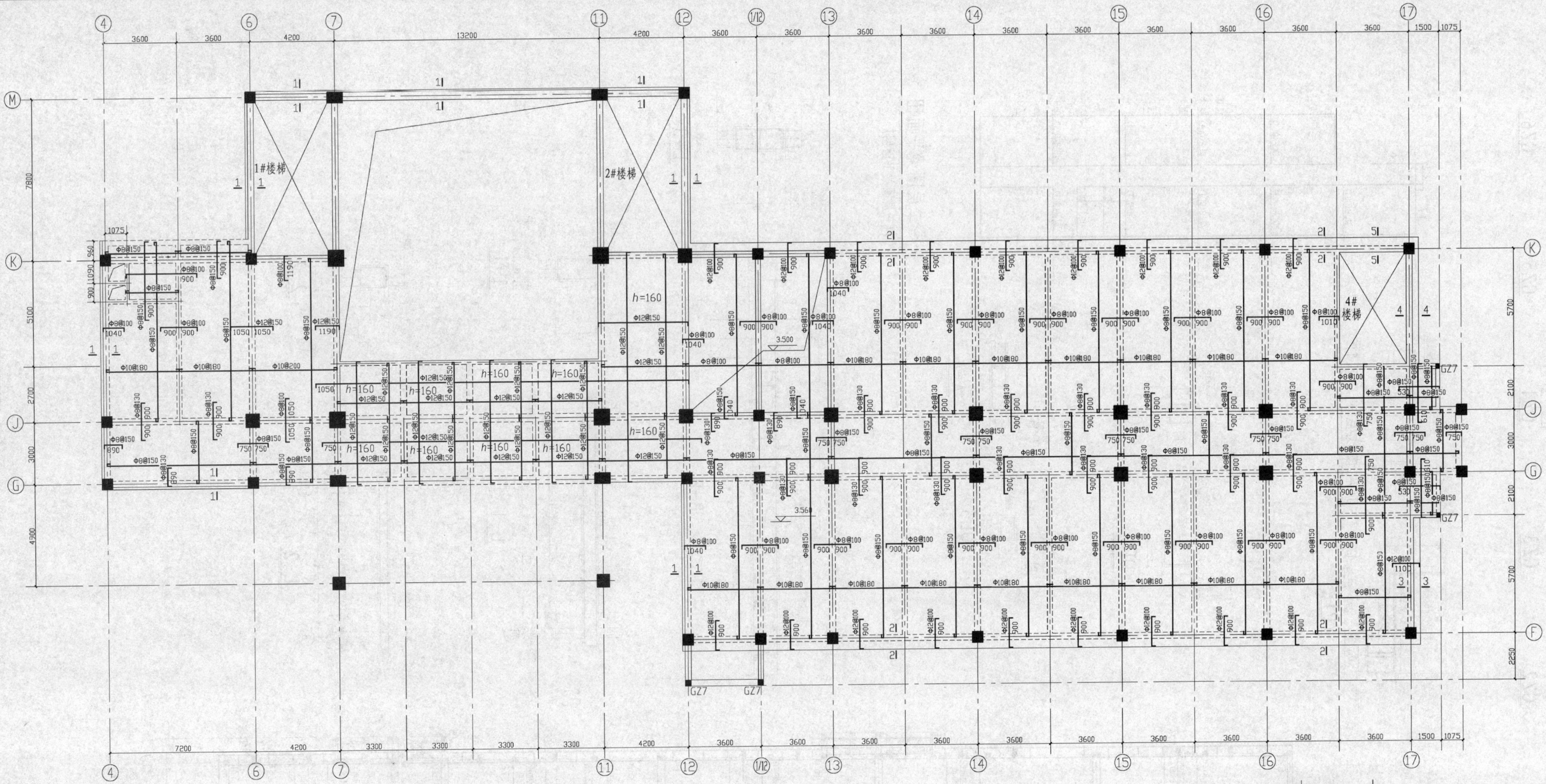

一层结构平面图

未标注的板厚为h=120mm

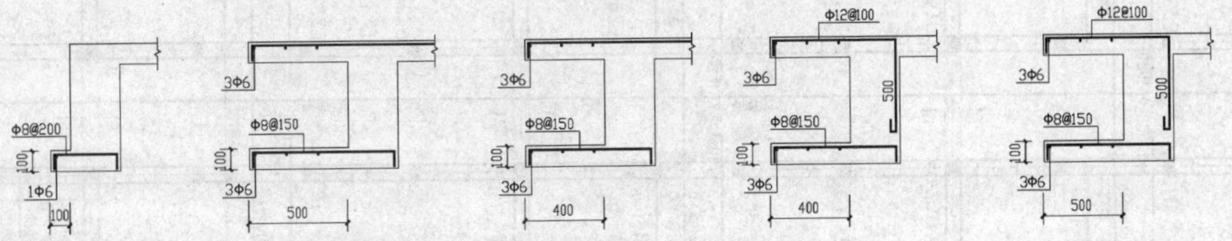

1-1　2-2　3-3　4-4　5-5

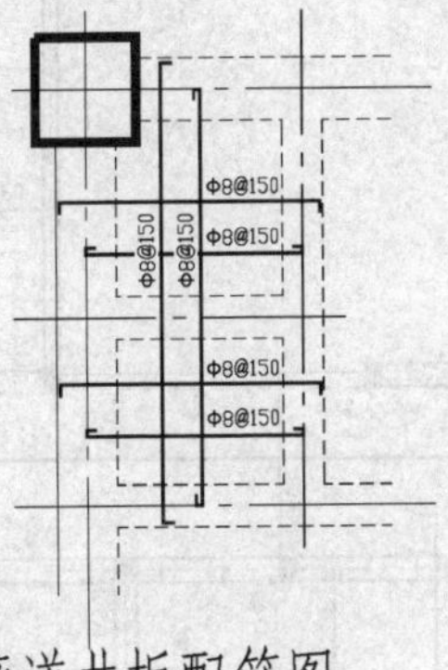

管道井板配筋图

待管道安装完毕封堵

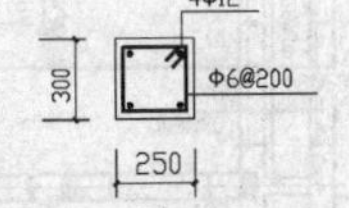

GZ7

【读图提示】

1. 注意查看结构平面图中各种梁、板、柱等构件的代号、编号和定位轴线、定位尺寸，了解各种构件的位置和数量。
2. 与建筑平面图（比相应结构层多一层的建筑平面图）相对照，理解结构平面布置图，建立相应楼层的空间概念，理解荷载传递关系，构件受力特点。注意发现问题。
3. 由结构平面布置图准确判断现浇楼盖的类型、楼板的主要受力部位、现浇板中受力筋的配筋方式及其大小，未标注的分布钢筋大小一般用文字说明，阅读说明时予以注意；清楚梁的类型、位置及其数量，注意房间功能不同处楼板标高有无变化，相应位置梁与板在高度方向上的关系；板块大小差异较大时板厚有无变化；注意建筑造型部位梁、板的处理方法、尺寸变化（注意与建筑图核对）。
4. 若为预制装配式结构平面图，则主要查看各种预制构件的代号、编号和定位轴线、定位尺寸，以了解所用预制构件的类型、位置及其数量；认真阅读图纸中预制构件的配筋图、模板图；进一步查阅图纸中预制构件所用标准图集，查阅标准图集中相关大样及说明，搞清施工安装注意事项；注意查看确定所用预埋件的做法、形式、位置、大小及其数量，并予以详细记录。

×××建筑勘察设计有限公司						
院　审		专业组长		建设单位	×××大学	
审　核		校　对		工程项目	逸夫教学楼	
设计负责人		设　计		框架一层结构平面图	设计号	××××.××
					图　号	结施-7
专业负责人		制　图			日　期	××××.××

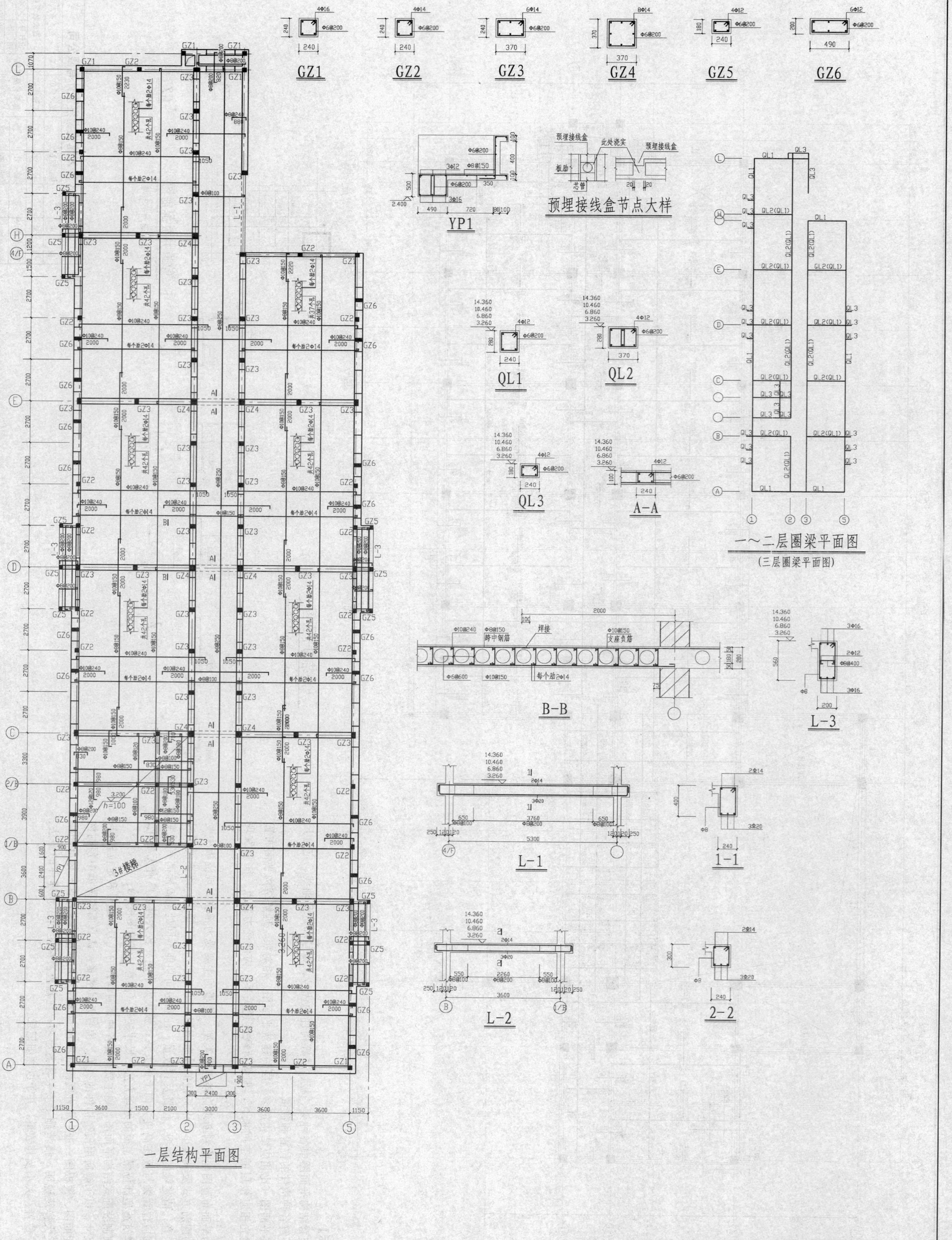

×××建筑勘察设计有限公司						
院　审		专业组长		建设单位	×××大学	
审　核		校　对		工程项目	逸夫教学楼	
设计负责人		设　计		砖混一层结构平面图	设计号	××××.××
					图　号	结施-8
专业负责人		制　图			日　期	××××.××

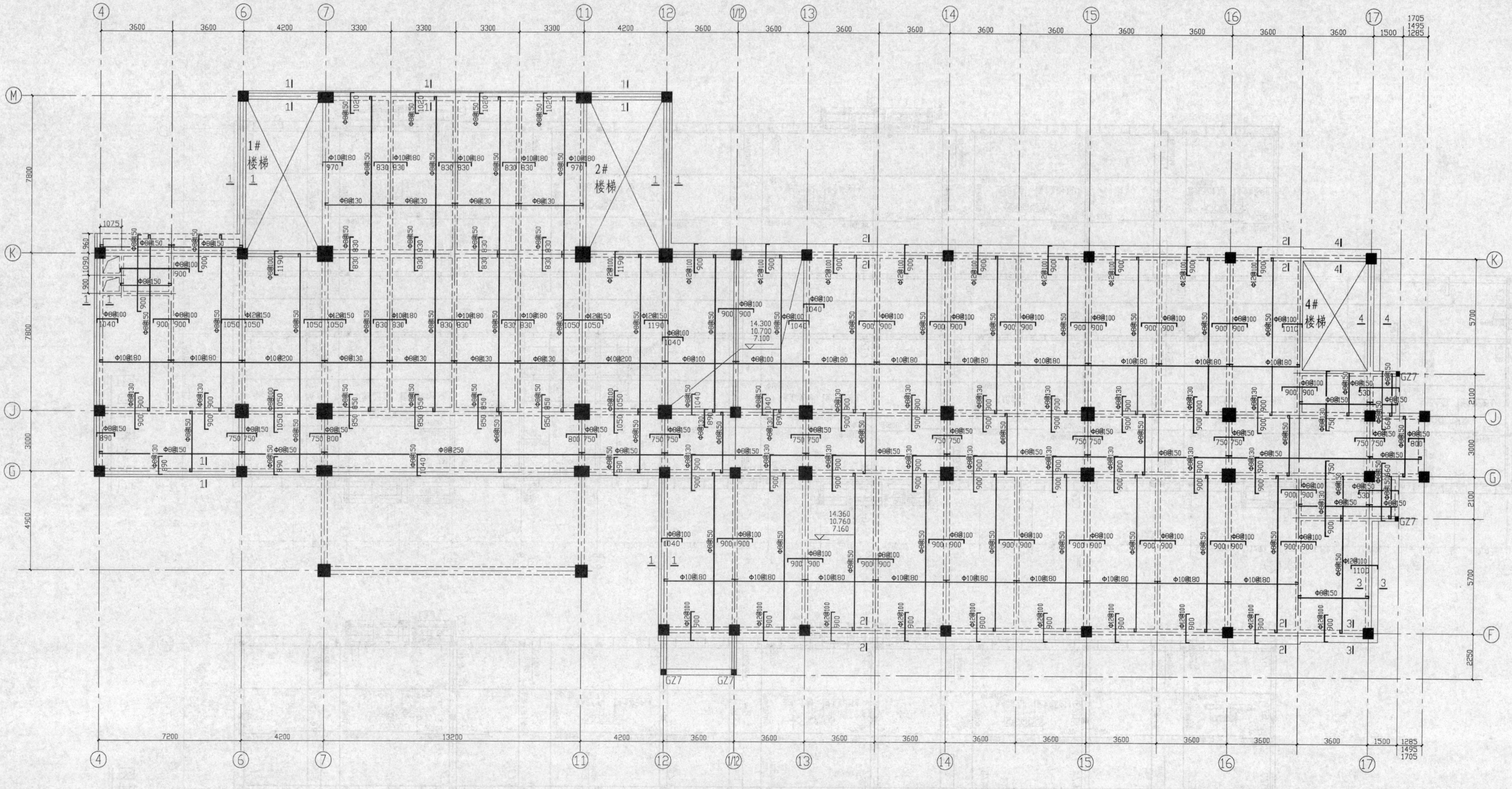

二~四层结构平面图

未标注的板厚为120

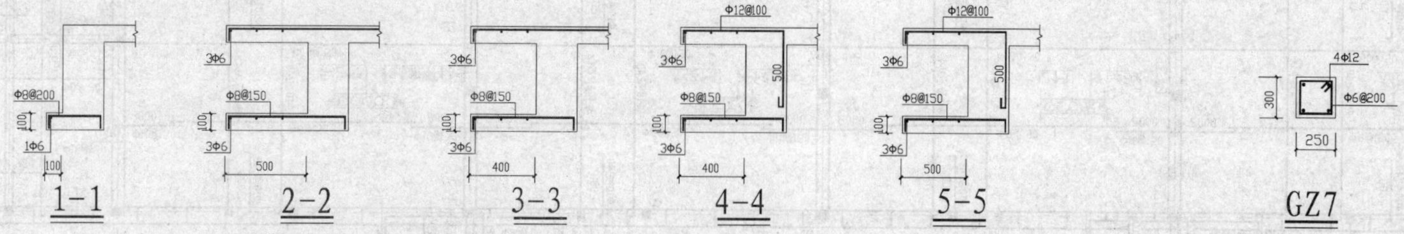

【结构大样图读图提示】

1. 注意与建施图中的墙身大样、节点详图相对照，核对相应部位结构大样的形状、大小尺寸、标高是否有误。
2. 在清楚掌握节点大样受力特点的基础上，搞清各种钢筋的形式及其相互关系。结构图中若有相应抽筋图，则需对照抽筋图来读图，若没有相应抽筋图则需在阅读详图时，按自己的理解画出复杂钢筋的抽筋图，在会审图纸时与设计人员交流确认正确的配筋方法。
3. 一些造型复杂部位，在清楚结构处理方法、读懂结构大样图的基础上，注意思考施工操作的难易程度，若感到施工操作难度大，则需从施工操作的角度出发提出解决方案，与设计人员共同探讨、商量予以变更。
4. 对于采用金属构架作造型或装饰的情况，应注意阅读金属构架与钢筋混凝土构件连接部位的节点大样，搞清二者间的相互关系，二者衔接需注意的问题。并注意阅读金属构架本身的节点处理方法，及其需注意的问题。

×××建筑勘察设计有限公司						
院　审		专业组长		建设单位	×××大学	
审　核		校　对		工程项目	逸夫教学楼	
设计负责人		设　计		框架二~四层结构平面图	设计号	××××.××
专业负责人		制　图			图　号	结施-9
					日　期	××××.××

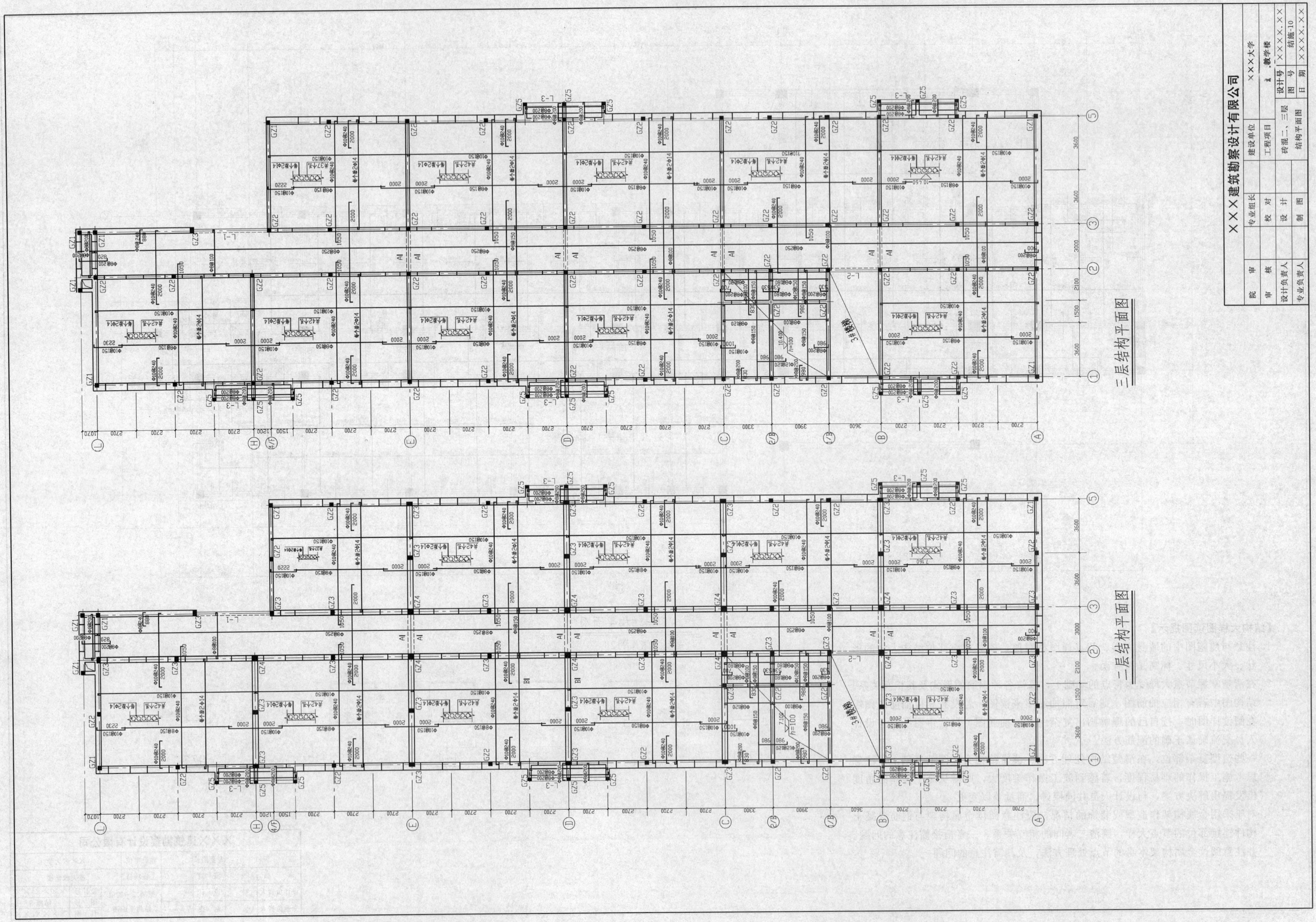
×××建筑勘察设计有限公司
×××大学
教学楼
砖混二、三层
结构平面图
结施-10
三层结构平面图
二层结构平面图
3#楼梯

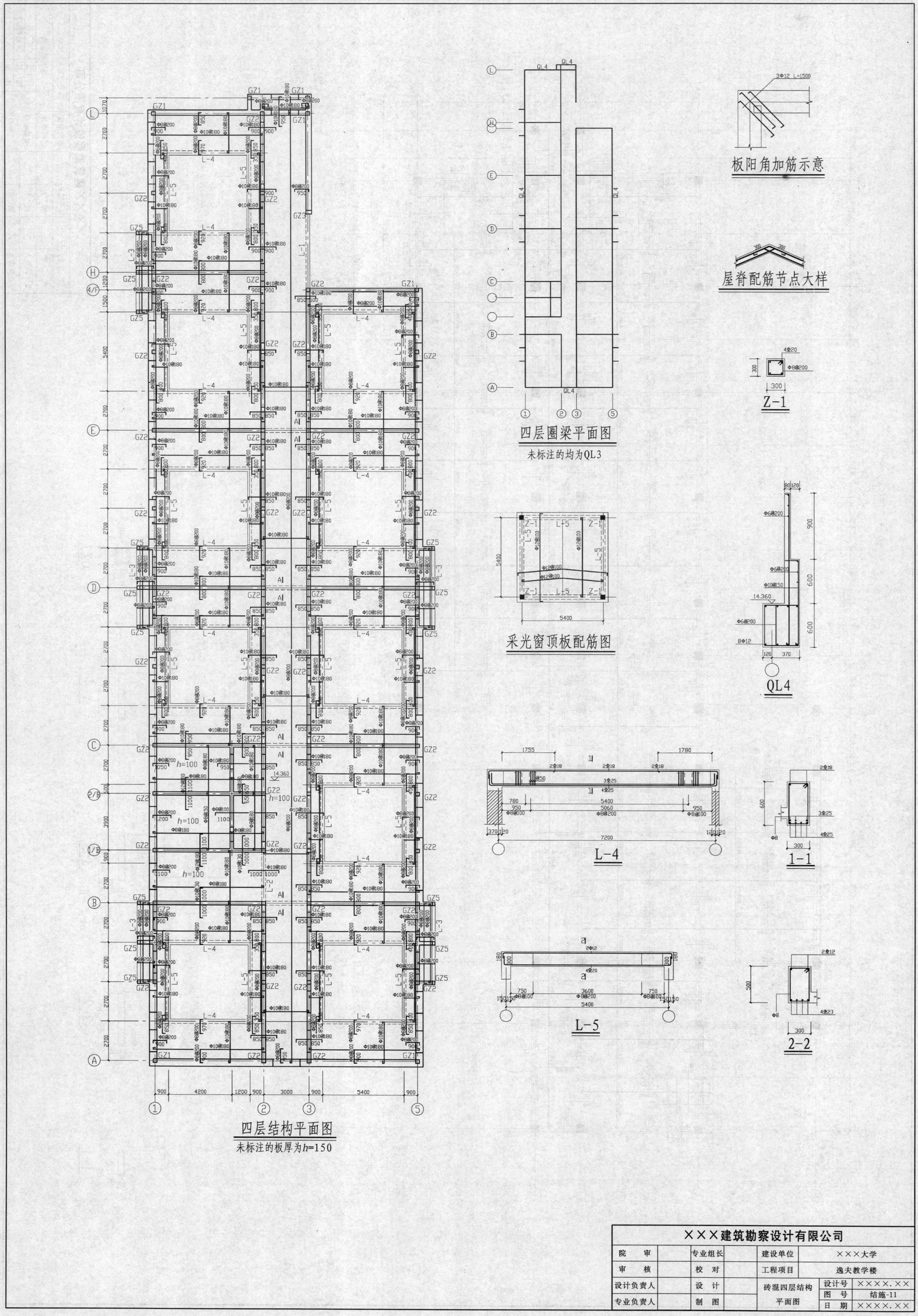
四层结构平面图
未标注的板厚为h=150
四层圈梁平面图
未标注的均为QL3
板阳角加筋示意
屋脊配筋节点大样
Z-1
采光窗顶板配筋图
QL4
L-4
1-1
L-5
2-2
×××建筑勘察设计有限公司
院　审
专业组长
建设单位
×××大学
审　核
校　对
工程项目
逸夫教学楼
设计负责人
设　计
砖混四层结构
平面图
设计号
××××.××
专业负责人
制　图
图　号
结施-11
日　期
××××.××

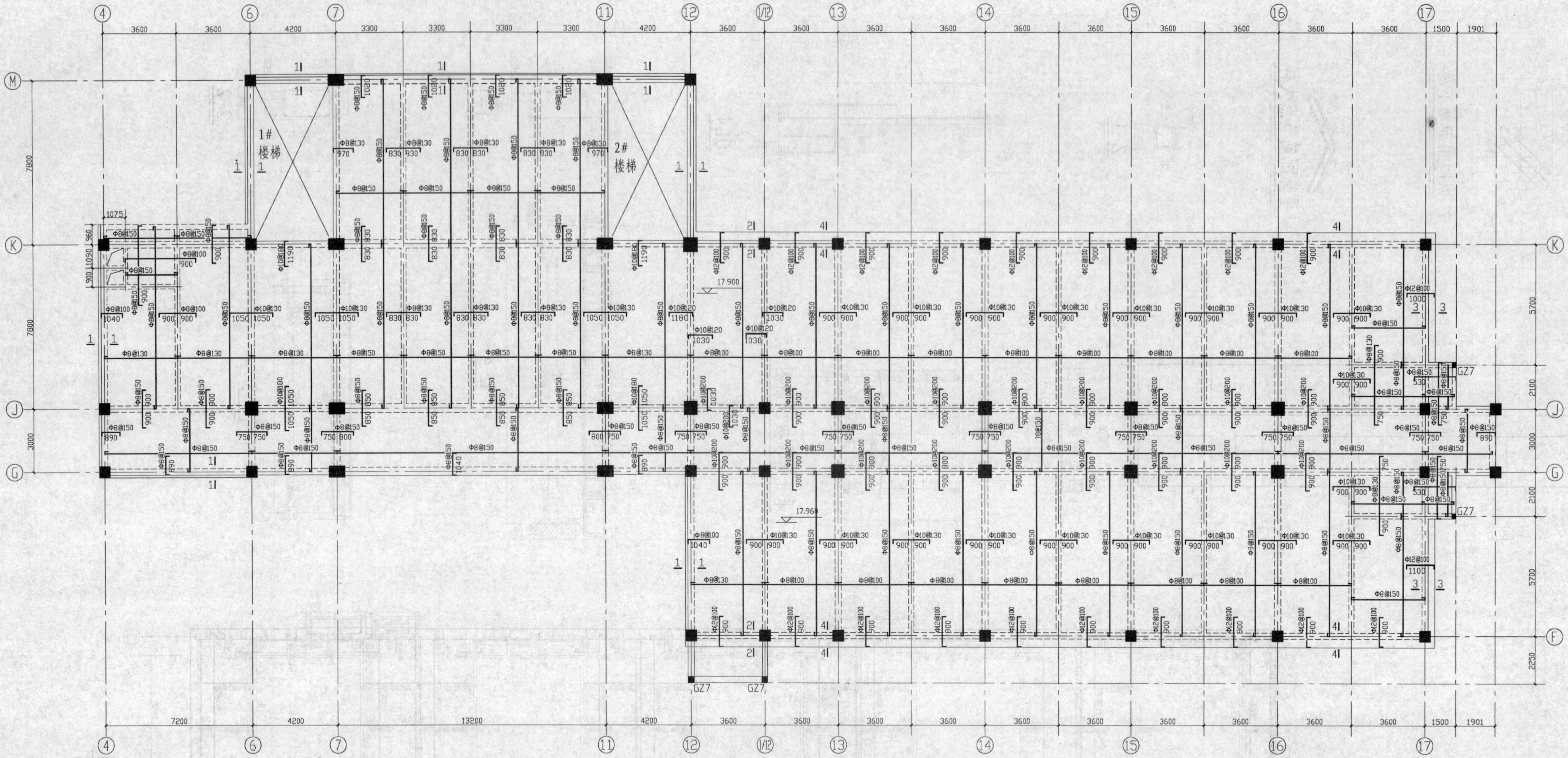

五层结构平面图

未标注的板厚为h=120

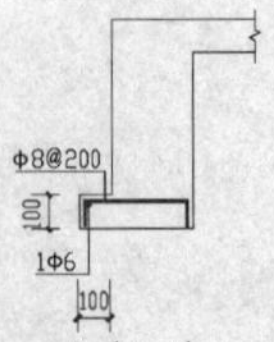

1-1

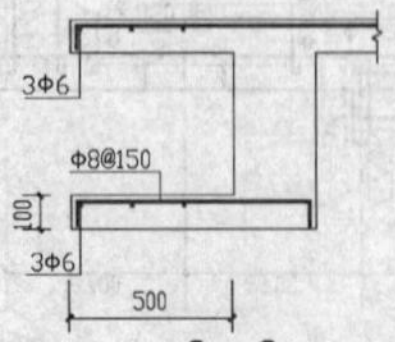

2-2

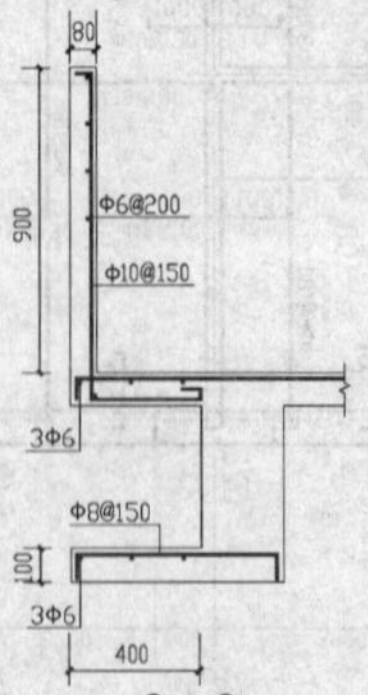

3-3

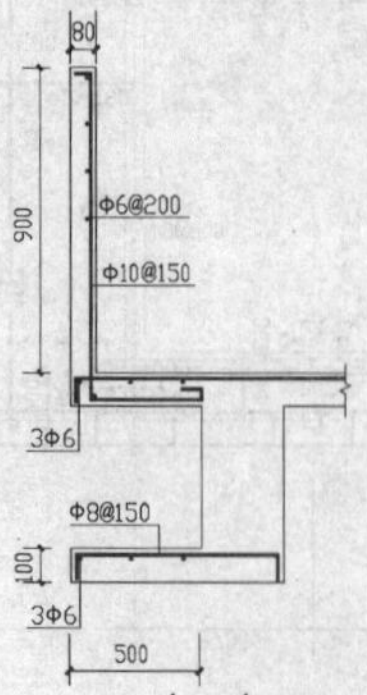

4-4

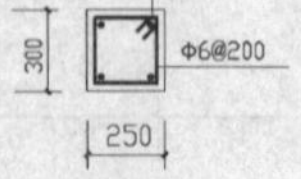

GZ7

×××建筑勘察设计有限公司							
院　审		专业组长		建设单位	×××大学		
审　核		校　对		工程项目	逸夫教学楼		
设计负责人		设　计		框架五层结构平面图		设计号	××××.××
						图　号	结施-12
专业负责人		制　图				日　期	××××.××

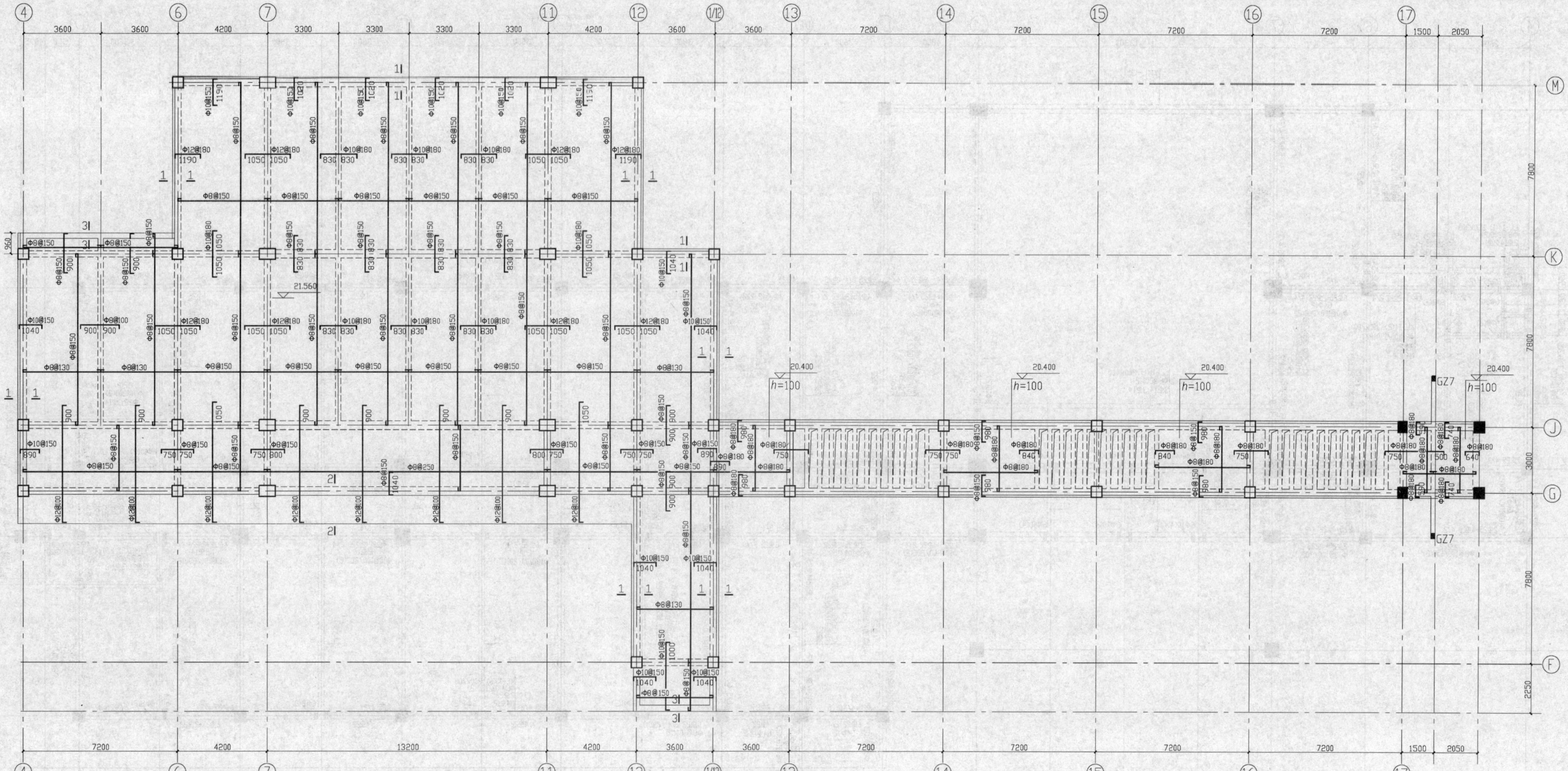

六层结构平面图

未标注的板厚为120

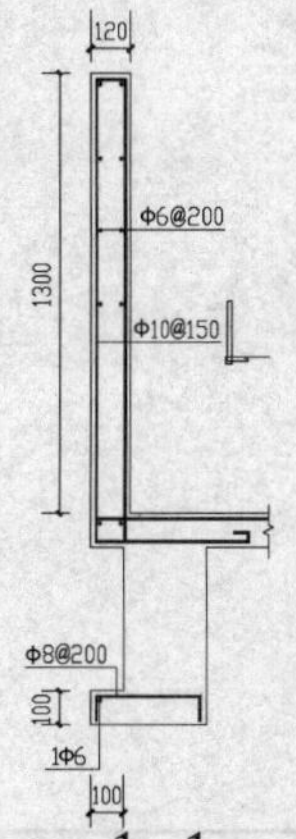

1-1

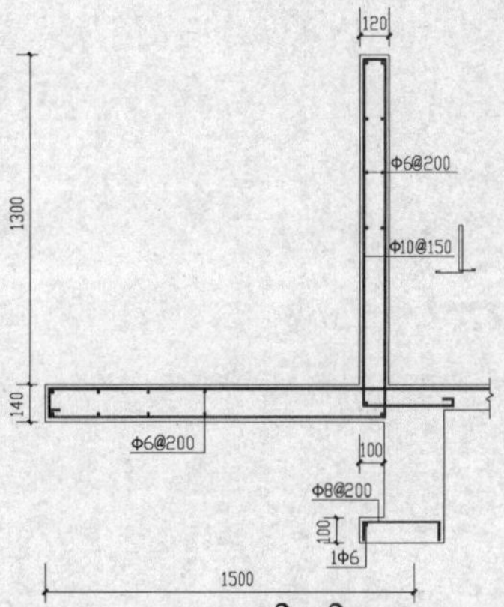

2-2

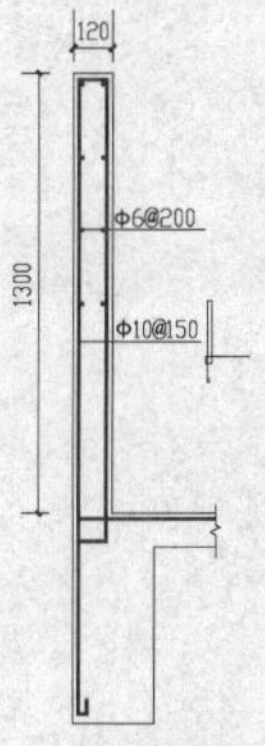

3-3

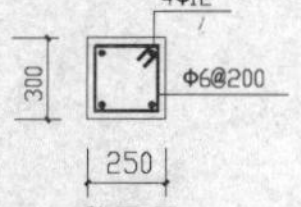

GZ7

×××建筑勘察设计有限公司

院　审		专业组长		建设单位	×××大学	
审　核		校　对		工程项目	逸夫教学楼	
设计负责人		设　计		框架六层结构平面层	设计号	××××.××
					图　号	结施-13
专业负责人		制　图			日　期	××××.××

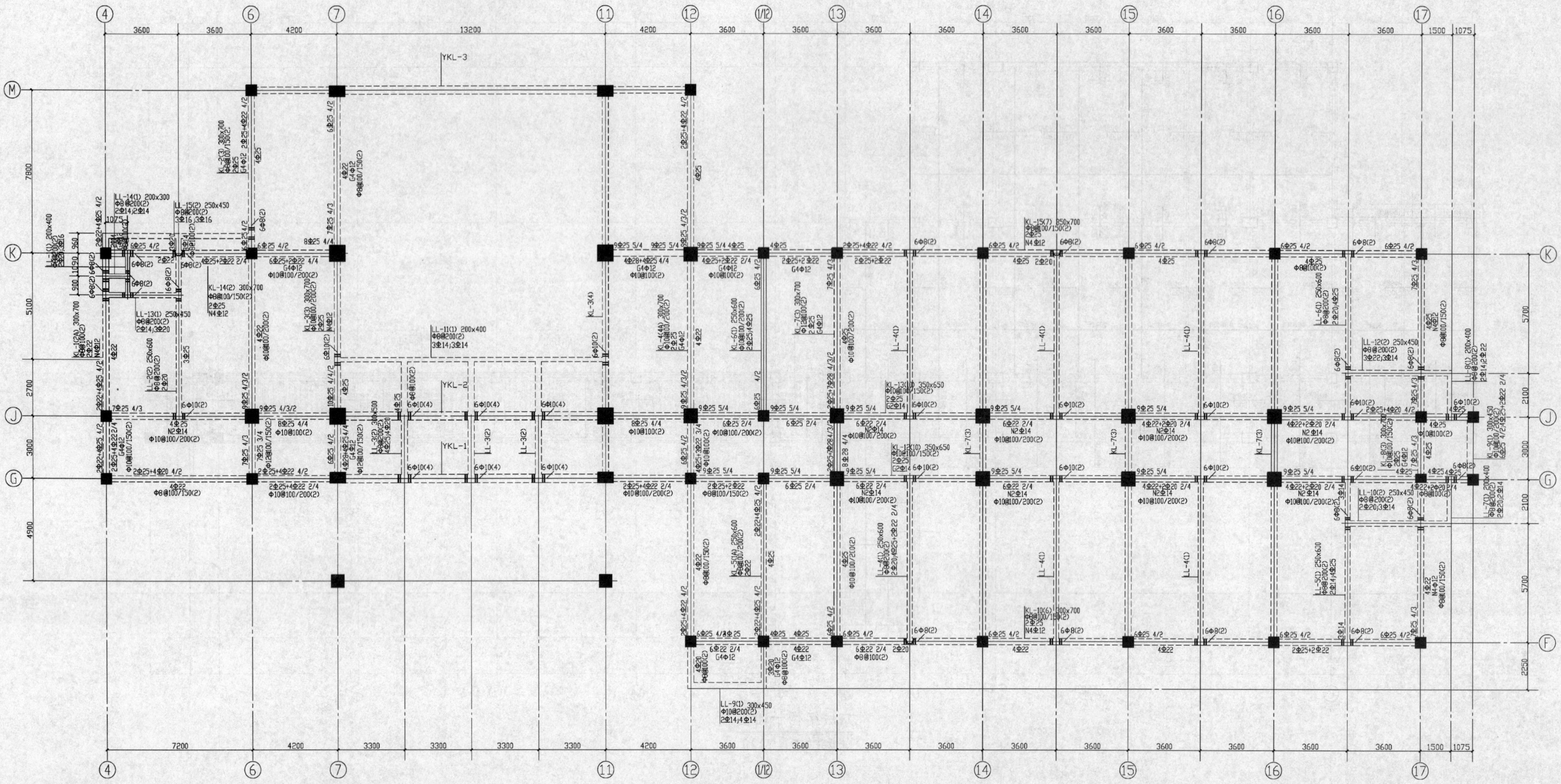

一层梁配筋图

YKL配筋另详

【读图提示】

1. 注意梁的类型、各种梁的编号、数量及其具体位置、标高。
2. 仔细核对每根梁立面图与剖面图的配筋关系，以准确核对梁中钢筋的型号、数量、位置。
3. 梁配筋图，若采用平面表示法，则需结合相应图集阅读，在阅读时要注意建立梁配筋情况的空间立体概念，必要时需将梁配筋草图勾画出来或画出梁抽筋图，予以帮助理解梁配筋情况。
4. 注意梁中所配各类钢筋的连接方式、钢筋的连接、锚固要求。
5. 注意主梁、次梁相交处，主梁、次梁及板中受力钢筋之间的关系。
6. 注意顶层梁、柱相交处，梁、柱中受力钢筋的锚固方式。

×××建筑勘察设计有限公司						
院　审		专业组长		建设单位	×××大学	
审　核		校　对		工程项目	逸夫教学楼	
设计负责人		设　计		框架一层梁配筋图	设计号	××××.××
专业负责人		制　图			图　号	结施-14
					日　期	××××.××

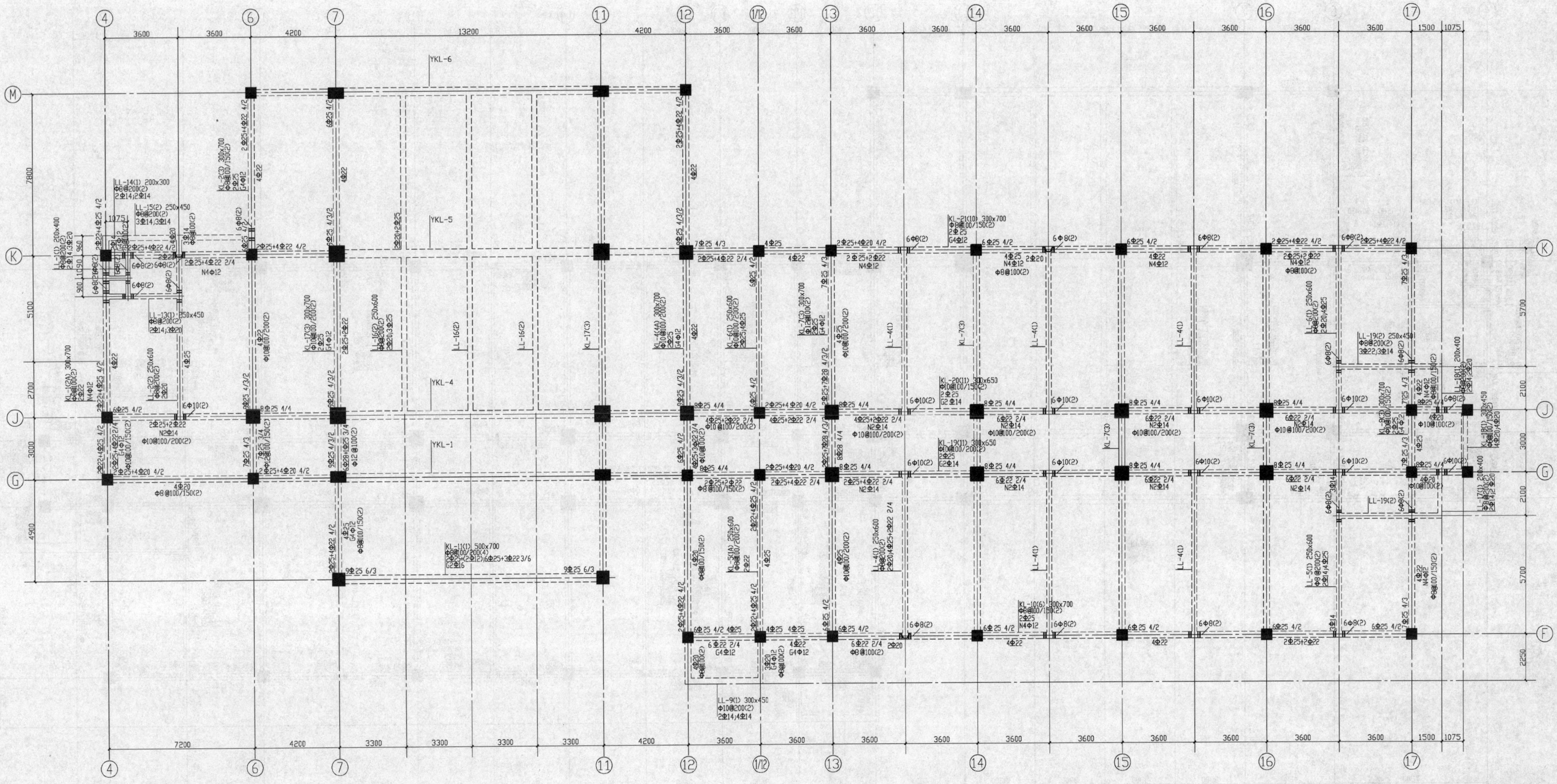

二层梁配筋图 1:100

×××建筑勘察设计有限公司							
院　审		专业组长		建设单位	×××大学		
审　核		校　对		工程项目	逸夫教学楼		
设计负责人		设　计		框架二层梁配筋图		设计号	××××.××
						图　号	结施-15
专业负责人		制　图				日　期	××××.××

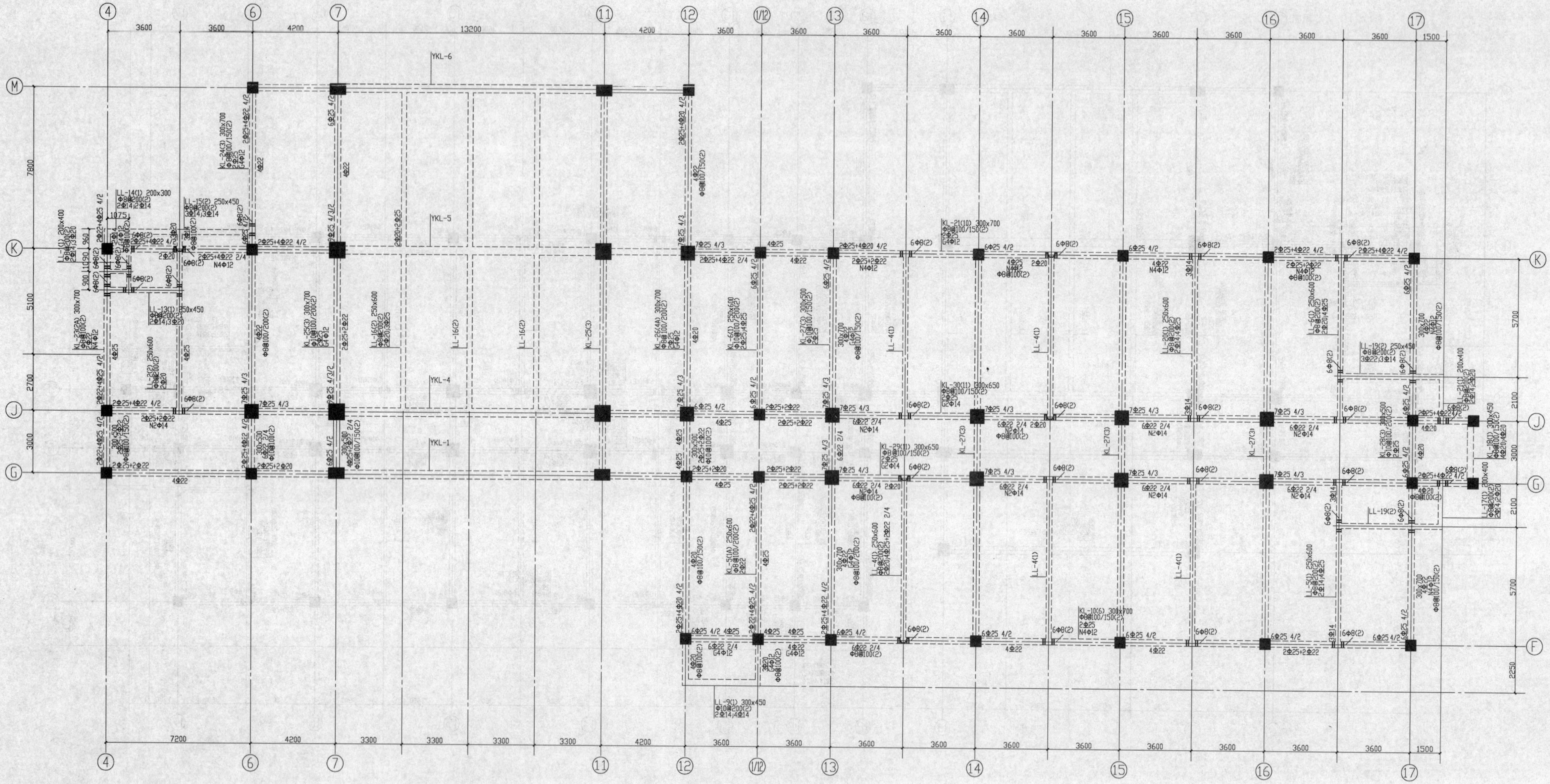

三、四层梁配筋图

×××建筑勘察设计有限公司						
院　审		专业组长		建设单位	×××大学	
审　核		校　对		工程项目	逸夫教学楼	
设计负责人		设　计		框架三、四层梁配筋图	设计号	××××.××
专业负责人		制　图			图　号	结施-16
					日　期	××××.××

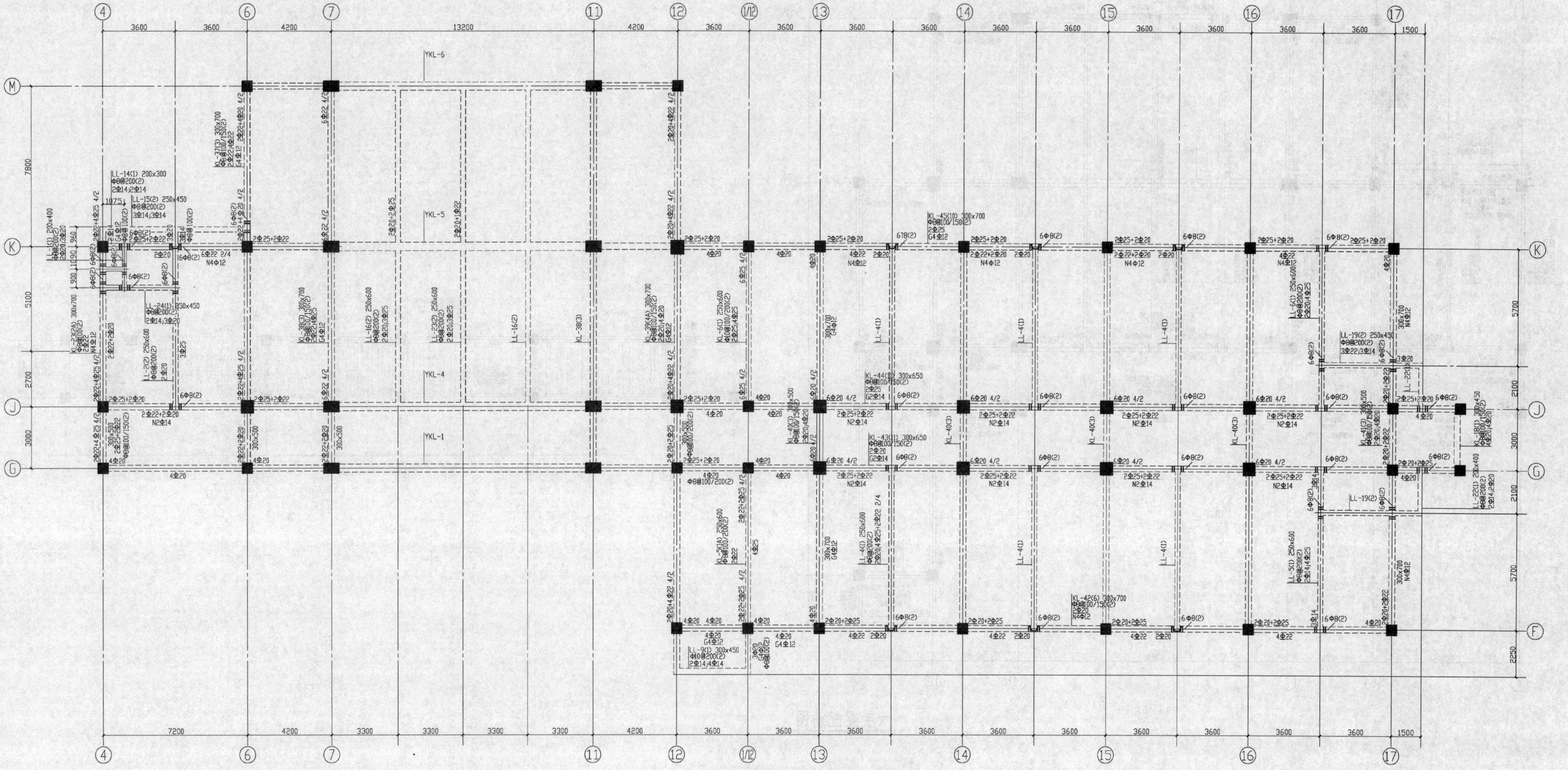

五层梁配筋图

×××建筑勘察设计有限公司						
院　　审		专业组长		建设单位	×××大学	
审　　核		校　对		工程项目	逸夫教学楼	
设计负责人		设　计		框架五层梁配筋图	设计号	××××.××
					图　号	结施-17
专业负责人		制　图			日　期	××××.××

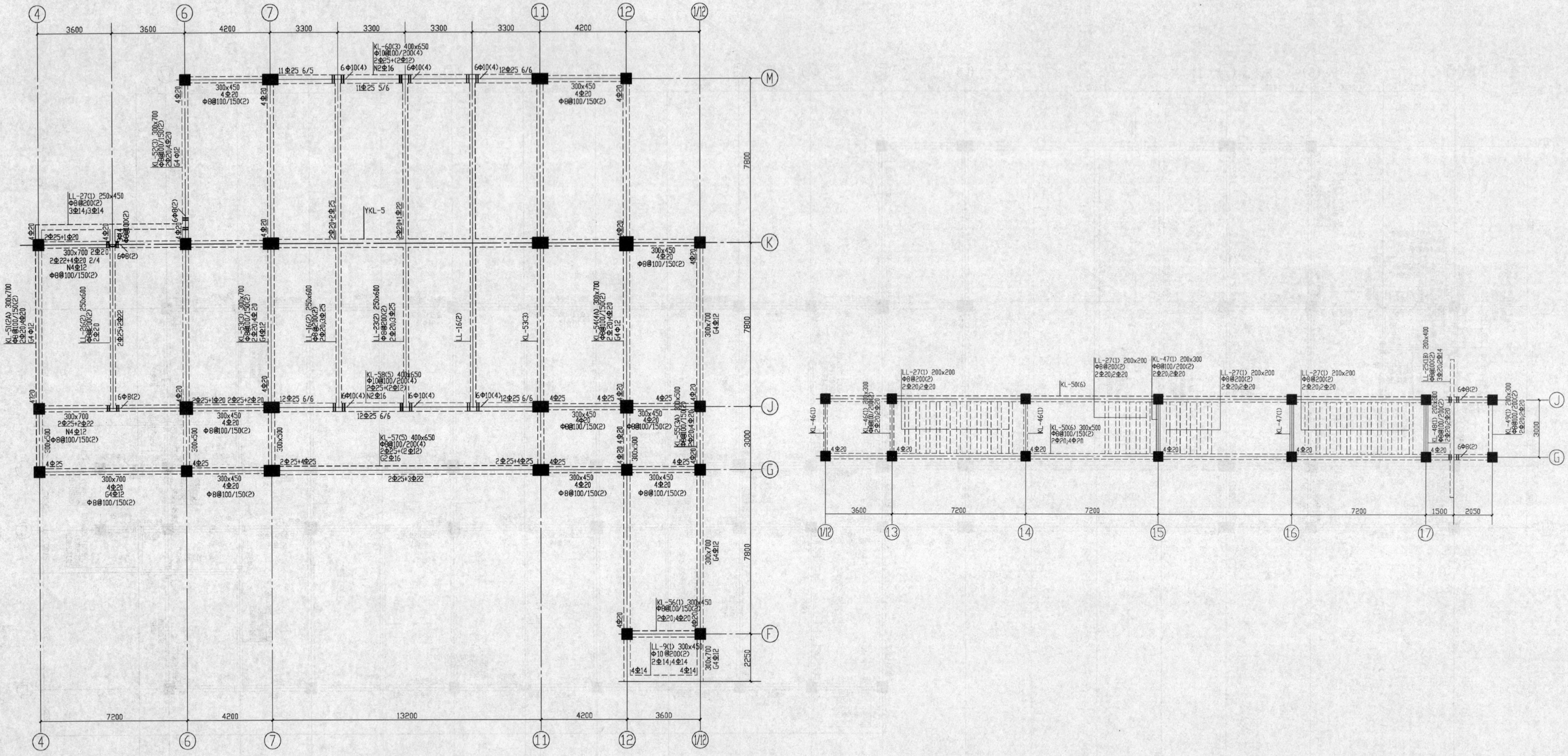

六层梁配筋图

×××建筑勘察设计有限公司						
院 审		专业组长		建设单位	×××大学	
审 核		校 对		工程项目	逸夫教学楼	
设计负责人		设 计		框架六层梁配筋图	设计号	××××.××
专业负责人		制 图			图 号	结施-18
					日 期	××××.××

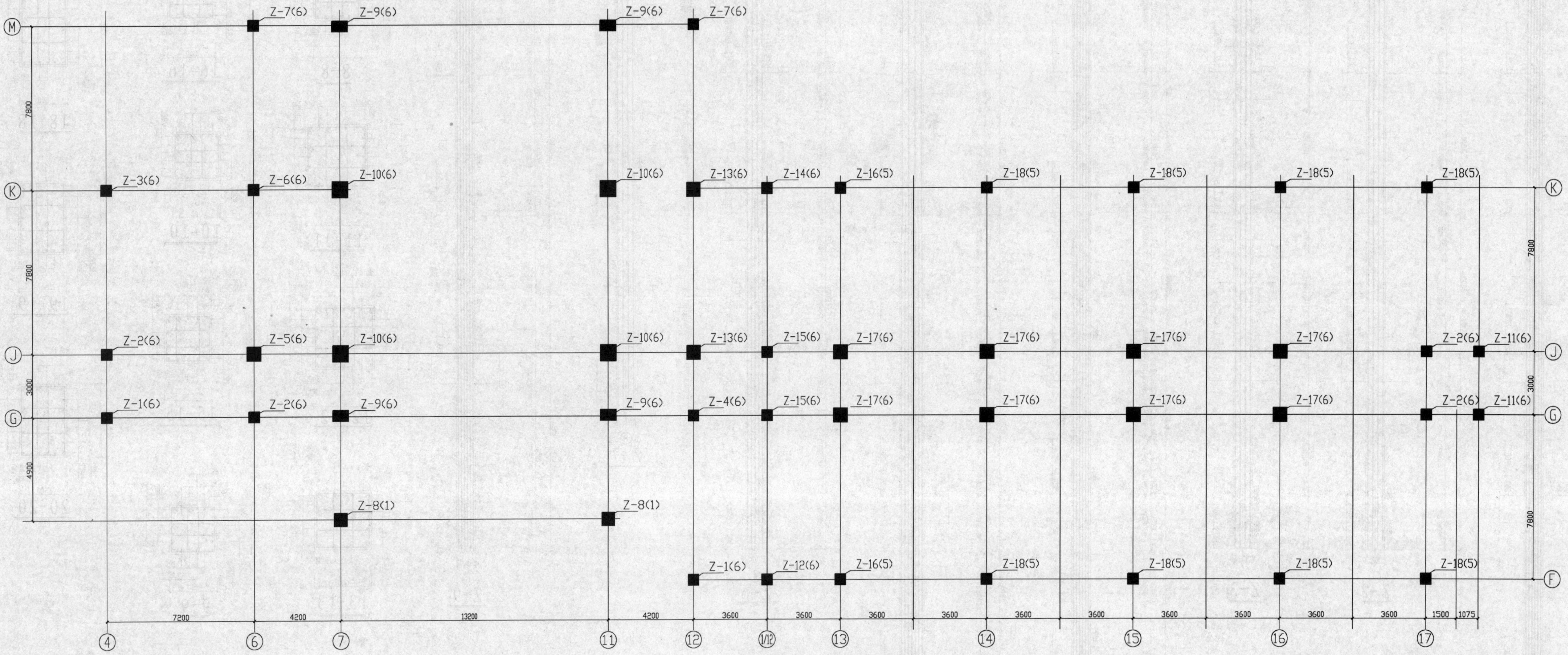

柱编号平面图

XXX建筑勘察设计有限公司						
院　审		专业组长		建设单位	×××大学	
审　核		校　对		工程项目	逸夫教学楼	
设计负责人		设　计		柱编号平面图	设计号	××××.××
专业负责人		制　图			图　号	结施-19
					日　期	××××.××

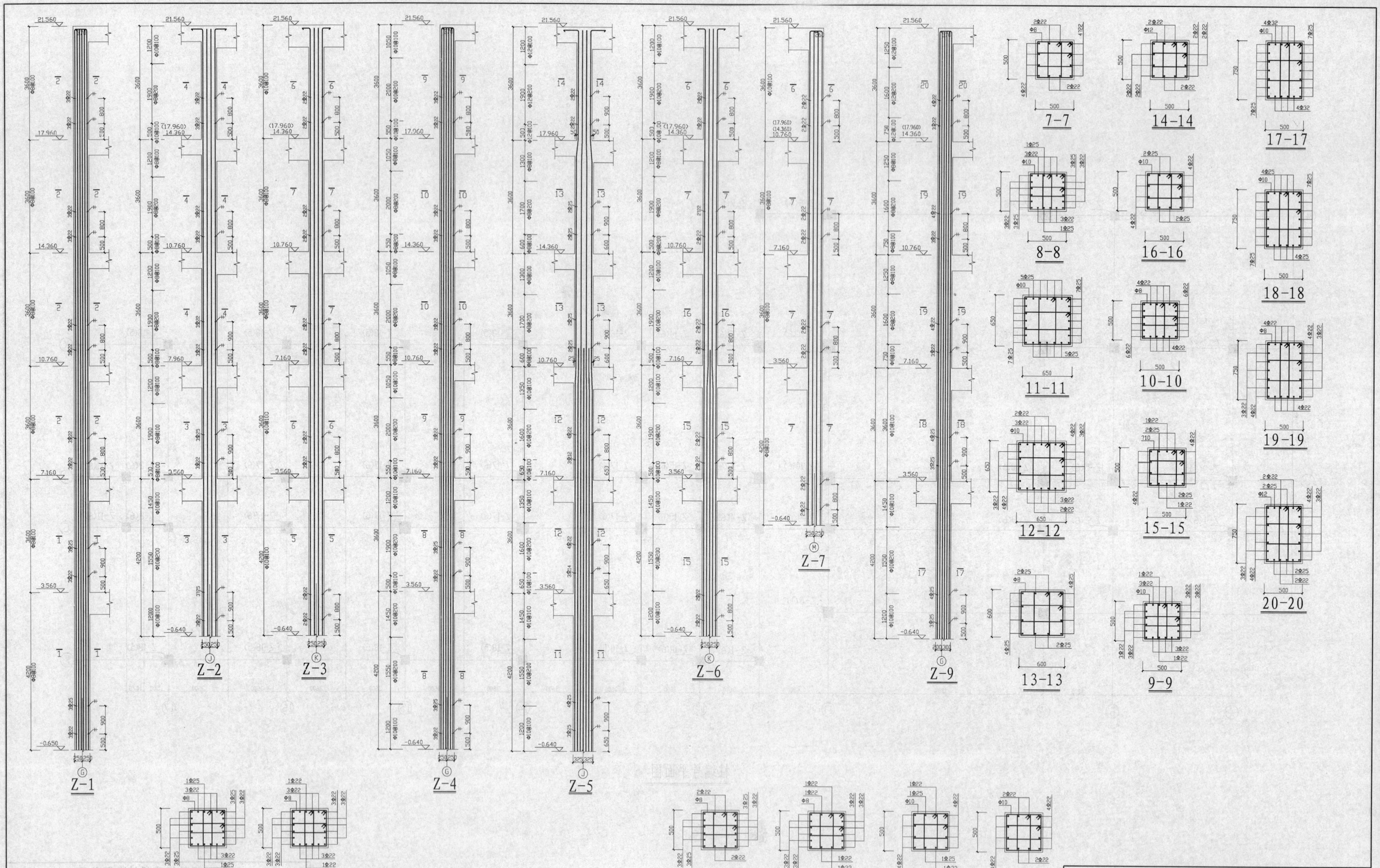

×××建筑勘察设计有限公司						
院　审		专业组长		建设单位	×××大学	
审　核		校　对		工程项目	逸夫教学楼	
设计负责人		设　计		框架柱配筋图（一）	设计号	××××.××
专业负责人		制　图			图　号	结施-20
					日　期	××××.××

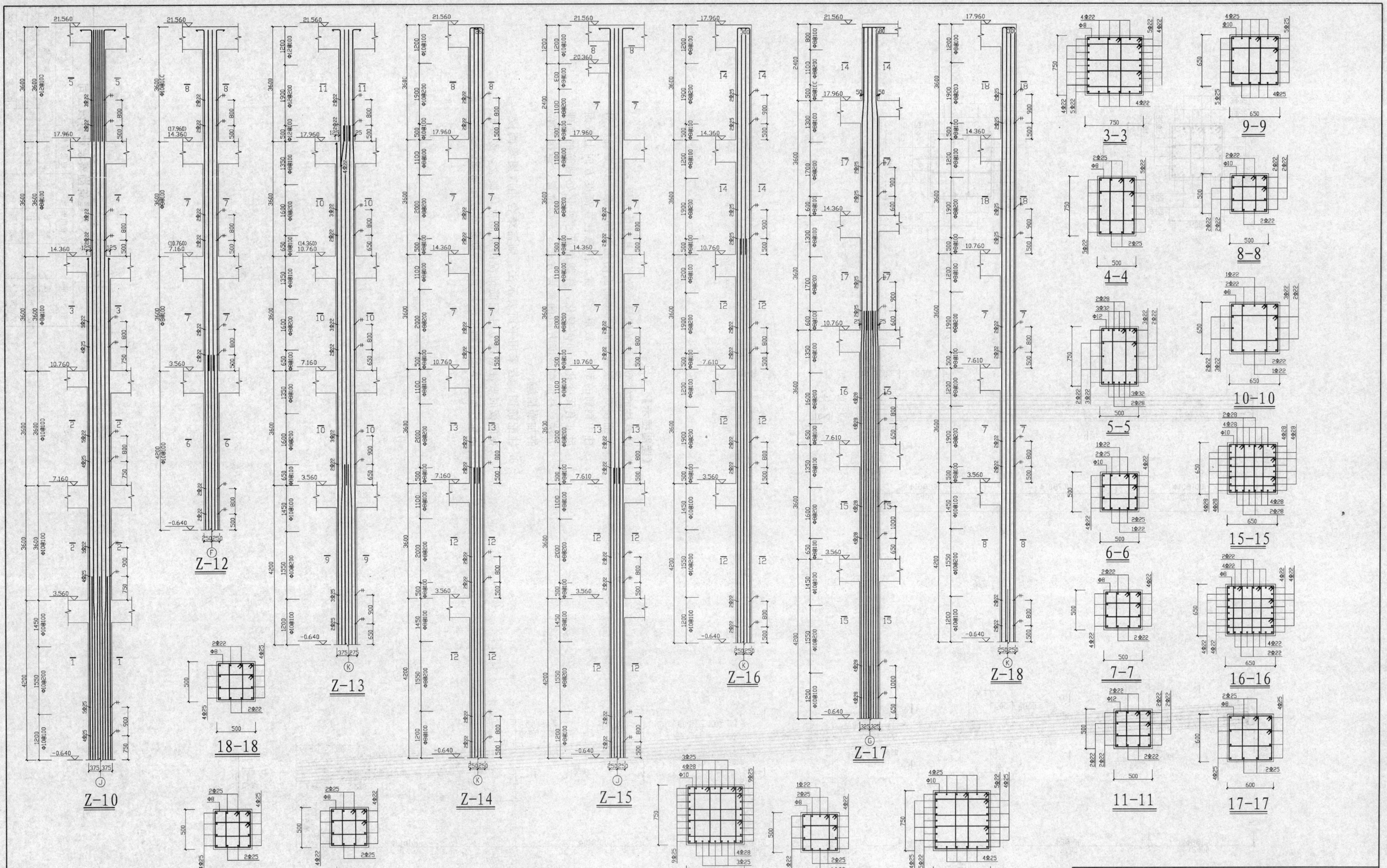

×××建筑勘察设计有限公司						
院　审		专业组长		建设单位	×××大学	
审　核		校　对		工程项目	逸夫教学楼	
设计负责人		设　计		框架柱配筋图（二）	设计号	××××.××
专业负责人		制　图			图　号	结施-21
					日　期	××××.××

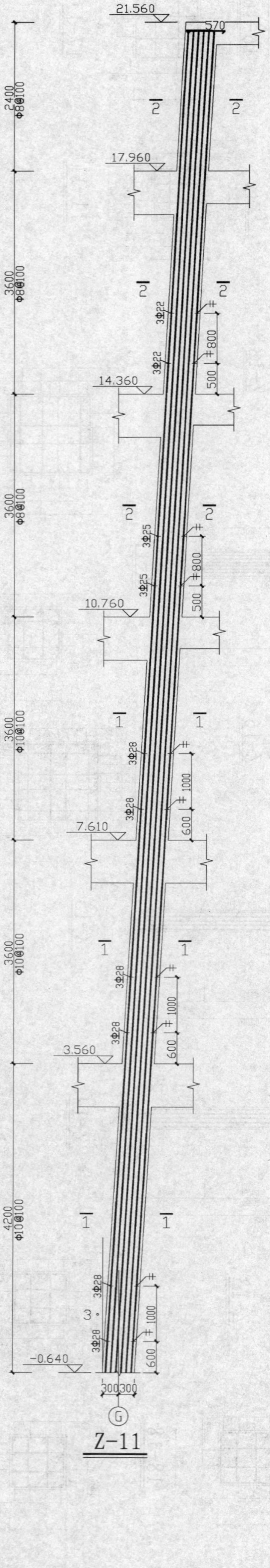

Z-11

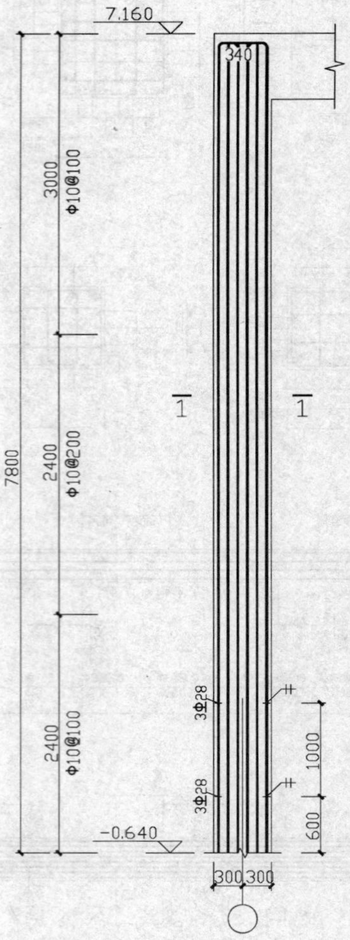

Z-8

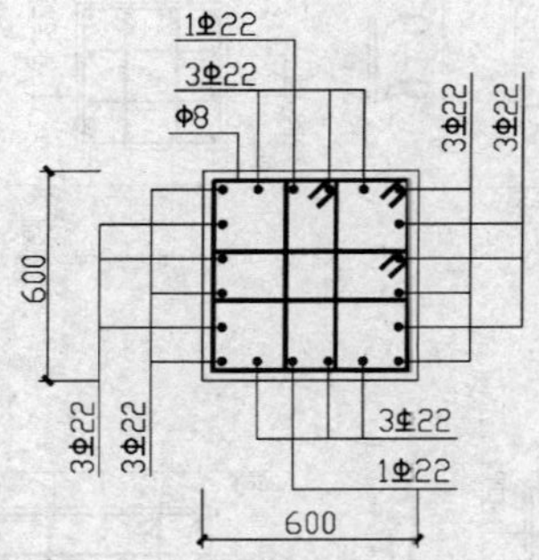

2-2

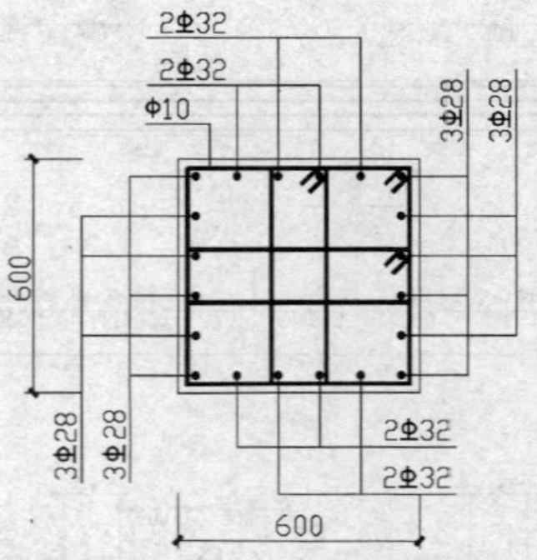

1-1

【读图提示】

1. 注意柱的类型、柱的编号、数量及其具体定位。
2. 仔细核对每根柱立面图与剖面图的配筋关系，以准确核对柱中钢筋的型号、数量、位置。注意柱在高度方向上截面尺寸有无变化，如何变化，柱截面尺寸变化处钢筋的处理方法。柱筋在高度方向的连接方式、连接位置、连接部位的加强措施。
3. 柱配筋图，若采用平面表示法，则需结合相应图集阅读，在阅读时要注意建立柱配筋情况的空间立体概念，必要时需将柱配筋草图勾画出来，予以帮助理解柱配筋图。

×××建筑勘察设计有限公司							
院　审		专业组长		建设单位	×××大学		
审　核		校　对		工程项目	逸夫教学楼		
设计负责人		设　计		框架柱配筋图（三）	设计号	××××.××	
专业负责人		制　图			图　号	结施-22	
					日　期	××××.××	

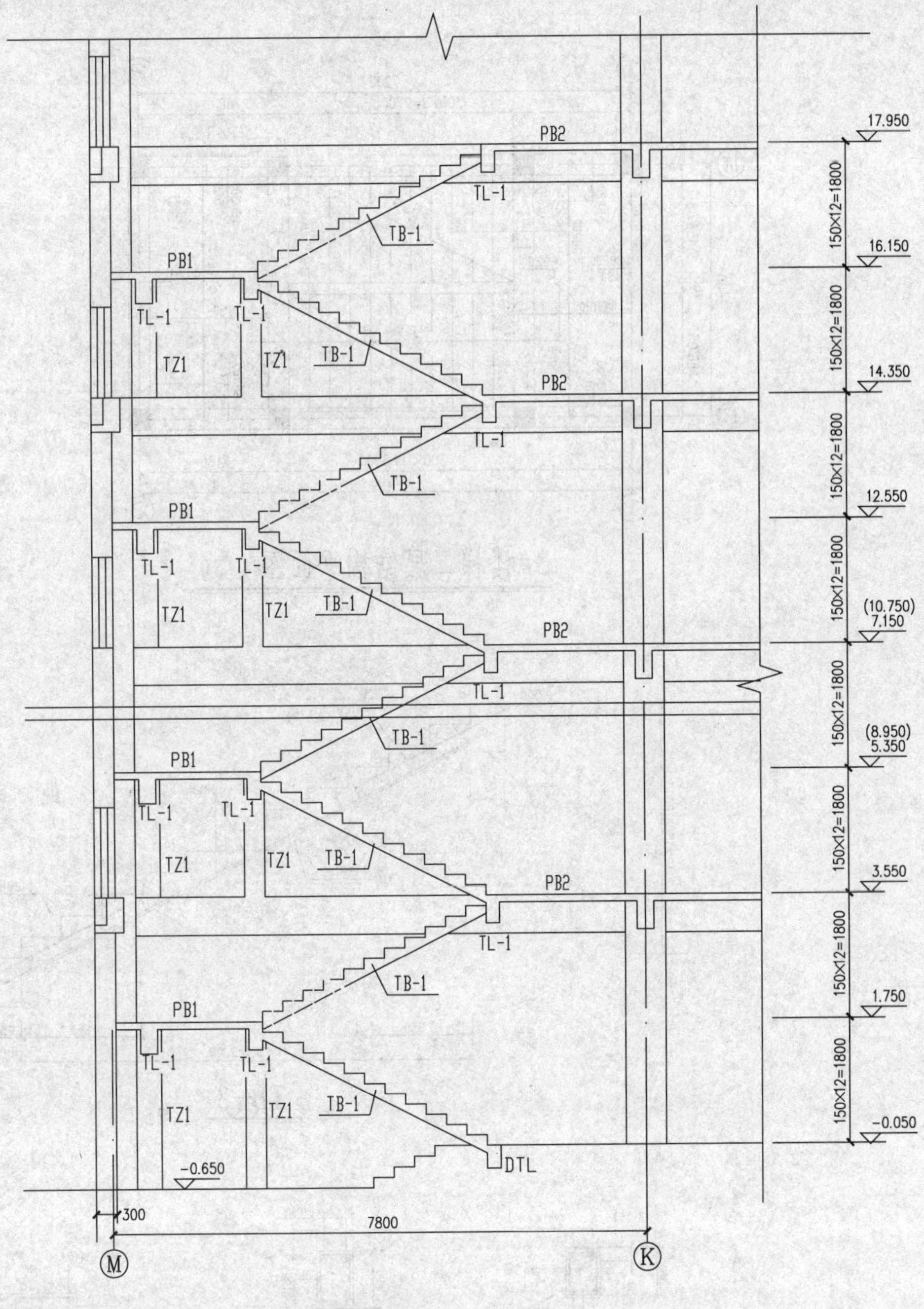

1#楼梯剖面图1:50

注：1#楼梯与2＃楼梯对称

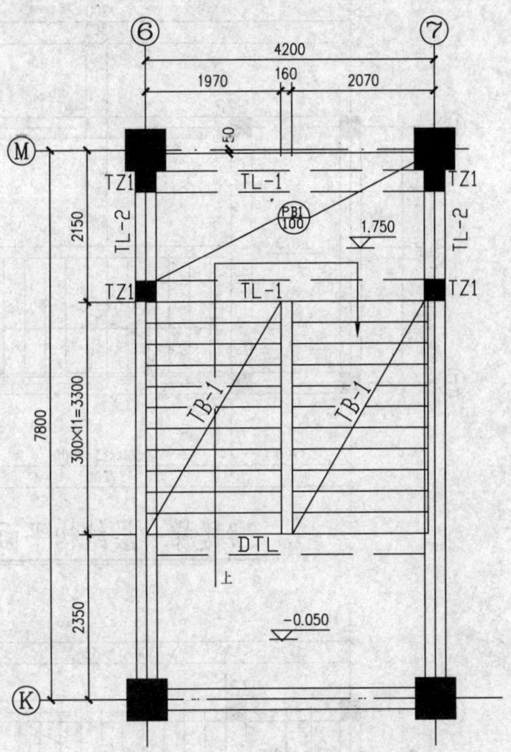

1#楼梯一层结构平面图1:50

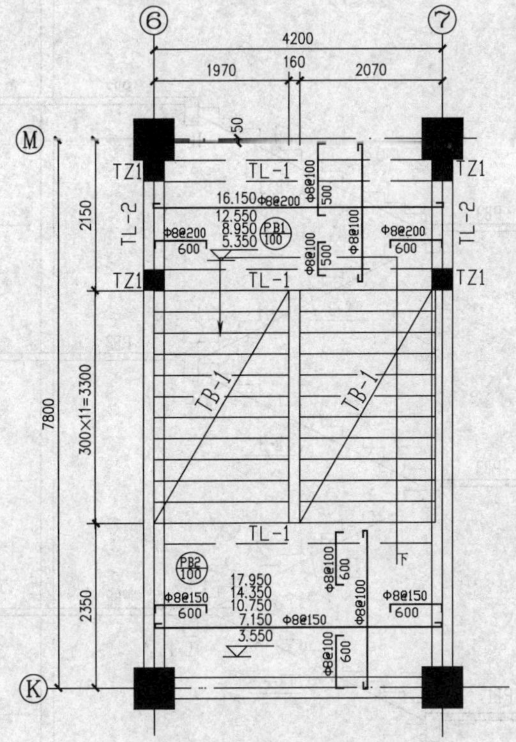

1#楼梯二～顶层结构平面图1:50

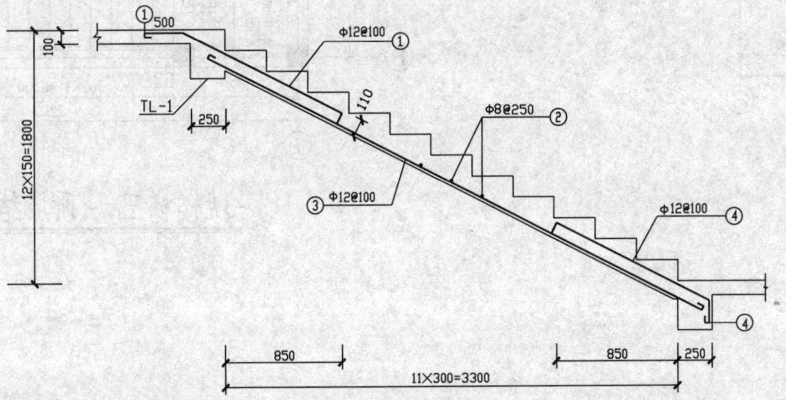

TB-1
(DTL) 1:25

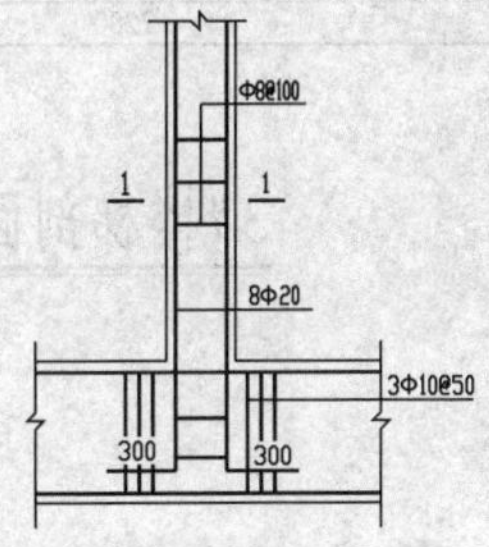

TZ与梁连接详图

【读图提示】

1. 楼梯结构平面图同楼梯建筑平面图一样，主要表示梯段及休息平台的具体位置、尺寸大小，上下楼梯的方向，梯段和休息平台的标高及踏步尺寸。
2. 楼梯剖面图则清楚表达楼梯的结构类型（板式楼梯或梁式楼梯），更明确地表达梯段及休息平台的标高、位置。有时梯段配筋图及休息平台配筋图亦一并在剖面图中表达。
3. 楼梯构件详图具体表达梯段及楼梯梁的配筋情况，需特别注意折板或折梁在折角处的配筋处理。注意梯段板与梯段板互为支撑时受力筋间的位置关系。

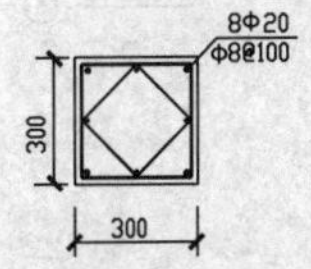

1-1

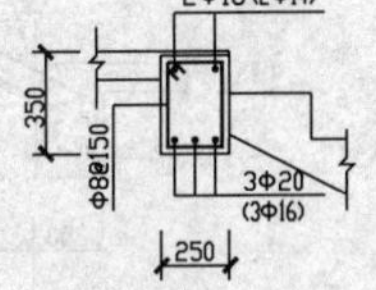

TL-1
(TL-2) 1:25

说明：

1. 未标注的分布筋为Φ6@200。
2. 楼梯斜板、平台板、楼梯梁均采用C25混凝土现浇。
3. 栏杆构造及安装连接预埋件详建施图。
4. 2#楼梯与1＃楼梯对称。

×××建筑勘察设计有限公司						
院　审		专业组长		建设单位	×××大学	
审　核		校　对		工程项目	逸夫教学楼	
设计负责人		设　计		1＃楼梯结构图	设计号	××××.××
专业负责人		制　图			图　号	结施-23
					日　期	××××.××

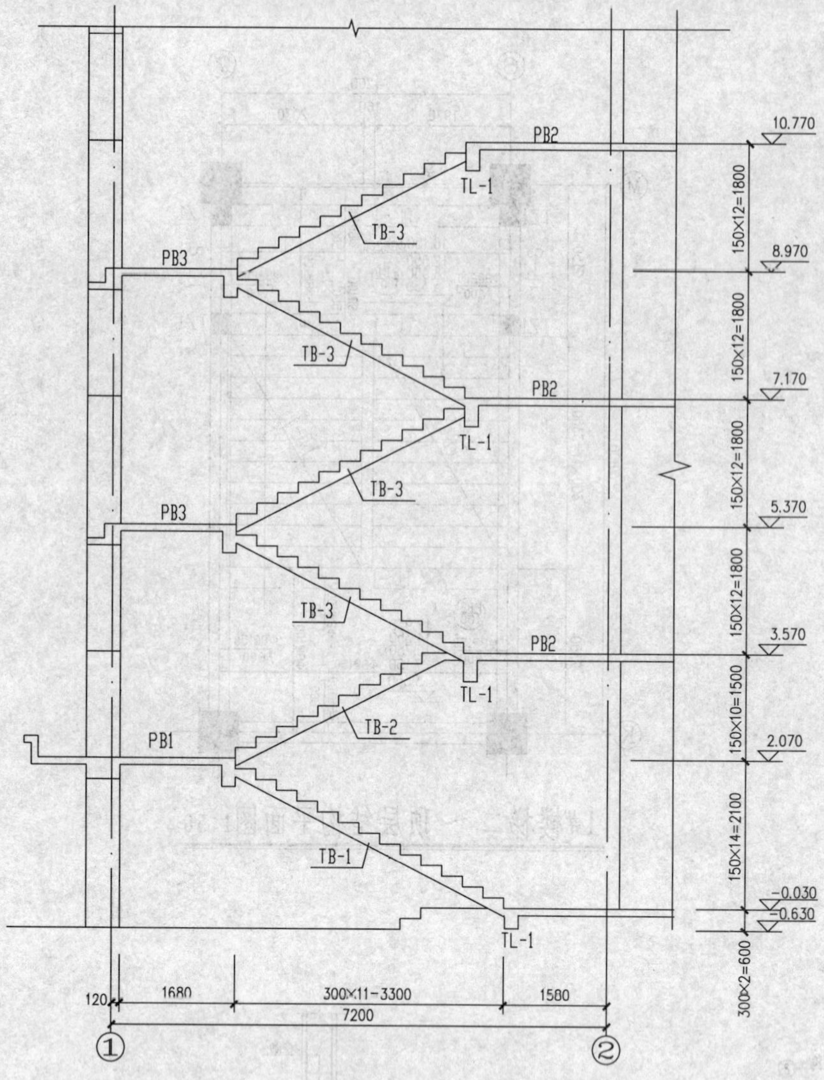

3#楼梯剖面图 1:50

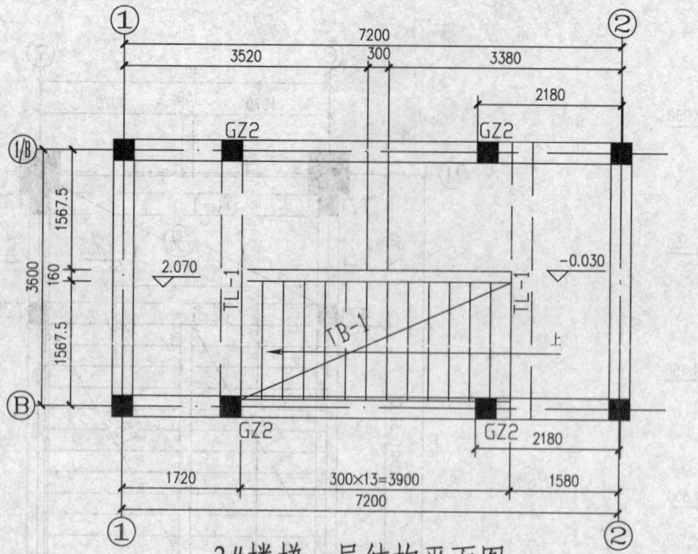

3#楼梯一层结构平面图 1:50

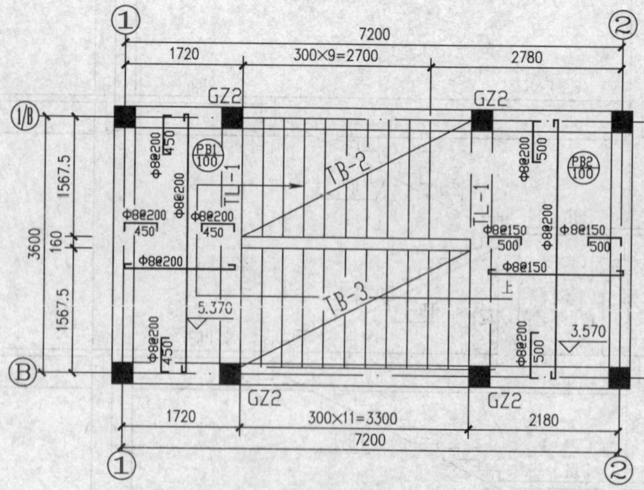

3#楼梯二层结构平面图 1:50

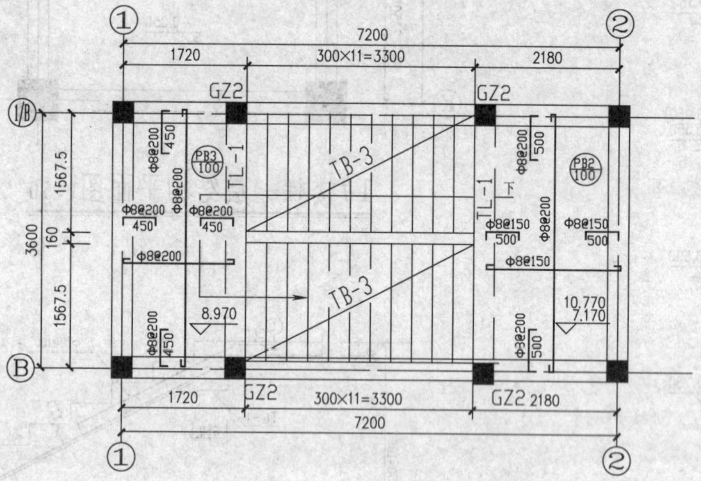

3#楼梯三～顶层结构平面图 1:50

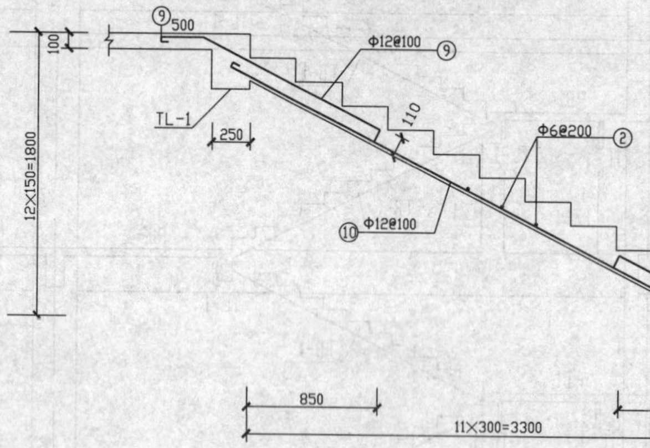

TB－3 1:25

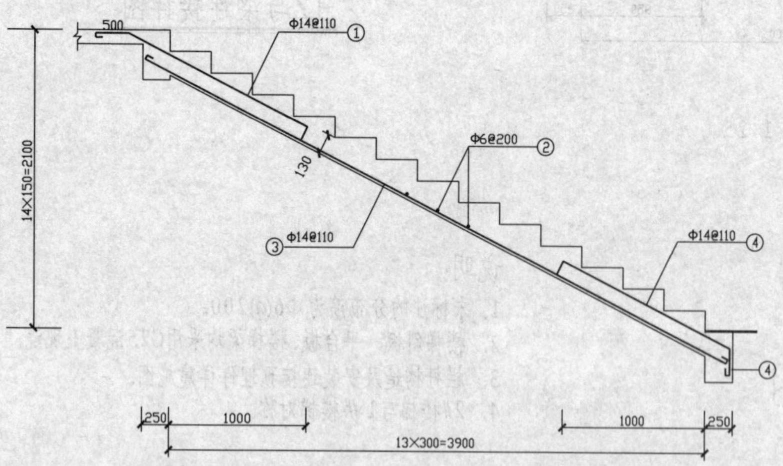

TB－1 (DTL) 1:25

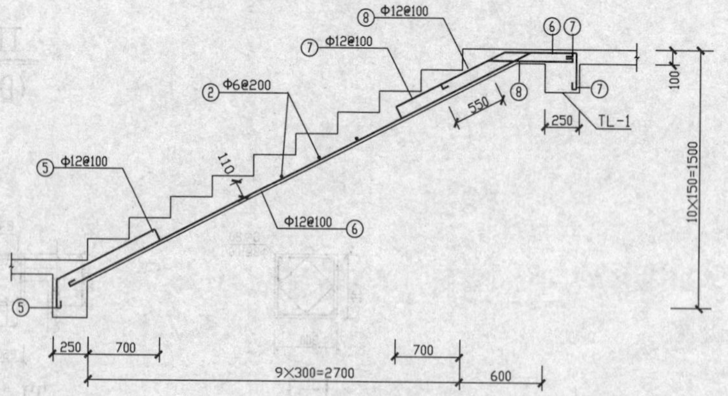

TB－2 1:25

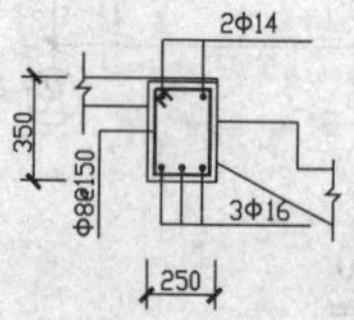

TL－1 1:25

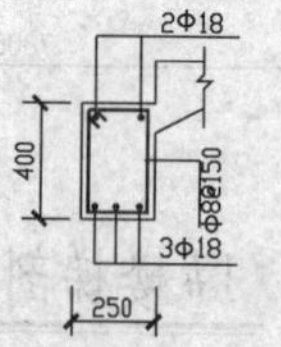

DTL 1:25

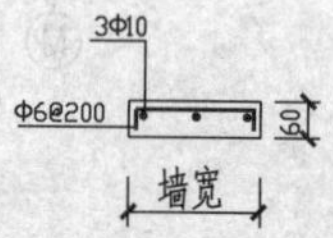

A－A

说明：

1. 未标注的分布筋为Φ6@200，未注明构造柱详见基础图。
2. 楼梯斜板、平台板、楼梯梁均采用C25混凝土现浇。
3. 顶层楼梯间墙体沿墙高每隔500mm设2Φ6通长钢筋和Φ4分布短钢筋平面内点焊组成的拉结网片。楼梯间休息平台处墙中通设60mm厚C25混凝土现浇带，配筋见A－A大样。
4. 栏杆构造及安装连接预埋件详建施图。

×××建筑勘察设计有限公司						
院 审		专业组长		建设单位	×××大学	
审 核		校 对		工程项目	逸夫教学楼	
设计负责人		设 计		3#楼梯结构图	设计号	××××.××
专业负责人		制 图			图 号	结施-24
					日 期	××××.××

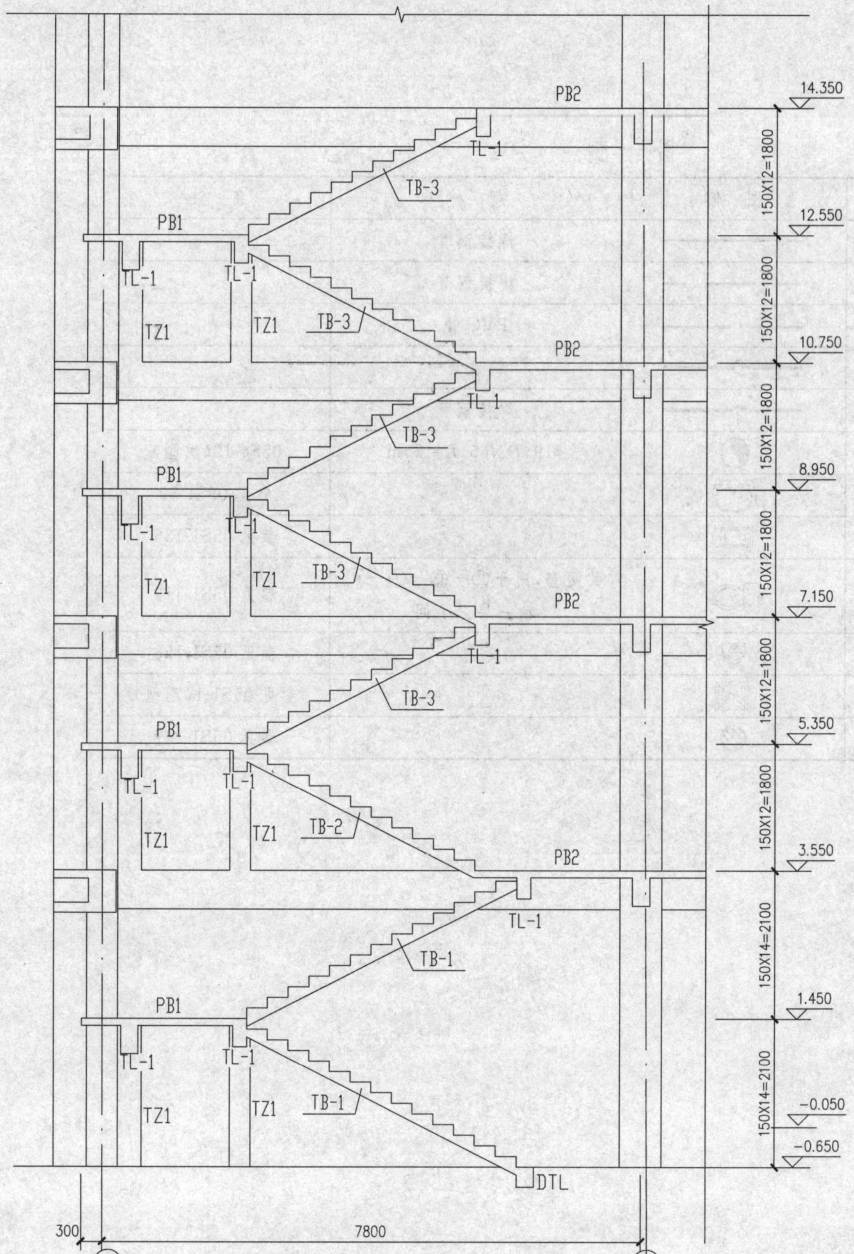

4#楼梯剖面图 1:50

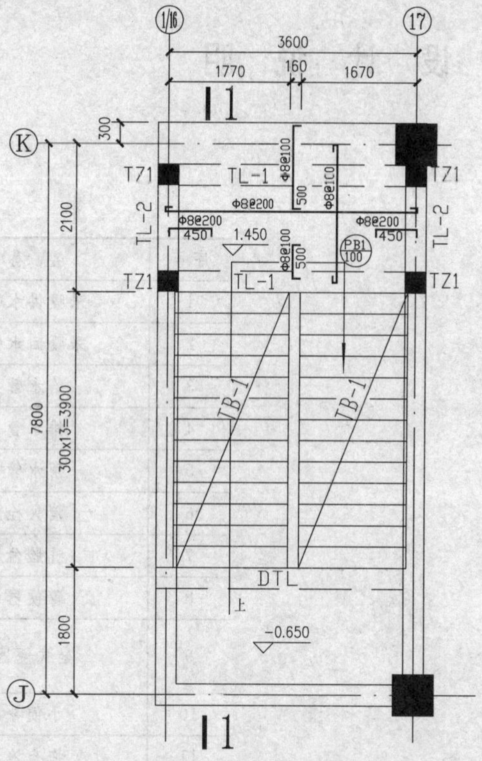

4#楼梯一层结构平面图 1:50

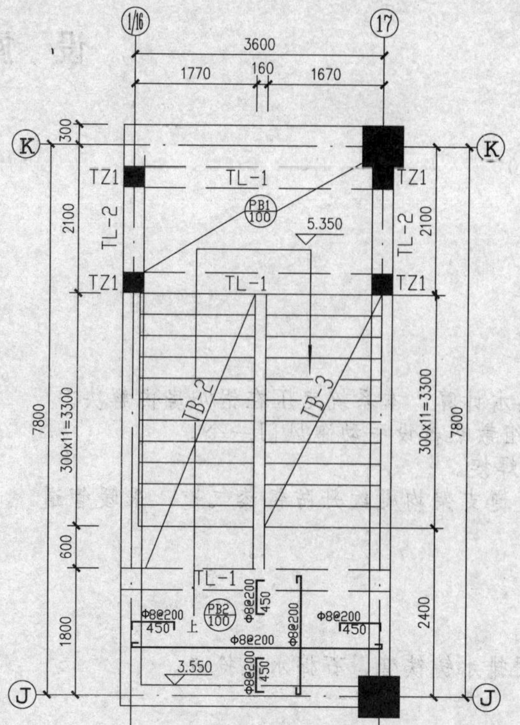

4#楼梯二层结构平面图 1:50

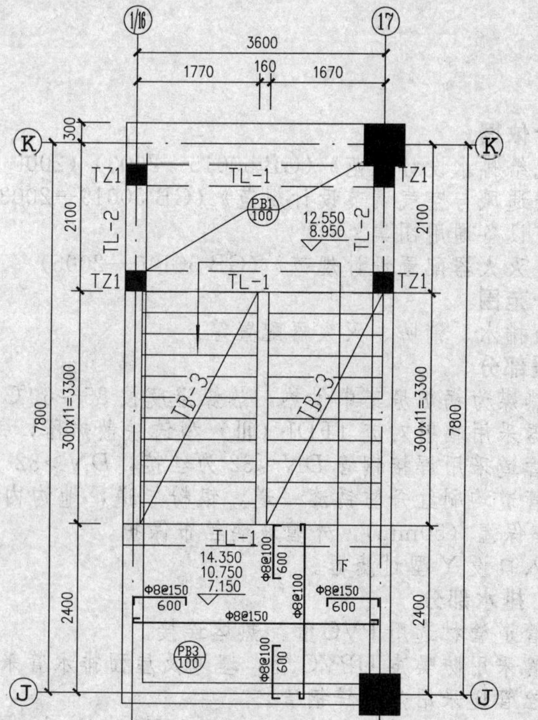

4#楼梯三～顶层结构平面图 1:50

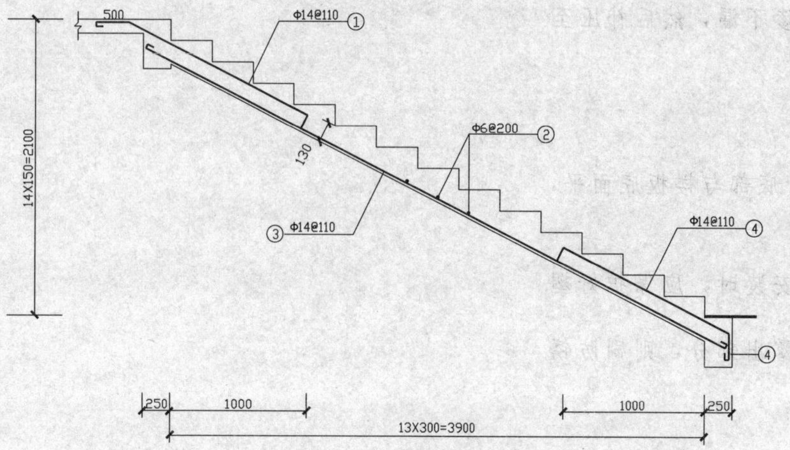

TB-1 1:25

(DTL)

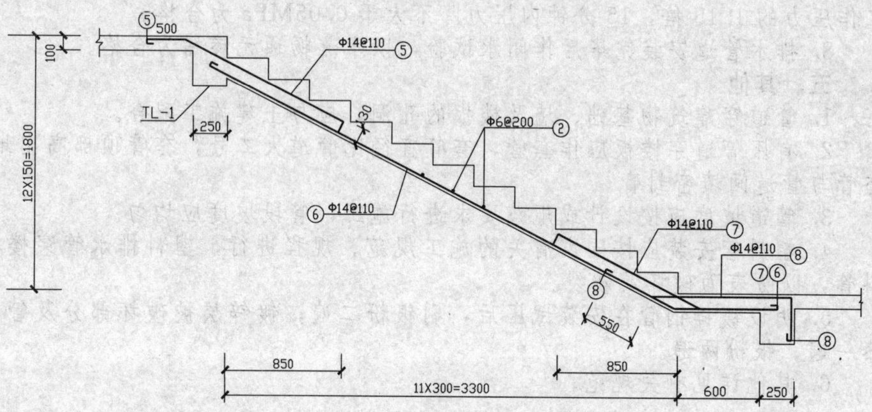

TB-2 1:25

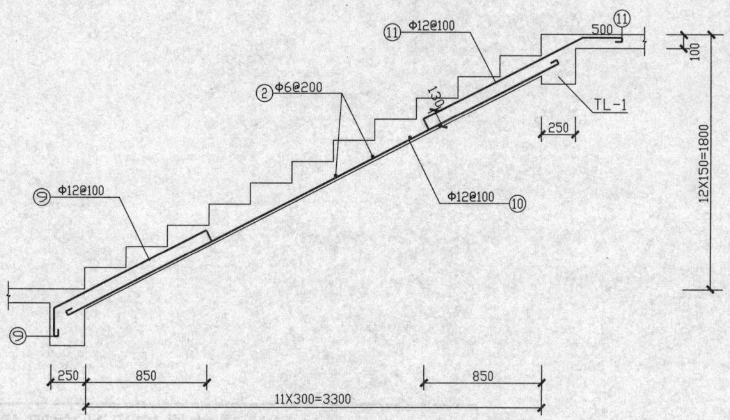

TB-3 1:25

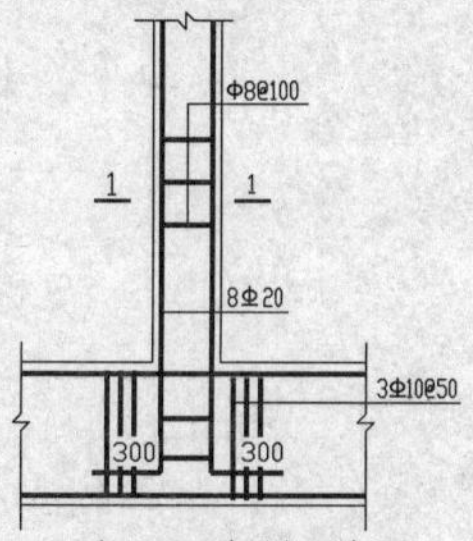

TZ1与梁连接详图

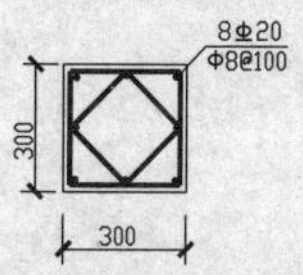

1-1

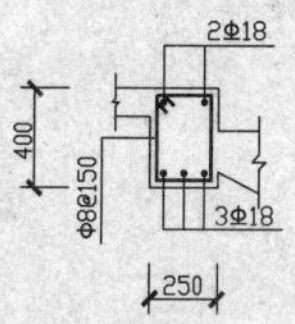

TL-1 1:25

(DTL)

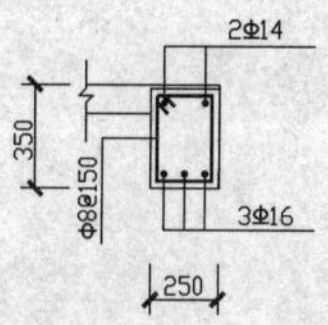

TL-2 1:25

说明:

1. 未标注的分布筋为Φ6@200
2. 楼梯斜板，平台板，楼梯梁均采用C25混凝土现浇。
3. 栏杆构造及安装连接预埋件详建施图。

×××建筑勘察设计有限公司							
院　审		专业组长		建设单位	×××大学		
审　核		校　对		工程项目	逸夫教学楼		
设计负责人		设　计		4＃楼梯结构图	设计号	××××.××	
专业负责人		制　图			图　号	结施-25	
					日　期	××××.××	

设 施 设 计 说 明

一、设计依据

1.《建筑给排水设计规范》(GB 50015—2003)(2009 版)
2.《采暖通风与空气调节设计规范》(GB 50019—2003)
3.《建筑设备通用图集》
4.《建筑灭火器配置设计规范》(GB 50140—2005)

二、设计范围

采暖、给排水、消防、灭火器配置等。

三、采暖部分

1. 采暖热媒为锅炉房集中供热，热媒温度按 85～60℃热水计算，本系统定压在锅炉房内解决。
2. 散热器采用辐射对流 TFD1(Ⅲ)型铸铁散热器，每组散热器设手动跑风门一个。
3. 采暖管道采用焊接钢管 $DN\leqslant32$ 为丝接，$DN>32$ 为焊接。
4. 明装管道均刷红丹防锈漆一道，银粉二道，地沟内管道支架均刷红丹防锈漆二道，采暖管道采用岩棉管套保温(50mm)，外缠玻璃丝布保护。
5. 采暖入口设 Y 型过滤器。

四、给、排水部分

1. 给水管道管材选用 PVC 管，热熔连接。
2. 排水管采用防噪声 UPVC 管，埋地及屋面排水管采用排水铸铁管、石棉水泥捻口。
3. 消火栓管道采用热镀锌钢管。
4. 每层按规定设置手提式干粉灭火器 MFA3×3 具。
5. 给水管 $DN\leqslant50$ 采用截止阀，$DN>50$ 采用闸阀、地漏及存水弯水封高度不小于 50mm，地漏表面应低于该处地面 10mm。
6. 安装前应按规定将管道内冲洗干净。
7. 给水管道安装完毕后，以 0.6MPa 水压进行试验，稳压 1h，外观检查不渗不漏，然后补压至工作压力的 1.15 倍，15 分钟内压力降不大于 0.05MPa 为合格。
8. 排水管道安装完毕后作闭水试验，以水流畅通无渗漏为合格。

五、其他

1. 管道穿建筑物基础、墙及楼板的孔洞，应与土建施工配合。
2. 有压管道穿楼板应作套管，套管直径比管道大二号，套管顶部高出地面管底部与楼板底面平，套管与管道间填密封膏。
3. 管道坡度应按设计或规范要求进行施工，管段坡度应均匀。
4. 塑料管安装应按国家有关的施工规范、规程进行，塑料排水管穿楼板处安装时，应保护好塑料管，以防表面破坏及破裂。
5. 明设镀锌钢管在安装试压后，刷银粉二遍；镀锌层被破坏部分及管螺纹露出部分，则刷防锈漆一遍、银粉两遍。
6. 其他详见有关规范。

图 例

序号	名称	图例	规格	备注
1	采暖供水管		焊接钢管	
2	采暖回水管		焊接钢管	
3	给水管		PVC 管	
4	排水管		铸铁管	
5	雨水管		焊接钢管	
6	消火栓		ϕ19,DN65,L=25m	05S4-12(戊型)
7	洗脸盆			参见 05S1-39
8	蹲便器			参见 05S1-136
9	坐式便器		共两套，用于⑫—⑬—Ⓙ—Ⓚ轴一层卫生间	参见 05S1-112
10	小便斗			参见 05S1-158
11	拖布池			参见 05S1-1(乙型)
12	地漏			参见 05S1-247

×××建筑勘察设计有限公司						
院审		专业组长		建设单位	×××大学	
审核		校对		工程项目	逸夫教学楼	
设计负责人		设计		设施设计说明	设计号	××××.××
专业负责人		制图			图号	设施-1
					日期	××××.××

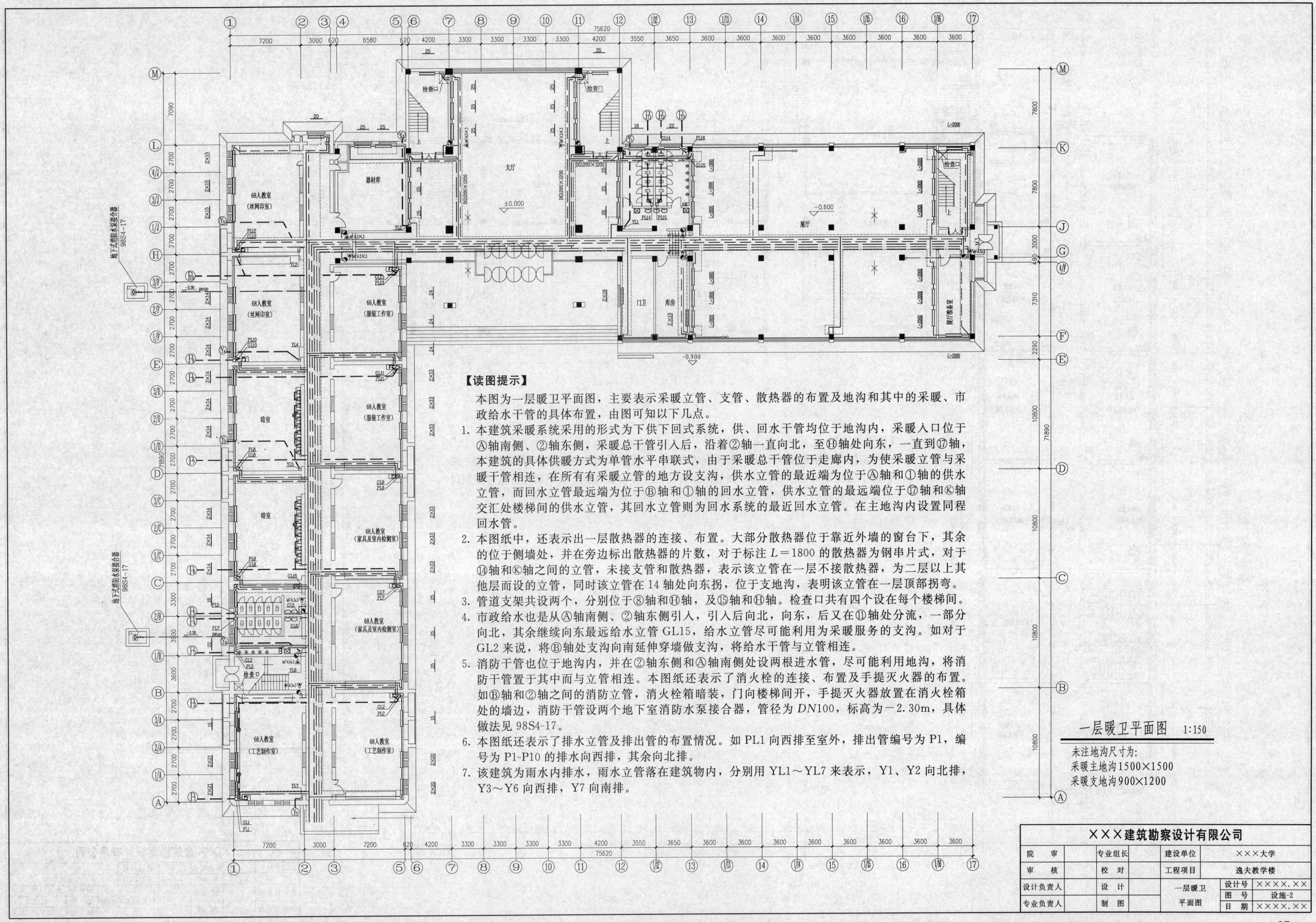

【读图提示】

本图为一层暖卫平面图，主要表示采暖立管、支管、散热器的布置及地沟和其中的采暖、市政给水干管的具体布置，由图可知以下几点。

1. 本建筑采暖系统采用的形式为下供下回式系统，供、回水干管均位于地沟内，采暖入口位于Ⓐ轴南侧、②轴东侧，采暖总干管引入后，沿着②轴一直向北，至Ⓗ轴处向东，一直到⑰轴，本建筑的具体供暖方式为单管水平串联式，由于采暖总干管位于走廊内，为使采暖立管与采暖干管相连，在所有有采暖立管的地方设支沟，供水立管的最近端为位于Ⓐ轴和①轴的供水立管，而回水立管最远端为位于Ⓑ轴和①轴的回水立管，供水立管的最远端位于⑰轴和Ⓚ轴交汇处楼梯间的供水立管，其回水立管则为回水系统的最近回水立管。在主地沟内设置同程回水管。
2. 本图纸中，还表示出一层散热器的连接、布置。大部分散热器位于靠近外墙的窗台下，其余的位于侧墙处，并在旁边标出散热器的片数，对于标注 $L=1800$ 的散热器为钢串片式，对于⑭轴和Ⓚ轴之间的立管，未接支管和散热器，表示该立管在一层不接散热器，为二层以上其他层而设的立管，同时该立管在 14 轴处向东拐，位于支地沟，表明该立管在一层顶部拐弯。
3. 管道支架共设两个，分别位于⑧轴和Ⓗ轴，及⑮轴和Ⓗ轴。检查口共有四个设在每个楼梯间。
4. 市政给水也是从Ⓐ轴南侧、②轴东侧引入，引入后向北，向东，后又在⑪轴处分流，一部分向北，其余继续向东最远给水立管 GL15，给水立管尽可能利用为采暖服务的支沟。如对于 GL2 来说，将Ⓑ轴处支沟向南延伸穿墙做支沟，将给水干管与立管相连。
5. 消防干管也位于地沟内，并在②轴东侧和Ⓐ轴南侧处设两根进水管，尽可能利用地沟，将消防干管置于其中而与立管相连。本图纸还表示了消火栓的连接、布置及手提灭火器的布置。如Ⓑ轴和②轴之间的消防立管，消火栓箱暗装，门向楼梯间开，手提灭火器放置在消火栓箱处的墙边，消防干管设两个地下室消防水泵接合器，管径为 $DN100$，标高为－2.30m，具体做法见 98S4-17。
6. 本图纸还表示了排水立管及排出管的布置情况。如 PL1 向西排至室外，排出管编号为 P1，编号为 P1-P10 的排水向西排，其余向北排。
7. 该建筑为雨水内排水，雨水立管落在建筑物内，分别用 YL1～YL7 来表示，Y1、Y2 向北排，Y3～Y6 向西排，Y7 向南排。

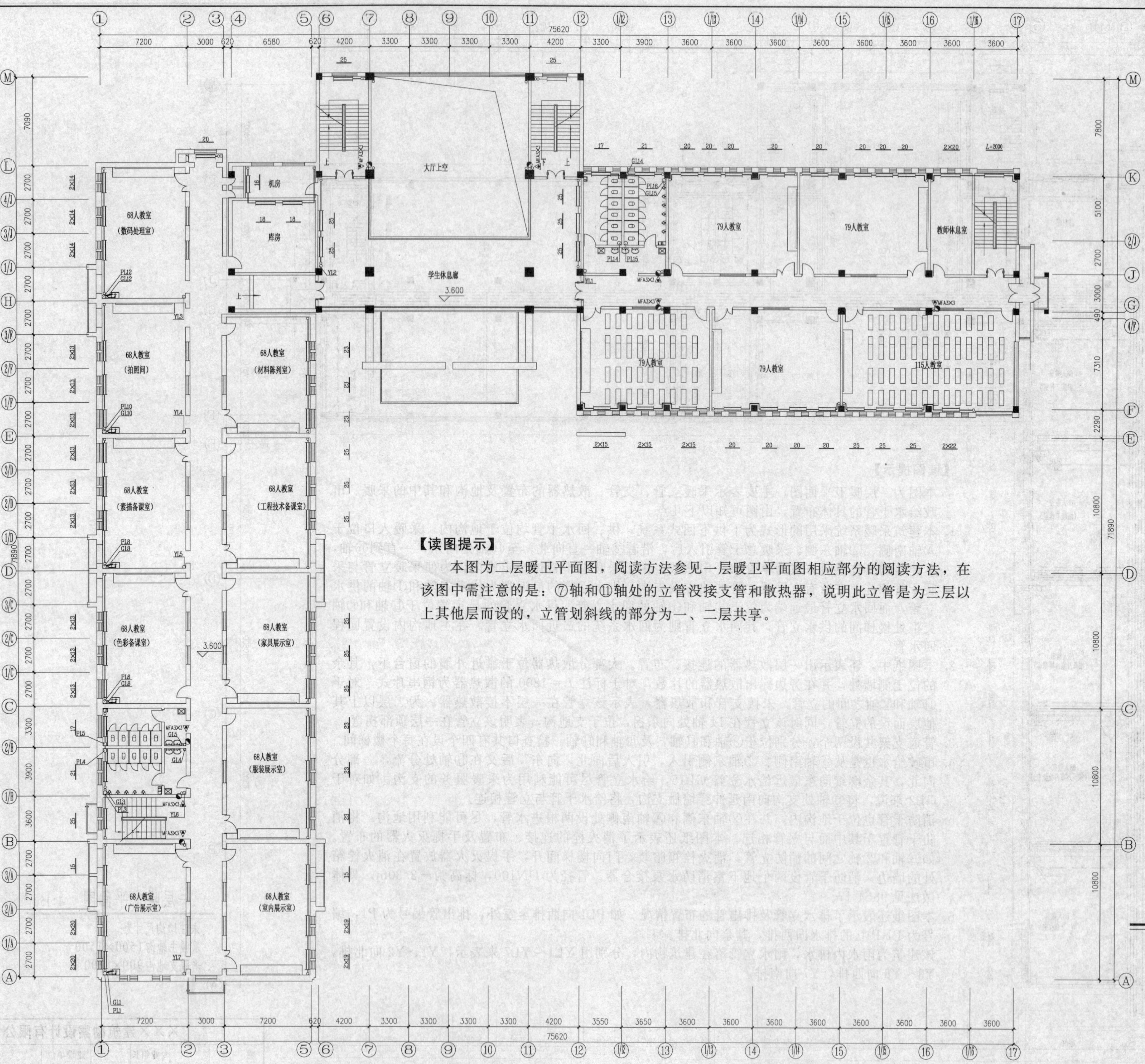

【读图提示】

本图为二层暖卫平面图，阅读方法参见一层暖卫平面图相应部分的阅读方法，在该图中需注意的是：⑦轴和⑪轴处的立管没接支管和散热器，说明此立管是为三层以上其他层而设的，立管划斜线的部分为一、二层共享。

二层暖卫平面图 1:150

×××建筑勘察设计有限公司							
院审		专业组长		建设单位	×××大学		
审核		校对		工程项目	逸夫教学楼		
设计负责人		设计		二层暖卫平面图		设计号	××××.××
专业负责人		制图				图号	设施-3
						日期	××××.××

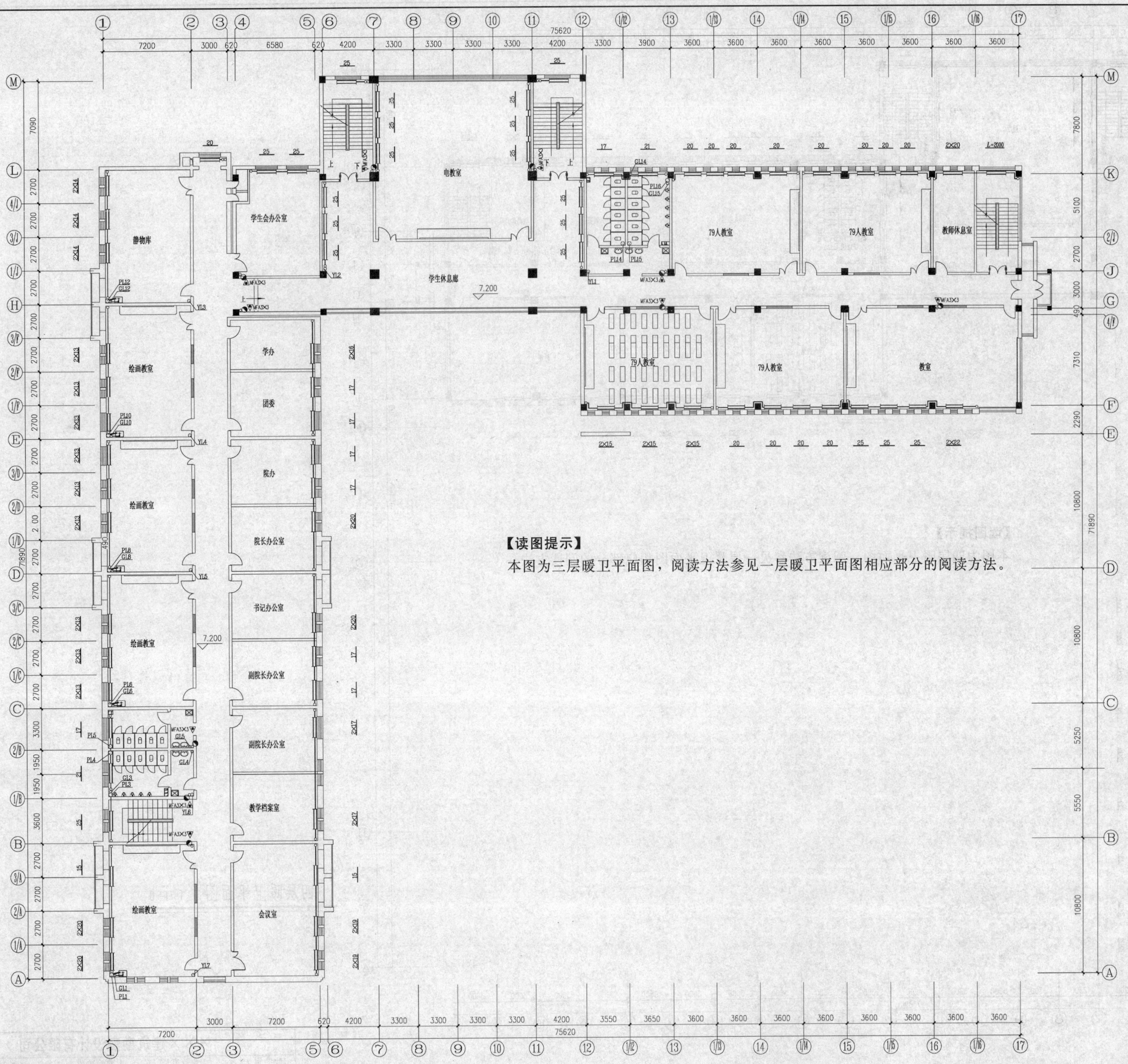

【读图提示】

本图为三层暖卫平面图，阅读方法参见一层暖卫平面图相应部分的阅读方法。

三层暖卫平面图　1:150

×××建筑勘察设计有限公司						
院　审		专业组长		建设单位	×××大学	
审　核		校　对		工程项目	逸夫教学楼	
设计负责人		设　计		三层暖卫平面图	设计号	××××.××
					图　号	设施-4
专业负责人		制　图			日　期	××××.××

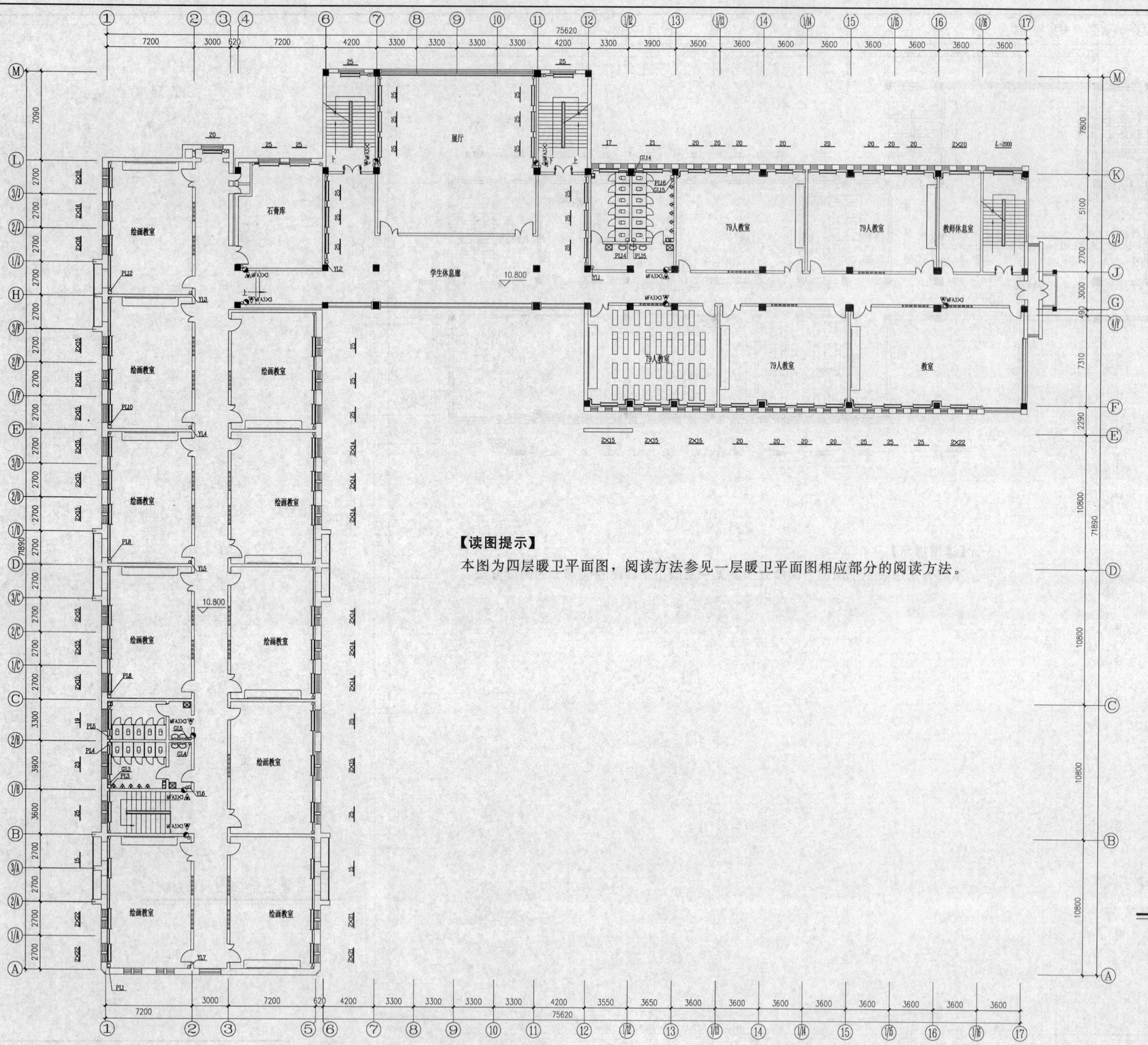

【读图提示】

本图为四层暖卫平面图，阅读方法参见一层暖卫平面图相应部分的阅读方法。

四层暖卫平面图 1:150

×××建筑勘察设计有限公司						
院审		专业组长		建设单位	×××大学	
审核		校对		工程项目	逸夫教学楼	
设计负责人		设计		四层暖卫平面图	设计号	××××.××
专业负责人		制图			图号	设施-5
					日期	××××.××

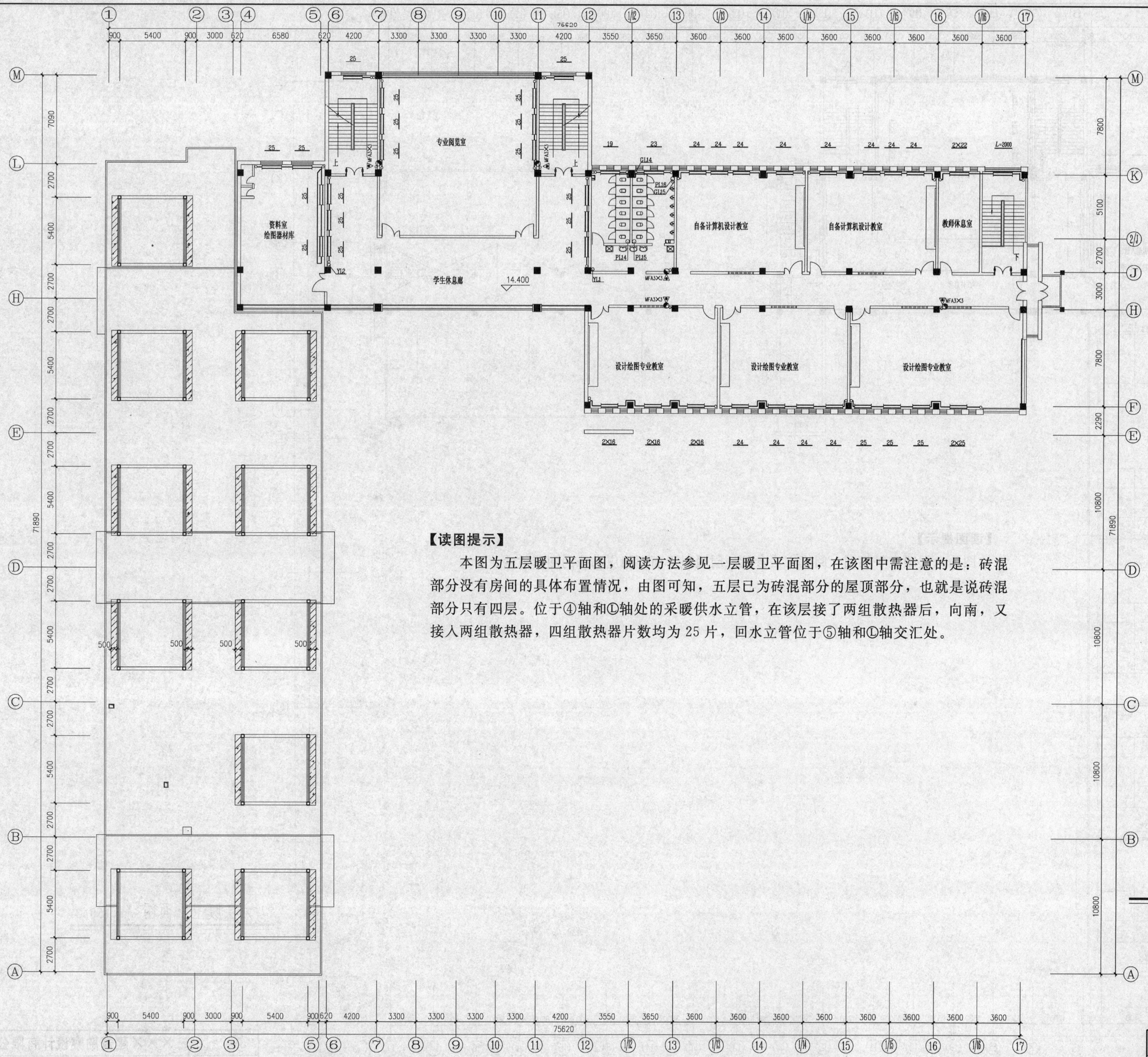

【读图提示】

本图为五层暖卫平面图，阅读方法参见一层暖卫平面图，在该图中需注意的是：砖混部分没有房间的具体布置情况，由图可知，五层已为砖混部分的屋顶部分，也就是说砖混部分只有四层。位于④轴和Ⓛ轴处的采暖供水立管，在该层接了两组散热器后，向南，又接入两组散热器，四组散热器片数均为25片，回水立管位于⑤轴和Ⓛ轴交汇处。

五层暖卫平面图 1:150

×××建筑勘察设计有限公司							
院　审		专业组长		建设单位	×××大学		
审　核		校　对		工程项目	逸夫教学楼		
设计负责人		设　计		五层暖卫平面图	设计号	××××.××	
专业负责人		制　图			图　号	设施-6	
					日　期	××××.××	

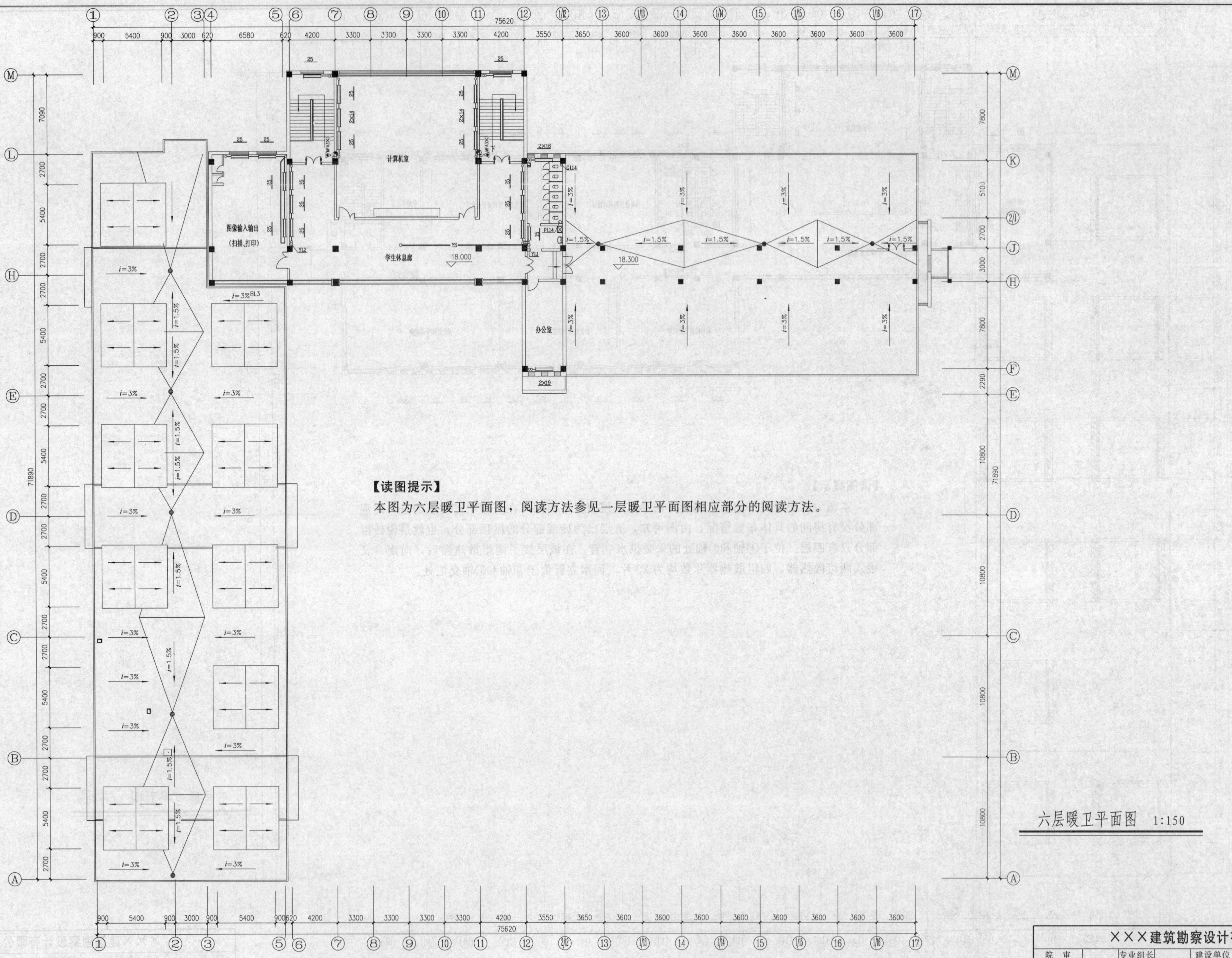

【读图提示】

本图为六层暖卫平面图，阅读方法参见一层暖卫平面图相应部分的阅读方法。

六层暖卫平面图　1:150

×××建筑勘察设计有限公司						
院　审		专业组长		建设单位	×××大学	
审　核		校　对		工程项目	逸夫教学楼	
设计负责人		设　计		六层暖卫平面图	设计号	××××.××
专业负责人		制　图			图　号	设施-7
					日　期	××××.××

【读图提示】

本图为采暖系统图，表示采暖系统各立管空间位置及详细布置。由图可知。

采暖入口位于左下角，具体做法见 05N1-12，管径为 *DN*150，采暖干管向北，再向东。为了清楚表示各立管之间的空间位置关系，绘图时可断开，整体阅读时，可将字母对应的地方连起来。下面以立管 1 和 2 为例进行介绍。其他立管可按下述方法逐根阅读，立管 1 从地沟内干管接出后，向西，向上，在一层地面上先设一个阀门，在每一层的支管上，再设阀门，支管的具体做法以一层为例进行介绍。先从散热器上部引入，接两组散热器，片数为 21 片，从散热器下部引出，向后再接两组散热器，片数为 21 片，从散热器下部引出后，下返至地面下，并在下返处加泄水阀，向后，之后再返到地面上，再接一组散热器，片数为 15 片，之后接阀门，再下返，并在下返处加泄水阀，向后，接入回水立管，散热器支管径为 *DN*32，立管的管径为 *DN*32、*DN*32、*DN*40。由图可知，供水干管管径从所接供水立管由远到近依次为：*DN*50、*DN*80、*DN*100、*DN*125、*DN*150；回水干管管径从所接回水立管由远到近依次为：*DN*50、*DN*70、*DN*80、*DN*100、*DN*125、*DN*150，同程回水管管径为 *DN*150。

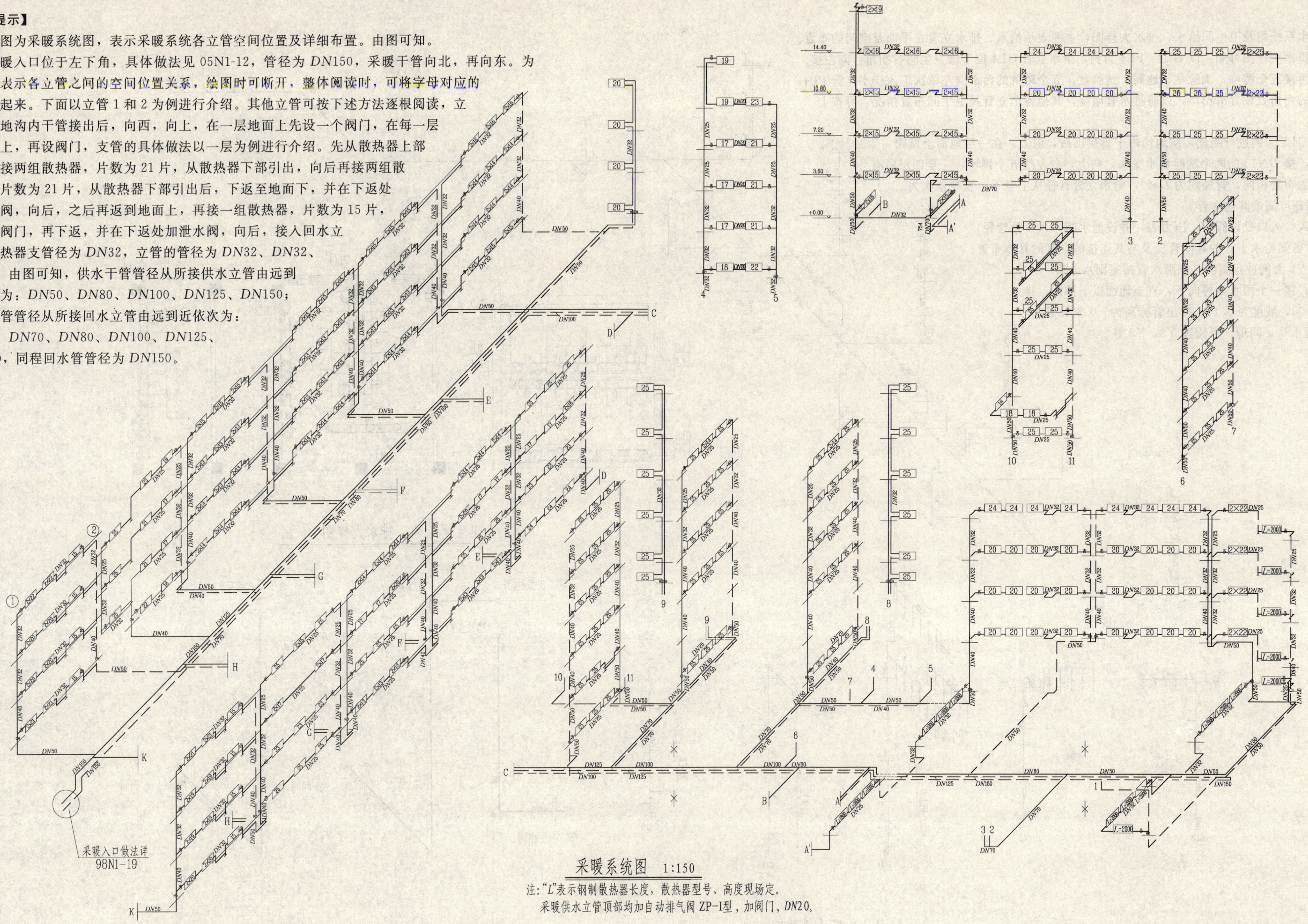

采暖系统图　1:150

注："L"表示钢制散热器长度，散热器型号、高度现场定。
采暖供水立管顶部均加自动排气阀 ZP-Ⅰ型，加阀门，*DN*20。

×××建筑勘察设计有限公司						
院　审		专业组长		建设单位	×××大学	
审　核		校　对		工程项目	逸夫教学楼	
设计负责人		设　计		采暖系统图	设计号	××××.××
					图　号	设施-8
专业负责人		制　图			日　期	××××.××

【读图提示】

本图为给水、雨水系统图及卫生间给水、排水大样图，主要表示给水、排水立管在平面及空间的布置。

1. 由卫生间给水、排水大样图可知：以 GL4、PL4 为例，给水立管 GL4 位于该卫生间右拐角，向左接两个洗脸盆后，再接五个蹲坑，洗脸盆、地漏、洗脸盆，五个蹲坑的污水向左依次汇入排水立管 PL4。其中在蹲坑与墙的拐角处设置清扫口，以防排水管堵塞，其他各个立管及卫生间布置情况，可按上述方法逐个阅读。
2. 对于给水系统以 GL5 为例进行阅读，从地沟内干管接出后，向上，在一层地面上设阀门，向上，向左，接 *DN*15 的两个洗脸盆水龙头，向上，向左接五个蹲坑，一至四层所有支管及卫生洁具的布置相同，管径均为 *De*40，给水立管管径从上至下，管径依次为 *De*40、*De*50，同理可阅读其他立管。

   市政给水从南引入，入口处设阀门，压力表，并设泄水阀，入口处管径为 *De*80，从图中可知给水干管的其他管径及与其连接的立管的具体布置。
3. 对于雨水系统以 Y1 为例进行阅读，该雨水管接完雨水斗后在六层顶部向左，接一个雨水斗再向下，直至地面以下排出，排出管管径为 *DN*100，坡度为 0.15，排出管标高为−0.30m 雨水斗采用 87 型雨水斗，同理，可阅读 Y2，Y3 等。

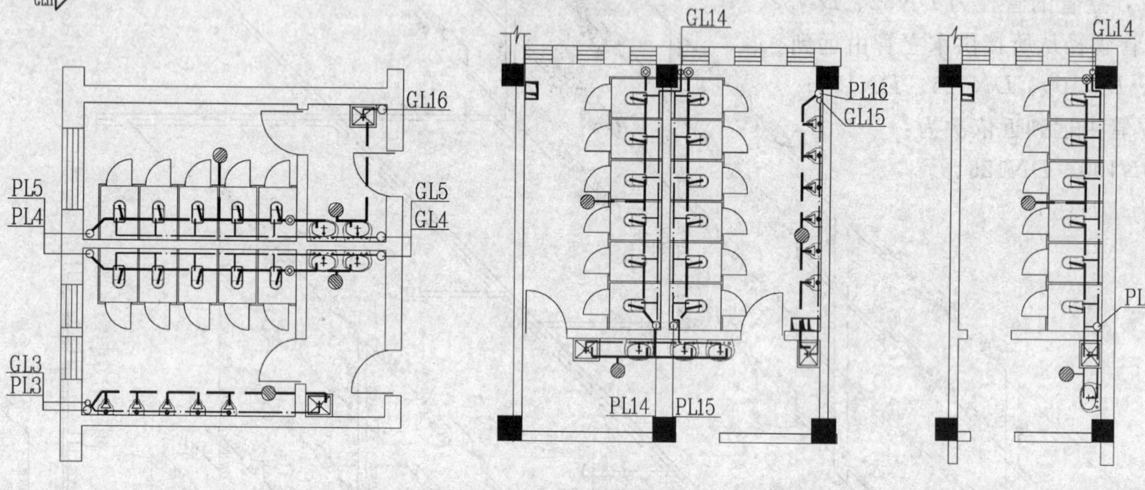

卫生间给水、排水大样图 1:75

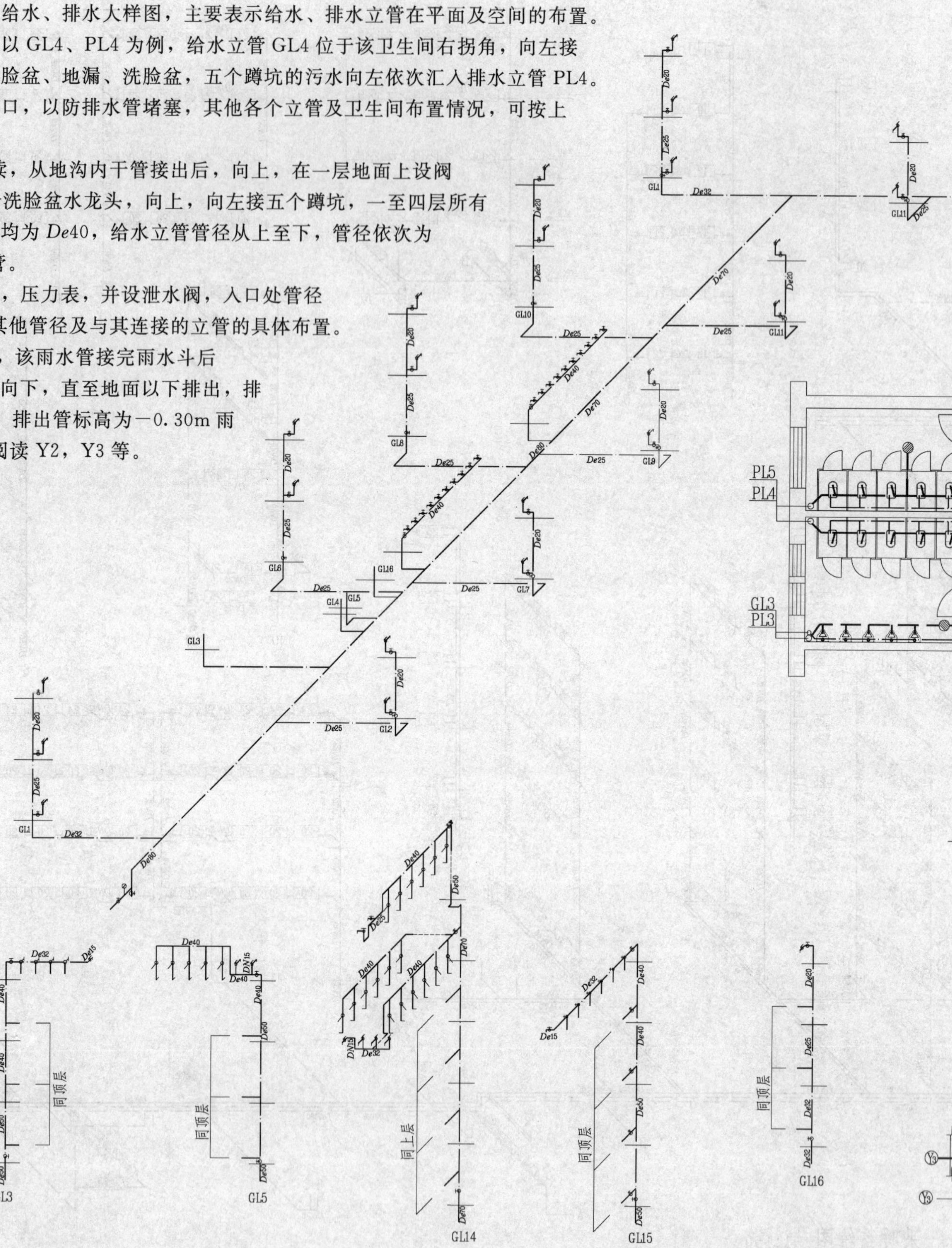

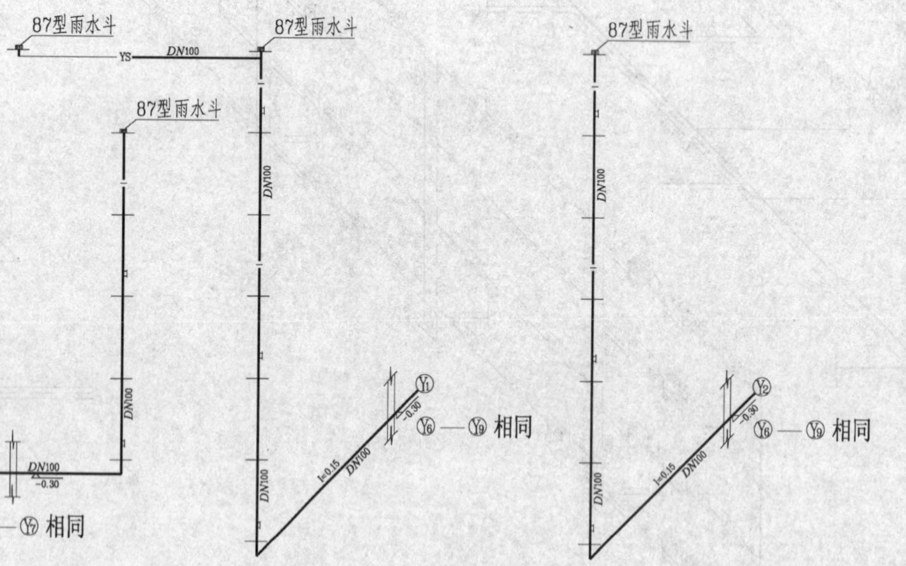

给水、雨水系统图 1:150

GL5 与 GL4 对称

×××建筑勘察设计有限公司						
院 审		专业组长		建设单位	×××大学	
审 核		校 对		工程项目	逸夫教学楼	
设计负责人		设 计		卫生间给水、排水大样图 给水、雨水系统图	设计号	××××.××
					图 号	设施-9
专业负责人		制 图			日 期	××××.××

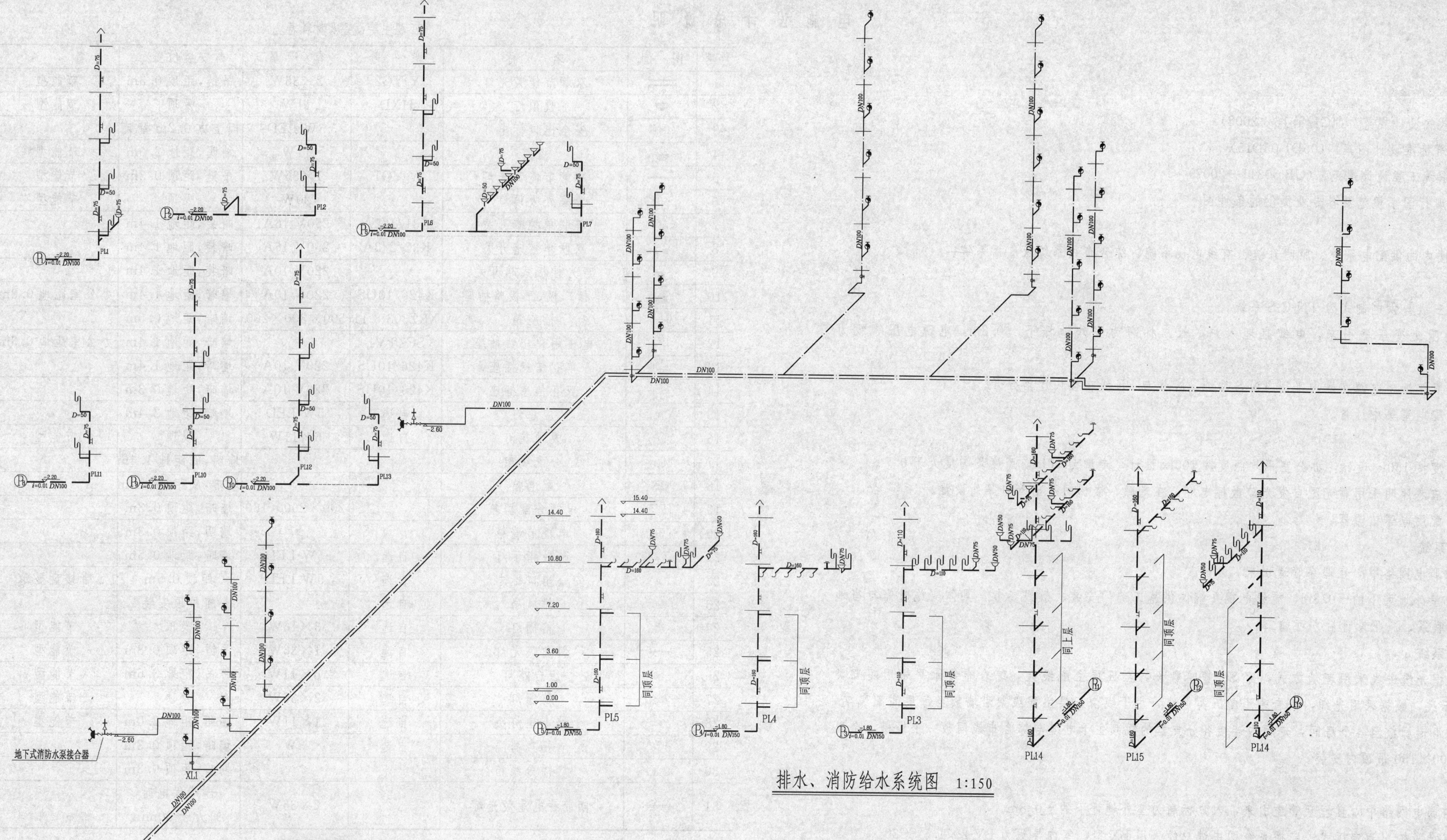

排水、消防给水系统图 1:150

【读图提示】

本图为排水、消防给水系统图，主要表示排水立管、卫生洁具、消火栓在空间的具体布置。

1. 对于排水系统图，以 PL5 为例进行阅读，一至四层所接排水支管及卫生洁具相同，先接 *DN*50 的地漏，向前，向左，依次接存水弯、*DN*75 的地漏、存水弯、清扫口、两个蹲坑，再向后接 *DN*75 的地漏，向左接三个蹲坑，汇入排水立管管径为 *D*＝160，排水支管的管径为 *D*＝160。排水立管向下直至地面以下排出室外，排出管管径为 *DN*150，坡度为 0.01，标高为－1.80m，排水立管伸至四层顶部，其标高为 14.40m，并出屋顶 1.00m，一、三、四层设检查口，高度距地面 1.00m。其他立管及排出管情况，可按上述方法逐个阅读。
2. 对于消防系统以 XL1 为例进行阅读，消防立管 XL1，由消防干管向左引来，向上，在一层地沟内设阀门，向上至四层。每层均接一个消火栓。由图还可知，消防给水从南引来，管径为 *DN*100，消防给水设两个入口，每个入口均设阀门、泄水阀。并在图示位置设两个消防水泵结合器，具体做法见 05S4-27，标高为－2.60m。

×××建筑勘察设计有限公司					
院　审		专业组长		建设单位	×××大学
审　核		校　对		工程项目	逸夫教学楼
设计负责人		设　计		排水、消防给水系统图	设计号 ××××.××
					图　号 设施-10
专业负责人		制　图			日　期 ××××.××

电 施 设 计 总 说 明

一、设计依据

1.《民用建筑电气设计规范》(JGJ/T 16—2008)

2.《05 系列建筑标准设计图集》(05D1-05D15)

3.《综合布线系统工程设计规范》(GB 50311—2007)

4. 其他相关的现行国家规范及各专业提供的条件图

二、设计范围

设计范围包括楼内的供配电系统、照明系统、有线电视系统、综合布线系统及广播系统。

三、供电设计

1. 负荷等级为三级，供电制式为 TN-C-S 系统。

2. 供电电源由附近变压器引来，电缆直埋入户，入户标高为室外地坪下－0.8m，电源电压等级为 380/220V。

3. 入户处做重复接地，电源在楼内采用 TN-S 系统，N 线与 PE 线在楼内严格分开。

4. 电力计量在配电室集中计量。

四、照明设计

1. 教室平均照度按 150lx 设计，办公室平均照度按 100lx 设计，走廊为 50lx，照度均匀度大于 0.7。

2. 疏散照明及应急照明采用蓄光型自发光疏散标志灯，在走廊、楼梯间及出入口等处设置。

3. 所有荧光灯配用电子镇流器。

五、有线电视系统

1. 进线由院内弱电网络中心直埋穿管道引来。

2. 入户标高为室外地坪下的－0.8m，有线电视系统仅供施工部门安装、敷线参考，具体实施时需与当地有线电视安装部门联系，深化设计后方可施工。

六、综合布线系统

电话电缆、数据光缆进线采用埋地方式，穿 SC 管暗敷设，至五层主配线架，综合布线水平采用超五类 UTP 电缆垂直主干线，数据采用光纤，语音采用超五类电缆，主干线由五层主配线架沿墙敷至每层间配线架，然后在金属线槽内沿走廊敷至各个房间，走廊内连接各分支器的视频主干电缆与综合布线同敷一个线槽，金属线槽型号为 GXC300×150 吊顶内安装。

七、广播系统

1. 进线由院内弱电网络中心直埋穿管道引来，入户标高为室外地坪下的－0.8m。

2. 院内广播室功放输出为定压式，广播系统图中进户线采用 BX 型，室内导线为 BV-2×1.5 SC20。

八、防雷接地系统

1. 经计算预计雷击次数为 0.065 次/a，故本楼属于第三类防雷建筑物。

2. 防直击雷采用沿屋面周边敷设的 ϕ8 的镀锌圆钢所组成的避雷带及在屋面上设置的＜20m×20m 的避雷网作为接闪器。

3. 突出屋面的物体沿其顶部敷设避雷带并与屋面避雷网相连。

4. 利用柱内对角的两根直径大于 16mm 的主筋作为引下线，引下线间距＜25m。

5. 防雷电波侵入：电缆进出线在进出端将电缆的金属外皮、钢管等与电气设备接地相连，总配电箱中设过电压保护器。

6. 本楼利用基础内钢筋网作为自然接地体，并采用联合接地的形式，接地电阻＜1Ω。

电气工程主要设备及材料表

序号	图 例	名 称	型 号	容 量	安装位置	备 注
1		双管节能荧光灯	Y-YG2	2×36W	吊链，距顶 0.3m	节能型
2		吸顶灯	HXD	11W	吸顶	节能型
3		安全出口标志灯		5W LED	门上方 0.2m 壁装	
4		壁灯		11W	墙明，距地 2.0m	节能型
5		单管节能荧光灯	Y-YG1	1×36W	吊链，距顶 0.3m	节能型
6		室外吸顶灯		20W	吸顶	节能型
7		单联单控暗开关	K31/1/2A	250V 16A	暗装，距地 1.4m	
8		双联单控暗开关	K32/2/3A	250V 16A	暗装，距地 1.4m	
9		声光控板式暗开关		220V 10A	暗装，距地 1.4m	
10		单相二极、三极暗插座	K426/10US	220V 10A	墙暗，距地 1.4m	办公室距地 0.3m
11		插座箱	XRZ303-8-11	500×300×200	墙暗，距地 0.5m	
12	TV	电视用户出线插座	SCZTV1		墙暗，距地 1.4m	办公室距地 0.3m
13	TO1	单孔信息插座	K426/10US	220V 10A	墙暗，距地 1.4m	
14	TO2	双孔信息插座	K426/10US	220V 10A	墙暗，距地 0.3m	
15		应急灯	自选	5W LED	墙暗，距地 2.4m	
16		吸顶花灯	自选	6×11W	吸顶	节能型
17	MFD	分配线架			墙明，底距地 1.4m	
18		配电箱			墙暗，底距地 1.4m	
19	VP	电视分配器箱		200×200×160	墙暗，距顶 0.3m	
20	VH	电视前端箱			墙明，距顶 0.3m	
21		疏散指示灯	自选	5W LED	墙暗，距地 0.5m	
22		安全出口标志灯	自选	5W LED	距顶 0.5m	带楼盘显示
23		排风扇	自选		随吊顶安装	
24		格栅灯	自选	3×16W	吸顶	节能型
25		斜角荧光灯	自选	1×36W	吊链，距顶 0.3m	节能型
26		组合花灯	自选	n×11W	杆吊，距地 3.6m	节能型
27		格栅灯	自选	2×36W	吸顶	节能型
28		墙上座灯头	自选	1×11W	墙明，距地 2.0m	节能型
29		扬声器	自选	3W	墙暗，距顶 0.3m	
30	GB	广播分线箱			墙暗，距顶 0.3m	
31		自带蓄电池荧光灯		2×36W	连续供电时间大于 30min	

电气节能说明

1. 本工程内部灯具均采用高效节能灯具，光源采用节能灯和 t8 细管径光源，并自带补偿，确保功率因数大于 0.9。

2. 灯具控制采用面板开关分散控制。

3. 建筑内部指示灯均采用 LED 型光源灯具。

4. 楼梯间采用声光控自熄开关。

5. 教室、办公室照度按 300lx 计算，日光灯均匀照明功率密度值不大于 11W/m^2。

6. 美术教室照度按 500lx 计算，日光灯均匀照明功率密度值不大于 18W/m^2。

×××建筑勘察设计有限公司						
院 审		专业组长		建设单位	×××大学	
审 核		校 对		工程项目	逸夫教学楼	
设计负责人		设 计		电施设计总说明、图例表	设计号	××××.××
					图 号	电施-1
专业负责人		制 图			日 期	××××.××

配电柜编号	D1	D2					D3				D4				
配电柜接线图	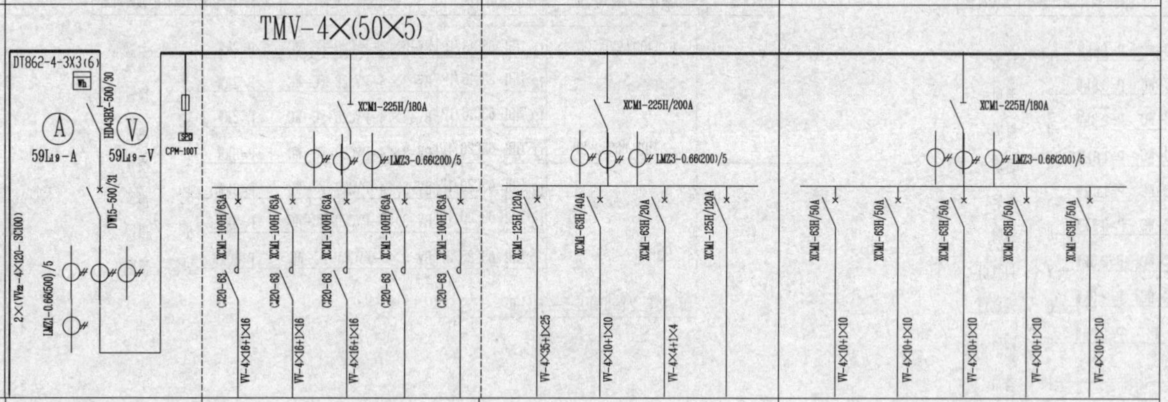														
配电柜用途	电源电缆进线，计量柜	教室部分配电柜					办公部分配电柜				动力部分配电柜				
配电柜型号	GGD1-9改800X600	GGD1-35改 800X600					GGD1-35改 800X600				GGD1-35改 800X600				
配电回路编号		AL2-1	AL1-2	AL1-3	备用	备用	MG-1	MG3-0	MK1	备用	LG-1	LG-2	L-5-1	L-6	备用
额定容量/kW	325kW	40kW	40kW	40kW			75kW	20kW	10kW		25kW	25kW	25kW	25kW	
计算容量/kW	260kW	32kW	32kW	32kW			60kW	16kW	9kW		25kW	25kW	25kW	25kW	
计算电流/A	435A	54A	54A	54A			100A	30A	15A		42A	42A	42A	42A	
备注															

低压配电系统图

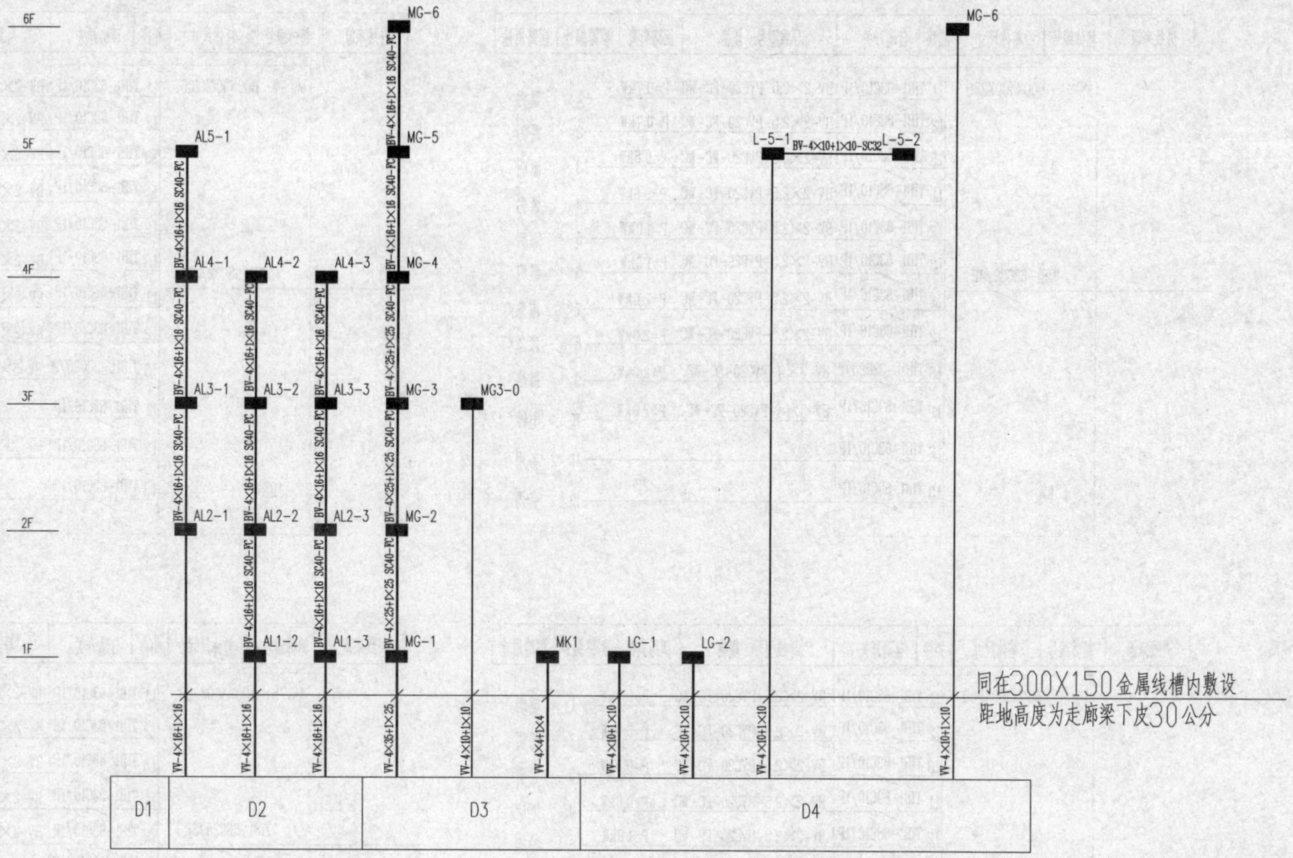

低压配电干线图

进线来源	箱体编号	箱体尺寸	相序	自动开关	导线型号 规格	回路负荷	回路编号	回路用途
TIB1-63C25/3P	AL1-2	400X300X200	L1	TIB1-63C16/1P	BV-2×2.5-PVC20-FC-WC	P=1.6kW	1	照明
			L2	TIB1-63C16/1P	BV-2×2.5-PVC20-FC-WC	P=1.6kW	2	照明
			L3	TIB1-63C16/1P	BV-2×2.5-PVC20-FC-WC	P=1.6kW	3	照明
			L1	TIB1L-32C20/2	BV-3×4-PVC20-FC-WC	P=2.0kW	4	插座
			L2	TIB1L-32C20/2	BV-3×4-PVC20-FC-WC	P=2.0kW	5	插座
			L3	TIB1L-32C20/2	BV-3×4-PVC20-FC-WC	P=2.0kW	6	插座
			L1	TIB1-63C16/1P			7	备用
			L2	TIB1-63C16/1P			8	备用
	11kW		L3	TIB1-63C16/1P			9	备用
	AL2-2.AL4-2同AL1-2							

进线来源	箱体编号	箱体尺寸	相序	自动开关	导线型号 规格	回路负荷	回路编号	回路用途
TIB1-63C25/3P	AL1-3	400X300X200	L1	TIB1-63C16/1P	BV-2×2.5-PVC20-FC-WC	P=1.6kW	1	照明
			L2	TIB1-63C16/1P	BV-2×2.5-PVC20-FC-WC	P=1.0kW	2	照明
			L3	TIB1-63C16/1P	BV-2×2.5-PVC20-FC-WC	P=1.0kW	3	照明
			L1	TIB1L-32C20/2	BV-3×4-PVC20-FC-WC	P=2.0kW	4	插座
			L2	TIB1L-32C20/2	BV-3×4-PVC20-FC-WC	P=2.0kW	5	插座
			L3	TIB1L-32C20/2	BV-3×4-PVC20-FC-WC	P=2.0kW	6	插座
			L1	TIB1-63C16/1P			7	备用
			L2	TIB1-63C16/1P			8	备用
	10kW		L3	TIB1-63C16/1P			9	备用
	AL2-3.AL4-3同AL1-3							

进线来源	箱体编号	箱体尺寸	相序	自动开关	导线型号 规格	回路负荷	回路编号	回路用途
TIB1-63C25/3P	AL2-1	400X300X200	L1	TIB1-63C16/1P	BV-2×2.5-PVC20-FC-WC	P=1.6kW	1	照明
			L2	TIB1-63C16/1P	BV-2×2.5-PVC20-FC-WC	P=1.6kW	2	照明
			L3	TIB1-63C16/1P	BV-2×2.5-PVC20-FC-WC	P=1.6kW	3	照明
			L1	TIB1L-32C20/2	BV-3×4-PVC20-FC-WC	P=2.0kW	4	插座
			L2	TIB1L-32C20/2	BV-3×4-PVC20-FC-WC	P=2.0kW	5	插座
	9kW		L3	TIB1-63C16/1P			6	备用
	AL3-1.AL4-1.AL5-1同AL2-1							

进线来源	箱体编号	箱体尺寸	相序	自动开关	导线型号 规格	回路负荷	回路编号	回路用途
TIB1-63C20/3P	AL3-2	400X300X200	L1	TIB1-63C16/1P	BV-2×2.5-PVC20-FC-WC	P=1.6kW	1	照明
			L2	TIB1-63C16/1P	BV-2×2.5-PVC20-FC-WC	P=1.6kW	2	照明
			L3	TIB1L-32C20/2	BV-3×4-PVC20-FC-WC	P=2.0kW	3	插座
			L1	TIB1L-32C20/2	BV-3×4-PVC20-FC-WC	P=2.0kW	4	插座
			L2	TIB1-63C16/1P			5	备用
	8kW		L3	TIB1-63C16/1P			6	备用

进线来源	箱体编号	箱体尺寸	相序	自动开关	导线型号 规格	回路负荷	回路编号	回路用途
TIB1-63C25/3P	AL3-2	400X300X200	L1	TIB1-63C16/1P	BV-2×2.5-PVC20-FC-WC	P=1.6kW	1	照明
			L2	TIB1L-32C20/2	BV-3×4-PVC20-FC-WC	P=2.0kW	2	插座
	4kW		L3	TIB1-63C16/1P			3	备用

进线来源	箱体编号	箱体尺寸	相序	自动开关	导线型号 规格	回路负荷	回路编号	回路用途
TIB1-63C25/3P	MK1	600X300X200	L1	TIB1-63C10/1P	BV-2×2.5-PVC20-FC-WC	P=0.7kW	1	照明
			L2	TIB1-63C10/1P	BV-2×2.5-PVC20-FC-WC	P=0.7kW	2	照明
			L3	TIB1-63C10/1P	BV-2×2.5-PVC20-FC-WC	P=0.7kW	3	照明
			L1	TIB1-63C10/1P	BV-2×2.5-PVC20-FC-WC	P=0.7kW	4	照明
			L2	TIB1-63C10/1P	BV-2×2.5-PVC20-FC-WC	P=0.7kW	5	照明
			L3	TIB1-63C10/1P	BV-2×2.5-PVC20-FC-WC	P=0.7kW	6	照明
			L1	TIB1-63C10/1P	BV-2×2.5-PVC20-FC-WC	P=0.7kW	7	照明
			L2	TIB1-63C10/1P	BV-2×2.5-PVC20-FC-WC	P=0.7kW	8	照明
			L3	TIB1-63C10/1P	BV-2×2.5-PVC20-FC-WC	P=0.6kW	9	照明
			L1	TIB1L-32C20/2	BV-3×4-PVC20-FC-WC	P=2.0kW	10	插座
			L2	TIB1-63C10/1P			11	备用
	9kW		L3	TIB1-63C10/1P			12	备用

配电箱系统图(一)

×××建筑勘察设计有限公司					
院审		专业组长		建设单位	×××大学
审核		校对		工程项目	逸夫教学楼
设计负责人		设计		配电系统图（一）	设计号 ××××.××
专业负责人		制图			图号 电施-2
					日期 ××××.××

进线来源	箱体编号	箱体尺寸	相序	自动开关	导线型号 规格	回路负荷	回路编号	回路用途
TIB1-63C32/3P	MG-1	600X300X200	L1	TIB1-63C10/1P	BV-2×2.5-PVC20-FC-WC	P=0.7kW	1	照明
			L2	TIB1-63C10/1P	BV-2×2.5-PVC20-FC-WC	P=0.7kW	2	照明
			L3	TIB1-63C10/1P	BV-2×2.5-PVC20-FC-WC	P=0.8kW	3	照明
			L1	TIB1-63C10/1P	BV-2×2.5-PVC20-FC-WC	P=0.6kW	4	照明
			L2	TIB1-63C10/1P	BV-2×2.5-PVC20-FC-WC	P=1.0kW	5	照明
			L3	TIB1-63C10/1P	BV-2×2.5-PVC20-FC-WC	P=1.0kW	6	照明
			L1	TIB1-63C16/1P	BV-2×2.5-PVC20-FC-WC	P=2.0kW	7	应急灯
			L2	TIB1-63C16/1P	BV-2×2.5-PVC20-FC-WC	P=2.0kW	8	应急灯
			L3	TIB1L-32C20/2	BV-3×4-PVC20-FC-WC	P=2.0kW	9	插座
			L1	TIB1-63C16/1P	BV-3×4-PVC20-FC-WC	P=2.0kW	10	电铃
			L2	TIB1-63C10/1P			11	备用
	13kW		L3	TIB1-63C10/1P			12	备用

进线来源	箱体编号	箱体尺寸	相序	自动开关	导线型号 规格	回路负荷	回路编号	回路用途
TIB1-63C32/3P	MG-4	600X300X200	L1	TIB1-63C16/1P	BV-2×2.5-PVC20-FC-WC	P=1.6kW	1	照明
			L2	TIB1-63C10/1P	BV-2×2.5-PVC20-FC-WC	P=0.8kW	2	照明
			L3	TIB1-63C10/1P	BV-2×2.5-PVC20-FC-WC	P=0.8kW	3	照明
			L1	TIB1-63C10/1P	BV-2×2.5-PVC20-FC-WC	P=1.0kW	4	照明
			L2	TIB1-63C10/1P	BV-2×2.5-PVC20-FC-WC	P=1.0kW	5	照明
			L3	TIB1-63C10/1P	BV-2×2.5-PVC20-FC-WC	P=0.8kW	6	照明
			L1	TIB1-63C16/1P	BV-2×2.5-PVC20-FC-WC	P=2.0kW	7	应急灯
			L2	TIB1-63C16/1P	BV-2×2.5-PVC20-FC-WC	P=2.0kW	8	应急灯
			L3	TIB1L-32C20/2	BV-3×4-PVC20-FC-WC	P=2.0kW	9	插座
			L1	TIB1-63C10/1P			10	备用
			L2	TIB1-63C10/1P			11	备用
	12kW		L3	TIB1-63C10/1P			12	备用

进线来源	箱体编号	箱体尺寸	相序	自动开关	导线型号 规格	回路负荷	回路编号	回路用途
TIB1-63C50/3P	L-6	400X300X200	L1	TIB1-63C16/1P	BV-3×4-PVC20-FC-WC	P=2kW	1	预留
			L2	TIB1-63C16/1P	BV-3×4-PVC20-FC-WC	P=2kW	2	预留
			L3	TIB1-63C16/1P	BV-3×4-PVC20-FC-WC	P=2kW	3	预留
			L1	TIB1-63C20/1P	BV-3×4-PVC20-FC-WC	P=3kW	4	预留
			L2	TIB1-63C20/1P	BV-3×4-PVC20-FC-WC	P=3kW	5	预留
			L3	TIB1-63C20/1P	BV-3×4-PVC20-FC-WC	P=3kW	6	预留
	25kW			TIB1-63C25/3P	BV-5×6-PVC25-FC-WC	P=10kW	7	预留

LG-1.LG-2.L-5-1.L-5-2同L-6

进线来源	箱体编号	箱体尺寸	相序	自动开关	导线型号 规格	回路负荷	回路编号	回路用途
TIB1-63C40/3P	MG3-0	600X300X200	L1	TIB1-63C16/1P	BV-2×2.5-PVC20-FC-WC	P=1.2kW	1	照明
			L2	TIB1-63C16/1P	BV-2×2.5-PVC20-FC-WC	P=1.2kW	2	照明
			L3	TIB1-63C16/1P	BV-2×2.5-PVC20-FC-WC	P=1.2kW	3	照明
			L1	TIB1L-32C20/2	BV-3×4-PVC20-FC-WC	P=2.0kW	4	插座
			L2	TIB1L-32C20/2	BV-3×4-PVC20-FC-WC	P=2.0kW	5	插座
			L3	TIB1L-32C20/2	BV-3×4-PVC20-FC-WC	P=2.0kW	6	插座
			L1	TIB1-63C20/2P	BV-3×4-PVC20-FC-WC	P=3.0kW	7	空调
			L2	TIB1-63C20/2P	BV-3×4-PVC20-FC-WC	P=3.0kW	8	空调
			L3	TIB1-63C20/2P	BV-3×4-PVC20-FC-WC	P=3.0kW	9	空调
			L1	TIB1-63C16/1P			10	备用
			L2	TIB1-63C16/1P			11	备用
	19kW		L3	TIB1-63C16/1P			12	备用

进线来源	箱体编号	箱体尺寸	相序	自动开关	导线型号 规格	回路负荷	回路编号	回路用途
TIB1-63C25/3P	MG-2	600X300X200	L1	TIB1-63C10/1P	BV-2×2.5-PVC20-FC-WC	P=0.7kW	1	照明
			L2	TIB1-63C10/1P	BV-2×2.5-PVC20-FC-WC	P=0.7kW	2	照明
			L3	TIB1-63C10/1P	BV-2×2.5-PVC20-FC-WC	P=0.8kW	3	照明
			L1	TIB1-63C10/1P	BV-2×2.5-PVC20-FC-WC	P=0.6kW	4	照明
			L2	TIB1-63C10/1P	BV-2×2.5-PVC20-FC-WC	P=1.0kW	5	照明
			L3	TIB1-63C10/1P	BV-2×2.5-PVC20-FC-WC	P=1.0kW	6	照明
			L1	TIB1-63C16/1P	BV-2×2.5-PVC20-FC-WC	P=2.0kW	7	应急灯
			L2	TIB1-63C16/1P	BV-2×2.5-PVC20-FC-WC	P=2.0kW	8	应急灯
			L3	TIB1L-32C20/2	BV-3×4-PVC20-FC-WC	P=2.0kW	9	插座
			L1	TIB1-63C10/1P			10	备用
			L2	TIB1-63C10/1P			11	备用
	11kW		L3	TIB1-63C10/1P			12	备用

进线来源	箱体编号	箱体尺寸	相序	自动开关	导线型号 规格	回路负荷	回路编号	回路用途
TIB1-63C25/3P	MG-5	400X300X200	L1	TIB1-63C16/1P	BV-2×2.5-PVC20-FC-WC	P=1.6kW	1	照明
			L2	TIB1-63C10/1P	BV-2×2.5-PVC20-FC-WC	P=0.8kW	2	照明
			L3	TIB1-63C10/1P	BV-2×2.5-PVC20-FC-WC	P=0.8kW	3	照明
			L1	TIB1-63C10/1P	BV-2×2.5-PVC20-FC-WC	P=1.0kW	4	照明
			L2	TIB1-63C10/1P	BV-2×2.5-PVC20-FC-WC	P=1.0kW	5	照明
			L3	TIB1-63C16/1P	BV-2×2.5-PVC20-FC-WC	P=2.0kW	6	应急灯
			L1	TIB1L-32C20/2	BV-3×4-PVC20-FC-WC	P=2.0kW	7	插座
			L2	TIB1-63C10/1P			8	备用
	10kW		L3	TIB1-63C10/1P			9	备用

进线来源	箱体编号	箱体尺寸	相序	自动开关	导线型号 规格	回路负荷	回路编号	回路用途
TIB1-63C40/3P	MG-3	600X300X200	L1	TIB1-63C16/1P	BV-2×2.5-PVC20-FC-WC	P=1.6kW	1	照明
			L2	TIB1-63C10/1P	BV-2×2.5-PVC20-FC-WC	P=0.8kW	2	照明
			L3	TIB1-63C10/1P	BV-2×2.5-PVC20-FC-WC	P=0.8kW	3	照明
			L1	TIB1-63C10/1P	BV-2×2.5-PVC20-FC-WC	P=1.0kW	4	照明
			L2	TIB1-63C10/1P	BV-2×2.5-PVC20-FC-WC	P=1.0kW	5	照明
			L3	TIB1-63C10/1P	BV-2×2.5-PVC20-FC-WC	P=0.8kW	6	照明
			L1	TIB1-63C16/1P	BV-2×2.5-PVC20-FC-WC	P=2.0kW	7	应急灯
			L2	TIB1-63C16/1P	BV-2×2.5-PVC20-FC-WC	P=2.0kW	8	应急灯
			L3	TIB1L-32C20/2	BV-3×4-PVC20-FC-WC	P=2.0kW	9	插座
	22kW			TIB1-63C32/3P	BV-5×6-PVC25-FC-WC 插座箱 BV-5×6-PVC25-FC-WC 插座箱			

进线来源	箱体编号	箱体尺寸	相序	自动开关	导线型号 规格	回路负荷	回路编号	回路用途
TIB1-63C25/3P	MG-6	400X300X200	L1	TIB1-63C16/1P	BV-2×2.5-PVC20-FC-WC	P=1.6kW	1	照明
			L2	TIB1-63C10/1P	BV-2×2.5-PVC20-FC-WC	P=0.8kW	2	照明
			L3	TIB1-63C10/1P	BV-2×2.5-PVC20-FC-WC	P=0.8kW	3	照明
			L1	TIB1-63C10/1P	BV-2×2.5-PVC20-FC-WC	P=0.8kW	4	照明
			L2	TIB1-63C16/1P	BV-2×2.5-PVC20-FC-WC	P=1.6kW	5	照明
			L3	TIB1-63C10/1P	BV-2×2.5-PVC20-FC-WC	P=1.0kW	6	应急灯
			L1	TIB1L-32C20/2	BV-3×4-PVC20-FC-WC	P=2.0kW	7	插座
			L2	TIB1L-32C20/2	BV-3×4-PVC20-FC-WC	P=2.0kW	8	插座
	11kW		L3	TIB1-63C10/1P			9	备用

插座箱型号为XRZ303-8-11(500×300×200)

底距地0.5m

配电箱系统图（二）

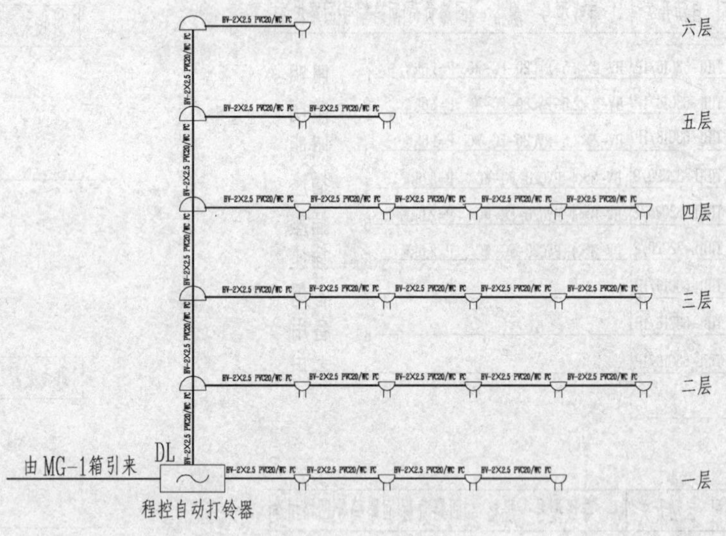

自动打铃系统图

×××建筑勘察设计有限公司							
院　审		专业组长		建设单位	×××大学		
审　核		校　对		工程项目	逸夫教学楼		
设计负责人		设　计		配电系统图（二）	设计号	××××.××	
					图　号	电施-3	
专业负责人		制　图			日　期	××××.××	

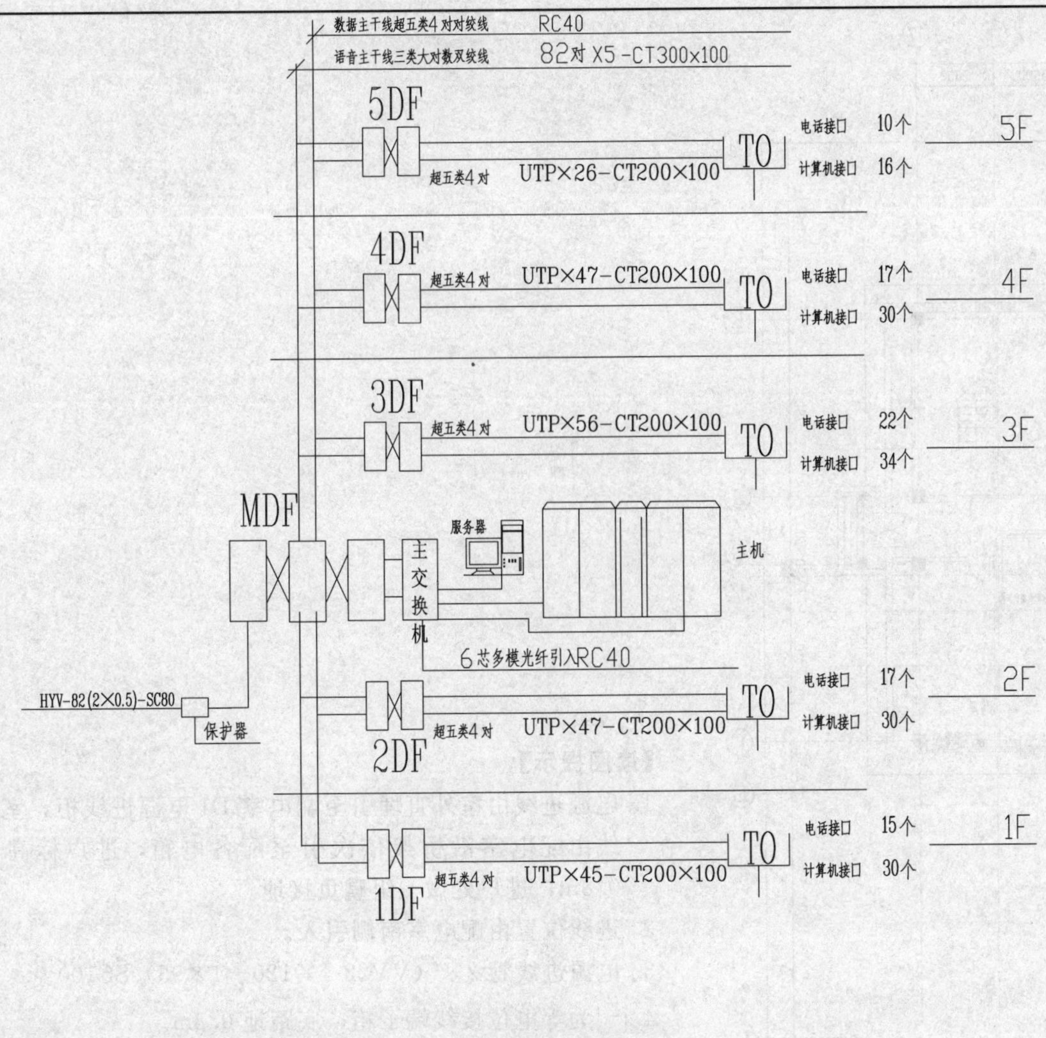

综合布线系统图

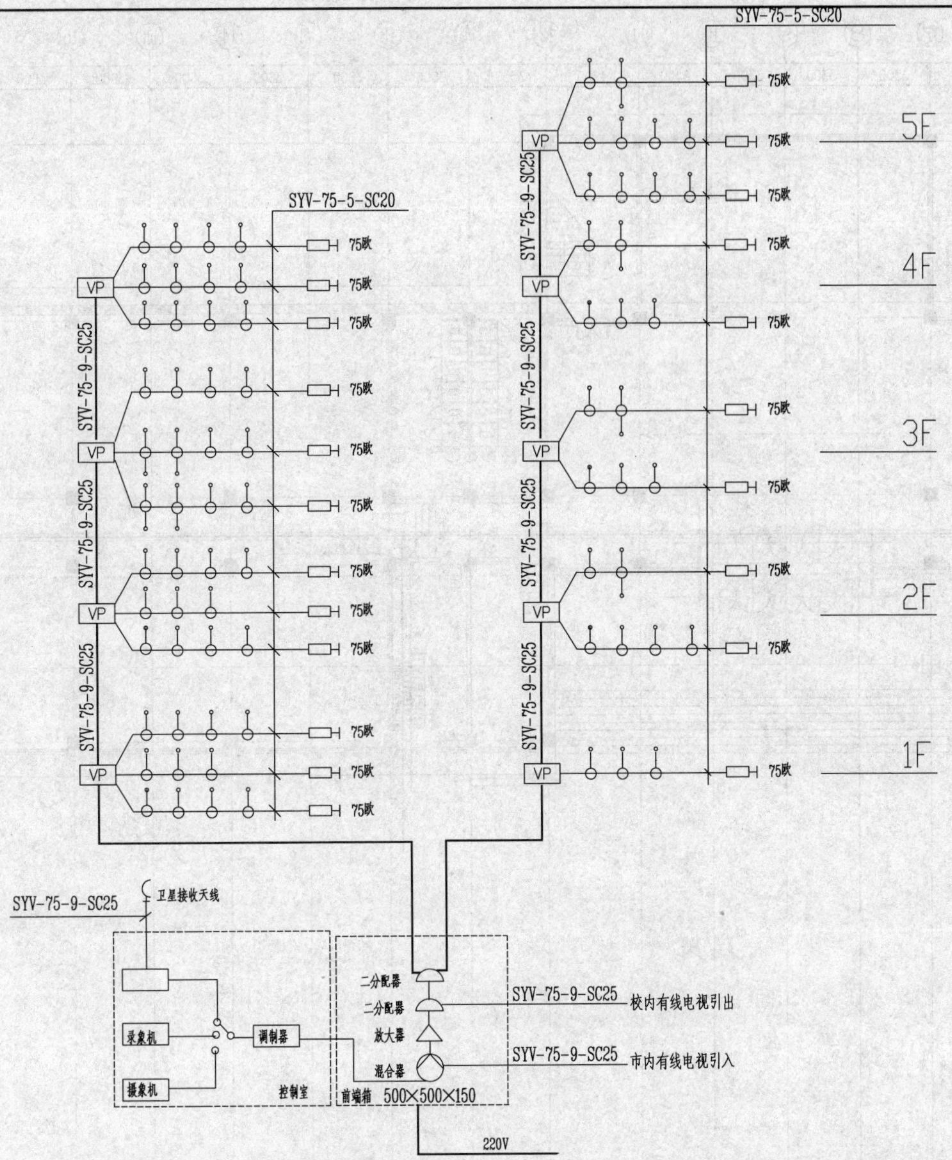

有线电视系统图

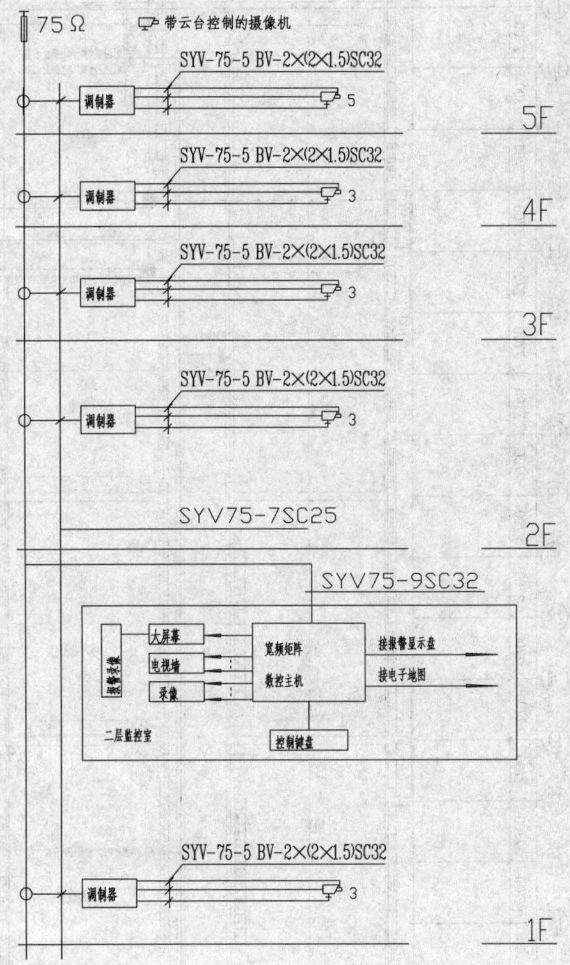

图像监控、防盗报警系统图

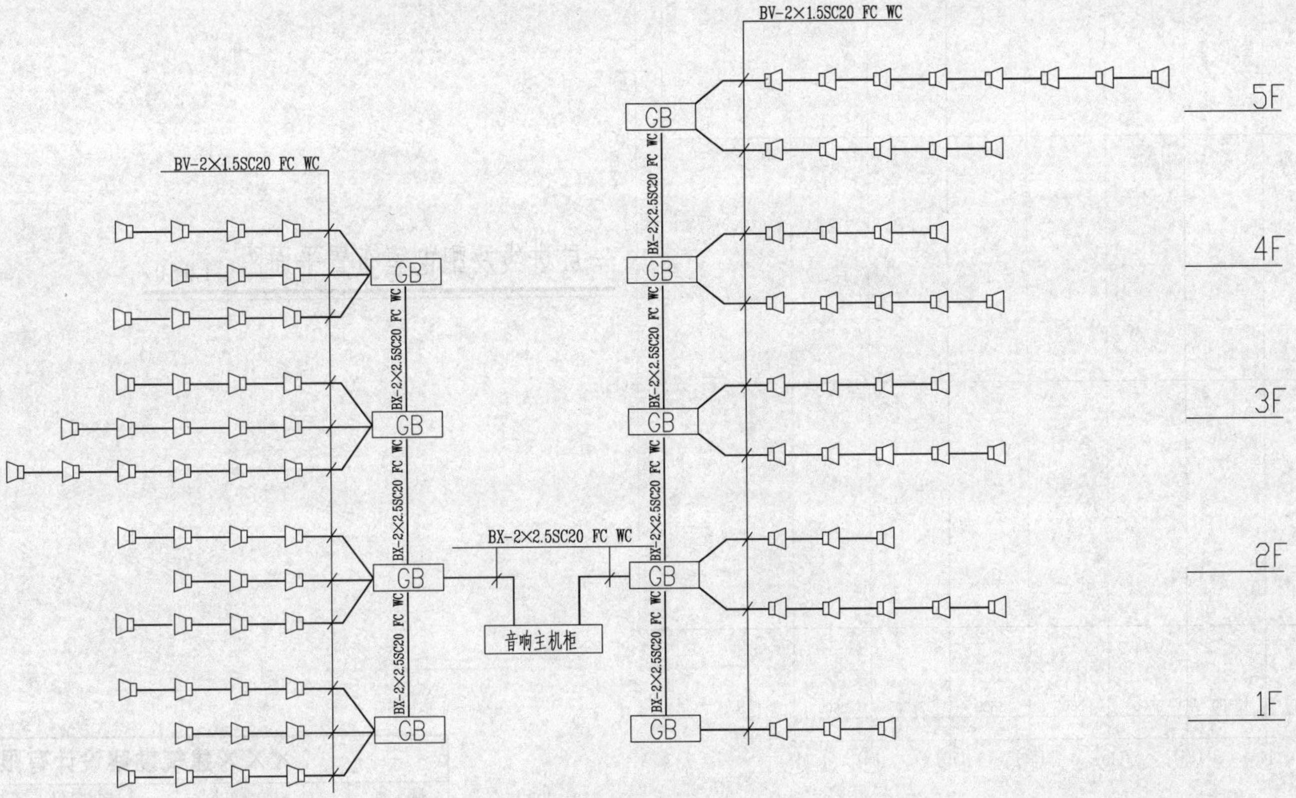

广播系统图

×××建筑勘察设计有限公司						
院　审		专业组长		建设单位	×××大学	
审　核		校　对		工程项目	逸夫教学楼	
设计负责人		设　计		弱电系统图	设计号	××××.××
					图　号	电施-4
专业负责人		制　图			日　期	××××.××

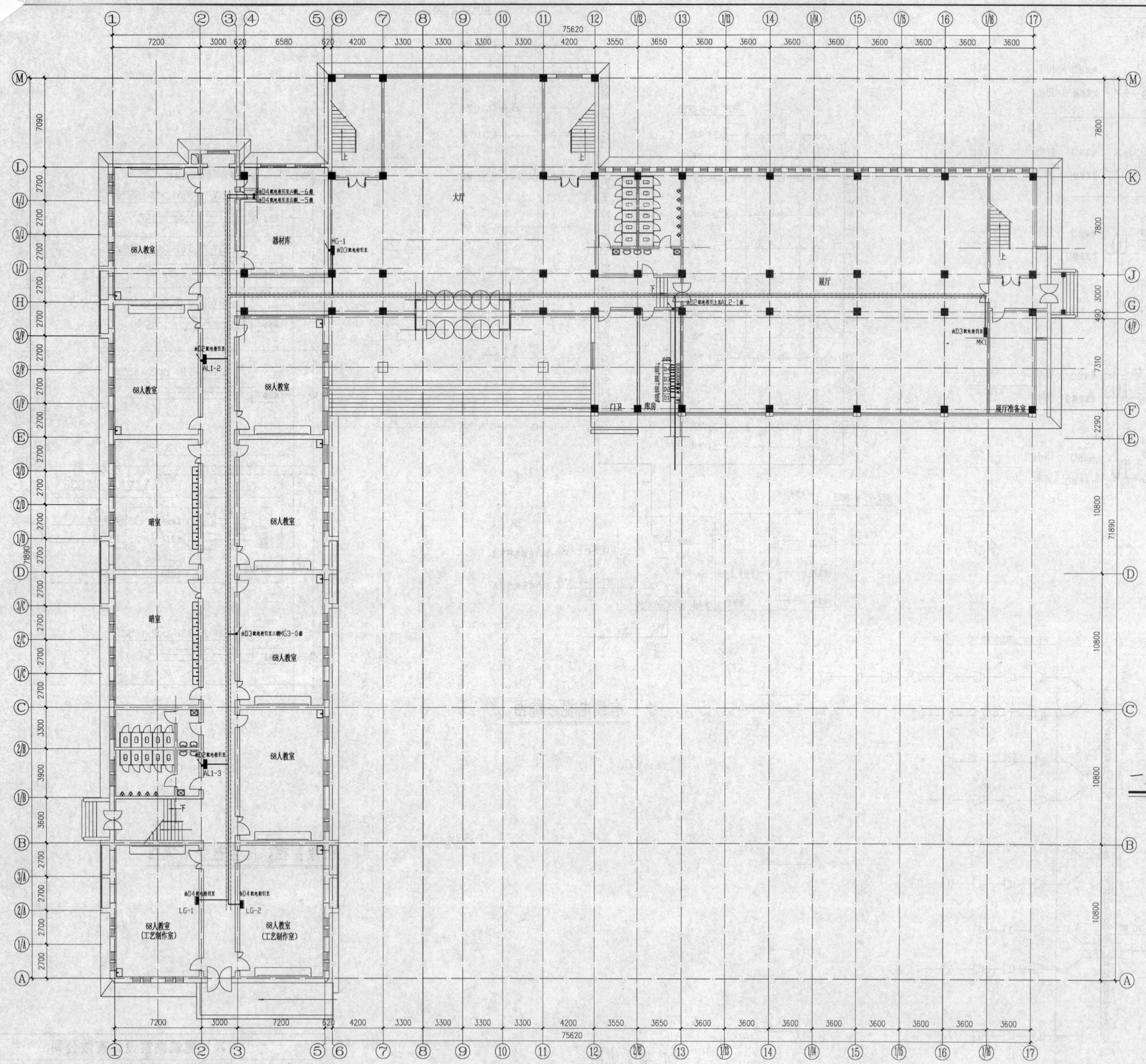

【读图提示】

1. 电源进线由室外直埋引至配电室 D1 电源进线柜，室内干线由配电室沿桥架依次引至配各电箱，进户标高为－0.8m，进户处做一组重负接地。
2. 进线位置由配电室南侧引入。
3. 电源进线管 2×（VV22-4×120＋1×95）SC100。
4. ⊟为等电位接线端子箱，底距地 0.3m。

一层进线及配电室布置平面图 1:150

×××建筑勘察设计有限公司							
院　审		专业组长		建设单位	×××大学		
审　核		校　对		工程项目	逸夫教学楼		
设计负责人		设　计		一层进线及配电室布置平面图	设计号	××××.××	
专业负责人		制　图			图　号	电施-5	
					日　期	××××.××	

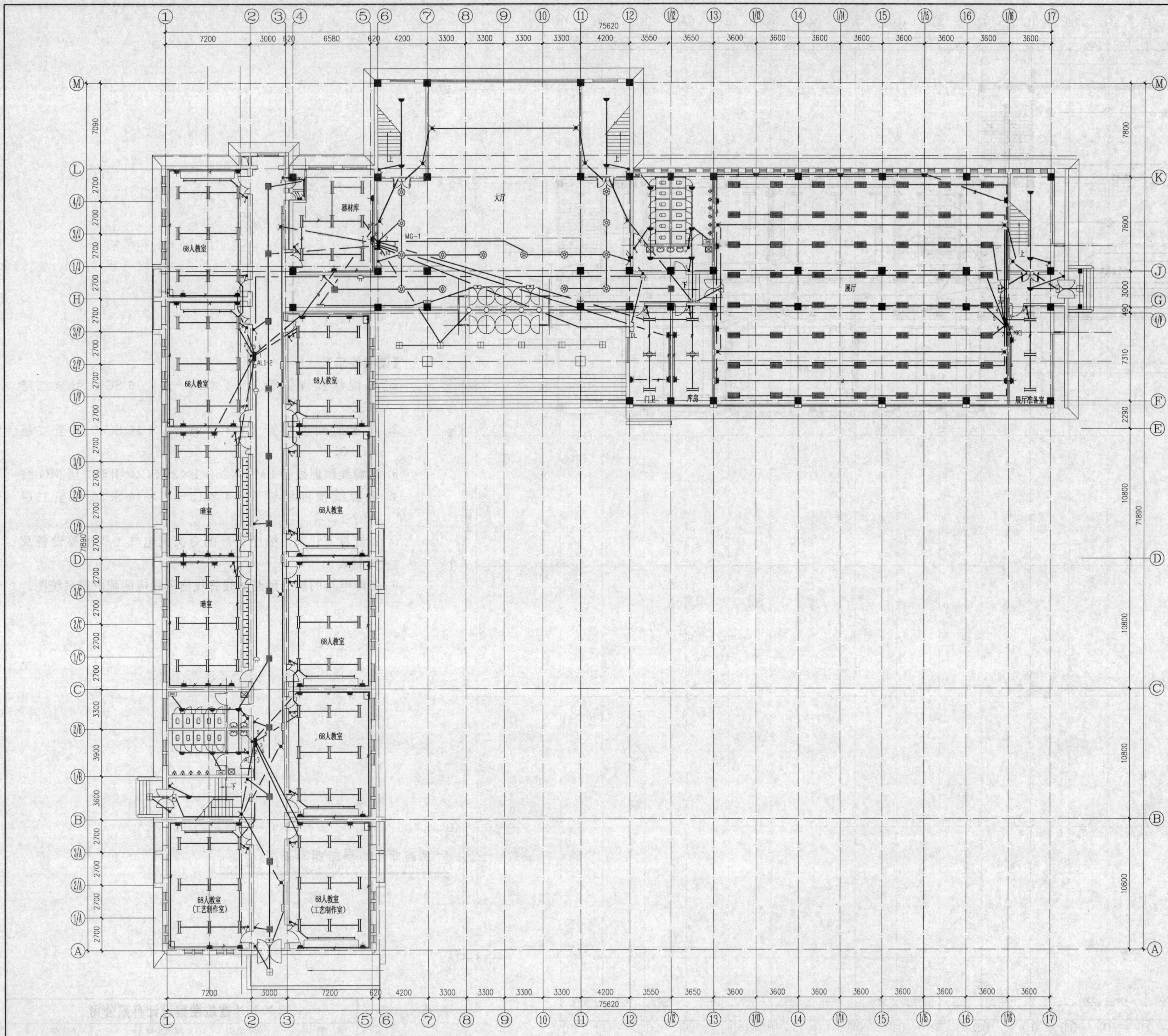

【读图提示】

1. 电源线 VV-4×16+1×16 由桥架敷设至一层 AL1-2。
2. 电源线 VV-4×16+1×16 由桥架敷设至一层 AL1-3。
3. 电源线 VV-4×35+1×25 由桥架敷设至一层 MG-1。
4. 电源线 VV-4×4+1×4 由桥架敷设至一层 MK-1。
5. 各灯具、开关、插座符号的意义见电气工程主要设备及材料表。
6. 各配电箱的配出回路的线管规格见相应的配电箱系统图。

一层照明、应急照明平面图 1:150

×××建筑勘察设计有限公司						
院审		专业组长		建设单位	×××大学	
审核		校对		工程项目	逸夫教学楼	
设计负责人		设计		一层照明、应急照明平面图	设计号	××××.××
					图号	电施-6
专业负责人		制图			日期	××××.××

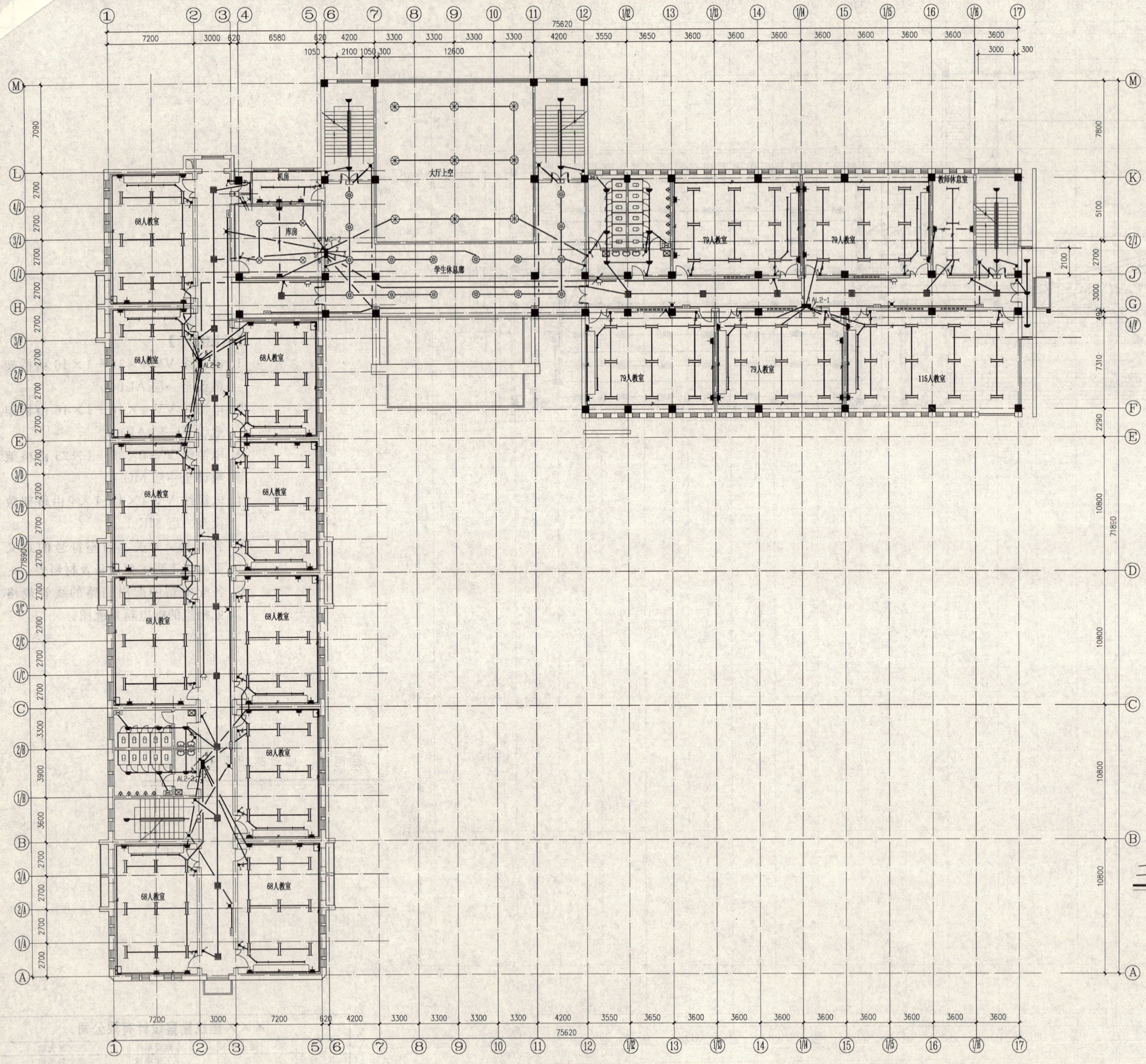

二层照明、应急照明平面图 1:150

【读图提示】

1. 电源线预埋线管 BV-4×16＋1×16-SC40 引至二层 AL2-2。
2. 电源线预埋线管 BV-4×16＋1×16-SC40 引至二层 AL2-3。
3. 电源线预埋线管 BV-4×25＋1×25-SC40 引至二层 MG-2。
4. 电源线预埋线管 VV-4×16＋1×16-SC50 引至二层 AL2-1。
5. 各灯具、开关、插座符号的意义见电气工程主要设备及材料表。
6. 各配电箱的配出回路的线管规格见相应的配电箱系统图。

×××建筑勘察设计有限公司							
院　审		专业组长		建设单位	×××大学		
审　核		校　对		工程项目	逸夫教学楼		
设计负责人		设　计		二层照明、应急照明平面图		设计号	××××.××
						图　号	电施-7
专业负责人		制　图				日　期	××××.××

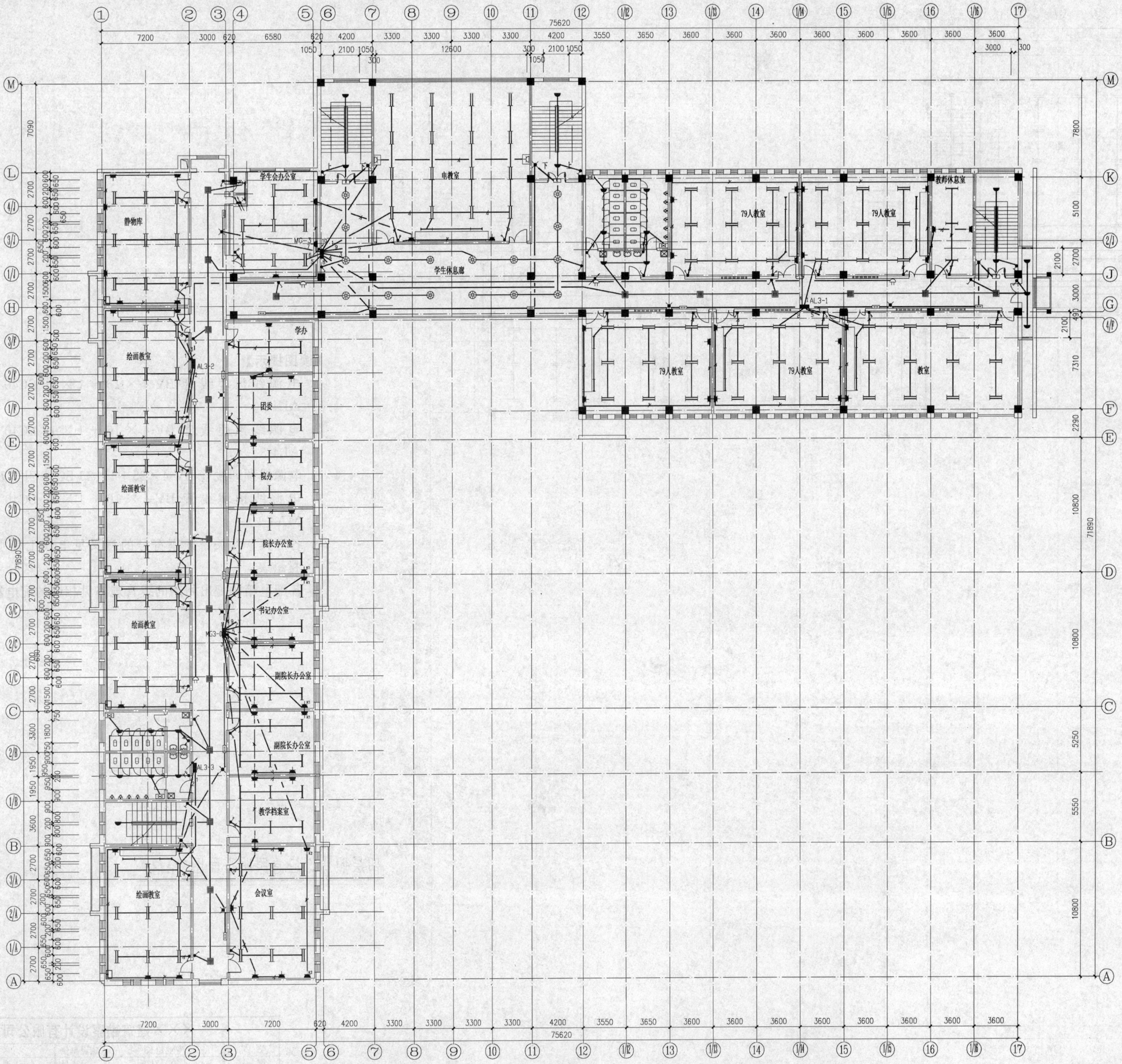

【读图提示】

1. 电源线预埋线管 BV-4×16＋1×16-SC40 引至三层 AL3-2。
2. 电源线预埋线管 BV-4×16＋1×16-SC40 引至三层 AL3-3。
3. 电源线预埋线管 BV-4×25＋1×25-SC40 引至三层 MG-3。
4. 电源线预埋线管 BV-4×16＋1×16-SC40 引至三层 AL3-1。
5. 各灯具、开关、插座符号的意义见电气工程主要设备及材料表。
6. 各配电箱的配出回路的线管规格见相应的配电箱系统图。

三层照明、应急照明平面图 1:150

×××建筑勘察设计有限公司						
院　审		专业组长		建设单位	×××大学	
审　核		校　对		工程项目	逸夫教学楼	
设计负责人		设　计		三层照明、应急照明平面图	设计号	××××.××
					图　号	电施-8
专业负责人		制　图			日　期	××××.××

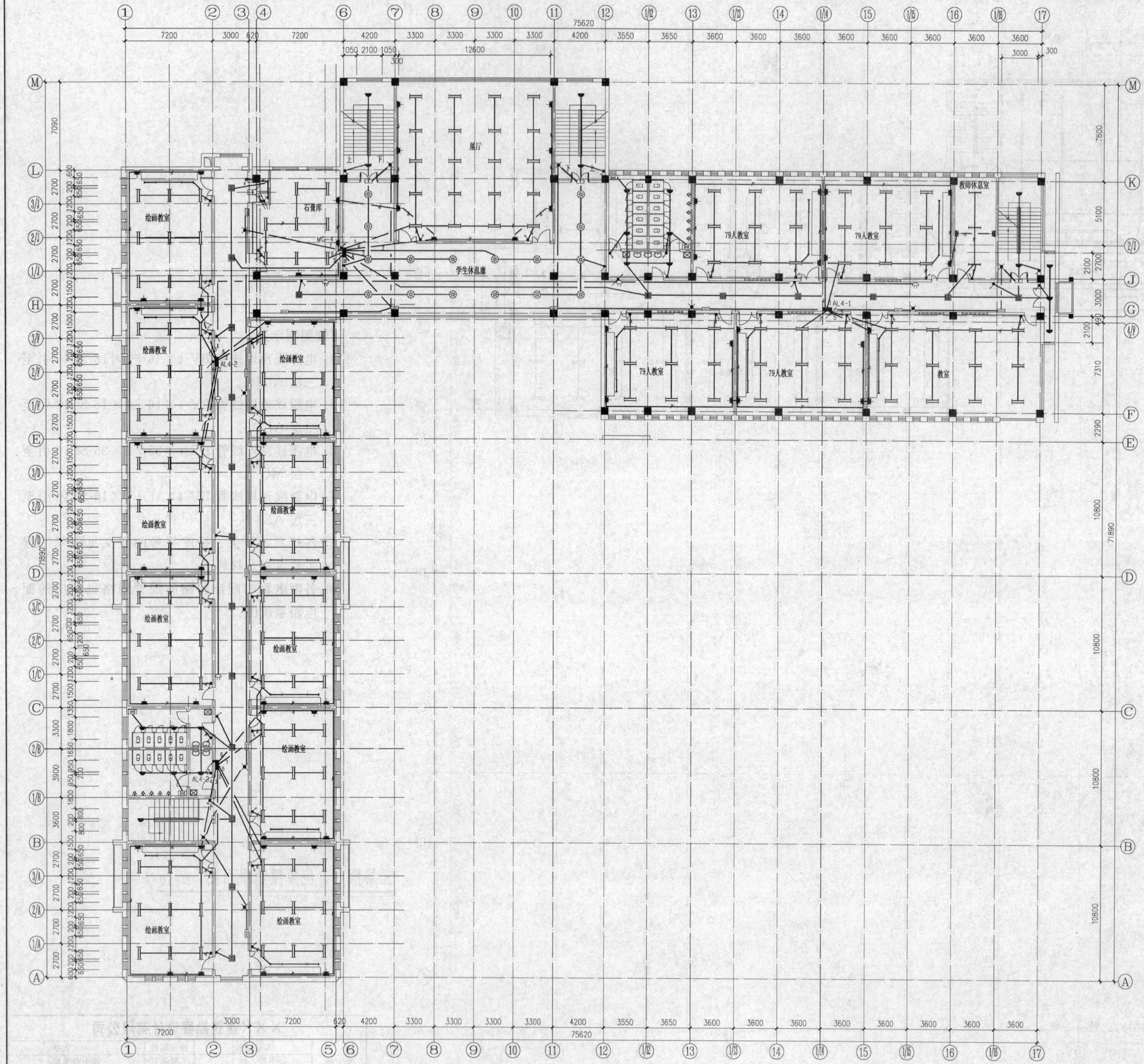

【读图提示】

1. 电源线预埋线管 BV-4×16+1×16-SC40 引至四层 AL4-2。
2. 电源线预埋线管 BV-4×16+1×16-SC40 引至四层 AL4-3。
3. 电源线预埋线管 BV-4×25+1×25-SC40 引至四层 MG-4。
4. 电源线预埋线管 BV-4×16+1×16-SC40 引至四层 MA4-1。
5. 各灯具、开关、插座符号的意义见电气工程主要设备及材料表。
6. 各配电箱的配出回路的线管规格见相应的配电箱系统图。

四层照明、应急照明平面图 1:150

×××建筑勘察设计有限公司							
院 审		专业组长		建设单位		×××大学	
审 核		校 对		工程项目		逸夫教学楼	
设计负责人		设 计		四层照明、应急照明平面图	设计号	××××.××	
					图 号	电施-9	
专业负责人		制 图			日 期	××××.××	

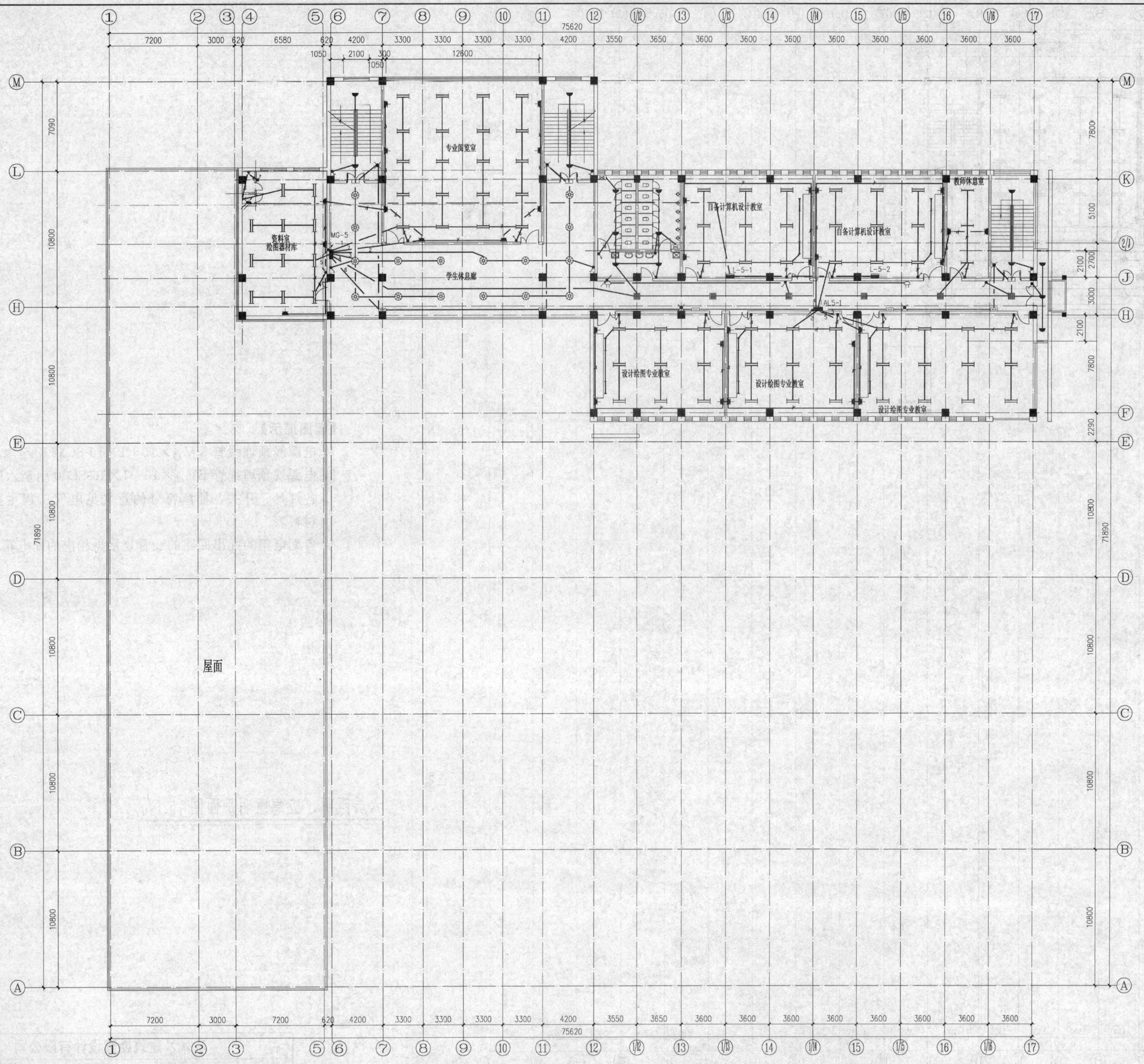

【读图提示】

1. 电源线预埋线管 VV-4×10+1×10-SC32 引至五层 L-5-5。
2. 电源线预埋线管 BV-4×16+1×16-SC40 引至五层 MG-5。
3. 电源线预埋线管 BV-4×16+1×16-SC40 引至五层 AL5-1。
4. 各灯具、开关、插座符号的意义见电气工程主要设备及材料表。
5. 各配电箱的配出回路的线管规格见相应的配电箱系统图。

五层照明、应急照明平面图 1:150

×××建筑勘察设计有限公司					
院 审		专业组长		建设单位	×××大学
审 核		校 对		工程项目	逸夫教学楼
设计负责人		设 计		五层照明、应急照明平面图	设计号 ××××.××
					图 号 电施-10
专业负责人		制 图			日 期 ××××.××

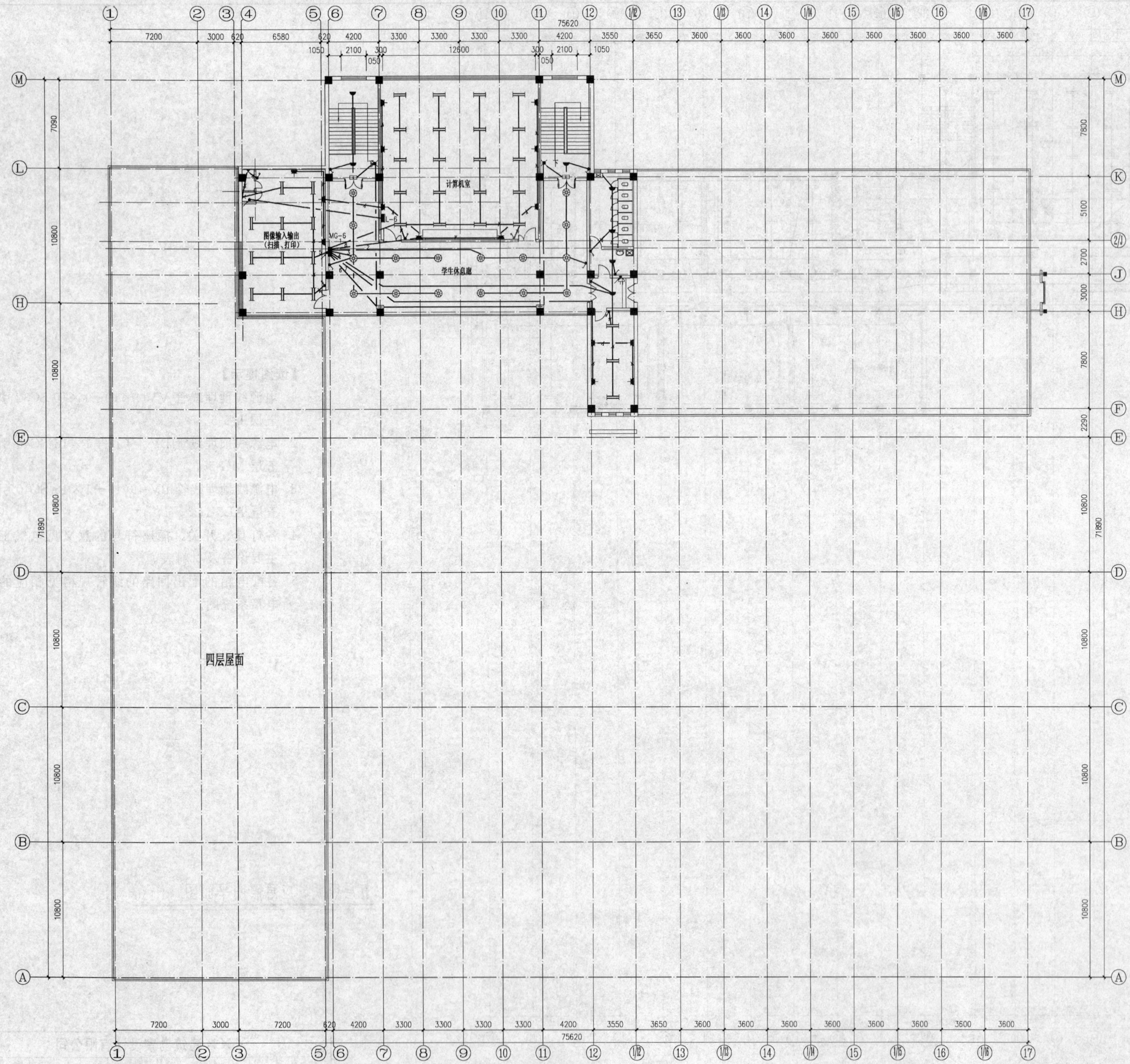

【读图提示】

1. 电源线预埋线管 VV-4×10+1×10-SC32 引至六层 L-6。
2. 电源线预埋线管 BV-4×16+1×16-SC40 引至六层 MG-6。
3. 各灯具、开关、插座符号的意义见电气工程主要设备及材料表。
4. 各配电箱的配出回路的线管规格见相应的配电箱系统图。

六层照明、应急照明平面图 1:150

×××建筑勘察设计有限公司						
院　审		专业组长		建设单位	×××大学	
审　核		校　对		工程项目	逸夫教学楼	
设计负责人		设　计		六层照明、应急照明平面图	设计号	××××.××
专业负责人		制　图			图　号	电施-11
					日　期	××××.××

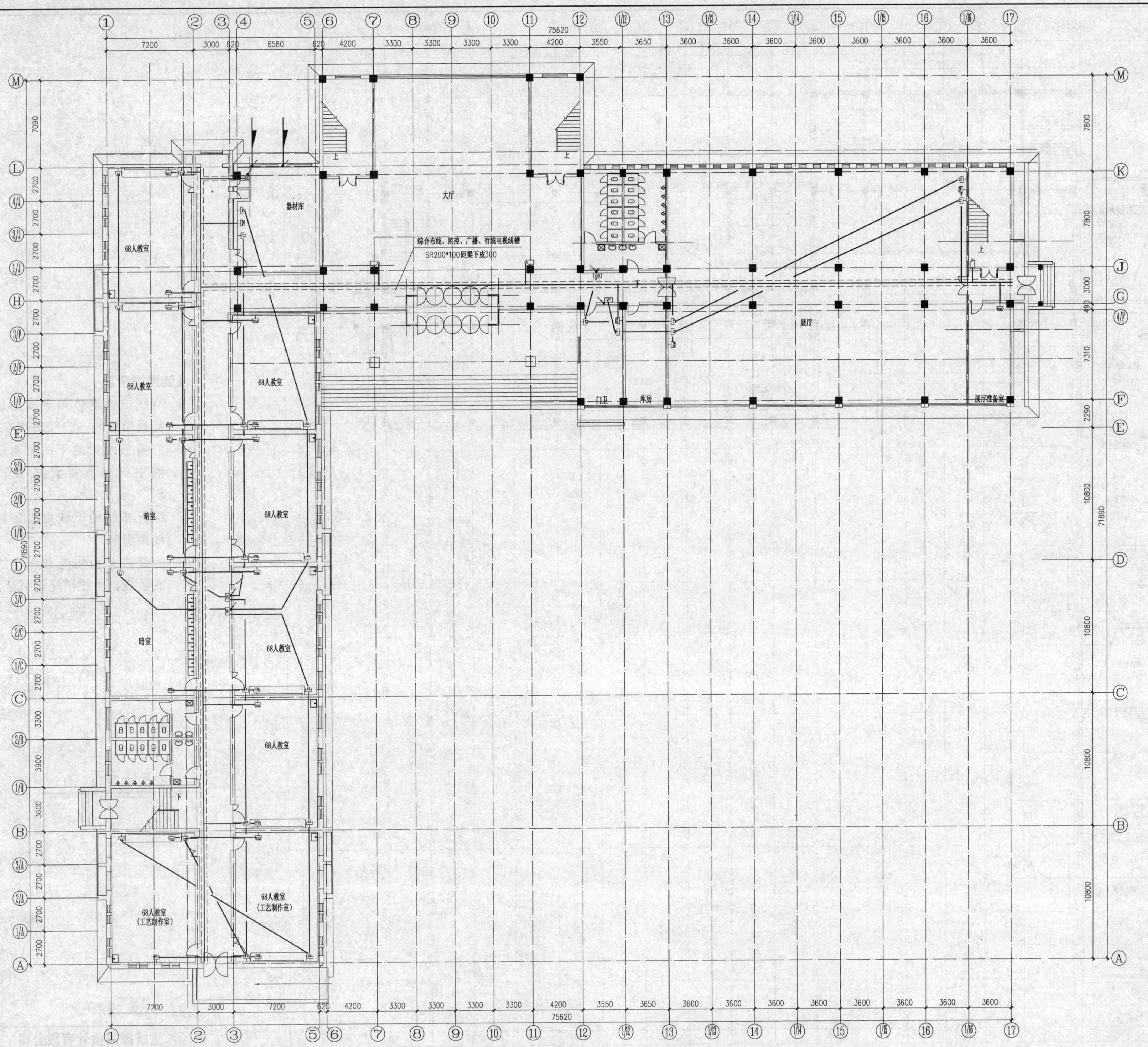

【读图提示】

1. 有线电视进线为 SYV-75-9-SC25，引至二层机房有线电视前端箱 VH。
2. 综合布线进线为 HYV-82（2×0.5）-SC80 引至二层机房综合布线主交换机。
3. 进线位置由④轴与⑤轴之间北侧引入。
4. 一层广播分线箱、电视分配箱、综合布线配线架的干线均由二层引来。
5. 配线方式由弱电井引出线槽沿梁底敷设，由线槽配管引至各房间。

一层弱电平面图 1:150

×××建筑勘察设计有限公司							
院 审		专业组长		建设单位	×××大学		
审 核		校 对		工程项目	逸夫教学楼		
设计负责人		设 计		一层弱电平面图	设计号	××××.××	
					图 号	电施-12	
专业负责人		制 图			日 期	××××.××	

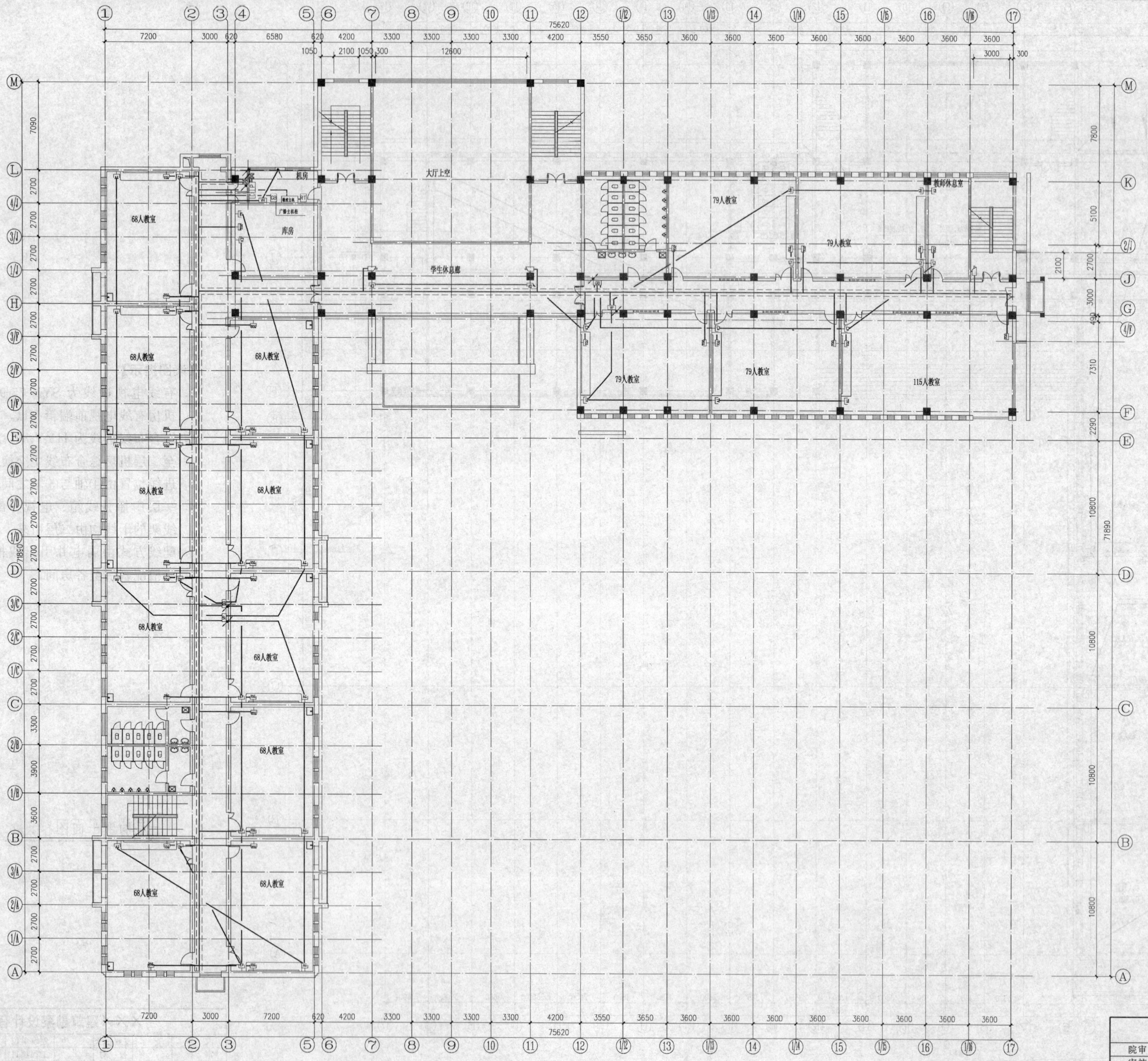

【读图提示】

1. 有线电视器件箱干线由机房前端箱预留管线 SYV-75-9-SC25 引来。
2. 广播分线箱的干线由本层机房音响主机柜预留管线 BX-2×2.5-SC20 引来。
3. 综合布线的干线由本层机房主配线架引来。
4. 配线方式由弱电井引出线槽沿梁底敷设，由线槽配管引至各房间。

二层弱电平面图 1:150

×××建筑勘察设计有限公司						
院审		专业组长		建设单位	×××大学	
审核		校对		工程项目	逸夫教学楼	
设计负责人		设计		二层弱电平面图	设计号	××××.××
					图号	电施-13
专业负责人		制图			日期	××××.××

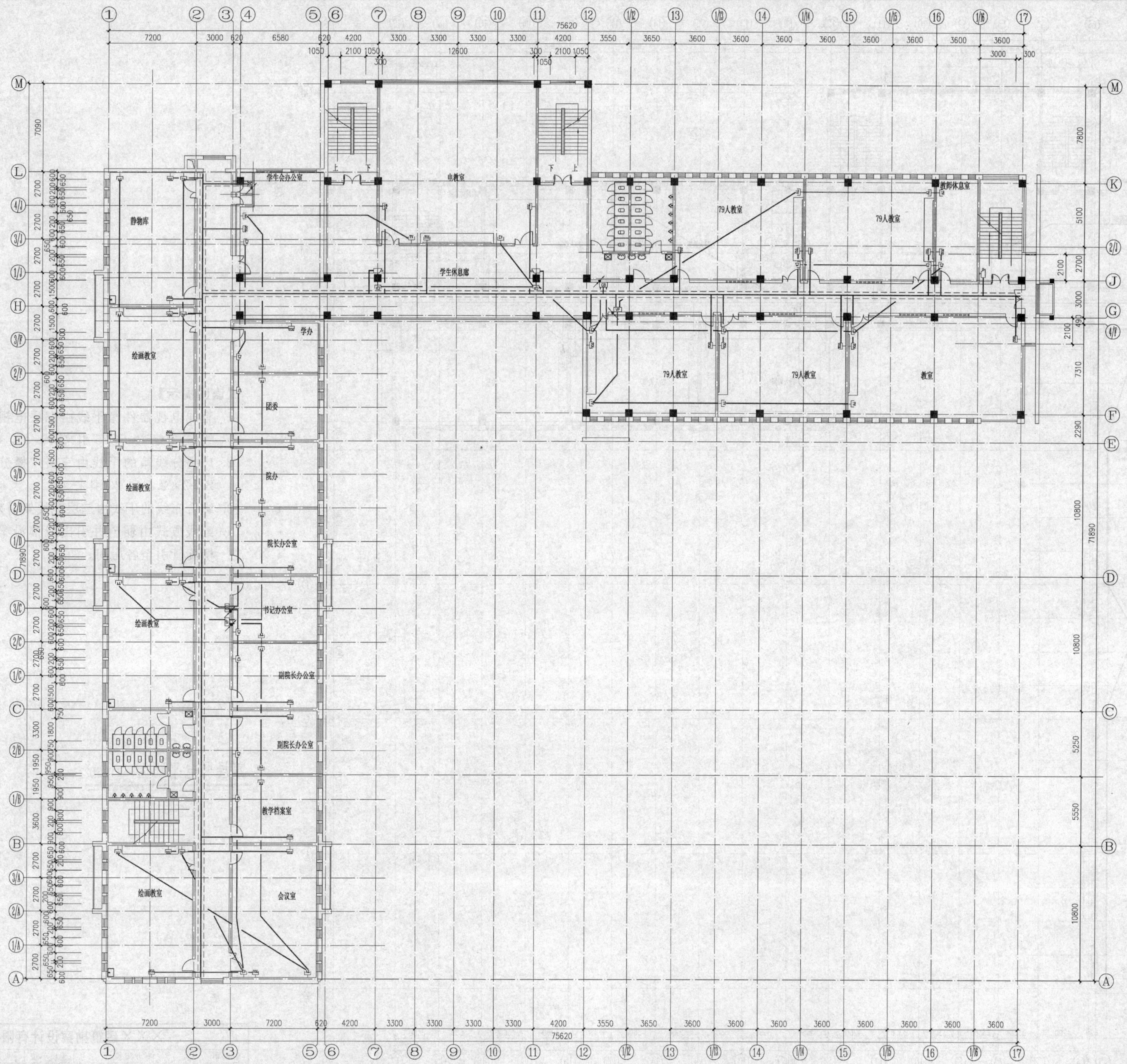

【读图提示】

1. 有线电视器件箱干线由二层电视器件箱预留管线 SYV-75-9-SC25 引来。
2. 广播分线箱的干线由二层广播分线箱预留管线 BX-2×2.5-SC20 引来。
3. 综合布线的干线由二层配线架引来。
4. 配线方式由弱电井引出线槽沿梁底敷设，由线槽配管引至各房间。

三层弱电平面图　1:150

×××建筑勘察设计有限公司						
院审		专业组长		建设单位	×××大学	
审核		校　对		工程项目	逸夫教学楼	
设计负责人		设　计		三层弱电平面图	设计号	××××.××
专业负责人		制　图			图　号	电施-14
					日　期	××××.××

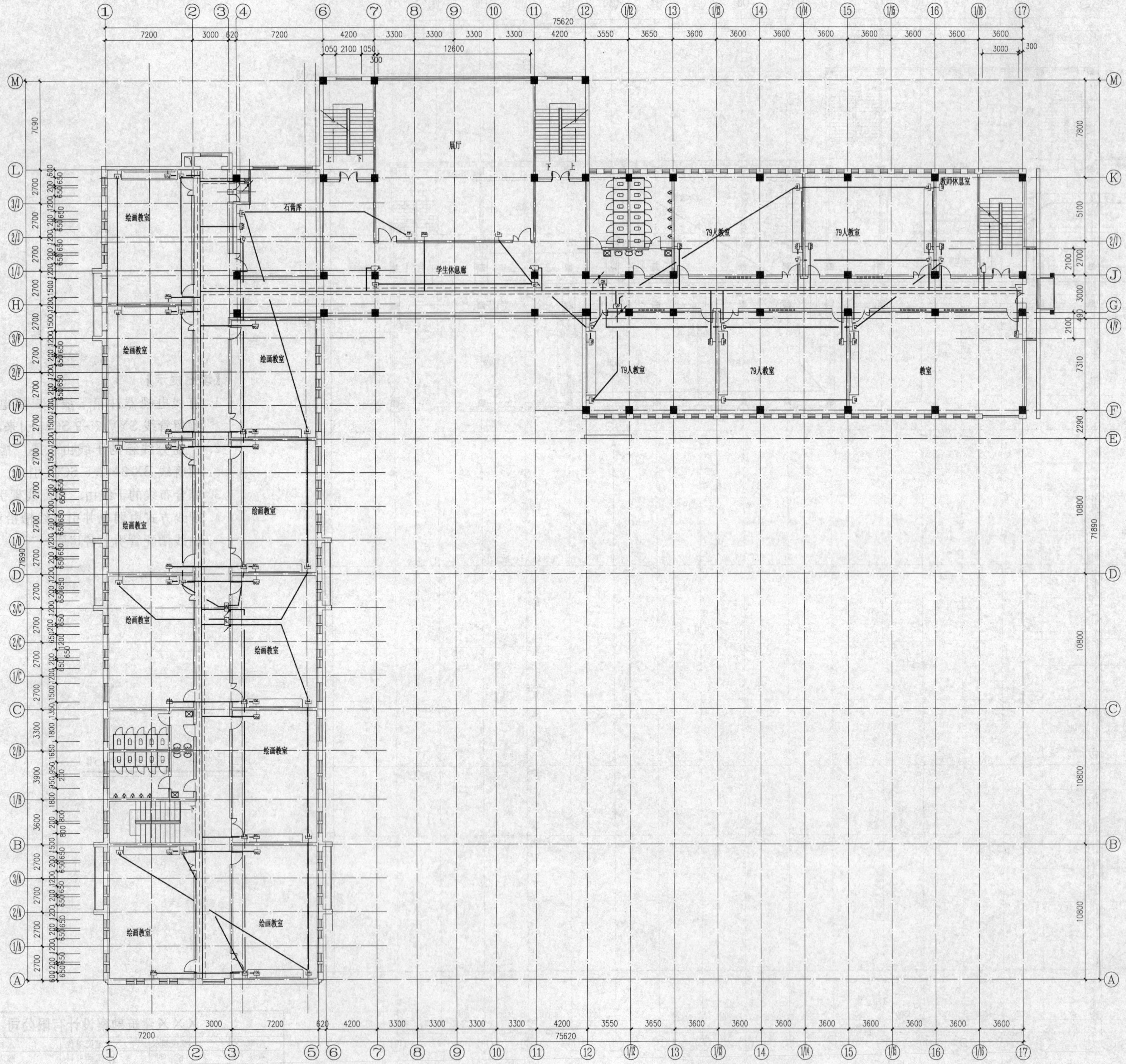

【读图提示】

1. 有线电视器件箱干线由三层电视器件箱预留管线 SYV-75-9-SC25 引来。
2. 广播分线箱的干线由三层广播分线箱预留管线 BX-2×2.5-SC20 引来。
3. 综合布线的干线由三层配线架引来。
4. 配线方式由弱电井引出线槽沿梁底敷设，由线槽配管引至各房间。

四层弱电平面图　1:150

×××建筑勘察设计有限公司					
院审		专业组长		建设单位	×××大学
审核		校　对		工程项目	逸夫教学楼
设计负责人		设　计		四层弱电平面图	设计号　××××.××
					图　号　电施-15
专业负责人		制　图			日　期　××××.××

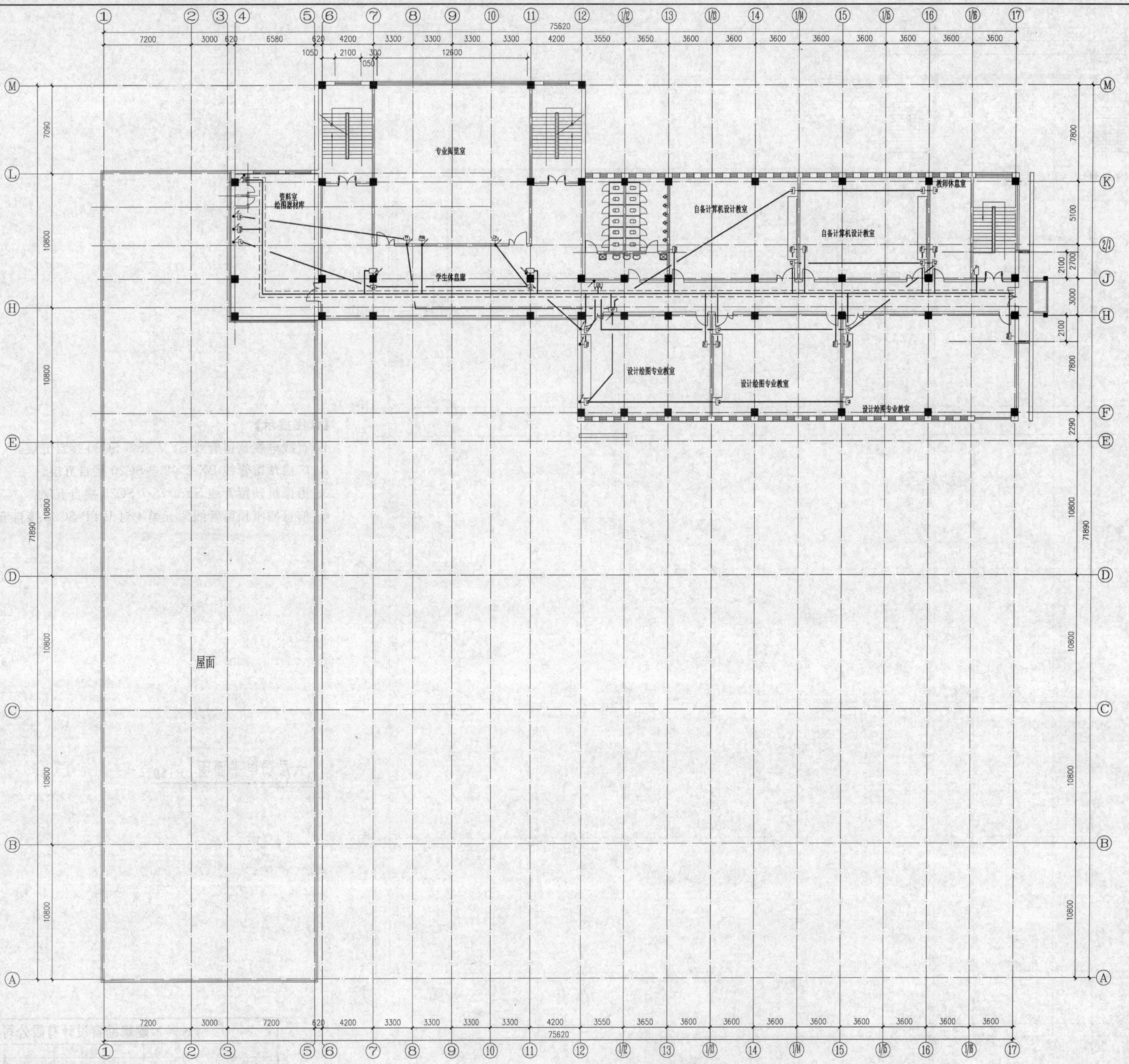

【读图提示】

1. 有线电视器件箱干线由四层电视器件箱预留管线 SYV-75-9-SC25 引来。
2. 广播分线箱的干线由四层广播分线箱预留管线 BX-2×2.5-SC20 引来。
3. 综合布线的干线由四层配线架引来。
4. 配线方式由弱电井引出线槽沿梁底敷设，由线槽配管引至各房间。

五层弱电平面图 1:150

×××建筑勘察设计有限公司						
院审		专业组长		建设单位	×××大学	
审核		校对		工程项目	逸夫教学楼	
设计负责人		设计		五层弱电平面图	设计号	××××.××
专业负责人		制图			图号	电施-16
					日期	××××.××

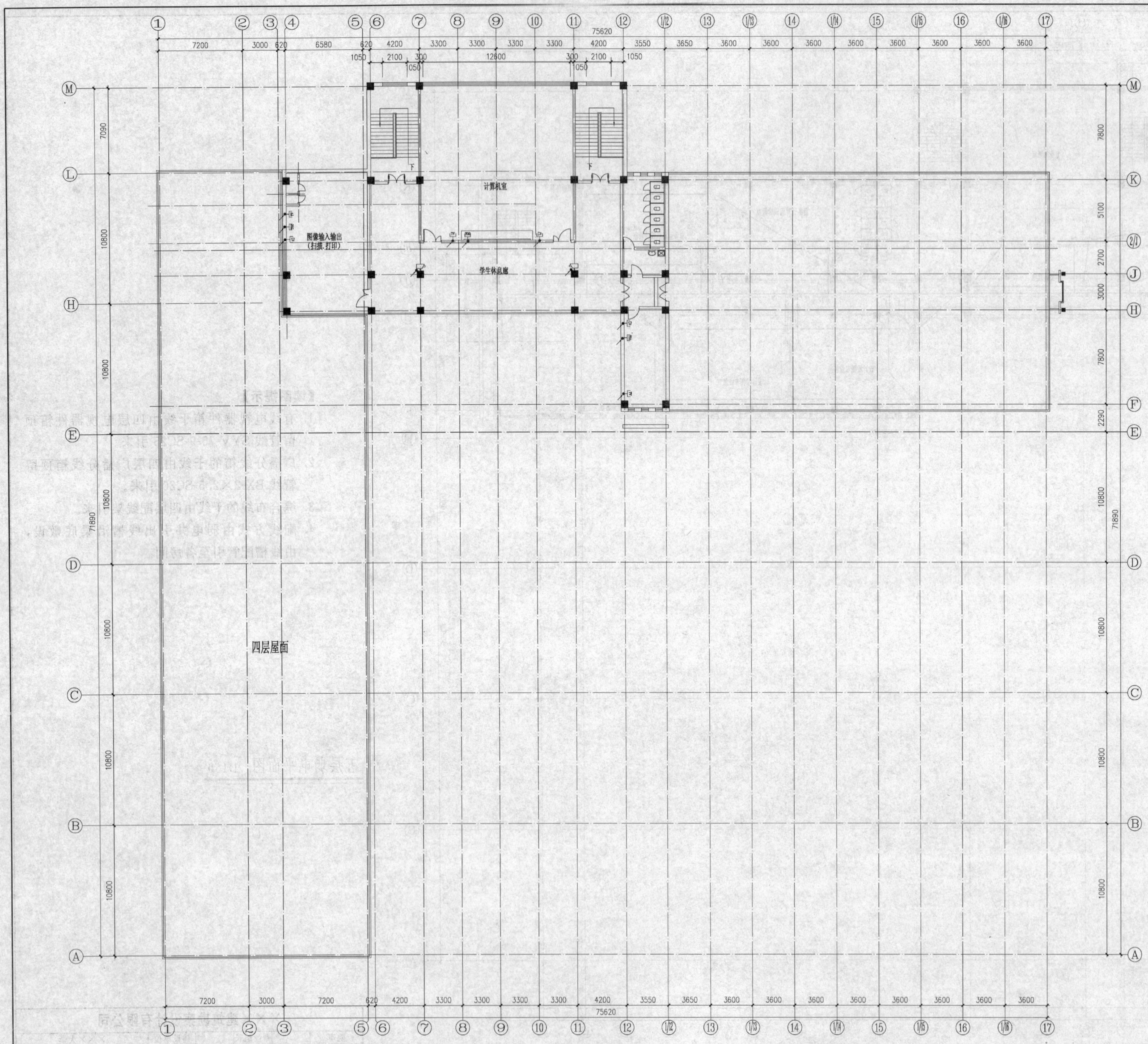

【读图提示】

1. 有线电视预留管线 SYV-75-5-SC20 接自五层。
2. 广播预留管线 BX-2×2.5-SC20 接自五层。
3. 摄像机预留管线 SYV-75-7-SC25 接自五层。
4. 信息插座预留管线超五类 4 对 UTP-SC20 接自五层。

六层弱电平面图 1:150

×××建筑勘察设计有限公司						
院审		专业组长		建设单位	×××大学	
审核		校对		工程项目	逸夫教学楼	
设计负责人		设计		六层弱电平面图	设计号	××××.××
专业负责人		制图			图号	电施-17
					日期	××××.××

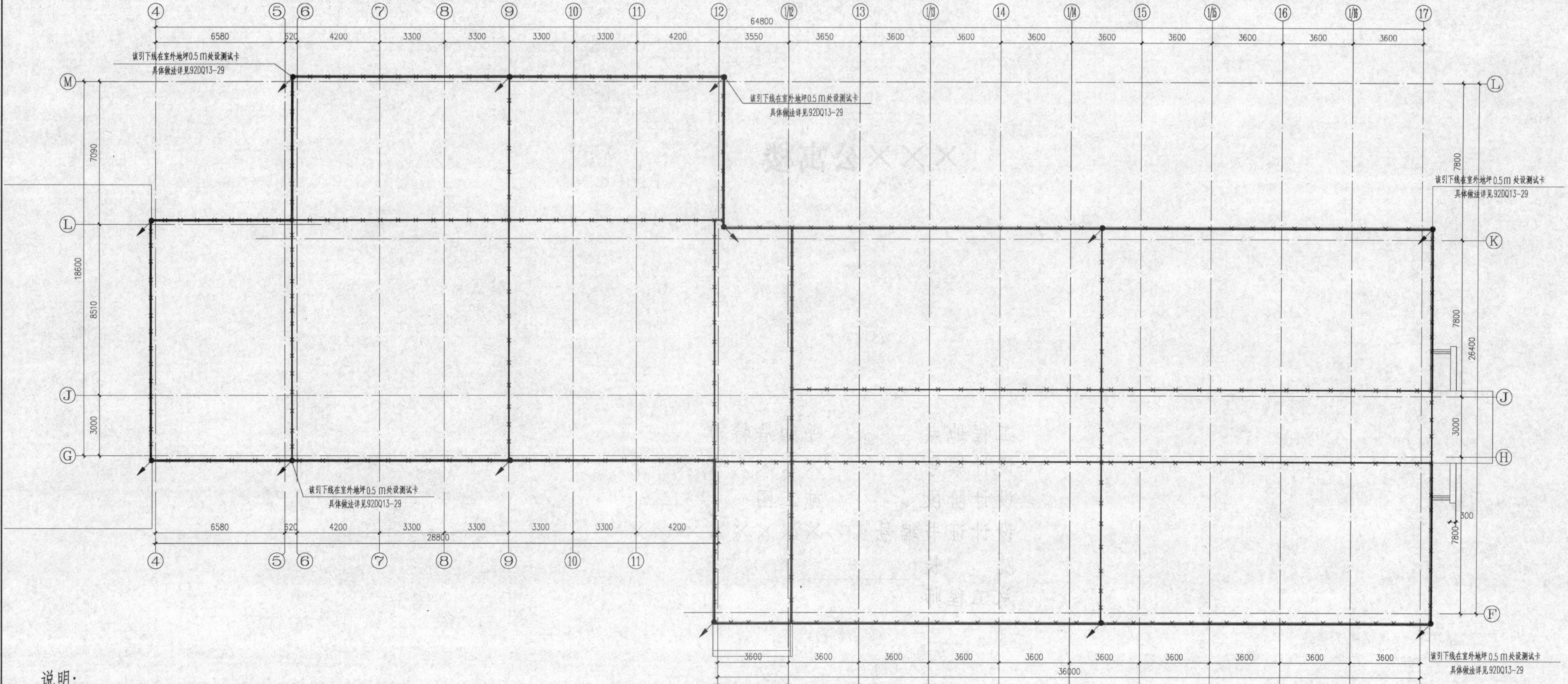

说明:

本工程按三类防雷设计。屋顶设避雷带，所有突出屋面的金属物均与避雷带相接。

利用建筑物内的主钢筋作为防雷引下线，作为引下线的两根钢筋从地下至屋顶焊接，该两根钢筋在屋顶连通并将其中一根引出屋面 20cm 与屋顶避雷带相接，在地下（-1.0m处）将柱中作引下线的两根钢筋连通，并用一根 φ12 钢筋引出至室外地下1m处，与室外人工接地体相连，在防雷引下线处距地 0.5m 处预留测接地电阻测试板。

该楼重点房间如配电室、强弱电管道井。综合布线配线间，计算机中心机房均专门设置了接地专用端子板，以便于重要设备与共用接地系统相接。接地专用端子板要求和结构中柱子主筋用φ10 钢筋两根焊接相连引出，具体做法见 98D13 设计图集。

为满足各种设备对接地的要求该楼设置共用接地系统，为此要求首层结构柱子中的主筋在地下1m处水平焊接出φ12的圆钢再做水平垂直接地极，以满足对接地阻值的要求。

工程量依当地地质土壤湿度条件具体确定。

利用建筑物基础作为接地体，将底板主筋沿建筑物外圈焊接成环形，并与底板内轴线处基础梁内钢筋焊接成不大于20m×20m的网格，再在建筑物周围作人工接地体，沿建筑物外面四周敷设成闭合环状的水平接地体，可埋设在建筑物散水及灰土基础以外的基础槽边，总接地电阻要求不大于1欧姆。

所有防雷材料均采用镀锌件，做法参照国家建筑标准设计建筑物防雷设施安装 99D562 施工。

防雷对结构专业的要求：利用建筑物内的两根主钢筋作为防雷引下线，作为引下线的钢筋从地下至屋顶焊接，搭接的长度＞6d，将该两根钢筋在屋顶连通并将其中一根引出屋面 20cm，以备与屋顶避雷带相接，在地下（-1.0m 处）将其中作为引下线的两根连通，并用一根φ12钢筋引出室外至室外地下 1m处，以便与室外人工接地体相连。

屋顶防雷平面图　1:100

×××建筑勘察设计有限公司						
院审		专业组长		建设单位	×××大学	
审核		校　对		工程项目	逸夫教学楼	
设计负责人		设　计		屋顶防雷平面图	设计号	××××.××
					图　号	电施-18
专业负责人		制　图			日　期	××××.××

×××公寓楼

工程地点 呼和浩特市
设计编号 ××××-××
设计阶段 施工图
设计证书编号 ××××××-××
院 长____________
总工程师____________

×××建筑设计咨询有限责任公司
××××年××月

图纸目录

序号	图号	项目名称	图纸规格
1	建施-01	图纸目录　使用通用图集目录　节能专篇	A1
2	建施-02	建筑设计说明　材料做法表	A1
3	建施-03	一层平面图	A2+1/4
4	建施-04	二层平面图	A2+1/4
5	建施-05	三、四层平面图	A2+1/4
6	建施-06	五～十一层平面图	A2+1/4
7	建施-07	机房层平面图	A2+1/4
8	建施-08	屋顶排水平面图	A2+1/4
9	建施-09	南立面图	A1
10	建施-10	北立面图	A1
11	建施-11	东立面图　西立面图	A1
12	建施-12	1-1剖面图　2-2剖面图	A1
13	建施-13	LT1详图（一）	A1
14	建施-14	LT1详图（二）　户型详图（一）　1#卫生间详图	A1
15	建施-15	LT1 a-a剖面图　DT1 b-b剖面图	A2
16	建施-16	户型详图（二）　无障碍公寓详图	A1
17	建施-17	墙身详图(一)	A1+1/4
18	建施-18	墙身详图(二)	A1+1/4
19	建施-19	门窗表　门窗详图（一）	A1
20	建施-20	门窗详图（二）	A1
21	建施-21	建筑消防设计说明防火分区图	A1
22			
23			
24			
25			
26			
27			
28			
29			

使用通用图集目录

图集号	图集名称	标准图集	编制单位
05J1	工程做法	05系列建筑标准设计图集	内蒙古　天津　河北　山西　河南联合编制
05J3-1	外墙外保温	05系列建筑标准设计图集	内蒙古　天津　河北　山西　河南联合编制
05J3-4	加气混凝土砌块墙	05系列建筑标准设计图集	内蒙古　天津　河北　山西　河南联合编制
05J4-1	常用门窗	05系列建筑标准设计图集	内蒙古　天津　河北　山西　河南联合编制
05J5-1	平屋面	05系列建筑标准设计图集	内蒙古　天津　河北　山西　河南联合编制
05J6	外装修	05系列建筑标准设计图集	内蒙古　天津　河北　山西　河南联合编制
05J7-1	墙面、楼地面	05系列建筑标准设计图集	内蒙古　天津　河北　山西　河南联合编制
05J8	楼梯	05系列建筑标准设计图集	内蒙古　天津　河北　山西　河南联合编制
05J9-1	室外工程	05系列建筑标准设计图集	内蒙古　天津　河北　山西　河南联合编制
05J13	无障碍设施	05系列建筑标准设计图集	内蒙古　天津　河北　山西　河南联合编制
06J123	墙体节能建筑构造	国家建筑标准设计图集	中国建筑标准设计研究院
06J121-3	外墙外保温建筑构造（三）	国家建筑标准设计图集	中国建筑标准设计研究院
02J121-1	外墙外保温建筑构造（一）	国家建筑标准设计图集	中国建筑标准设计研究院
06J908-1	公共建筑节能构造	国家建筑标准设计图集	中国建筑标准设计研究院
06J204	屋面节能建筑构造	国家建筑标准设计图集	中国建筑标准设计研究院
DBJ03-37-2009	蒹强板构造图集	内蒙古自治区工程建设地方标准	内蒙古　天津　河北　山西　河南联合编制

建筑节能设计专篇

1. 工程名称：XXX公寓楼；建筑类型：综合楼；结构体系：框架剪力墙。
2. 总建筑面积：10905m²；层数（地上）：11层；公建（1层）建筑体积：4446.62m³；外表面积：670.5m²；体形数：0.15。居建（2～层）建筑体积：36707.3m³；外表面积：6530.72m²；体形数：0.178。
3. 本工程项目地处气候分区严寒地区的B区；采暖期室外计算温度-5.2℃；采暖度日数：3550℃·d。
4. 建筑围护结构各部分的节能措施与热工性能如下表：

建筑围护结构		采用的节能措施与构造	传热系数 W/(m²·K)	备注
屋1		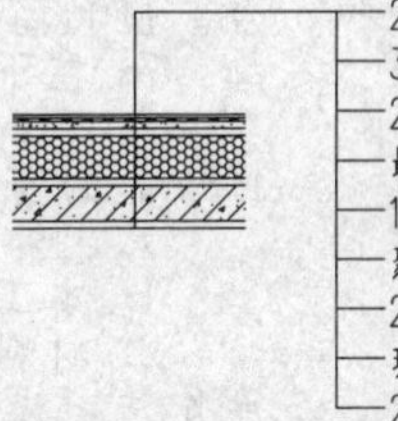	0.187	180厚挤塑保温板保温
外墙	陶粒混凝土空心砌块墙体	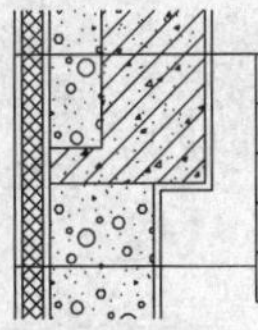	公建（一层）0.297 居建（二层以上）0.39(0.364)	120厚岩棉复合板薄抹灰外保温系统详厂方工艺参华北标BJ系列专项图集10BJZ38《JDHT不燃材料外墙外保温》
	钢筋混凝土墙体	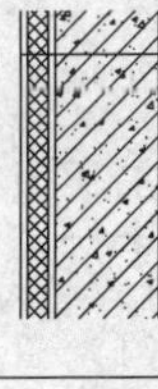		120厚岩棉复合板薄抹灰外保温系统详厂方工艺参华北标BJ系列专项图集10BJZ38《JDHT不燃材料外墙外保温》
玻璃幕墙1		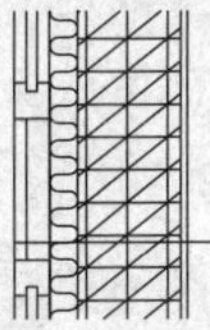	0.48	100厚岩棉保温
玻璃幕墙2		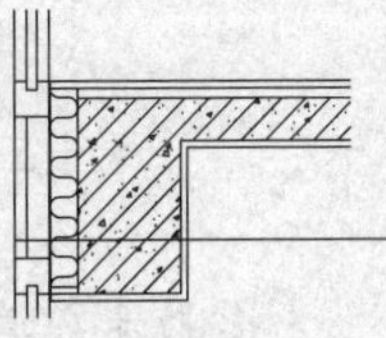	0.444	100厚岩棉保温

单一朝向外窗（包括透明幕墙）	南	外窗为断桥铝合金单框 Low-E 中空玻璃	窗墙面积比	0.532（0.53）	2.4	气密性	4(6)级
		玻璃幕墙为断桥铝合金单框 Low-E 中空玻璃					3级
	东	外窗为断桥铝合金单框 Low-E 中空玻璃		0.043（0.40）	2.4		4(6)级
		玻璃幕墙为断桥铝合金单框 Low-E 中空玻璃					3级
	西	外窗为断桥铝合金单框 Low-E 中空玻璃		0.043 (0.40)	2.4		4(6)级
		玻璃幕墙为断桥铝合金单框 Low-E 中空玻璃					3级
	北	外窗为断桥铝合金单框 Low-E 中空玻璃		0.476 (0.34)	2.4		4(6)级
		玻璃幕墙为断桥铝合金单框 Low-E 中空玻璃					3级

×××建筑设计咨询有限责任公司

×××JIANZHU SHEJI ZIXUN YOUXIAN ZEREN GONGSI

中国×××市新城区×××街××号
工程设计证书编号：甲级×××××××

建设单位：×××市×××置业有限公司

工程名称：×××公寓楼

设计编号 ××××-××-××

审　定	
审　核	
设计总负责人	
校　对	
设计人	
制图人	
图纸名称	图纸目录　使用通用图集目录
专　业	建筑
比　例	1：100
图　号	建施-01
日　期	××××.××

建筑设计说明

一、设计依据

（一）文件依据

1. 建设单位与×××建筑设计咨询有限责任公司签定的委托设计合同。

2. 建设单位认定的本工程建筑设计方案。

（二）设计规范依据

1.《民用建筑设计通则》GB 50352—2005
2.《公共建筑节能设计标准》GB 50189—2005
3.《公共建筑节能设计标准》DBJ 03-27—2007
4.《城市道路和建筑物无障碍设计规范》JGJ 50—2001
5.《高层民用建筑设计防火规范》GB 50045—1995（2005 版）
6.《屋面工程技术规范》GB 50345—2004
7.《建筑玻璃应用技术规范》JGJ 113—2009
8.《全国民用建筑工程设计技术措施》
9.《严寒和寒冷地区居住建筑节能设计标准》JGJ 26—2010
10. 内蒙古地方标准《民用建筑节能设计标准实施细则》DB 15/T 259—1997 版

二、工程概况

1. 本工程主要功能：一层为超市；二～十一层为公寓。
2. 总建筑面积：10905m²。
3. 建筑层数、高度：地上 11 层，建筑高度 40.90m。
4. 建筑设计使用年限：3 类（50 年）。
5. 建筑耐火等级二级。
6. 抗震设防烈度：8 度。
7. 结构类型：框架剪力墙结构。

三、标高及单位

1. 本工程总图设计详总图施工图，±0.000 相当于绝对标高，详总平面图。

2. 各层标高为建筑完成面标高，屋面标高为结构面标高。

3. 本工程总图及标高以米（m）为单位，其余尺寸以毫米（mm）为单位。

四、墙体

1. 普通房间墙体：外墙除钢筋混凝土墙和玻璃幕墙外，外墙砌体为 300（400）厚陶粒混凝土空心砌块＋120 厚岩棉复合板薄抹灰＋涂料，内墙采用 200 厚陶粒混凝土空心砌块；管井、风道等采用 200（或 100）厚陶粒混凝土空心砌块。

2.（陶粒混凝土空心砌块）墙的构造柱，水平配筋带等做法见结施。

3. 所有的窗下墙、挂有配电箱、电表箱、消火栓等较重设备的洞口下，砌块墙均须加 100 厚 C20 细石混凝土压顶，内配 4ϕ8 纵筋，ϕ6@200 拉筋，纵筋两端入墙 200。

4. 内外墙留洞：钢筋混凝土墙预留洞，见结施和设备施工图纸；非承重墙预留洞，见建施和设备施工图纸，施工时土建与设备安装工种应密切配合，栅预留、预埋。

5. 所有穿过墙体的管线、嵌入墙内的设备安装完毕后，须将洞口周边堵塞密实。

6. 填充墙的做法应满足《框架结构填充小型空心砌块墙体建筑构造》要求。

五、屋面（材料做法详材料做法表）

屋面防水等级采用Ⅱ级（15 年）

屋 1 不上人屋面

面层：水泥砂浆保护层

防水层：防水层（Ⅱ级防水）

保温层：180 厚挤塑保温板

六、门窗

1. 门窗立面形式、颜色、开启方式的选用见立面图、门窗图；门窗数量见门窗表。

2. 门窗立樘位置：外门立樘居墙中，外窗位置见墙身节点图，内门窗立樘位置除注明外，平开门立樘居 200 厚墙中。

3. 门窗加工尺寸要按门窗洞口尺寸减去相关外饰面的厚度，窗洞口外饰面控制厚度 50。

4. 所有外门窗均需加设附框，外窗采用铝合金断桥灰绿色氟碳喷涂框料。

5. 外门、窗玻璃为灰绿色 LOW-E 中空玻璃，要求低反光高透光，单层玻璃的厚度要求大于或等于 6mm，热工指标 K 值应满足设计要求（$K \leqslant 2.4\mathrm{W/m \cdot K}$），气密性不应低于《建筑外窗气密、水密、抗风压性能分级及检测方法》（GB/T 7106—2008）规定的 4 级；外窗玻璃的可见光透射比不应小于 0.4。

6. 防火门均装闭门器，双扇防火门均装顺序器。常开防火门窗须有自行关闭和信息反馈装置。

7. 管道井检修门定位与管道井外侧墙面平；凡未注明井脚楼，地面高度均为 150 高，做 C15 混凝土门槛，宽同墙厚。

8. 本工程门窗按不同材料和用途分别编号，详见门窗表。

七、建筑幕墙

1. 本工程玻璃幕墙中玻璃、铝合金框均要求有好的保温隔热效果，采用灰绿色 LOW-E 中空玻璃和断桥框料。透明幕墙的传热系数 $k \leqslant 2.4$；气密性不应低于《建筑幕墙》（GB/T 21086—2007）规定的 3 级。

2. 建筑幕墙的设计，制作和安装应符合《建筑幕墙》（GB/T 21086—2007）的要求。

3. 建筑幕墙的抗风压性能应符合《建筑结构荷载规范》（GB 50009—2001）的要求。

4. 本工程幕墙图为幕墙示意图，仅表示幕墙的形式、分格的要求等。

5. 幕墙设计单位负责幕墙的具体设计并向建筑设计单位提供预埋件的设置要求，以便在施工图中表达清楚，在施工中安装得当。

6. 幕墙设计应注意与土建、机电、擦窗、室外照明工程等密切配合。应预留防雷接线端子。

7. 在下述范围内采用安全玻璃：

A. 幕墙；B. 建筑出入口玻璃门、窗，玻璃门厅；C. 单片面积大于 1.5m² 的窗玻璃及落地门窗玻璃。

八、外装修

1. 本工程外装修设计详见立面图。

2. 材料要求：玻璃幕墙：断热型铝合金型材，表面采用两涂氟碳喷涂作法，浅灰色中空钢化 LOw-e 玻璃。开启扇约占幕墙面积的 15%，开启扇为上悬，多点锁五金系统。

九、内装修

1. 一般装修见房间用料表、材料做法表。

2. 通风竖井随砌随用 1∶3 水泥砂浆抹光，并内衬纤维增强硅酸盐耐火防火板。

3. 吊顶以上待设备管道安装完毕后再封墙体。

十、节能设计

1. 本工程按照国家节能设计规范节能要求进行设计，具体设计要求及技术参数详见"建筑节能设计专篇"及相应的节能计算书。

2. 外墙保温部分：参华北标 BJ 系列专项图集 10BJZ38《JDHT 不燃材料外墙外保温》，本工程采用粘贴岩棉复合板薄抹灰，应取得消防部门认可。外墙外保温的具体做法详厂方工艺设计，并应符合《建筑节能工程施工质量验收规范》（GB 50411—2007）的要求。

十一、防水——防水材料的技术要求见材料做法表中注示

1. 室内防水

（1）卫生间、厨房、淋浴间、空调机房、水泵房等楼地面采用单组分环保 1.5 厚聚氨酯防水涂膜防水，做法见房间用料表。

（2）厨房、卫生间、淋浴间、空调机房、水泵房、水箱间等楼地面的防水涂料应沿四周墙面高起 250mm，淋浴间高起 1.8m。

（3）有防水要求的房间穿楼板立管均应预埋防水套管，防止水渗漏。

（4）集水坑防水见详图。

2. 屋面防水见"屋面"说明。

十二、无障碍设计

1. 建筑入口，入口平台及门。
2. 专用厕所及无障碍设施。
3. 电梯及候梯厅设无障碍设施，并设有无障碍按钮、扶手。
4. 无障碍 6 间。

十三、防火

1. 本建筑属二类高层建筑，耐火等级二级。

2. 消防车道：用地内建筑四周均为道路或广场，可以形成外部的消防车环道，环道宽大于等于 4m，详总施。

3. 本建筑大部分区域（除电梯机房、强电间、弱电间、工艺间、面积小于 5m² 的卫生间、楼梯间等）均设有自动灭火系统。防火分区的划分为一层为三个防火分区，二层以上每层为一个防火分区。

4. 本建筑每个防烟分区面积不大于 500m²，采用隔墙、梁或高度不小于 500mm 的挡烟垂壁划分，精装修区域由精装修设计完成。

5. 防火分隔和防火门窗：消防电梯前室的门采用防火卷帘。

6. 所有砌体墙（除说明者外）均砌至梁底或板底。

7. 所有管道井（除风井外）待管道安装后，在楼板处用后浇板做防火隔。

8. 管道穿过隔墙、楼板时，应采用防火封堵材料将其周围的缝隙填塞封堵密实。

9. 防火墙两侧的门窗均依据《高层民用建筑设计防火规范》（GB 50045）5.2.1 条和 5.2.2 条规定设计。

10. 幕墙设计应符合防火规范的要求。

11. 其他有关消防措施见各专业图。

十四、建筑设备、设施

1. 卫生洁具、成品隔断由建设单位与设计单位商定，并应与施工配合。

2. 灯具、送回风口等影响美观的器具须经建设单位与设计单位确认样品后方可批量加工、安装。

3. 电梯

（1）由于业主未提供电梯样本，建设单位可根据预留的井道尺寸对电梯类型进行选择。

（2）电梯对建筑的技术要求及电梯详图待甲方订货后，由厂家提供技术设计并配合设计院再行出图。

十五、室外挑檐、雨棚、台阶、坡道、散水、地面见立面图、总平面图及有关详图。

十六、其他

1. 施工中各工种应密切配合，协调作业，以国家现行的施工及验收规范为依据，保证施工质量达到设计要求。

2. 施工中注意预留孔洞、预埋件不得随意剔凿。

3. 凡露明铁件一律刷防锈漆两道，再做面层油漆，预埋木砖及铁件（包括与混凝土或陶粒混凝土墙接触面）均应做防腐、防锈处理，所有排水管（包括埋设暗管）应加强防锈处理。

4. 两种材料的墙体交接处，在做饰面前均须加钉 200 宽金属网或玻璃丝布，防止裂缝。

5. 凡涉及颜色、规格等的材料，均应在施工前提供样品或样板，经建设单位和设计单位认可后，方可订货、施工。

6. 门窗、洞口过梁、断面配筋详结施。

7. 所有室外坡道、散水、台阶下均需加设 300 厚中砂防冻胀层。

8. 所有风道墙体均待设备安装完毕后再行封闭。

9. 管道井每层楼板预留钢筋，待管道安装完毕后，二次现浇钢筋混凝土进行层层封堵。

10. 凡隐蔽部位与隐蔽工程施工完毕后，应及时会同有关部门进行检查及验收。

11. 所有与电梯、电梯机房贴临的卫生间的墙面、地面均应做防水处理，做法详楼 3、内墙 2。

12. 本说明和图纸具有同等效力，两者均应遵守。若二者有矛盾时，建设单位与施工单位应及时提出，并以设计院的解释为准。

13. 本施工图未尽事宜，应按国家现行有关建筑设计的规范和规定执行，或在施工过程中与设计院共同协商解决。

十七、图例

	图纸比例	≤1∶100	≥1∶50
图例	钢筋混凝土墙、柱		
	陶粒混凝土实心砌块墙		
	陶粒混凝土空心砌块墙		
	岩棉		
	挤塑板		
	玻璃隔墙		
	防水层		

室内做法表

	房间名称	地面	楼面	踢脚	内墙面	顶棚
一层	大厅、电梯厅	磨光花岗石地面 05J1-14 地 25		地砖踢脚 05J1-63-踢 33	刮腻子两遍 05J1-39 内 6	石膏板吊顶 05J1-68 顶 7
	超市、楼梯间	铺砖地面 05J1-14 地 19		地砖踢脚 05J1-63-踢 33	刮腻子两遍 05J1-39 内 6	刮腻子两遍 05J1-67 棚 3
	卫生间	防滑地转 05J1-19 地 52		地砖踢脚 05J1-63-踢 33	釉面砖到吊顶上 100 05J1-40-内 8	铝合金吊顶 05J1-72 顶 18
二～十一层	公寓		毛地面 楼 1		刮腻子两遍 05J1-39 内 6	刮腻子两遍 05J1-67 棚 3
	卫生间 厨房		毛地面 楼 2		毛面 05J1-39 内 6	铝合金吊顶 05J1-72 顶 18
	楼梯间		05J1-28 楼 13	地脚踢脚 05J1-63-踢 33	刮腻子两遍 05J1-39 内 6	刮腻子两遍 05J1-67 棚 3
	电梯厅、走道	铺砖地面 05J1-14 地 19		地砖踢脚 05J1-63-踢 33	刮腻子两遍 05J1-39 内 6	石膏板吊顶 05J1-68 顶 7

屋 1（不上人屋面）

1. 20 厚 1∶3 水泥砂浆保护层
2. 3＋4 厚 SBS 聚酯改性沥青防水卷材
3. 20 厚 1∶3 水泥砂浆找平层
4. 最薄处 30 厚 1∶8水泥陶粒找坡
5. 180 厚挤塑保温板
6. 聚氨酯隔气层
7. 20 厚 1∶3 水泥砂浆找平层
8. 现浇钢筋混凝土楼板

楼 1（110 厚）

1. 1～4 层面层用户自理
2. 60 厚 C15 细石混凝土垫层
3. 素水泥浆一道（内掺建筑胶）
4. 现浇钢筋混凝土楼板

楼 2（90 厚）

1. 1～2 层面层用户自理
2. 1.5 厚聚氨酯涂膜防水（至少三遍以上），四周涂刷高度 250
3. 刷基层处理剂一遍
4. 20 厚 1∶2 水泥砂浆找平，四周抹小八字角
5. C15 细石混凝土垫层随打随抹平，从门口向地漏或排水沟找 0.5%坡，最薄处≥30 厚
6. 现浇钢筋混凝土楼面

×××建筑设计咨询有限责任公司

×××JIANZHU SHEJI ZIXUN YOUXIAN ZEREN GONGSI

中国×××市新城区 ×××街××号

工程设计证书编号：甲级×××××××

建设单位：×××市×××置业有限公司

工程名称：×××公寓楼

设计编号 ××××-××-××

审　定	
审　核	
设计总负责人	
校　对	
设计人	
制图人	

图纸名称：建筑设计说明

专　业	建筑
比　例	1∶100
图　号	建施-02
日　期	××××.××

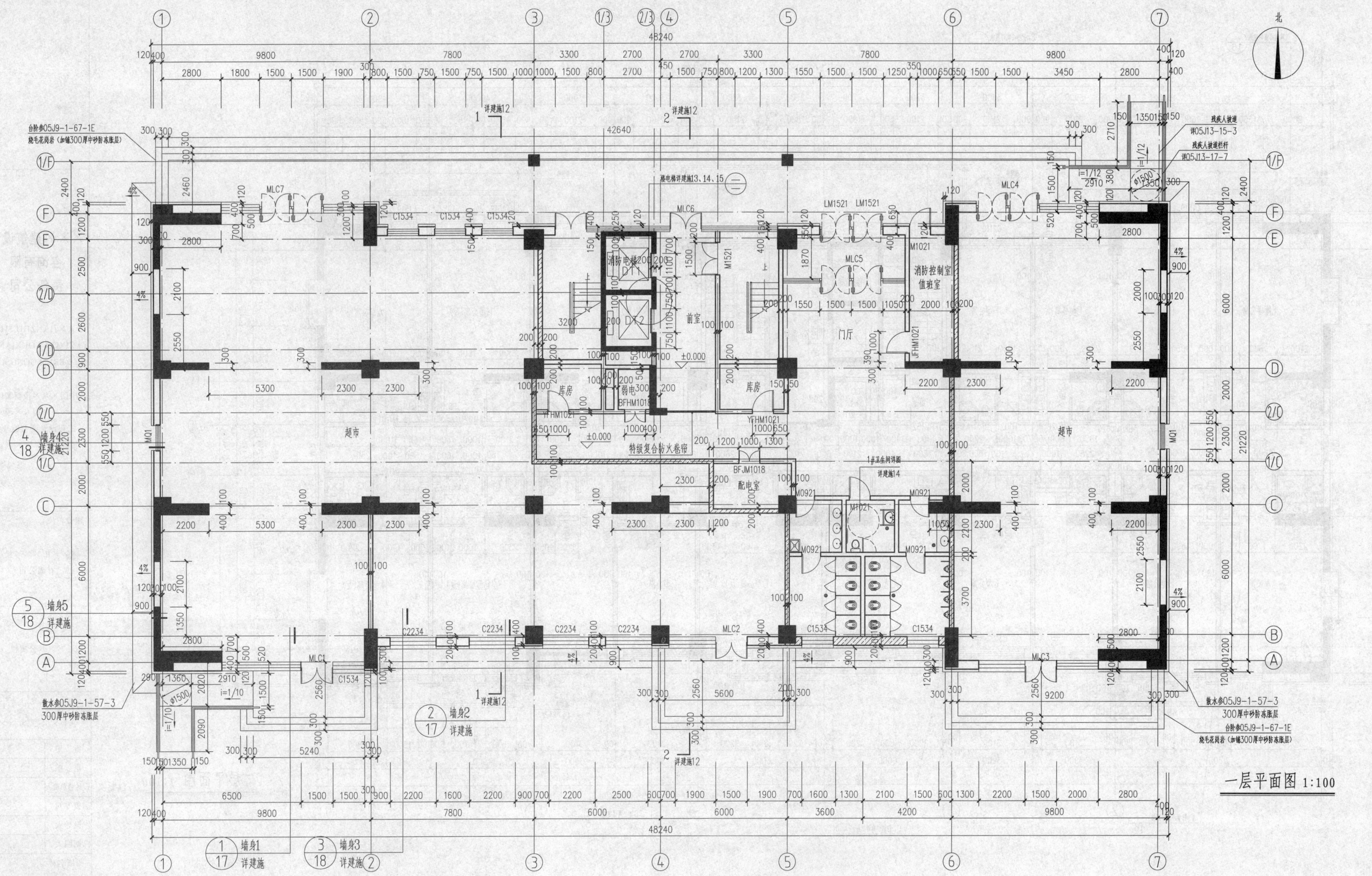

×××建筑设计
咨询有限
责任公司

×××JIANZHU SHEJI
ZIXUN YOUXIAN
ZEREN GONGSI

中国×××市新城区
×××街××号
工程设计证书编号：
甲级×××××××

建设单位：
×××市×××置业
有限公司

工程名称：
×××公寓楼

设计编号
××××-××-××

审 定	
审 核	
设计总负责人	
校 对	
设计人	
制图人	

图纸名称
一层平面图

专 业	建筑
比 例	1∶100
图 号	建施-03
日 期	××××.××

【读图提示】

1. 看平面图的形状与房屋的总长度、总宽度，可计算出房屋的用地面积。
2. 从图中墙的分隔情况和房间名称，可知建筑物内各房间的配置、用途数量及其相互间的联系情况。
3. 从图中定位轴线的编号及其间距，可了解各承重构件的位置及房间的大小。
4. 从图中注写的外部和内部尺寸，及各道尺寸标注，可知各房间的开间、进深、门窗及室内设备的大小和位置。
5. 从图中门窗的图例及其编号，可知门窗的类型、数量及其位置。
6. 了解其他细部（如楼梯、隔墙、墙洞等）的配置和位置情况。
7. 室外台阶、花池、散水和雨落管的大小与位置。
8. 注意看剖面图的剖切位置。
9. 注意室内标高与室外标高值，以确定室内外高差大小。

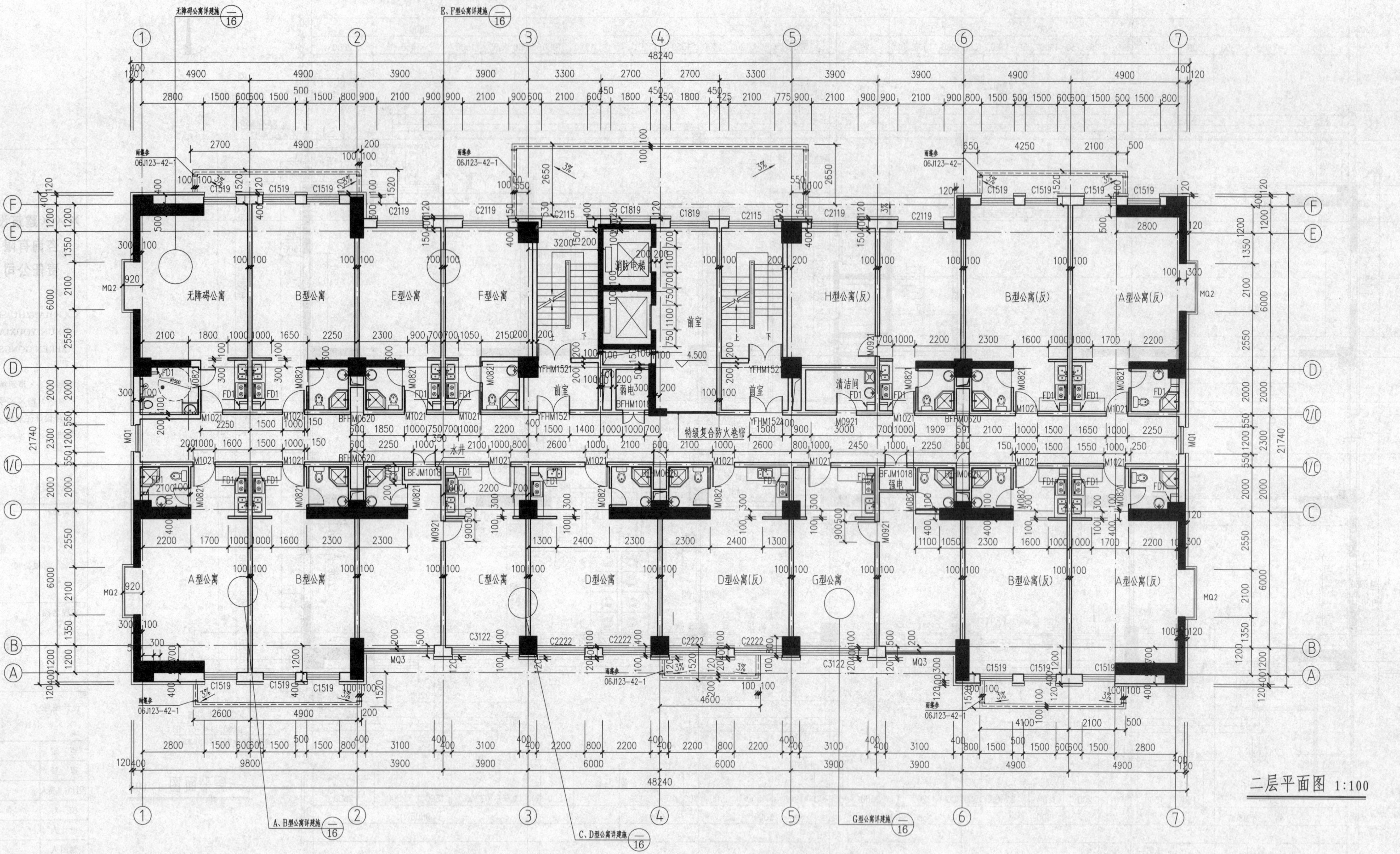

二层平面图 1:100

【读图提示】

1. 在首层平面图的入口处，二层平面图中相应位置处一般设有雨篷，需注意看雨篷的数量、位置及雨篷的样式、大小、尺寸。
2. 对照一层看二层平面图的房间布局与功能有何变化，与立面图、剖面图相结合看平面图中尺寸有无变化（包括房间开间、尺寸变化，立面造型变化引起的尺寸变动）。
3. 注意楼面标高值。对照看各层楼面标高值，可知各层的层高；注意本层楼面标高值的变化（由于楼面做法不同，或房间地面、楼面不在同一水平位置而引起的楼面标高变化，如一般建筑物中卫生间楼面标高即低于本层其他房间的楼面标高）。

×××建筑设计咨询有限责任公司 ×××JIANZHU SHEJI ZIXUN YOUXIAN ZEREN GONGSI 中国×××市新城区×××街××号 工程设计证书编号：甲级×××××××	
建设单位： ×××市×××置业有限公司	
工程名称： ×××公寓楼	
设计编号 ××××-××-××	
审　定	
审　核	
设计总负责人	
校　对	
设计人	
制图人	
图纸名称 二层平面图	
专　业	建筑
比　例	1∶100
图　号	建施-04
日　期	××××.××

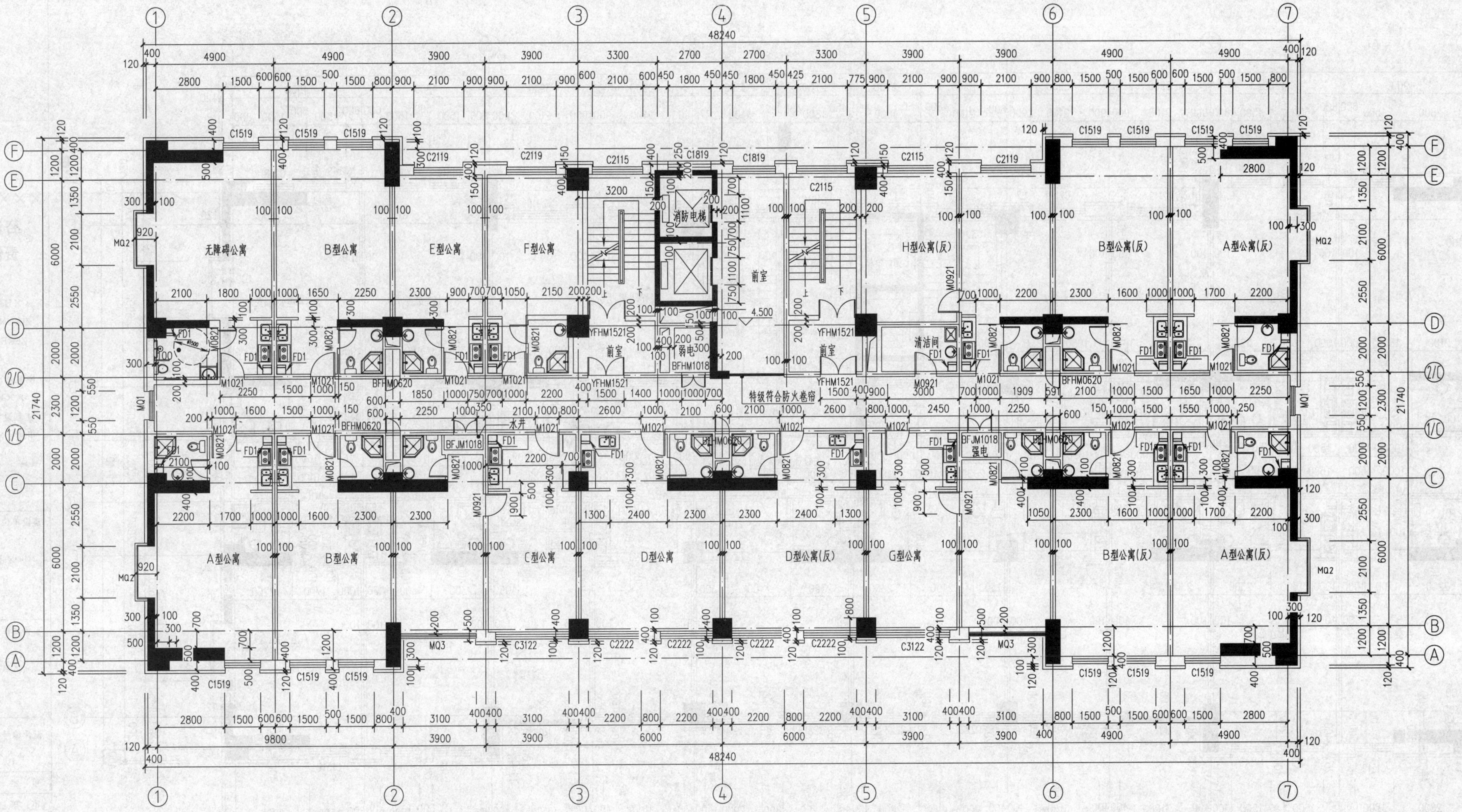

三、四层平面图1:100

【读图提示】

1. 与一、二层平面图相对照看房间布局与功能有何变化，与立面图、剖面图相结合看平面图中尺寸有无变化（包括房屋开间、进深尺寸变化，立面造型变化引起的尺寸变动）。
2. 注意楼面标高值。对照看各层楼面标高值，可知各层的层高；注意本层楼面标高值的变化（由于楼面做法不同，或房间地面、楼面不在同一水平位置而引起的楼面标高变化，如一般建筑物中卫生间楼面标高即低于本层其他房间的楼面标高）。

注：五～十一层平面图读图提示同此。

×××建筑设计咨询有限责任公司

×××JIANZHU SHEJI ZIXUN YOUXIAN ZEREN GONGSI

中国×××市新城区×××街××号
工程设计证书编号：甲级×××××××

建设单位：	×××市×××置业有限公司
工程名称：	×××公寓楼
设计编号	××××-××-××
审　定	
审　核	
设计总负责人	
校　对	
设计人	
制图人	
图纸名称	三、四层平面图
专　业	建筑
比　例	1∶100
图　号	建施-05
日　期	××××.××

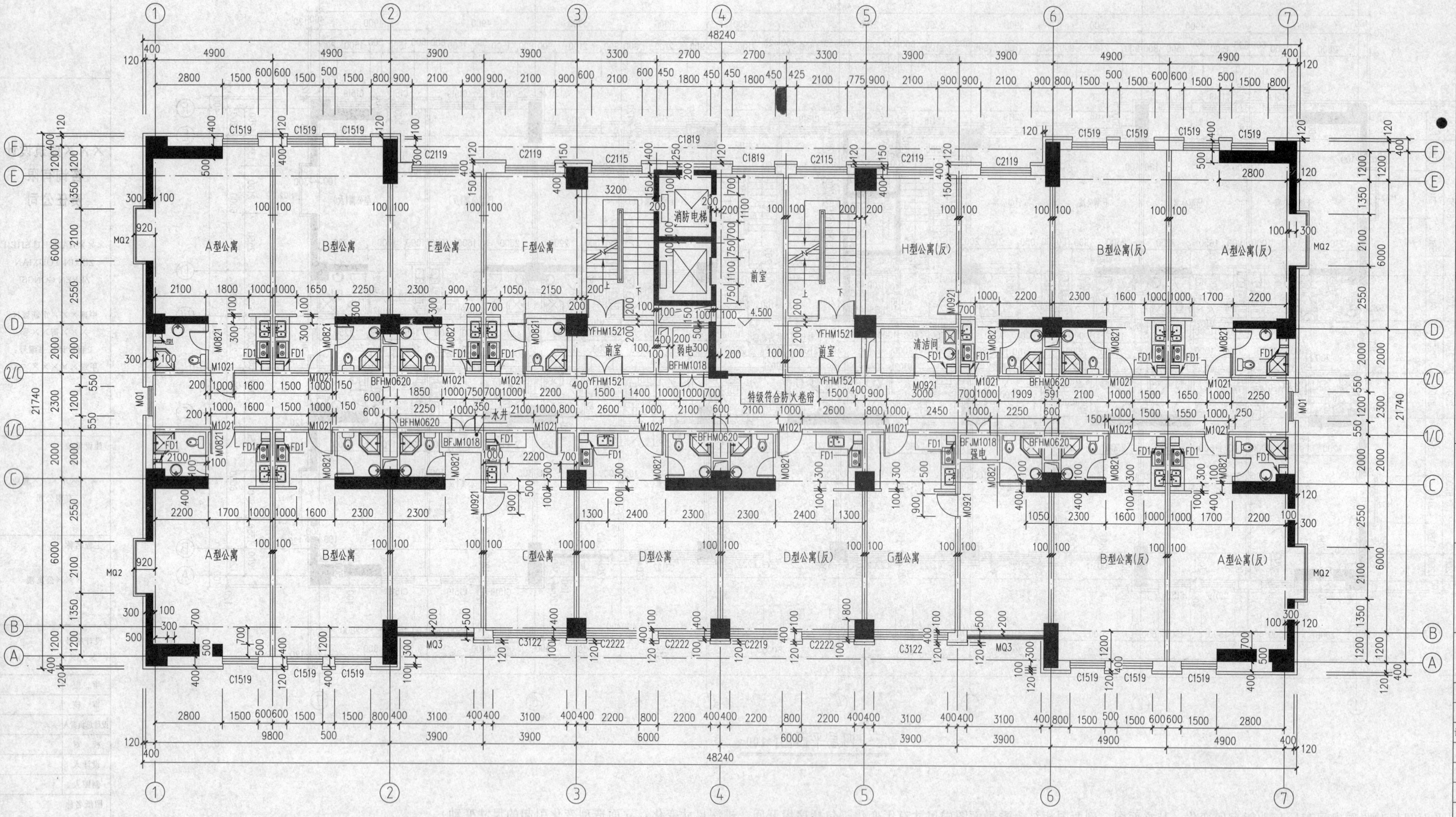

五～十一层平面图 1:100

×××建筑设计咨询有限责任公司	
×××JIANZHU SHEJI ZIXUN YOUXIAN ZEREN GONGSI	
中国×××市新城区×××街××号 工程设计证书编号：甲级×××××××	
建设单位：	×××市×××置业有限公司
工程名称：	×××公寓楼
设计编号	××××-××-××
审 定	
审 核	
设计总负责人	
校 对	
设计人	
制图人	
图纸名称	五～十一层平面图
专 业	建筑
比 例	1∶100
图 号	建施-06
日 期	××××.××

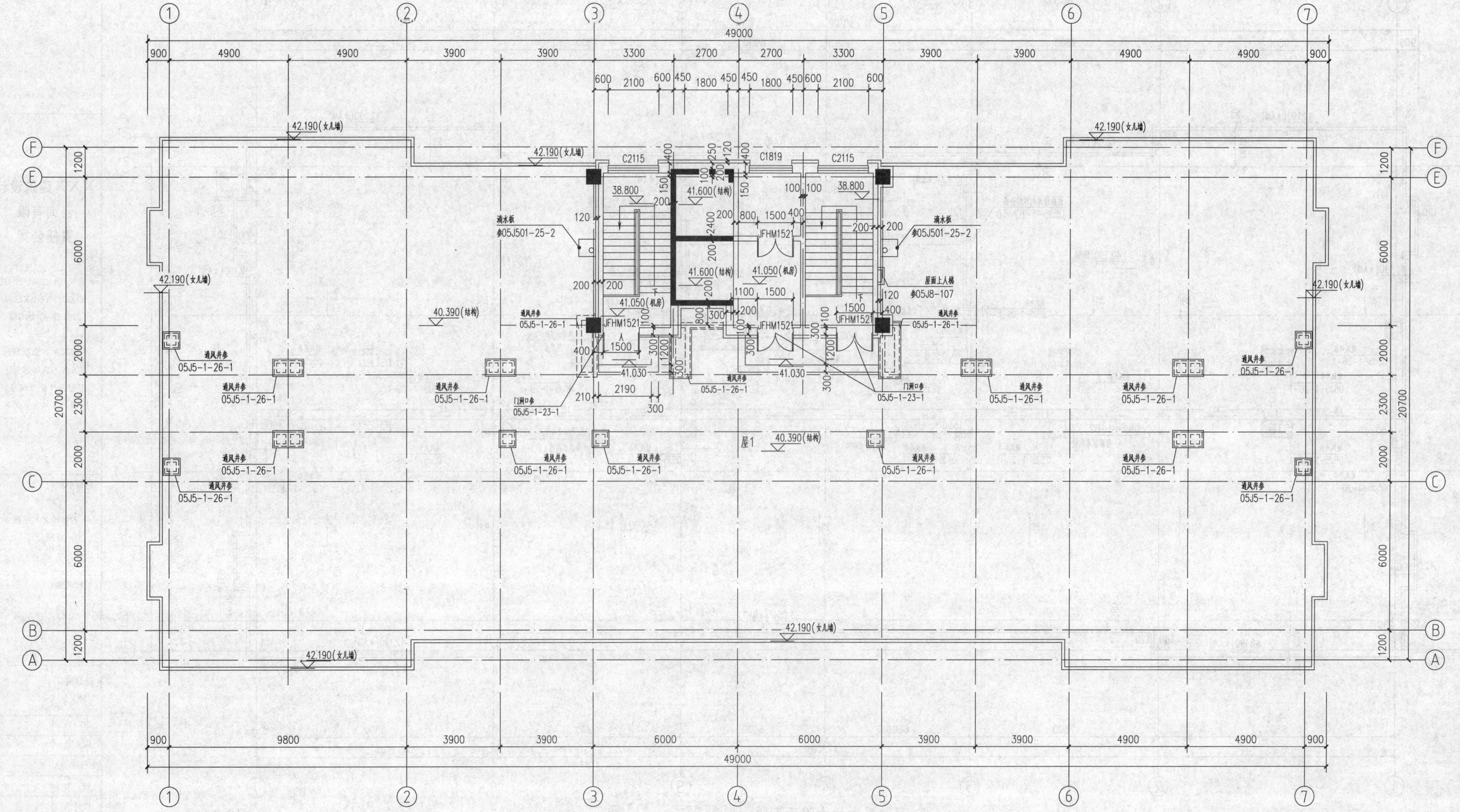

机房层平面图 1:100

【读图提示】

1. 应注意看突出屋面的楼梯间、水箱间、电梯间等的位置、布局及其大小；通风道、检查孔、排气道或透气孔、变形缝的位置和大小。
2. 出屋面的通风井、排气孔等设施的构造做法、详图索引。

×××建筑设计咨询有限责任公司

×××JIANZHU SHEJI ZIXUN YOUXIAN ZEREN GONGSI

中国×××市新城区
×××街××号
工程设计证书编号：
甲级×××××××

建设单位：
×××市×××置业有限公司

工程名称：
×××公寓楼

设计编号
××××-××-××

审定	
审核	
设计总负责人	
校对	
设计人	
制图人	

图纸名称
机房层平面图

专业	建筑
比例	1:100
图号	建施-07
日期	××××.××

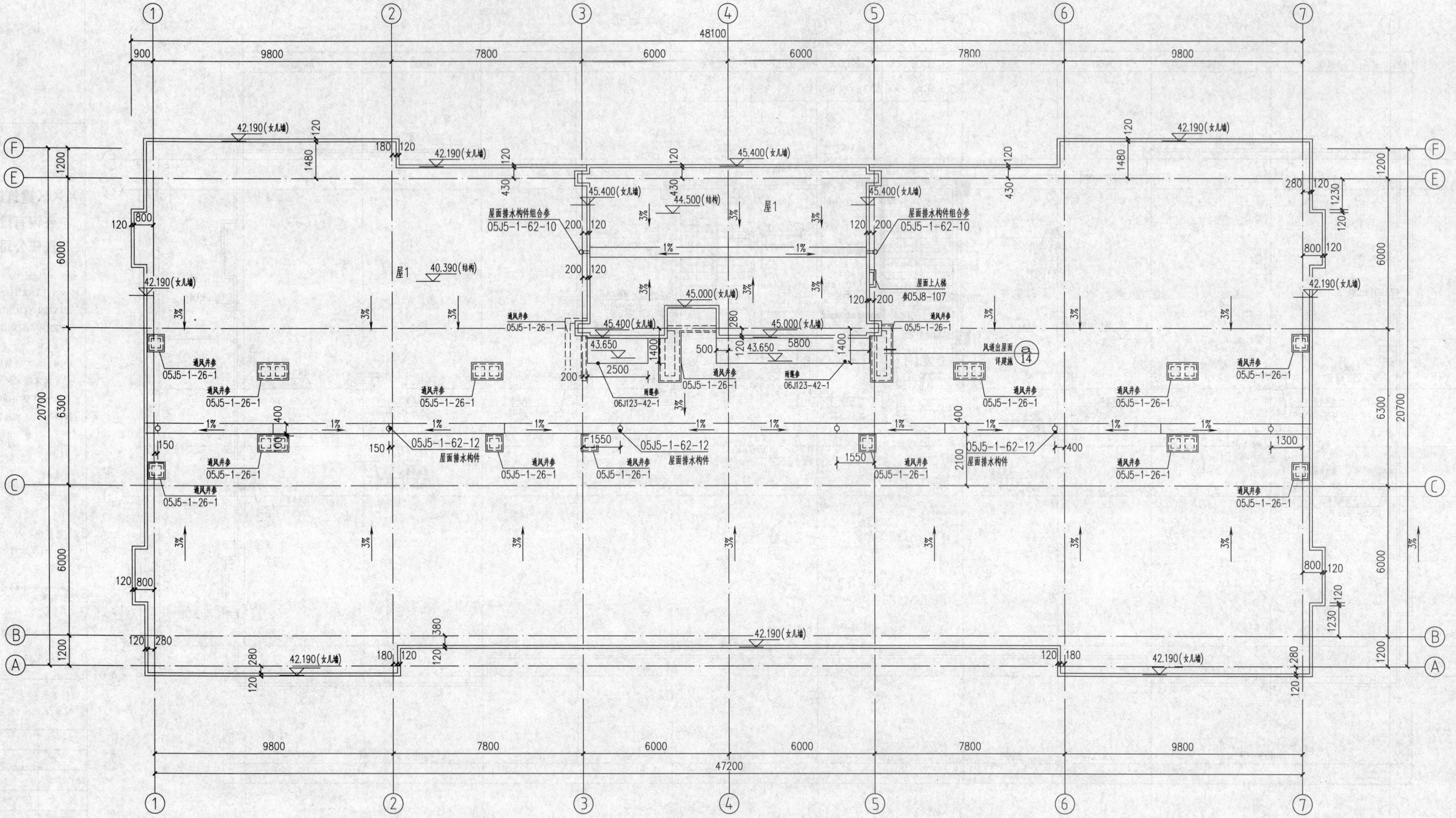

屋顶排水平面图 1:100

【读图提示】

1. 屋顶平面图主要反映屋顶形状和排水情况。通过看图可知屋顶形状和屋面排水方式（是有组织排水还是无组织排水），雨落管的数量及其具体位置，屋面排水坡度大小。
2. 应注意看突出屋面的楼梯间、水箱间、电梯间等的位置、布局及其大小；通风道、检查孔、排气道或透气孔、变形缝的位置和大小。
3. 出屋面的排气孔、雨落管等设施的构造做法、详图索引。

×××建筑设计咨询有限责任公司

×××JIANZHU SHEJI ZIXUN YOUXIAN ZEREN GONGSI

中国×××市新城区×××街××号

工程设计证书编号：甲级×××××××

建设单位：×××市×××置业有限公司

工程名称：×××公寓楼

设计编号 ××××-××-××

审定	
审核	
设计总负责人	
校对	
设计人	
制图人	

图纸名称：屋顶排水平面图

专业	建筑
比例	1:100
图号	建施-08
日期	××××.××

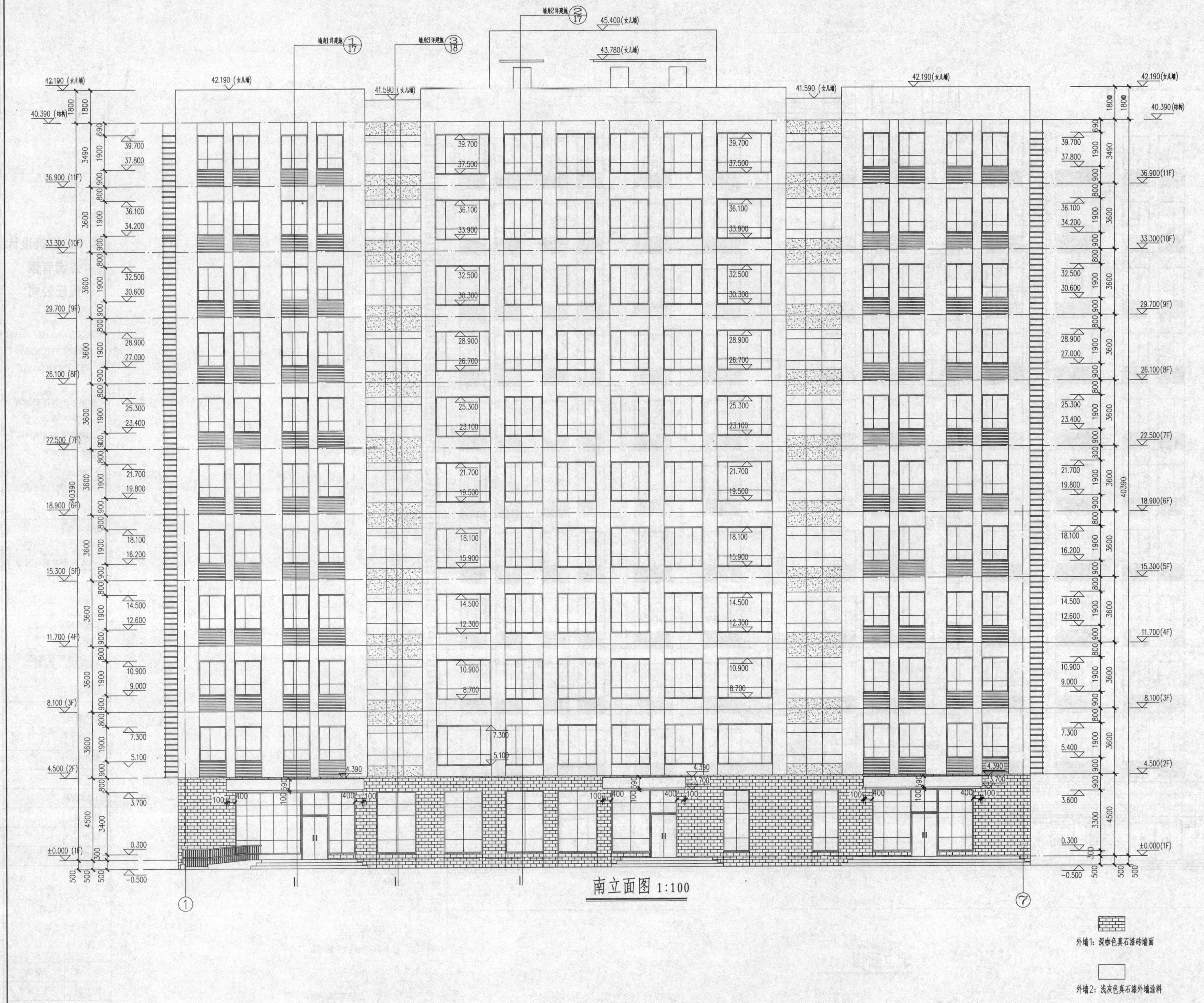

南立面图 1:100

【读图提示】

建筑立面图主要表示建筑物的外貌，反映建筑各立面的造型、门窗形式和位置，各部分的标高、外墙面的装修材料和做法。具体应注意阅读以下内容：

1. 首先从图名可知所看立面图的朝向。相应方向房屋的整个外貌形状、造型。数量及其相互间的联系情况。该方向房屋的屋面、门窗、雨篷、阳台、台阶、花池、勒脚、出屋面的楼梯间、电梯间等细部的形式和位置（可参照立面效果图来看）。
2. 阅读立面标高、立面尺寸。应注意室外地坪标高，出入口地面标高，门窗顶部、底部标高，檐口标高及雨篷、勒脚等处的标高。立面尺寸主要有表明建筑物外形高度方向的三道尺寸。即建筑物总高度、分层高度和细部高度。
3. 结合立面效果图看立面装修颜色、装修材料做法，建筑装饰物的形状、大小、位置及其做法。
4. 表明局部或外墙索引。

×××建筑设计咨询有限责任公司

×××JIANZHU SHEJI ZIXUN YOUXIAN ZEREN GONGSI

中国×××市新城区×××街××号

工程设计证书编号：甲级×××××××

建设单位：×××市×××置业有限公司

工程名称：×××公寓楼

设计编号 ××××-××-××

审　定	
审　核	
设计总负责人	
校　对	
设计人	
制图人	

图纸名称：南立面图

专　业	建筑
比　例	1∶100
图　号	建施-09
日　期	××××.××

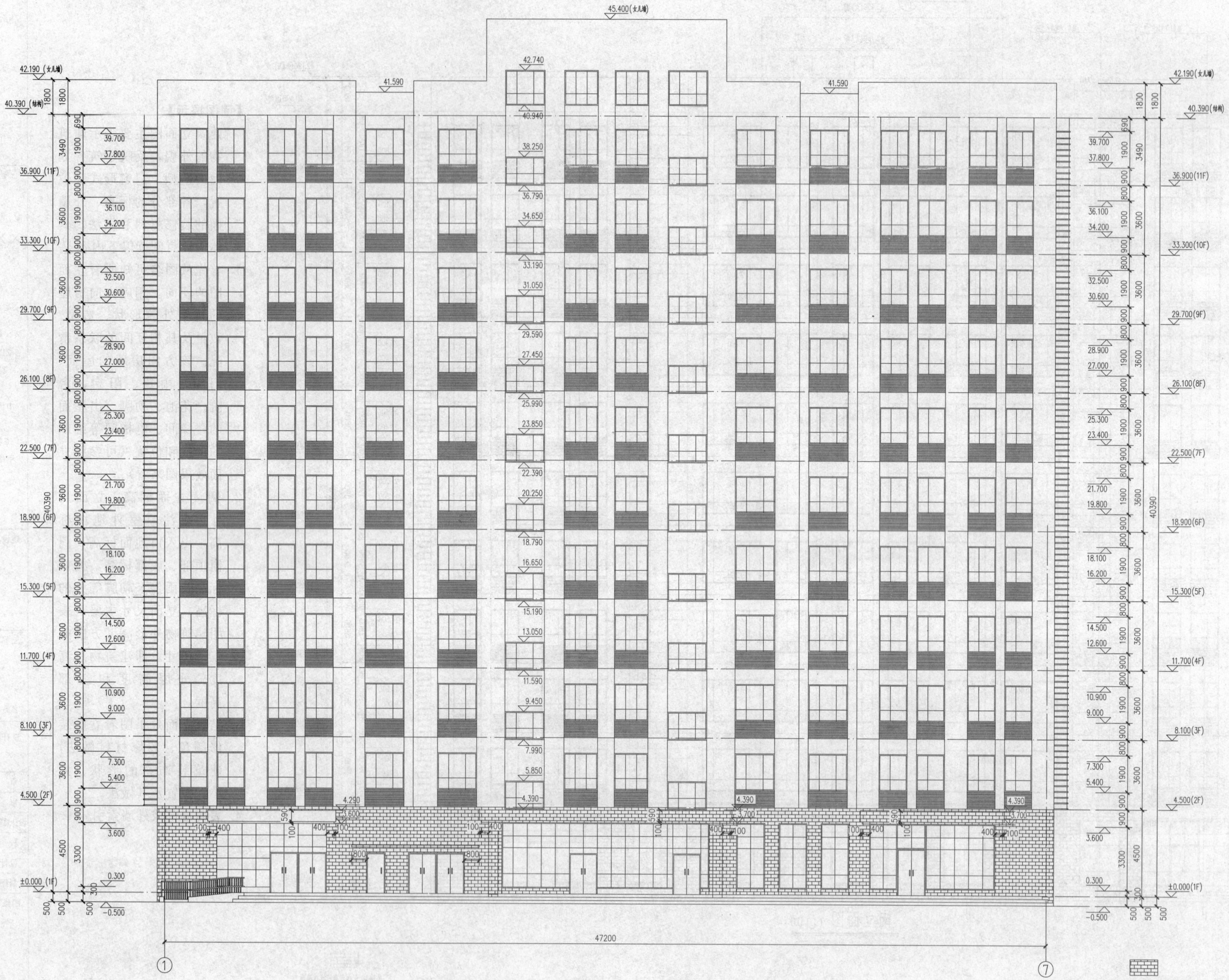

北立面图 1:100

外墙1：深咖色真石漆砖墙面

外墙2：浅灰色真石漆外墙涂料

×××建筑设计咨询有限责任公司 ×××JIANZHU SHEJI ZIXUN YOUXIAN ZEREN GONGSI 中国×××市新城区×××街××号 工程设计证书编号：甲级×××××××	
建设单位：	×××市×××置业有限公司
工程名称：	×××公寓楼
设计编号	××××-××-××
审　定	
审　核	
设计总负责人	
校　对	
设计人	
制图人	
图纸名称	北立面图
专　业	建筑
比　例	1：100
图　号	建施-10
日　期	××××.××

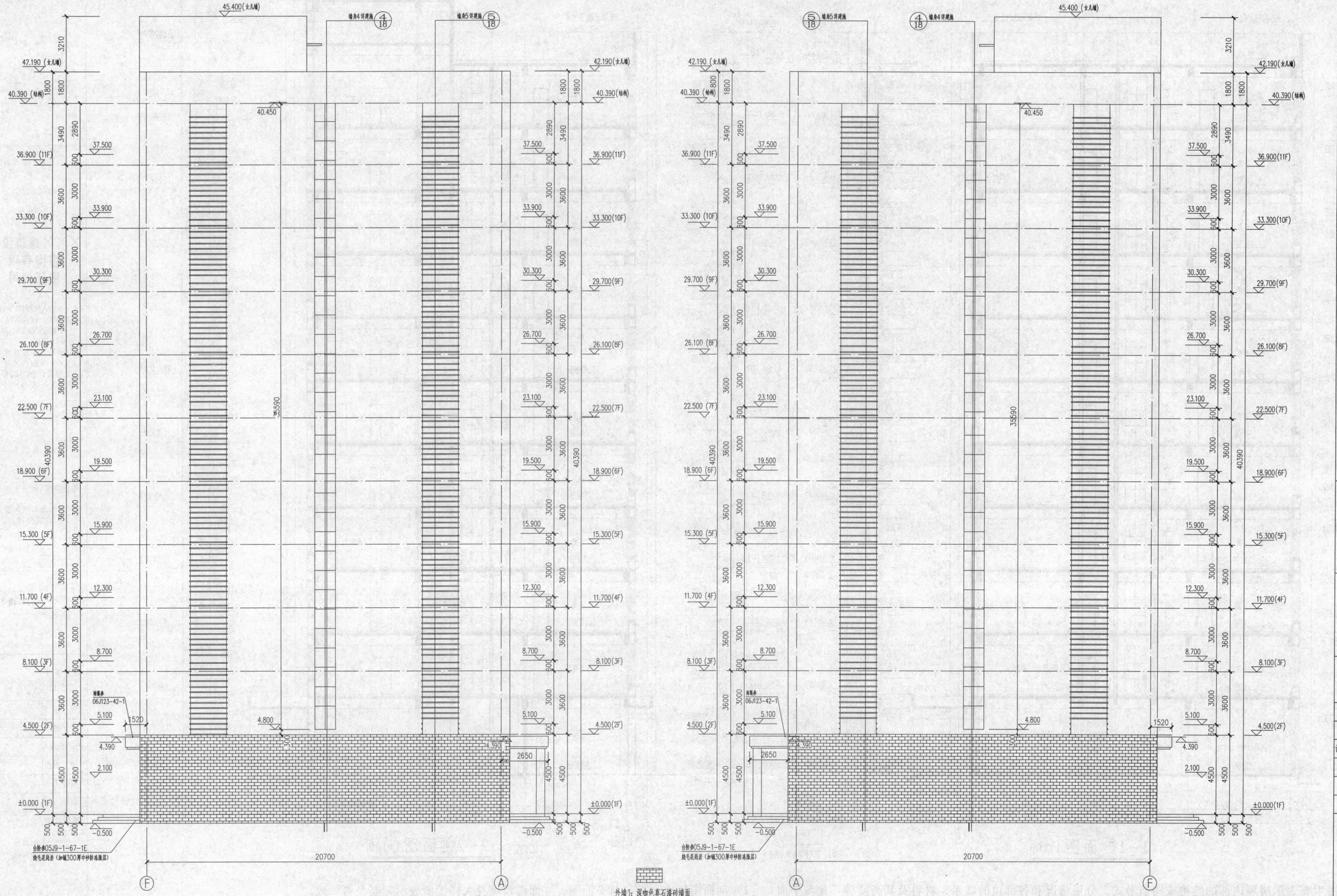

外墙1：深咖色真石漆砖墙面

外墙2：浅灰色真石漆外墙涂料

东立面图 1:150

西立面图 1:150

×××建筑设计咨询有限责任公司	
×××JIANZHU SHEJI ZIXUN YOUXIAN ZEREN GONGSI	
中国×××市新城区×××街××号	
工程设计证书编号：甲级×××××××	
建设单位：×××市×××置业有限公司	
工程名称：×××公寓楼	
设计编号 ××××-××-××	
审　定	
审　核	
设计总负责人	
校　对	
设计人	
制图人	
图纸名称：东立面图　西立面图	
专　业	建筑
比　例	1：100
图　号	建施-11
日　期	××××.××

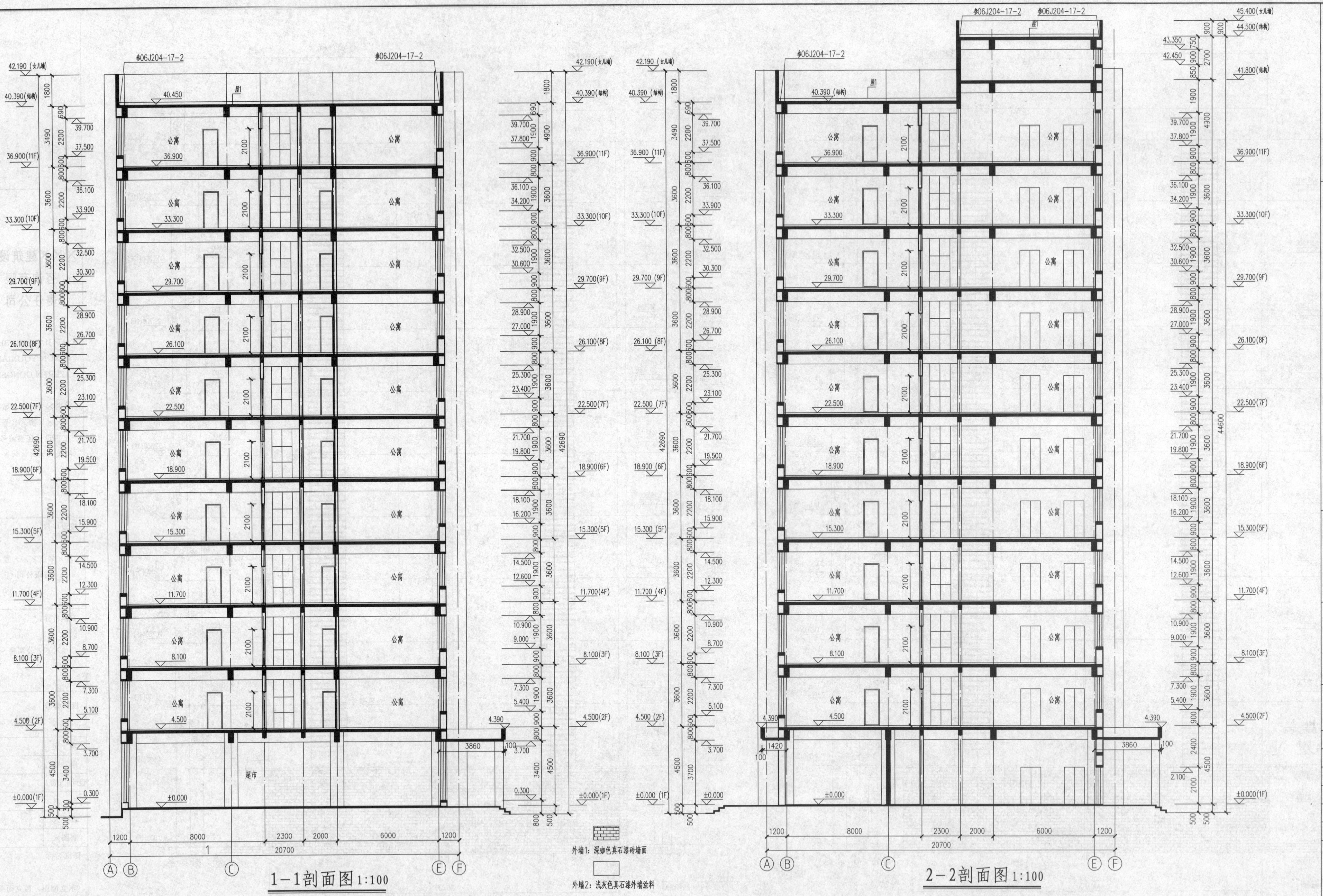

1-1剖面图 1:100

2-2剖面图 1:100

××× 建筑设计咨询有限责任公司

×××JIANZHU SHEJI ZIXUN YOUXIAN ZEREN GONGSI

中国×××市新城区 ×××街××号
工程设计证书编号：甲级×××××××

建设单位：
×××市×××置业有限公司

工程名称：
×××公寓楼

设计编号
××××-××-××

审 定	
审 核	
设计总负责人	
校 对	
设计人	
制图人	

图纸名称
1—1 剖面图
2—2 剖面图

专 业	建筑
比 例	1∶100
图 号	建施-12
日 期	××××.××

【读图提示】

建筑剖面图主要表示房屋内部的结构或构造形式、分层情况和各部位的联系、材料及其高度等，是与平面图、立面图相互配合不可缺少的图形。看剖面图需注意以下方面：

1. 从剖面图的图名和轴线编号与平面图上的剖切位置、轴线编号相对照，并根据平面图上所标注剖切符号位置、剖切符号所表达的视图方向来看图。
2. 由剖面图看房屋从地面到屋面的内部构造和结构形式，梁、板、柱、墙之间的关系，屋面形式、构成。
3. 阅读尺寸需注意问题：

1）剖面图所表示标高与平面图、立面图及墙身大样图所表示标高是否一致。
2）剖面图所标注高度方向的细部尺寸与立面图细部尺寸是否相符。
3）楼梯休息平台间尺寸、入口部位地面与楼梯休息平台间的尺寸是否满足要求，是否存在净高不足的问题（碰头问题）。
4）注意详图索引，逐个查阅详图以理解详图索引处细部构造及做法。
5）结合标准图集或室内、室外装修表详知室内各部位构造做法。

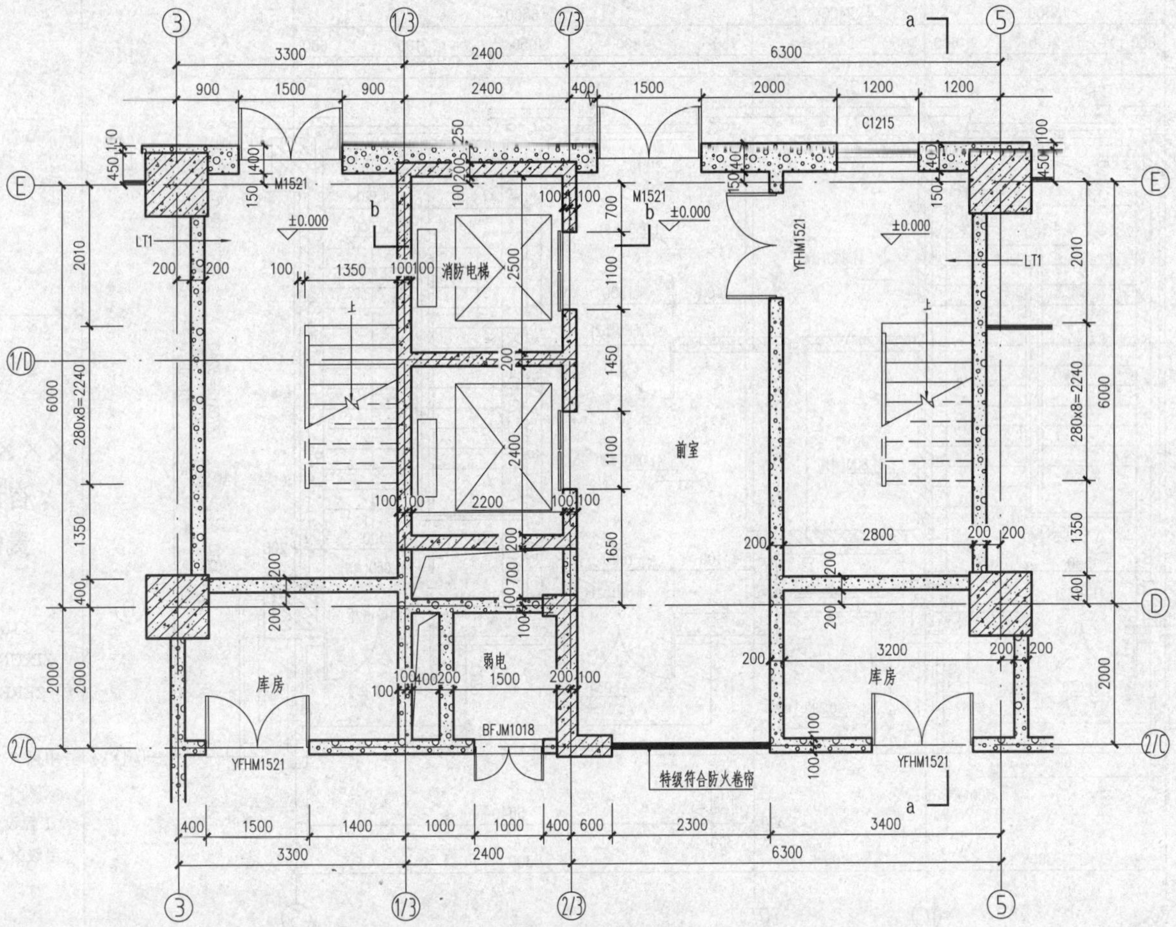

LT1 一层平面图1:50

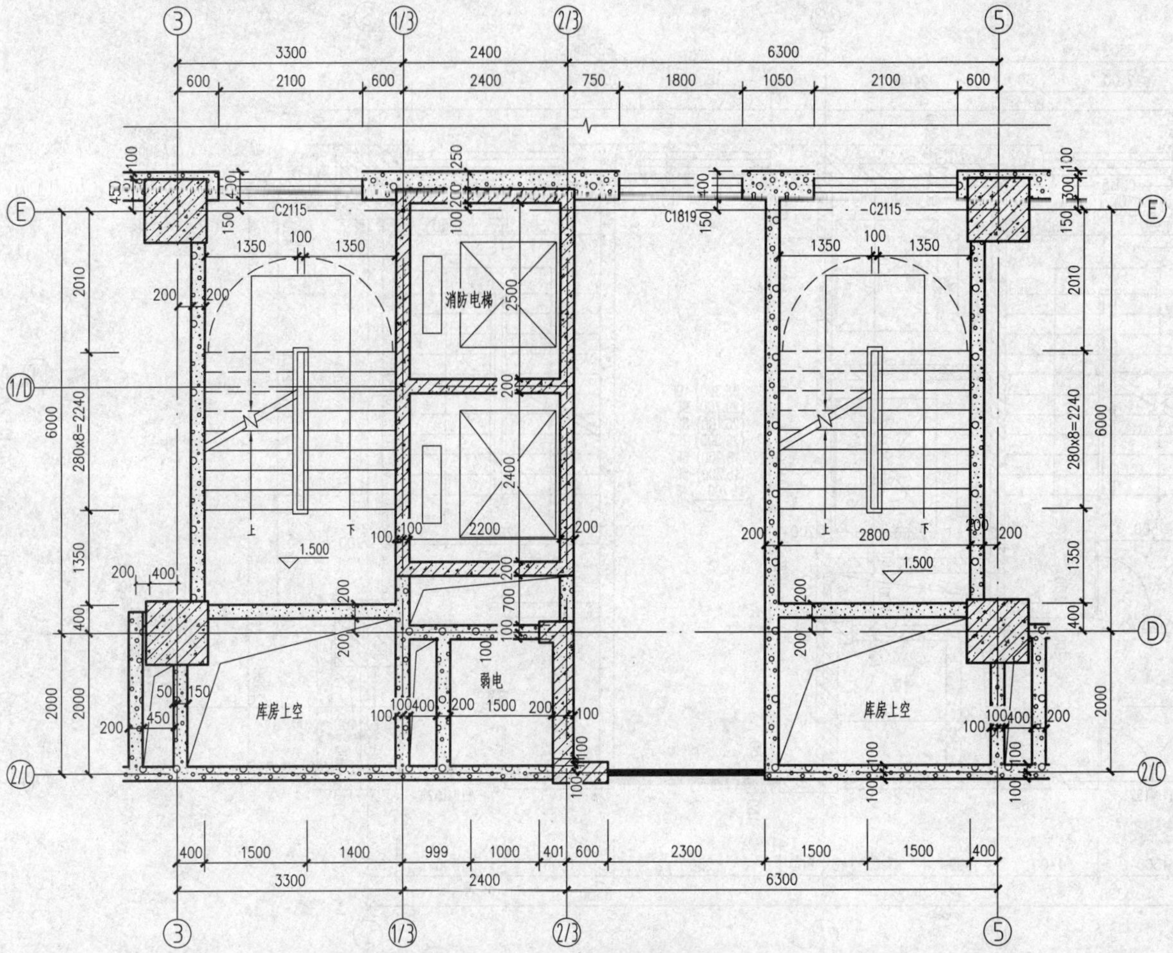

LT1 1.500m处平面图1:50

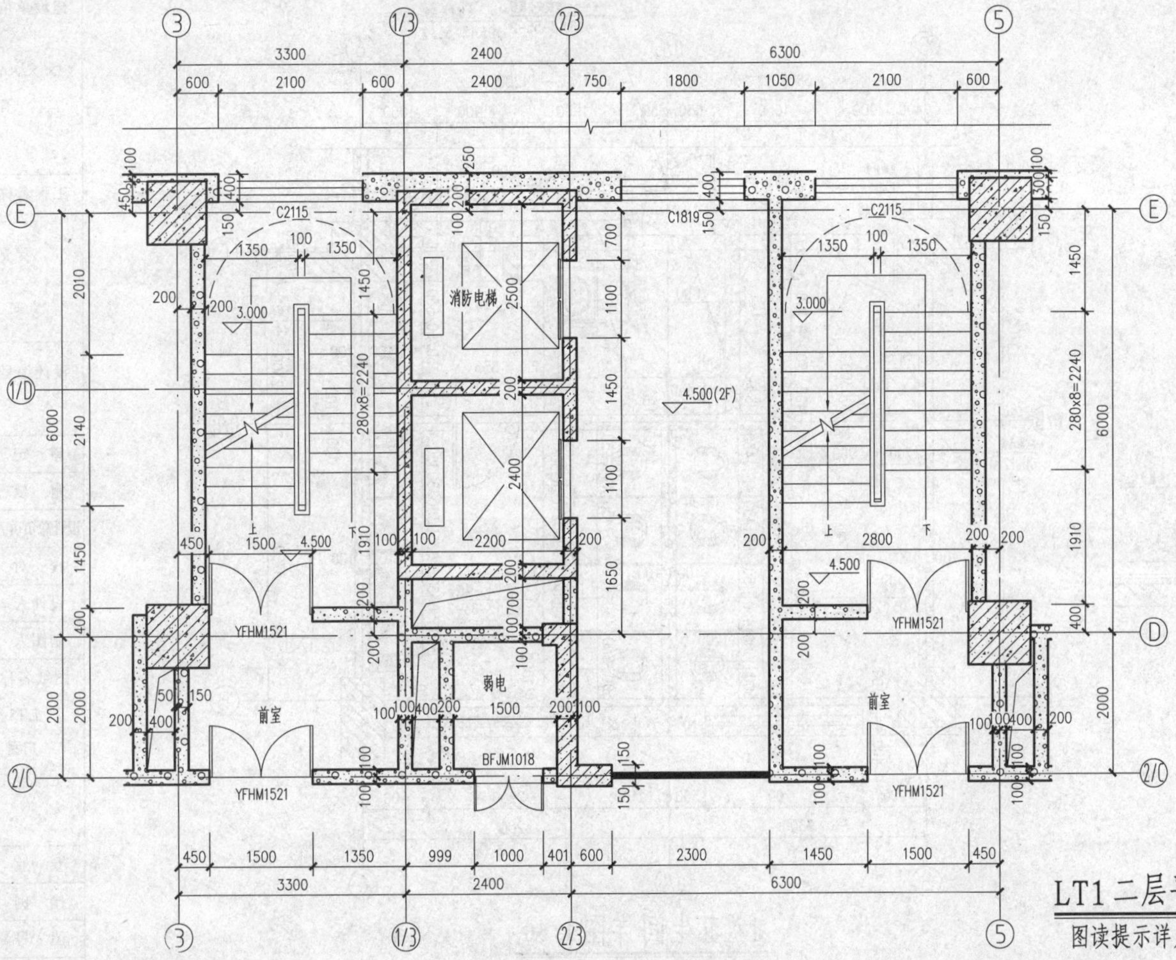

LT1 二层平面图1:50

图读提示详见建施-15

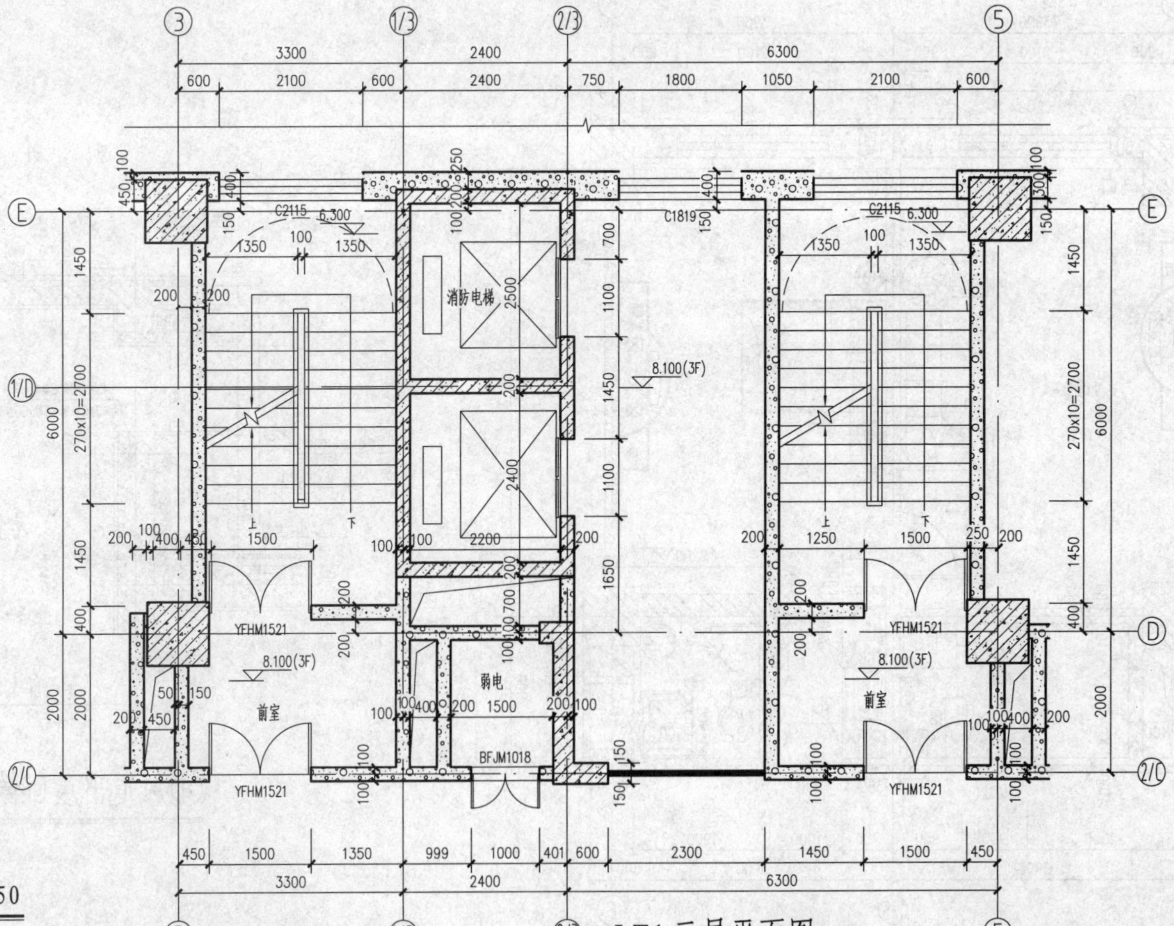

LT1 三层平面图1:50

××× 建筑设计咨询有限责任公司

×××JIANZHU SHEJI ZIXUN YOUXIAN ZEREN GONGSI

中国×××市新城区×××街××号

工程设计证书编号：甲级×××××××

建设单位：×××市×××置业有限公司

工程名称：×××公寓楼

设计编号 ××××-××-××

审定	
审核	
设计总负责人	
校对	
设计人	
制图人	

图纸名称

LT1 详图（一）

专业	建筑
比例	1∶50
图号	建施-13
日期	××××.××

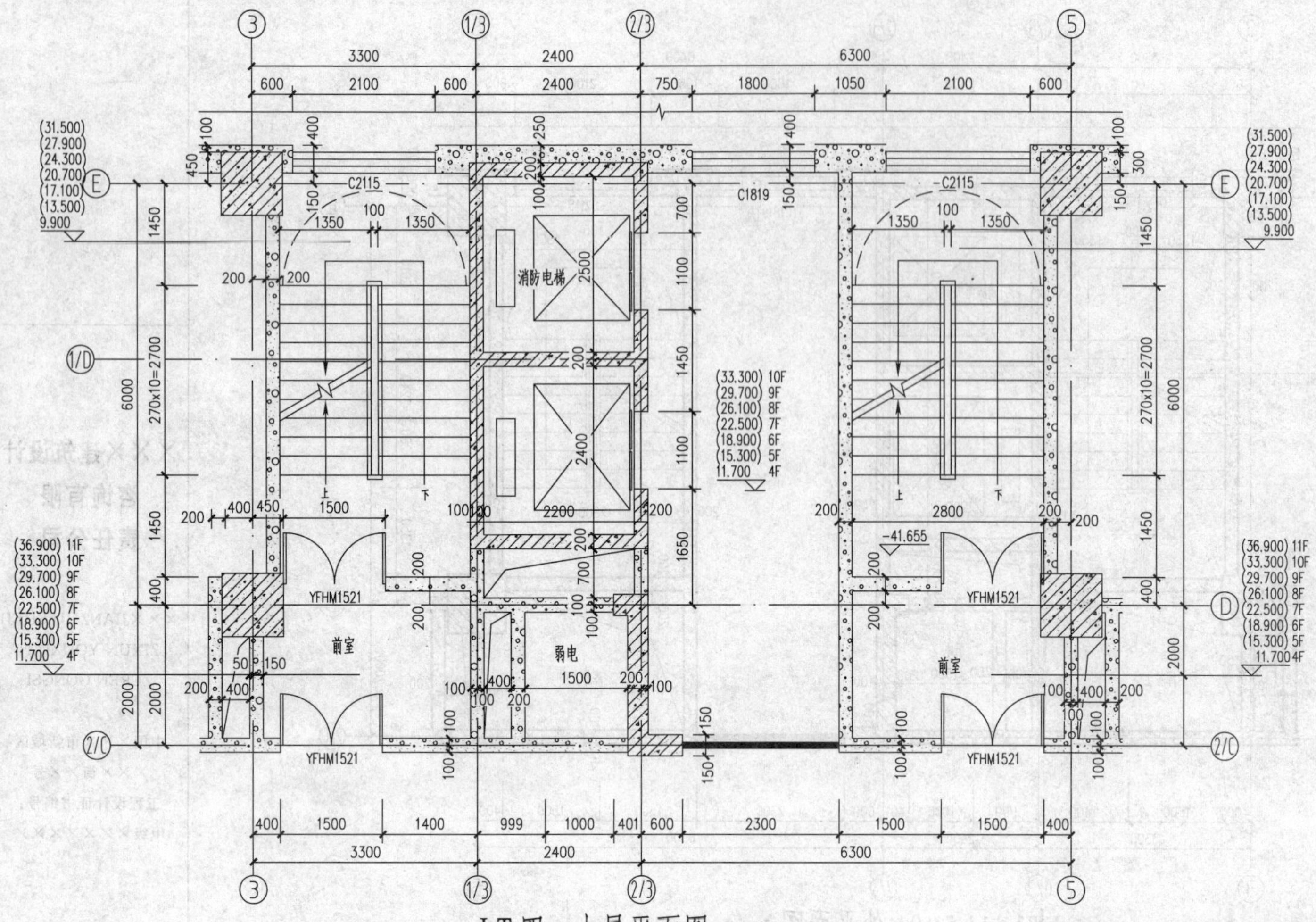

LT四～十层平面图 1:50

读图提示详见建施-15

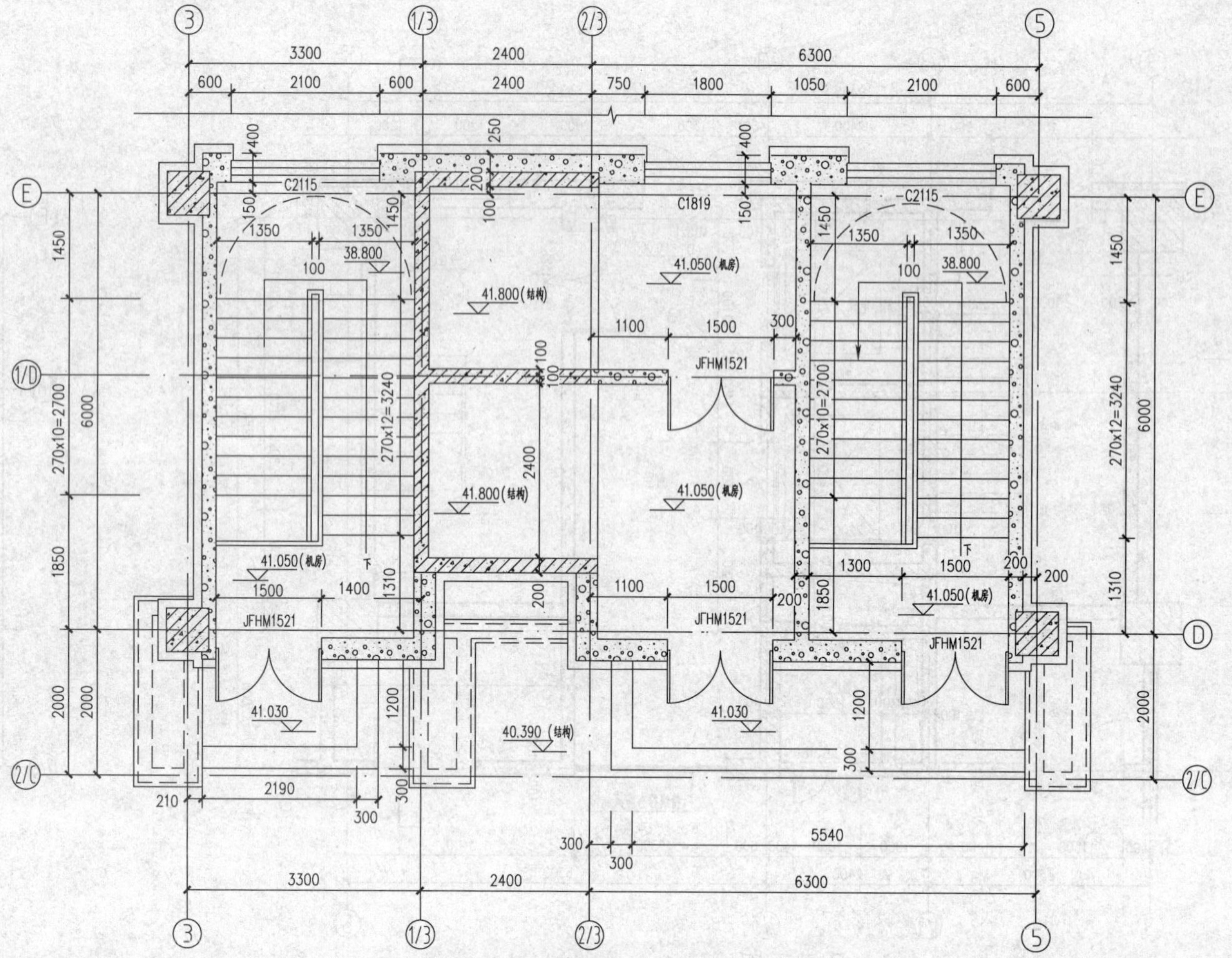

LT1机房层平面图 1:50

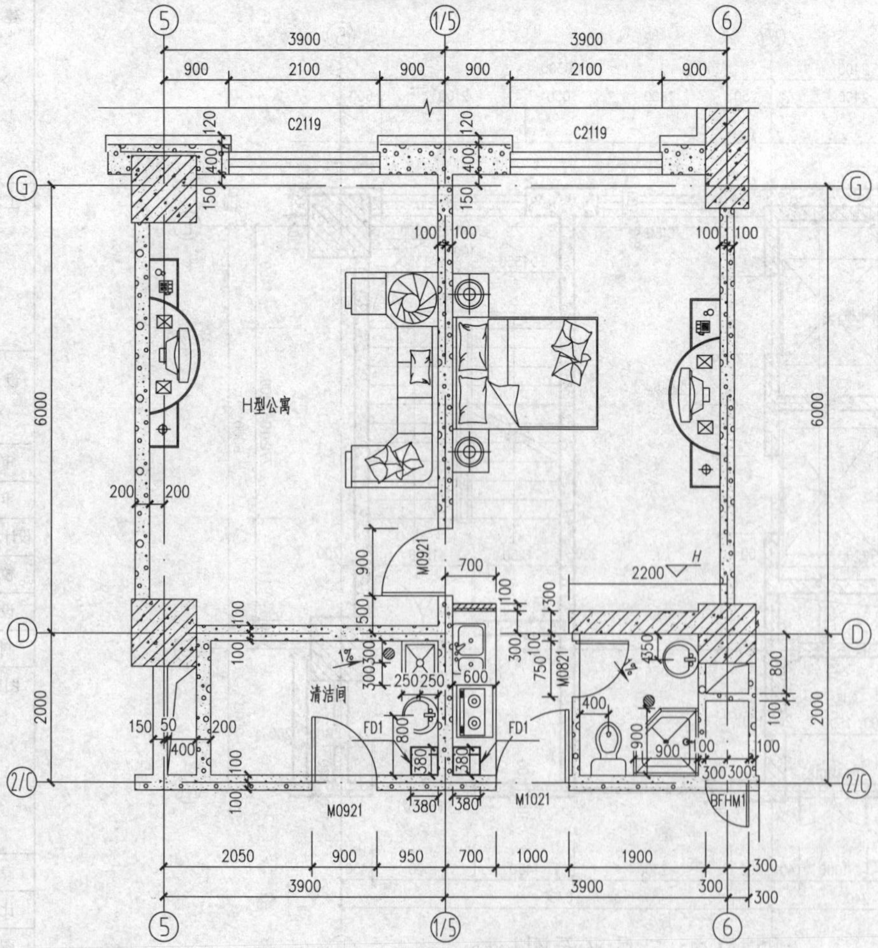

H型公寓详图 1:50

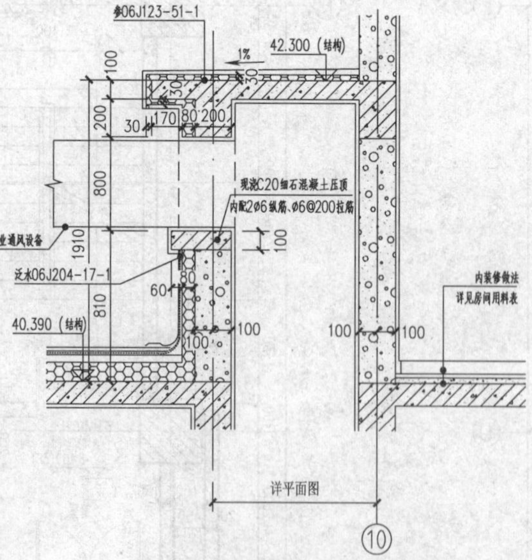

ⓐ风道出屋面详图 1:20

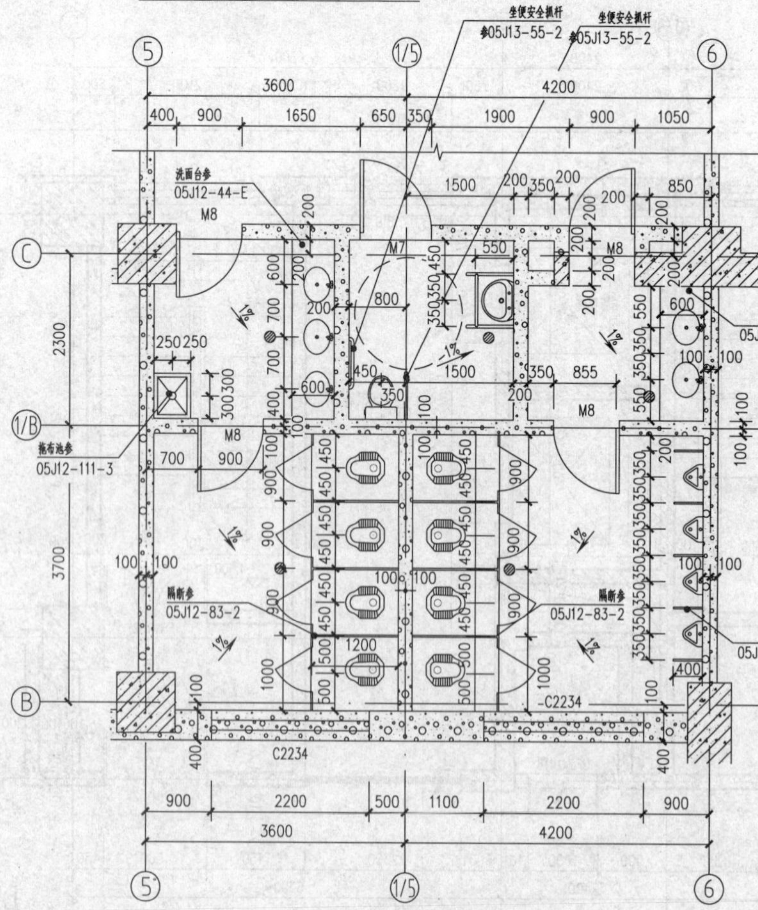

1#卫生间详图 1:50

×××建筑设计咨询有限责任公司

×××JIANZHU SHEJI ZIXUN YOUXIAN ZEREN GONGSI

中国×××市新城区
×××街××号
工程设计证书编号：
甲级×××××××

建设单位：

×××市×××置业有限公司

工程名称：

×××公寓楼

设计编号

××××-××-××

审 定	
审 核	
设计总负责人	
校 对	
设计人	
制图人	

图纸名称

LT1 详图（二）
户型详图（一）
1#卫生间详图

专 业	建筑
比 例	1:50
图 号	建施-14
日 期	××××.××

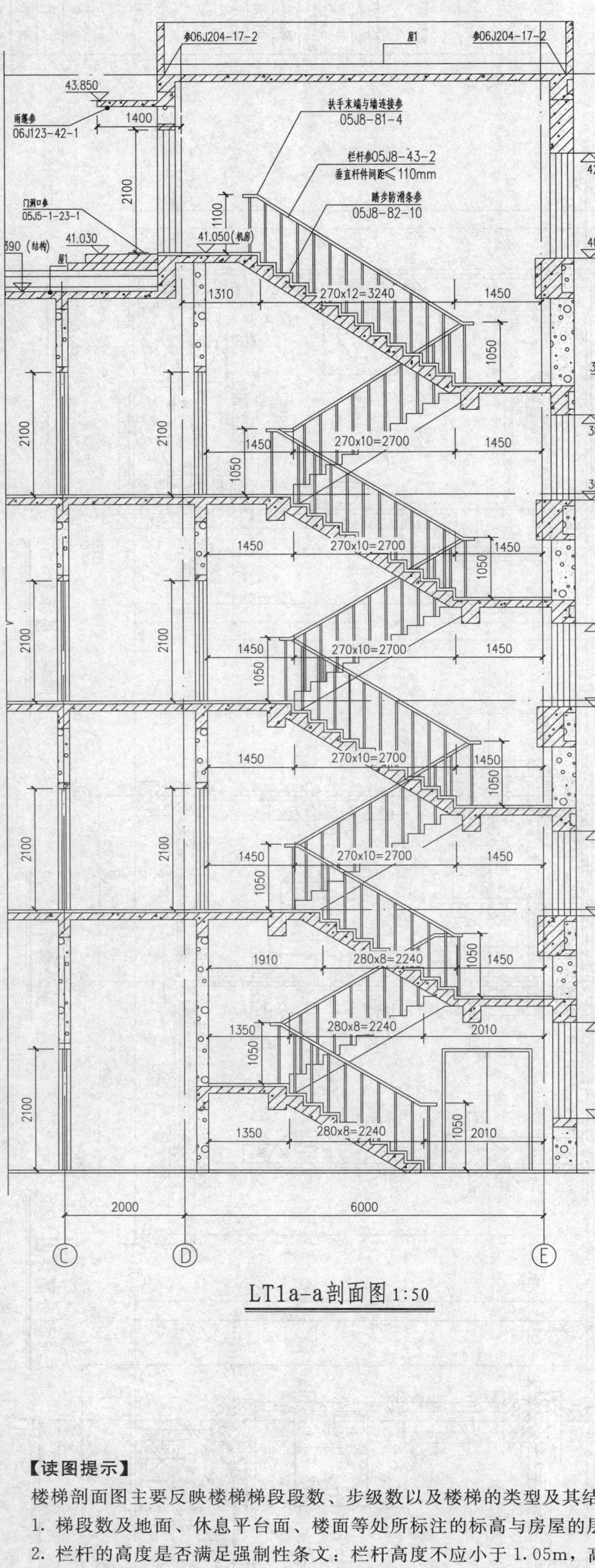

LT1a-a剖面图 1:50

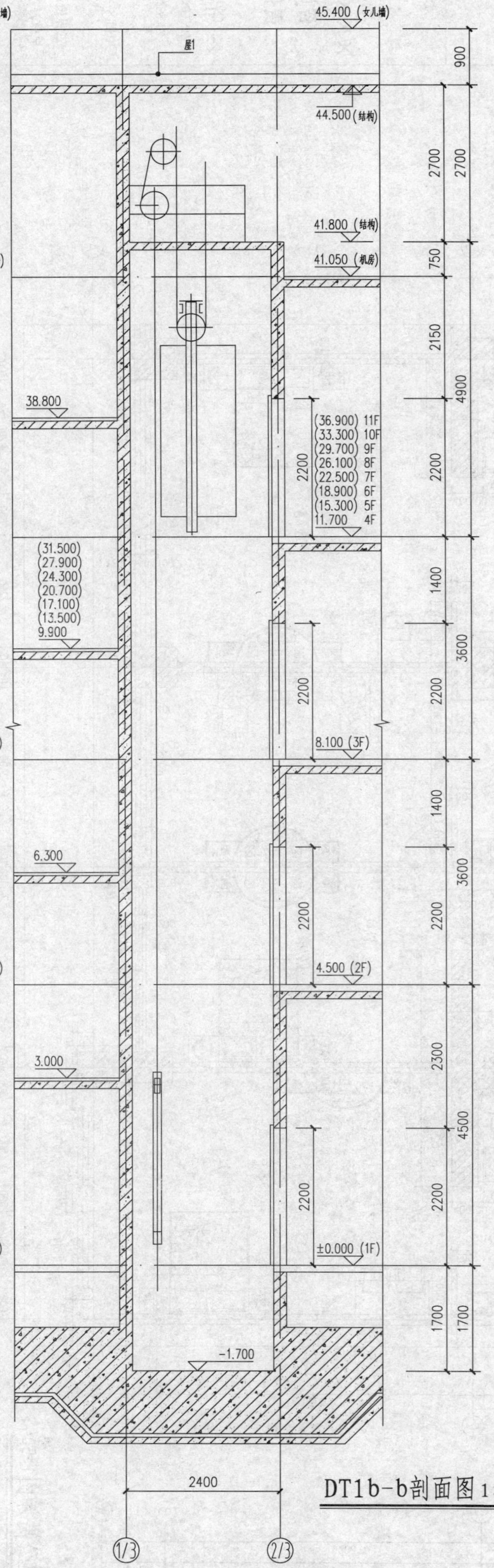

DT1b-b剖面图 1:50

【读图提示】

楼梯剖面图主要反映楼梯梯段段数、步级数以及楼梯的类型及其结构形式。阅读楼梯剖面图主要注意：

1. 梯段数及地面、休息平台面、楼面等处所标注的标高与房屋的层数、地面、楼面标高是否一致。
2. 栏杆的高度是否满足强制性条文：栏杆高度不应小于 1.05m，高层建筑的栏杆高度应再适当提高，但不宜超过 1.2m 要求，及楼梯平台上部及下部过道处的净高不应小于 2m，梯段净高不应小于 2.2m 的要求。
3. 注意核对梯段的步级数与平面图中相应梯段的踏步数间的关系是否正确。
4. 注意详图索引，逐个查阅详图以理解详图索引处细部构造及其做法。
5. 平面图中楼梯的布置，首先理清本工程楼梯的种类，各种楼梯的数量，具体布置在哪一层、什么位置。然后再具体看每一种楼梯的具体构成形式及做法。
6. 阅读每种楼梯详图的方法、步骤及需注意的问题如下：

首先阅读楼梯平面图，读图时主要注意各层楼梯平面图的特点。底层平面图被剖切到的梯段栏板只有一个，主要反映上楼梯的方向及室内地面与楼梯入口地面间的关系（是否设有台阶，如何设置）、楼梯剖面图剖切符号的位置。顶层平面图可看到的梯段及栏板（栏杆）有两个或三个，主要反映下楼的方向；另中间层及顶层平面图还反映楼梯休息平台的形状、大小，楼梯井的形状、大小。阅读时注意核对休息平台宽度与梯段宽度之间的关系，看其是否满足强制性条文：梯段改变方向时，平台扶手处的最小宽度不应小于梯段净宽的要求。注意有儿童经常使用的楼梯的梯井净宽大于 0.2m 时，采取的安全措施、做法。

×××建筑设计
咨询有限
责任公司

×××JIANZHU SHEJI
ZIXUN YOUXIAN
ZEREN GONGSI

中国×××市新城区
×××街××号
工程设计证书编号：
甲级×××××××

建设单位：
×××市×××置业
有限公司

工程名称：
×××公寓楼

设计编号
××××-××-××

审定	
审核	
设计总负责人	
校对	
设计人	
制图人	

图纸名称
LT1 a-a 剖面图
DT1 b-b 剖面图

专业	建筑
比例	1:50
图号	建施-15
日期	××××.××

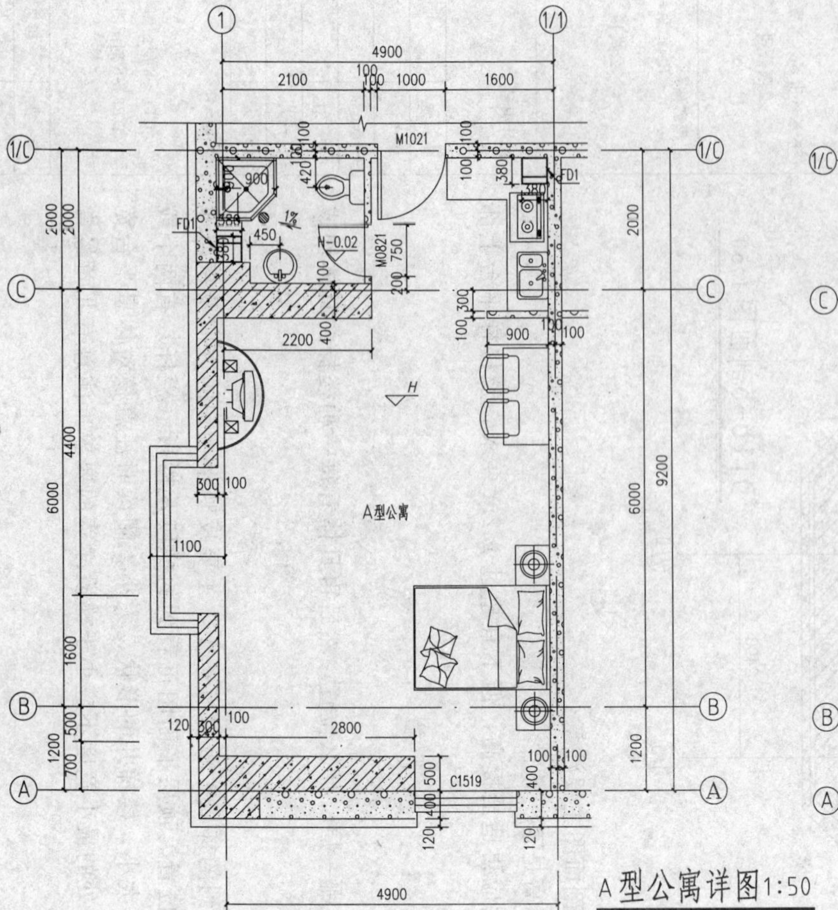

A型公寓详图1:50

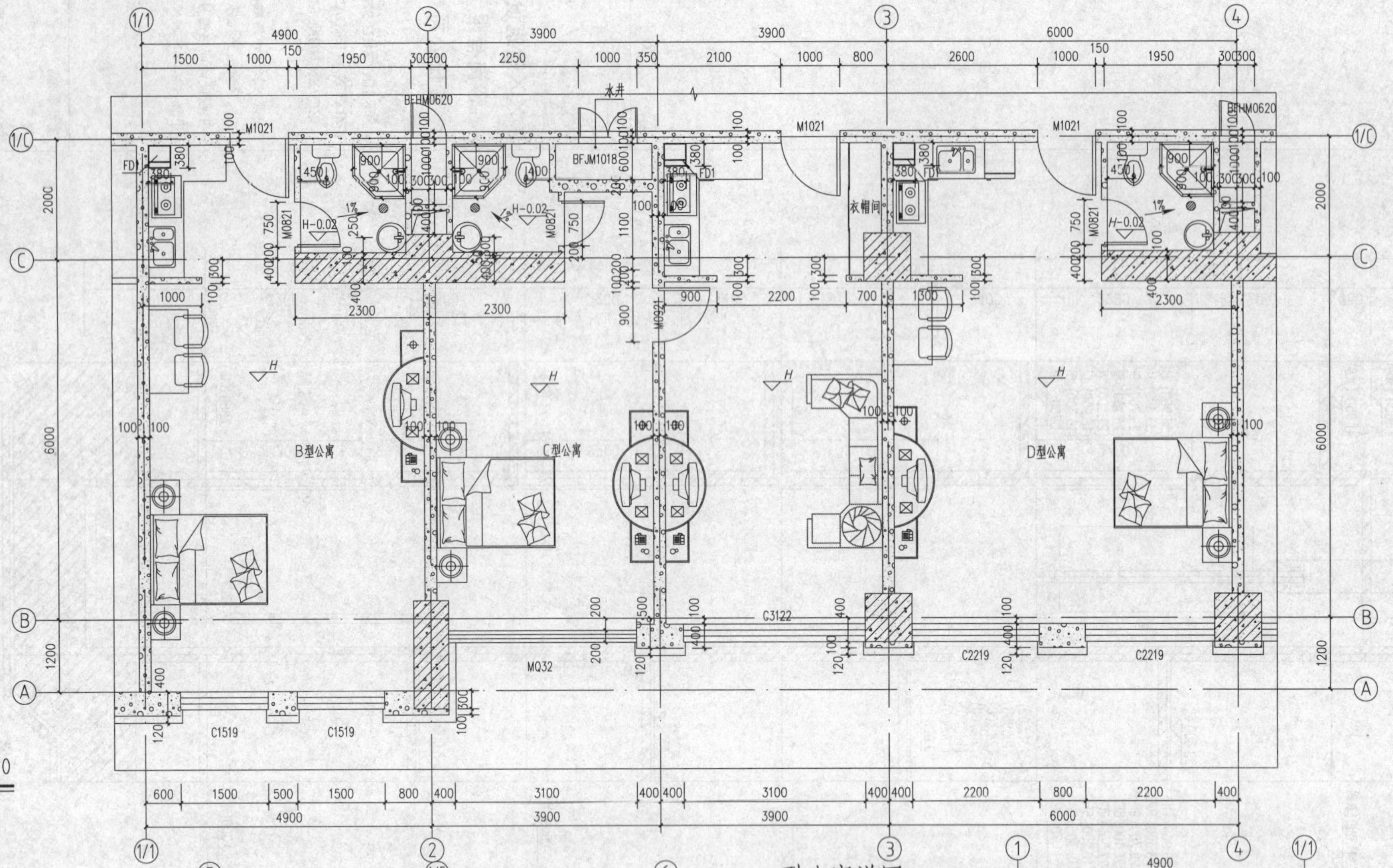

B、C、D型公寓详图1:50

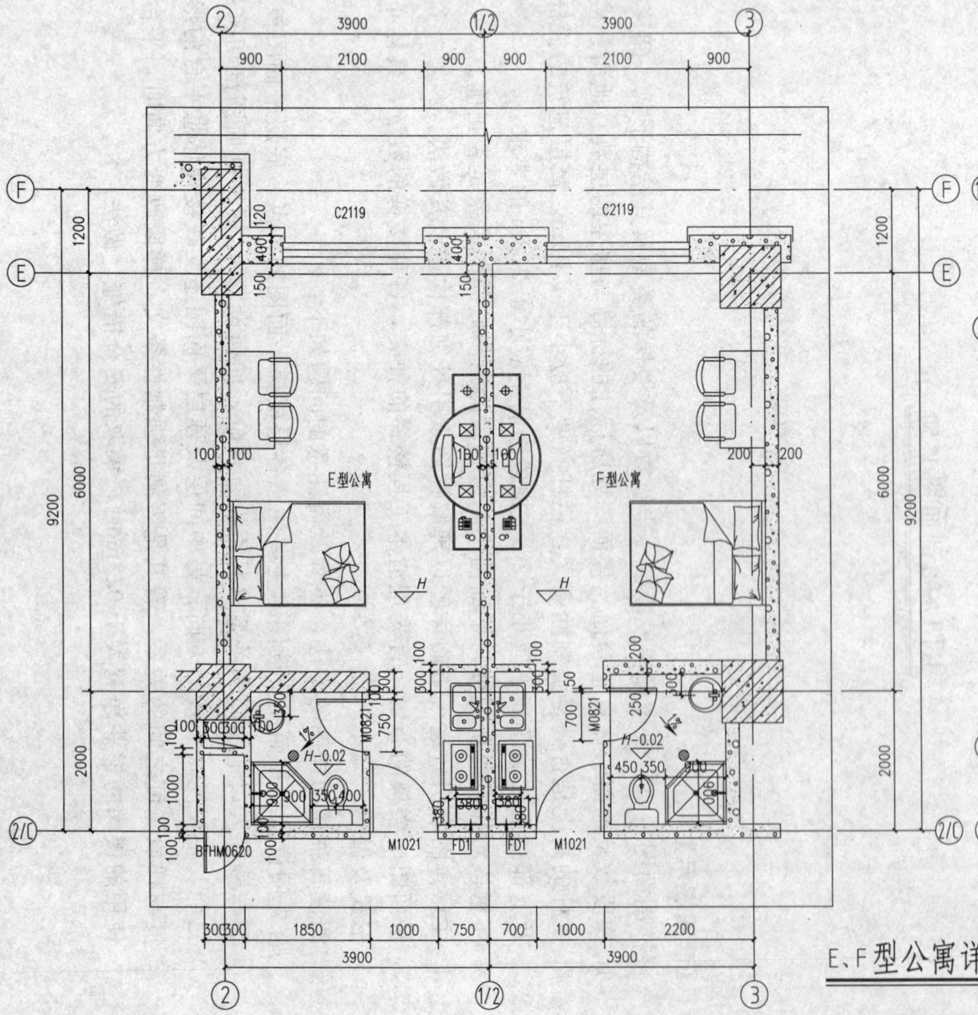

E、F型公寓详图1:50

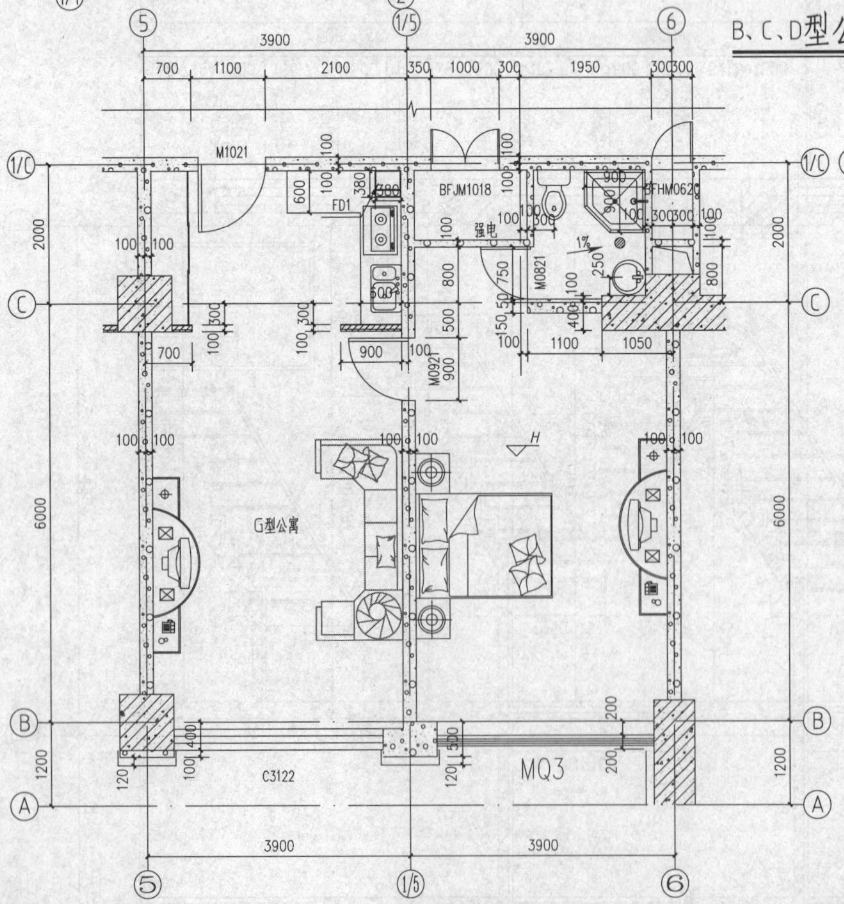

G型公寓详图1:50

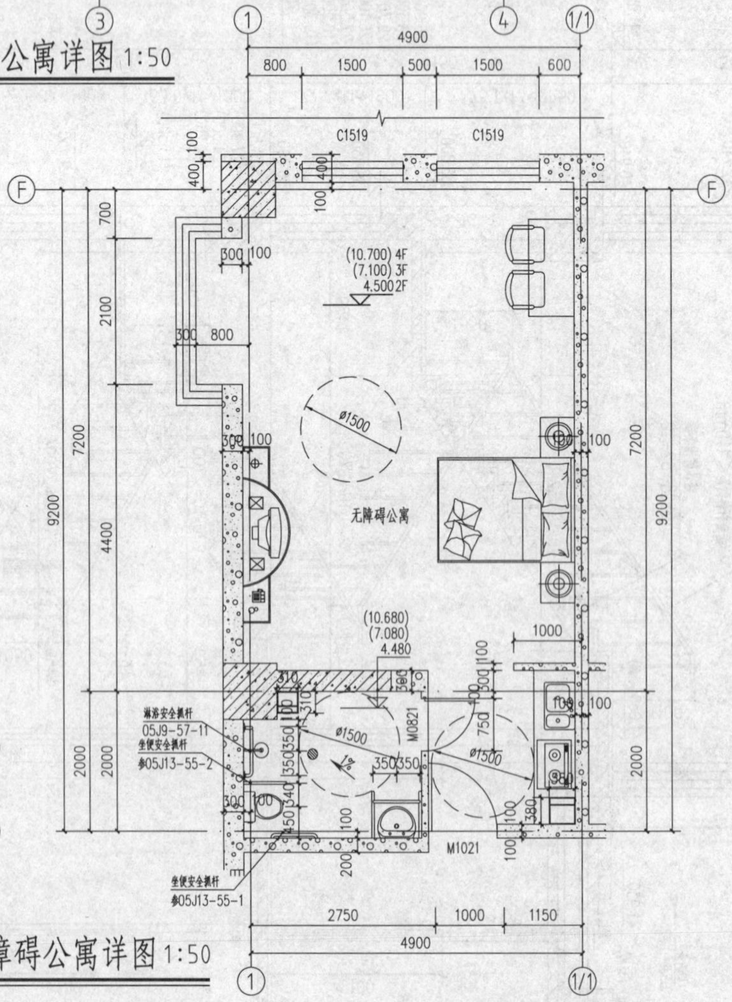

无障碍公寓详图1:50

×××建筑设计咨询有限责任公司

×××JIANZHU SHEJI ZIXUN YOUXIAN ZEREN GONGSI

中国×××市新城区
×××街××号
工程设计证书编号：
甲级×××××××

建设单位：	×××市×××置业有限公司
工程名称：	×××公寓楼
设计编号	××××-××-××
审定	
审核	
设计总负责人	
校对	
设计人	
制图人	
图纸名称	户型详图（二）无故障公寓详图
专业	建筑
比例	1:50
图号	建施-16
日期	××××.××

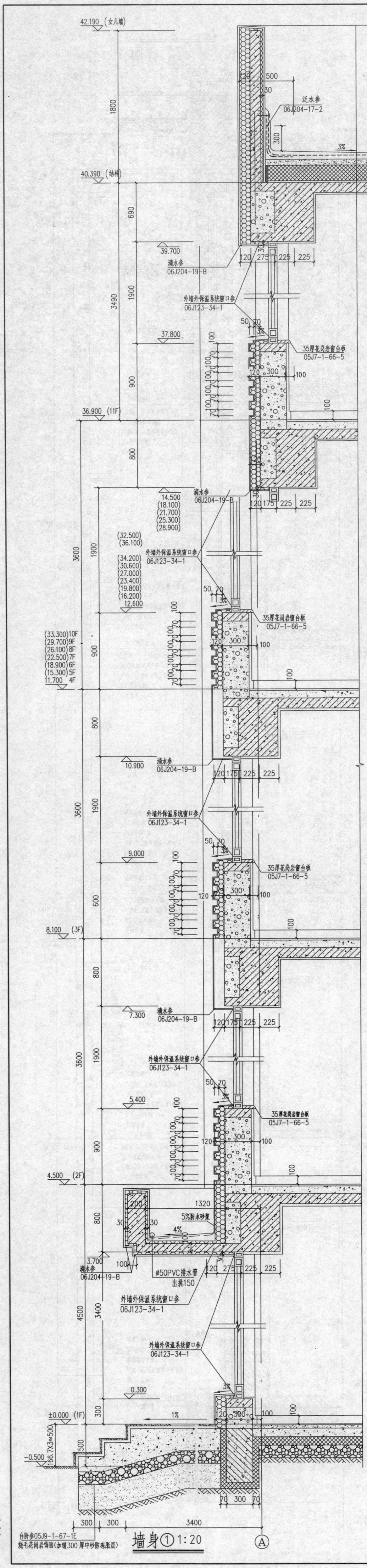

墙身①1:20

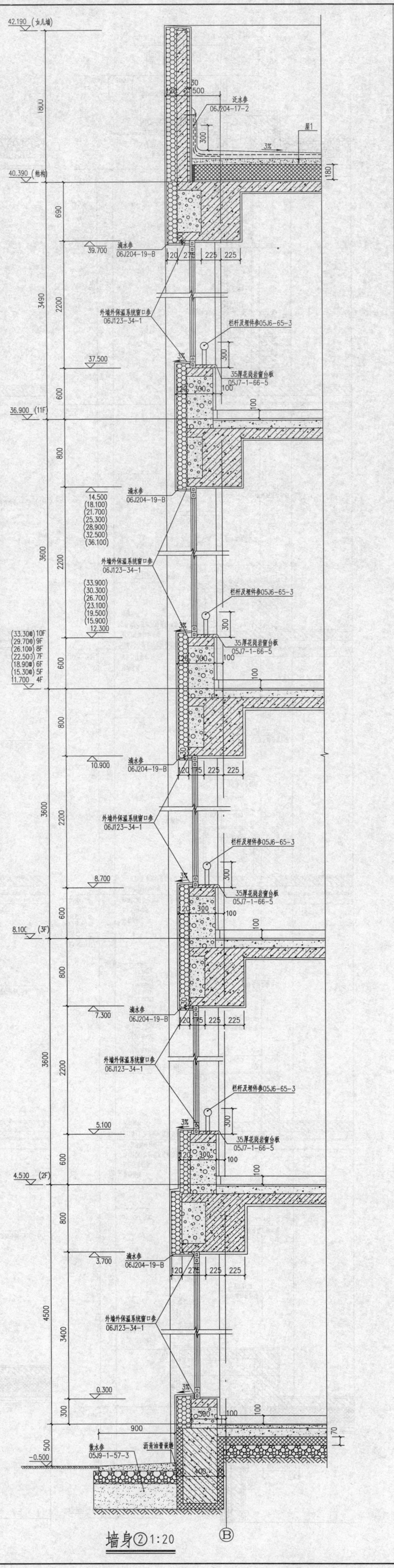

墙身②1:20

【读图提示】

看墙身大样图需注意以下方面：

1.注意看墙身大样图的图名和轴线编号与平面图或立面图上剖切位置处的内容是否一致。

2.注意屋顶与墙面装饰细部构造、做法及尺寸。需与立面图、剖面图及立面效果图对照阅读。

3.注意屋顶与墙面装饰尺寸、标高是否与立面图、剖面图一致。

4.注意墙体、梁、柱之间的位置关系，它们与轴线之间的定位关系。

5.注意如下部位节点构造：

1）室内、外地坪处的外墙节点构造。如基础墙厚、室内外标高，散水、明沟或采光井，台阶或坡道，暖气管沟，踢脚、墙裙，首层室内外窗台，室外勒脚等做法。

2）表明楼层处的外墙节点构造。如过梁、圈梁、主梁、次梁、顶棚、楼板、楼地面、踢脚、雨罩、阳台、楼层的室内外窗台等。如钢筋混凝土剪力墙结构、框架结构的外墙，若将钢筋混凝土剪力墙或框架梁、柱直接作为外墙使用，由于钢筋混凝土材料的导热系数大，易出现冷桥（或热桥）现象，使墙身受损，影响人们的正常使用，故常需要在钢筋混凝土外墙或框架梁的外侧或内侧作保温处理。具体做法一般在墙身大样图中表述，需注意阅读。

3）表明屋顶处的外墙节点构造，如过梁、圈梁、主梁、次梁、顶棚、楼板、屋面、挑檐板、女儿墙、天沟、下水口、雨水斗、雨水管等做法。

4）表明各处材料的做法，如内墙、外墙做法、地面、楼面、屋面做法等。

×××建筑设计
咨询有限
责任公司

×××JIANZHU SHEJI
ZIXUN YOUXIAN
ZEREN GONGSI

中国×××市新城区
×××街××号
工程设计证书编号：
甲级×××××××

建设单位：
×××市×××置业
有限公司

工程名称：
×××公寓楼

设计编号
××××-××-××

审　定	
审　核	
设计总负责人	
校　对	
设计人	
制图人	

图纸名称
墙身详图（一）

专　业	建筑
比　例	1：20
图　号	建施-17
日　期	××××.××

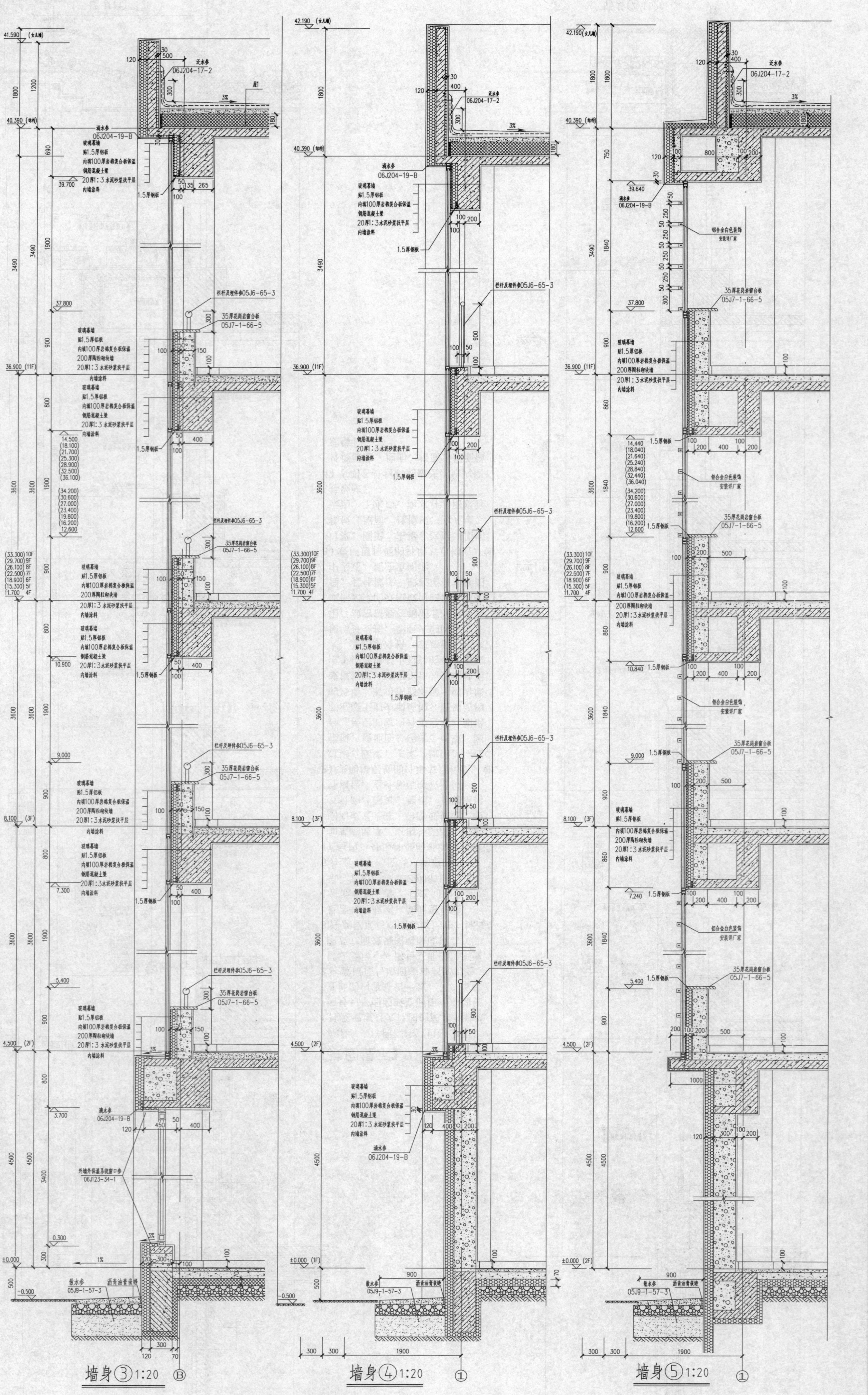

××× 建筑设计咨询有限责任公司

×××JIANZHU SHEJI ZIXUN YOUXIAN ZEREN GONGSI

中国×××市新城区
×××街××号
工程设计证书编号：
甲级×××××××

建设单位：

×××市×××置业有限公司

工程名称：

×××公寓楼

设计编号
××××-××-××

审 定
审 核
设计总负责人
校 对
设计人
制图人

图纸名称

墙身详图（二）

专 业	建筑
比 例	1∶20
图 号	建施-18
日 期	××××.××

门窗表

类型	设计编号	洞口尺寸/mm	数量	传热系数	备注
门	BFHM0620	600X2000	50		丙级防火门
	BFHM1018	1000X1800	33		丙级防火门
	YFHM1021	1000X2100	2		乙级防火门
	YFHM1521	1500X2100	8		乙级防火门
	JFHM1021	1000X2100	40		甲级防火门
	LM1521	1500X2100	2		铝门
	M0821	800X2100	150		木夹板门
	M0921	900X2100	44		木夹板门
	M1021	1000X2100	165		木夹板门
组合门	MLC1	6700X3400	1	2.4	断桥铝合金单框Low-E中空玻璃门联窗
	MLC2	3700X3700	1	2.4	断桥铝合金单框Low-E中空玻璃门联窗
	MLC3	5700X3400	1	2.4	断桥铝合金单框Low-E中空玻璃门联窗
	MLC4	5850X3300	1	2.4	断桥铝合金单框Low-E中空玻璃门联窗
	MLC5	5800X3300	1	2.4	断桥铝合金单框Low-E中空玻璃门联窗
	MLC6	11100X3400	1	2.4	断桥铝合金单框Low-E中空玻璃门联窗
	MLC7	6700X3400	1	2.4	断桥铝合金单框Low-E中空玻璃门联窗
窗	C1519	1500X1900	130	2.4	断桥铝合金单框Low-E中空玻璃窗
	C1819	1800X1900	22	2.4	断桥铝合金单框Low-E中空玻璃窗
	C2115	2100X1500	20	2.4	断桥铝合金单框Low-E中空玻璃窗
	C2119	2100X1900	40	2.4	断桥铝合金单框Low-E中空玻璃窗
	C2222	2200X2200	40	2.4	断桥铝合金单框Low-E中空玻璃窗
	C3122	3100X2200	20	2.4	断桥铝合金单框Low-E中空玻璃窗
	C1534	1500X3400	6	2.4	断桥铝合金单框Low-E中空玻璃窗
	C2234	2200X3400	4	2.4	断桥铝合金单框Low-E中空玻璃窗
幕墙	MQ1	21490X1200	2	2.4	断桥铝合金单框Low-E中空玻璃幕墙
	MQ2	21490X3100	2	2.4	断桥铝合金单框Low-E中空玻璃幕墙
	MQ3	21490X2860	2	2.4	断桥铝合金单框Low-E中空玻璃幕墙

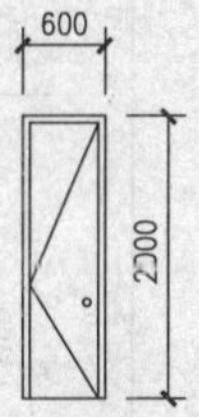

编号	洞口尺寸	备注
BFHM0620	600X2000	丙级防火门

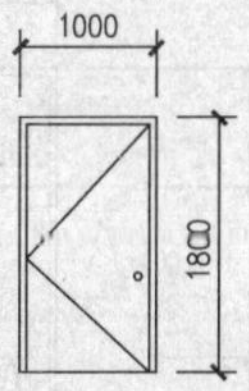

编号	洞口尺寸	备注
BFHM1018	1000X1800	丙级防火门

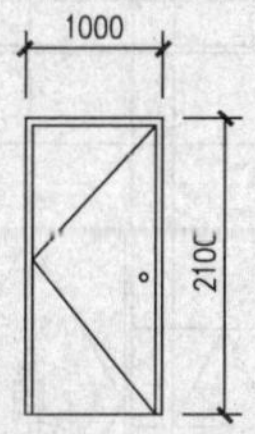

编号	洞口尺寸	备注
YFHM1021	1000X2100	乙级防火门

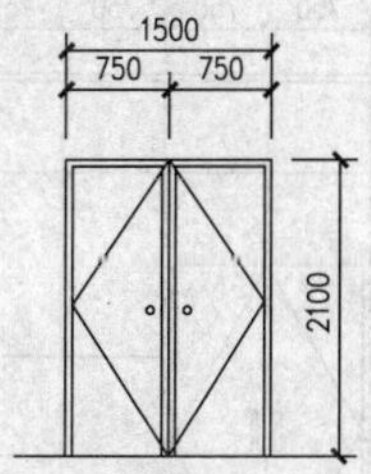

编号	洞口尺寸	备注
YFHM1521	1500X2100	乙级防火门

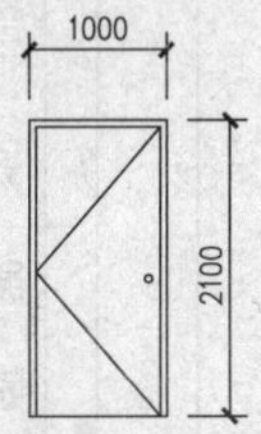

编号	洞口尺寸	备注
JFHM1021	1000X2100	甲级防火门

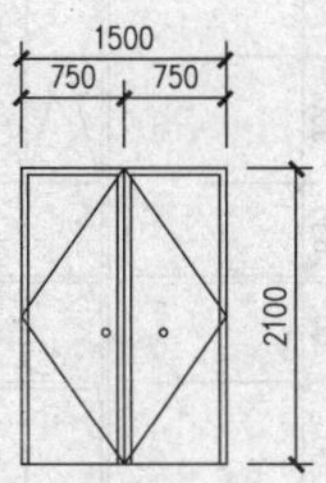

编号	洞口尺寸	备注
LM1521	1500X2100	铝门

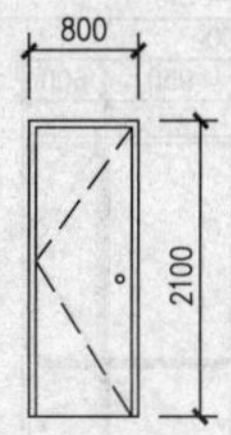

编号	洞口尺寸	备注
M0821	800X2100	木夹板门

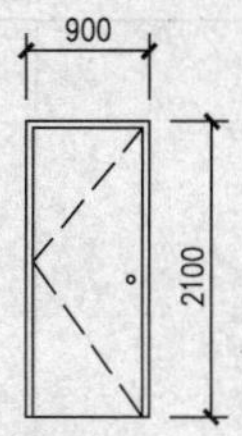

编号	洞口尺寸	备注
M0921	900X2100	木夹板门

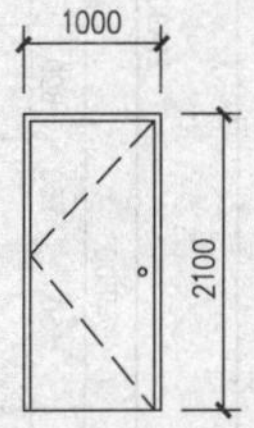

编号	洞口尺寸	备注
M1021	1000X2100	木夹板门

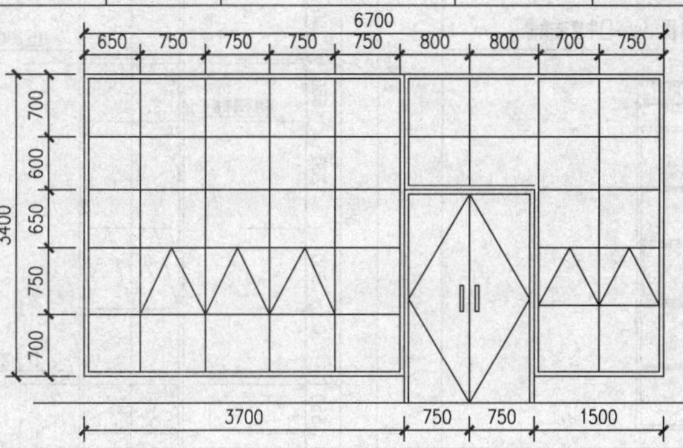

编号	洞口尺寸	备注
MLC1	6700X3400	断桥铝合金单框Low-E中空玻璃门联窗

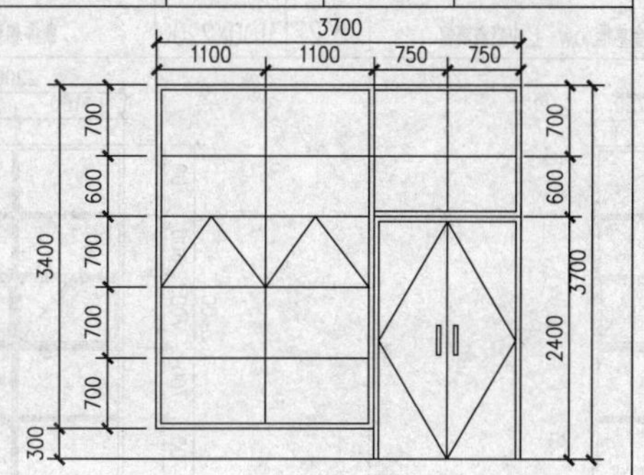

编号	洞口尺寸	备注
MLC2	3700X3700	断桥铝合金单框Low-E中空玻璃门联窗

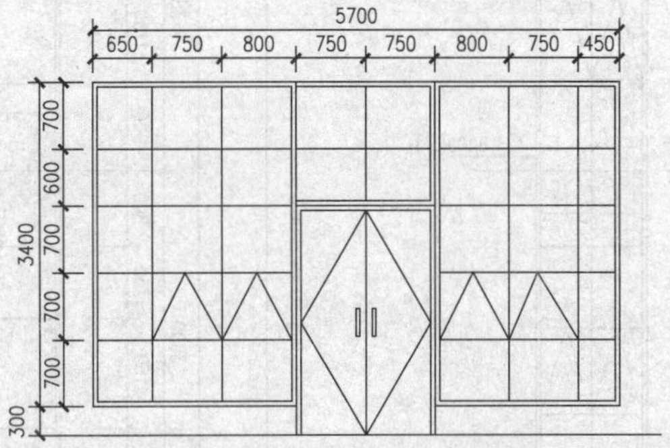

编号	洞口尺寸	备注
MLC3	5700X3400	断桥铝合金单框Low-E中空玻璃门联窗

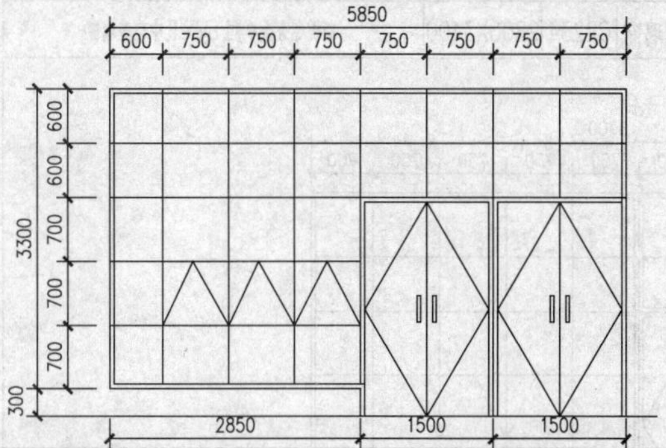

编号	洞口尺寸	备注
MLC4	5850X3300	断桥铝合金单框Low-E中空玻璃门联窗

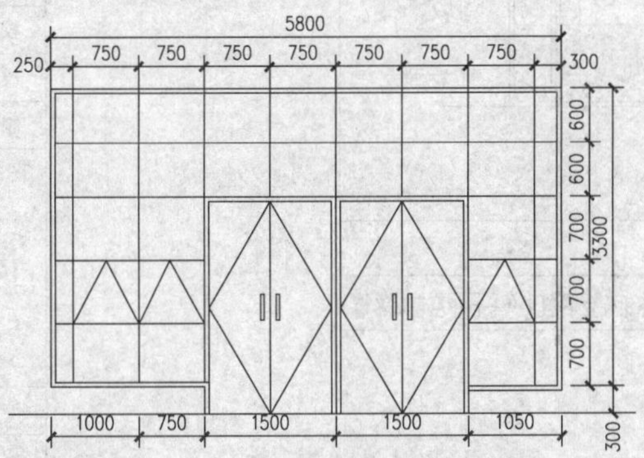

编号	洞口尺寸	备注
MLC5	5800X3300	断桥铝合金单框Low-E中空玻璃门联窗

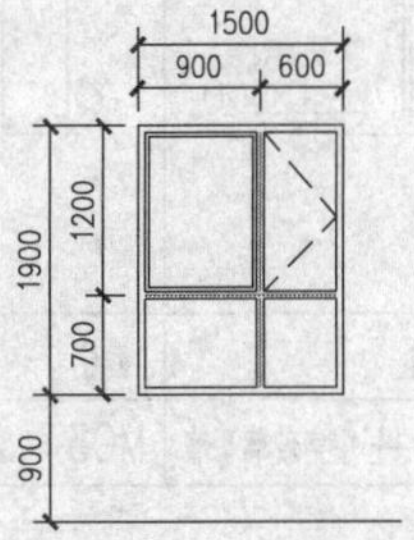

编号	洞口尺寸	备注
C1519	1500X1900	断桥铝合金单框Low-E中空玻璃窗

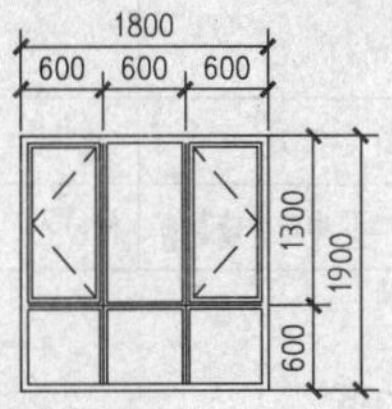

编号	洞口尺寸	备注
C1819	1800X1900	断桥铝合金单框Low-E中空玻璃窗

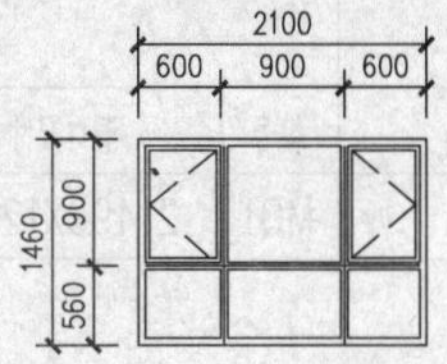

编号	洞口尺寸	备注
C2115	2100X1500	断桥铝合金单框Low-E中空玻璃窗

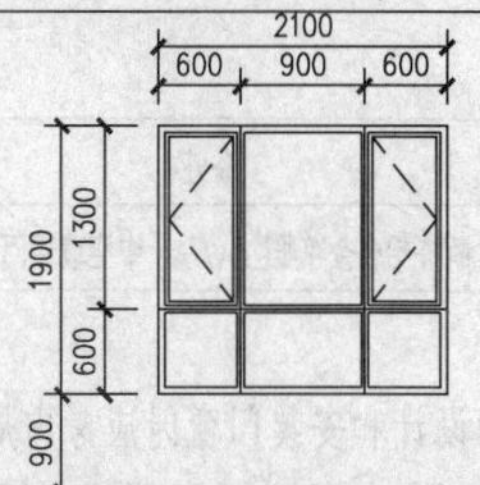

编号	洞口尺寸	备注
C2119	2100X1900	断桥铝合金单框Low-E中空玻璃窗

×××建筑设计咨询有限责任公司

×××JIANZHU SHEJI ZIXUN YOUXIAN ZEREN GONGSI

中国×××市新城区×××街××号

工程设计证书编号：甲级×××××××

建设单位：×××市×××置业有限公司

工程名称：×××公寓楼

设计编号 ××××-××-××

审 定	
审 核	
设计总负责人	
校 对	
设计人	
制图人	

图纸名称

门窗表

门窗详图（一）

专 业	建筑
比 例	1∶50
图 号	建施-19
日 期	××××.××

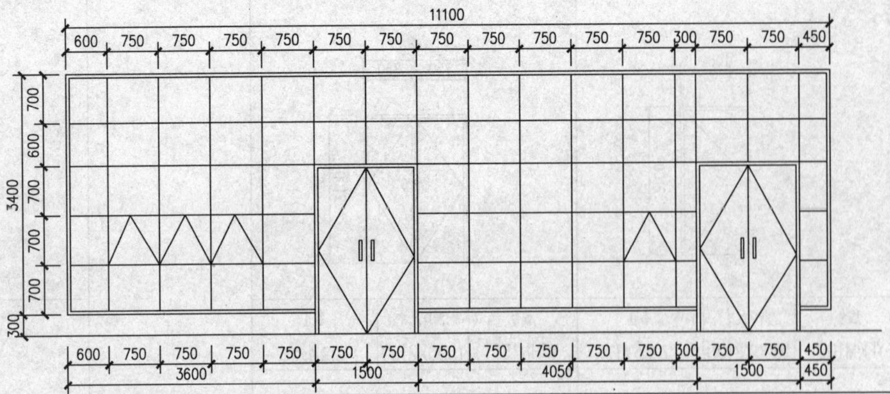

编号	洞口尺寸	备注
MLC6	11100X3400	断桥铝合金单框Low-E中空玻璃门联窗

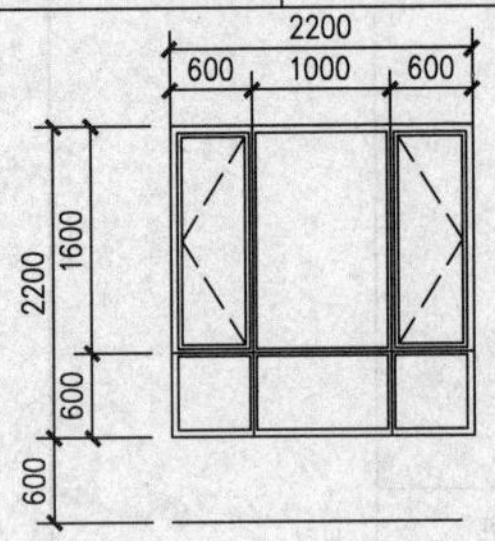

编号	洞口尺寸	备注
C2222	2200X2200	断桥铝合金单框Low-E中空玻璃窗

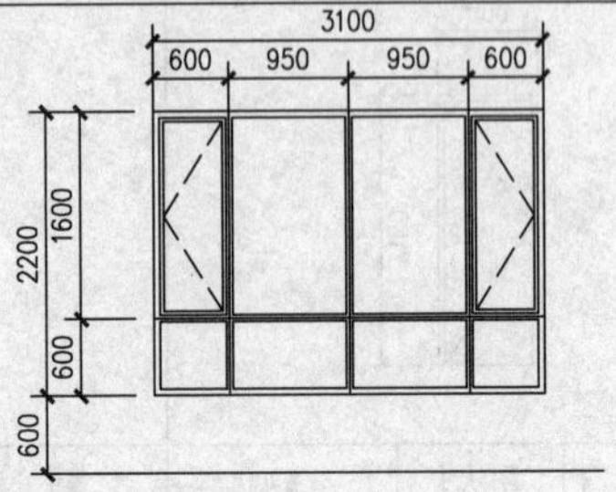

编号	洞口尺寸	备注
C3122	3100X2200	断桥铝合金单框Low-E中空玻璃窗

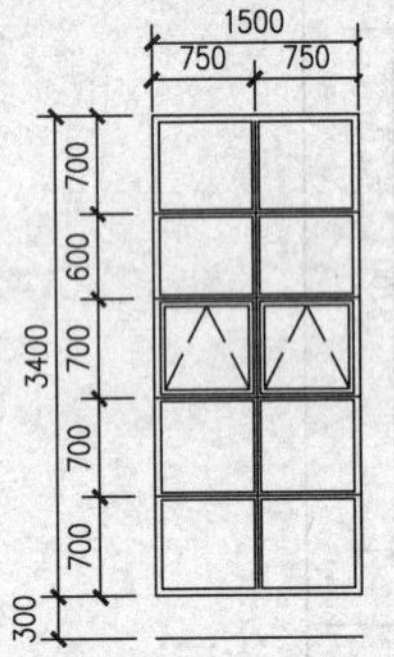

编号	洞口尺寸	备注
C1534	1500X3400	断桥铝合金单框Low-E中空玻璃窗

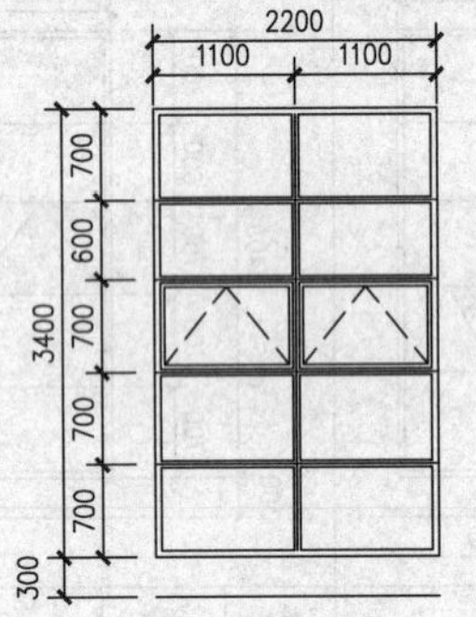

编号	洞口尺寸	备注
C2234	2200X3400	断桥铝合金单框Low-E中空玻璃窗

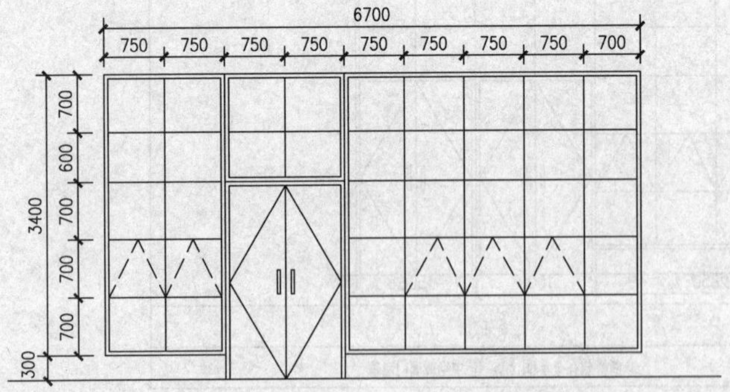

编号	洞口尺寸	备注
MLC7	6700X3400	断桥铝合金单框Low-E中空玻璃门联窗

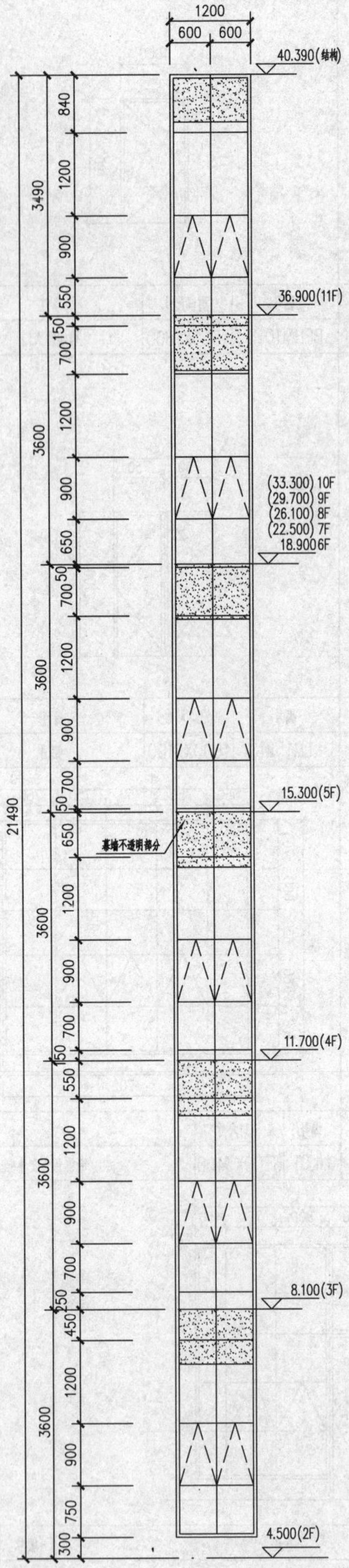

编号	洞口尺寸	备注
MQ1	21490X1200	断桥铝合金单框Low-E中空玻璃幕墙

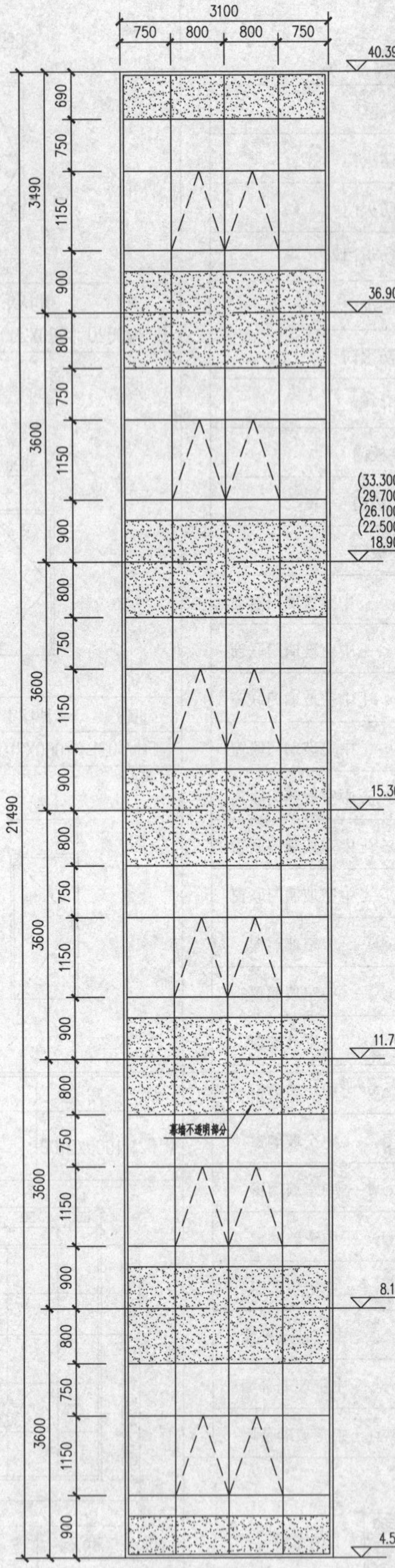

编号	洞口尺寸	备注
MQ2	21490X3100	断桥铝合金单框Low-E中空玻璃幕墙

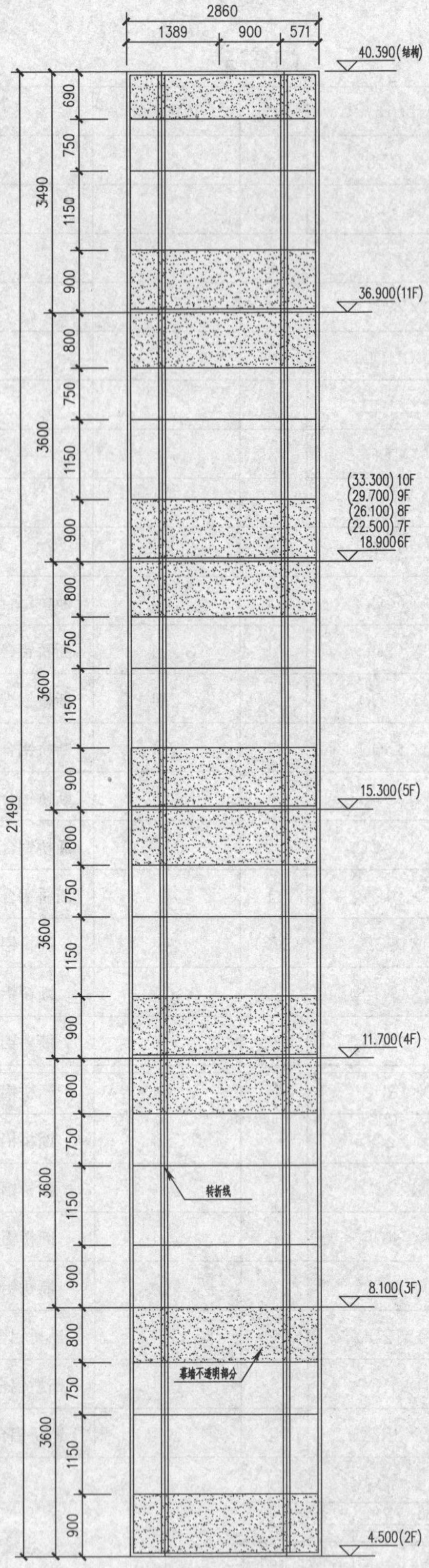

编号	洞口尺寸	备注
MQ3	21490X2860	断桥铝合金单框Low-E中空玻璃幕墙

说明：

1. 本设计门窗所注尺寸均为结构洞口尺寸，厂窗设计和安装门窗时应考虑周边墙体装修后的实际尺寸，并现场核实尺寸及数量无误后方可加工订货。
2. 断桥铝合金单框Low-E中空玻璃窗及幕墙采用白色框料，全透明玻璃，开启扇均加纱窗。
3. 大于$1.5m^2$玻璃采用安全玻璃。

×××建筑设计
咨询有限
责任公司

×××JIANZHU SHEJI
ZIXUN YOUXIAN
ZEREN GONGSI

中国×××市新城区
×××街××号
工程设计证书编号：
甲级×××××××

建设单位：
×××市×××置业
有限公司

工程名称：
×××公寓楼

设计编号
××××-××-××

审 定	
审 核	
设计总负责人	
校 对	
设计人	
制图人	

图纸名称
门窗详图（二）

专 业	建筑
比 例	1∶50
图 号	建施-20
日 期	××××.××

建筑消防设计说明

一、设计依据

本建筑消防设计依据《高层民用建筑设计防火规范》GB 50045—1995(2005年版)、《建筑内部装修设计防火规范》GB 50222—1995进行设计。

二、建筑概况

本建筑高度为40.9m，属二类高层建筑，耐火等级为二级，室内平面布置按照相关规范设计。消防控制室设在首层北侧，且用耐火极限不低于2.00h的隔墙和1.50h的楼板与其他部位隔开，并设置有直通室外的安全出口。

三、防火间距

本建筑四周与地界线距离均大于10m。

四、消防车道

沿本建筑的周围设有环形消防车道，道宽均大于4m，满足规范要求。

五、防火分区

1.本工程一层为三个防火分区，其余各层分别为一个防火分区，详见防火分区图。本建筑设有自动喷淋系统，地上每个防火分区面积均小于2000m^2，满足规范要求。

2.同层各防火分区之间均用防火墙、甲级防火门隔开。

六、安全疏散

本工程主体部分设有两部防烟楼梯间；满足每个防火分区的安全出口为两个或两个以上的规范要求。楼梯间采用耐火极限不低于2.00h的隔墙和常闭乙级防火门与其他部位隔开，且主体部分有两部楼梯直通屋面。分隔同层两个防火分区的防火墙上的门为甲级常开防火门。

七、防火门窗

JFHM*为甲级防火门；YFHM*为乙级防火门；BFHM*为丙级防火门。防火卷帘、防火门的选用应符合防火规范的要求。防火门均向疏散方向开启的平开门，并能在关闭后从任何一侧手动开启；常开的防火门、窗，当发生火灾时有自行关闭和信号反馈的功能。楼梯间的门均为向疏散方向开启的乙级防火门，强电间、弱电间、管道井井壁上的检查门为丙级防火门。

八、墙体工程

1.所有砌体墙（除说明者外）均砌至梁底或板底，有管道穿越防火墙、隔墙、楼板时，采用不燃材料填塞其周围的空隙，管道保温材料采用不燃烧材料。在本建筑内的配电室、消防安保控制室采用耐火极限大于2.0h的隔墙，1.5h的楼板和甲级防火门与其他部位隔开。凡在建筑紧靠防火墙两侧的门、窗洞口之间最近边缘的水平距离均大于2m；当在防火墙上设有门、窗等洞口时，均设置能自行关闭的甲级防火门。

2.设在电梯厅的防火卷帘在防火卷帘的两侧设有启闭装置，并具有自动、手动和机械控制的功能。特级防火卷帘两侧设置启闭装置，并应有自动、手动和机械控制功能。防火卷帘的耐火极限不低于3h(耐火极限是采用包括背火面的温升作为判定条件的)。

3.幕墙设计应符合防火规范的要求。玻璃幕墙的窗间墙、窗槛墙的填充材料采用不燃烧材料。玻璃幕墙与每层楼板、隔墙处的缝隙采用不燃烧材料严密填实。窗槛墙高度大于800。

九、井道

所有强电间、弱电间、管道井井道待管道安装后，在楼板处用后浇板作防火分隔。管道穿过隔墙、楼板时，应采用不燃烧材料将其周围的缝隙添塞密实。所有强电间、弱电间、管道井、排烟井等均分别独立设置，其井壁为耐火极限大于1.00h的不燃烧体，井壁上的检查门为丙级防火门；强电间、弱电间、管道井每层在楼板处用相当于楼板耐火极限的不燃烧体作防火分隔，其与房间、走道等相连通的孔洞采用不燃材料填塞其周围的空隙。

十、其他有关消防措施见各专业图

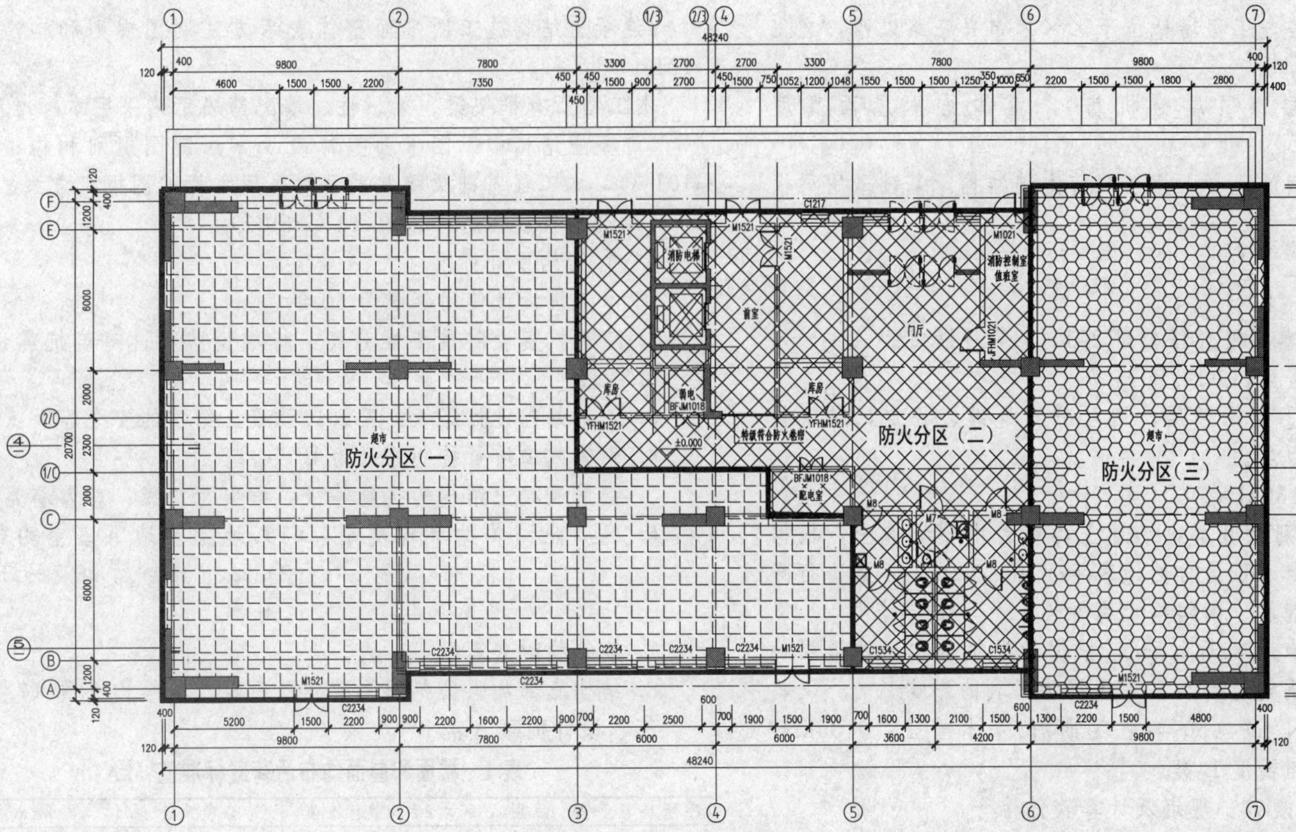

一层防火分区平面图 1:150

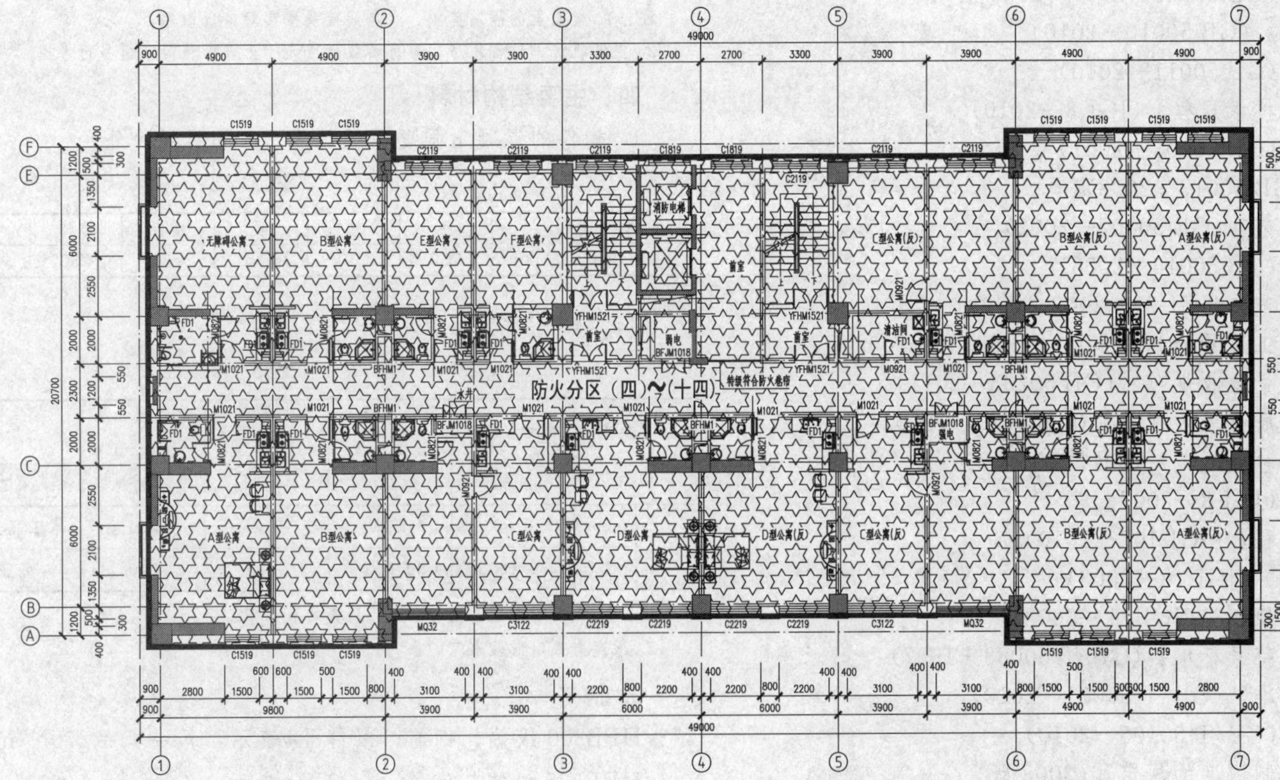

二～十一层防火分区平面图 1:150

×××建筑设计咨询有限责任公司

×××JIANZHU SHEJI ZIXUN YOUXIAN ZEREN GONGSI

中国×××市新城区×××街××号

工程设计证书编号：甲级×××××××

建设单位：×××市×××置业有限公司

工程名称：×××公寓楼

设计编号 ××××-××-××

审定	
审核	
设计总负责人	
校对	
设计人	
制图人	

图纸名称：建筑消防设计说明 防火分区图

专业	建筑
比例	1∶100
图号	建施-21
日期	××××.××

结构设计总说明

一、工程概况

本工程为×××公寓楼，工程场地位于×××市兴旺路以西，文化路以东，纬二路以南。

本工程地上共十一层（顶层为机房），主体结构屋面高度为40.390m，

结构形式采用全现浇钢筋混凝土框架—剪力墙结构，基础采用梁板式筏形基础。

二、主要设计依据

（一）自然条件

1. 根据×××工程勘察有限责任公司2011年7月提供的《×××商业广场岩土工程勘察报告》(11-B2-20)：

塔楼部分持力层为第①层粉砂层，该层分布连续、稳定，厚度较大，可作为良好的地基持力层。

地基承载力特征值为160kPa。

2. 本工程建筑场地类别为Ⅱ类，场地土类型为中硬场地土，根据地勘报告场地内地下水稳定水位为自然地表下4.8～7.8m，不需进行降处理，地基土对混凝土、钢筋、钢结构无腐蚀性。

标准季节性冻土深度为地表下1.5m，根据地勘报告本场地地层稳定，不存在液化问题和地质构造断裂等对建筑物不利的影响。

3. 基本风压：$0.50kN/m^2$（50年重现期）；基本雪压：$0.35kN/m^2$（50年重现期）；地面粗糙度B类。

（二）设计遵循的主要规范、规定及计算软件

1. 本工程按以下规范或规程进行设计

《建筑结构可靠度设计统一标准》(GB 50068—2001)

《建筑工程抗震设防分类标准》(GB 50223—2008)

《建筑结构荷载规范》(GB 50009—2001) 2006版

《混凝土结构设计规范》(GB 50010—2010)

《建筑抗震设计规范》(GB 50011—2010)

《高层建筑混凝土结构技术规程》(JGJ 3—2010)

《砌体结构设计规范》(GB 50003—2001)

《钢结构设计规范》(GB 50017—2003)

《建筑地基基础设计规范》(GB 50007—2002)

《建筑设计防火规范》(GB 50016—2006)

《建筑地基处理技术规范》(JGJ 79—2002)

《建筑地基基础工程施工质量验收规范》(GB 50202—2002)

《砌体结构工程施工质量验收规范》(GB 50203—2011)

《混凝土结构工程施工质量验收规范》(GB 50204—2002) 2011版

《钢结构工程施工质量验收规范》(CB 50205—2001)

《建筑变形测量规范》(JGJ 8—2007)

《钢筋机械连接技术规程》(JGJ 107—2010)

《钢筋焊接及验收规程》(JGJ 18—2003)

《建筑钢结构焊接技术规程》(JGJ 81—2002)

《建筑结构设计术语和符号标准》(GB/T 50083—1997)

《房屋建筑制图统一标准》(GB/T 50001—2010)

《建筑结构制图标准》(GB/T 50105—2010)

《建筑工程设计文件编制深度的规定》(2008版)

2. 上部结构整体分析采用中国建筑科学研究院《建筑结构三维分析程序》(SATWE)(2011.01)。

基础计算采用中国建筑科学研究院研制的《钢筋混凝土地基梁》(JCCAD)计算。

3. 选用图集

《混凝土结构施工图平面整体表示方法制图规则和构造详图》(11 G101-1)

本工程所有框架梁、梁、柱、墙配筋表示均采用本标准图规定方式。

《混凝土结构施工图平面整体表示方法制图规则和构造详图》(11 G101-3)，本工程基础梁配筋表示均采用本标准图规定方式。

《建筑物抗震构造详图》(11 G329-1)。

（三）结构设计标准

1. 本工程设计使用年限为50年。

2. 建筑抗震设防重要性分类：标准设防类；建筑抗震设防烈度：8度(0.3g)。

3. 地基基础设计等级：乙级；混凝土结构的安全等级：二级。

4. 砌体施工质量控制等级为B级。

5. 钢筋混凝土结构的抗震等级：框架为二级；剪力墙为一级。

6. 混凝土结构的环境类别：(1) 地上及地下室室内部分：一类；(2) 地上外露结构及地下其他部分：二b类。

7. 建筑物耐火等级：一级。

8. 结构底部加强区范围为基础顶面至二层结构板顶(7.990m)。

三、设计荷载（表1）

表1 楼面和屋面均布活荷载标准值（kN/m^2）

序号	类别	活荷载标准值	分项系数	准永久值系数
1	公寓	2.0	1.4	0.4
2	消防疏散楼梯	3.5	1.4	0.3
3	电梯机房	7.0	1.4	0.3
4	不上人屋面	0.5	1.4	0
5	上人屋面	2.0	1.4	0.4

注：1. 楼面上的隔墙荷载、水箱间荷载按实际情况取用。

2. 空调机房、设备用房、厨房活载标准大于上表数值时，需另行考虑。

四、主要结构材料

1. 构件的混凝土强度等级见表2（注明者除外）

表2

构件类别	柱	墙	梁	楼板	楼梯	构造柱、圈梁
基础顶面～屋顶	C30	C30	C30	C30	C30	C25

2. 混凝土耐久性规定（表3）

表3

环境类别		最大水胶比	最低混凝土强度等级	最大氯离子含量/%	最大碱含量/(kg/m^3)	备注
一		0.60	C20	0.3	不限制	本工程上部结构
二	a	0.55	C25	0.2	3.0	本工程卫生间、地下室
	b	0.50 (0.55)	C30 (C25)	0.15	3.0	外露混凝土构件

注：1. 氯离子含量系指其占水泥用量的百分率。

2. 水泥应采用低碱水泥。

3. 钢筋

HPB300级热轧钢筋，以符号Φ表示，$f_y=f'_y=270N/mm^2$；

HRB335级热轧钢筋，以符号Φ表示，$f_y=f'_y=300N/mm^2$

HRB400级热轧钢筋，以符号Φ表示，$f_y=f'_y=360N/mm^2$。

4. 抗震等级为一、二、三级的框架和斜撑构建（含楼梯），其纵向受力钢筋采用普通钢筋时，钢筋的抗拉强度实测值与屈服强度实测值的比不应小于1.25；

钢筋的屈服强度实测值与屈服强度标准值的比值不应大于1.3，

且钢筋在最大拉力下的总伸长率实测值不应小于9%。

5. 焊条：E43××焊接HPB300级钢筋及Q235钢材；E50××焊接HRB335及Q345钢材，E55××焊接HRB400级钢筋。

6. 填充墙

(1) 内外填充墙均采用M5.0混合砂浆砌蒸压加气混凝土砌块（注明者除外）。

卫生间隔墙采用轻质砌块或墙板，厚度不大于120mm。

(2) 加气混凝土砌块容重不大于$600kg/m^3$。

(3) 加气混凝土砌块用于外墙时，强度等级不低于MU5.0；用于内墙时，强度等级不低于MU3.5。

(4) 砌块放射性限量应符合GB 6566—2010标准的规定。

五、钢筋混凝土构造要求

（一）混凝土保护层厚度（从钢筋的外边缘算起）

1. 受力主筋的混凝土保护层厚度（表4）

表4

位置	板、墙	梁	柱
地上（除浴室部分）及地下室室内部分	15	20	20
地上露天暴露的室外构件及地下其他部分	25	35	35

注：1. 受力主筋的保护层厚度同时不得小于主筋直径。

2. 混凝土保护层厚度从钢筋（箍筋、构造钢筋、分布筋钢等）的外边缘算起。

3. 混凝土强度等级不大于C25时，表中保护层厚度数值增加5mm。

4. 置于土中的框架柱保护层增加20mm。

2. 其他钢筋

(1) 板、墙中的水平分布钢筋：10mm；

(2) 梁、柱中的箍筋及构造钢筋：15mm。

（二）钢筋的接头及位置

1. 受力钢筋的接头位置应设在受力较小处，接头应相互错开，同一跨内同一根钢筋不应设有两个接头（构件跨度大于12m者除外）。

2. 钢筋接头除图中特别注明外，当受力钢筋直径$\phi\geqslant18$时均采用机械连接，$\phi<18$时为绑扎搭接。

3. 一般板的上部钢筋可在跨中三分之一范围内搭接，下部钢筋应在支座范围内搭接。

4. 当采用绑扎接头时，钢筋接头连接区段的长度为1.3倍搭接长度。当采用机械连接或焊接接头时，钢筋接头连接区段的长度为钢筋直径的35倍且不小于500mm。位于同一连接区段内有接头的受力钢筋截面面积占受力钢筋总截面面积的百分比应符合表5规定。

表5

接头型式	受拉区	受压区
墙绑扎搭接接头	25%	50%
板绑扎搭接接头	25%	50%
梁绑扎搭接接头	25%	50%
机械连接	50%	不限

5. 梁柱纵向受力钢筋的搭接长度范围内应按如下要求配置箍筋：

(1) 箍筋的直径不应小于搭接钢筋较大直径的0.25倍。

(2) 受力钢筋搭接范围内，箍筋间距不应大于搭接钢筋较小直径的5倍，且不应大于100mm。

(3) 当柱中纵向受力钢筋直径$d>25mm$时，应在搭接接头两个端面外100mm范围内设置二个箍筋，其间距宜为50mm。

（三）受拉钢筋锚固长度和搭接长度（普通钢筋）

×××建筑设计咨询有限责任公司

×××JIANZHU SHEJI ZIXUN YOUXIAN ZEREN GONGSI

中国×××市新城区 ×××街××号

工程设计证书编号：甲级××××××

建设单位：×××市×××置业有限公司

工程名称：×××公寓楼

设计编号 ××××-××-××

审定

审核

设计总负责人

校对

设计人

制图人

图纸名称 结构设计总说明（一）

专业	结构
比例	1∶100
图号	结施-01/35
日期	××××.××

1. 有抗震要求的构件受拉钢筋的最小锚固长度 l_{aE}（mm）及受拉钢筋锚固长度 l_a 详见图集 011G101-1 第 53 页表述。

2. 纵向受拉钢筋绑扎搭接长度 l_l 及 l_{le} 详见图集 011G101-1 第 55 页表述。

3. 附加说明

(1) l_a 为非抗震构件受拉钢筋的最小锚固长度，本工程指次梁、楼板。

(2) l_{aE} 为抗震构件受拉钢筋的最小锚固长度，本工程指框架梁、柱，混凝土墙。

(3) HPB300 钢筋端部应另加弯钩。

(4) 任何情况下纵筋锚固长度不应小于 250mm；搭接长度不应小于 300mm（受拉时）及 200mm（受压时）。

（四）钢筋混凝土现浇板

1. 板的底部钢筋伸入梁支座内长度不小于 5d 且不小于 1/2 梁宽度，当采用 HPB300 级钢筋时，端部另设弯钩，当采用 HRB535 级钢筋时，端部不设弯钩。楼梯踏步板的下部钢筋伸入支座内长度不小于 15d，且不小于 150。

2. 板的中间支座上部钢筋（负筋）两端设直钩，直钩长度为板厚减一个保护层厚度，此时 HPB300 级钢筋端部可不设弯钩。

3. 板钢筋伸入支座情况详见图 1。

4. 双向板的底部钢筋短跨钢筋置于下排，长跨钢筋置于上排。

5. 施工图中未注明的板内分布筋应同时满足表 6 要求，且大于受力主筋面积的 15%，分布筋的间距一般不大于 200。

表 6

板厚	100	120	150	180～200	250
分布钢筋	Φ6@150	Φ6@150			
		Φ8@200	Φ8@200	Φ8@150	
				Φ10@200	Φ10@150

6. 楼板上的孔洞应预留，结构图上未表示板上不大于 200mm 的孔洞，施工时应按有关工种施工图配合预留。

(1) 当板上圆洞直径 d 及方洞宽度 b（b 为垂直于板跨度方向的孔洞宽度）不大于 200 时，受力筋绕过洞边，不需切断并可不设附加钢筋。

(2) 当为圆形洞口时，除注明的洞口直线加筋外，沿洞口边增设放射性封头筋，见图 2（b）。

(3) 当 200＜d（或 b）＜1000 时应按施工图设计要求加设洞边附加钢筋或小梁，孔洞每侧附加钢筋面积不小于孔洞宽度内被切断的受力筋面积的一半，且每侧不小于 2Φ12，加筋沿短跨通长，伸入支座内 l_a。单向板的长跨方向洞口加筋长度＝洞口长度＋两侧各 l_a，板内被洞口切断的钢筋应置于洞口加筋之上。当洞口加筋在图中无具体注明时，按图 2 和表 7 规定施工。

表 7

洞口尺寸 $d(a\times b)$	每边加筋
200＜$a(b)$≤400	≥2Φ12
400＜$a(b)$≤600	≥2Φ12
600＜$a(b)$≤800	≥2Φ14
800＜$a(b)$≤1000	≥2Φ16

表 8

板厚	≤150	150～200
温度收缩钢筋	≥Φ6@150	≥Φ8@150

7. 如设计图中屋面板及地下室顶板未设双层双向拉通配筋时，则按表 8 要求配置双向温度收缩钢筋网。温度收缩钢筋网可与周边板面钢筋搭接 300。

8. 当板底与梁底平时，板的下部钢筋伸入梁内时须置于梁的下部纵筋之上，做法见详图 3。

9. 楼板上后砌隔墙的位置应严格按建施图位置施工，不得随意砌筑。对墙下无梁的后砌隔墙，应按建施图所示位置在墙下板底内设置 3Φ12 纵向加强筋（沿墙通长），纵筋锚入两端支座各 300mm。

10. 板配筋图中采用的简化符号见表 9。

表 9

符号	意义	说明
	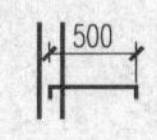	
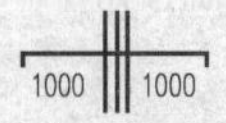	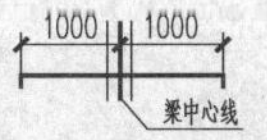	

11. 为防止板角部出现裂缝，在各平面图的端跨阳角部位板面钢筋加密，其直径同板边的板面钢筋，间距为 100，范围可按图 4（a）设置。当楼板周边呈阴角时，如图中未表示，板面钢筋按图 4（b）配置。加密的板面钢筋按受拉钢筋锚固在梁内或墙、柱内。

12. 设备管道井处楼板待管道安装后用同级的微膨胀混凝土封闭，板内钢筋应连续设置，板厚同管井相邻板，其部位详见结构平面图。

13. 楼板及梁混凝土宜一次浇注，当浇注间隔时间超过 2h 应设施工缝。施工缝的位置应符合施工验收规范的规定及具体设计要求，施工缝处应增加附加插筋，数量为主筋面积的 30%，长度 2000，伸入施工缝两侧各 1000。板附加筋用Φ10 放于板厚中间。

14. 楼板与砌体中构造柱顶端相连处，应按建筑施工图中要求的位置，在板底预留插筋或埋件，详见图 5。楼板及楼梯栏杆埋件或留洞按建筑图要求设置。

15. 有吊顶的房间板下预埋Φ8@900（双向）吊筋，吊筋锚入板内 250，外露 100。

（五）钢筋混凝土梁

1. 梁纵向钢筋接头应选择在受力较小的部位。

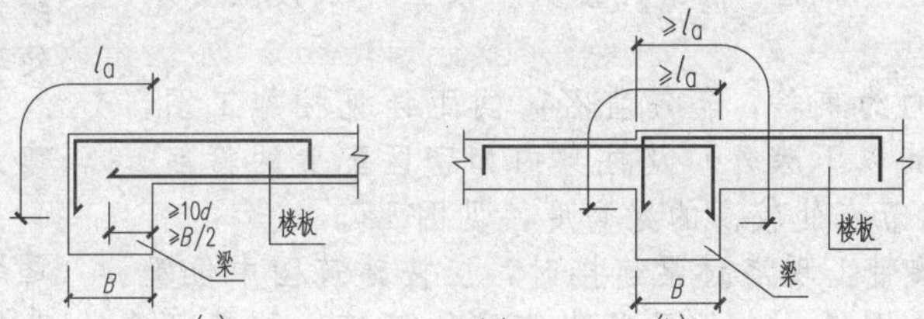

(a) (b)

图1

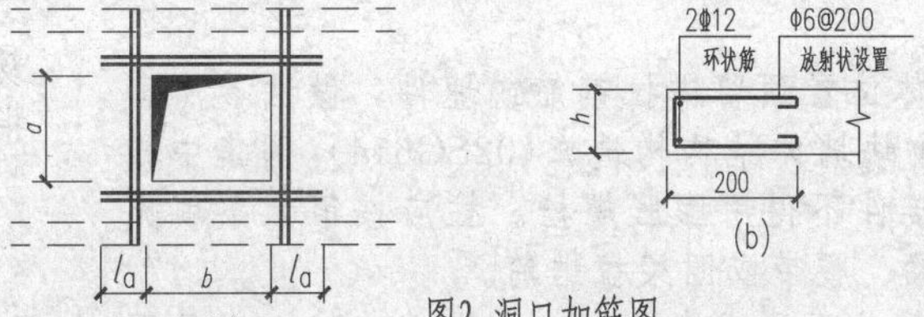

(a) (b)

图2 洞口加筋图

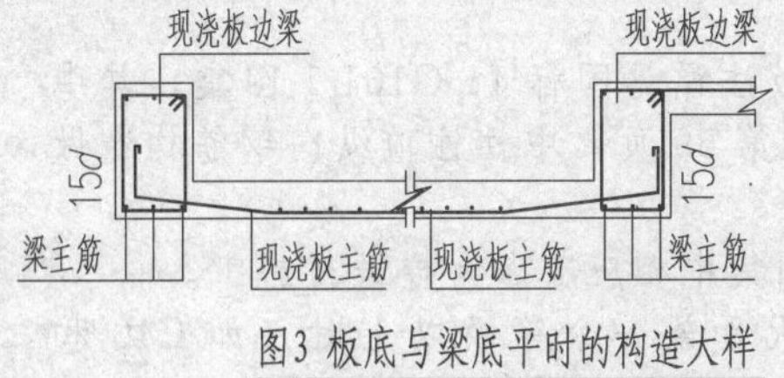

图3 板底与梁底平时的构造大样

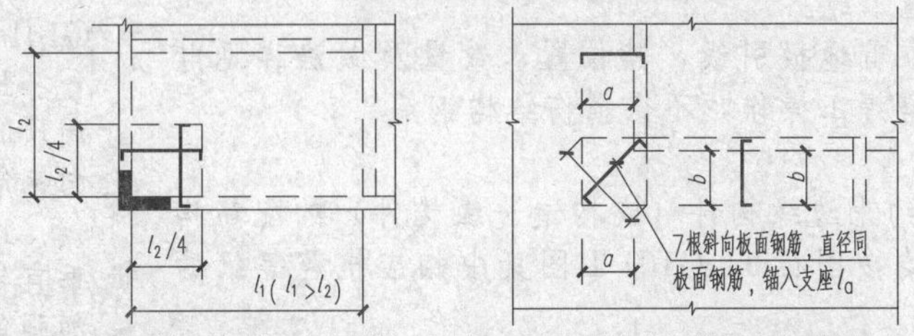

(a) 楼板阳角处加密板面钢筋 (b) 楼板阴角处板面钢筋配置

图4

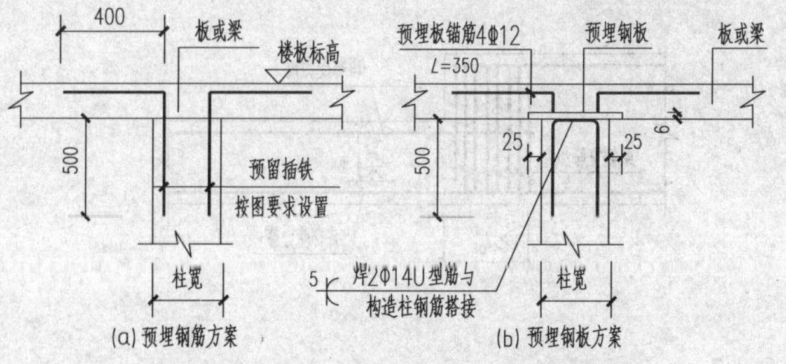

(a) 预埋钢筋方案 (b) 预埋钢板方案

图5 砌体中构造柱纵筋与楼板连接立面图

(1) 梁的上部通长钢筋应在跨中 1/3 净跨范围内接长，钢筋接头按 50%错开。

(2) 梁的底部纵向钢筋在支座附近及梁柱节点以外柱边至 1.5 倍梁高范围内接长，不应在跨中接长，钢筋接头按支座左右各 50%错开，相邻两跨的下部钢筋当直径，位置相同时，钢筋通长配置。

2. 中间楼层框架梁纵向钢筋配筋构造详国标 11 G101-1 图集第 79 页，当框架梁上部纵向钢筋水平直线段锚固长度不足时，框架梁上部纵向钢筋应伸至距柱外皮 60mm，并向下弯折 15d，弯折前的水平直线段锚固长度不应小于 0.4l_{abE}。

箍筋构造做法详国标 11 G101-1 图集第 85 页。

3. 抗震屋面框架梁纵向钢筋配筋构造详国标 11 G101-1 图集第 80 页。箍筋构造做法详国标 11 G101-1 图集第 85 页。

4. 非抗震次梁纵向钢筋配筋构造详国标 11 G101-1 图集第 86 页，箍筋构造做法详国标 11 G101-1 图集第 86 页注。

5. 梁有高差时的配筋构造详国标 11 G101-1 图集第 84、88 页。

6. 主次梁相交处，主梁箍筋在次梁两侧应设附加箍筋，不足部分另设吊筋（吊筋大小详梁平面图）。主次梁等高时，次梁主筋应放在主梁主筋之上，做法见图 6。

7. 梁腹板 h_w≥450 时梁两侧配腰筋（见图 7），每侧腰筋面积不小于 bh_w 的 0.1%，间距不大于 200。构造腰筋搭接与锚固长度可取为 15d，抗扭腰筋应按受拉钢筋锚固要求锚入支座，搭接长度为 l_l 或 l_{lE}。当图中未标明时，腰筋按表 10 配置。

8. 框架梁，次梁截面高度变化时配筋方式见图 8。

9. 梁柱同宽时，应按图 9 所示将梁钢筋锚入柱内。平面转角梁构造做法见详图 10。

10. 梁上留洞配筋构造见图 11。

11. 梁跨度≥4m 时，模板按跨度的 03%起拱。悬臂梁悬挑长度≥1200 时，悬臂端按悬臂长度的 06%升起，特别注明者除外。

12. 梁上部纵筋净距：≥30mm 且≥1.5d；梁下部纵筋净距：≥25mm 且≥1.0d。

梁下部纵筋多于两层时，上层钢筋水平中距应比下面两层增加一倍，梁各层纵筋净间距不应小于 25mm。

13. 当梁一端与剪力墙或柱相连而另一端与其他梁相连时，不管梁代号是 KL 还是 L，梁与柱或墙相连端箍筋应加密。但悬臂梁除外。

14. 梁图中未标注的吊筋为 2Φ14，见图 12。

15. 当主梁高度小于次梁时，应采用图 13 的做法。

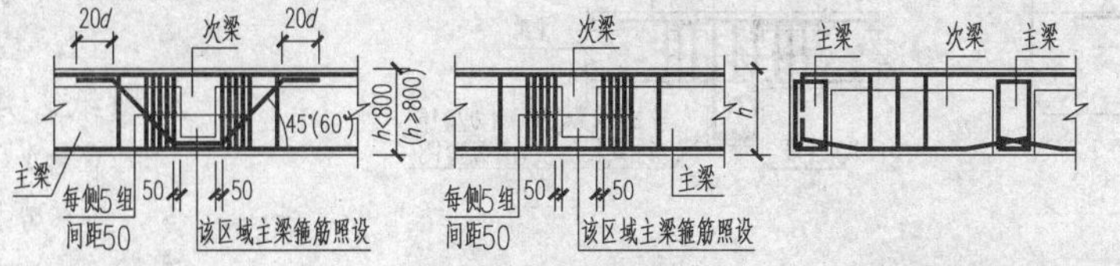

(a) 吊筋及附加箍 (b) 仅设附加箍 (c) 主次梁等高

(附加箍未注明时同梁箍筋) (主次梁等高时，次梁纵筋置于主梁纵筋之上)

图6

×××建筑设计咨询有限责任公司

×××JIANZHU SHEJI ZIXUN YOUXIAN ZEREN GONGSI

中国×××市新城区 ×××街××号 工程设计证书编号：甲级×××××××

建设单位：×××市×××置业有限公司

工程名称：×××公寓楼

设计编号 ××××-××-××

审定	
审核	
设计总负责人	
校对	
设计人	
制图人	

图纸名称 结构设计总说明（二）

专业	结构
比例	1∶100
图号	结施-02/35
日期	××××.××

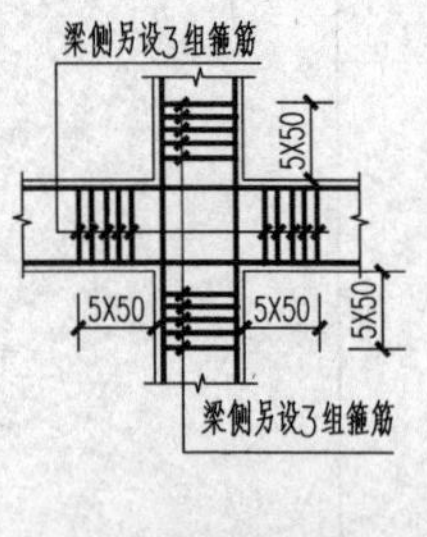

(d) 主次梁等高附加箍筋

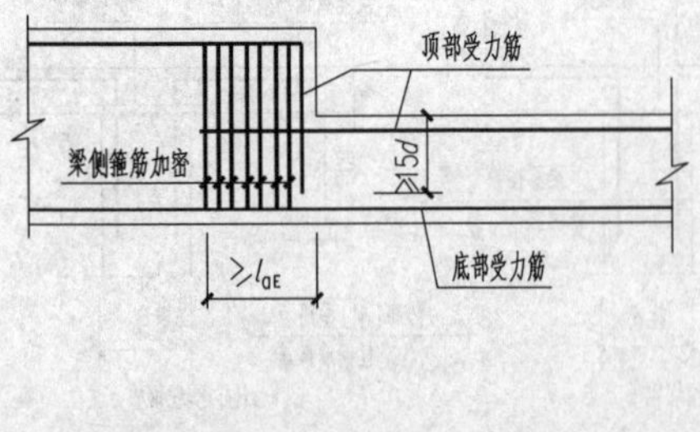

图8 框架梁、次梁截面高度变化时配筋示意图

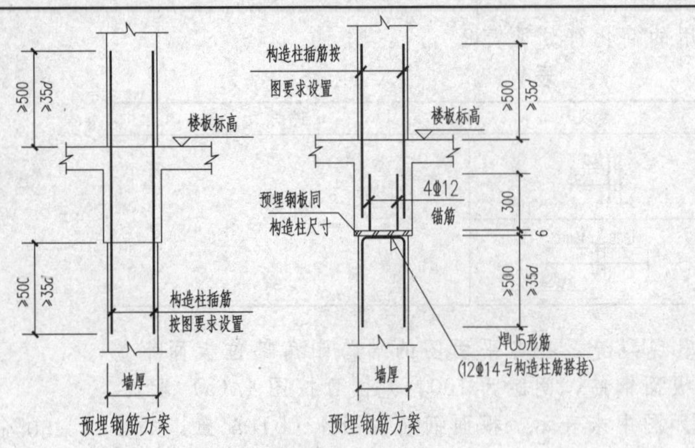

图14 梁上预埋柱插铁附图

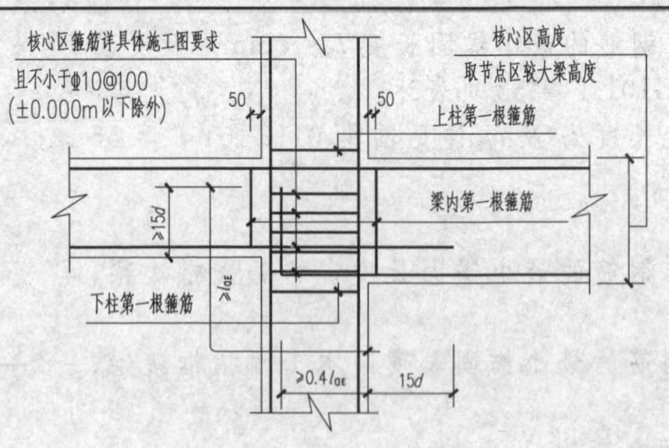

图15 柱节点核心区高度取法

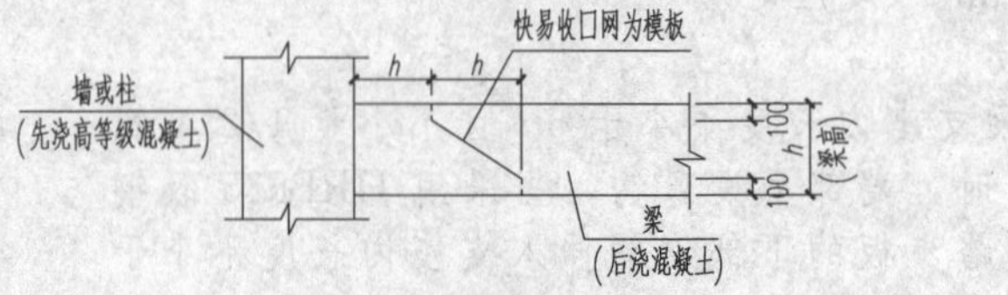

图16

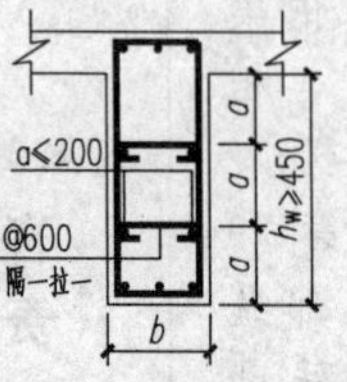

图7

表10 梁侧构造腰筋和拉筋配置表

梁宽 b	构造腰筋直径	拉筋直径
200~250	Φ10	Φ6
300~350	Φ12	
400~550	Φ14	Φ8
600~700	Φ14	
750~850	Φ16	Φ10
900~1000	Φ18	
>1000	Φ20	

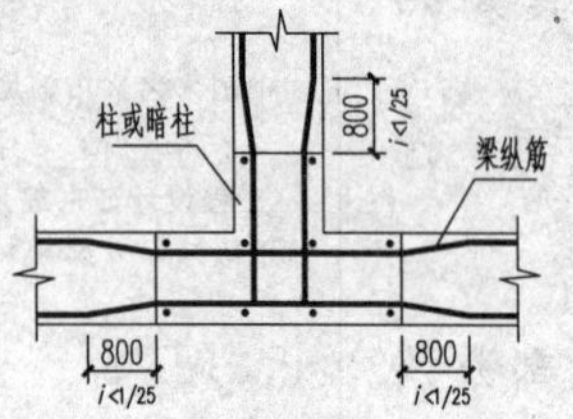

图9

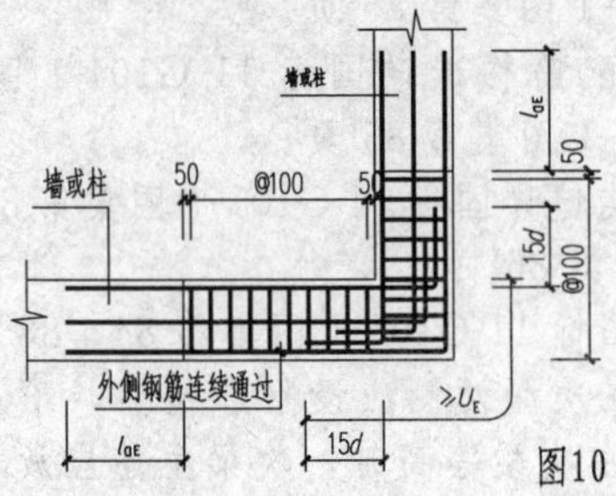

图10

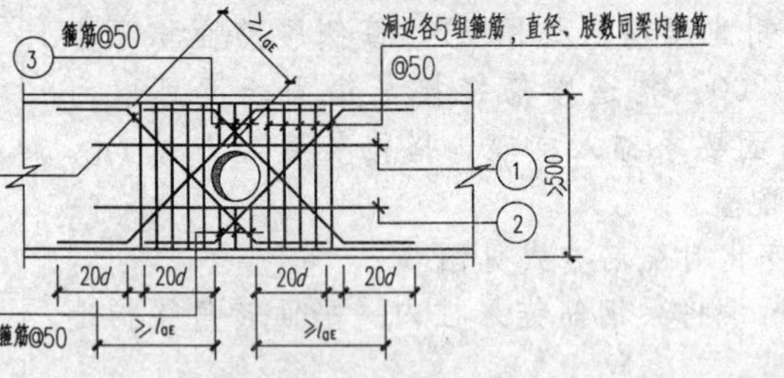

图11 梁上留孔

注：1. 开孔直径不得超过梁高的1/5，洞宜开在梁高中心，孔洞应布置在梁跨中1/3区段内，梁高小于500时梁上不得留洞。

2. 多孔并列时，孔中心线之间的距离不小于4倍孔洞高度，且不小于500。

3. ①、②号钢筋在梁平面图中未注明时为2Φ16。

4. ③、④号钢筋未注明时，其直径肢数同梁内箍筋。

5. 梁上留洞必须经结构工程师同意后方可预留。

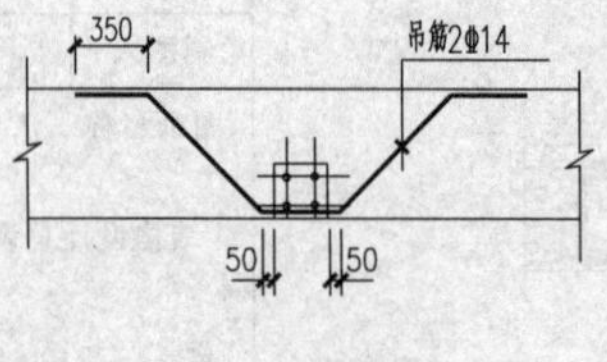

图12

(梁在底面及侧面有承重埋件处需增加吊筋)

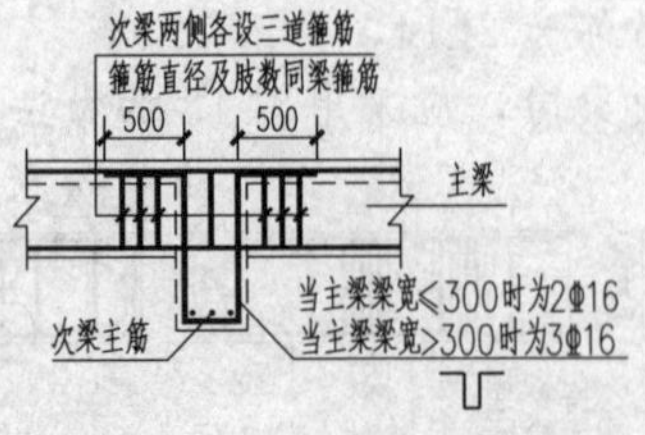

图13

(主梁高度小于次梁时的做法详图)

16. 应按填充墙中构造柱的位置，在梁的上、下两面预留构造柱的插筋，不得遗漏。做法见图14。

17. 框架梁、次梁平法整体表示方法说明详见结施3。

(六) 钢筋混凝土柱

1. 柱纵向钢筋插入基础内长度按下述要求施工：

当基础（承台）高度小于1200时，应插至基础底面钢筋之上，再加100mm长的水平弯钩。当基础（承台）高度大于等于1200时，柱纵筋的角筋可按上述要求做，其余纵向钢筋插入基础内长度满足 l_{aE} 即可。

2. 柱纵向钢筋接头一般在楼板面以上每隔一根错开接头，第一次接头距板面 l_a，第二次接头距第一次接头900mm，且应大于35d（d 为柱纵向钢筋直径），接头位置及质量必须满足规范要求。

3. 当柱变截面时，在施工下柱时应留出上柱的插筋，插筋锚入下柱长度>l_{aE}，留出上柱钢筋长度（每隔一根错开接头）按上一条接头要求进行施工。

4. 框架梁柱节点核心区的约束箍，箍筋直径，间距详见柱施工图，且不少于Φ10@100（±0.000m以下除外）及柱身内加密区配置的箍筋。梁柱节点核心区的高度，应取节点处较高的梁高度，见图15。

5. 柱子与圈梁，混凝土腰带，现浇过梁连接时，应按建筑图中位置及相应圈梁，过梁配筋说明或图纸，由柱子留出相应的钢筋，其直径、根数应符合相应构件的要求，且不小于上下各2Φ12。钢筋长度为柱子内外各35d，不得遗漏。

6. 柱应按建筑施工图中砌体位置预留锚拉钢筋或埋件，做法参照国标《框架结构填充墙小型空心砌块墙体结构构造》(02SG614) 图集中相应节点大样进行施工。柱上连接件不得用膨胀螺栓。柱应按第六条填充墙的构造要求预留窗台板、过梁、腰带或圈梁拉结筋。

7. 上下层柱截面尺寸变化或截面形式变化时，柱纵筋连接方式见国标 11 G101-1 图集。

8. 柱到顶时，其纵向钢筋构造做法详见国标 11 G101-1 图集，其中边柱和角柱纵向钢筋构造做法按图集第59页，中柱柱顶纵向钢筋构造做法按第60页执行。

9. 其他要求按国标 11 G329-1 图集中相应节点大样进行施工。

10. 当柱墙的混凝土强度等级大于梁一个等级以上时（如 C40 和 C30 的关系），按图16设置施工缝。

11. 柱内应预埋钢筋作防雷地极引线，其位置、数量及做法详见电施图纸。焊接工作应选派合格焊工操作，不得损伤结构钢筋。

(七) 钢筋混凝土墙

1. 剪力墙墙身、连梁及约束边缘构件（或构造边缘构件）的配筋构造除符合本图具体做法外，均按国标 11 G101-1 图集中相应抗震等级的节点大样进行施工。

2. 剪力墙的基础插筋须满足锚固长度再加100的水平段，暗柱插筋同柱。

3. 钢筋混凝土墙内竖向钢筋及水平钢筋的连接接头构造详国标 11 G101-1 图集。

4. 钢筋混凝土墙水平钢筋端部锚固详国标 11 G101-1 图集，顶层墙内竖向分布钢筋及暗柱纵向钢筋应锚入屋面板内。连梁纵向钢筋锚入墙内不小于 l_{aE}，顶层连梁在纵向钢筋锚固区内设箍筋，箍筋直径与连梁相同，间距为150。连梁部位的墙体钢筋仍然通过。构造均详国标 11 G101-1 图集。

5. 钢筋混凝土墙内外双层钢筋网间用拉结筋连接，拉结筋呈梅花形布置，其构造形式见图17。

6. 钢筋混凝土墙应与周围的柱同时浇筑，墙的水平施工缝留在墙顶梁下100mm处。

7. 钢筋混凝土墙上直径<ϕ250的预留洞或埋管不另加强配筋，墙内纵筋从洞边绕过，不得截断。直径为ϕ250~350的预留洞及套管按图18处理，大于350mm洞的详见具体设计。

8. 钢筋混凝土墙内的所有暗柱均采用封闭式箍筋，箍筋及拉筋构造要求同梁，所有设备及电气留洞不得横穿墙边缘构件。

9. 墙竖向分布钢筋及构造约束边缘构件主筋在顶层应锚入顶板内，连梁纵向钢筋锚入两侧混凝土墙内，锚固长度均不应不小于 l_{aE}，且不应小于600mm。在连梁高度范围内剪力墙水平钢筋仍然通过，连梁箍筋构造大样同框架梁要求。

10. 钢筋混凝土墙的连梁原则上不得预留孔洞，土建施工时当设备及电气专业管线确需穿连梁时，在征得结构工程师同意后，按如下原则指导施工：

1) 当连梁高度≤500时，连梁截面高度内不得留洞。

2) 当连梁高度>500时，穿过连梁的管道应预埋套管，孔洞尺寸和加筋大样见图19。

3) 当连梁上留洞多于一个时，相邻洞口净距离不得小于梁高，且洞应在同一水平线上。

11. 钢筋混凝土墙上的孔洞必须预留，除按结施图预留孔洞外，尚须根据各工种施工图纸预留孔洞。当洞口尺寸<250mm时，洞边不再设附加钢筋，墙内钢筋由洞边绕过，不得截断；当洞口尺寸≥250mm时，应设洞口加筋，其面积不小于被洞口截断的钢筋面积。如图中未注明加筋数量，则按图20设置。

12. 钢筋混凝土墙厚变化处，其竖向钢筋的构造要求详国标 11 G101-1 图集。

13. 钢筋混凝土墙内的暗柱上下不连续时，下层暗柱的纵向钢筋伸过洞顶的锚固长度不小于 l_{aE}，且伸至或伸过本层墙顶。上层墙体新增加的纵向钢筋应锚入下层墙体不小于 l_{aE}，且应伸至本层墙底，见图21。

14. 墙上预留洞靠近下层楼板时，洞口尺寸>250或虽然<250，但垂直钢筋从洞边绕过有困难需要切断时，应在施工下层墙体时预留洞边加强筋插筋，见图22。

15. 应按建筑图中的填充墙位置预留与填充墙的拉结钢筋。在需预留过梁或混凝土腰带钢筋的部位，预留钢筋或埋件（详见六、填充墙），不得遗漏。

×××建筑设计咨询有限责任公司

×××JIANZHU SHEJI ZIXUN YOUXIAN ZEREN GONGSI

中国×××市新城区×××街××号
工程设计证书编号：甲级×××××××

建设单位：
×××市×××置业有限公司

工程名称：
×××公寓楼

设计编号
××××-××-××

审定	
审核	
设计总负责人	
校对	
设计人	
制图人	

图纸名称
结构设计总说明（三）

专业	结构
比例	1:100
图号	结施-03/35
日期	××××.××

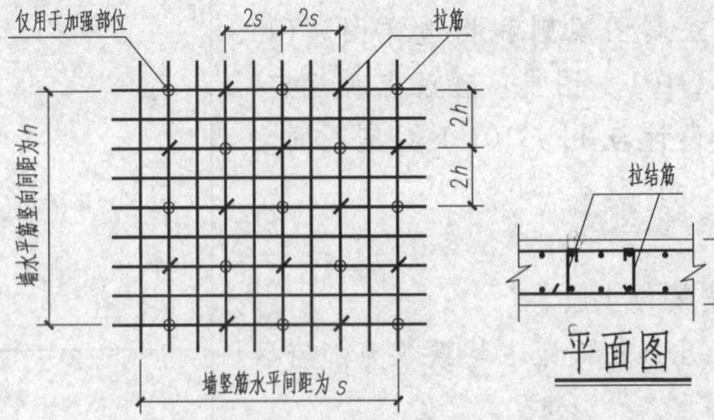

图17 钢筋混凝土墙内双层钢筋网间拉结筋布置图

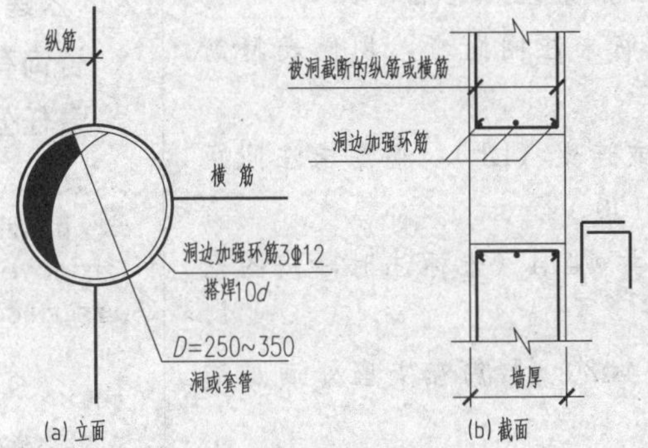

图18 洞边钢筋处理节点图

钢筋混凝土墙开<350圆洞时

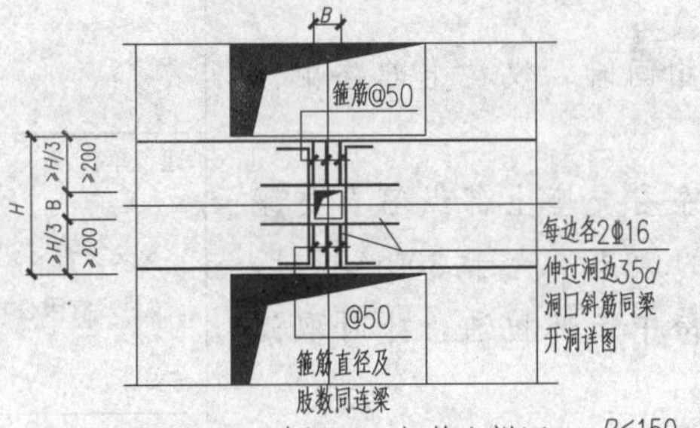

图19(a) 连梁洞口加筋大样图

B≤150
H>500

除单项设计外，其余连梁上留洞必须经结构工程师同意后方可留洞

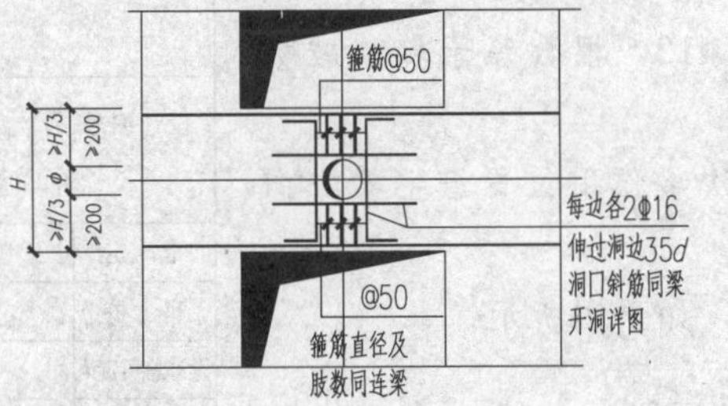

图19(b) 连梁洞口加筋大样图

φ≤150
H≥500

除单项设计外，其余连梁上留洞必须经结构工程师同意后方可留洞

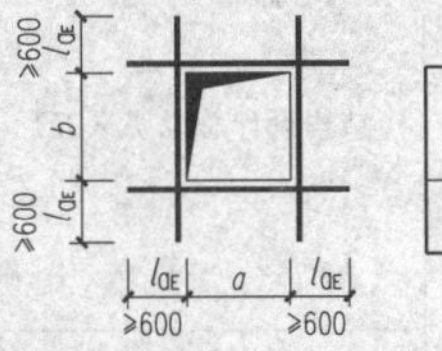

洞口边长	$200<\frac{a}{b}<400$	$400\leqslant\frac{a}{b}<600$	$600\leqslant\frac{a}{b}\leqslant800$
每边加筋	2Φ14	2Φ18	2Φ20

图20

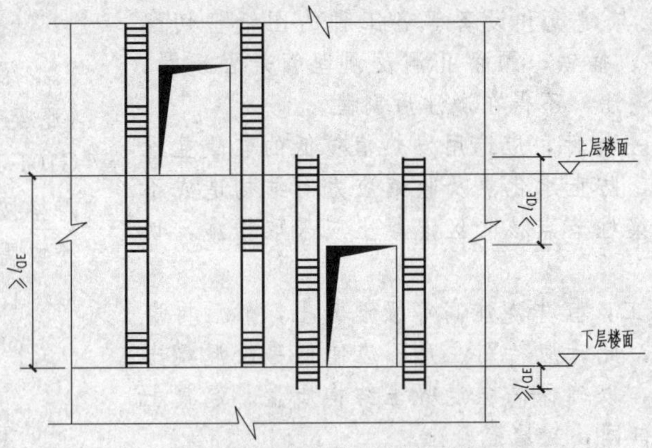

图21 开洞处墙体暗柱纵筋锚固截断位置立面图

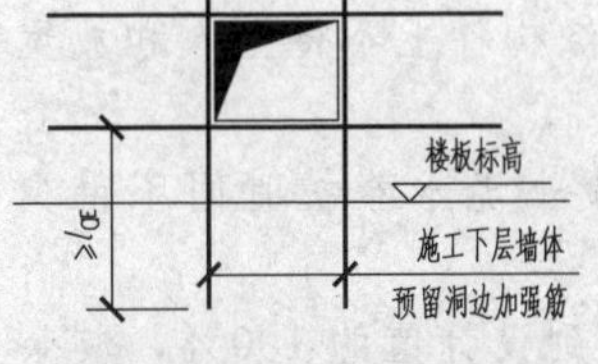

图22 洞边预插加强筋立面图

(墙体在楼板面附近开洞时)

（八）水平施工缝及后浇带

1. 竖向构件水平施工缝的位置设在各楼层梁底以下100mm处。在浇注上部混凝土前，一定要将施工缝处杂物及浮石清除，并用清水冲洗干净。先铺素浆或涂刷混凝土界面处理剂，并及时浇筑混凝土。

2. 对于外露的现浇钢筋混凝土挑檐、女儿墙、挂板、拦板等构件，当其水平直线段长度超过12m时，应按图23设置变形缝，变形缝间距≤12m。

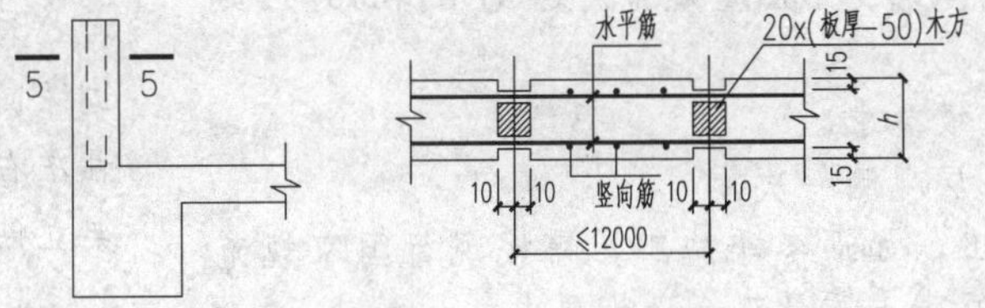

图23　　5—5

六、填充墙

1. 轻质隔墙位置按建施图纸施工，轻质隔墙的容重及厚度详结施和建施，未经结构工程师同意，不得随意更改墙体材料、厚度及位置。

2. 构造柱的定位详建筑图。如建筑图上未表示，施工中按以下原则设置：

宽度≥2m的门窗洞口两侧，未与相邻墙体或柱拉结的墙体端部、交叉部位、墙体转角处及墙长大于1.5倍层高时在墙中设构造柱。构造柱的配筋截面详见图24（注明者除外）。构造柱上下端400长度范围内，箍筋间距加密到100。构造柱纵筋上下端应与梁板内预留铁或预留筋焊接或搭接。

3. 宽度<2m的门洞口两侧应采取图25的构造措施，此时过梁改为现浇。施工单位应拟定有效的施工方案，确保砌体施工质量。

4. 土建施工时先预留构造柱插筋，待主体结构完工后再绑扎构造柱钢筋。

5. 填充墙应在主体结构完工后，由上而下砌筑，并在构造柱处留出马牙槎。填充墙砌至板、梁附近后，应待砌体沉实后（约5天）再用斜砌法把下部砌体与上部板梁间用砌块敲紧填实。

6. 当填充墙与构造柱、承重墙或柱相连时，应设2Φ6（3Φ6）@500（或相近的砌体整皮数距离）拉结钢筋。拉结钢筋锚入柱、墙内200，沿墙全长设置，做法见国标02SG614图集中相应节点大样。

7. 当墙高>4m时，应沿竖向每隔2m（窗口上下边、门上边）加设通长混凝土圈梁。内外墙圈梁做法如图26。纵筋应与相连柱（构造柱）的预留插筋焊接或搭接。构造详国标02SG614图集中相应节点大样。

8. 当填充墙上门窗洞口宽≤1000时，过梁按03G322-1图集要求施工，>1000时按表11选用，过梁伸入墙内长度≥240。当洞口边设有构造柱或当洞口紧贴构造时，墙柱内预留插筋，错入构造柱内 l_a，插筋应与过梁主筋焊接或搭接。过梁断面及配筋详表11。

表11　过梁断面及配筋表（梁长=洞宽+2×240）

		洞口宽	h	①	②
内墙过梁	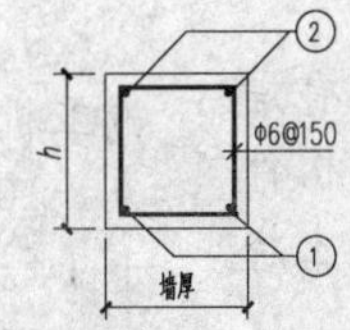	$l_a\leqslant1500$	200	2Φ12	2Φ10
		$l_a\leqslant2000$	200	2Φ14	2Φ12
		$l_a\leqslant2500$	300	2Φ16	2Φ12
		$l_a\leqslant3000$	300	2Φ18	2Φ14
300宽外墙过梁	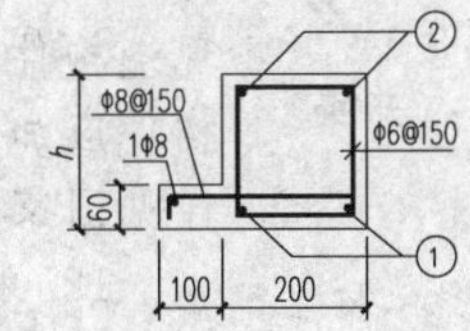	洞宽	h	①	②
		$l_a\leqslant1500$	200	2Φ14	2Φ10
		$l_a\leqslant2000$	200	2Φ16	2Φ12
		$l_a\leqslant2500$	300	2Φ18	2Φ12
		$l_a\leqslant3000$	300	2Φ20	2Φ14

9. 长度大于5m的墙，墙顶部与梁板按图27采取拉接。

10. 构造柱应在主体结构完工及填充墙砌筑后浇筑，不得与框架同时浇注，构造柱的施工应严格按国标11 G329-2的要求进行。

11. 填充墙与梁、柱、混凝土墙交界处抹灰前应在交界处两侧500mm内加铺300mm宽钢丝网，并绑紧钉牢，以防不同材料之间产生收缩裂缝。

12. 楼梯间采用砌体填充墙时，设置间距不大于层高且不大于4m的钢筋混凝土构造柱并采用钢丝网砂浆面层加强。

13. 本工程地上所有外墙均考虑节能要求，做法详建施图。

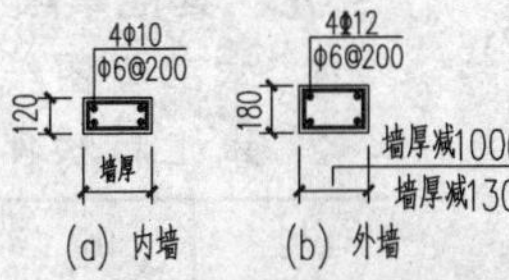

图26 圈梁截面及配筋图

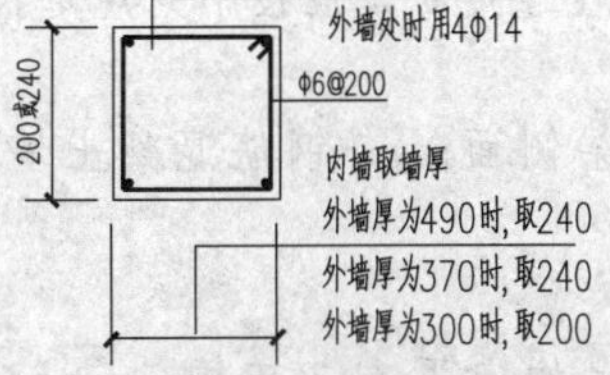

图24 构造柱截面及配筋图

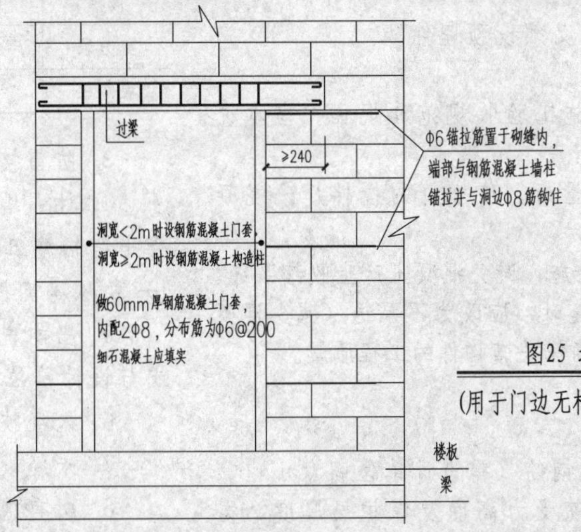

图25 填充墙门洞边加强立面图

(用于门边无构造柱处，主筋锚入梁或板内 l_a)

×××建筑设计咨询有限责任公司 ×××JIANZHU SHEJI ZIXUN YOUXIAN ZEREN GONGSI 中国×××市新城区×××街××号 工程设计证书编号：甲级×××××××	
建设单位：	×××市×××置业有限公司
工程名称：	×××公寓楼
设计编号	××××-××-××
审　定	
审　核	
设计总负责人	
校　对	
设计人	
制图人	
图纸名称	结构设计总说明（四）
专　业	结构
比　例	1∶100
图　号	结施-04/35
日　期	××××.××

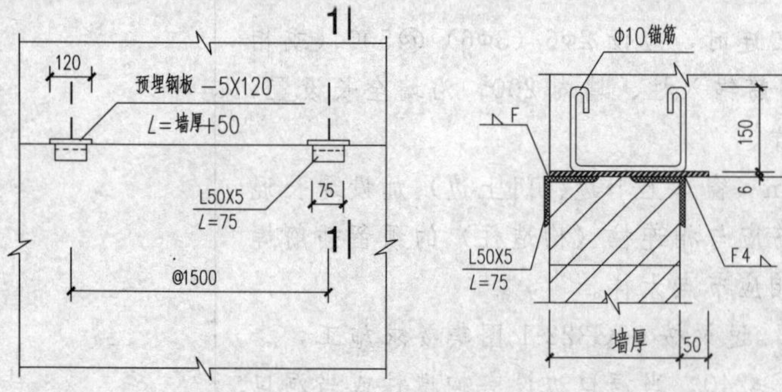

注：当墙上端与楼板相连或墙不与梁一侧齐平时，预埋钢板居墙中对称放置

1—1

图27 墙顶与梁板连接点立面图

（当砖墙长≥5m时）

七、预埋件

1. 预埋件直锚筋直径≥16时，锚筋与锚板采用T形焊或塞焊，所有焊缝均满焊，焊缝高度除注明者外均不小于6mm。在已浇筑好的混凝土构件中的埋件上焊接时，应注意间隔施焊，以减少温度应力集中，避免混凝土烧坏，钢板翘起。

2. 浇筑混凝土时应将埋件处的混凝土捣制密实。

3. 吊在板底的埋件，在锚筋弯折处，沿板跨方向放置2Φ12钢筋，并锚入支座不小于l_a，见图28。

4. 预埋件的锚筋应放在构件最外排主筋内侧。

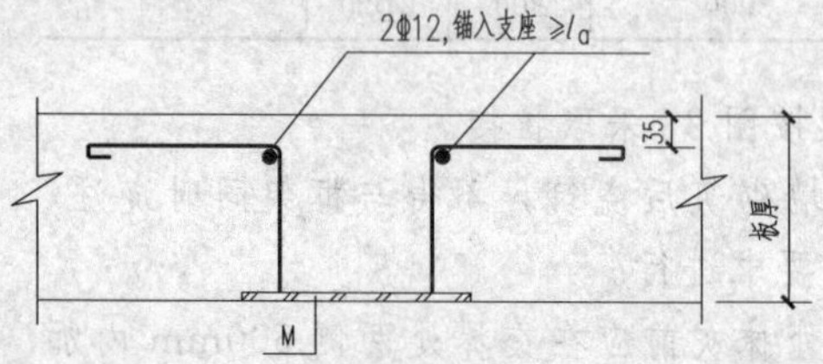

图28

（板中吊挂+荷载预埋件处理）

5. 建筑吊顶、门窗安装、钢楼梯、楼梯栏杆、阳台栏杆、电缆桥架、管道支架以及电梯导轨等与结构构件相连时，请各工种密切配合，将本专业需要的埋件留全，不要遗漏。如采用膨胀螺栓连接时，应按下列规定执行。

（1）可设膨胀螺栓部位

a. 楼板；b. 梁高（h）中部$h/3$的梁侧面；c. 钢筋混凝土墙体内暗柱与连梁以外的部位。

（2）禁止设置膨胀螺栓部位

a. 柱；b. 梁底部、顶部、梁高（h）的上下$h/3$范围；c. 钢筋混凝土墙内暗柱和连梁。

上述禁止设置膨胀螺栓部位如需联结时，必须设预埋件。

八、施工要求

1. 本工程施工时应严格执行现行的各类施工验收规范和规程。当本说明与附注及详图有矛盾时，以详图为准。

2. 本工程如采用商品混凝土，应选择质量好、信誉好的搅拌厂。混凝土配合比必须符合高性能混凝土的要求。

3. 施工中采用泵送混凝土时，应采取有效措施，避免混凝土产生收缩裂缝。如采用泵送混凝土无法避免混凝土产生收缩裂缝时，应改为不泵送（减少混凝土坍落度及水灰比），或采取下列技术措施，以确保关键构件的工程质量。

（1）梁板混凝土中加混凝土微膨胀剂。

（2）梁板混凝土中加钢纤维或合成纤维。

（3）关键混凝土构件增加一定数量的构造钢筋（需设计单位同意）。

4. 梁板的钢筋位置应安放准确，确保钢筋受力高度及保护层厚度。在施工中当钢筋需要替代时，须经设计院结构工程师同意后方可进行施工。

5. 钢筋混凝土构件施工中，应与建筑和设备等各工种的图纸密切配合，浇注混凝土前应仔细检查埋件、插铁、预留孔洞及预埋管是否遗漏，位置是否正确。经核对无误后方可浇注，不得在浇注后剔凿。

6. 对于体积、厚度较大的混凝土构件，应选用发热值较低的硅酸盐水泥，并采取必要的浇注和养护措施，防止水化热及收缩应力对结构造成不良影响。对钢筋布置较密的构件及梁柱节点核心区混凝土应采取措施，切实捣固密实。

7. 不同等级混凝土接缝处的施工，宜先浇注高等级混凝土，然后再浇注低等级混凝土，也可以同时浇注，此时应特别注意不应使低等级混凝土扩散到高等级混凝土结构部位中去，以确保高强混凝土结构质量。混凝土结构后浇带和施工缝处可设快易收口网，封堵混凝土。

8. 现浇板内预埋机电暗管时，管外径不得大于板厚的1/3，交叉管线应妥善处理，使管壁至板上下边缘净距应不小于30mm。

9. 在混凝土初凝强度达到1.2N/mm² 前，现浇构件上不得上人和放置施工机具和材料。

10. 混凝土构件必须加强养护，梁板构件混凝土浇水养护时间不得少于14天。

11. 现浇悬臂构件及大跨井格梁混凝土强度达到设计值的100%，其余现浇构件混凝土强度≥设计值的80%时，方可拆除承重支撑。混凝土现浇构件应加强养护，不得出现蜂窝、麻面、露筋等质量缺陷。有关质量标准详见国家标准。

12. 按结构图纸施工时，应结合建筑。设备等各专业的图纸一起进行施工。如与单项承包公司有关联时，应提请他们配合施工。

13. 本工程电梯井道是根据常用样本进行设计，土建施工时应按甲方最终订货样本，经核对电梯井道和洞口尺寸无误后，土建方可施工。

14. 根据本工程的规模和结构体系，施工过程中需进行建筑物沉降观测，具体要求如下：

1）沉降观测点的布置应符合《建筑变形测量规范》（JGJ 8—2007）第5.1.2条的规定。

2）沉降观测精度等级应符合二级要求。

3）沉降观测的周期为每加高一层观测一次。

15. 本工程设计未考虑冬季施工，如遇冬季施工，需按现行国家规范和规程采取切实可行的措施，确保混凝土质量符合设计要求。

九、其他事项

1. 本工程图纸标注中，标高以米（m）计，其余均以毫米（mm）计。

2. 本工程构件代号

地坑	K	预制板	YB	楼梯梁	TL	楼梯柱	TZ
预埋件	M	基础梁	JL	次梁	L	暗柱	YAZ、GAZ
楼梯	LT	连梁	LL	悬臂梁	XL	构造柱	GZ
剪力墙	Q	框架梁	KL	框架柱	KZ		
现浇板	B	框支梁	KZL	框支柱	KZZ		

3. 防雷接地做法详见电施图。

4. 柱、墙、梁配筋构造做法除本说明已注明者外，其他均详国标《混凝土结构施工图平面整体表示方法制图规则和构造详图》图集（11G101-1）和《建筑物抗震构造详图》（11G329-1）图集。

5. 当本说明与图纸中的附注、说明或详图有矛盾时，应以后者为准，或与设计单位协商解决。

6. 未经技术鉴定或设计许可，不得变更结构的用途和使用环境。

7. 未经设计施工图纸会审及施工图审查，施工单位不得施工。

8. 所有施工图纸和技术文件未盖本单位出图专用章均无效。

梁平法施工图设计说明

梁配筋采用《平面整体表示法》（简称"平法"）。主要依据国标《混凝土结构施工图平面整体表示方法制图规则和构造详图》（11 G101-1），施工人员必须仔细阅读11 G101-1图集，理解各种规定，严格按设计要求施工。以下说明为本设计与11 G101-1图集不同之处或需重点强调之处。

1. 符号

Φ8（4） 表示箍筋为Φ8，肢数为4肢。
对框架梁（KL），凡未注间距者均默认为加密区箍筋间距为100；
非加密区箍筋间距为200。凡注有一种间距者，表示非加密区间距和加密区间距相同。
如为次梁（L），箍筋未注间距者，均代表箍筋间距为200。
如为悬臂梁（跨）或连梁（LL），箍筋未注间距者，均代表间距为100。

G4Φ14 表示普通腰筋两侧共4Φ14（未标注时，按图七构造配置。）

N4Φ20 表示扭腰筋两侧共4Φ20（腰筋在支座处满足锚固要求）。

U3Φ16 表示吊筋为3Φ16。

10Φ10（4） 表示加密箍两侧共10Φ10间距为50mm，未注肢数时同梁箍筋。

2. 当某跨支座上部与跨中上部的纵筋相同时，仅在上部跨中注写一次，支座省去不注。

3. 对于大小跨相邻的情况，当某跨梁左右支座上部纵筋自支座边缘向跨内的延伸长度使两纵筋端点之间的距离不大于300mm时，且左右支座纵筋的位置和直径相同者应在跨中上部拉通，此时取消架立筋。

4. 不同编号的同一根连续梁上部纵向钢筋须拉通。

5. 腰筋设置要求如图所示，按构造设置腰筋一般伸至梁端，当腰筋为受扭腰筋时，应满足受拉时的锚固长度。

6. 本工程未注明的架立钢筋直径均为Φ12，根数等于箍筋肢数减去上部通长钢筋根数。

7. 主梁在次梁作用位置加吊筋时，在次梁作用位置沿主梁方向标注（主梁下或左），吊筋前面加字母U。

8. 小次梁不另编号，用剖面标注配筋，如下图所示。

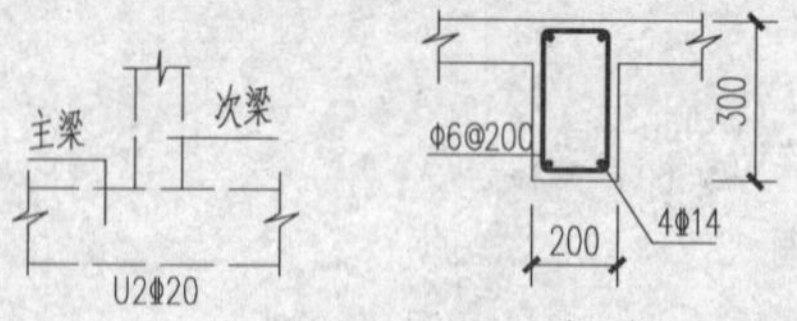

1—1

×××建筑设计咨询有限责任公司 ×××JIANZHU SHEJI ZIXUN YOUXIAN ZEREN GONGSI 中国×××市新城区×××街××号 工程设计证书编号：甲级×××××××	
建设单位：	×××市×××置业有限公司
工程名称：	×××公寓楼
设计编号	××××-××-××
审 定	
审 核	
设计总负责人	
校 对	
设计人	
制图人	
图纸名称	结构设计总说明（五）
专 业	结构
比 例	1∶100
图 号	结施-05/35
日 期	××××.××

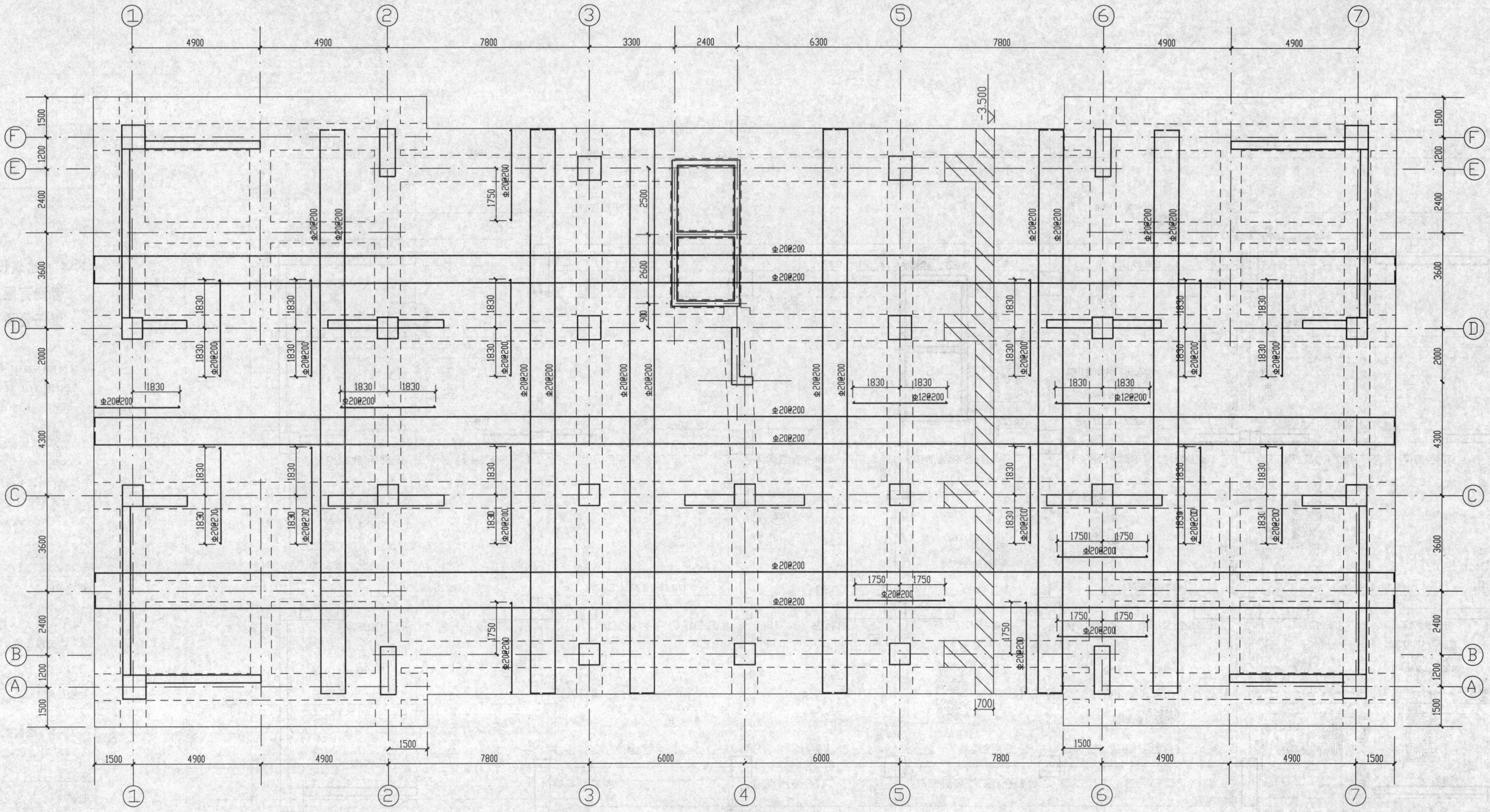

筏板配筋平面图

基础设计说明

1. 根据岩土工程勘察报告，基础持力层为粉砂层地基承载力特征值为160kPa。
2. 基槽开挖完毕需经设计和勘探单位共同验槽后才可施工基础。
3. 基础混凝土为C35，垫层细石混凝土为C15。
4. 地基梁钢筋保护层厚度为40mm，筏板钢筋保护层厚度为40mm。
5. 回填土压实系数要求大于0.94。
6. 地沟及地沟构件详02G04；地沟1600×1400；地沟选用G－55Ⅲ；地沟盖板选用GB－19；检查井盖板选用JB－9；地沟梁选用GL－4。

【读图提示】

阅读基础图应注意的问题如下：

1. 通过阅读基础说明知道本工程基础底面放置在什么位置（基础持力层的位置），相应位置地基承载力特征值的大小。基础图中所采用的标注图集，基础部分所用材料情况，基础施工需注意事项。
2. 阅读基础平面图时，首先对照建筑一层平面图，核对基础施工时定位轴线位置、尺寸是否正确；核对房屋开间、进深尺寸是否正确；基础平面尺寸有无重叠、碰撞现象；地沟及其他设施、电施所需管沟是否与基础存在重叠、碰撞现象。其次注意各种管沟穿越基础的位置，相应基础部位采用的处理方法（如基础局部是否加深、具体处理方法，相应基础洞口处是否加设过梁等构件）；管沟转角等部位加设的构件类型及其数量。
3. 混凝土墙与基础梁间的定位关系；排水沟与集水井的位置及对照大样弄清楚基础底板是否要加深。
4. 施工缝的留设位置及其注意事项。

×××建筑设计咨询有限责任公司

×××JIANZHU SHEJI ZIXUN YOUXIAN ZEREN GONGSI

中国×××市新城区
×××街××号
工程设计证书编号：
甲级×××××××

建设单位：
×××市×××置业有限公司

工程名称：
×××公寓楼

设计编号
××××-××-××

审　定	
审　核	
设计总负责人	
校　对	
设计人	
制图人	

图纸名称
基础平面图

专　业	结构
比　例	1∶100
图　号	结施-06/35
日　期	××××.××

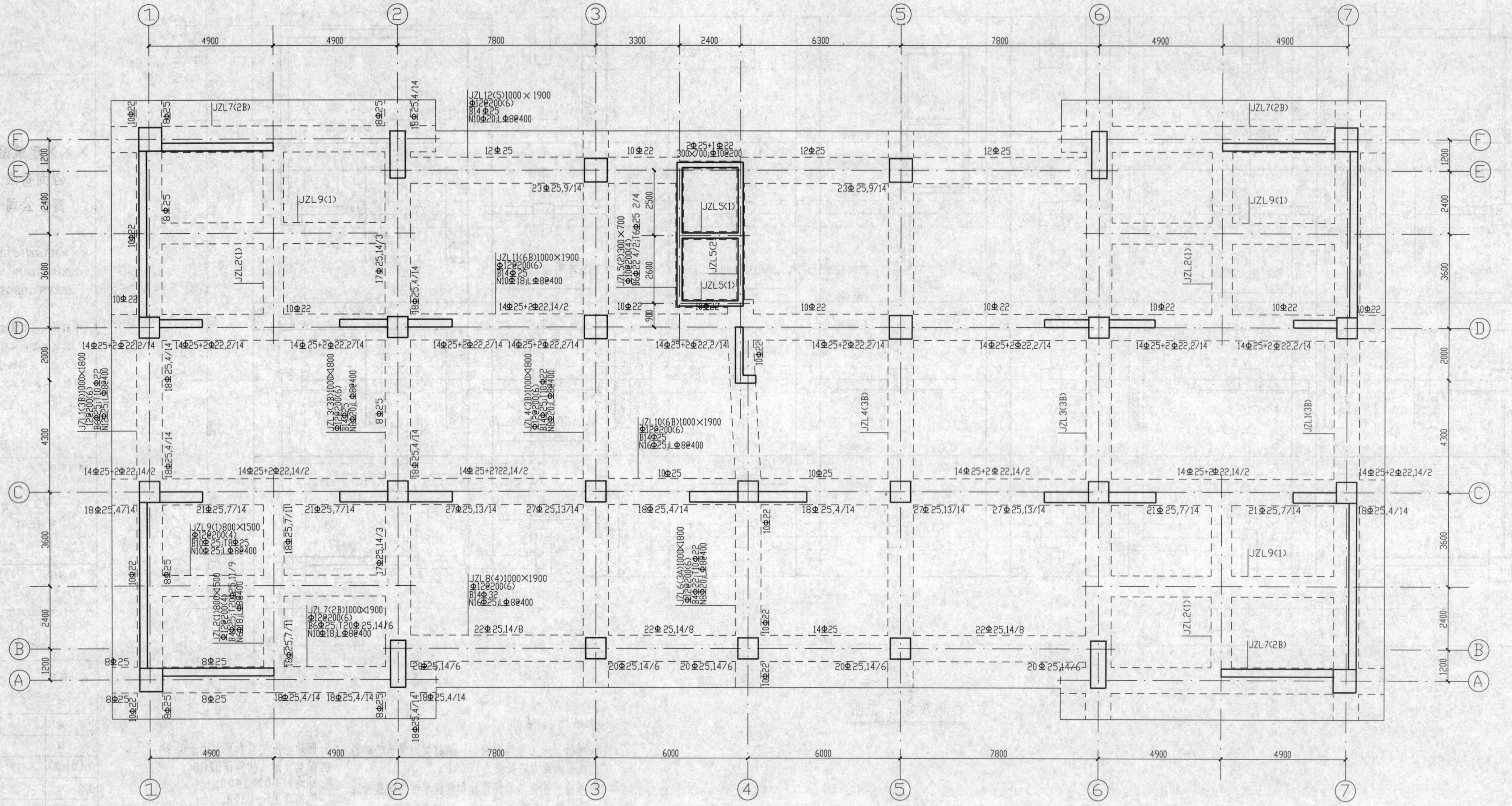

基础梁配筋图

注：基础梁纵向钢筋与箍筋构造详国标11 G101－3图集

×××建筑设计咨询有限责任公司 ×××JIANZHU SHEJI ZIXUN YOUXIAN ZEREN GONGSI 中国×××市新城区×××街××号 工程设计证书编号：甲级×××××××	
建设单位：	×××市×××置业有限公司
工程名称：	×××公寓楼
设计编号	××××-××-××
审　定	
审　核	
设计总负责人	
校　对	
设计人	
制图人	
图纸名称	基础梁配筋图
专　业	结构
比　例	1∶100
图　号	结施-07/35
日　期	××××.××

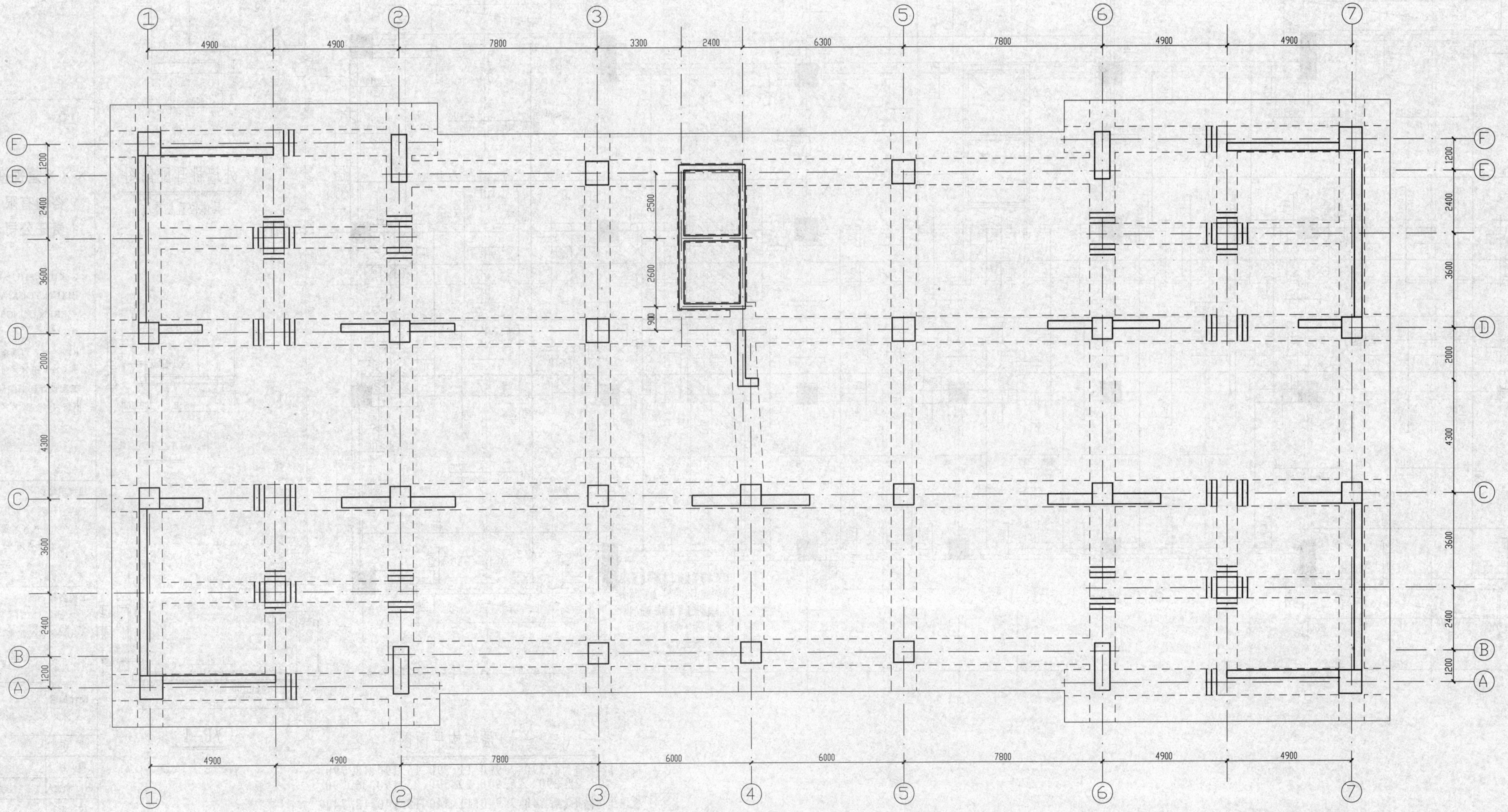

基础梁附加钢筋图

附加钢筋为每侧5根，
直径、肢距同相应梁箍筋

×××建筑设计
咨询有限
责任公司

×××JIANZHU SHEJI
ZIXUN YOUXIAN
ZEREN GONGSI

中国×××市新城区
×××街××号
工程设计证书编号：
甲级×××××××

建设单位：

×××市×××置业
有限公司

工程名称：

×××公寓楼

设计编号
××××-××-××

审 定	
审 核	
设计总负责人	
校 对	
设计人	
制图人	
图纸名称	基础梁附加钢筋图
专 业	结构
比 例	1∶100
图 号	结施-08/35
日 期	××××.××

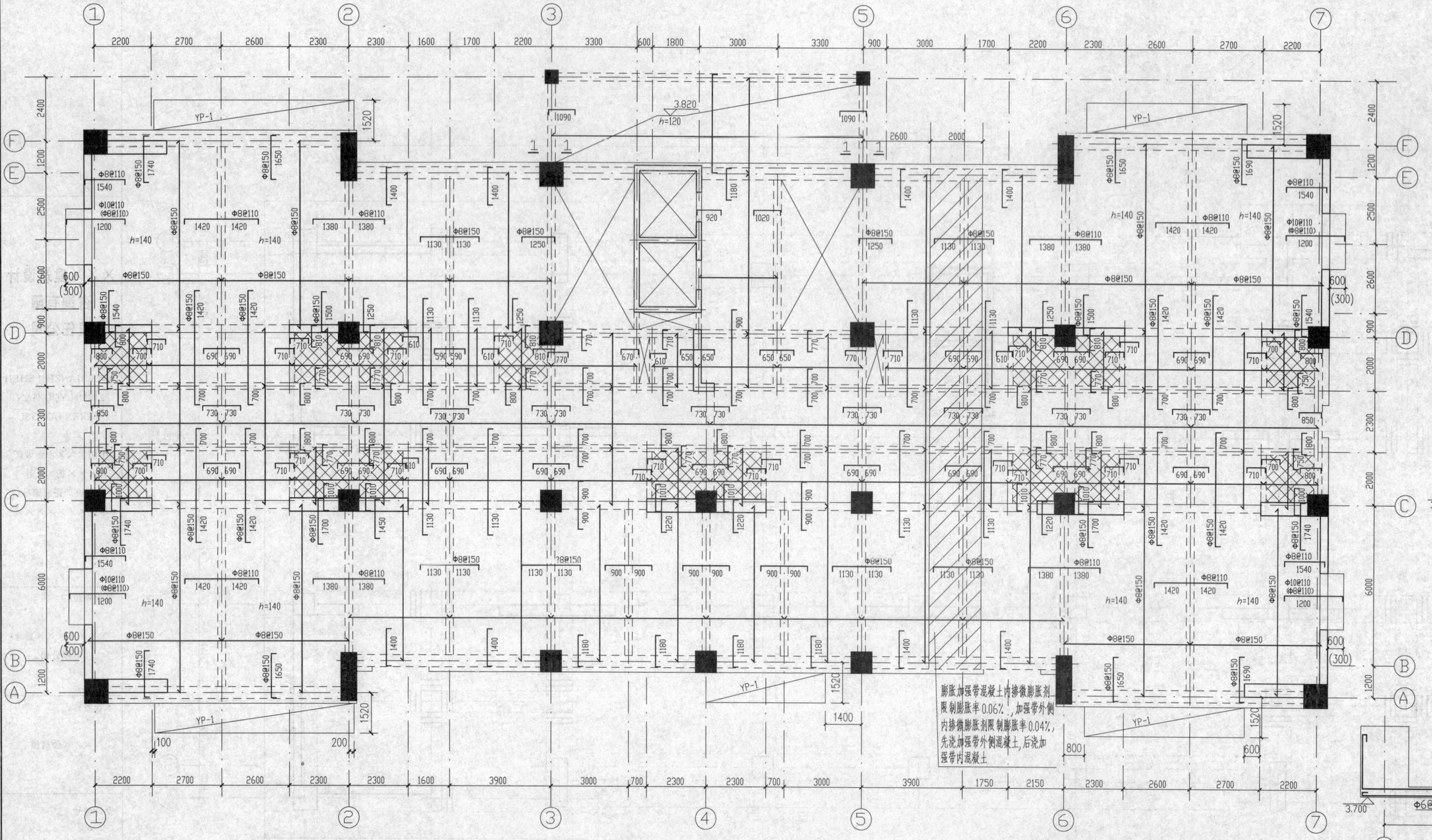

一（二～十）层结构平面图

板顶结构标高为4.390、7.990、11.590、15.190、18.790
22.390、25.990、29.590、33.190、36.790

板顶结构标高为4.340、7.940、11.540、15.140、18.740
22.340、25.940、29.540、33.140、36.740

未注明的板厚均为 h=100

未注明的钢筋均为 Φ8@200

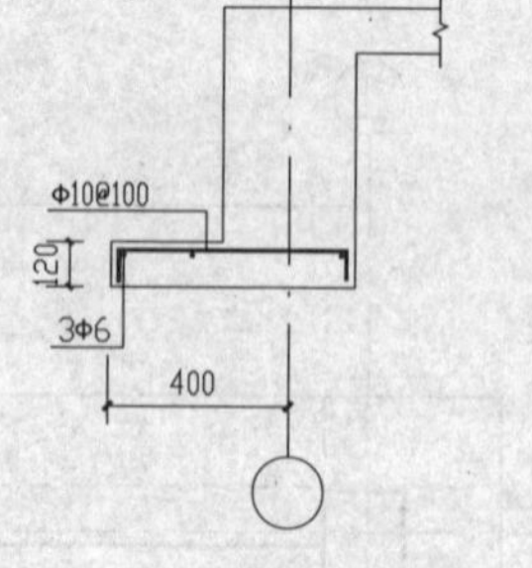

外墙挑耳配筋图

具体位置见建施

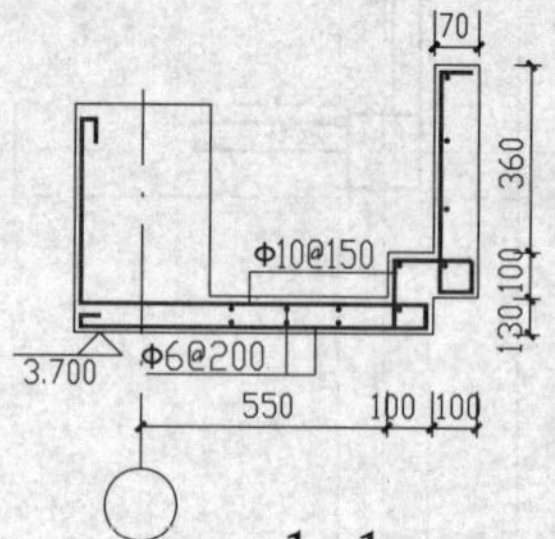

1-1

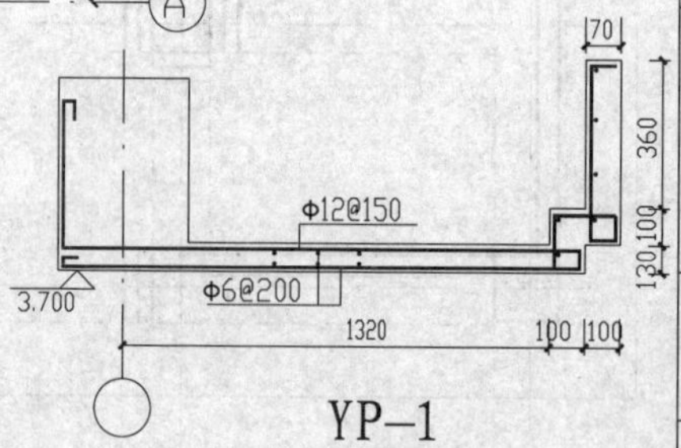

YP-1

××× 建筑设计咨询有限责任公司

×××JIANZHU SHEJI ZIXUN YOUXIAN ZEREN GONGSI

中国×××市新城区×××街××号

工程设计证书编号：甲级×××××××

建设单位：×××市×××置业有限公司

工程名称：×××公寓楼

设计编号 ××××-××-××

审定	
审核	
设计总负责人	
校对	
设计人	
制图人	

图纸名称：一～十层结构平面图

专业	结构
比例	1:100
图号	结施-09/35
日期	××××.××

【读图提示】

1. 注意查看结构平面图中各种梁、板、柱、剪力墙等构件的代号、编号和定位轴线、定位尺寸，了解各种构件的位置和数量。
2. 与建筑平面图（比相应结构层多一层的建筑平面图）相对照，理解结构平面布置图，建立相应楼层的空间概念，理解荷载传递关系，构件受力特点。注意发现问题。
3. 由结构平面布置图准确判断现浇楼盖的类型、楼板的主要受力部位，现浇板中受力筋的配筋方式及其大小，未标注的分布钢筋大小一般用文字说明，阅读说明时予以注意：清楚梁的类型、位置及其数量，注意房间功能不同处楼板标高有无变化，相应位置梁与板在高度方向上的关系；板块大小差异较大时板厚有无变化；注意建筑造型部位梁、板的处理方法、尺寸变化（注意与建筑图核对）。
4. 若为预制装配式结构平面图：则主要查看各种预制构件的代号、编号和定位轴线、定位尺寸，以了解所用预制构件的类型、位置及其数量；认真阅读图纸中预制构件的配筋图、模板图；进一步查阅图纸中预制构件所用标准图集，查阅标准图集中相关大样及说明，搞清施工安装注意事项；注意查看确定所用预埋件的做法、形式、位置、大小及其数量，并予以详细记录。

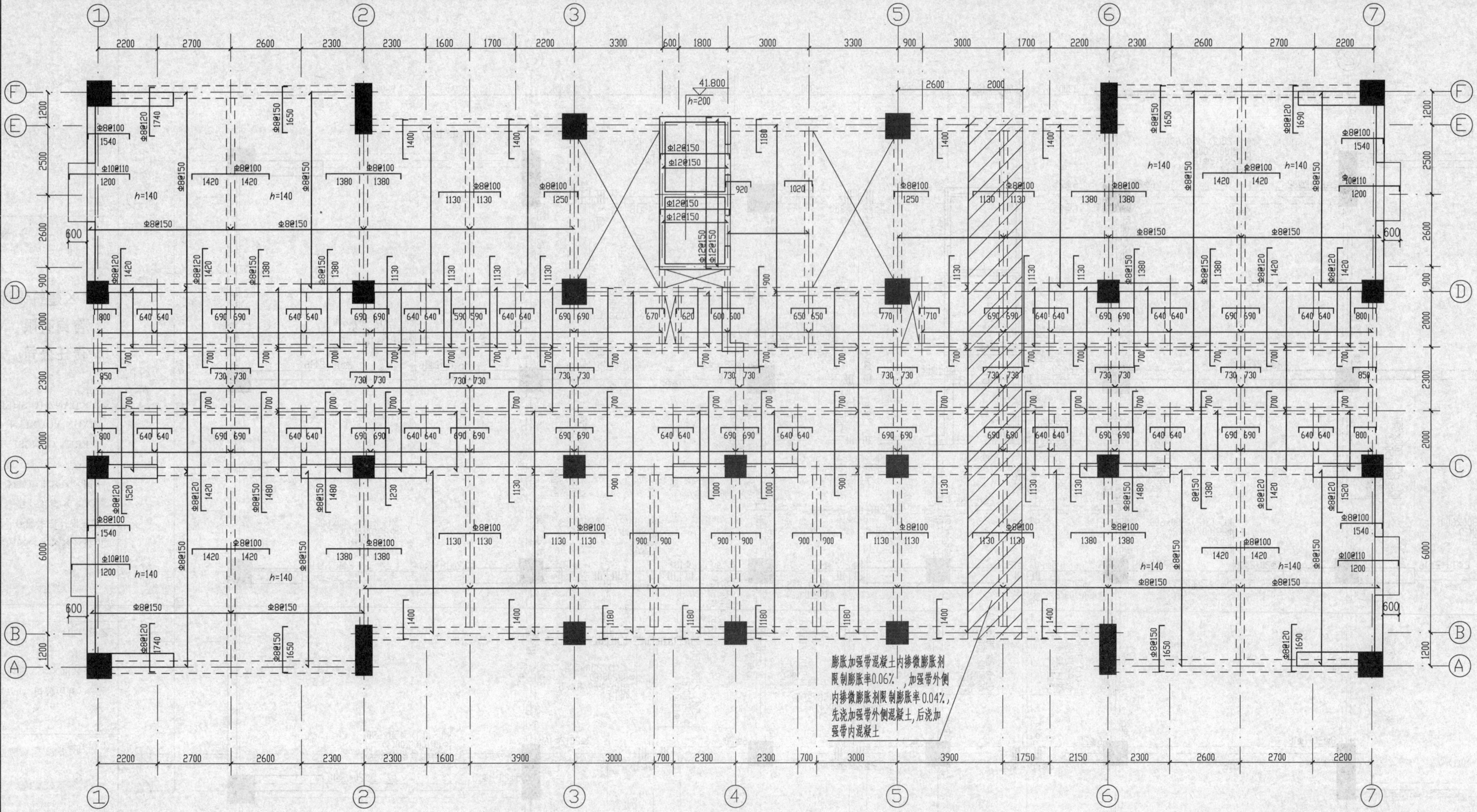

十一层结构平面图

板顶结构标高为40.390
未注明的板厚均为h=120
未注明的钢筋均为Φ8@180

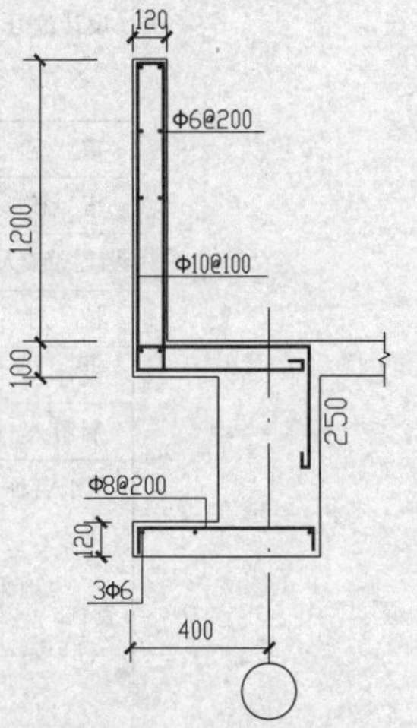

外墙挑耳配筋图(一)

具体位置见建施

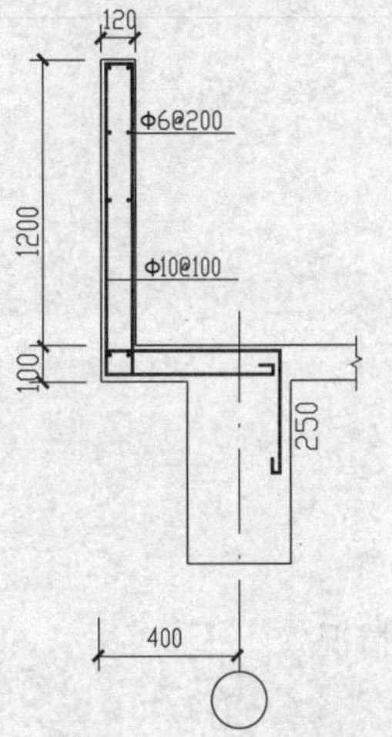

外墙挑耳配筋图(二)

具体位置见建施

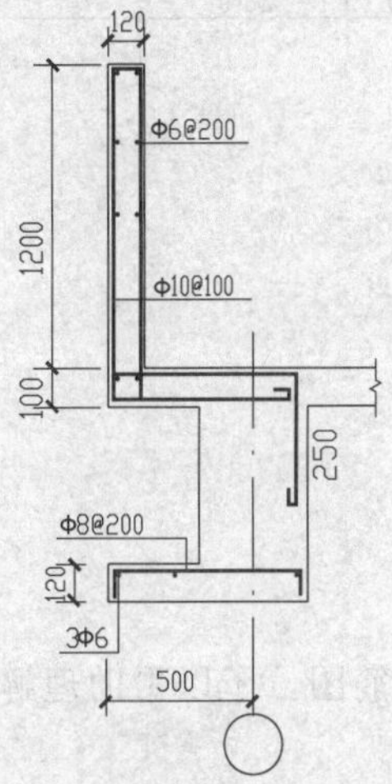

外墙挑耳配筋图(三)

具体位置见建施

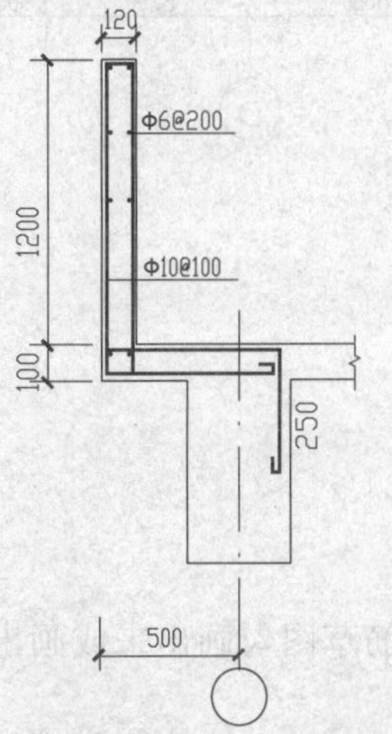

外墙挑耳配筋图(四)

具体位置见建施

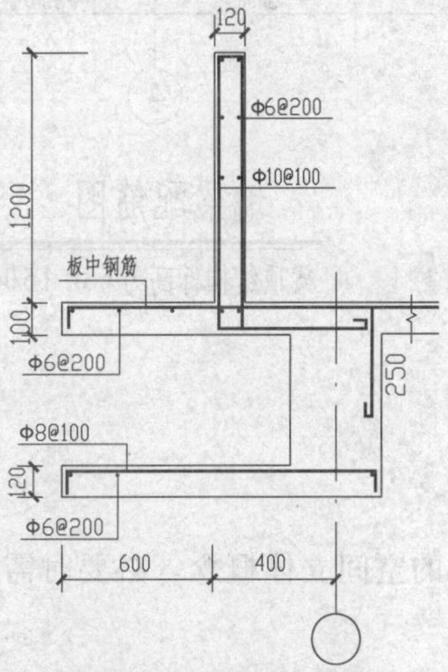

外墙挑耳配筋图(五)

具体位置见建施

【读图提示】

（结构大样图的阅读）

1. 注意与建施图中的墙身大样、节点详图相对照，核对相应部位结构大样的形状、大小尺寸、标高是否有误。
2. 在清楚掌握节点大样受力特点的基础上，搞清各种钢筋的形式及其相互关系。结构图中若有相应抽筋图，则需对照抽筋图来读图，若没有相应抽筋图则需在阅读详图时，按自己的理解画出复杂钢筋的抽筋图，在会审图纸时与设计人员交流确认正确的配筋方法。
3. 一些造型复杂部位，在清楚结构处理方法、读懂结构大样图的基础上，注意思考施工操作的难易程度，若感到施工操作难度大，则需从施工操作的角度出发提出解决方案，与设计人员共同探讨、商量予以变更。
4. 对于采用金属构架作造型或装饰的情况，应注意阅读金属构架与钢筋混凝土构件连接部位的节点大样，搞清二者间的相互关系，二者衔接需注意的问题。并注意阅读金属构架本身的节点处理方法，及其需注意的问题。

×××建筑设计咨询有限责任公司

×××JIANZHU SHEJI ZIXUN YOUXIAN ZEREN GONGSI

中国×××市新城区
×××街××号
工程设计证书编号：
甲级×××××××

建设单位：	×××市×××置业有限公司
工程名称：	×××公寓楼
设计编号	××××-××-××
审 定	
审 核	
设计总负责人	
校 对	
设计人	
制图人	
图纸名称	十一层结构平面图
专 业	结构
比 例	1:100
图 号	结施-10/35
日 期	××××.××

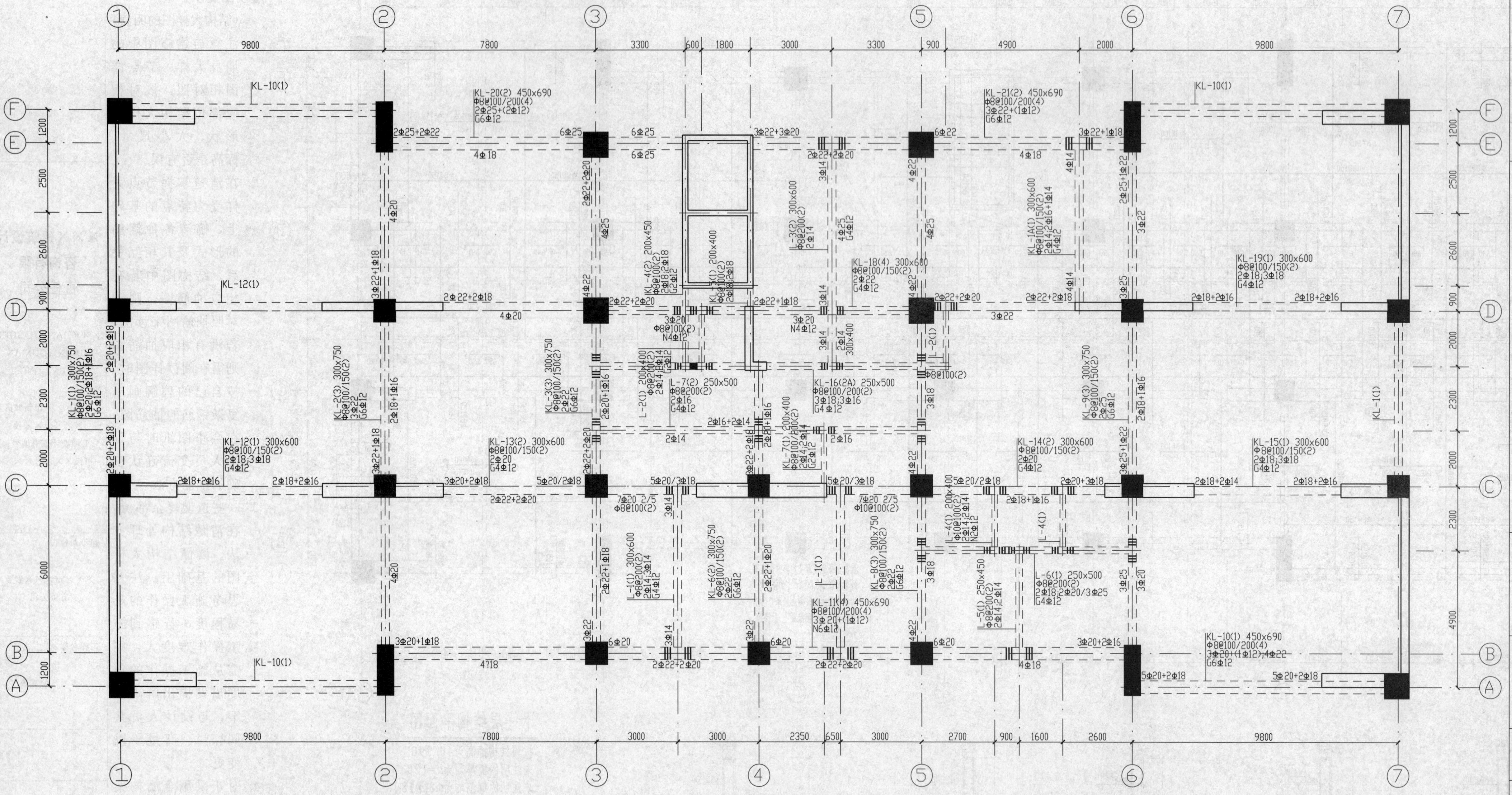

地梁配筋图

梁顶结构标高为-0.150

【读图提示】

1. 注意梁的类型、各种梁的编号、数量及其具体位置、标高。
2. 仔细核对每根梁立面图与剖面图的配筋关系，以准确核对梁中钢筋的型号、数量、位置。
3. 梁配筋图，若采用平面表示法，则需结合相应图集阅读，在阅读时要注意建立梁配筋情况的空间立体概念，必要时需将梁配筋草图勾画出来或画出梁抽筋图，予以帮助理解梁配筋情况。
4. 注意梁中所配各类钢筋的连接方式、钢筋的搭接、锚固要求。
5. 注意主梁、次梁相交处，主梁、次梁及板中受力钢筋之间的关系。
6. 注意顶层梁、柱相交处，梁、柱中受力钢筋的锚固方式。

×××建筑设计咨询有限责任公司

×××JIANZHU SHEJI ZIXUN YOUXIAN ZEREN GONGSI

中国×××市新城区
×××街××号
工程设计证书编号：
甲级×××××××

建设单位：

×××市×××置业有限公司

工程名称：

×××公寓楼

设计编号
××××-××-××

审　定	
审　核	
设计总负责人	
校　对	
设计人	
制图人	

图纸名称

地梁配筋图

专　业	结构
比　例	1∶100
图　号	结施-11/35
日　期	××××.××

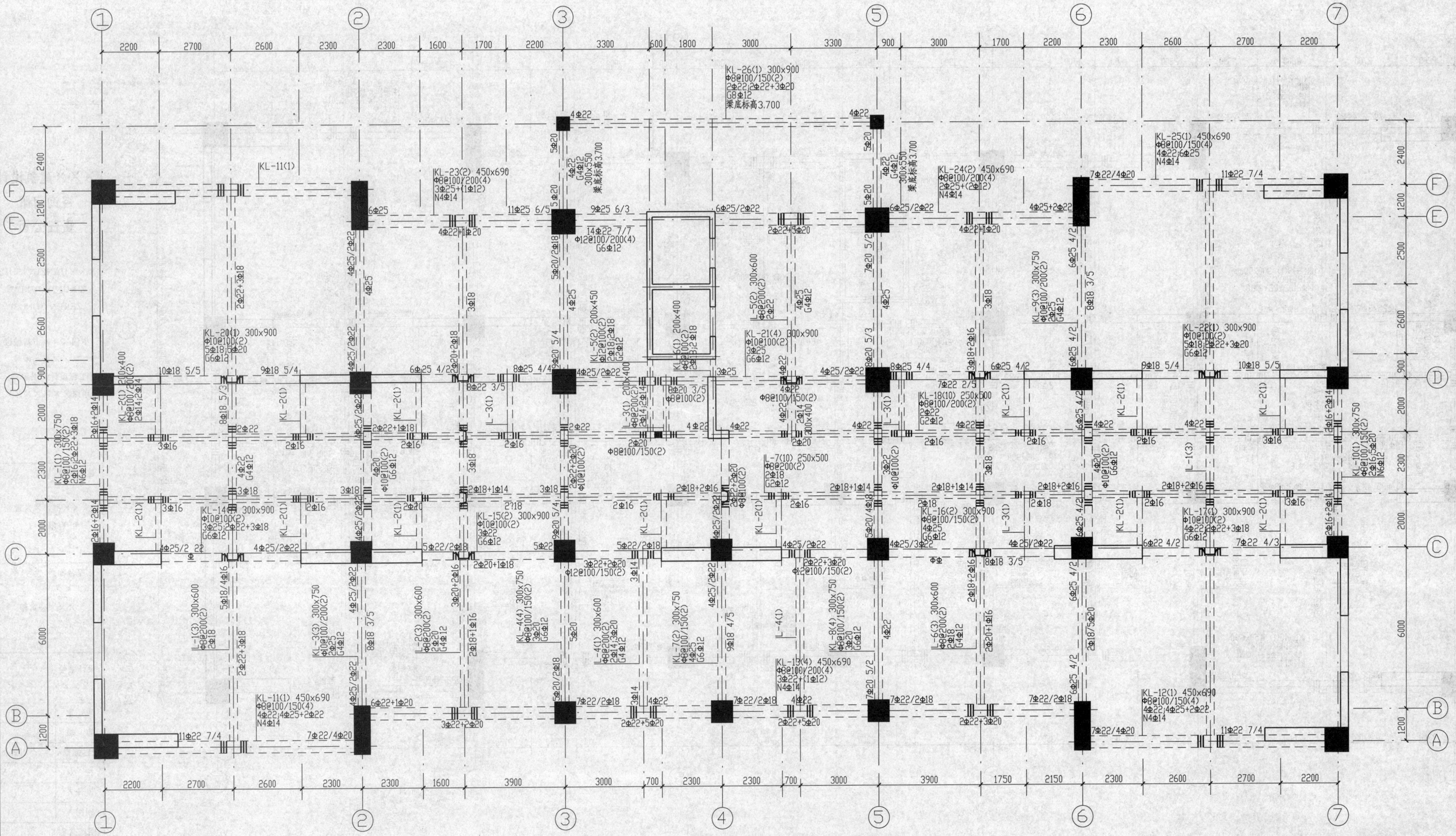

一层梁配筋图

梁顶结构标高为4.390

×××建筑设计咨询有限责任公司 ×××JIANZHU SHEJI ZIXUN YOUXIAN ZEREN GONGSI	
中国×××市新城区×××街××号 工程设计证书编号：甲级×××××××	
建设单位：	×××市×××置业有限公司
工程名称：	×××公寓楼
设计编号	××××-××-××
审　定	
审　核	
设计总负责人	
校　对	
设计人	
制图人	
图纸名称	一层梁配筋图
专　业	结构
比　例	1∶100
图　号	结施-12/35
日　期	××××.××

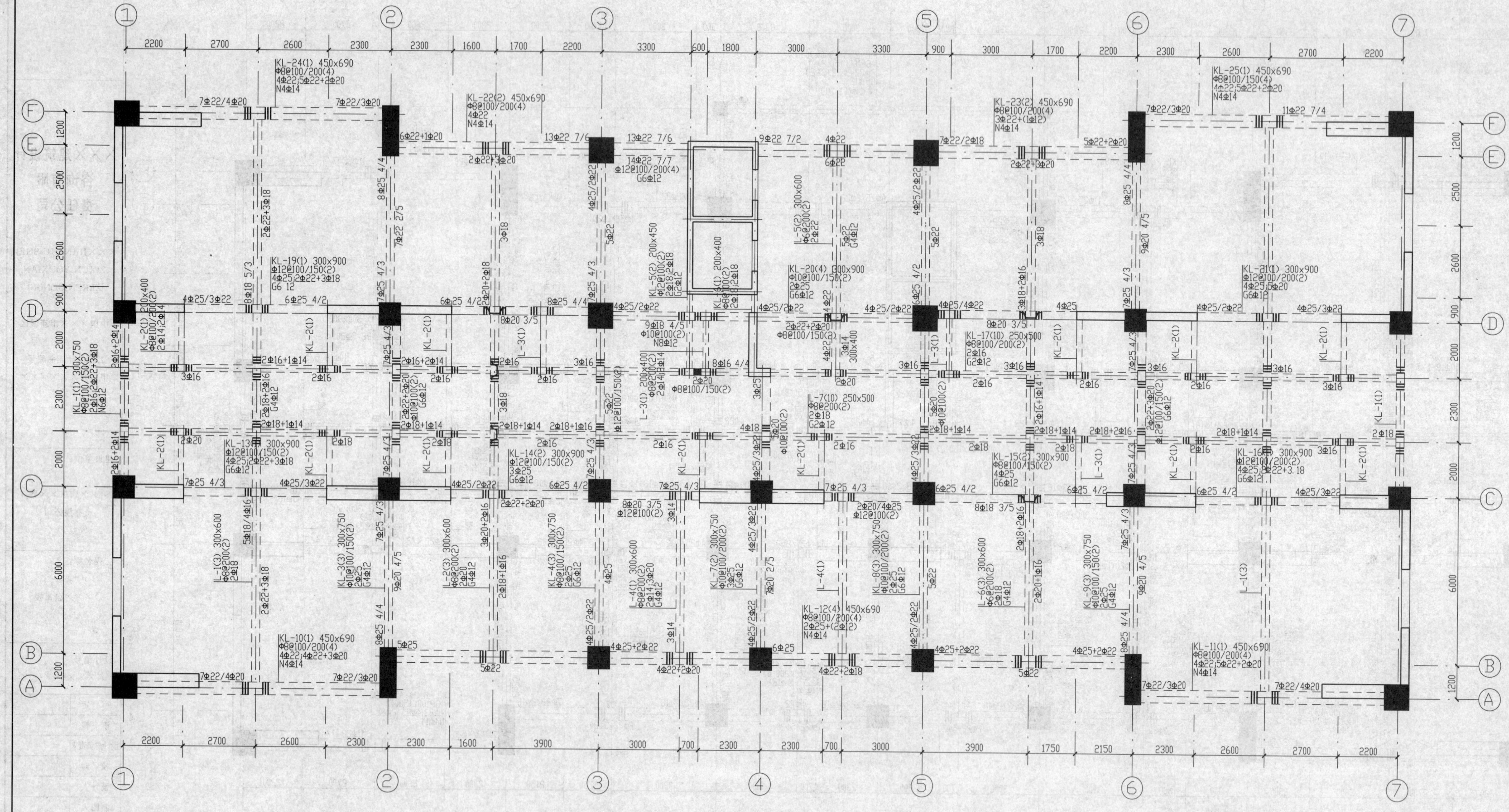

二层梁配筋图

梁顶结构标高为7.990

×××建筑设计咨询有限责任公司 ×××JIANZHU SHEJI ZIXUN YOUXIAN ZEREN GONGSI	
中国×××市新城区 ×××街××号 工程设计证书编号： 甲级×××××××	
建设单位：	×××市×××置业有限公司
工程名称：	×××公寓楼
设计编号	××××-××-××
审定	
审核	
设计总负责人	
校对	
设计人	
制图人	
图纸名称	二层梁配筋图
专业	结构
比例	1∶100
图号	结施-13/35
日期	××××.××

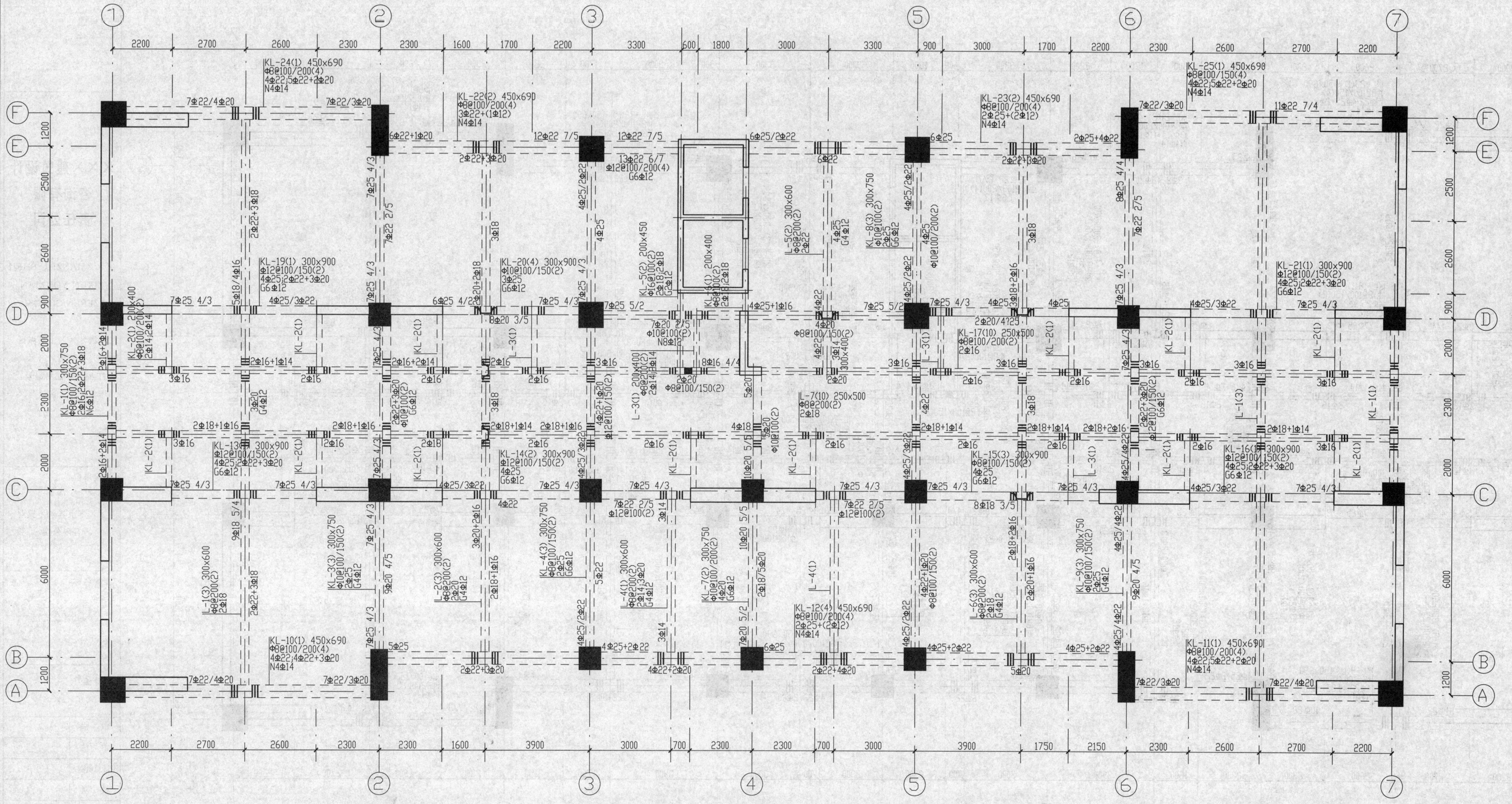

三层梁配筋图

梁顶结构标高为11.590

××× 建筑设计咨询有限责任公司

×××JIANZHU SHEJI ZIXUN YOUXIAN ZEREN GONGSI

中国×××市新城区
×××街××号
工程设计证书编号：
甲级×××××××

建设单位：	×××市×××置业有限公司
工程名称：	×××公寓楼
设计编号	××××-××-××
审 定	
审 核	
设计总负责人	
校 对	
设计人	
制图人	
图纸名称	三层梁配筋图
专 业	结构
比 例	1∶100
图 号	结施-14/35
日 期	××××.××

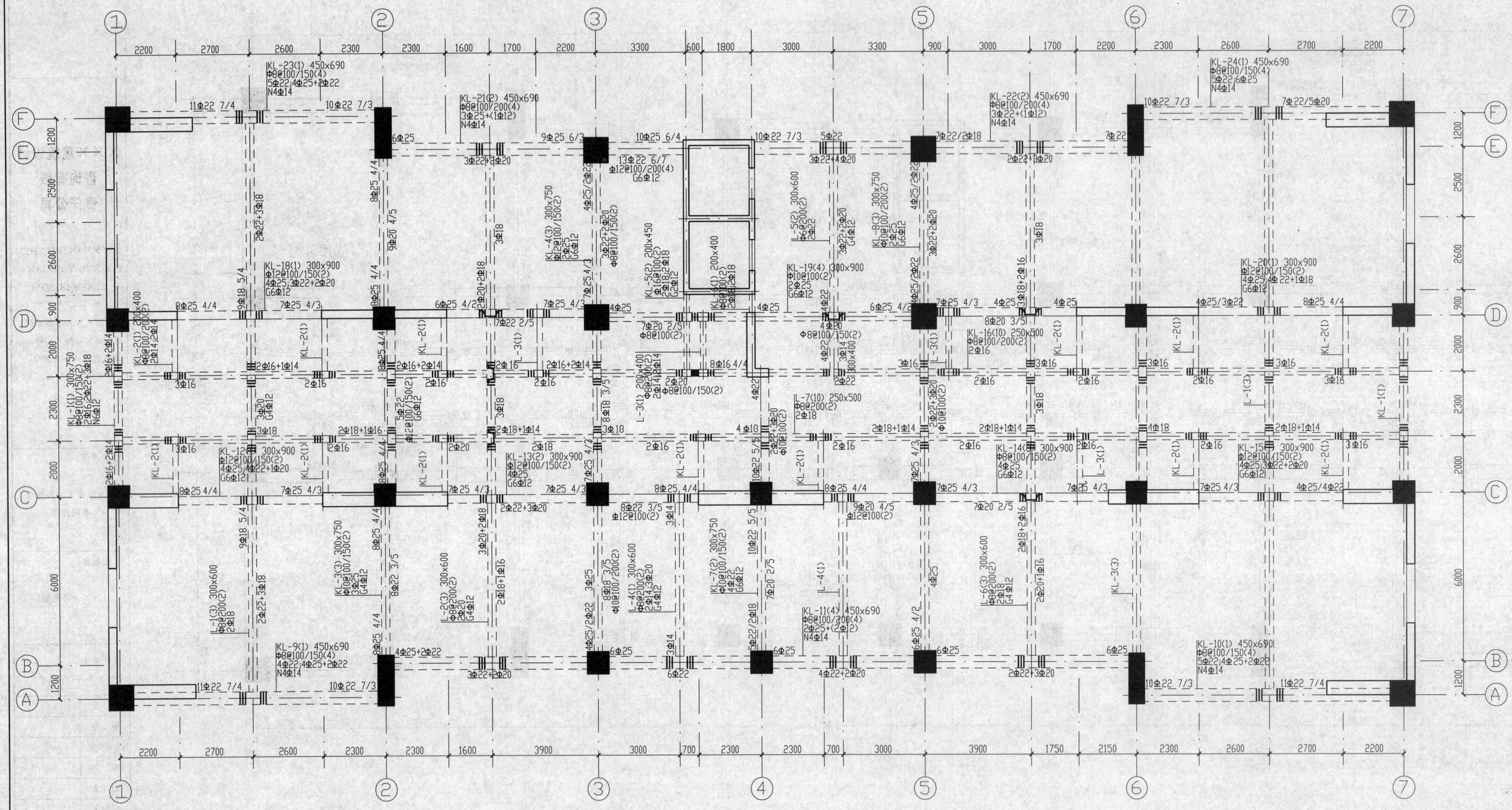

四层梁配筋图

梁顶结构标高为15.190

×××建筑设计咨询有限责任公司	
×××JIANZHU SHEJI ZIXUN YOUXIAN ZEREN GONGSI	
中国×××市新城区×××街××号	
工程设计证书编号：甲级×××××××	
建设单位：	×××市×××置业有限公司
工程名称：	×××公寓楼
设计编号	××××-××-××
审定	
审核	
设计总负责人	
校对	
设计人	
制图人	
图纸名称	四层梁配筋图
专业	结构
比例	1∶100
图号	结施-15/35
日期	××××.××

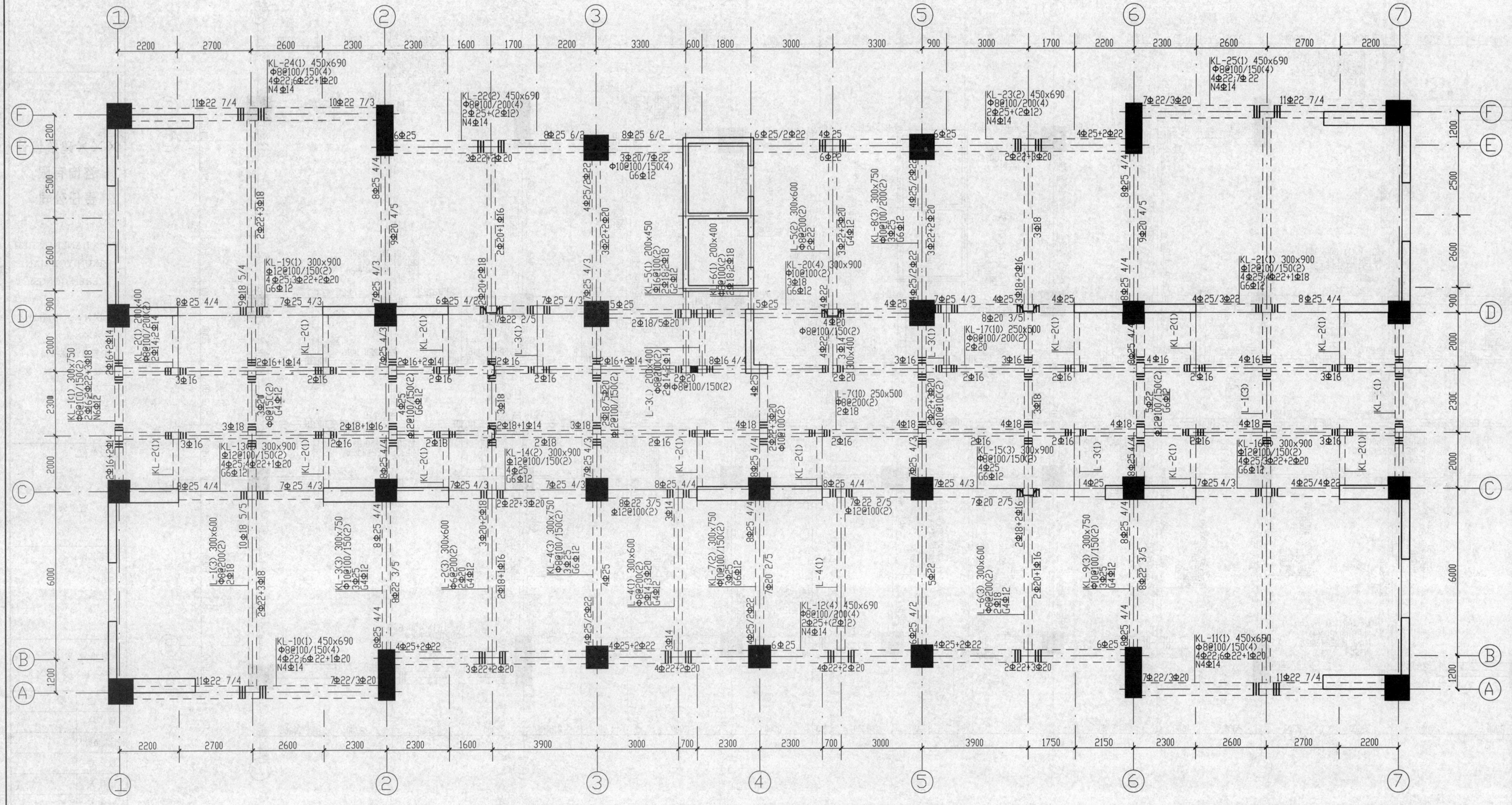

五层梁配筋图

梁顶结构标高为18.790

×××建筑设计
咨询有限
责任公司

×××JIANZHU SHEJI
ZIXUN YOUXIAN
ZEREN GONGSI

中国×××市新城区
×××街××号
工程设计证书编号：
甲级×××××××

建设单位：
×××市×××置业
有限公司

工程名称：
×××公寓楼

设计编号
××××-××-××

审　定	
审　核	
设计总负责人	
校　对	
设计人	
制图人	

图纸名称
五层梁配筋图

专　业	结构
比　例	1：100
图　号	结施-16/35
日　期	××××.××

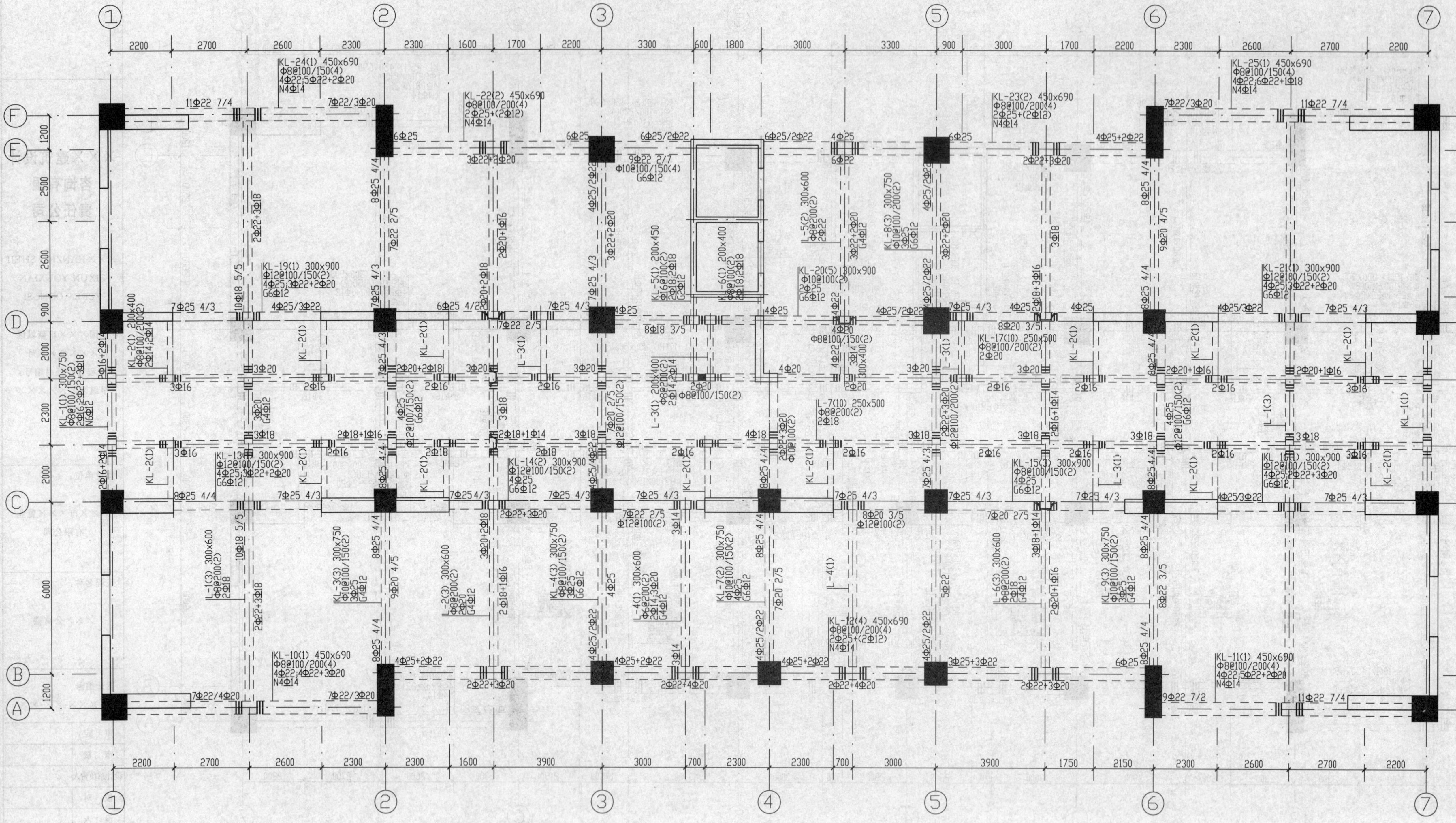

六层梁配筋图

梁顶结构标高为22.390

×××建筑设计咨询有限责任公司	
×××JIANZHU SHEJI ZIXUN YOUXIAN ZEREN GONGSI	
中国×××市新城区×××街××号	
工程设计证书编号：甲级×××××××	
建设单位：	×××市×××置业有限公司
工程名称：	×××公寓楼
设计编号	××××-××-××
审　定	
审　核	
设计总负责人	
校　对	
设计人	
制图人	
图纸名称	六层梁配筋图
专　业	结构
比　例	1：100
图　号	结施-17/35
日　期	××××.××

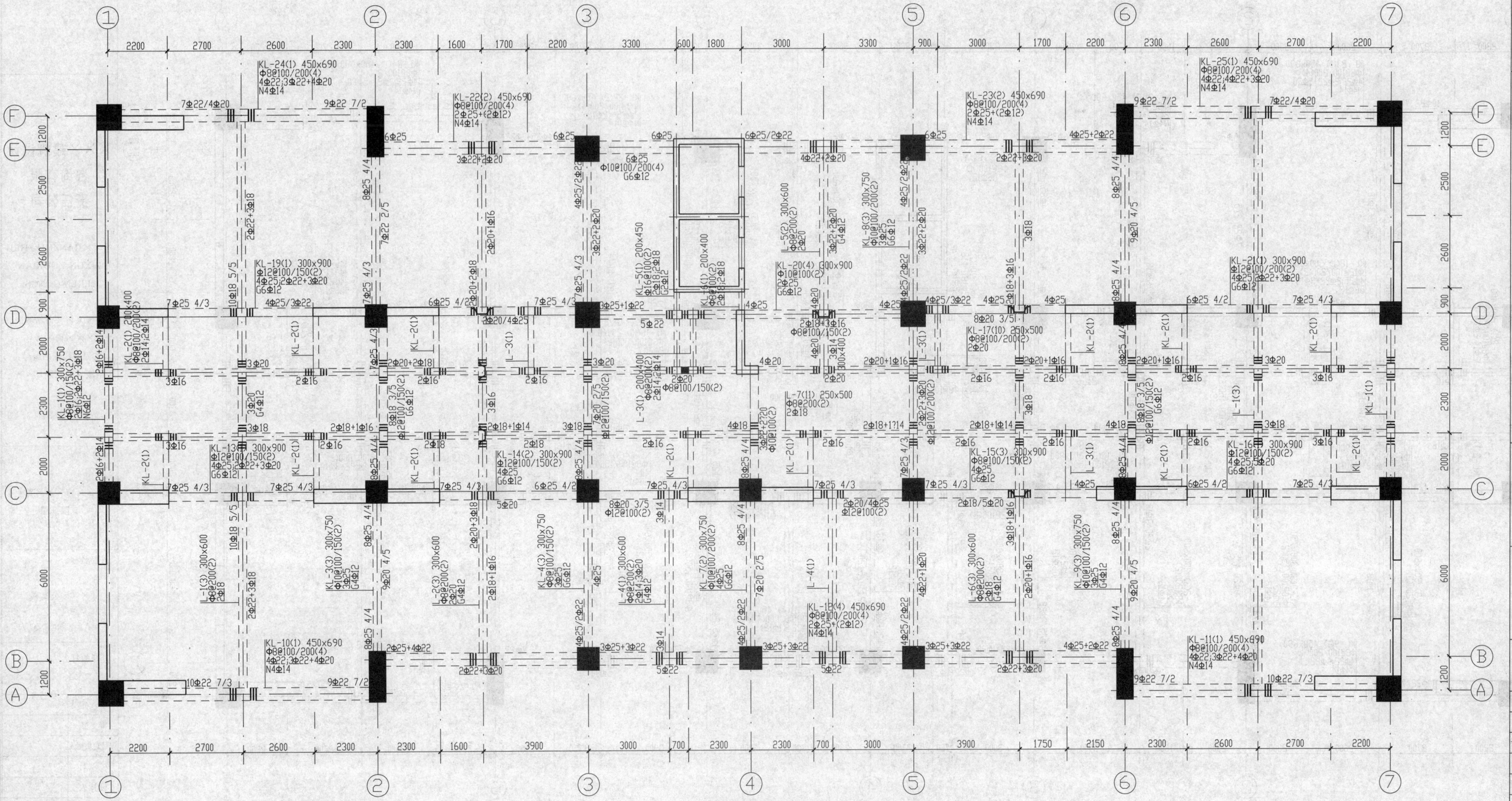

七层梁配筋图

梁顶结构标高为25.990

×××建筑设计咨询有限责任公司 ×××JIANZHU SHEJI ZIXUN YOUXIAN ZEREN GONGSI 中国×××市新城区 ×××街××号 工程设计证书编号： 甲级×××××××	
建设单位：	×××市×××置业有限公司
工程名称：	×××公寓楼
设计编号	××××-××-××
审 定	
审 核	
设计总负责人	
校 对	
设计人	
制图人	
图纸名称	七层梁配筋图
专 业	结构
比 例	1：100
图 号	结施-18/35
日 期	××××.××

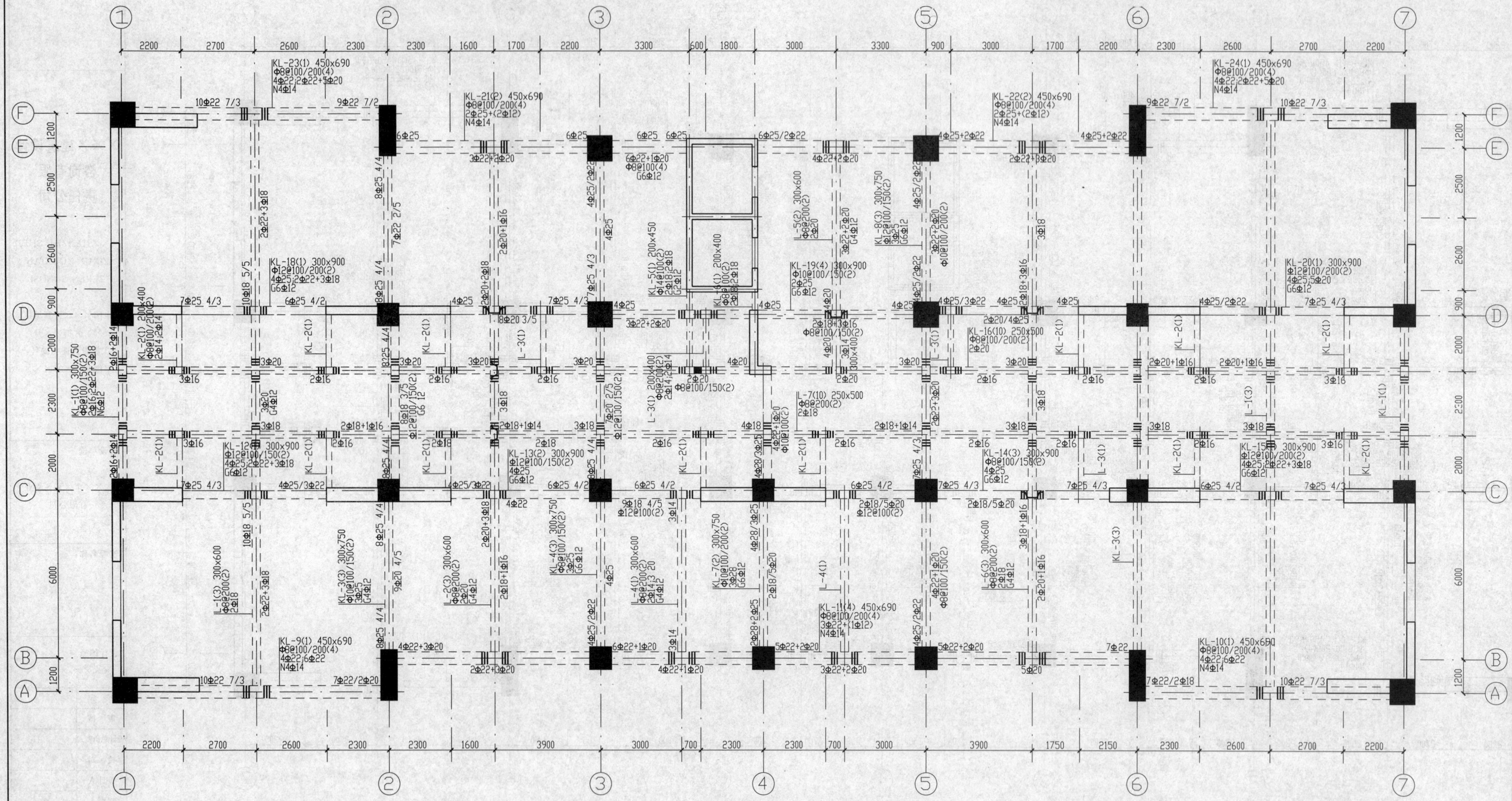

八层梁配筋图

梁顶结构标高为29.590

×××建筑设计咨询有限责任公司

×××JIANZHU SHEJI ZIXUN YOUXIAN ZEREN GONGSI

中国×××市新城区
×××街××号
工程设计证书编号：
甲级×××××××

建设单位：

×××市×××置业有限公司

工程名称：

×××公寓楼

设计编号

××××-××-××

审　定	
审　核	
设计总负责人	
校　对	
设计人	
制图人	

图纸名称

八层梁配筋图

专　业	结构
比　例	1∶100
图　号	结施-19/35
日　期	××××.××

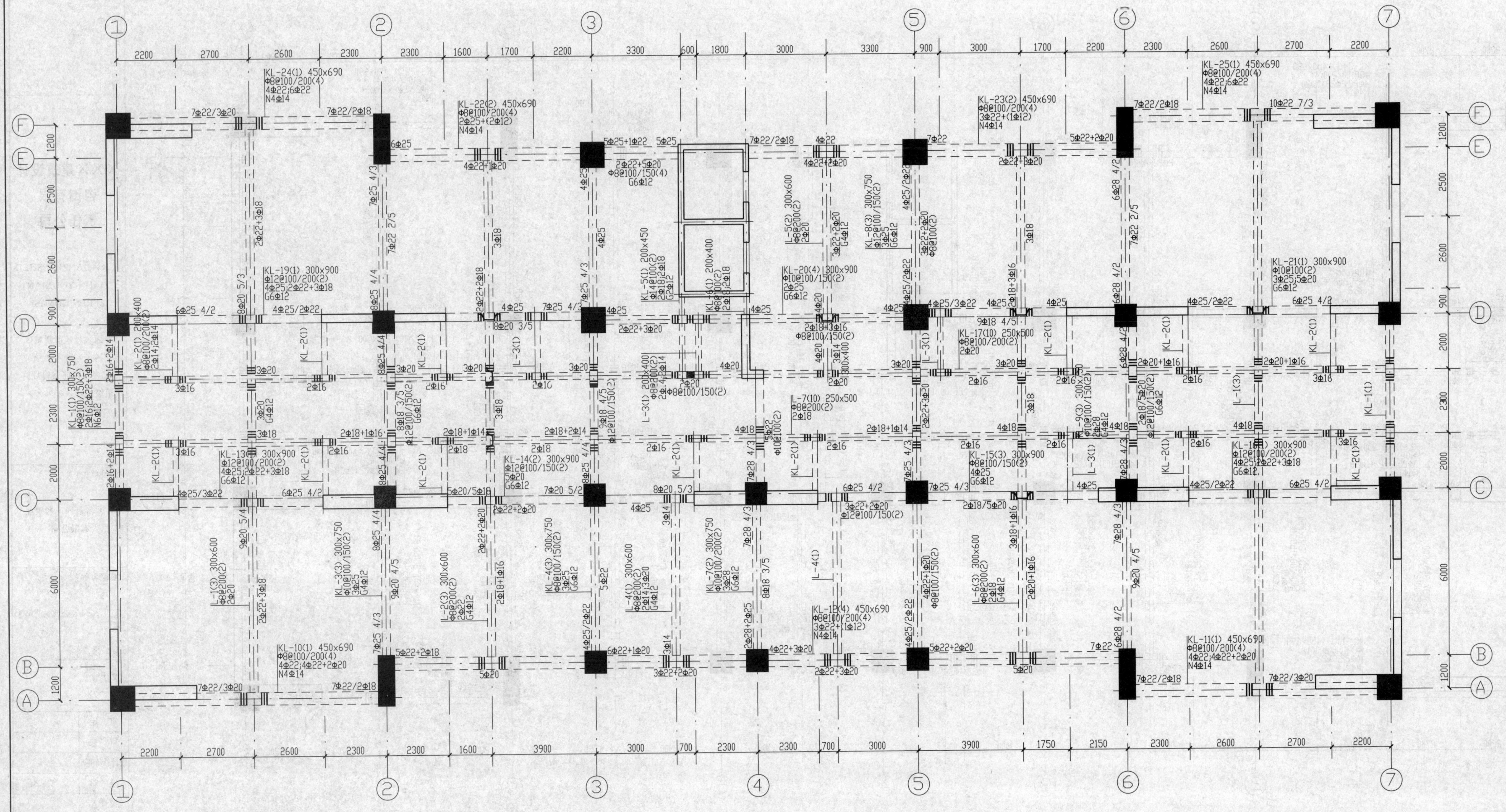

九层梁配筋图

梁顶结构标高为33.190

×××建筑设计咨询有限责任公司

×××JIANZHU SHEJI ZIXUN YOUXIAN ZEREN GONGSI

中国×××市新城区×××街××号
工程设计证书编号：
甲级×××××××

建设单位：
×××市×××置业有限公司

工程名称：
×××公寓楼

设计编号
××××-××-××

审 定	
审 核	
设计总负责人	
校 对	
设计人	
制图人	

图纸名称
九层梁配筋图

专 业	结构
比 例	1∶100
图 号	结施-20/35
日 期	××××.××

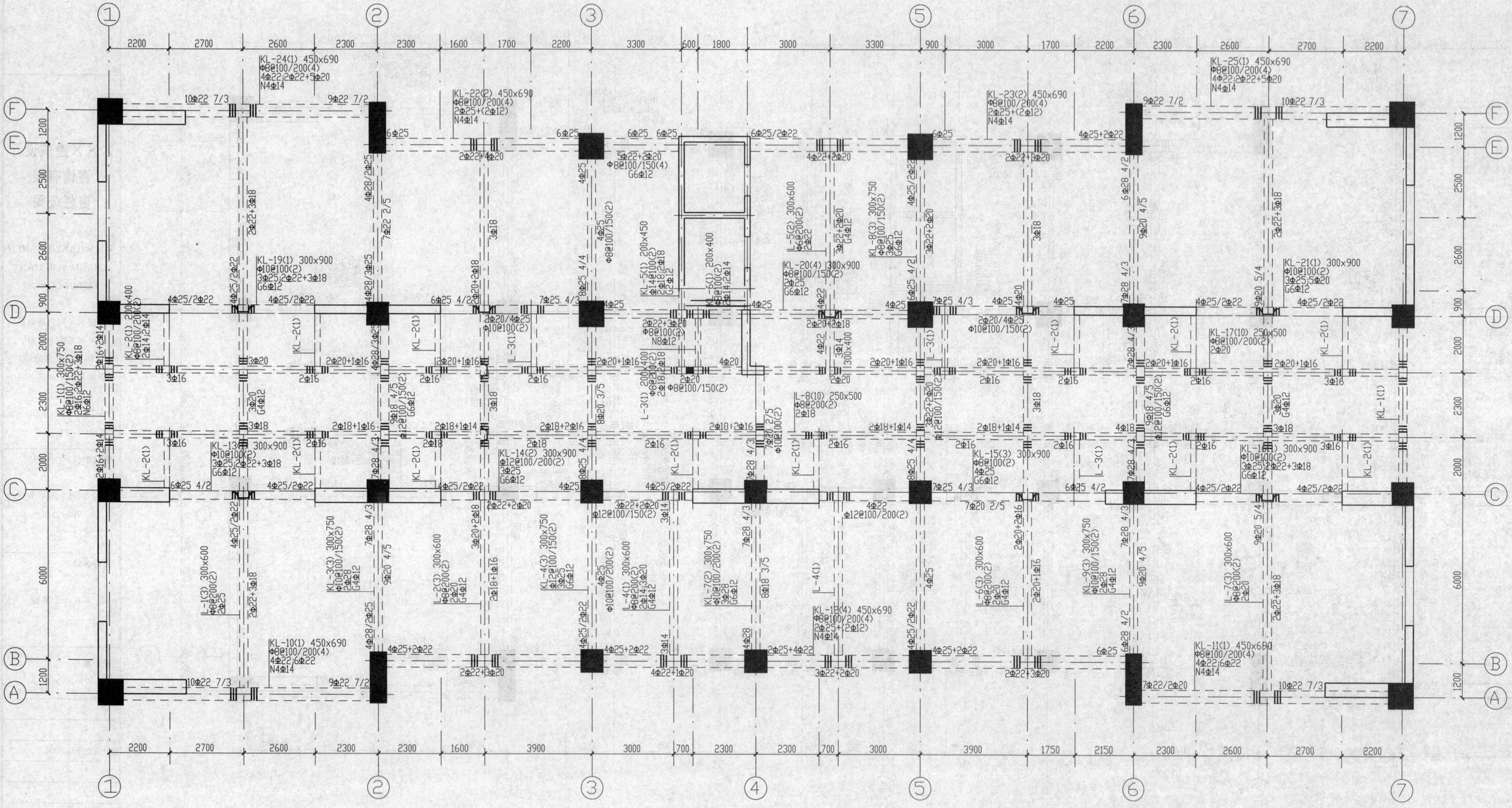

十层梁配筋图

梁顶结构标高为36.790

×××建筑设计咨询有限责任公司

×××JIANZHU SHEJI ZIXUN YOUXIAN ZEREN GONGSI

中国×××市新城区

×××街××号

工程设计证书编号：

甲级×××××××

建设单位：	×××市×××置业有限公司
工程名称：	×××公寓楼
设计编号	××××-××-××
审定	
审核	
设计总负责人	
校对	
设计人	
制图人	
图纸名称	十层梁配筋图
专业	结构
比例	1:100
图号	结施-21/35
日期	××××.××

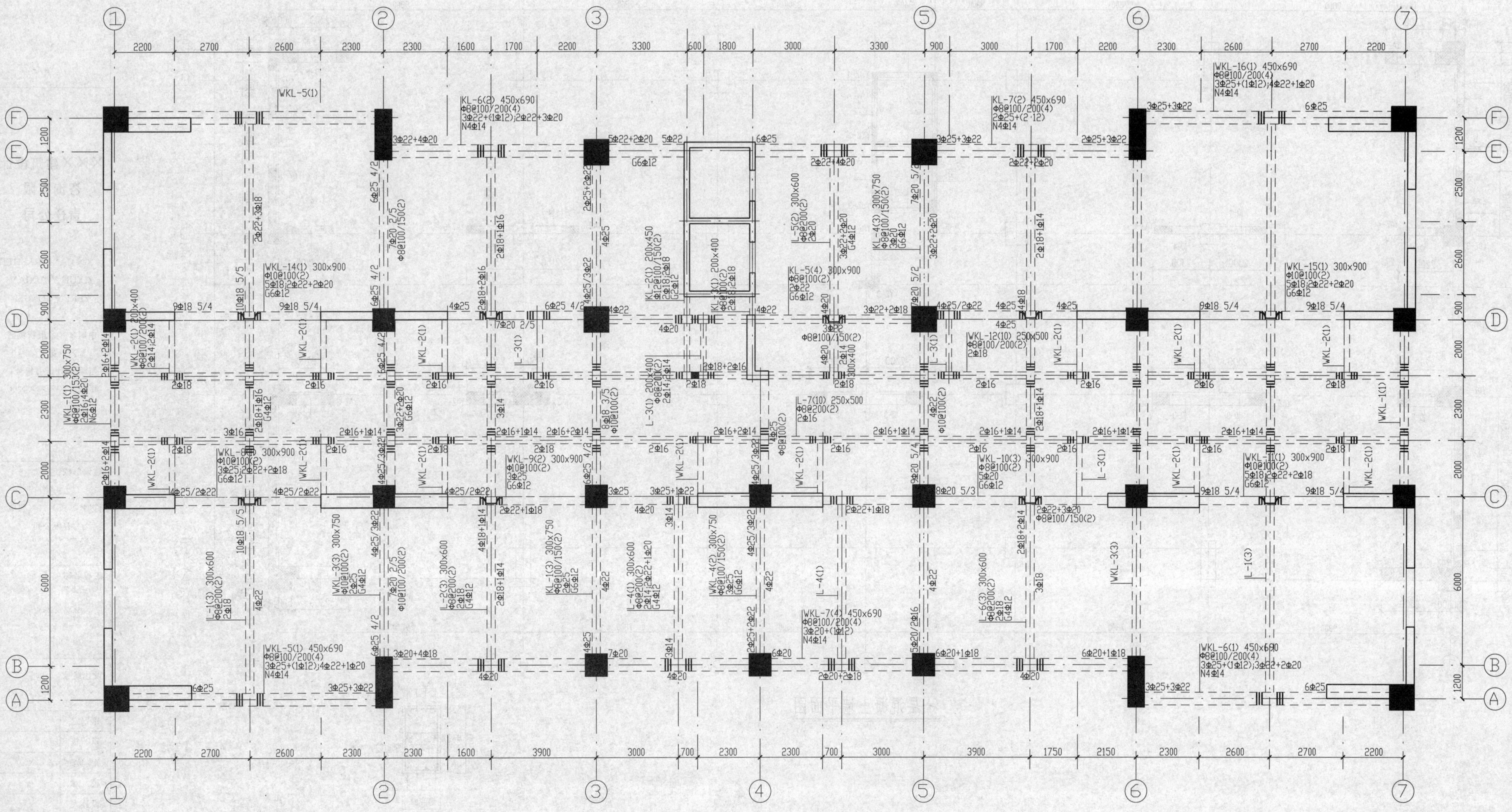

十一层梁配筋图

梁顶结构标高为40.390

×××建筑设计咨询有限责任公司

×××JIANZHU SHEJI ZIXUN YOUXIAN ZEREN GONGSI

中国×××市新城区×××街××号

工程设计证书编号：甲级×××××××

建设单位：	×××市×××置业有限公司
工程名称：	×××公寓楼
设计编号	××××-××-××
审　定	
审　核	
设计总负责人	
校　对	
设计人	
制图人	
图纸名称	十一层梁配筋图
专　业	结构
比　例	1：100
图　号	结施-22/35
日　期	××××.××

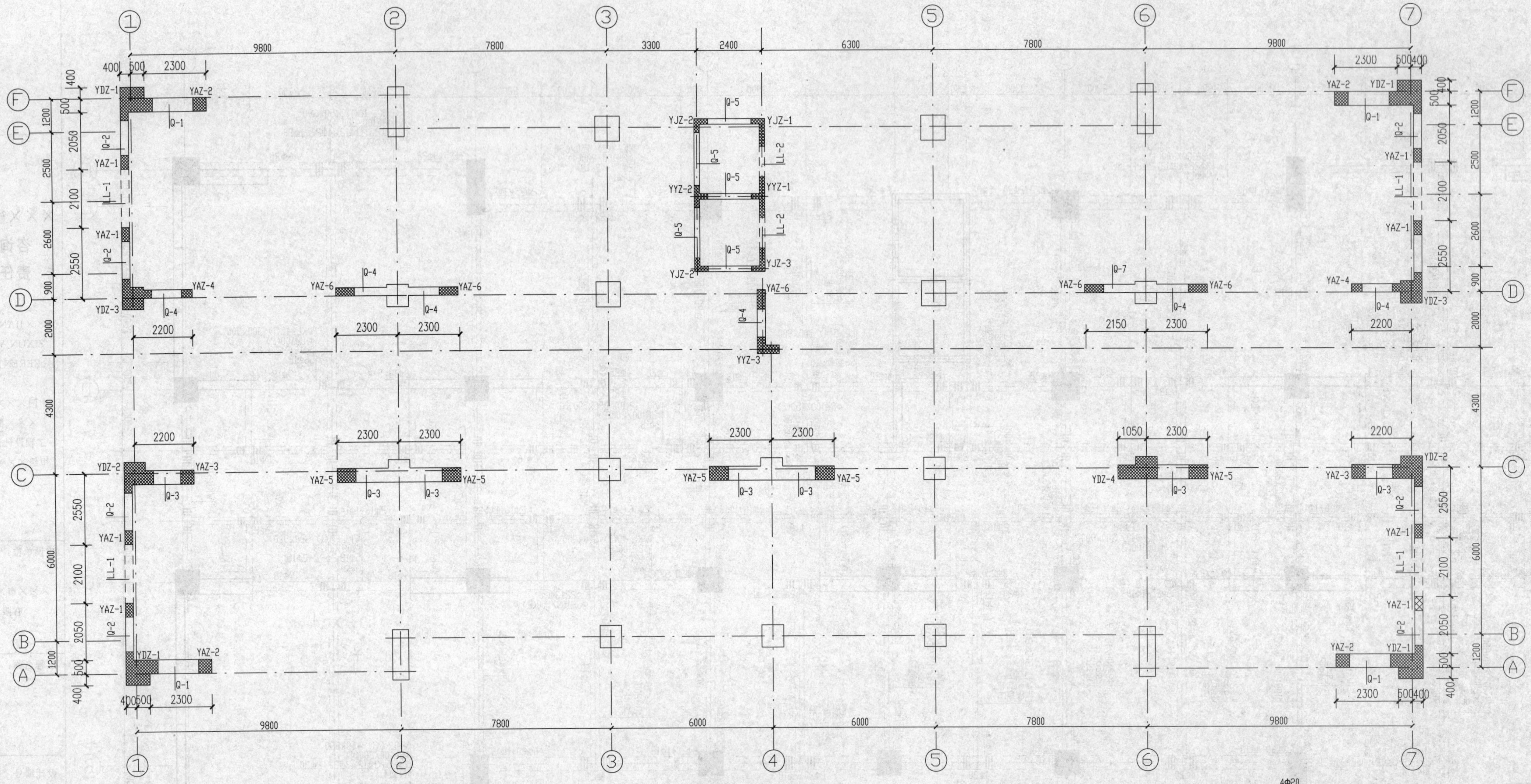

一层混凝土墙平面图

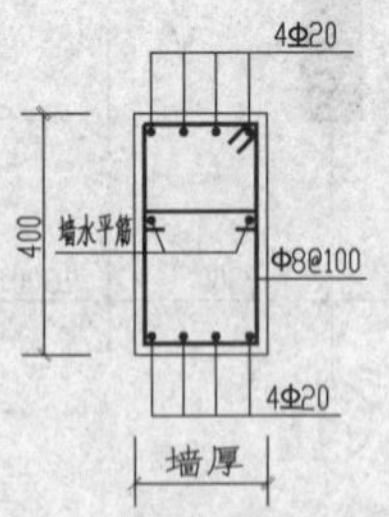

墙暗梁

【读图提示】

1. 阅读该图需注意剪力墙及剪力墙柱的类型、编号、数量及其具体定位。
2. 剪力墙中连梁的类型、编号、数量及其具体定位。

×××建筑设计
咨询有限
责任公司

×××JIANZHU SHEJI
ZIXUN YOUXIAN
ZEREN GONGSI

中国×××市新城区
×××街××号
工程设计证书编号：
甲级×××××××

建设单位：

×××市×××置业
有限公司

工程名称：

×××公寓楼

设计编号
××××-××-××

审　定	
审　核	
设计总负责人	
校　对	
设计人	
制图人	

图纸名称

一层混凝土墙平面图

专　业	结构
比　例	1：100
图　号	结施-23/35
日　期	××××.××

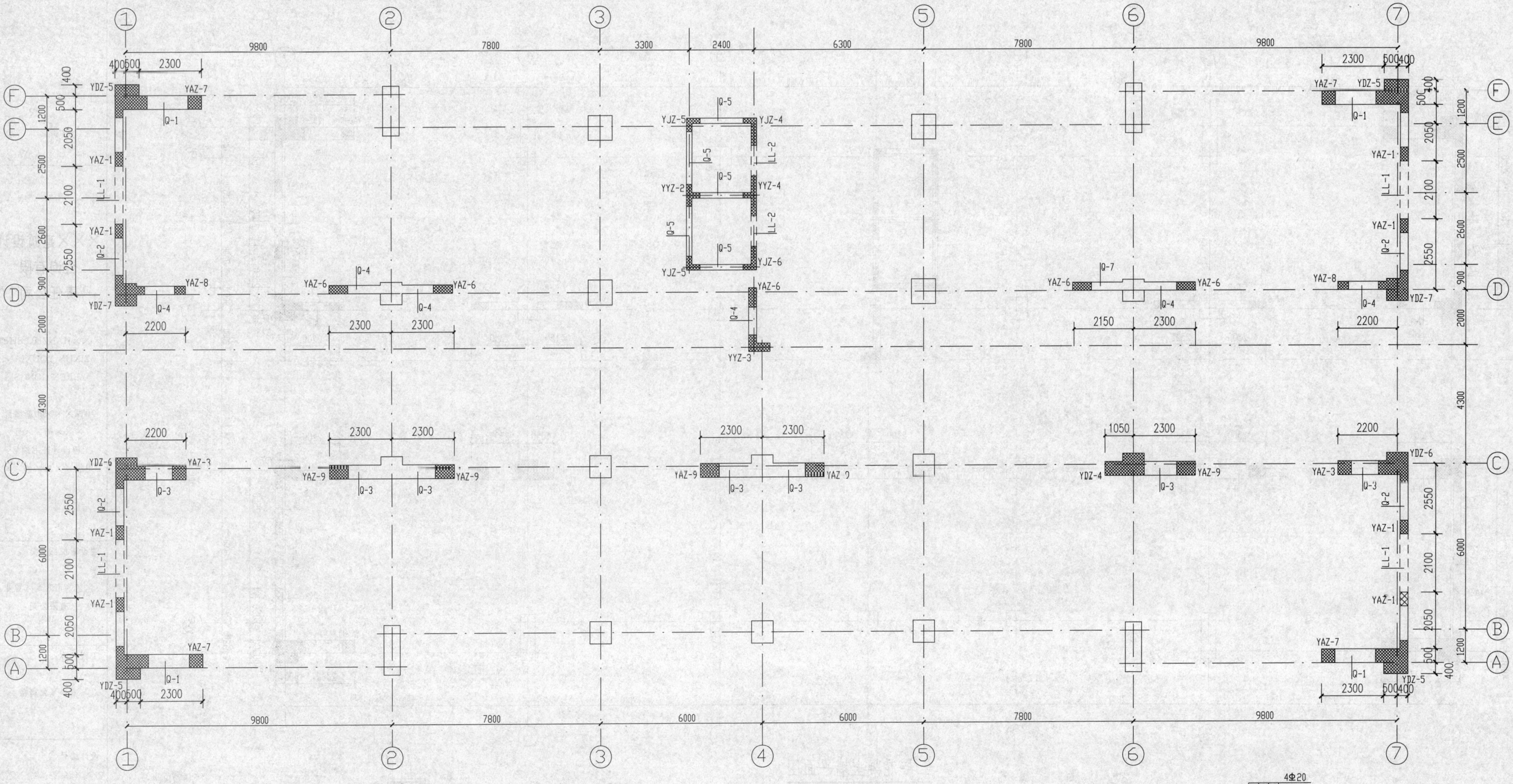

二层混凝土墙平面图

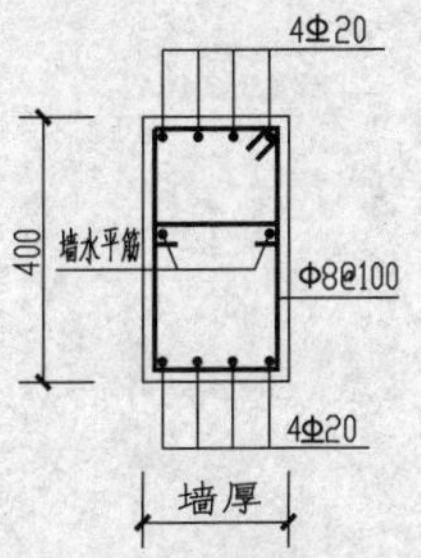

墙暗梁

【读图提示】

1. 阅读该图需注意剪力墙及剪力墙柱的类型、编号、数量及其具体定位。
2. 剪力墙中连梁的类型、编号、数量及其具体定位。

×××建筑设计咨询有限责任公司

×××JIANZHU SHEJI ZIXUN YOUXIAN ZEREN GONGSI

中国×××市新城区×××街××号

工程设计证书编号：甲级×××××××

建设单位：×××市×××置业有限公司

工程名称：×××公寓楼

设计编号 ××××-××-××

审　定	
审　核	
设计总负责人	
校　对	
设计人	
制图人	

图纸名称：二层混凝土墙平面图

专　业	结构
比　例	1∶100
图　号	结施-24/35
日　期	××××.××

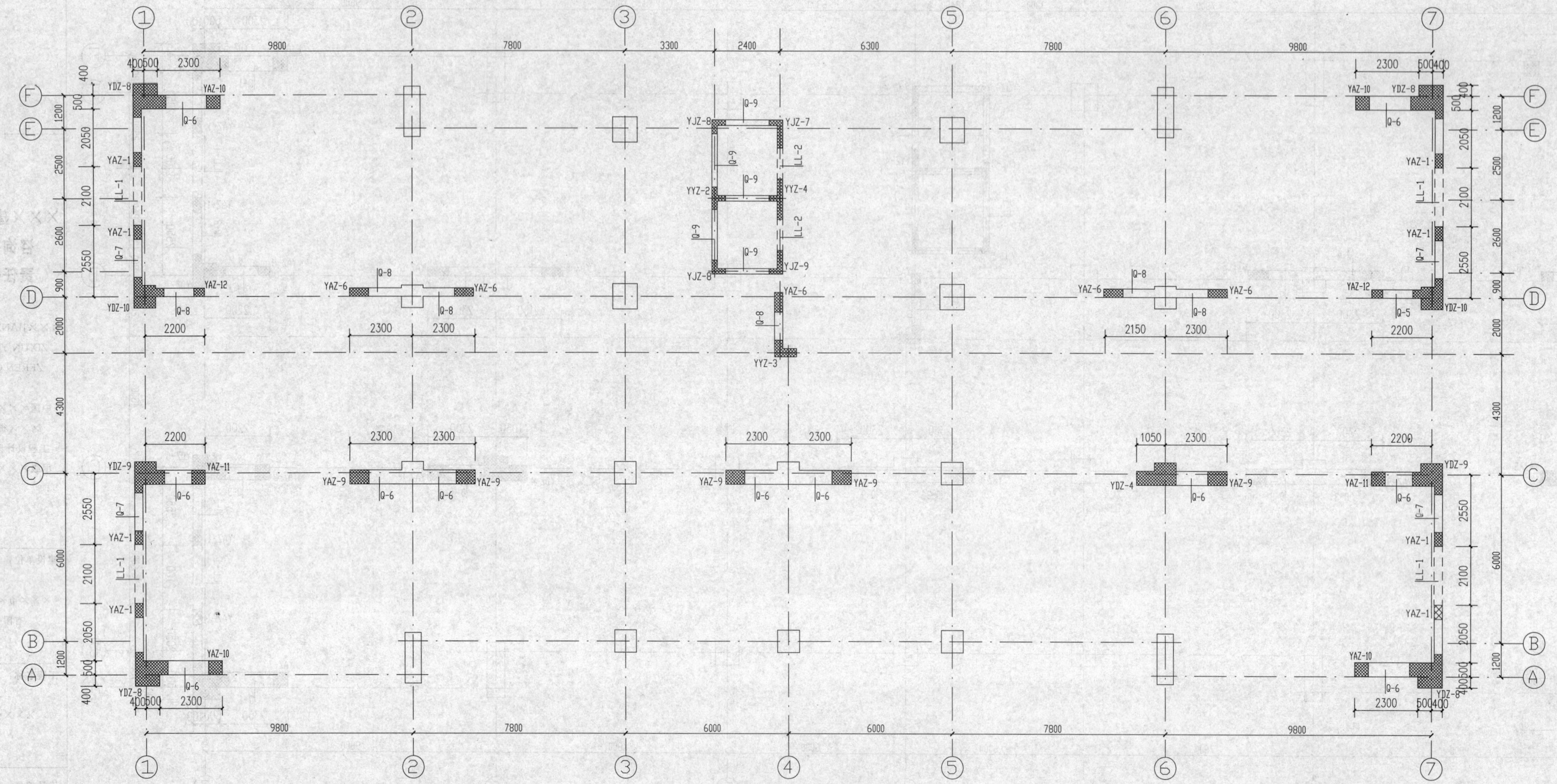

三层混凝土墙平面图

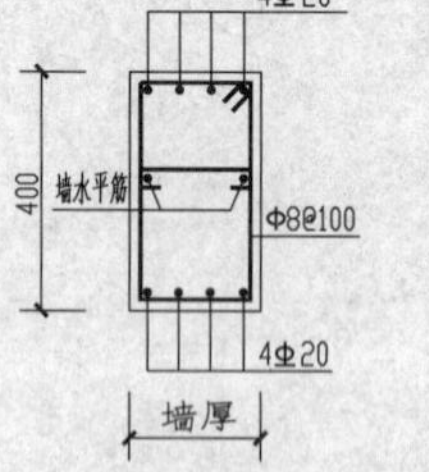

墙暗梁

【读图提示】

1. 阅读该图需注意剪力墙及剪力墙柱的类型、编号、数量及其具体定位。
2. 剪力墙中连梁的类型、编号、数量及其具体定位。

×××建筑设计咨询有限责任公司

×××JIANZHU SHEJI ZIXUN YOUXIAN ZEREN GONGSI

中国×××市新城区×××街××号
工程设计证书编号：甲级×××××××

建设单位：
×××市×××置业有限公司

工程名称：
×××公寓楼

设计编号
××××-××-××

审定	
审核	
设计总负责人	
校对	
设计人	
制图人	

图纸名称
三层混凝土墙平面图

专业	结构
比例	1：100
图号	结施-25/35
日期	××××.××

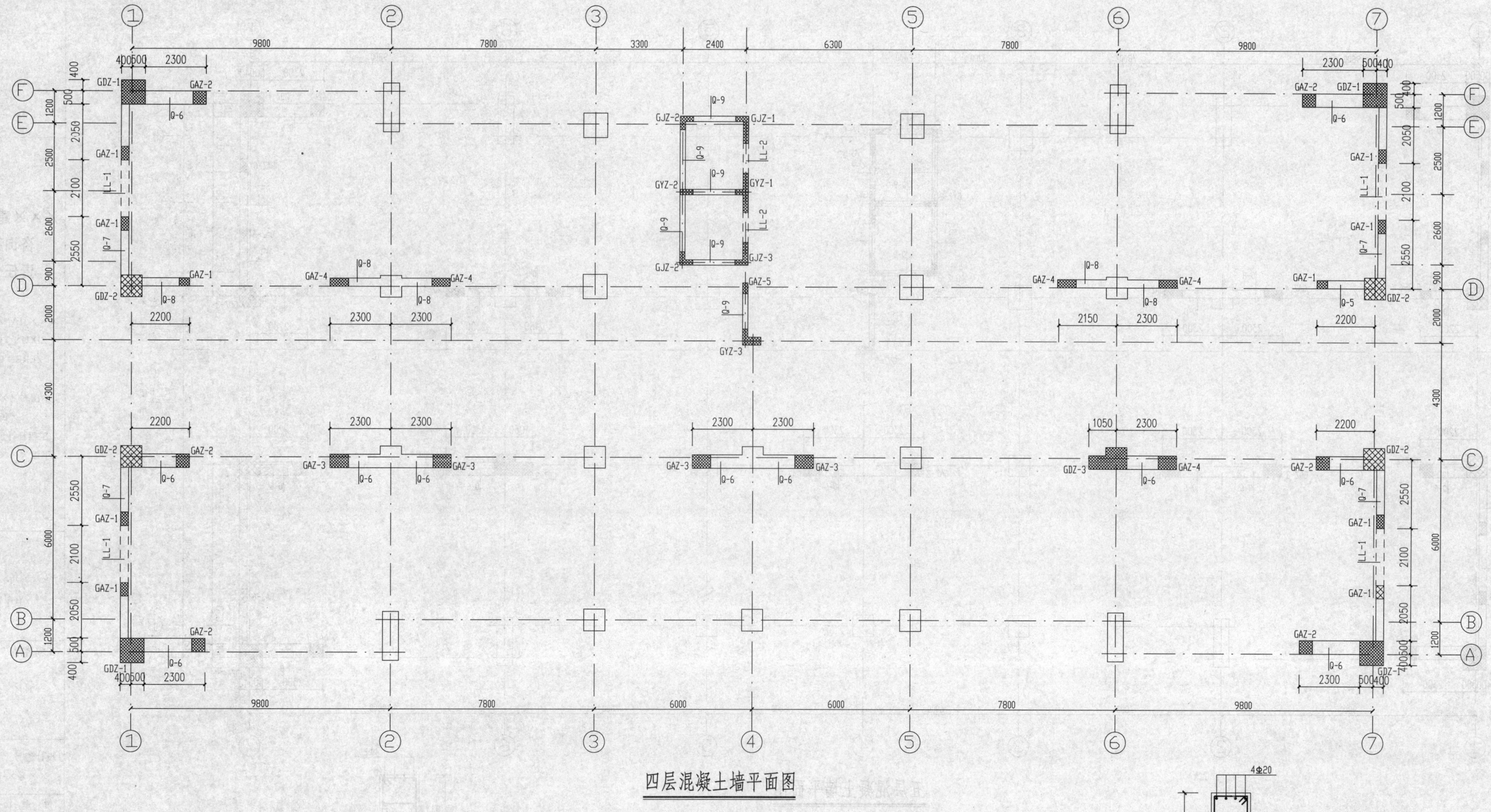

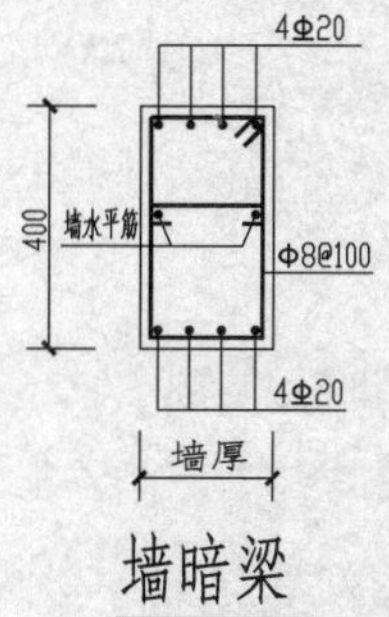

【读图提示】

1. 阅读该图需注意剪力墙及剪力墙柱的类型、编号、数量及其具体定位。
2. 剪力墙中连梁的类型、编号、数量及其具体定位。

×××建筑设计咨询有限责任公司	
×××JIANZHU SHEJI ZIXUN YOUXIAN ZEREN GONGSI	
中国×××市新城区×××街××号 工程设计证书编号：甲级×××××××	
建设单位：	×××市×××置业有限公司
工程名称：	×××公寓楼
设计编号	××××-××-××
审定	
审核	
设计总负责人	
校对	
设计人	
制图人	
图纸名称	四层混凝土墙平面图
专业	结构
比例	1∶100
图号	结施-26/35
日期	××××.××

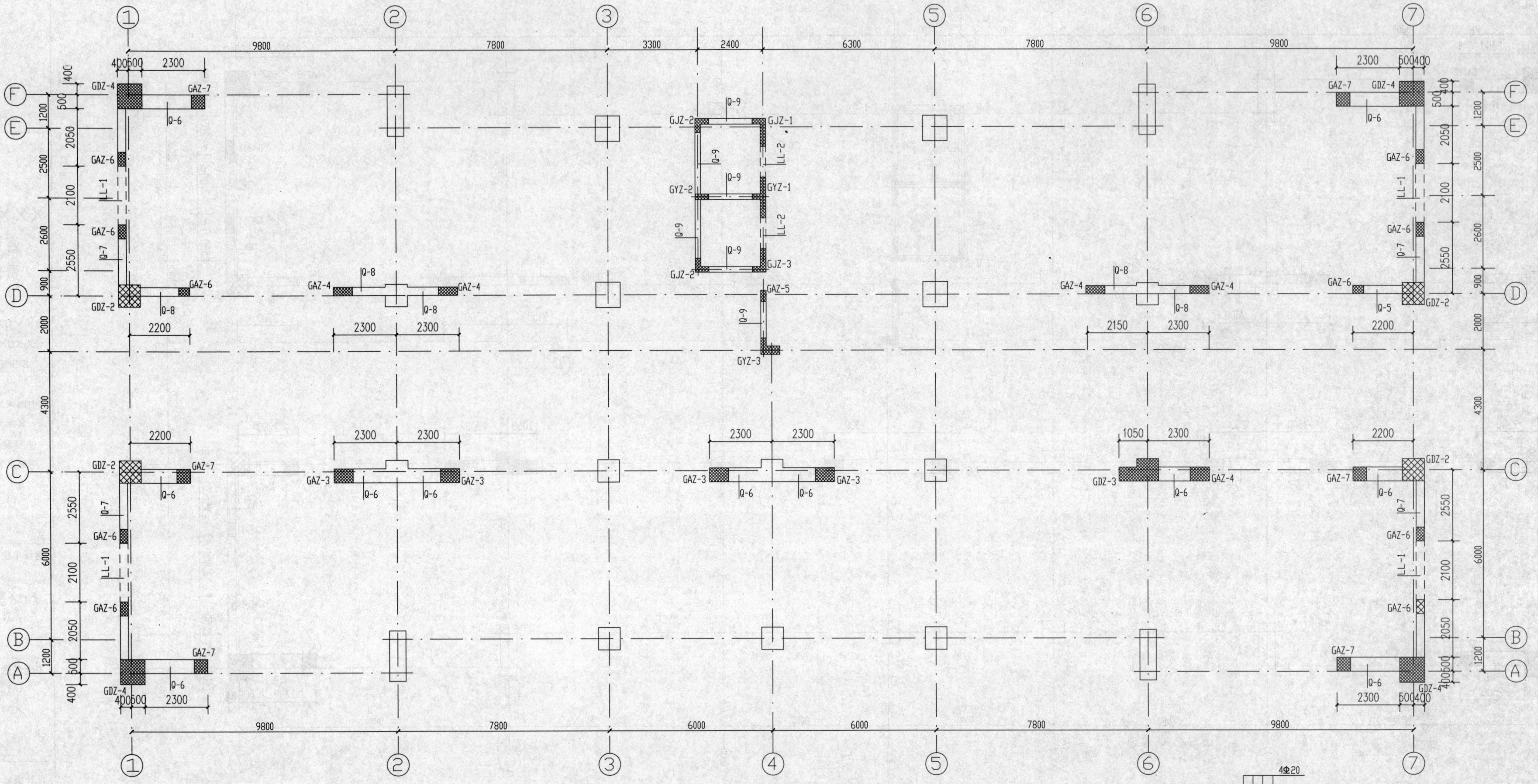

五层混凝土墙平面图

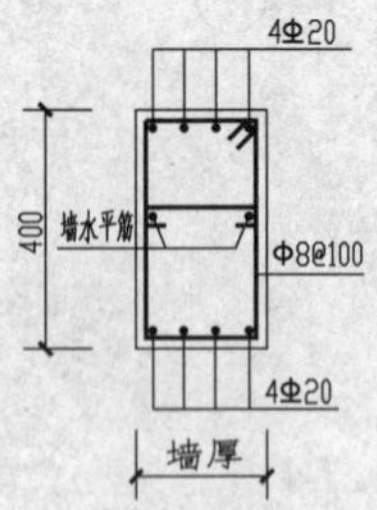

墙暗梁

【读图提示】

1. 阅读该图需注意剪力墙及剪力墙柱的类型、编号、数量及其具体定位。
2. 剪力墙中连梁的类型、编号、数量及其具体定位。

×××建筑设计咨询有限责任公司

×××JIANZHU SHEJI ZIXUN YOUXIAN ZEREN GONGSI

中国×××市新城区×××街××号

工程设计证书编号：甲级×××××××

建设单位：×××市×××置业有限公司

工程名称：×××公寓楼

设计编号 ××××-××-××

审定	
审核	
设计总负责人	
校对	
设计人	
制图人	

图纸名称：五层混凝土墙平面图

专业	结构
比例	1∶100
图号	结施-27/35
日期	××××.××

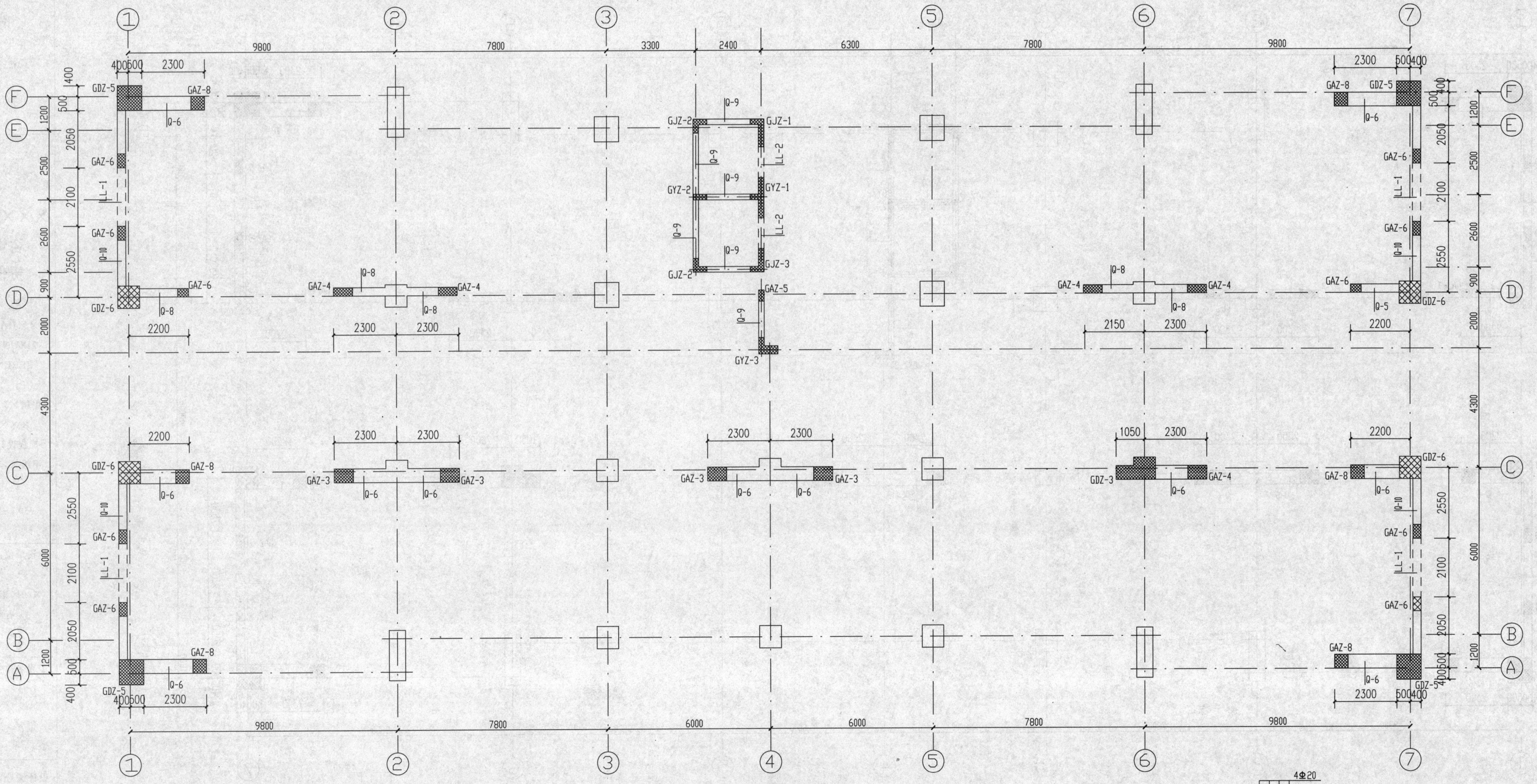

六层混凝土墙平面图

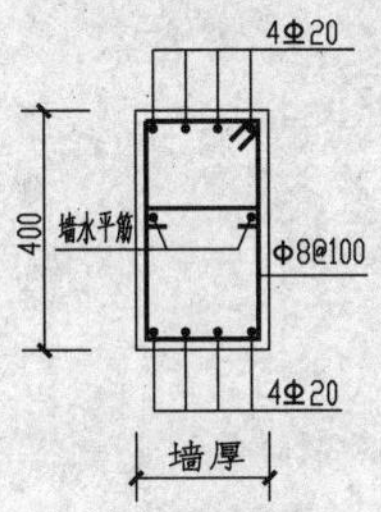

墙暗梁

【读图提示】

1. 阅读该图需注意剪力墙及剪力墙柱的类型、编号、数量及其具体定位。
2. 剪力墙中连梁的类型、编号、数量及其具体定位。

×××建筑设计咨询有限责任公司

×××JIANZHU SHEJI ZIXUN YOUXIAN ZEREN GONGSI

中国×××市新城区×××街××号

工程设计证书编号：甲级×××××××

建设单位：	×××市×××置业有限公司
工程名称：	×××公寓楼
设计编号	××××-××-××
审　定	
审　核	
设计总负责人	
校　对	
设计人	
制图人	
图纸名称	六层混凝土墙平面图
专　业	结构
比　例	1∶100
图　号	结施-28/35
日　期	××××.××

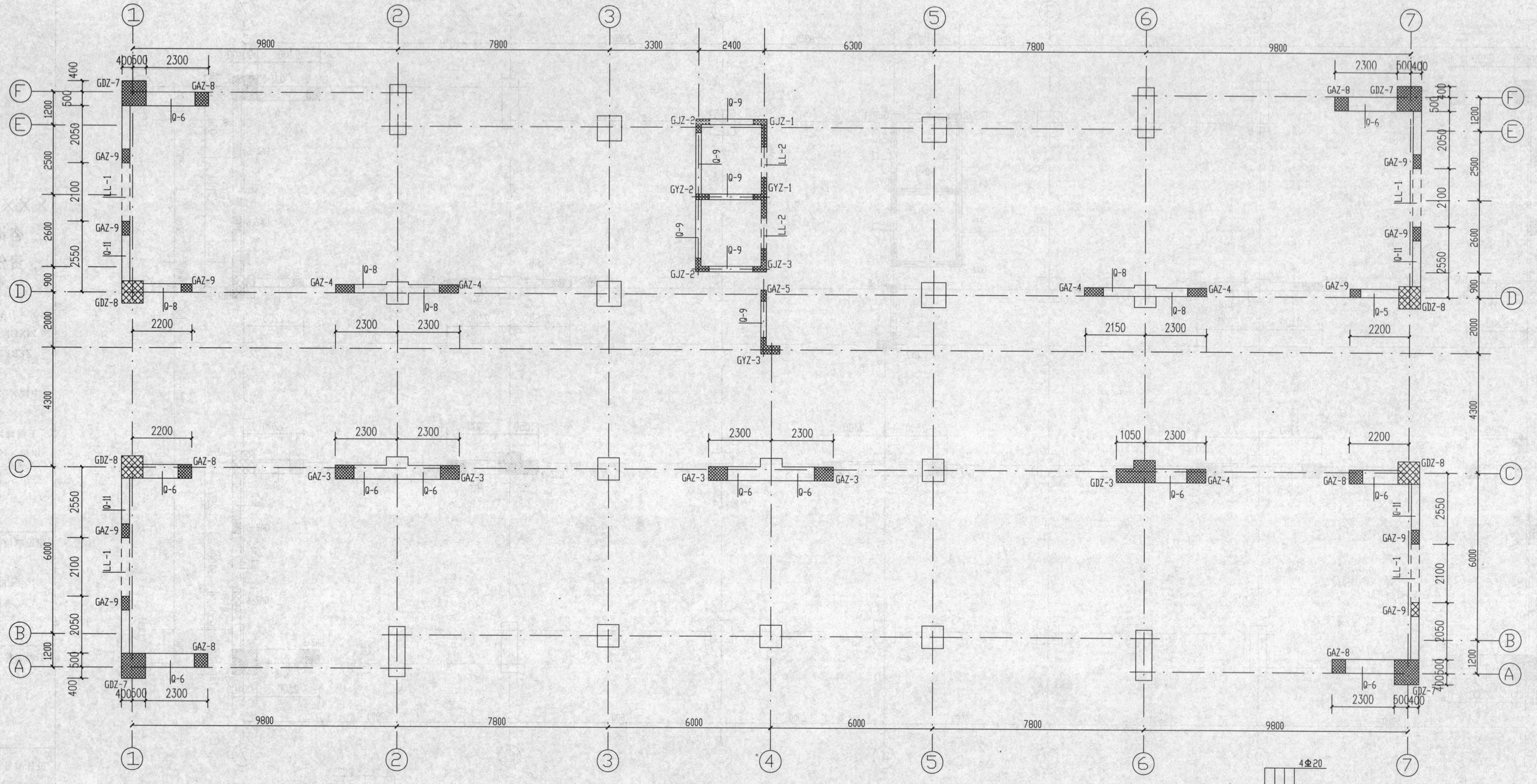

七～十一层混凝土墙平面图

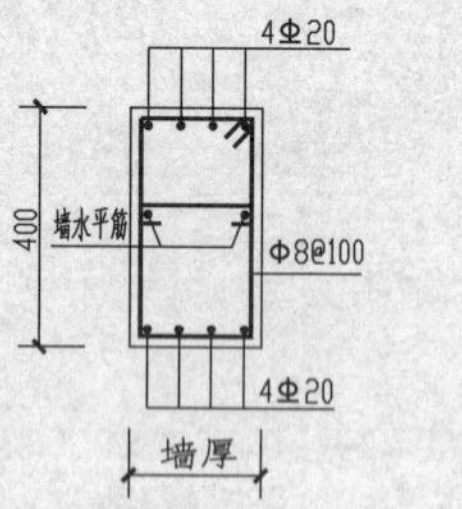

墙暗梁

【读图提示】

1. 阅读该图需注意剪力墙及剪力墙柱的类型、编号、数量及其具体定位。
2. 剪力墙中连梁的类型、编号、数量及其具体定位。

×××建筑设计咨询有限责任公司

×××JIANZHU SHEJI ZIXUN YOUXIAN ZEREN GONGSI

中国×××市新城区×××街××号

工程设计证书编号：甲级×××××××

建设单位：×××市×××置业有限公司

工程名称：×××公寓楼

设计编号 ××××-××-××

审定	
审核	
设计总负责人	
校对	
设计人	
制图人	

图纸名称：七～十一层混凝土墙平面图

专业	结构
比例	1∶100
图号	结施-29/35
日期	××××.××

剪力墙暗柱表(一)							
截面	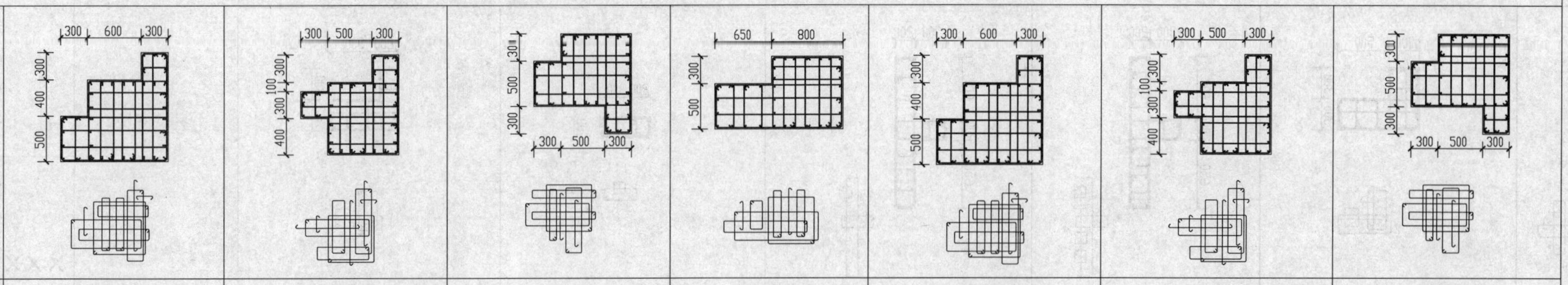						
编号	YDZ-1	YDZ-3	YDZ-2	YDZ-4	YDZ-5	YDZ-7	YDZ-6
标高	基础顶面~4.390	基础顶面~4.390	基础顶面~4.390	基础顶面~11.590	4.390~7.990	4.390~11.590	4.390~11.590
纵筋	62Φ32	50Φ32	50Φ32	34Φ20	45Φ32	35Φ32	35Φ32
箍筋	Φ12@100	Φ12@100	Φ12@100	Φ12@100	Φ12@100	Φ12@100	Φ12@100
截面	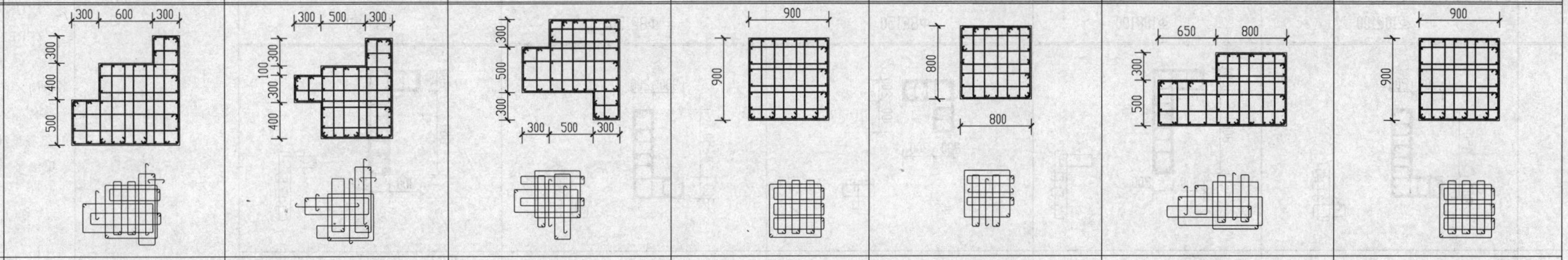						
编号	YDZ-8	YDZ-10	YDZ-9	GDZ-1	GDZ-2	GDZ-3	GDZ-4
标高	7.990~11.590	7.990~11.590	7.990~11.590	11.590~15.190	11.590~18.790	11.590~40.390	15.190~18.790
纵筋	34Φ32	35Φ28	35Φ28	28Φ32	24Φ28	34Φ20	28Φ28
箍筋	Φ12@100	Φ12@100	Φ12@100	Φ10@100	Φ10@100	Φ10@100	Φ10@100
截面	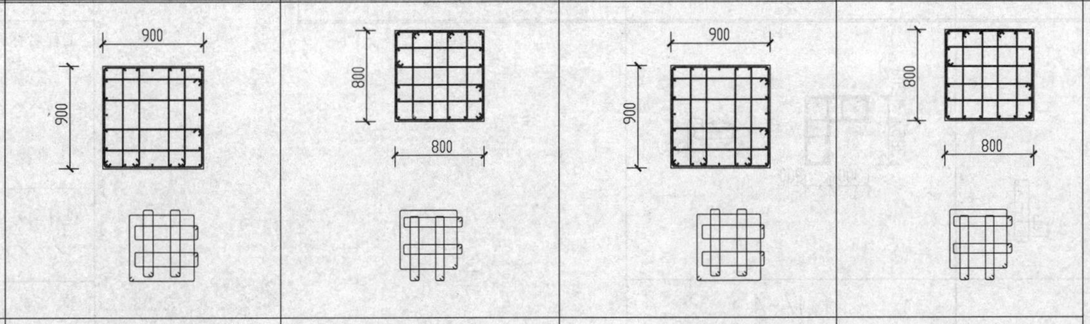						
编号	GDZ-5	GDZ-6	GDZ-7	GDZ-8			
标高	18.790~22.390	18.790~22.390	22.390~40.390	22.390~40.390			
纵筋	24Φ25	20Φ25	24Φ22	20Φ22			
箍筋	Φ10@100	Φ10@100	Φ10@100	Φ10@100			

剪力墙配筋表				
名称	墙厚	水平分布筋	垂直分布筋	拉筋
Q-1(3排)	500	Φ14@150	Φ10@150	加强区 Φ6@400 非加强区 Φ6@600
Q-2(2排)	300	Φ16@100	Φ10@150	
Q-3(3排)	500	Φ12@100	Φ10@150	
Q-4(2排)	300	Φ14@150	Φ10@150	
Q-5(2排)	200	Φ14@150	Φ10@150	
Q-6(3排)	500	Φ10@150	Φ10@150	
Q-7(2排)	300	Φ14@125	Φ10@150	
Q-8(2排)	300	Φ10@200	Φ10@150	
Q-9(2排)	200	Φ10@200	Φ10@200	
Q-10(2排)	300	Φ14@150	Φ10@150	
Q-11(2排)	300	Φ12@150	Φ10@150	

名称	梁截面	上部纵筋	下部纵筋	侧面纵筋	箍筋
一层剪力墙梁表					
LL-1	300×400	6Φ22(二排)	6Φ22(二排)	Φ10@200	Φ14@100(4)
LL-2	200×190	5Φ22(二排)	5Φ22(二排)	Φ10@200	Φ12@100(2)
二、三层剪力墙梁表					
LL-1	300×400	6Φ22(二排)	6Φ22(二排)	Φ10@200	Φ14@100(4)
LL-2	200×290	4Φ20(二排)	4Φ20(二排)	Φ10@200	Φ10@100(2)
四、五层剪力墙梁表					
LL-1	300×400	6Φ22(二排)	6Φ22(二排)	Φ10@200	Φ14@100(4)
LL-2	200×290	4Φ20(二排)	4Φ20(二排)	Φ10@200	Φ8@100(2)
六~八层剪力墙梁表					
LL-1	300×400	6Φ20(二排)	6Φ20(二排)	Φ10@200	Φ12@100(4)
LL-2	200×290	4Φ20(二排)	4Φ20(二排)	Φ10@200	Φ8@100(2)
九~十一层剪力墙梁表					
LL-1	300×400	6Φ20(二排)	6Φ20(二排)	Φ10@200	Φ10@100(4)
LL-2	200×290	4Φ20(二排)	4Φ20(二排)	Φ10@200	Φ8@100(2)

LL-1上返710mm

【读图提示】

1. 仔细核对墙和墙柱的配筋关系，以准确核对墙和墙柱中钢筋的型号、数量、位置。注意墙和墙柱在高度方向上截面尺寸有无变化，如何变化，墙和墙柱截面尺寸变化处钢筋的处理方法。墙和墙柱筋在高度方向的连接方式、连接位置、连接部位的加强措施。
2. 注意墙和墙柱底部加强区与上部非加强区配筋的区别。注意墙柱约束边缘构件与构造边缘构件配筋的区别。

×××建筑设计咨询有限责任公司

×××JIANZHU SHEJI ZIXUN YOUXIAN ZEREN GONGSI

中国×××市新城区×××街××号

工程设计证书编号：甲级×××××××

建设单位：×××市×××置业有限公司

工程名称：×××公寓楼

设计编号 ××××-××-××

审定	
审核	
设计总负责人	
校对	
设计人	
制图人	

图纸名称：剪力墙暗柱表（一）

专业	结构
比例	1∶100
图号	结施-30/35
日期	××××.××

剪力墙暗柱表(二)

截面	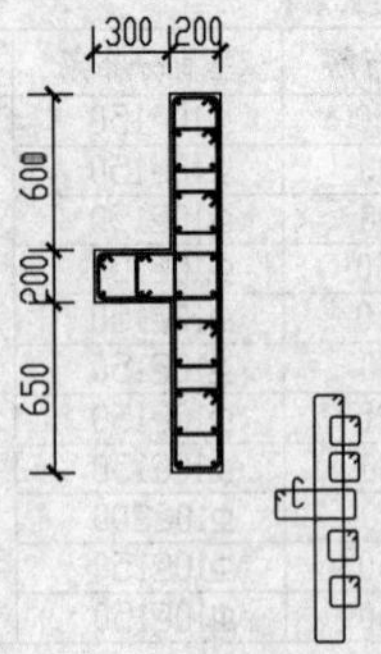	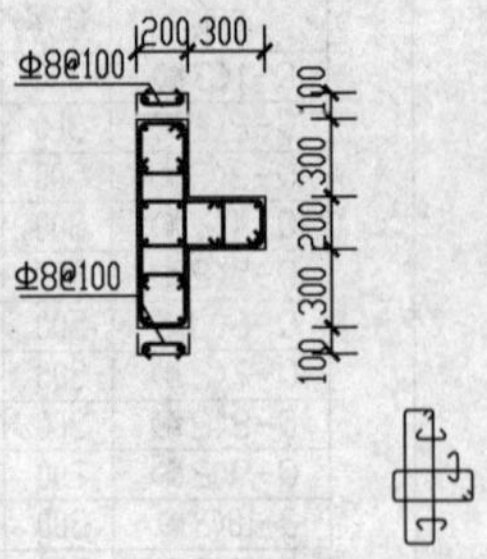	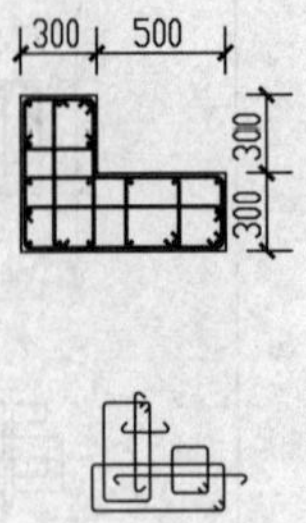	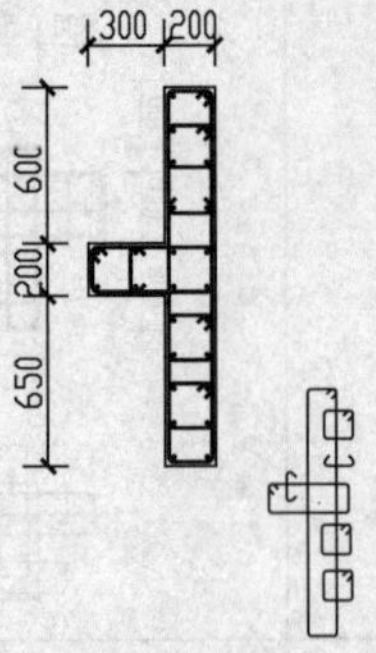	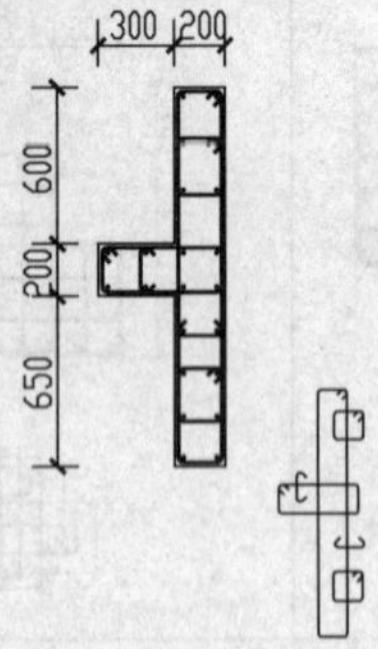	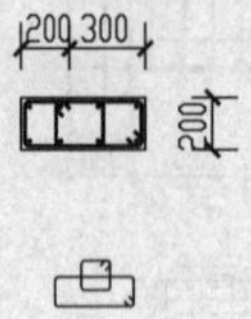	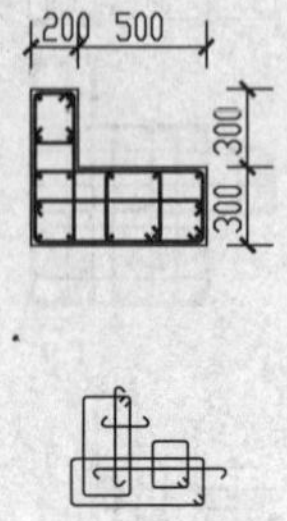
编号	YYZ-1	YYZ-2	YYZ-3	YYZ-4	GYZ-1	GYZ-2	GYZ-3
标高	基础顶面~4.390	基础顶面~11.590	基础顶面~11.590	4.390~11.590	11.590~44.100	11.590~44.100	11.590~40.390
纵筋	28Φ20	16Φ16	18Φ18	26Φ16	22Φ14	8Φ14	16Φ16
箍筋	Φ12@100	Φ10@100	Φ10@100	Φ10@100	Φ8@150	Φ8@150	Φ8@150

截面	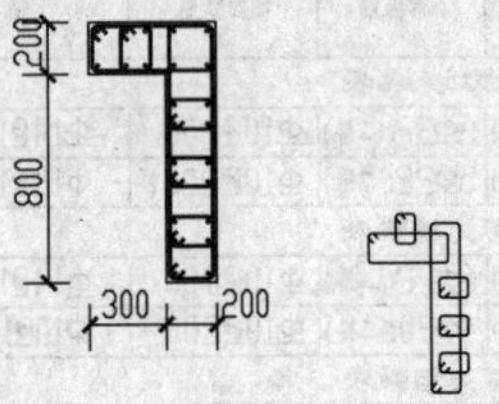	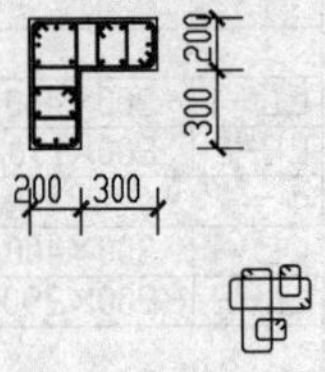	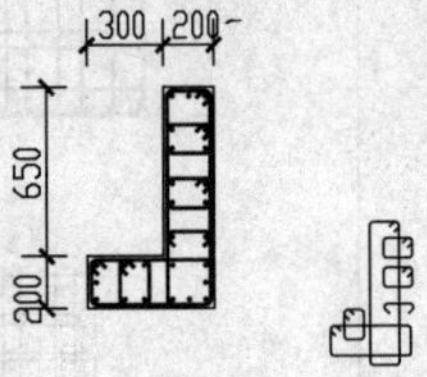	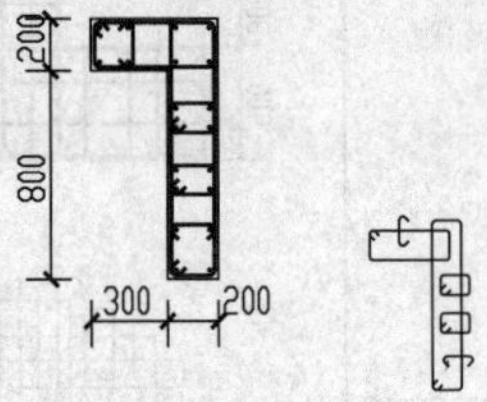	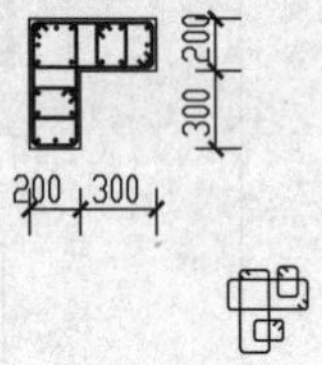	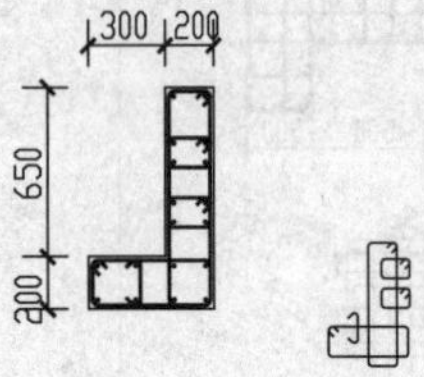	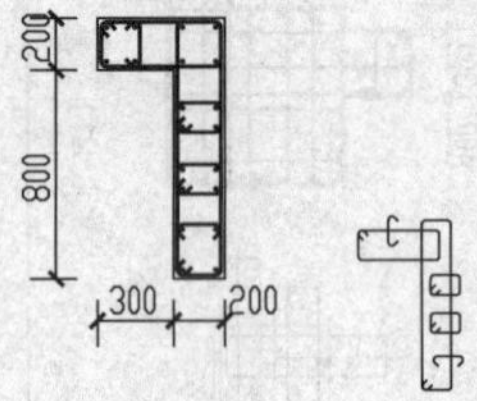
编号	YJZ-1	YJZ-2	YJZ-3	YJZ-4	YJZ-5	YJZ-6	YJZ-7
标高	基础顶面~4.390	基础顶面~4.390	基础顶面~4.390	4.390~7.990	4.390~7.990	4.390~7.990	7.990~11.590
纵筋	24Φ25	20Φ28	26Φ25	20Φ22	20Φ22	18Φ22	20Φ18
箍筋	Φ10@100	Φ10@100	Φ12@100	Φ10@100	Φ10@100	Φ10@100	Φ10@100

截面	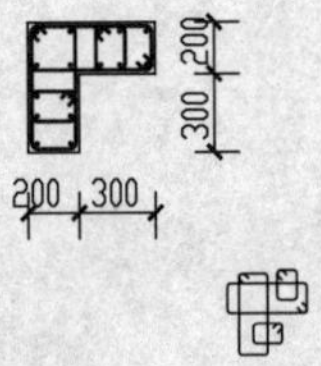	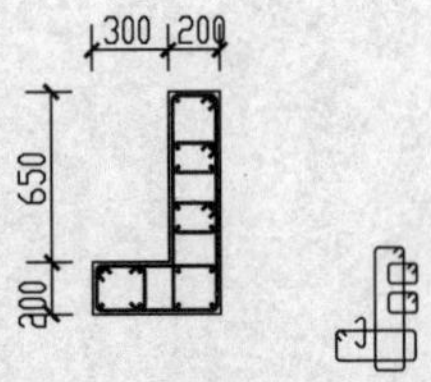	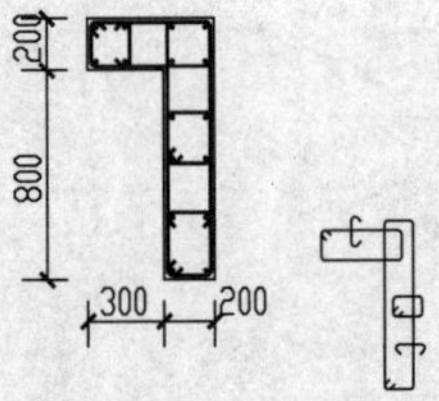	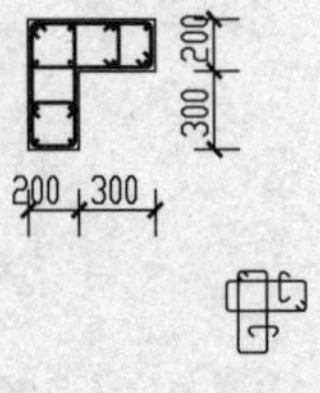	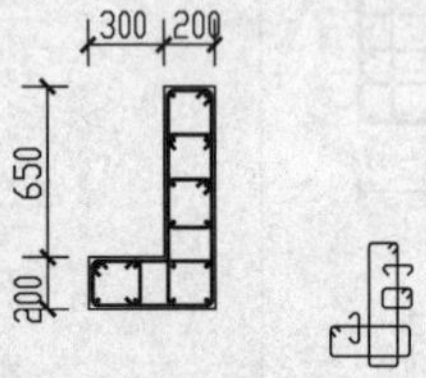	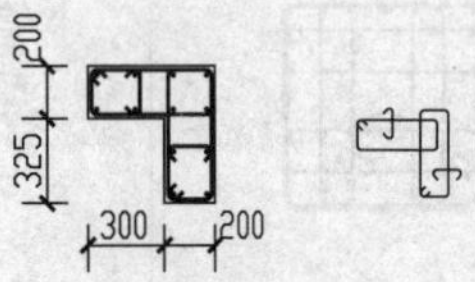
编号	YJZ-8	YJZ-9	GJZ-1	GJZ-2	GJZ-3	GJZ-4
标高	7.990~11.590	7.990~11.590	11.590~44.100	11.590~44.100	11.590~44.100	40.390~44.100
纵筋	16Φ16	18Φ16	16Φ16	12Φ16	16Φ14	12Φ14
箍筋	Φ10@100	Φ10@100	Φ8@150	Φ8@150	Φ8@150	Φ8@150

【读图提示】

1. 仔细核对墙和墙柱的配筋关系，以准确核对墙和墙柱中钢筋的型号、数量、位置。注意墙和墙柱在高度方向上截面尺寸有无变化，如何变化，墙和墙柱截面尺寸变化处钢筋的处理方法。墙和墙柱筋在高度方向的连接方式、连接位置、连接部位的加强措施。
2. 注意墙和墙柱底部加强区与上部非加强区配筋的区别。注意墙柱约束边缘构件与构造边缘构件配筋的区别。

×××建筑设计咨询有限责任公司

×××JIANZHU SHEJI ZIXUN YOUXIAN ZEREN GONGSI

中国×××市新城区×××街××号
工程设计证书编号：甲级×××××××

建设单位：×××市×××置业有限公司

工程名称：×××公寓楼

设计编号 ××××-××-××

审定	
审核	
设计总负责人	
校对	
设计人	
制图人	

图纸名称：剪力墙暗柱表（二）

专业	结构
比例	1∶100
图号	结施-31/35
日期	××××.××

剪力墙暗柱表(三)

截面	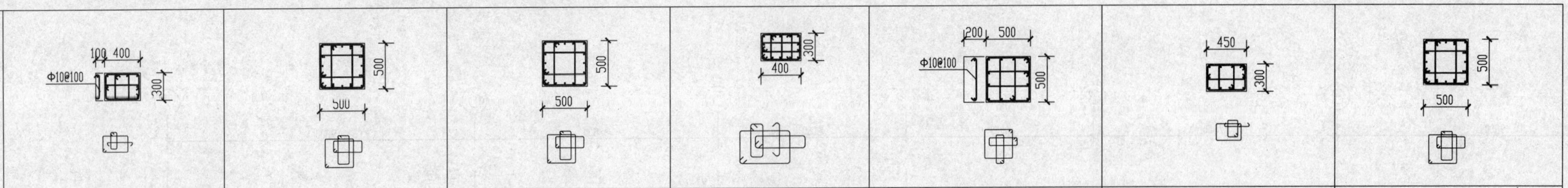						
编号	YAZ-1	YAZ-2	YAZ-3	YAZ-4	YAZ-5	YAZ-6	YAZ-7
标高	基础顶面~11.590	基础顶面~4.390	基础顶面~7.990	基础顶面~4.390	基础顶面~4.390	基础顶面~11.590	4.390~7.990
纵筋	10Φ25	24Φ28	16Φ28	14Φ25	12Φ25	10Φ16	24Φ25
箍筋	Φ12@100	Φ12@100	Φ12@100	Φ12@100	Φ12@100	Φ10@100	Φ10@100
截面	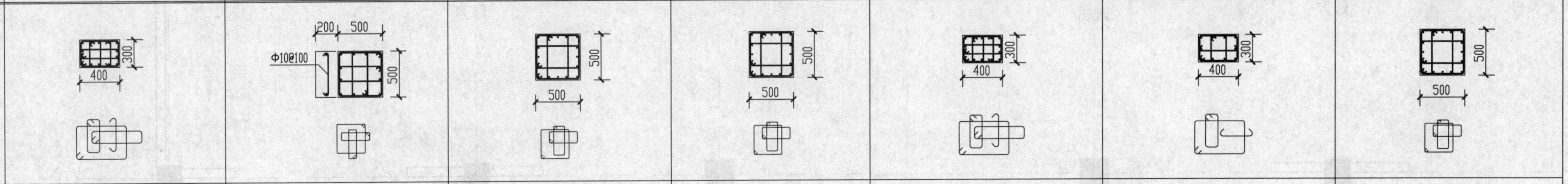						
编号	YAZ-8	YAZ-9	YAZ-10	YAZ-11	YAZ-12	GAZ-1	GAZ-2
标高	4.390~7.990	4.390~11.590	7.990~11.590	7.990~11.590	7.990~11.590	11.590~15.190	11.590~15.190
纵筋	14Φ22	12Φ20	16Φ25	16Φ22	14Φ20	10Φ20	16Φ20
箍筋	Φ10@100	Φ10@100	Φ10@100	Φ10@100	Φ10@100	Φ8@150	Φ8@100
截面	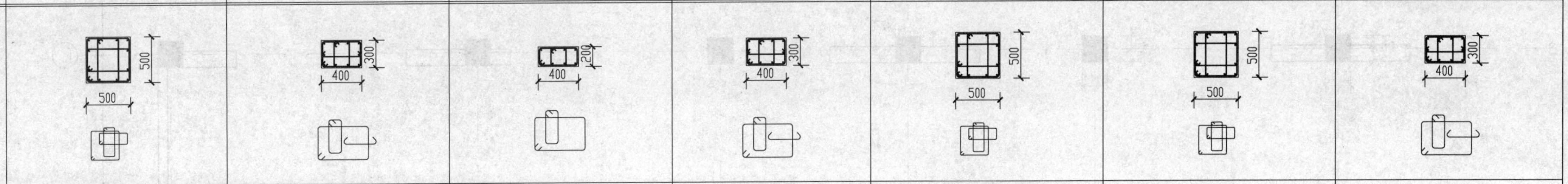						
编号	GAZ-3	GAZ-4	GAZ-5	GAZ-6	GAZ-7	GAZ-8	GAZ-9
标高	11.590~40.390	11.590~40.390	11.590~40.390	15.190~22.390	15.190~18.790	18.790~40.390	22.390~40.390
纵筋	12Φ20	10Φ14	8Φ14	10Φ18	12Φ20	12Φ18	10Φ16
箍筋	Φ8@100	Φ8@150	Φ8@150	Φ8@150	Φ8@100	Φ8@100	Φ8@150

截面	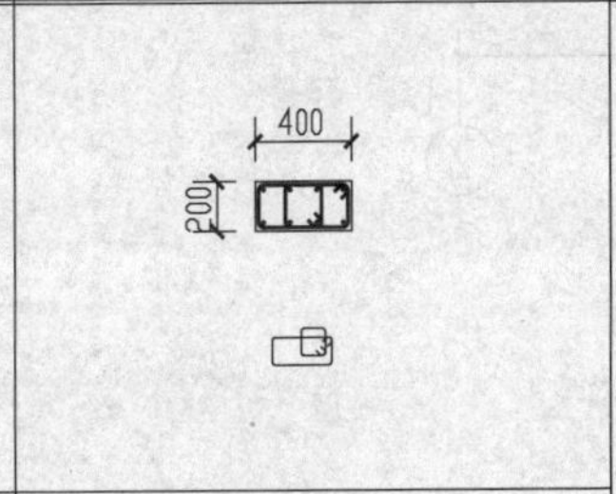
编号	GAZ-10
标高	40.390~44.100
纵筋	8Φ14
箍筋	Φ8@150

【读图提示】

1. 仔细核对墙和墙柱的配筋关系，以准确核对墙和墙柱中钢筋的型号、数量、位置。注意墙和墙柱在高度方向上截面尺寸有无变化，如何变化，墙和墙柱截面尺寸变化处钢筋的处理方法。墙和墙柱筋在高度方向的连接方式、连接位置、连接部位的加强措施。
2. 注意墙和墙柱底部加强区与上部非加强区配筋的区别。注意墙柱约束边缘构件与构造边缘构件配筋的区别。

××× 建筑设计咨询有限责任公司

×××JIANZHU SHEJI ZIXUN YOUXIAN ZEREN GONGSI

中国×××市新城区×××街××号
工程设计证书编号：甲级×××××××

建设单位：×××市×××置业有限公司

工程名称：×××公寓楼

设计编号 ××××-××-××

审定	
审核	
设计总负责人	
校对	
设计人	
制图人	

图纸名称：剪力墙暗柱表（三）

专业	结构
比例	1∶100
图号	结施-32/35
日期	××××.××

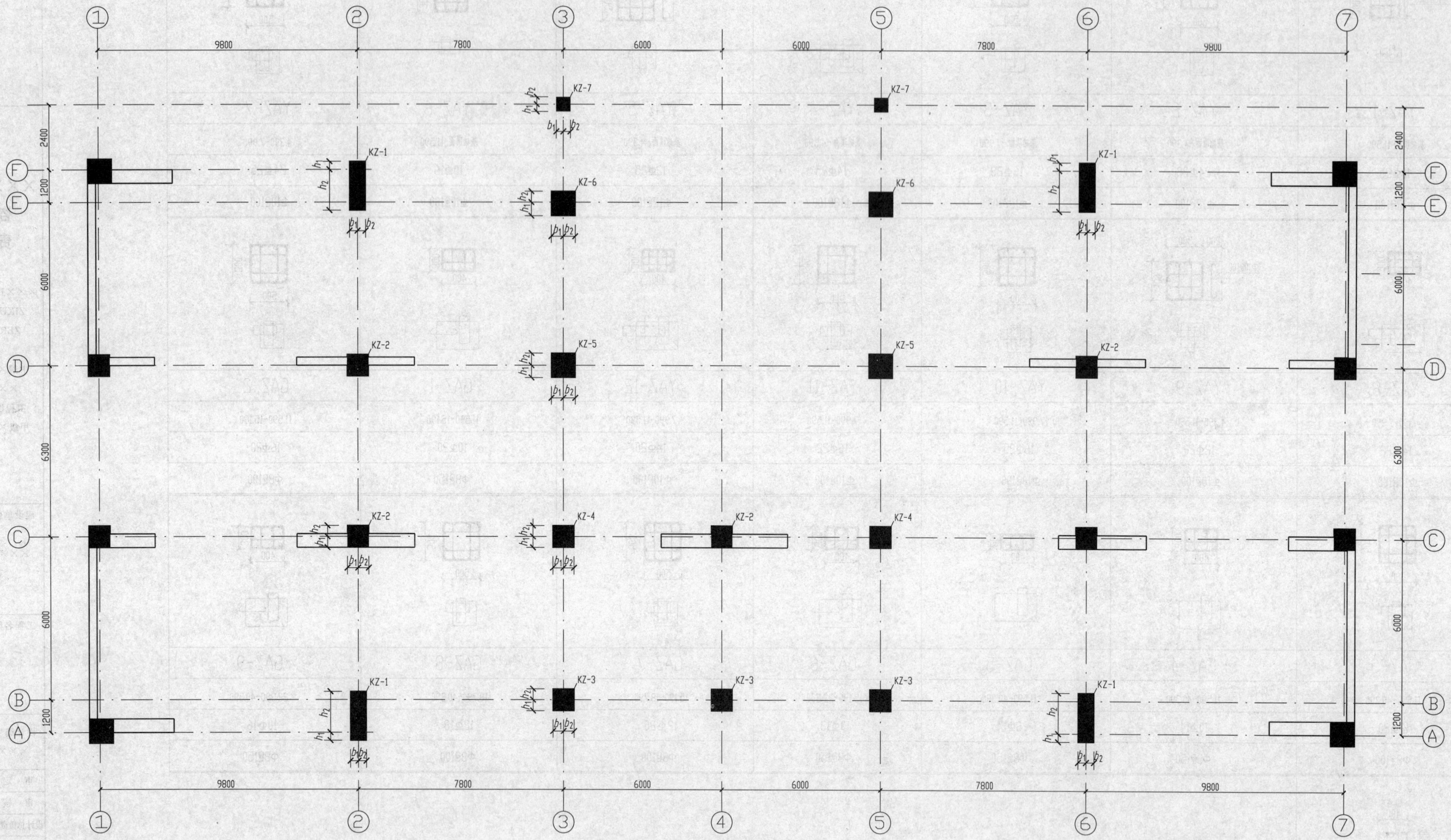

柱平面布置图

【读图提示】

1. 阅读该图需注意柱的类型、柱的编号、数量及其具体定位。
2. 注意区分图中标注编号的柱与未编号柱（剪力墙的端柱）的不同概念。

×××建筑设计
咨询有限
责任公司

×××JIANZHU SHEJI
ZIXUN YOUXIAN
ZEREN GONGSI

中国×××市新城区
×××街××号
工程设计证书编号：
甲级×××××××

建设单位：

×××市×××置业
有限公司

工程名称：

×××公寓楼

设计编号

××××-××-××

审　定	
审　核	
设计总负责人	
校　对	
设计人	
制图人	

图纸名称

柱平面布置图

专　业	结构
比　例	1∶100
图　号	结施-33/35
日　期	××××.××

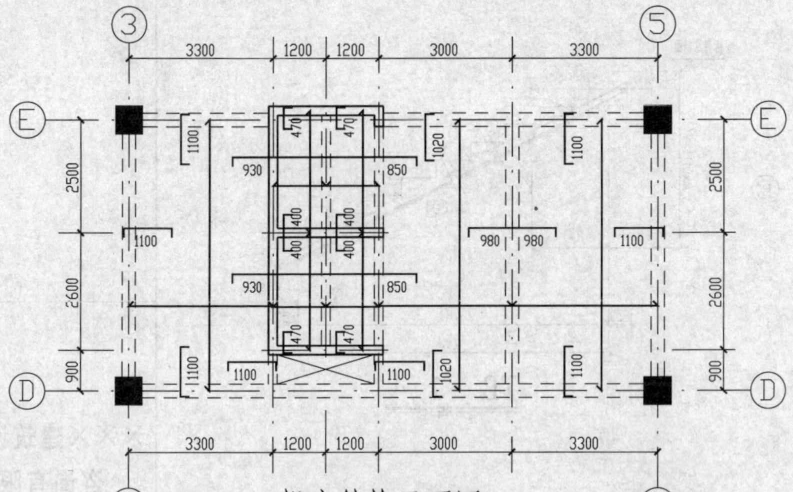

机房结构平面图

板顶结构标高为44.100
未注明的板厚均为 h=100
未注明的钢筋均为Φ8@200

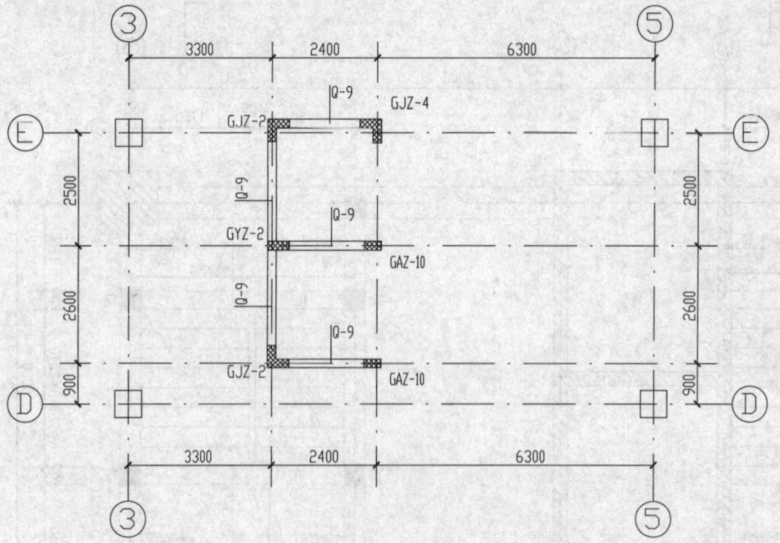

机房混凝土墙平面图

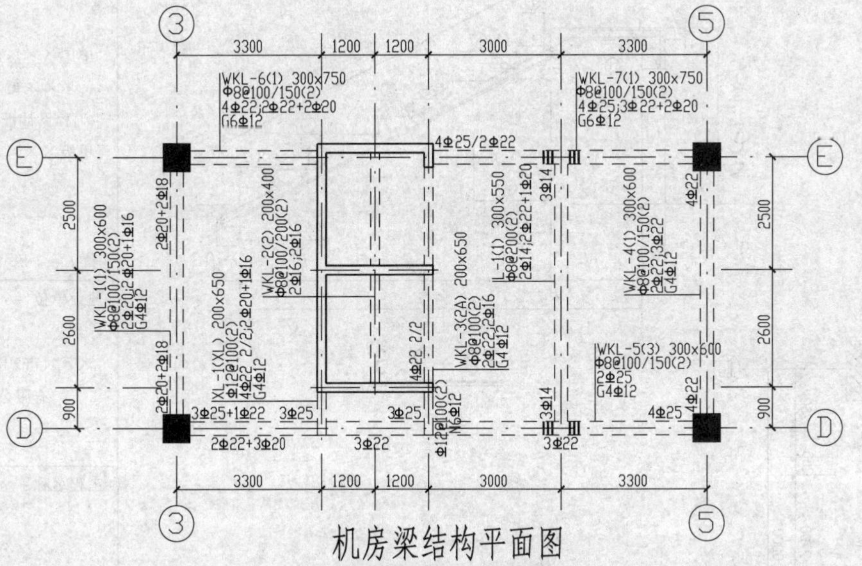

机房梁结构平面图

梁顶结构标高为44.100

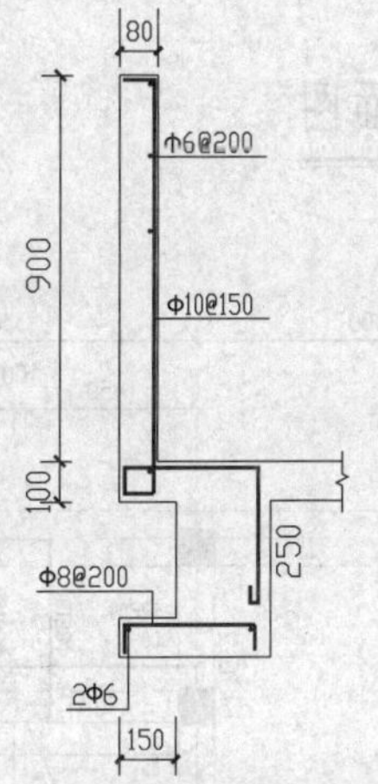

机房女儿墙配筋图

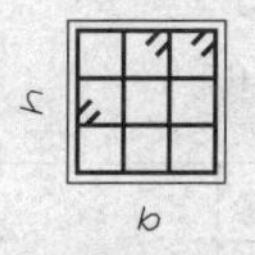

箍筋类型

柱配筋表

柱号	标高	圆柱直径					全部纵筋	角筋	边一侧中部筋	边一侧中部筋	箍筋类型号	箍筋
KZ-1	基础顶面～-0.150	600×1800	300	300	300	1500		4Φ25	7Φ25	7Φ22	1.(5×8)	Φ12@100
	-0.150～4.390	600×1800	300	300	300	1500		4Φ22	5Φ22	8Φ22	1.(6×8)	Φ12@100
	4.390～40.390	600×1800	300	300	300	1500		4Φ22	5Φ22	8Φ22	1.(5×8)	Φ10@100
KZ-2	基础顶面～-0.150	800×800	400	400	400	400		4Φ28	7Φ28	7Φ28	1.(6×6)	Φ12@100
	-0.150～4.390	800×800	400	400	400	400		4Φ28	4Φ28	4Φ28	1.(6×6)	Φ12@100
	4.390～11.590	800×800	400	400	400	400		4Φ22	4Φ22	4Φ22	1.(6×6)	Φ12@100
	11.590～40.390	800×800	400	400	400	400		4Φ20	4Φ20	4Φ20	1.(6×6)	Φ10@100
KZ-3	基础顶面～-0.150	800×800	400	400	400	400		4Φ22	3Φ22	4Φ22	1.(5×5)	Φ12@100
	-0.150～4.390	800×800	400	400	400	400		4Φ22	3Φ22	4Φ22	1.(4×4)	Φ12@100/150
	4.390～18.790	800×800	400	400	400	400		4Φ22	3Φ22	4Φ22	1.(4×4)	Φ12@100/150
	18.790～29.590	800×800	400	400	400	400		4Φ22	3Φ22	4Φ22	1.(4×4)	Φ10@100/150
	29.590～33.190	800×800	400	400	400	400		4Φ22	3Φ22	4Φ22	1.(4×4)	Φ10@100/150
	33.190～36.790	800×800	400	400	400	400		4Φ22	3Φ22	4Φ22	1.(4×4)	Φ10@100/150
	36.790～40.390	800×800	400	400	400	400		4Φ22	3Φ22	4Φ22	1.(4×4)	Φ10@100/150
KZ-4	基础顶面～-0.150	800×800	400	400	400	400		4Φ25	6Φ25	6Φ25	1.(6×6)	Φ12@100
	-0.150～4.390	800×800	400	400	400	400		4Φ25	6Φ25	6Φ25	1.(6×6)	Φ12@100/150
	4.390～7.990	800×800	400	400	400	400		4Φ25	6Φ25	6Φ25	1.(6×6)	Φ12@100/150
	7.990～11.590	800×800	400	400	400	400		4Φ25	6Φ25	6Φ25	1.(6×6)	Φ12@100/150
	11.590～18.790	800×800	400	400	400	400		4Φ25	6Φ25	6Φ25	1.(6×6)	Φ12@100/150
	18.790～22.390	800×800	400	400	400	400		4Φ25	6Φ25	6Φ25	1.(6×6)	Φ12@100/150
	22.390～29.590	800×800	400	400	400	400		4Φ25	6Φ25	6Φ25	1.(6×6)	Φ12@100/150
	29.590～33.190	800×800	400	400	400	400		4Φ25	6Φ25	6Φ25	1.(6×6)	Φ12@100/150
	33.190～36.790	800×800	400	400	400	400		4Φ25	6Φ25	6Φ25	1.(6×6)	Φ12@100/150
	36.790～40.390	800×800	400	400	400	400		4Φ25	6Φ25	6Φ25	1.(6×6)	Φ10@100/150
KZ-5	基础顶面～-0.150	900×900	450	450	450	450		4Φ25	4Φ25	4Φ25	1.(6×6)	Φ12@100
	-0.150～11.590	900×900	450	450	450	450		4Φ25	4Φ25	4Φ25	1.(6×6)	Φ12@100/150
	11.590～36.790	800×800	400	400	400	400		4Φ25	4Φ25	4Φ25	1.(6×6)	Φ12@100/150
	36.790～40.390	800×800	400	400	400	400		4Φ25	4Φ25	4Φ25	1.(4×4)	Φ10@100/150
	40.390～44.100	600×600	300	300	300	300		4Φ25	2Φ25	2Φ25	1.(4×4)	Φ8@100
KZ-6	基础顶面～-0.150	900×900	450	450	500	400		4Φ25	4Φ20	5Φ25	1.(6×6)	Φ12@100
	-0.150～4.390	900×900	450	450	500	400		4Φ22	4Φ20	6Φ22	1.(6×6)	Φ12@100
	4.390～11.590	900×900	450	450	500	400		4Φ22	4Φ20	4Φ22	1.(6×6)	Φ10@100
	11.590～25.990	800×800	400	400	400	400		4Φ22	4Φ20	4Φ22	1.(6×6)	Φ12@100
	25.990～36.790	800×800	400	400	400	400		4Φ22	4Φ20	4Φ22	1.(6×6)	Φ10@100
	36.790～40.390	800×800	400	400	400	400		4Φ22	4Φ20	4Φ22	1.(4×4)	Φ10@100
	40.390～44.100	600×600	300	300	300	300		4Φ25	2Φ20	2Φ20	1.(4×4)	Φ8@100
KZ-7	基础顶面～-0.150	500×500	250	250	250	250		4Φ22	2Φ18	4Φ22	1.(4×4)	Φ8@100
	-0.150～4.250	500×500	250	250	250	250		4Φ22	2Φ18	4Φ22	1.(4×4)	Φ8@100

【读图提示】

1. 对照柱平面布置图，仔细核对每根柱沿高度截面尺寸有无变化。柱中钢筋的型号、数量、位置。注意柱在高度方向上截面尺寸有无变化，如何变化，柱截面尺寸变化处钢筋的处理方法。柱筋在高度方向的连接方式、连接位置、连接部位的加强措施。
2. 柱配筋图，若采用平面表示法，则需结合相应图集阅读，在阅读时要注意建立柱配筋情况的空间立体概念，必要时需将柱配筋草图勾画出来，予以帮助理解柱配筋图。

×××建筑设计咨询有限责任公司

×××JIANZHU SHEJI ZIXUN YOUXIAN ZEREN GONGSI

中国×××市新城区
×××街××号
工程设计证书编号：
甲级×××××××

建设单位：	×××市×××置业有限公司
工程名称：	×××公寓楼
设计编号	××××-××-××
审定	
审核	
设计总负责人	
校对	
设计人	
制图人	
图纸名称	机房结构平面图 机房梁结构平面图 机房混凝土墙平面图 机房女儿墙配筋图 柱配筋表
专业	结构
比例	1:100
图号	结施-34/35
日期	××××.××

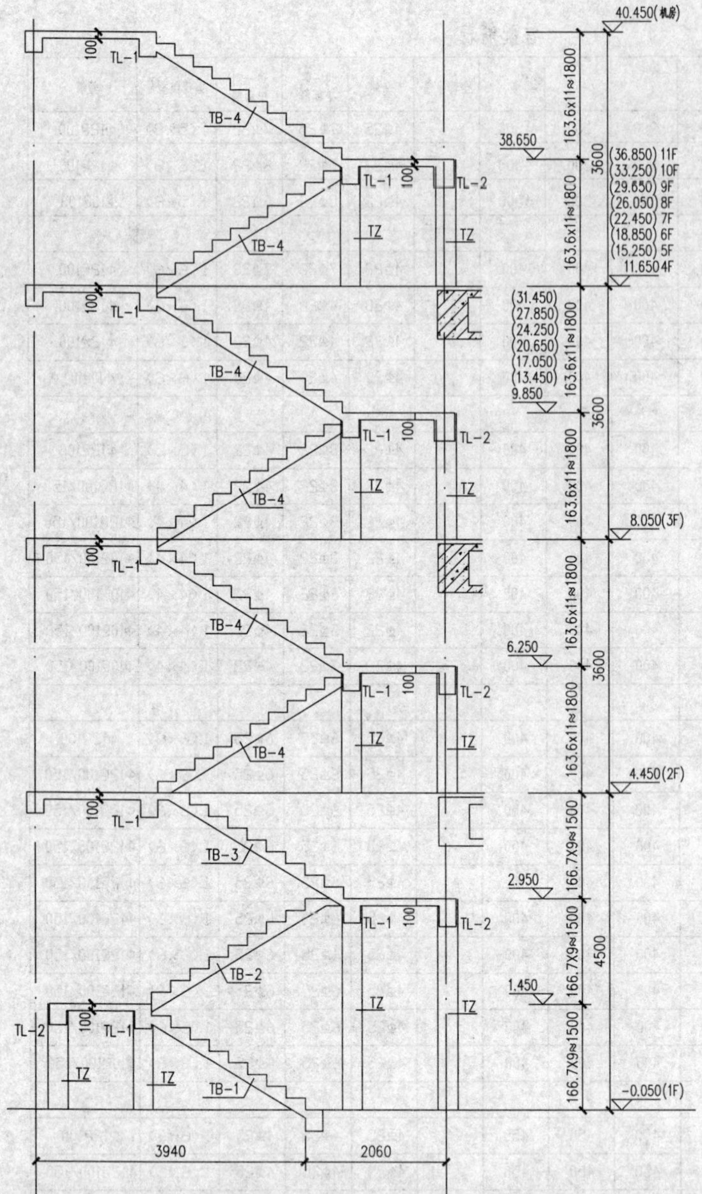

楼梯剖面图

楼梯配筋表

参数 / TB-※	b 踏步宽/mm	h 踏步高/mm	n 踏步数/mm	L 梯段长/mm	H 梯段高/mm	h_1 板厚/mm	① 板底正筋	② 板上负筋	③ 分布钢筋	④ 负筋长度/mm	c 下折板长/mm	d 上折板长/mm	L+c+d 梯段板净跨/mm
TB-1	280	1500/7	7	2240	1500	100	Φ10@120	Φ10@120 通长设置	Φ6@250				
TB-2	280	1500/7	7	2240	1500	100	Φ10@100	Φ10@100 通长设置	Φ6@250			560	2800
TB-3	280	1500/7	7	2240	1500	100	Φ10@100	Φ10@100 通长设置	Φ6@250			560	2800
TB-4	270	1800/11	11	2700	1800	100	Φ10@100	Φ10@100 通长设置	Φ6@250				

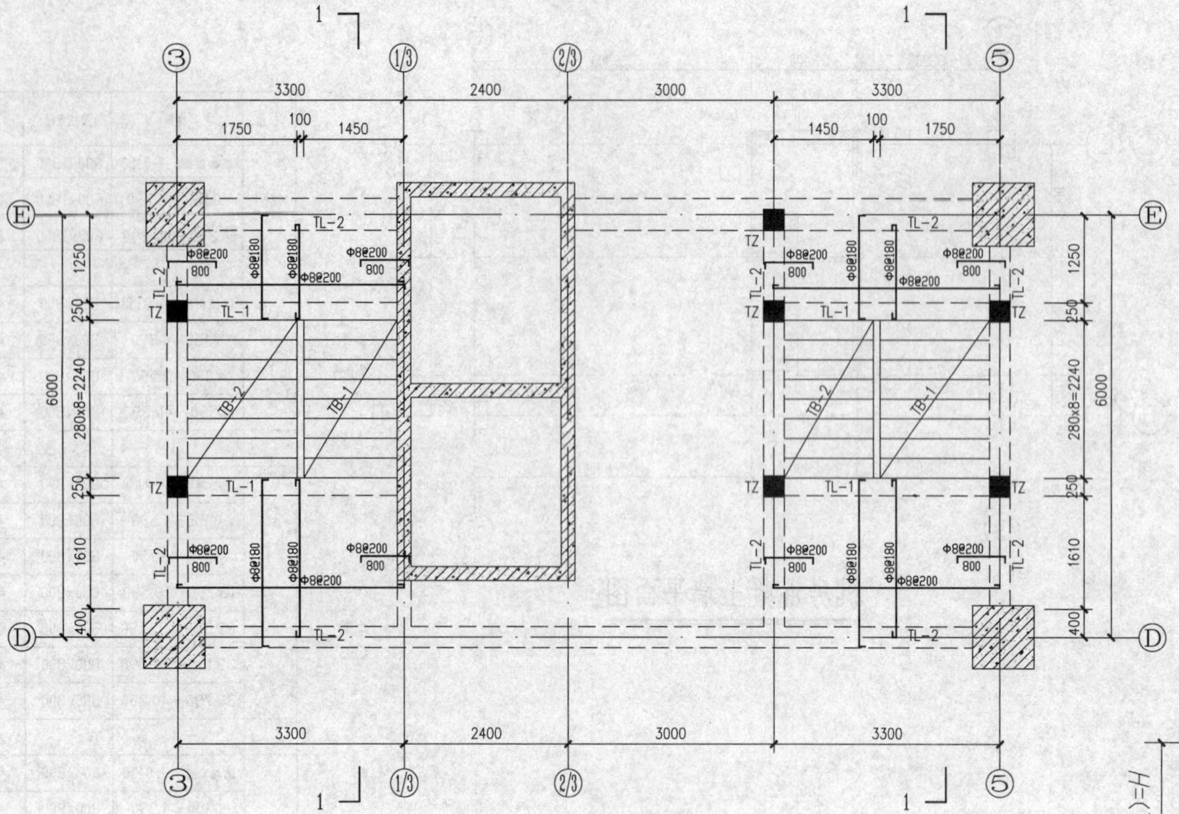

楼梯一层结构平面图

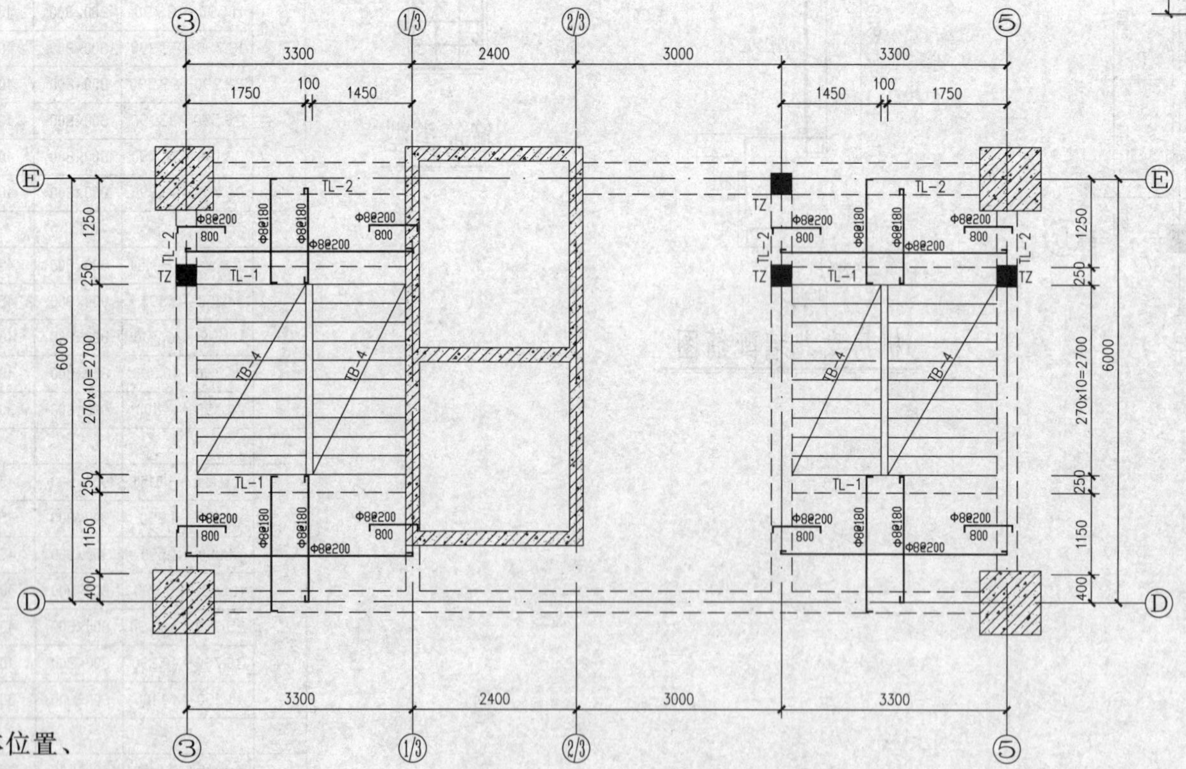

楼梯二～十一层结构平面图

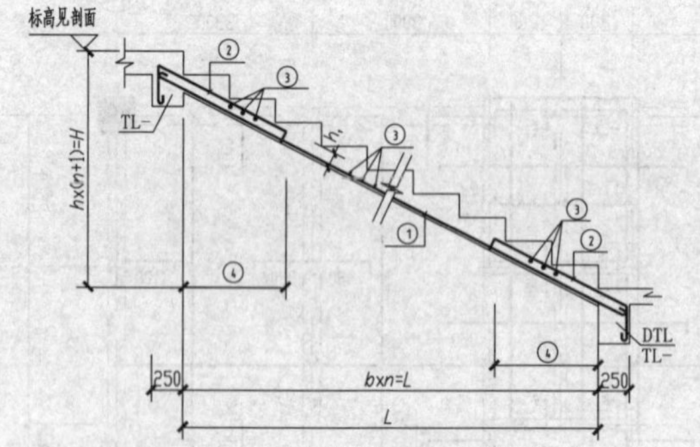

TB－1、4

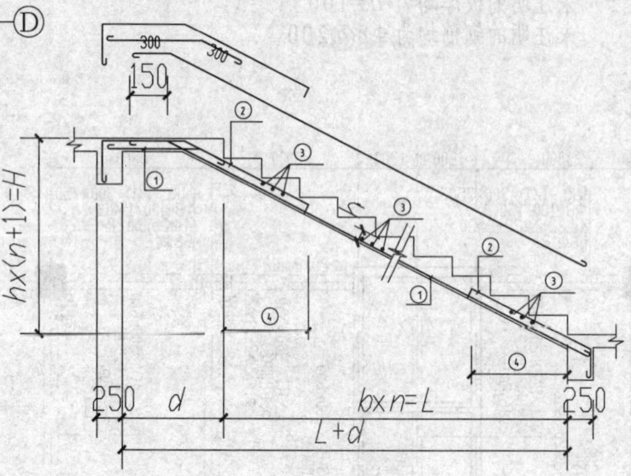

TB－2、3

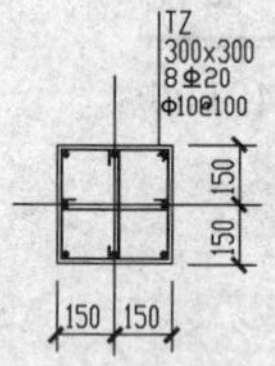

TZ

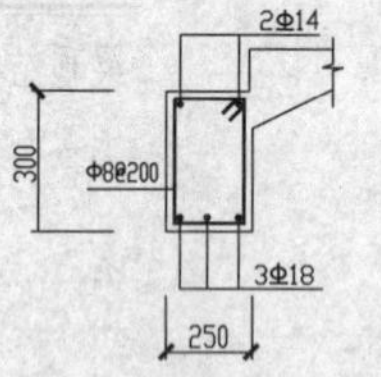

DTL

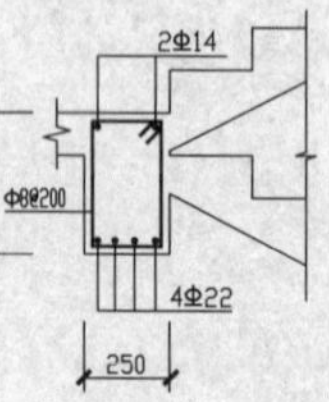

TL—1

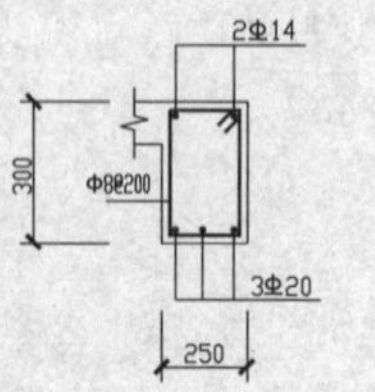

TL—2

【读图提示】

1. 楼梯结构平面图同楼梯建筑平面图一样，主要表示梯段及休息平台的具体位置、尺寸大小，上下楼梯的方向（结合建筑楼梯图来看），梯段及休息平台的标高及踏步尺寸。
2. 楼梯剖面图则清楚表达楼梯的结构类型（板式楼梯或梁式楼梯），更明确的表达梯段及休息平台的标高、位置。有时梯段配筋图及休息平台配筋图亦一并在剖面图中表达。
3. 楼梯构件详图具体表达梯段及楼梯梁的配筋情况，需特别注意折板或折梁在折角处的配筋处理。注意梯段板与梯段板互为支撑时受力筋间的位置关系。

×××建筑设计咨询有限责任公司

×××JIANZHU SHEJI ZIXUN YOUXIAN ZEREN GONGSI

中国×××市新城区 ×××街××号
工程设计证书编号：甲级×××××××

建设单位：	×××市×××置业有限公司
工程名称：	×××公寓楼
设计编号	××××-××-××
审　定	
审　核	
设计总负责人	
校　对	
设计人	
制图人	
图纸名称	楼梯结构图
专　业	结构
比　例	1：100
图　号	结施-35/35
日　期	××××.××

×××有限公司——一、二车间

工程地点	××市
设计编号	××××-××
设计阶段	施工图
设计证书编号	××××××-××

院　　长 ____________

总工程师 ____________

×××勘察设计有限公司

××××年×月

图 纸 目 录

×××勘察设计有限公司图纸目录清单

编号	工程名称	项目	共 2 页
200516	×××有限公司	一、二车间	第 1 页

建筑面积	建施图纸张数	备注
6101m^2	7	

序号	图号	图纸名称	
1	建施-1	一车间设计说明	
2	建施-2	一车间平面图	
3	建施-3	Ⓐ～Ⓒ立面图、Ⓒ～Ⓐ立面图、屋顶平面图	
4	建施-4	①～⑩立面图、⑩～①立面图、1-1 剖面图	
5	建施-5	二车间设计说明、屋顶平面图	
6	建施-6	二车间平面图、①～⑩立面图	
7	建施-7	⑩～①立面图、Ⓐ～Ⓑ立面图、Ⓑ～Ⓐ立面图 1—1 剖面图	

×××勘察设计有限公司图纸目录清单

编号	工程名称	项目	共 2 页
200516	×××有限公司	一、二车间	第 2 页

建筑面积	结施图纸张数	备注
6101m^2	12	

序号	图号	图纸名称	
1	结施-1	刚架柱基础平面布置图	
2	结施-2	刚架构件图及节点图	
3	结施-3	刚架柱及屋面支撑平面布置图	
4	结施-4	屋面檩条平面布置图及节点图	
5	结施-5	墙面檩条布置图(一)	
6	结施-6	墙面檩条布置图(二)	
7	结施-7	刚架柱基础平面布置图	
8	结施-8	刚架构件图及节点图	
9	结施-9	刚架柱及屋面支撑平面布置图	
10	结施-10	屋面檩条平面布置图及节点图	
11	结施-11	墙面檩条布置图(一)	
12	结施-12	檩条布置图及节点图	

一车间设计说明

一、设计依据

1. 根据甲方提供的设计任务委托书及资料进行土建施工图设计。

2. 国家颁布的有关土建设计各种现行规范、规程。

3. 本设计抗震设防烈度为八度，设计基本加速度值为 0.20g。

4. 本车间为标准生产车间，合理使用年限为 50 年。

二、车间设计概况

1. 本设计图中±0.000 相当于绝对标高值，由甲方据现场情况确定，室内外高差 0.150m。

2. 柱网布置：车间基本柱距为 8m，跨度为 27m。

3. 建筑面积：3951m^2。

三、车间结构选型

车间采用轻型钢结构。

柱基础采用钢筋混凝土独立基础。

四、建筑构造

1. 屋面构造：车间屋面为 0.6mm 厚单层压型钢板内复合铝箔玻璃丝棉 75 厚，车间内小房子屋面为钢筋混凝土板上 20 厚 1∶3 水泥砂浆找平。

2. 屋面排水：屋面为有组织排水，雨水管直径为 120mmUPVC 管，位置见屋顶平面图。

3. 墙皮构造：车间外墙 0.900m 以下为 370 厚砖墙围护；砖墙采用 MU10.0 空心砖，M5.0 混合砂浆砌筑，顶部设压顶圈梁 180×370，内配 4Φ10 纵筋、箍筋Φ6@200，混凝土为 C20，基础见结构图。

标高 0.900m 以上为 0.5(外)+0.4(内)mm 厚复合压型钢板(内填 50 厚玻璃丝棉)。

内墙：为 240 厚砖墙围护，砖墙采用 MU10.0 空心砖，M5.0 混合砂浆砌筑。

4. 坡道：宽 2000，做法见 98J9-70-4。

5. 散水：宽 1000，做法见 98J9-69-3。

五、建筑装修

1. 车间外墙：砖墙内外侧抹 1∶2 水泥砂浆 20 厚刷涂料，外装修颜色甲方可根据情况另定。

2. 门窗选用：门采用电动推拉门、塑钢门及木门，窗采用单框双玻塑钢窗，门窗尺寸详见施工图所示。

M-1：3600×4200 大门带小门(共 4 个)，采用 96SJ612 中电动推拉门，参见 MS2-3336。

车间外墙上部为采光带，采光带板型与墙面压型钢板板型相同；要求透光系数>70%透明白色，板材为塑胶瓦，板材要求均匀，板厚 1.2mm。

3. 地面做法如下表。

地 1	1. 100 厚 C20 混凝土随打随抹上洒 1∶1 水泥砂子压实赶光	用于车间
	2. 100 厚 3∶7 灰土	
	3. 素土夯实，压实系数 0.90	
地 2	1. 5 厚 1∶1 水泥砂浆粘 8 厚地砖 (纯水泥砂浆嵌缝缝宽不大于 2mm)	用于办公室
	2. 15 厚 1∶3 水泥砂浆找平	
	3. 60 厚 C10 混凝土(卫生间作 0.5%)找坡	
	4. 100 厚 3∶7 灰土	
	5. 素土夯实，压实系数	
地 3	对卫生间地面，在找平层上做防水层	内墙防水 200 高 防水材料采用阳离子氯丁胶防水涂料
	然后再抹 20 厚 1∶3 水泥砂浆保护层，最后再贴地面砖	

六、关于金属压型钢板屋面，墙面构造做法的几点说明

1. 有关金属压型钢板的材质、板型、颜色、配件等应有样品、技术指标、检验报告同建设单位、设计院、施工单位三方共同协商确认。

2. 本设计压型钢板未标明和未绘制的节点做法均有压型钢板生产厂家绘制并由建设单位、设计院共同确定后方可施工。

七、其他

1. 本设计未考虑冬季施工。

2. 本设计中构造除注明者外，均按 9703G329 中相关节点施工。

3. 施工时与各专业图纸配合施工，如有不详之处及时与设计单位联系解决，不得随意改动。

4. 本设计中未尽事宜均须严格遵照国家现行施工验收规范及各项有关规定执行。

八、门窗表

门窗名称	洞口尺寸/mm×mm	门窗数量	备注
C-1	2100×1800	6	单框双玻塑钢窗
C-2	1200×1200	2	单框双玻塑钢窗
C-3	3600×2100	4	单框双玻塑钢窗
C-4	69600×1200	2	阳光板
C-5	52500×1200	2	阳光板
M-1	3600×4200	4	电动推拉门
M-2	1000×2100	6	成品木门
M-3	900×2100	2	成品木门

【读图提示】

1. 设计概况和结构选型。

2. 建筑构造做法及装修做法可查 98J 图集并找到对应工程做法。

3. 注意门窗类型尺寸、数量做法。

×××勘察设计有限公司						
院审		专业组长		建设单位	×××有限公司	
审核		校对		工程项目	一车间	
设计负责人		设计		一车间设计说明	设计号	×××××
					图号	建施-1
专业负责人		制图			日期	××××.××

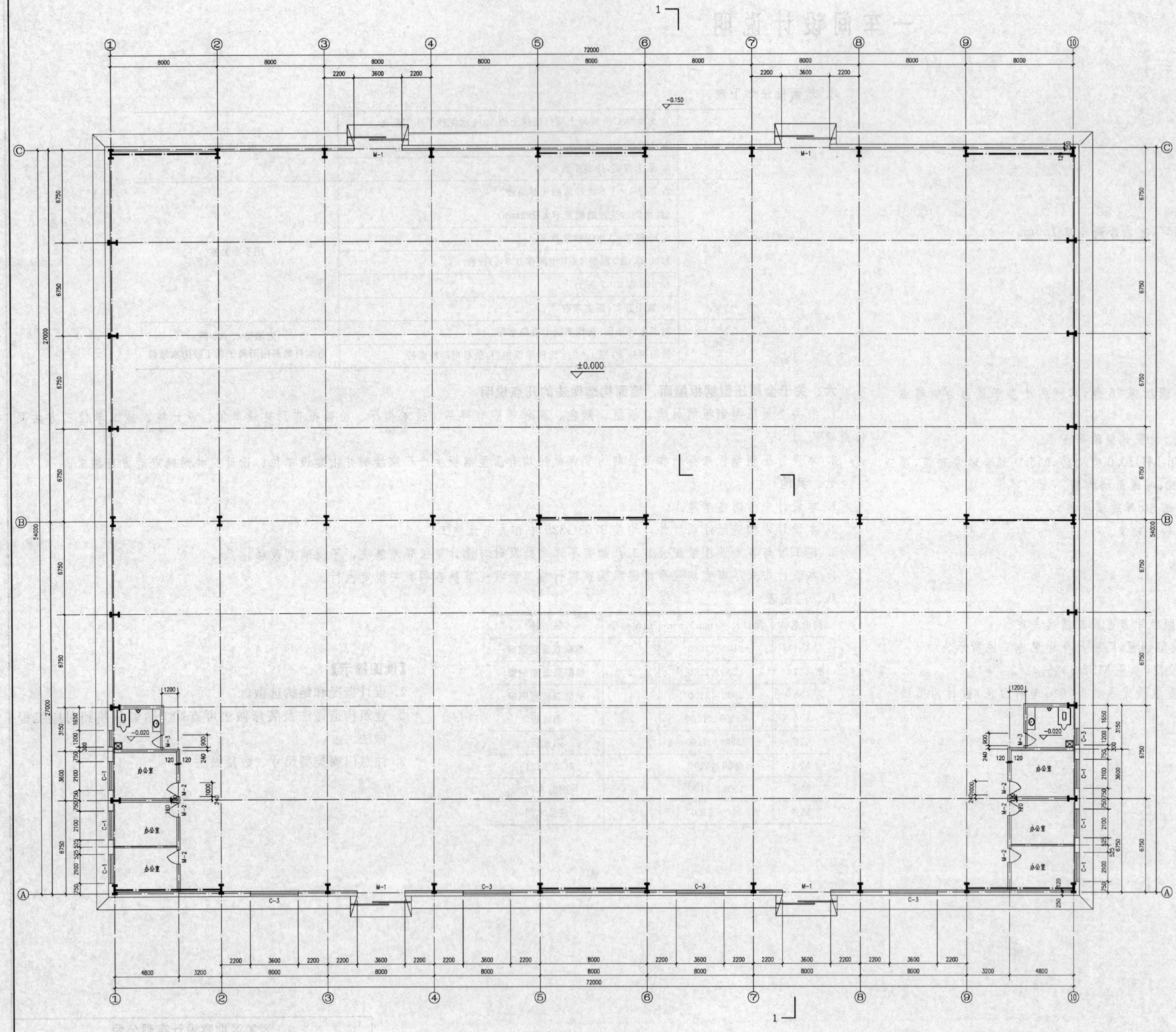

【读图提示】

1. 结合设计总说明，看清柱网布置，即开间、进深尺寸。
2. 了解建筑的平面形状、房间布置、内外交通联系，以及墙、柱、门、窗等构件的位置、尺寸。

一车间平面图1:150

×××勘察设计有限公司						
院审		专业组长		建设单位	×××有限公司	
审核		校　对		工程项目	一车间	
设计负责人		设　计		一车间平面图	设计号	×××××
					图　号	建施-2
专业负责人		制　图			日　期	××××.××

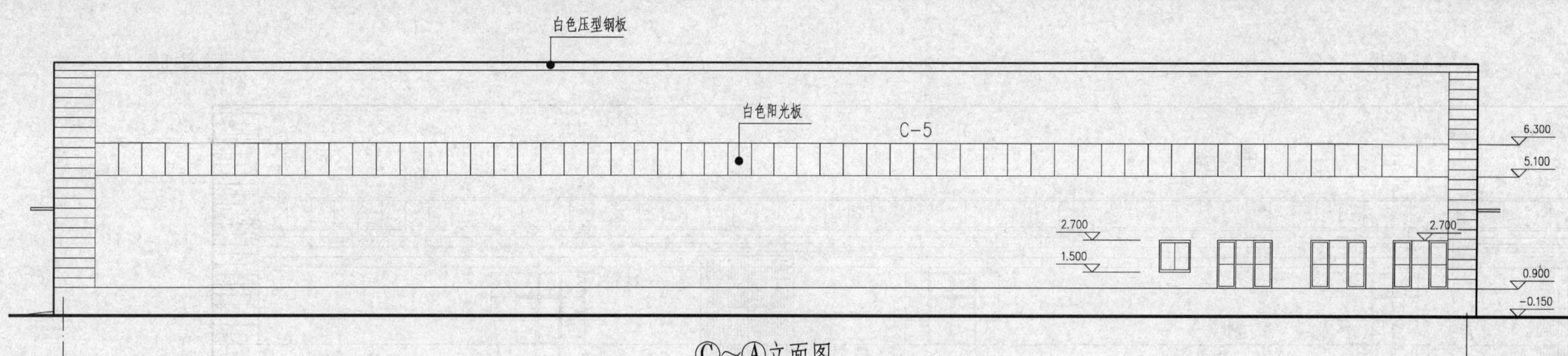

Ⓒ~Ⓐ立面图 1:100

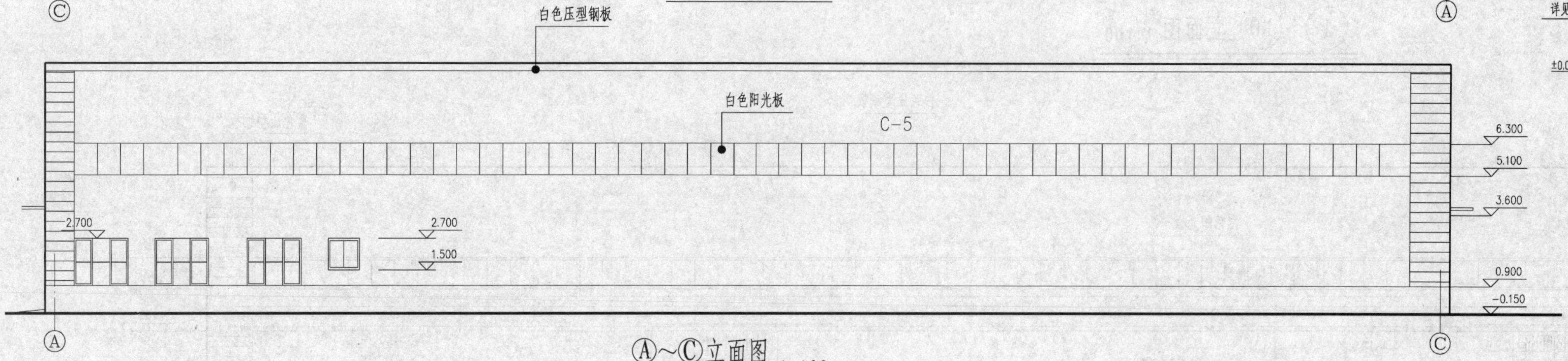

Ⓐ~Ⓒ立面图 1:100

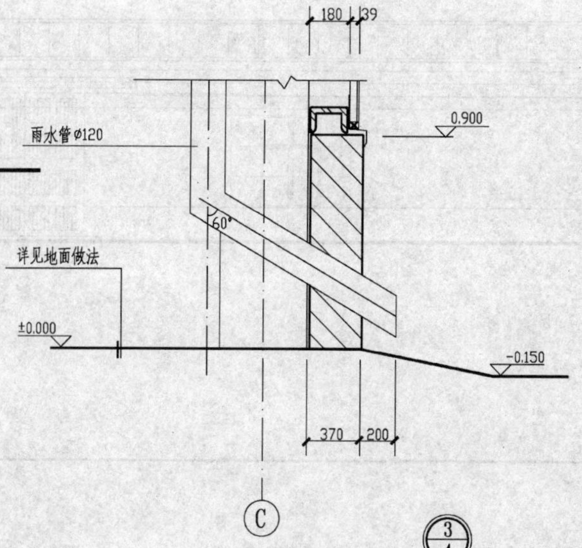

③/4

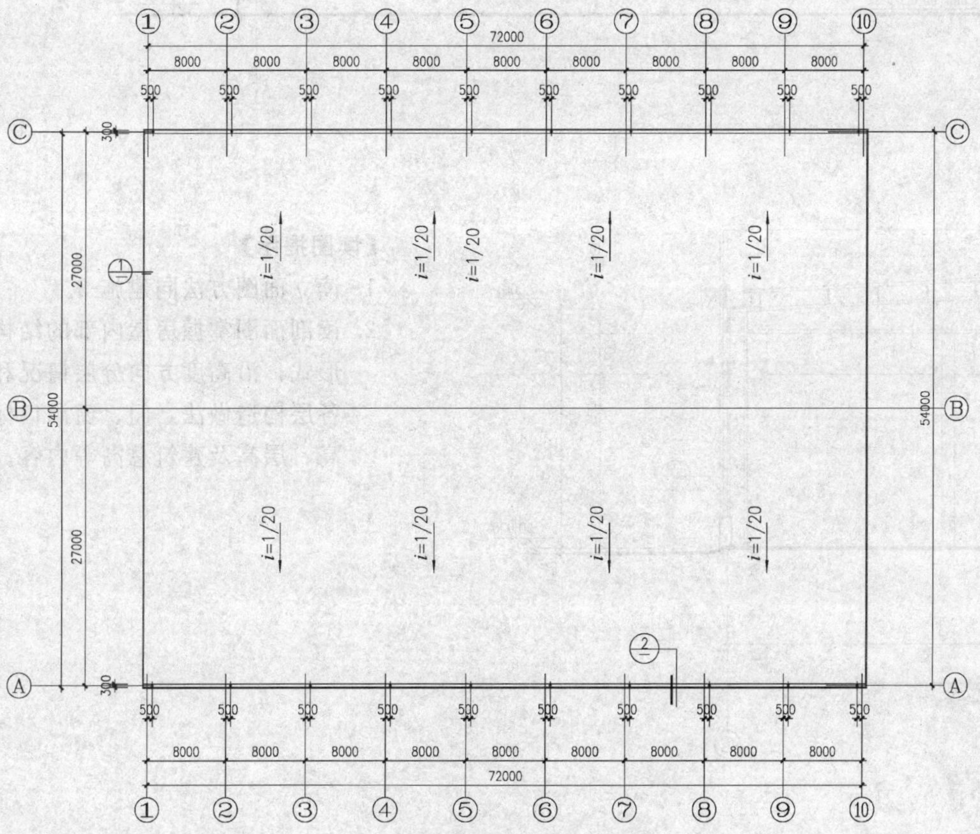

屋顶平面图 1:300

天沟排水坡度1%

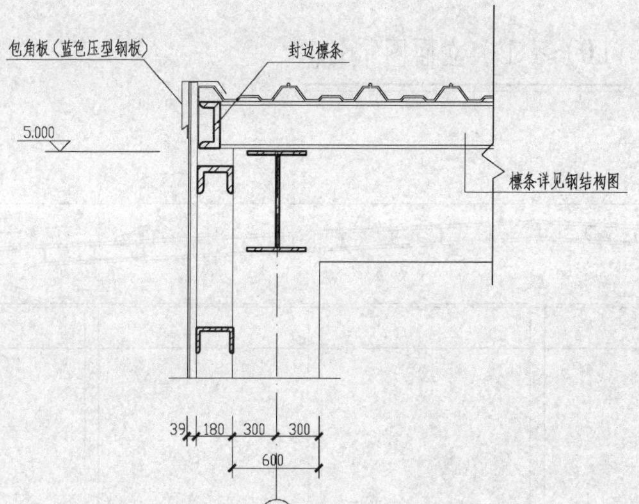

①

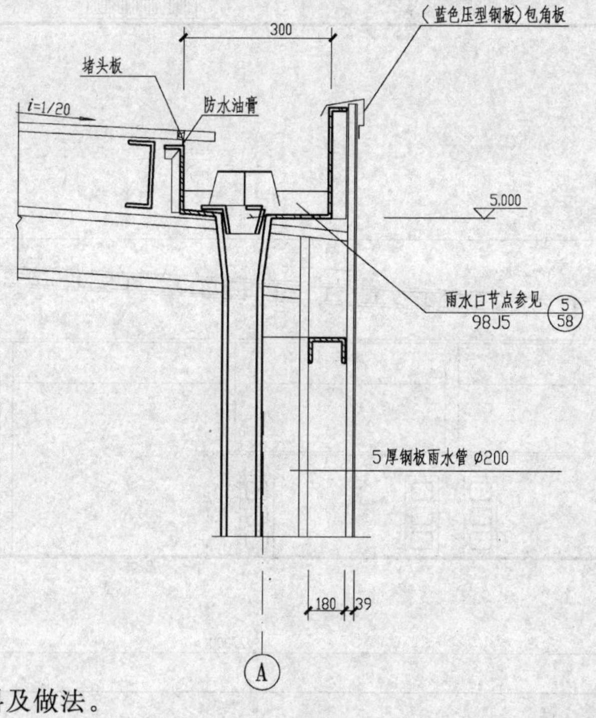

②

【读图提示】

1. 掌握房屋建筑的外部造型门窗标高及形式、雨篷标高材料及做法。
2. 掌握屋顶平面图的排水坡度及雨水管位置细部做法等。

说明：

1. 车间钢柱、钢梁、钢条等均详见钢结构图。
2. 压型钢板屋面上的包角板、挡水板等配件做法均由压型钢板供应厂家提供配套产品及相应做法。
3. 屋面上泛水节点的做法均参见图集98J5中相应节点做法施工。

×××勘察设计有限公司					
院审	专业组长	建设单位	×××有限公司		
审核	校对	工程项目	一车间		
设计负责人	设计	Ⓐ~Ⓒ立面图 Ⓒ~Ⓐ立面图 屋顶平面图	设计号	×××××	
			图号	建施-3	
专业负责人	制图		日期	××××.××	

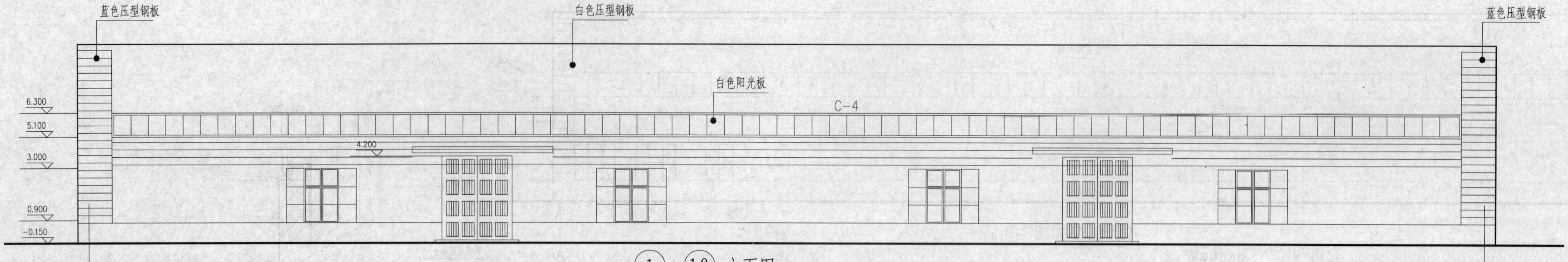

①~⑩ 立面图 1:100

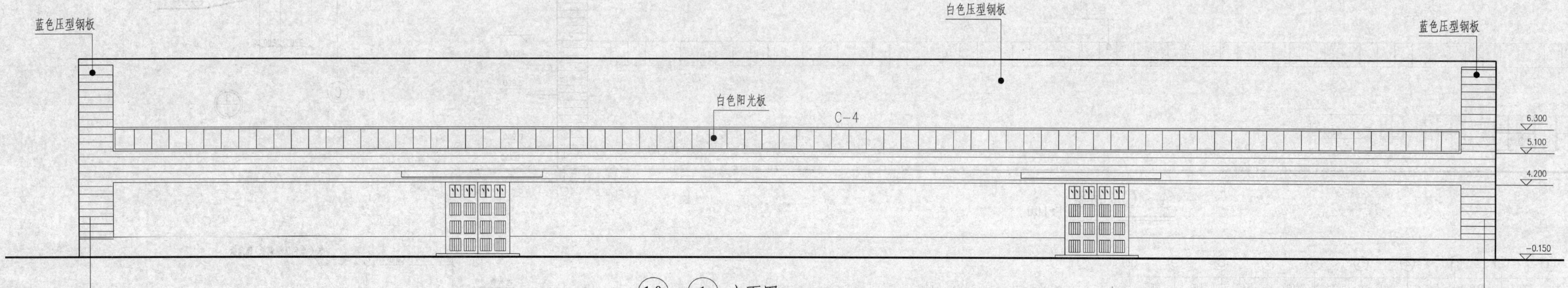

⑩~① 立面图 1:100

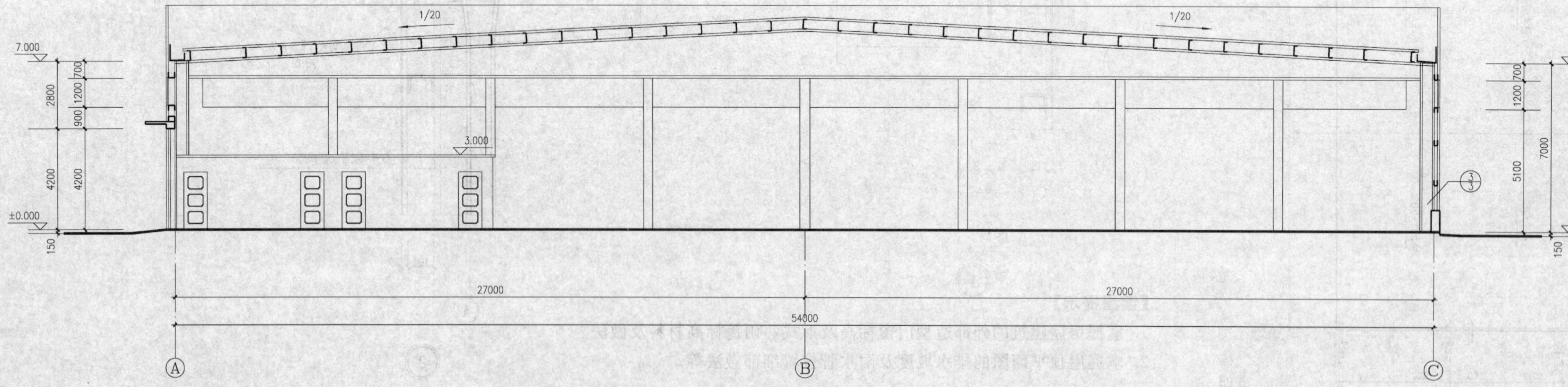

1-1剖面图 1:100

【读图提示】

1. 读立面图方法同建施-3。
2. 读剖面图掌握房屋内部的结构形式，沿高度方向分层情况和各层构造做法，门、窗洞口标高、层高及建筑总高等内容。

×××勘察设计有限公司					
院审	专业组长	建设单位	×××有限公司		
审核	校 对	工程项目	一车间		
设计负责人	设 计	①~⑩立面图	设计号	×××××	
		⑩~①立面图	图 号	建施-4	
专业负责人	制 图	1-1 剖面图	日 期	××××.××	

二车间设计说明

一、设计依据

1. 根据甲方提供的设计任务委托书及资料进行土建施工图设计。
2. 国家颁布的有关土建设计各种现行规范、规程。
3. 本设计抗震设防烈度为八度，设计基本加速度值为 0.20g。
4. 本车间为标准生产车间，合理使用年限为 50 年。

二、车间设计概况

1. 本设计图中±0.000 相当于绝对标高值，由甲方据现场情况确定，室内外高差 0.150m。
2. 柱网布置：车间基本柱距为 8m，跨度为 30m。
3. 建筑面积：$2150m^2$。

三、结构选型

车间采用轻型钢结构。

柱基础采用钢筋混凝土独立基础。

四、建筑构造

1. 屋面构造：车间屋面为 0.6mm 厚单层压型钢板内复合铝箔玻璃丝棉 75 厚。
2. 屋面排水：屋面为有组织排水，雨水管直径为 100mmUPVC 管，位置见屋顶平面图。

车间内小房子屋面为钢筋混凝土板上 20 厚 1∶3 水泥砂浆找平。

3. 墙皮构造：车间外墙 0.900m 以下为 370 厚砖墙围护；砖墙采用 MU10.0 空心砖，M5.0 混合砂浆砌筑，顶部设压顶圈梁 180×370，内配 4Φ10、箍筋 Φ6 间距 200，混凝土为 C20，基础见结构图。

标高 0.900m 以上为 0.5（外）+0.4（内）mm 厚复合压型钢板（内填 50 厚玻璃丝棉）。

内墙：为 240 厚砖墙围护，砖墙采用 MU10.0 空心砖，M5.0 混合砂浆砌筑。

4. 坡道：宽 2000，做法见 98J9-70-4。
5. 散水：宽 1000，做法见 98J9-69-3。

五、建筑装修

1. 车间外墙：砖墙内外侧抹 20 厚，1∶2 水泥砂浆刷涂料。外装修颜色甲方可根据情况另定。
2. 门窗选用：门采用电动推拉门、塑钢门及木门。窗采用单框双玻塑钢窗，门窗尺寸详见施工图所示。

M-1：3300×3600 大门带小门（共 2 个），采用 96SJ612 中电动推拉门，参见 MS2-3336。

M-2：3300×3600 大门（共 2 个），采用 96SJ612 中电动推拉门参见 MS2-3336。

3. 地面做法如下表。

地 1	1. 100 厚 C20 混凝土随打随抹上洒 1∶1 水泥砂子压实赶光	用于车间
	2. 100 厚 3∶7 灰土	
	3. 素土夯实，压实系数 0.90	
地 2	1. 5 厚 1∶1 水泥砂浆粘 8 厚地砖	用于办公室
	（纯水泥砂浆嵌缝缝宽不大于 2mm）	
	2. 15 厚 1∶3 水泥砂浆找平	
	3. 60 厚 C10 混凝土（卫生间做 0.5%）找坡	
	4. 100 厚 3∶7 灰土	
	5. 素土夯实，压实系数	
地 3	对卫生间地面，在找平层上做防水层	内墙防水 200 高
	然后再抹 20 厚 1∶3 水泥砂浆保护层，最后再贴地面砖	防水材料采用阳离子氯丁胶防水涂料

六、关于金属压型钢板屋面、墙面构造做法的几点说明

1. 有关金属压型钢板的材质、板型、颜色、配件等应有样品、技术指标、检验报告，由建设单位、设计院、施工单位三方共同协商确认。
2. 本设计压型钢板未标明和未绘制的节点做法均由压型钢板生产厂家绘制，并由建设单位、设计院共同确定后方可施工。

七、其他

1. 本设计未考虑冬季施工。
2. 本设计中构造除注明者外，均按 9703G329 中相关节点施工。
3. 施工时与各专业图纸配合施工，如有不详之处及时与设计单位联系解决，不得随意改动。
4. 本设计中未尽事宜均须严格遵照国家现行施工验收规范及各项有关规定执行。

八、门窗表

门窗名称	洞口尺寸	门窗数量	备 注
C-1	1800×1800	8	单框双玻塑钢窗
C-2	1200×1200	2	单框双玻塑钢窗
C-3	3600×2100	4	单框双玻塑钢窗
C-4	2400×900	6	单框双玻塑钢窗
M-1	3300×3600	2	电动推拉门
M-2	3300×3600	1	电动推拉门
M-4	1000×2100	7	成品木门
M-5	900×2100	2	成品木门

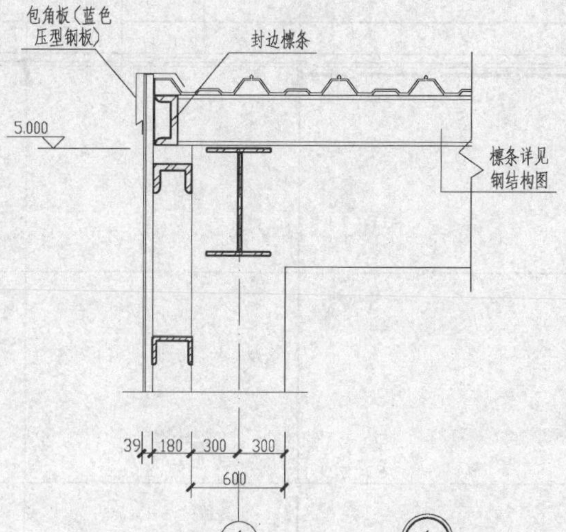

1

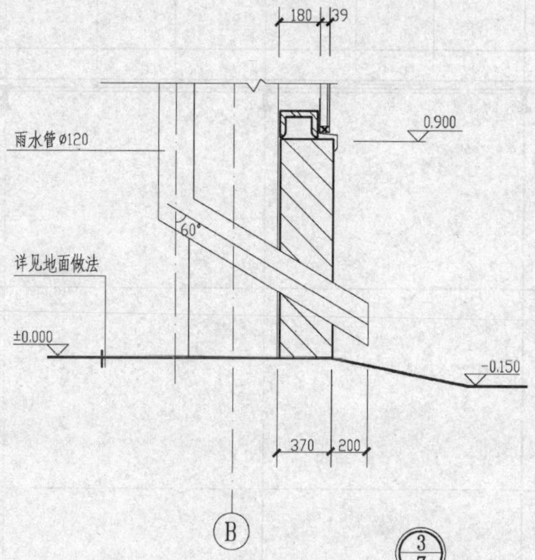

3/7

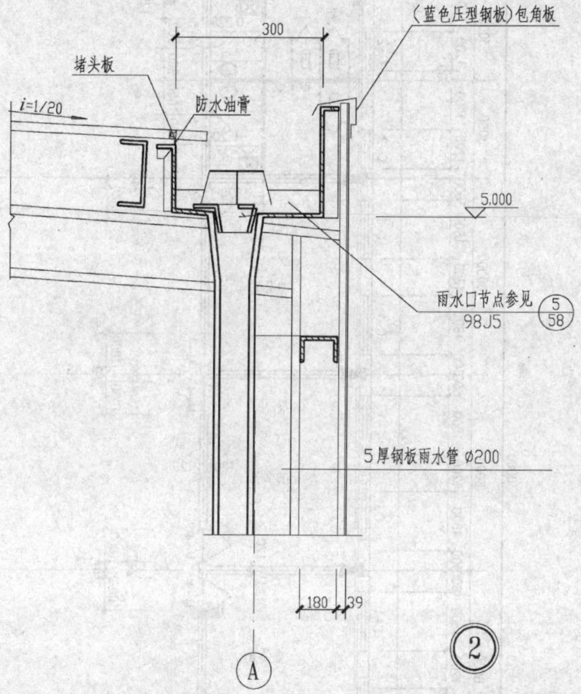

2

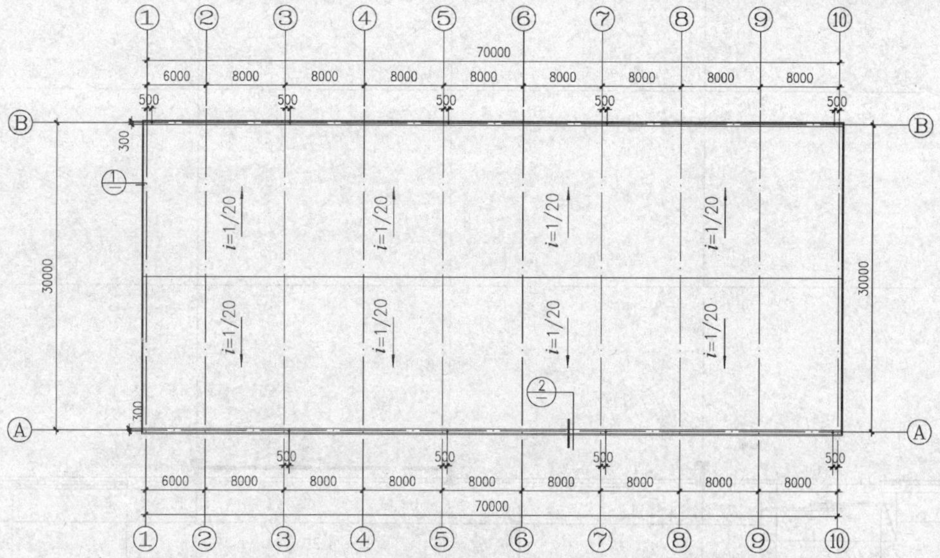

屋顶平面图 1:300

天沟排水坡度1%

注：

1. 车间钢柱、钢梁、钢檩条等均详见钢结构图。
2. 压型钢板屋面上的包角板、挡水板等配件做法均由压型钢板供应厂家提供配套产品及相应做法。
3. 屋面上泛水节点的做法均参见图集 98J5 中相应节点做法施工。

【读图提示】 读图方法同一车间建施图。

×××勘察设计有限公司					
院审		专业组长		建设单位	×××有限公司
审核		校 对		工程项目	二车间
设计负责人		设 计		二车间设计说明	设计号 ××××
				屋顶平面图	图 号 建施-5
专业负责人		制 图			日 期 ××××.××

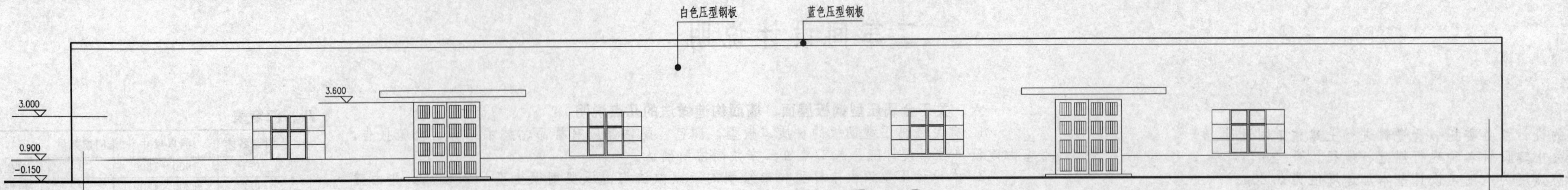

①～⑩立面图 1:120

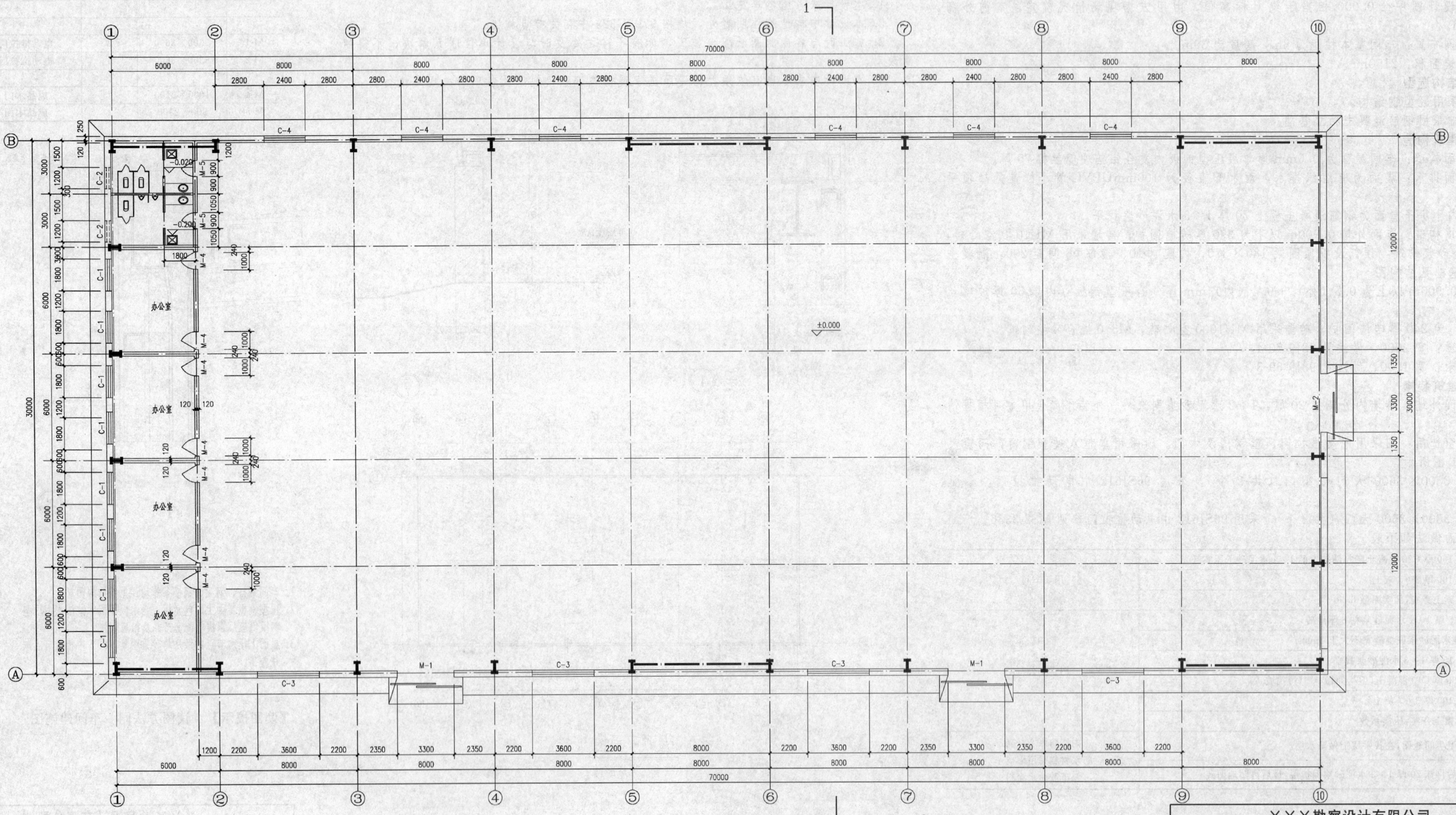

二车间平面图 1:120

XXX勘察设计有限公司							
院审		专业组长		建设单位	×××有限公司		
审核		校对		工程项目	二车间		
设计负责人		设计		二车间平面图	设计号	×××××	
专业负责人		制图		①～⑩立面图	图号	建施-6	
					日期	××××.××	

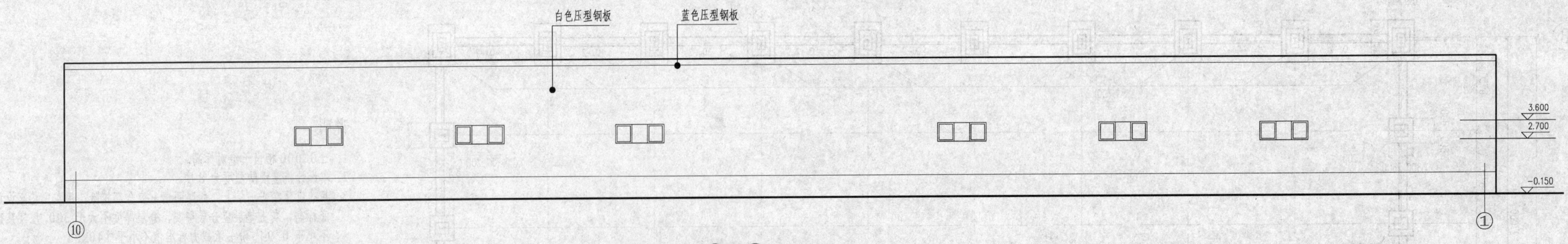

⑩～①立面图 1:100

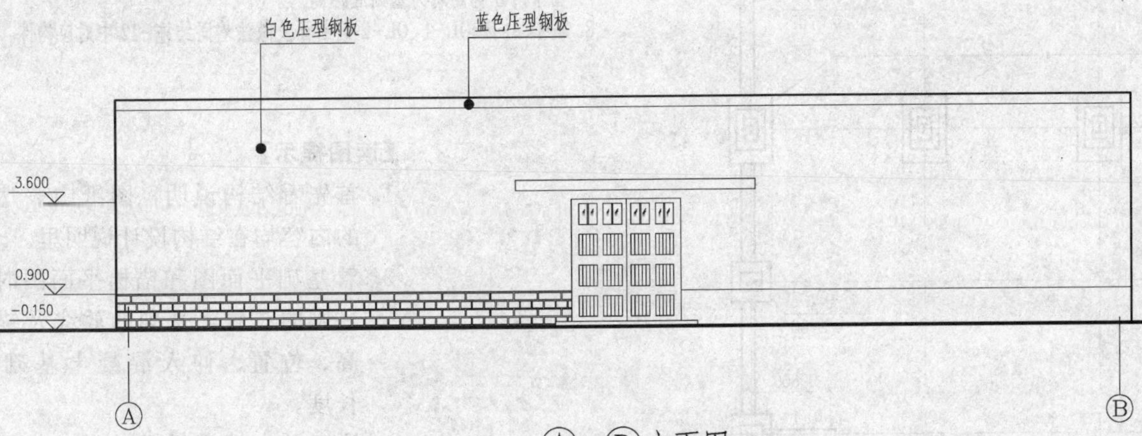

Ⓐ～Ⓑ立面图 1:100

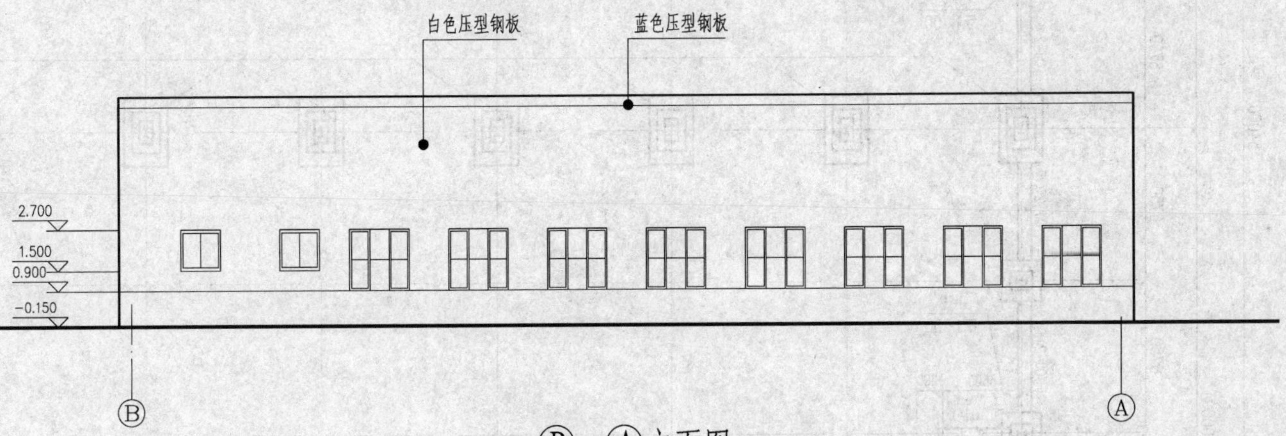

Ⓑ～Ⓐ立面图 1:100

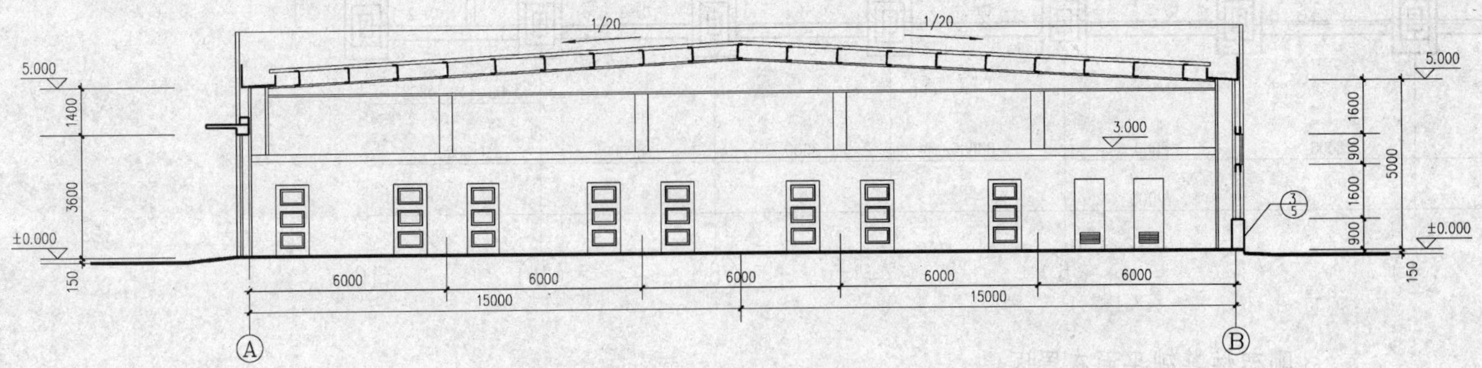

1-1剖面图 1:100

×××勘察设计有限公司						
院审		专业组长		建设单位	×××有限公司	
审核		校对		工程项目	二车间	
设计负责人		设计		⑩～①立面图 Ⓐ～Ⓑ立面图 Ⓑ～Ⓐ立面图 1-1剖面图	设计号	×××××
					图号	建施-7
专业负责人		制图			日期	××××.××

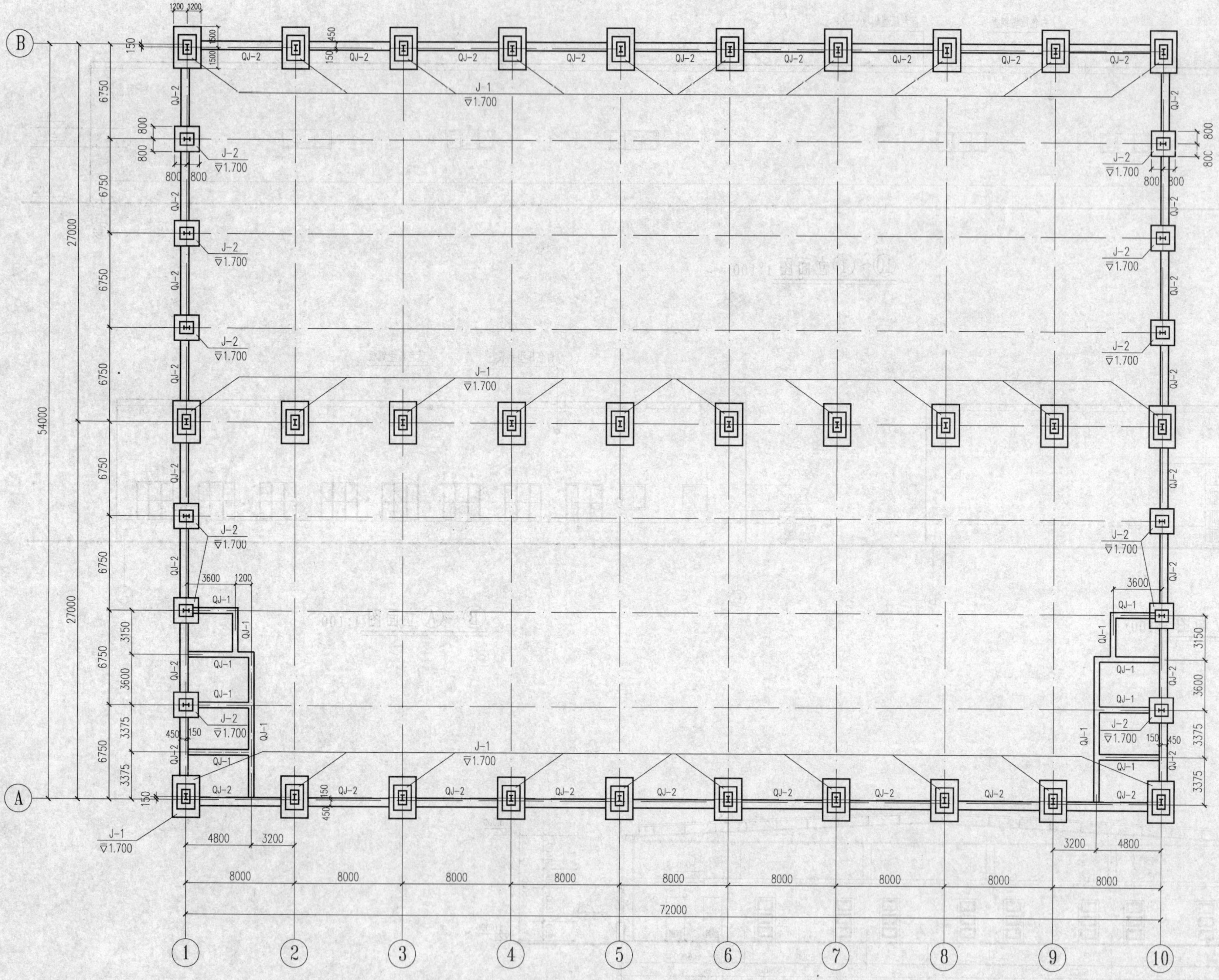

刚架柱基础平面布置图

说明：

1. ±0.000相当于绝对标高。
2. 本设计抗震设防烈度为8度。
3. 基础应落在粉土层上，如遇回填土应全部挖除，用灰土垫至设计底标高，灰土垫层应分层夯实，分层厚度不大于300，压实系数不小于0.94，粉土承载力标准值不小于140kPa。
4. 基础采用C25混凝土，二次浇灌层采用C25细石混凝土，垫层采用C10素混凝土，钢筋采用HPB300(Φ)，HRB335(Φ)。
5. 钢筋保护层厚度为40mm。
6. 钢筋锚固及搭接长度均为40d（d为钢筋直径）。
7. 图中所注标高均为基础底标高。
8. J-1、J-2、QL-1、QL-2的断面及做法均同结施-12中对应构件。

【读图提示】

1. 首先看结构说明，图纸中表达不清楚的内容均在结构设计说明里。
2. 看基础平面图和锚栓平面图时应注意柱网的布置，基础的放线及锚栓的标高、位置、伸入混凝土基础的锚固长度。
3. 注意基底标高及基础尺寸，并考虑如何放线、护坡与否。

×××勘察设计有限公司							
院审		专业组长		建设单位	×××有限公司		
审核		校对		工程项目	一车间		
设计负责人		设计		刚架柱基础平面布置图	设计号	×××××	
					图号	结施-1	
专业负责人		制图			日期	××××.××	

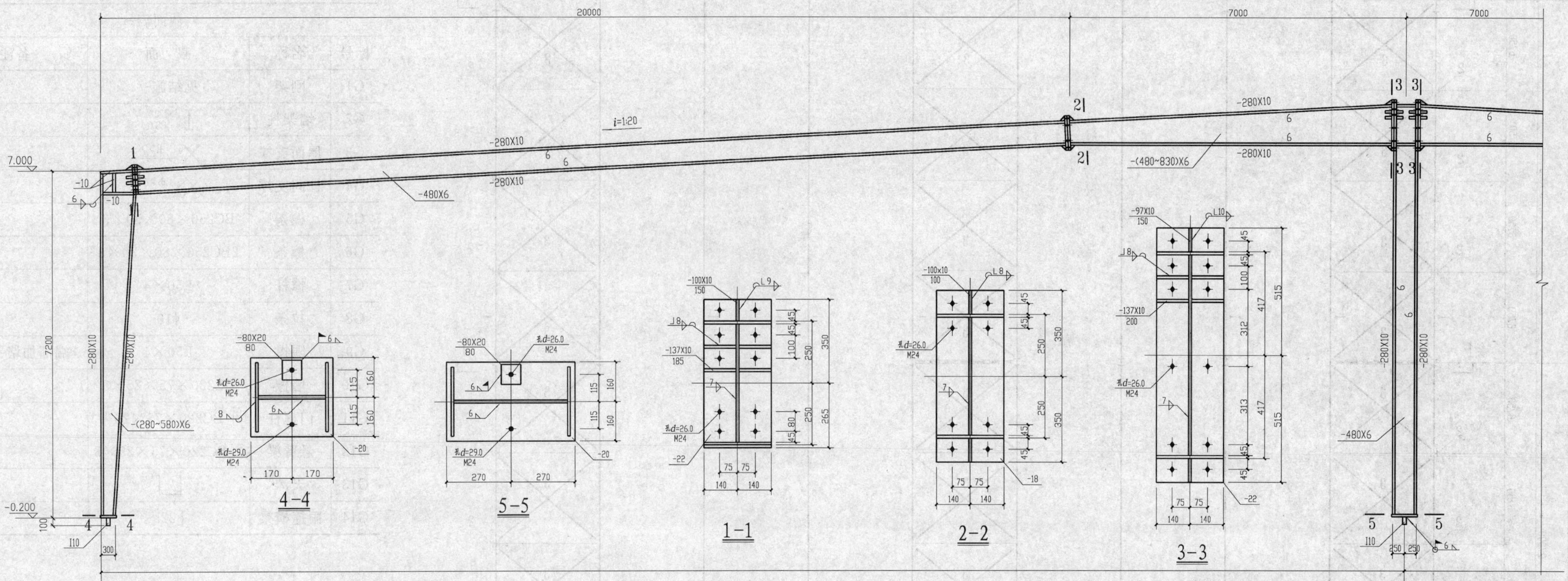

G1构件图

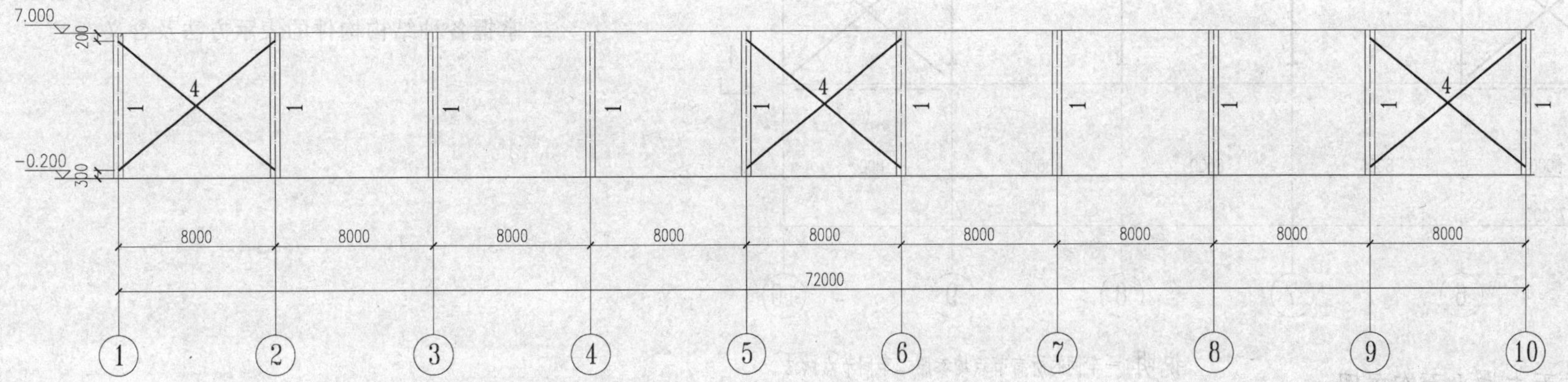

1-1

说明：

1. 所有焊缝长度除满足节点设计要求外，一律满焊，且最小长度应保证100mm。
2. 未注明的节点板为-6。
3. 柱脚用素混凝土包至0.300。

【读图提示】

1. 首先看刚架的各个构件梁、柱尺寸及表示方法，各种焊缝符号、螺栓符号代表的含义。
2. 掌握梁与柱、梁与梁、柱脚的连接构造及传力方式。
3. 结合螺栓的构造要求，看是否满足边距、端距、中心距的最小尺寸要求，以及焊缝长度的构造要求（包括最小焊缝长度、最大焊缝长度、搭接焊、绕角焊等）。
4. 掌握支撑的类型、作用、位置、连接构造。

×××勘察设计有限公司						
院审		专业组长		建设单位	×××有限公司	
审核		校对		工程项目	一车间	
设计负责人		设计		刚架构件图及节点图	设计号	×××××
					图号	结施-2
专业负责人		制图			日期	××××.××

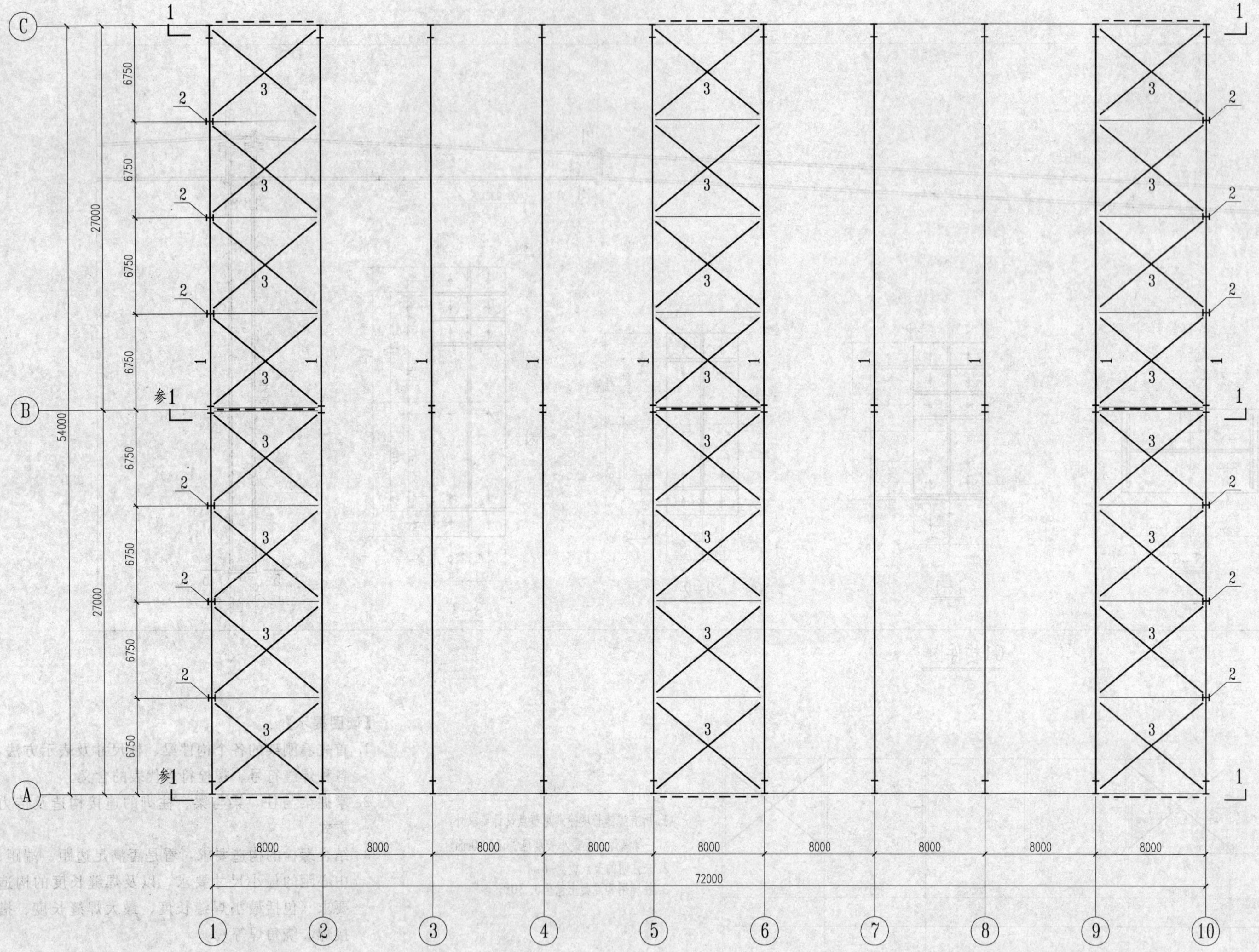

刚架柱及屋面支撑平面布置图

说明：一车间的所有节点均参照二车间节点做法。

截面表

标号	名称	截　面	备注
G1	刚架	见结施-7	
G2	墙架柱	I 2-200X6 -188X6	
G3	屋面支撑	ϕ22	
G4	柱间支撑	ϕ24	
G5	檩条	BC250×80×30×3	
G6	檩条	2BC250×80×30×3	
G7	撑杆	L50×4	
G8	拉条	ϕ10	
G9	隅撑	L50×4	端部加堵头板-3
G10	墙檩	BC220×75×25×3	
G11	门框柱	[] BC220×75×25×3	
G12	悬臂梁	][BC220×75×25×3	
G13	天沟		
G14	雨篷横梁	[22a	

【读图提示】

1. 屋面支撑的布置原则、要求、作用以及连接构造。
2. 掌握各种结构构件的表示方法及含义。

×××勘察设计有限公司						
院审		专业组长		建设单位	×××有限公司	
审核		校　对		工程项目	一车间	
设计负责人		设　计		刚架柱及屋面支撑平面布置图	设计号	×××××
					图　号	结施-3
专业负责人		制　图			日　期	××××.××

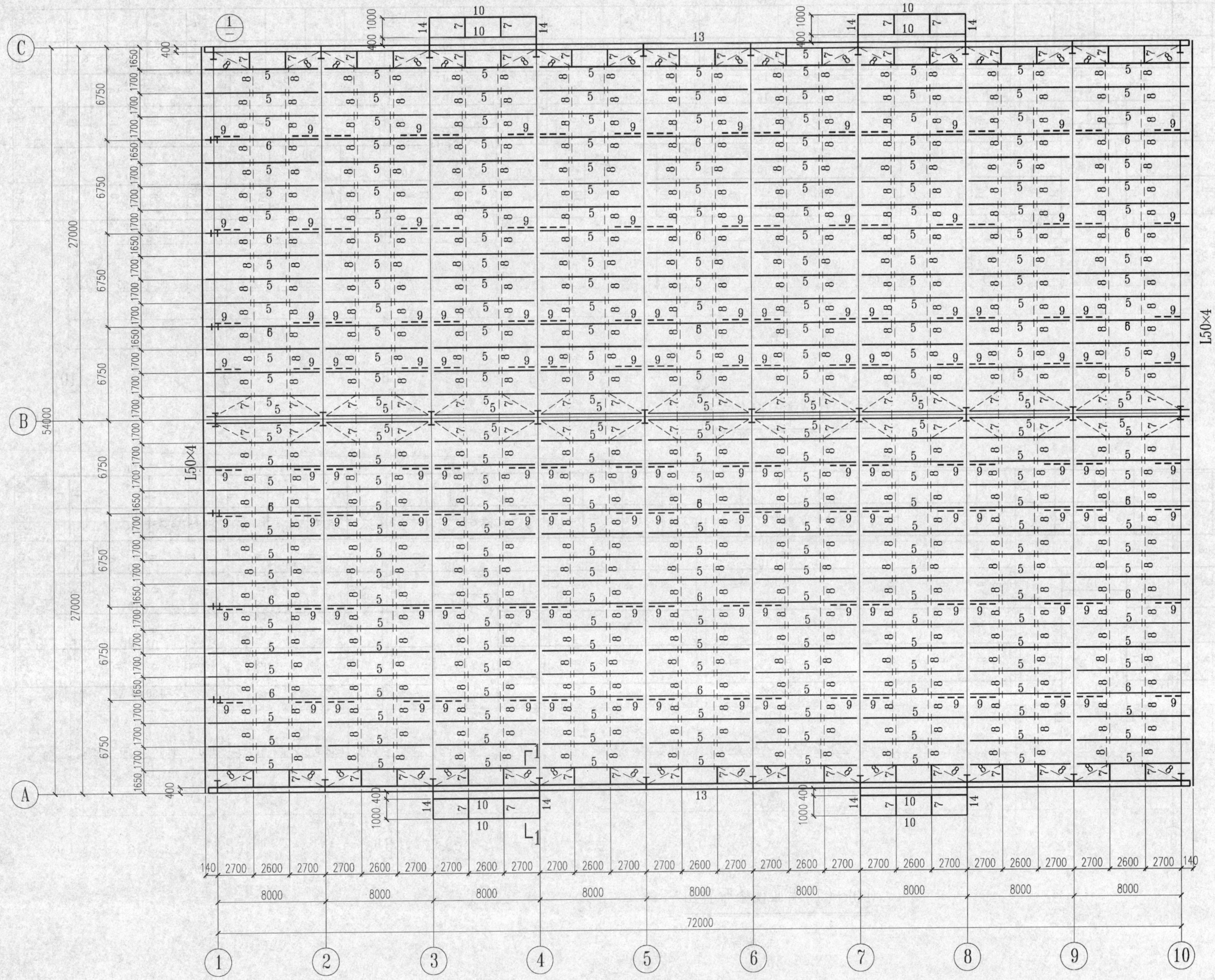

屋面檩条平面布置图

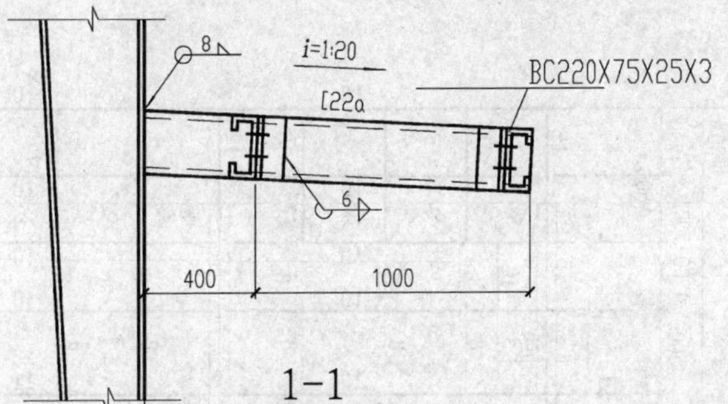

1-1
(雨篷立面图)

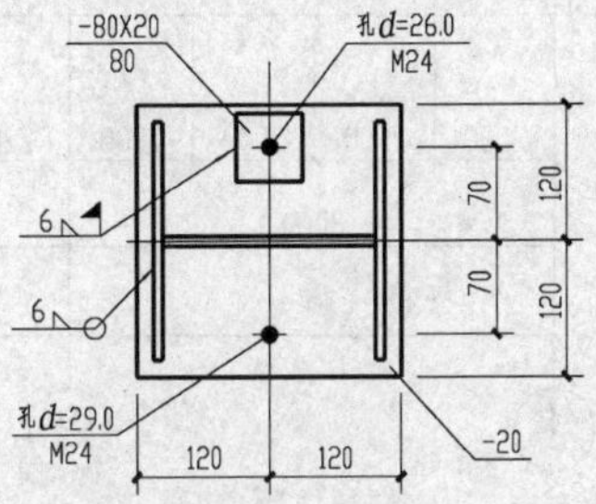

G2构件柱脚

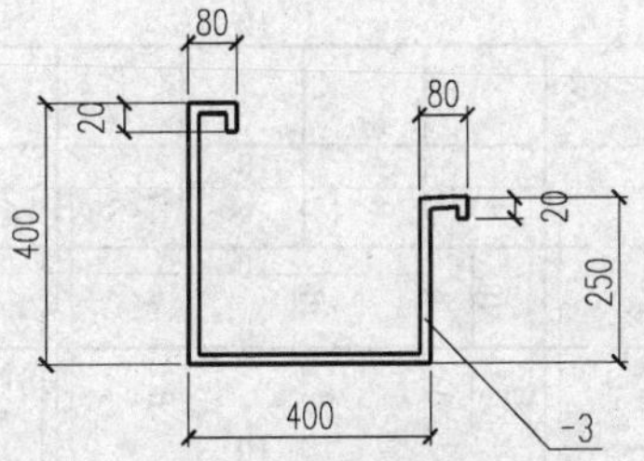

天沟(G13)大样图

说明：

1. 所有焊缝长度除满足节点设计要求外，一律满焊，且最小长度应保证100mm。
2. 未注明的节点板为-6。

【读图提示】

读屋面檩条布置图时应注意檩条的敷设方向、间距与刚架的连接构造，并注意与压型钢板的自攻螺钉连接构造。

×××勘察设计有限公司						
院审		专业组长		建设单位	×××有限公司	
审核		校　对		工程项目	一车间	
设计负责人		设　计		屋面檩条平面布置图及节点图	设计号	×××××
					图　号	结施-4
专业负责人		制　图			日　期	××××.××

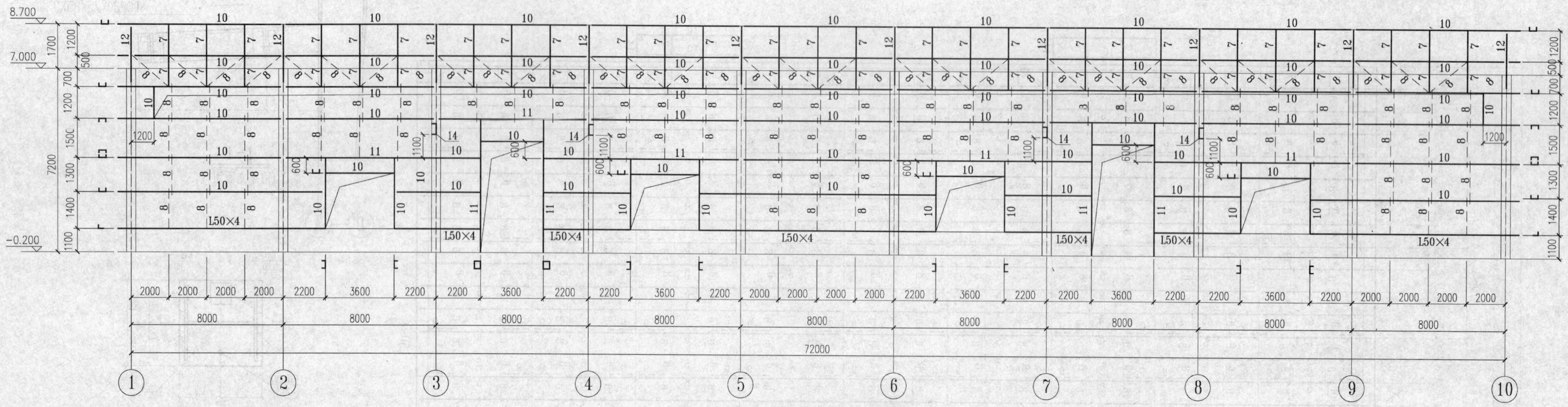

①~⑩墙面檩条布置图

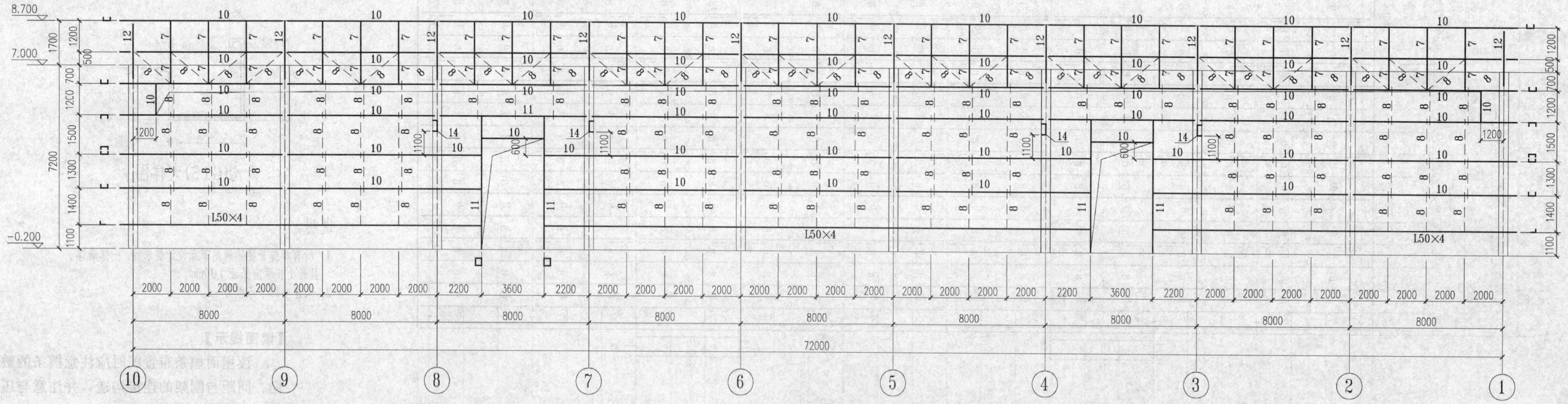

⑩~①墙面檩条布置图

【读图提示】

1. 应注意墙面檩条的敷设方向，间距，掌握墙梁与柱的连接构造，见墙梁与柱的连接大样图。
2. 注意各种直、斜拉条的敷设位置及连接点构造。
3. 注意墙梁与门、窗洞口的连接构造。

×××勘察设计有限公司						
院审		专业组长		建设单位	×××有限公司	
审核		校 对		工程项目	一车间	
设计负责人		设 计		墙面檩条布置图（一）	设计号	×××××
					图 号	结施-5
专业负责人		制 图			日 期	××××.××

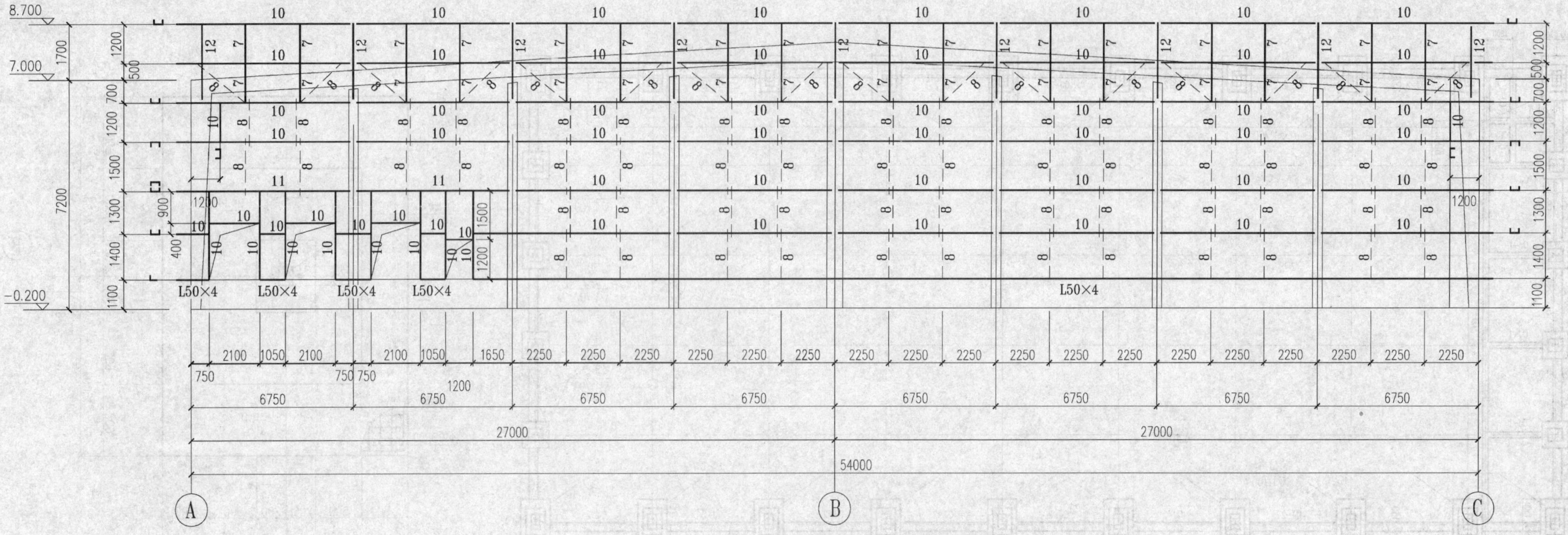

Ⓐ～Ⓒ墙面檩条布置图

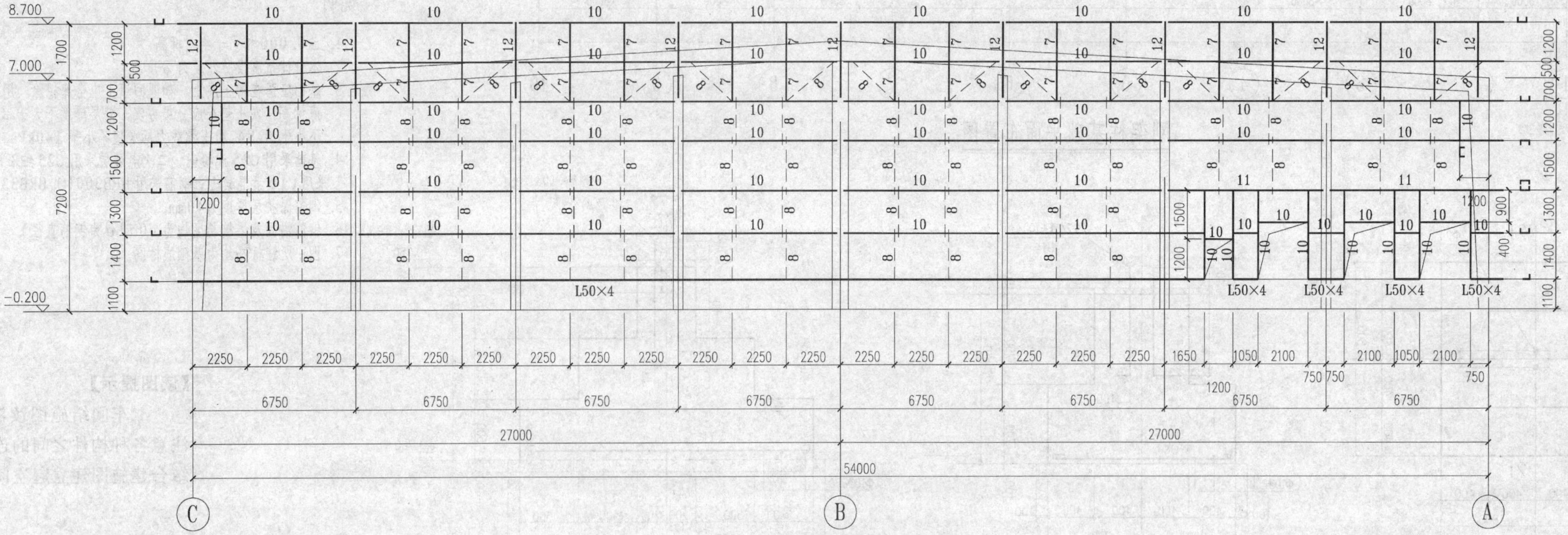

Ⓒ～Ⓐ墙面檩条布置图

【读图提示】

读图方法同结施-5。

×××勘察设计有限公司						
院审		专业组长		建设单位	×××有限公司	
审核		校 对		工程项目	一车间	
设计负责人		设 计		墙面檩条布置图（二）	设计号	×××××
专业负责人		制 图			图 号	结施-6
					日 期	××××.××

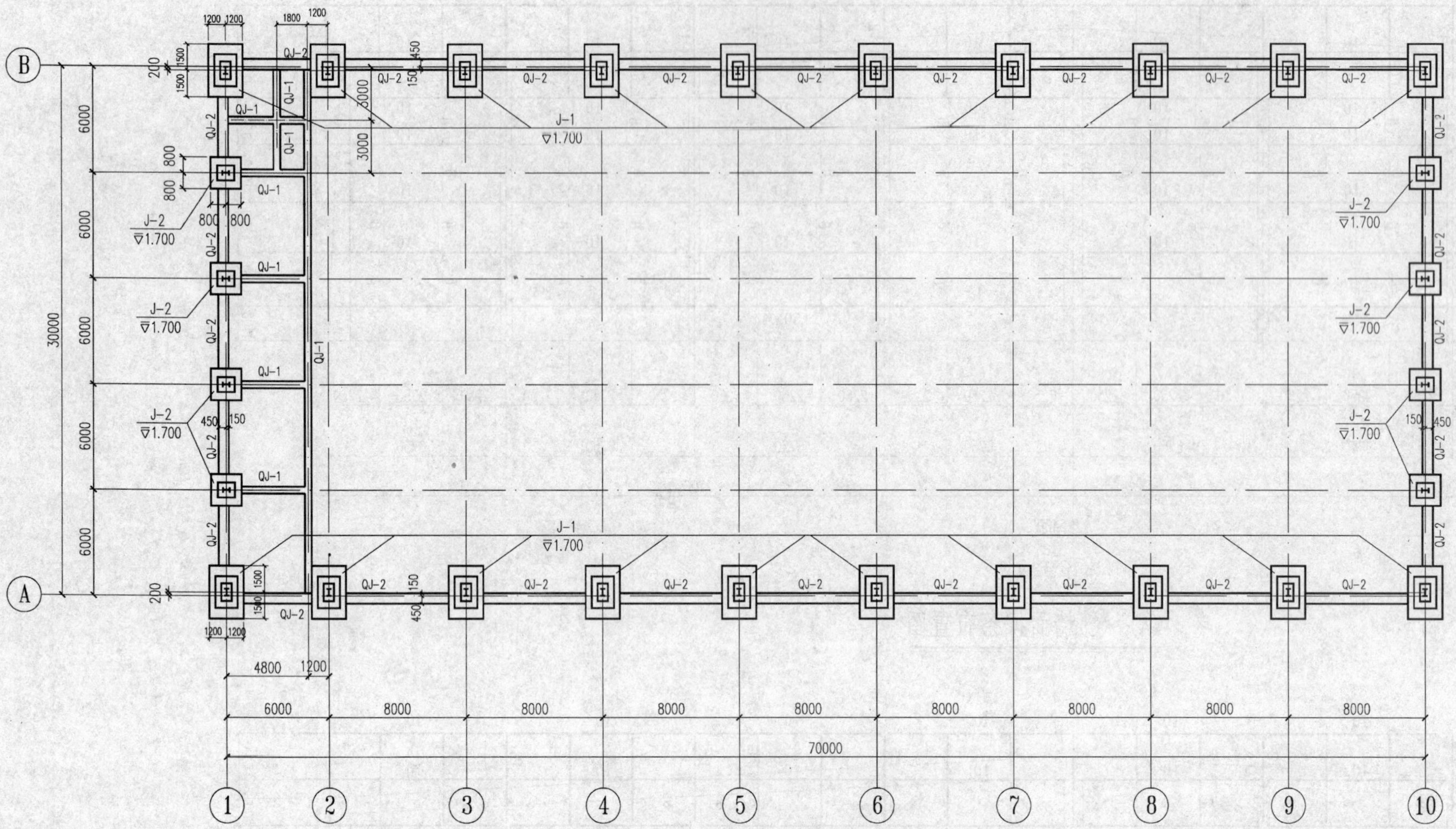

刚架柱基础平面布置图

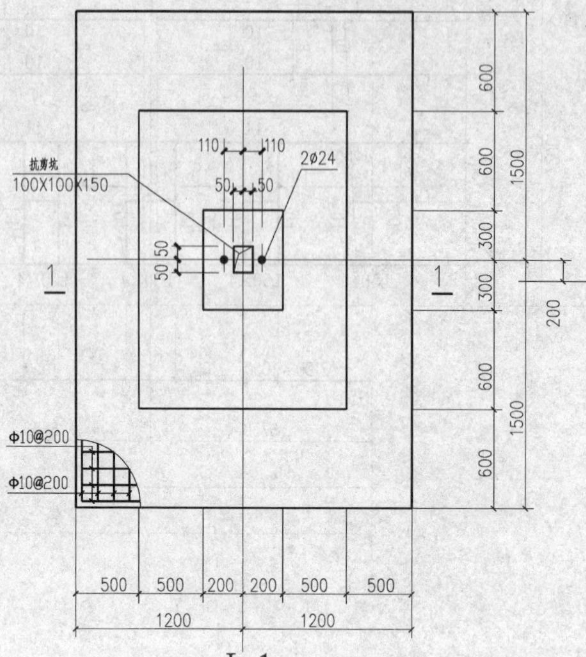

J-1

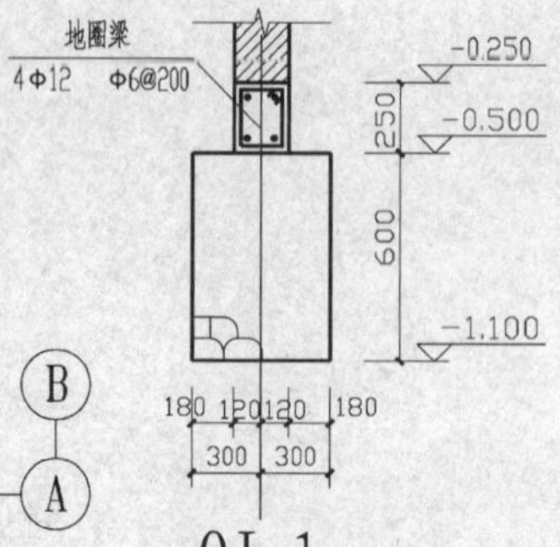

QJ-1

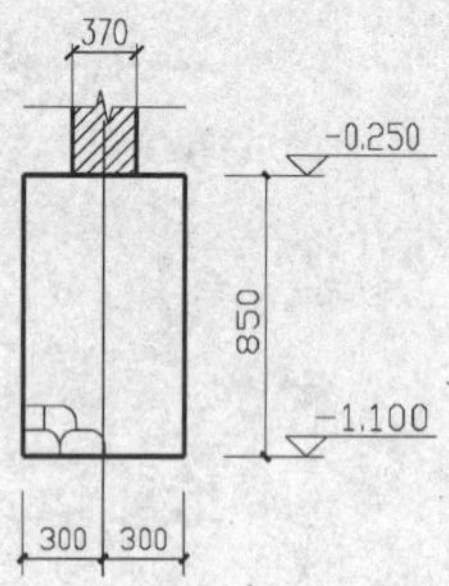

QJ-2

说明:

1. ±0.000 相当于绝对标高。
2. 本设计抗震设防烈度为 8 度。
3. 基础应落在粉土层上，如遇回填土应全部挖除，用灰土垫至设计底标高，灰土垫层应分层夯实，分层厚度不大于 300，压实系数不小于 0.94，粉土承载力标准值不小于 140kPa。
4. 基础采用 C25 混凝土 二次浇灌层采用 C25 细石混凝土，垫层采用 C10 素混凝土，钢筋采用 HPB300(Φ)，HRB335(Φ)。
5. 钢筋保护层厚度为40mm。
6. 钢筋锚固及搭接长度均为 40d（d 为钢筋直径）。
7. 图中所注标高均为基础底标高。

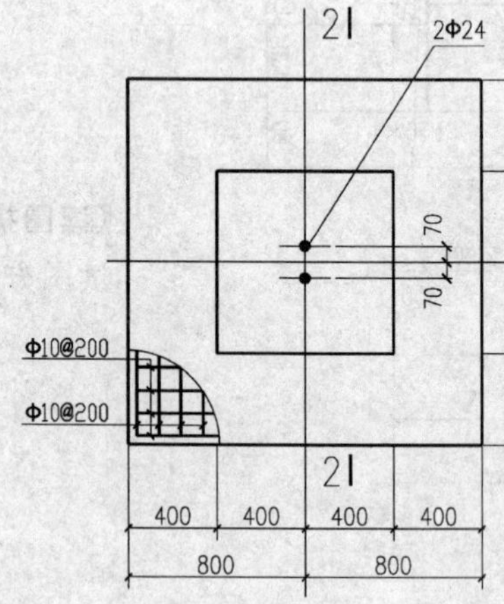

J-2

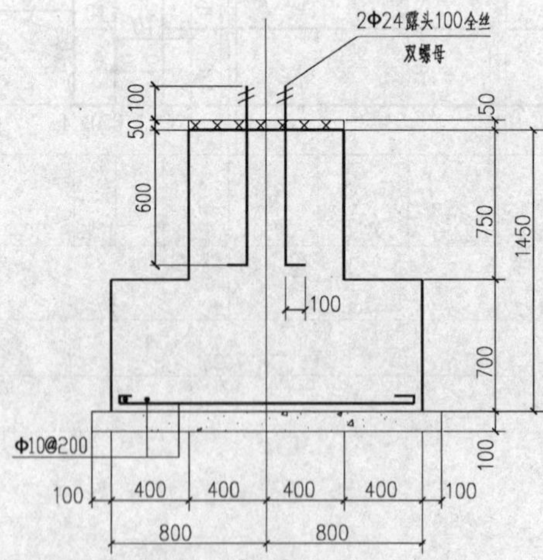

2-2

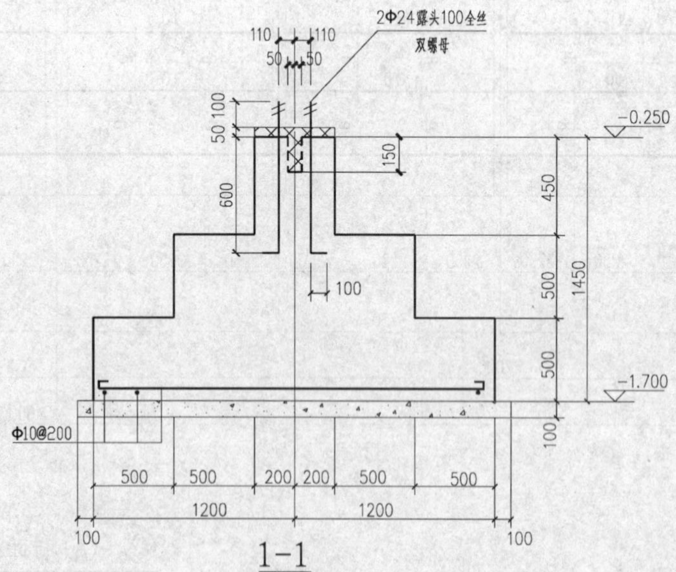

1-1

【读图提示】

二车间结施图读法同一车间结施图，注意各种构件之间的连接节点大样图，并结合建施图建立起空间模型。

×××勘察设计有限公司						
院审		专业组长		建设单位	×××有限公司	
审核		校 对		工程项目	二车间	
设计负责人		设 计		刚架柱基础平面布置图	设计号	×××××
					图 号	结施-7
专业负责人		制 图			日 期	××××.××

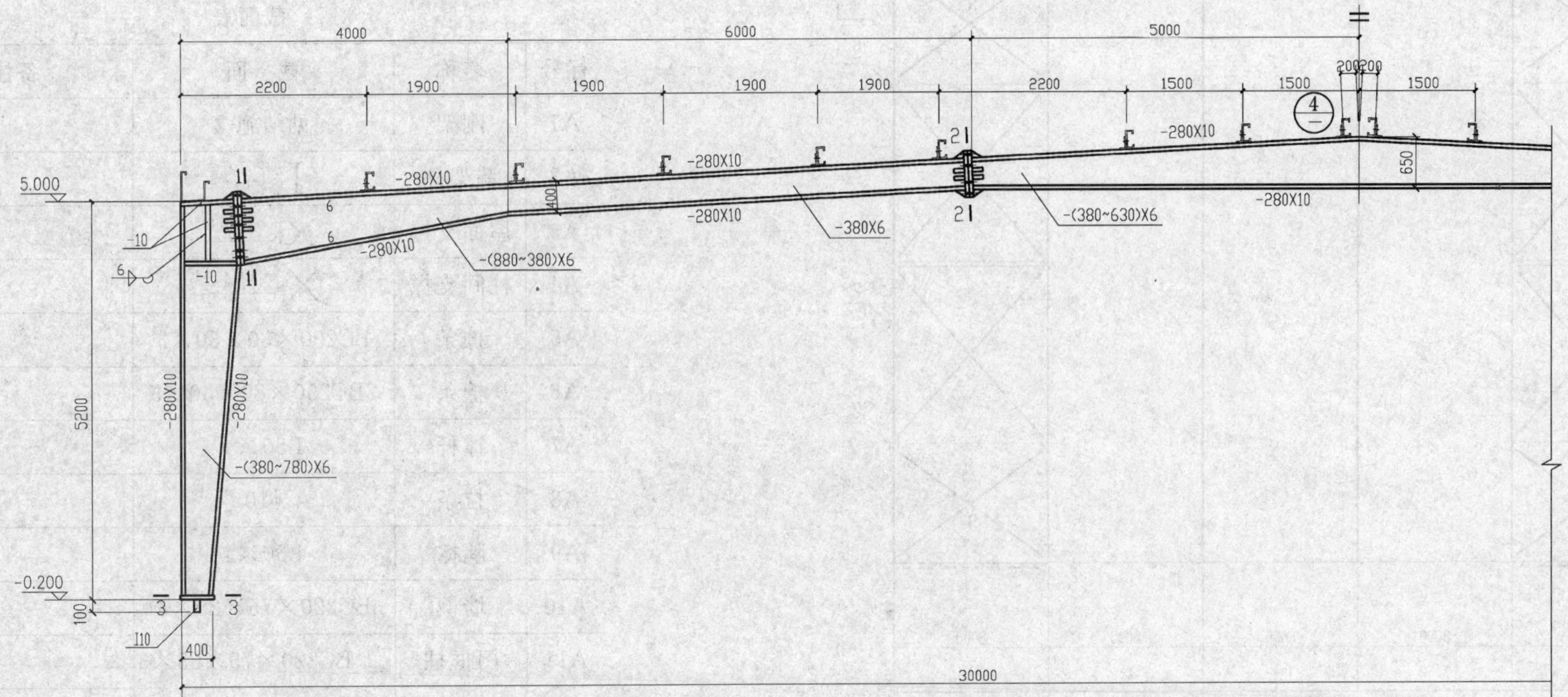

A1构件图

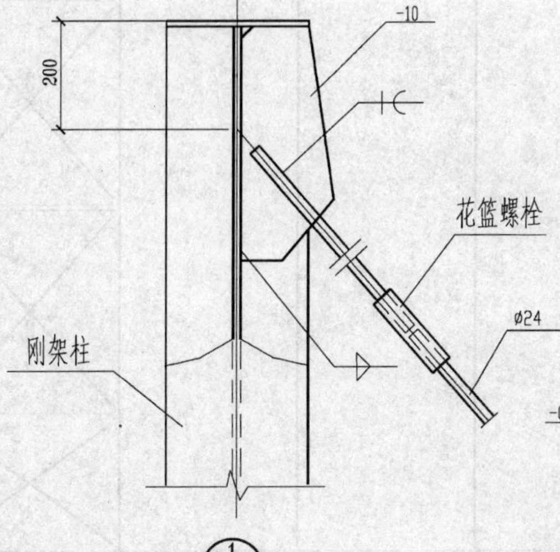

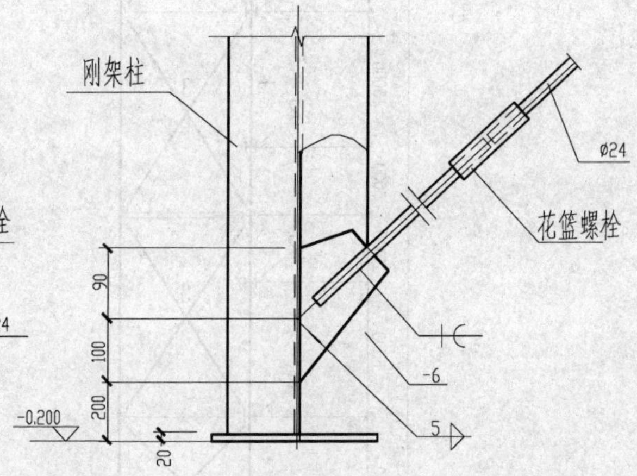

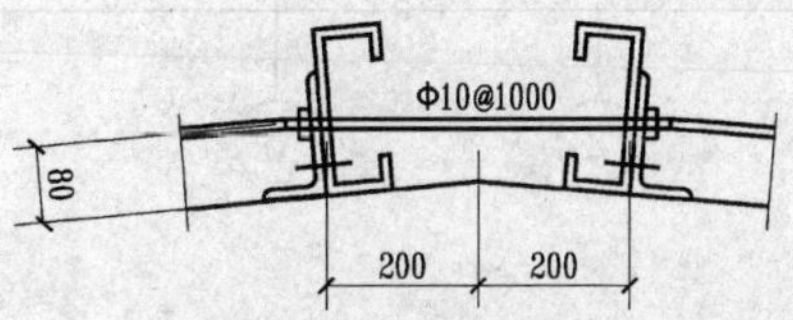

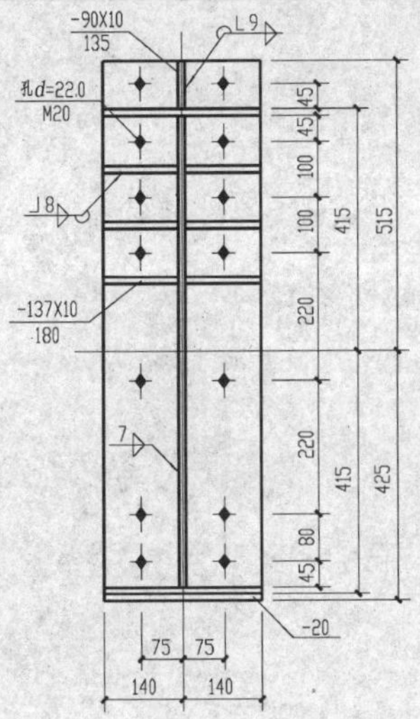

1-1

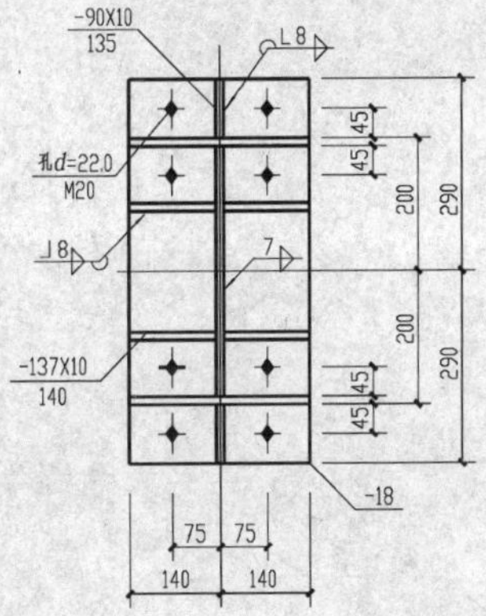

2-2

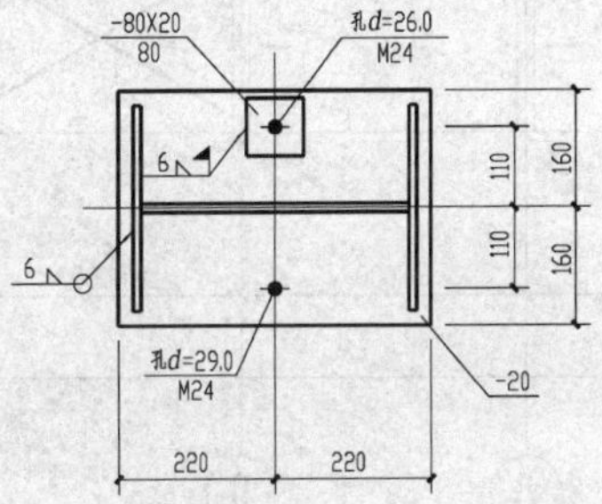

3-3

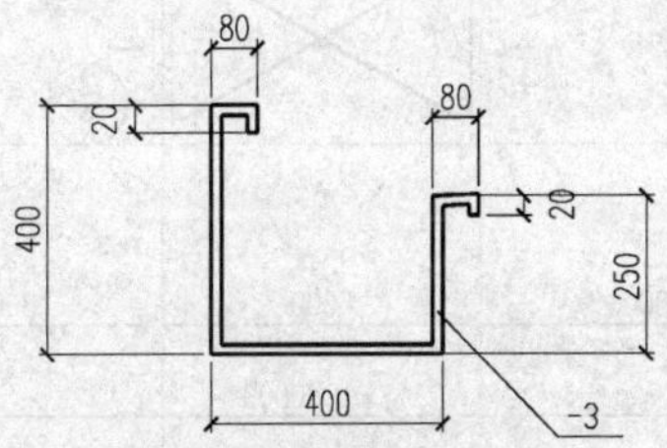

天沟（A13）大样图

说明：

1. 所有焊缝长度除满足节点设计要求外，一律满焊，且最小长度应保证100mm。
2. 未注明的节点板为－6。
3. 柱脚用素混凝土包至±0.000。

×××勘察设计有限公司

院审		专业组长		建设单位	×××有限公司	
审核		校 对		工程项目	二车间	
设计负责人		设 计		刚架构件图及节点图	设计号	×××××
					图 号	结施-8
专业负责人		制 图			日 期	××××.××

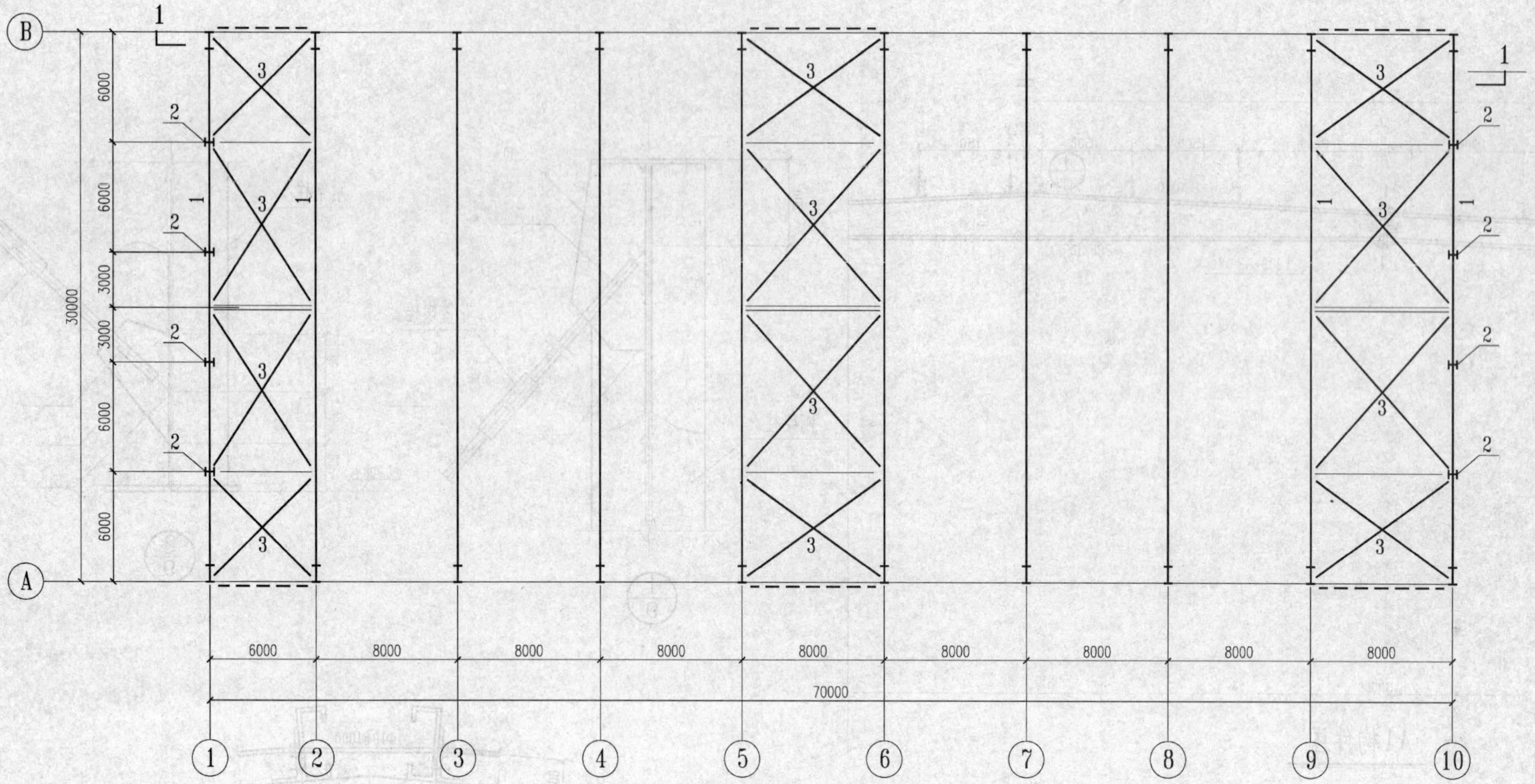

刚架柱及屋面支撑平面布置图

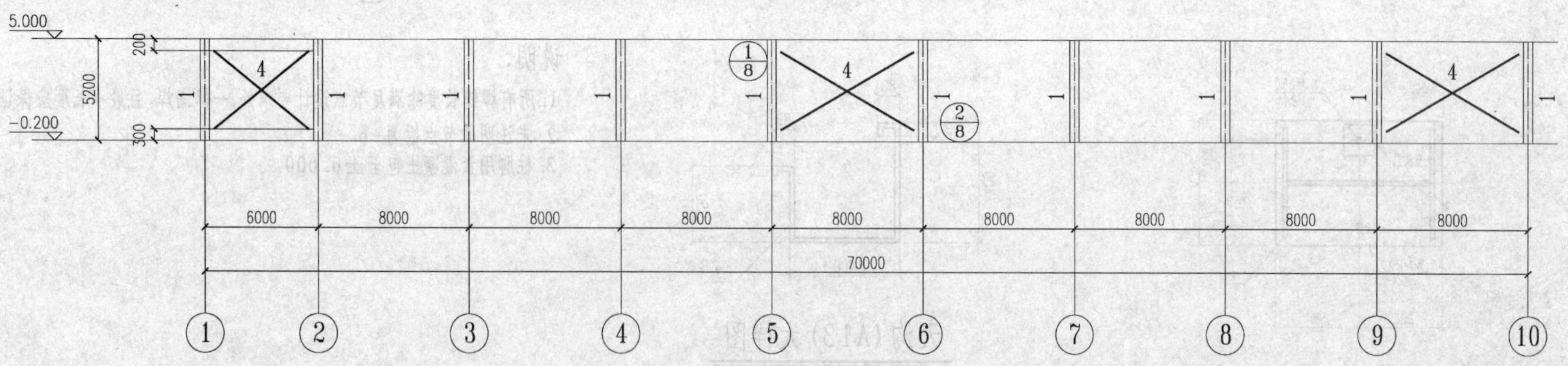

1-1

截面表

标号	名称	截　面	备注
A1	刚架	见结施-2	
A2	墙架柱	I 2-200X6 -188X6	
A3	屋面支撑	ϕ22	
A4	柱间支撑	ϕ24	
A5	檩条	BC250×80×30×3	
A6	檩条	2BC250×80×30×3	
A7	撑杆	L50×4	
A8	拉条	ϕ10	
A9	隅撑	L50×4	
A10	墙檩	BC220×75×25×3	
A11	门框柱	[]BC220×75×25×3	
A12	悬臂梁	][BC220×75×25×3	
A13	天沟	⊔	端部加堵头板-3
A14	雨篷横梁	[22a	

×××勘察设计有限公司						
院审		专业组长		建设单位	×××有限公司	
审核		校　对		工程项目	二车间	
设计负责人		设　计		刚架柱及屋面支撑平面布置图	设计号	×××××
					图　号	结施-9
专业负责人		制　图			日　期	××××.××

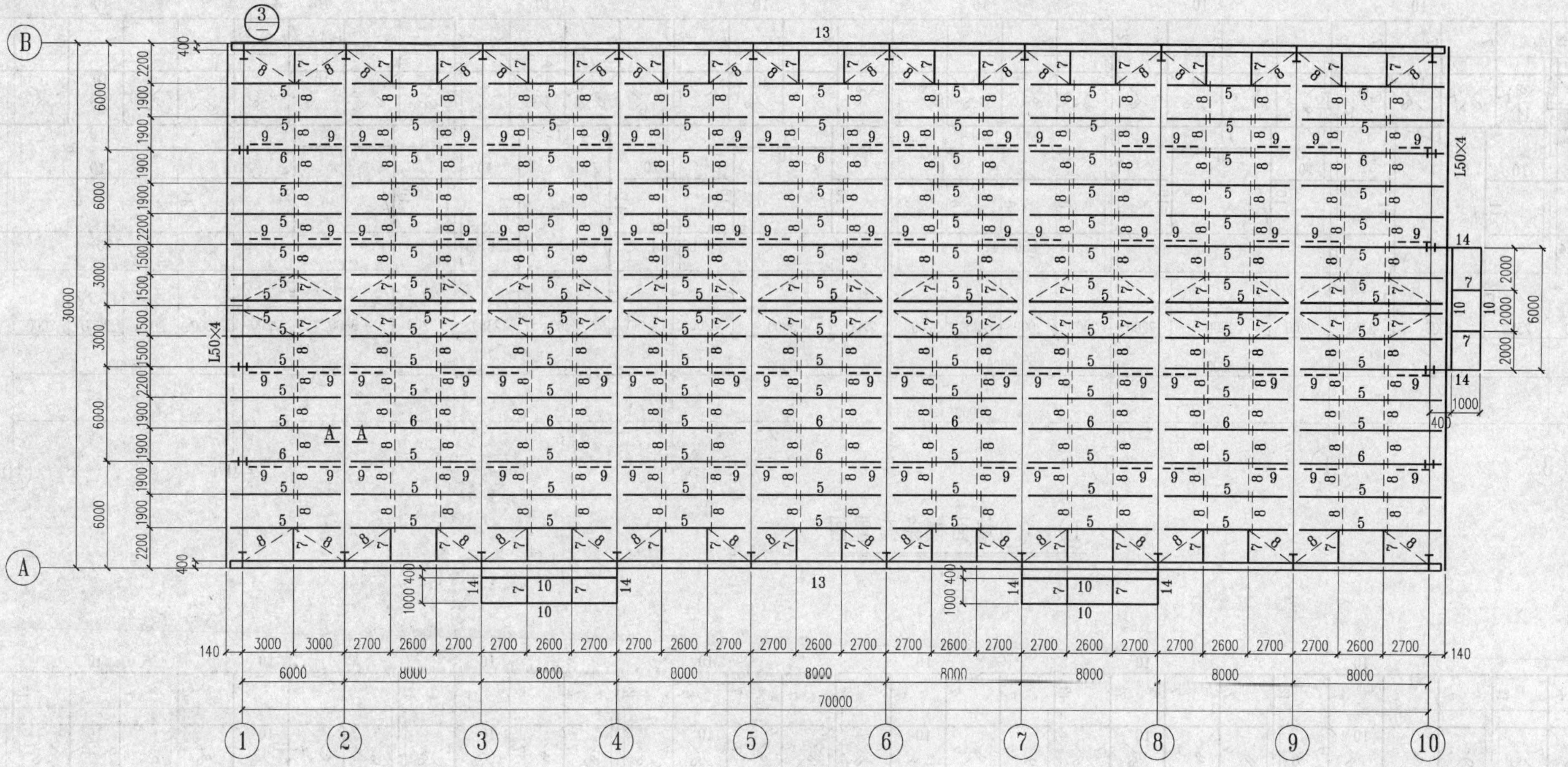

屋面檩条平面布置图

（天沟未表示）

说明：

1. 本设计按《钢结构设计规范》（GB 50017—2003）和《门式刚架轻型房屋钢结构技术规程》（CECS102：98）进行设计。
2. 构件的拼接连接采用10.9级摩擦型高强度螺栓，抗滑移系数为0.35。
3. 钢材采用Q235-B，应符合GB/T 700—2006的有关规定。
4. 连接材料
   (1) 手工焊接采用E4303型焊条；
   (2) 自动焊接或半自动焊接时采用H08A型焊丝配以高锰型焊剂，焊丝的性能须符合GB/T 14957—94、GB/T 14958—94的规定；
   (3) 普通螺栓采用Q235A，F钢制造。
5. 施工及验收
   (1) 钢结构的施工及验收按GB 50205—2001执行。
   (2) 所有螺栓孔按Ⅱ类孔制造，均应采用钻成的孔。
   (3) 杆件截面接头应与截面等强度，对焊连接质量须符合二级焊缝标准。
   (4) 采用螺栓连接均为双螺帽，或待构件校正后应将螺纹打毛或与螺母焊接以防止松动。
6. 钢材经St3级除锈后，刷防锈漆底漆二遍、面漆二遍，漆膜厚度不小于150μm。
7. 图中所示构件编号均冠以字母G。
8. 所有焊缝长度除满足节点设计要求外，一律满焊，且最小长度应保证100mm。
9. 未注明的节点板为—6。
10. 柱脚用素混凝土包至0.300。

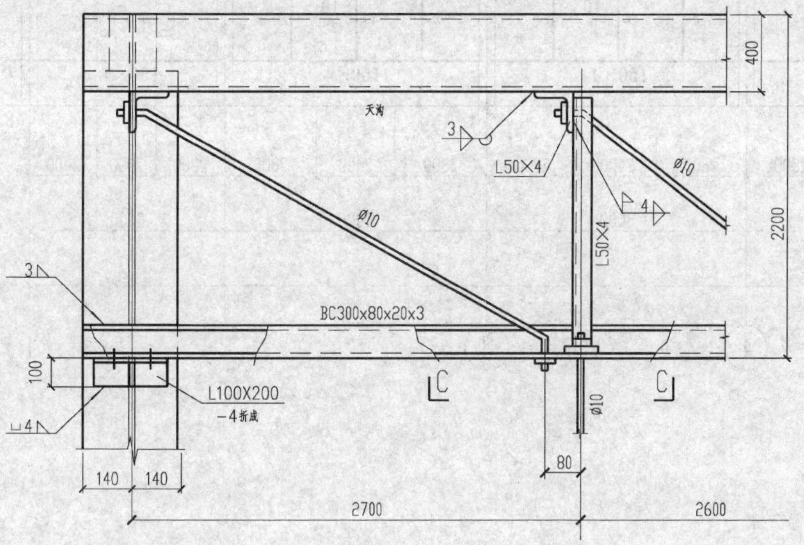

③

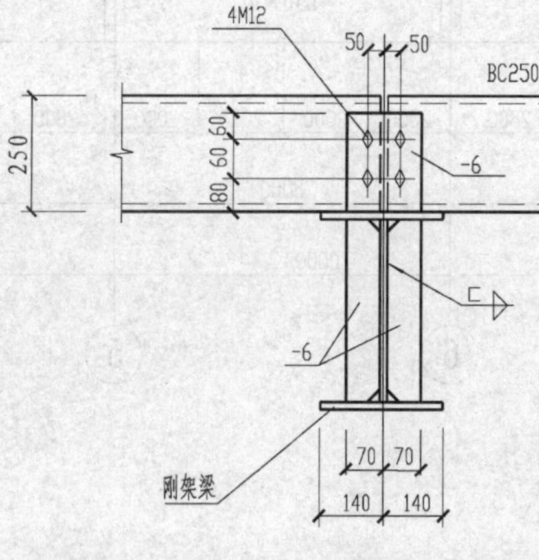

A-A

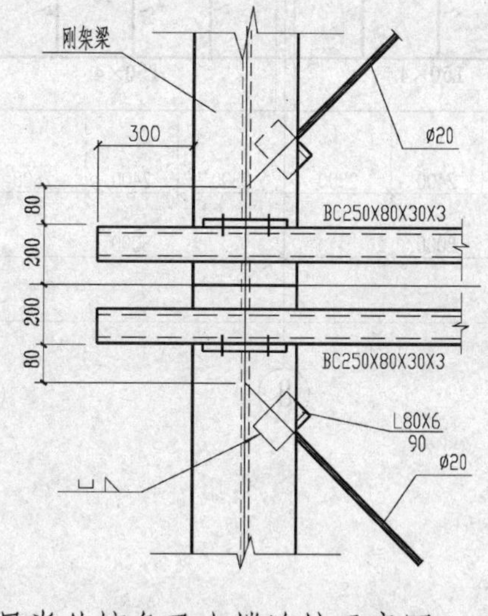

屋脊处檩条及支撑连接示意图

×××勘察设计有限公司						
院审		专业组长		建设单位	×××有限公司	
审核		校　对		工程项目	二车间	
设计负责人		设　计		屋面檩条平面布置图及节点图	设计号	×××××
					图　号	结施-10
专业负责人		制　图			日　期	××××.××

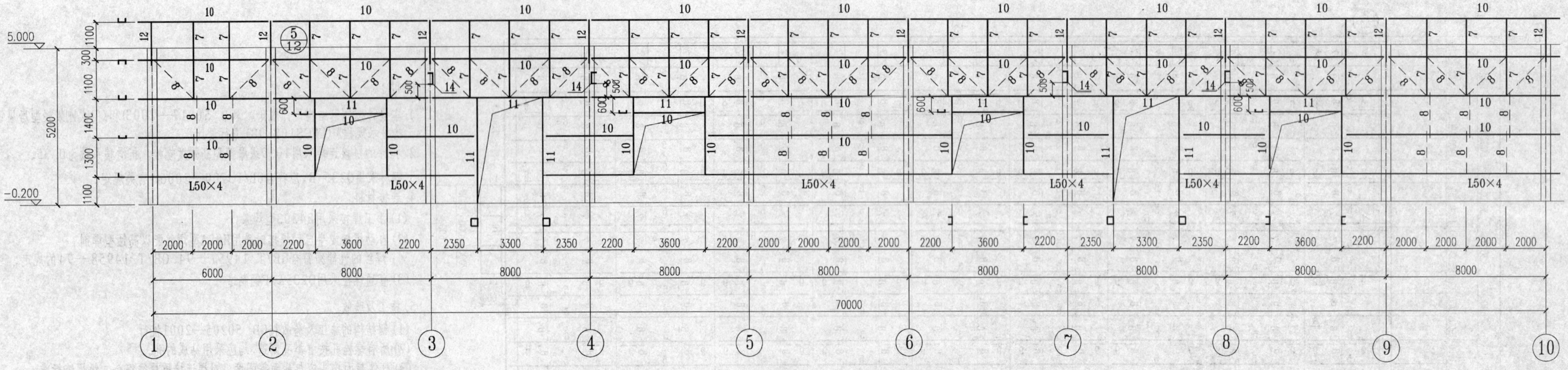

①～⑩墙面檩条布置图

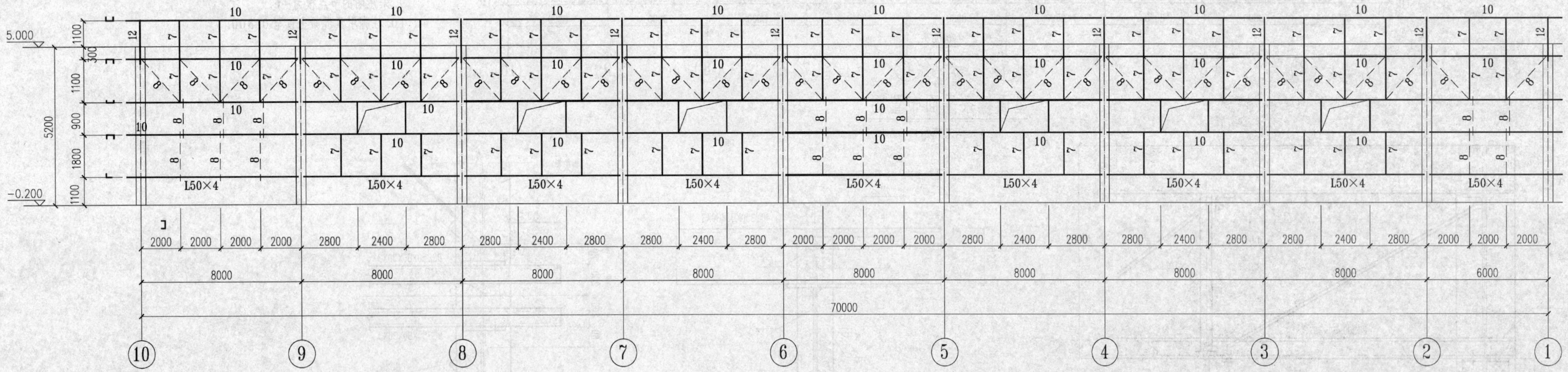

⑩～①墙面檩条布置图

×××勘察设计有限公司						
院审		专业组长		建设单位	×××有限公司	
审核		校 对		工程项目	二车间	
设计负责人		设 计		墙面檩条布置图（一）	设计号	×××××
					图 号	结施-11
专业负责人		制 图			日 期	××××.×

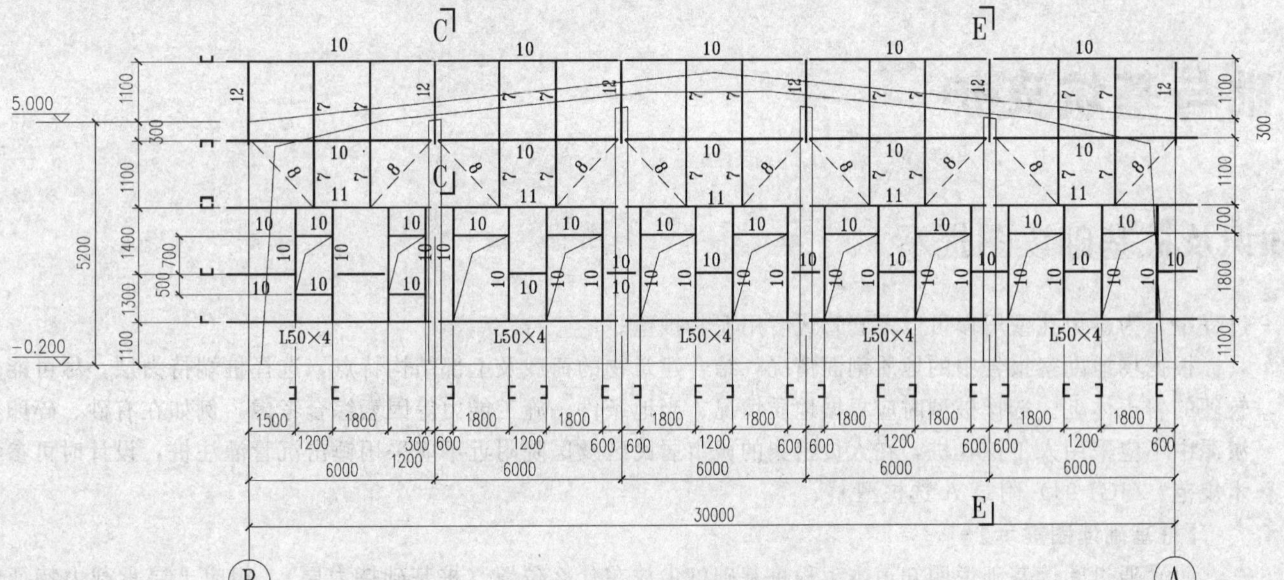

Ⓑ～Ⓐ墙面檩条布置图

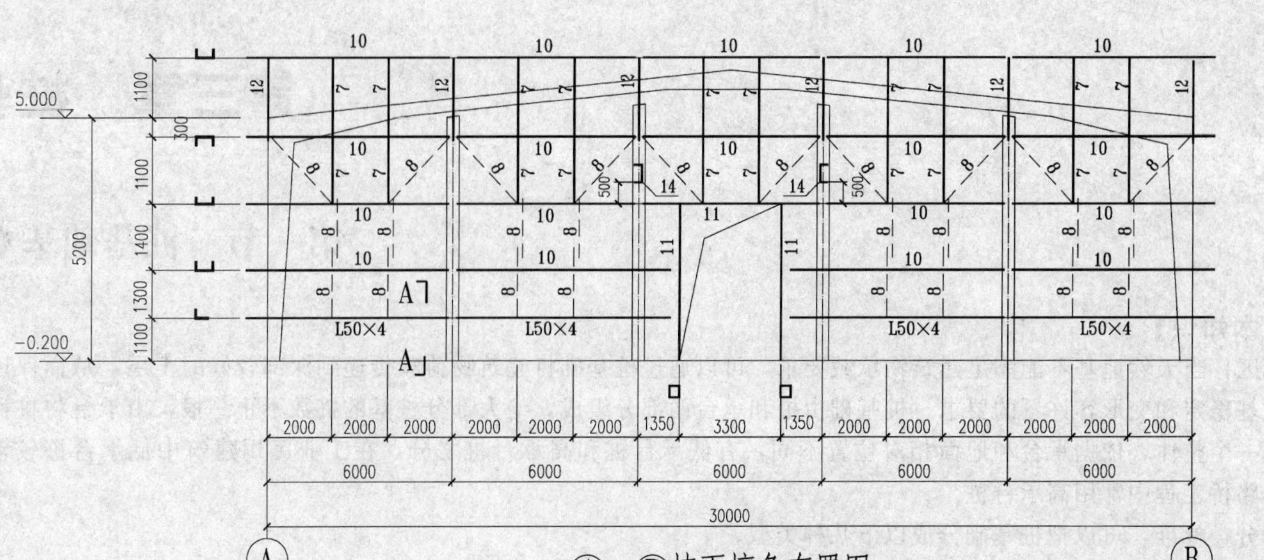

Ⓐ～Ⓑ墙面檩条布置图

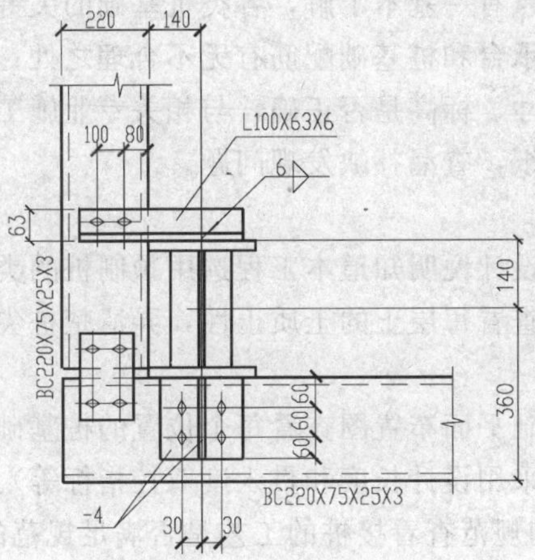

墙角檩条连接示意图

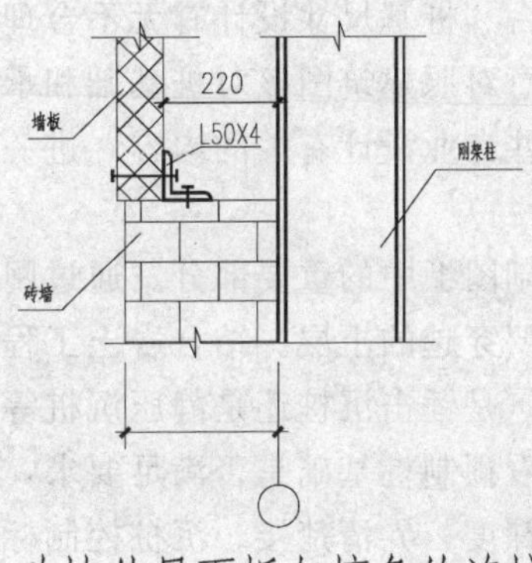

砖墙处屋面板与檩条的连接

(A-A)

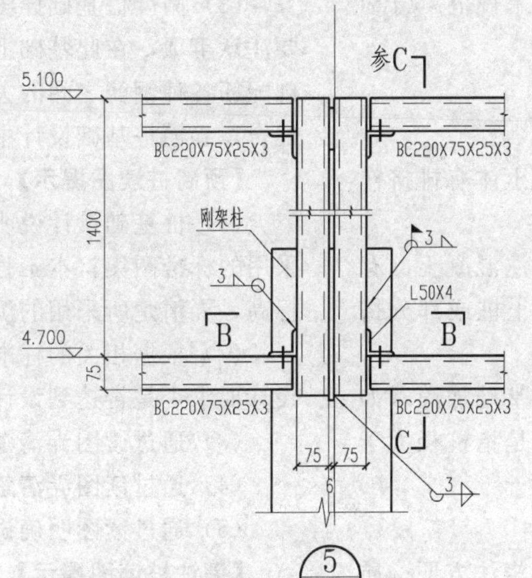

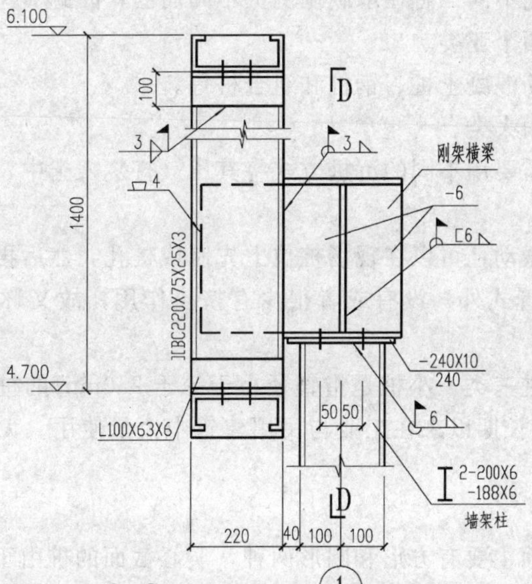

C-C

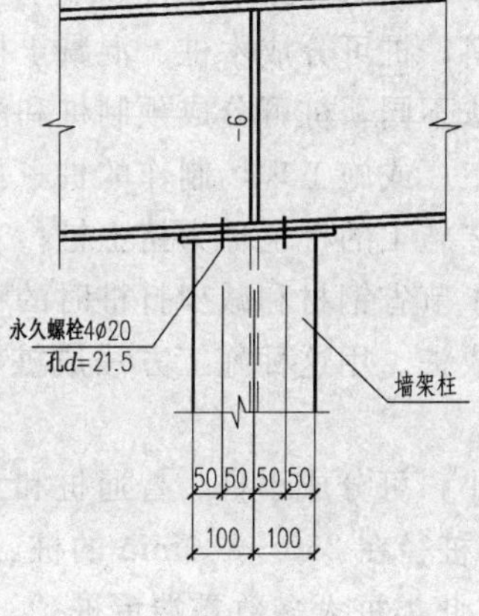

D-D

说明:

1. 所有焊缝长度除满足节点设计要求外,一律满焊,且最小长度应保证100mm。
2. 未注明的节点板为-6。

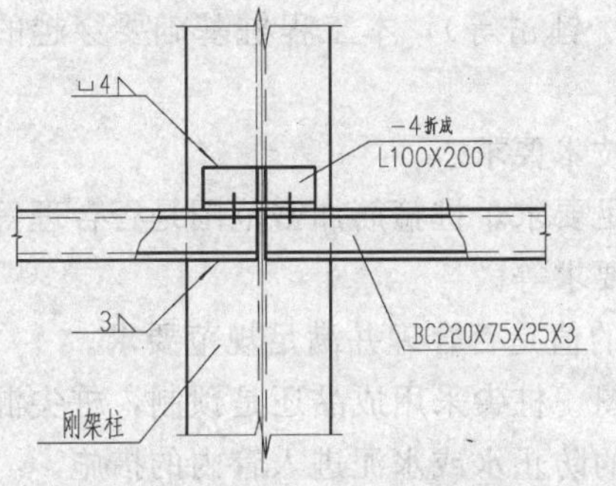

墙檩与柱子连接示意图

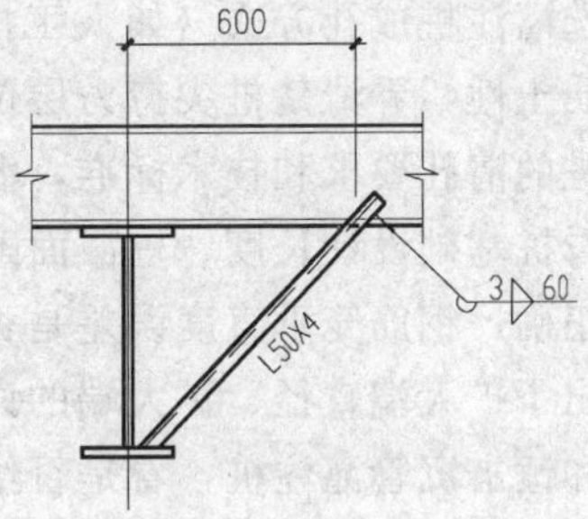

隅撑连接示意图

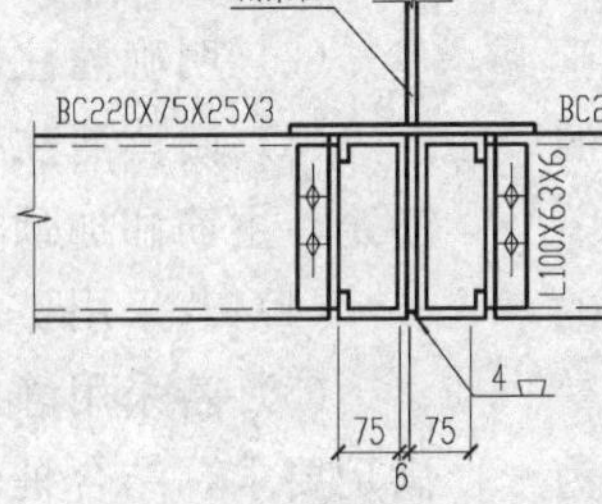

B-B

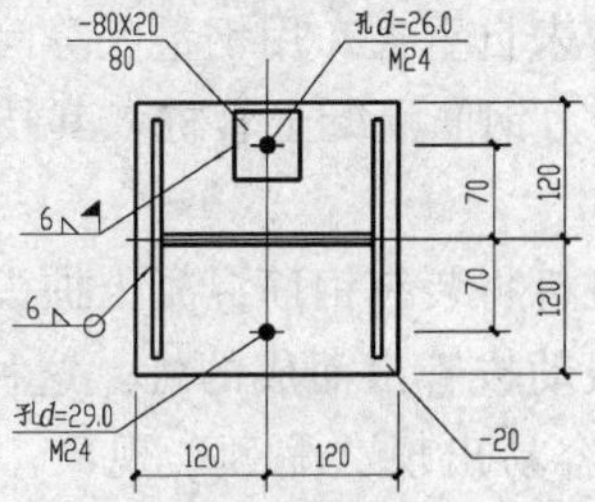

A2构件柱脚

×××勘察设计有限公司					
院审	专业组长	建设单位	×××有限公司		
审核	校　对	工程项目	二车间		
设计负责人	设　计	檩条布置图及节点图		设计号	×××××
				图　号	结施-12
专业负责人	制　图			日　期	××××.×

第三章　桩基础与基坑支护

第一节　桩基础基本知识及桩基础读图提示

【桩基基本知识】

在软土地区，当天然地基不能满足建筑物承载要求，可以通过桩基础将建筑物荷载传递到深部较好的土层，从而保证建筑物满足地基稳定和变形容许量的要求。桩基础由桩和承台两部分组成，绝大部分桩基的桩数不止一根，由承台将桩群在上部连接成一个整体，依据承台和地面相对位置不同，有低承台桩和高承台桩之分，在工业民用建筑中低承台桩较常用，在码头、路桥工程中常用高承台桩。

按不同的分类标准，可以把桩基础分成以下几种类型。

(1) 按桩的荷载传递方式不同，可分为端承桩和摩擦桩。当桩穿过软弱土层，桩端支撑在坚硬的土层或岩层上，上部传递来的荷载主要依靠桩尖处的坚硬岩土层的反力来支承，桩侧摩阻力很小，这种桩称之为端承桩；当软土很厚，桩端达不到坚硬岩土层时，则桩的荷载主要靠桩身和周围土层的摩擦力来支承，桩尖处反力很小可以忽略，这种桩为摩擦桩。严格说来，纯粹的端承桩和摩擦桩是不存在的，只是情况不同二者在承载比例上不同而已，因此《建筑桩基技术规范》(JGJ 94—2008) 又进一步区分出摩擦端承桩和端承摩擦桩两个亚类。

(2) 按桩身材料，桩可分成木桩、混凝土桩、钢筋混凝土桩、钢桩和组合桩等。

(3) 按制作方法不同，桩可分成预制桩和灌注桩两大类。

预制桩——在工厂或施工现场制作的桩，预制桩需要用不同的沉桩方式将其压（打）入土中，桩对周围土体有排挤作用，因而用上述工艺施工的桩也称为挤土桩；

灌注桩——为了节省钢材和减少打桩时的噪声和振动，可以在现场桩位上先制成桩孔，然后再向孔内灌注混凝土（有时也配置钢筋）而成桩。用这种施工方法成桩（除沉管式外）没有或者很少有挤土作用，故又称之为非挤土桩或部分挤土桩。

(4) 按桩径大小，可分成小桩、普通桩和大直径桩三类。小桩是指直径小于等于250mm的桩，多用于基础加固（如树根桩）。普通桩指桩径在250～800mm的桩，这种桩长期以来在工业与民用建筑中大量使用。大直径桩则是指桩径大于等于800mm的桩，此类桩大多数是端承桩。

目前中国常用的桩型有以下几种。

(1) 预制钢筋混凝土桩　预制钢筋混凝土桩的断面主要有方形和圆形两种，实心截面的桩由于具有制模浇注方便、质量易保证等优点，在中国应用较多。其截面边长一般为250～550mm，限于运输和起吊能力，一般长度在25～30m以内。当桩长不够时，需要在沉桩时接长。为了适应整个施工过程的需要，钢筋混凝土预制桩的混凝土强度等级有限制，桩内应配置一定数量的纵向钢筋和箍筋。当桩截面较大时，采用实心截面的桩将带来自重大、用钢量大等问题，当截面大于等于450×450mm时，可以做成空心桩；还可以在工厂利用离心旋转法制成预应力钢筋混凝土管桩，其技术性能比一般普通的钢筋混凝土桩好，用钢量少，容许承载力大。

(2) 沉管式灌注桩　又称打入式灌注桩，利用锤击打桩机或者振动打桩机将装有钢筋混凝土桩头或者带有活瓣桩尖的钢管打入土层中；如需要可以在钢管中放入钢筋笼，然后边灌注混凝土边振动拔管出而成的桩。这种桩直径一般在300～500mm。沉管灌注桩在黏性土和砂土地基中均可使用，但是在松软土层中容易出现"缩颈"现象，质量得不到保证，为此，可以采用"复打法"，即在该桩浇注混凝土拔出钢管后，立即在原地重新沉管，浇灌第二次混凝土。

(3) 钻（挖）孔灌注桩　利用各种钻（挖）孔机具在设计桩位就地钻（挖）孔，然后放入钢筋，灌入混凝土而成桩。根据土质不同，可以采用不同的钻、挖孔工具，常用的有人工摇钻、螺旋钻机、小型振动钻机、冲抓钻等。在钻（挖）孔过程中，为避免孔壁坍塌可以下套管或者用泥浆护壁。

根据场地勘察报告中的地质剖面情况，结合建筑物的荷载及上部结构特点，选择桩端持力层，尽可能使桩支承在相对较硬的岩土体上。选择桩型时应根据地质情况、当地条件、施工能力等因素综合考虑，例如在有砂、碎卵石含水层或深厚淤泥中不应采用人工挖孔桩，在人员密集的城市居民区及医院附近不应采用锤击沉管灌注桩，设计时可参考《建筑桩基技术规范》(JGJ 94) 附录A选桩型。

【桩基础读图提示】

(1) 通过阅读基础说明知道本工程桩基础桩尖放在什么位置（桩基础持力层），相应土层承载力特征值的大小；预制桩基础所采用的标准图集，基础所用的材料类型，基础施工注意事项。

(2) 阅读桩基础平面图时，首先对照建筑一层平面图，核对桩基础施工时定位轴线位置尺寸是否正确。

(3) 阅读桩基础详图时，首先对本工程所采用的桩的类型和受力特点有一基本了解，各类桩基础的关键控制位置及需要注意事项，在此基础上发现承台、桩基尺寸设计有无不合理现象，桩承台和桩基础配筋有无不合理之处；弄清楚复杂基础配筋各种钢筋之间的关系；注意对照建筑图核对桩基础和承台所标尺寸、标高是否正确，与相关专业施工队伍技术人员配合，弄懂桩基础设计中的与一些专业设计有关的内容，进一步核对图纸，查漏补缺发现问题。

【预制桩读图提示】

(1) 桩基础设计说明是桩基础图纸中的重要部分。通过阅读桩基础设计说明知道本工程选用预制桩的类型，预制桩所采用的标准图集；本工程桩基础要穿越的土层。结合岩土工程勘察报告查看每层土的土质土性，弄清楚桩尖持力层位置和标高，弄清楚所采用的沉桩方式（是锤击沉桩还是静压沉桩等）。

(2) 根据相关的标准图集查看预制桩基础是否满足要求，结合桩基础平面布置图查看每个位置的桩基础长度是否满足设计要求，是否达到设计持力层深度；弄清楚接、沉桩控制标准（例如采用设计长度和贯入度双控指标等）。

(3) 通过读图弄清楚接桩采用的方式（如焊接等），结合相关桩基础规范查看接桩的工艺是否满足规范的相关要求。

(4) 通过读图弄清楚预制桩桩顶和基础底板或承台的连接方式和相关构造。

(5) 通过读图明确试桩和桩基检测的相关要求，检测方法和时间的要求等。

【灌注桩读图提示】

(1) 通过读图知道本工程所选灌注桩成孔方式（如人工挖孔、钻孔、锤击等），本工程桩基础要穿越的土层。结合岩土工程勘察报告查看每层土的土质土性，弄清楚桩尖持力层位置和标高。

(2) 明确灌注混凝土前灌注桩的清孔要求和技术标准，混凝土浇注技术要求。

(3) 阅读灌注桩详图时应查看桩基础设计长度、桩截面配筋是否满足要求，桩箍筋加密范围是否合理等，是否采用钢筋笼，主筋和加强箍筋焊接是否正确，钢筋笼垂直度误差是否满足规范要求等。

(4) 若采用扩底桩，是否给出了扩大端直径、扩大端的详图，D/d 的值是否合理并满足规范要求。

(5) 若采用静压沉管灌注桩和锤击沉管灌注桩，看是否给出了桩尖图，桩尖采用成品还是预制，桩尖混凝土强度是否满足要求，结合桩位平面图看桩尖埋设位置是否满足要求，是否有合理的防止水或水泥进入管内的措施。

(6) 在软土地区密集沉桩时，查看有无有效的措施防止因密集沉桩引起的孔隙水压力上升和桩位的偏斜。

(7) 通过读图明确试桩和桩基检测的相关要求，检测方法和时间的要求等。

第二节　桩基础实例

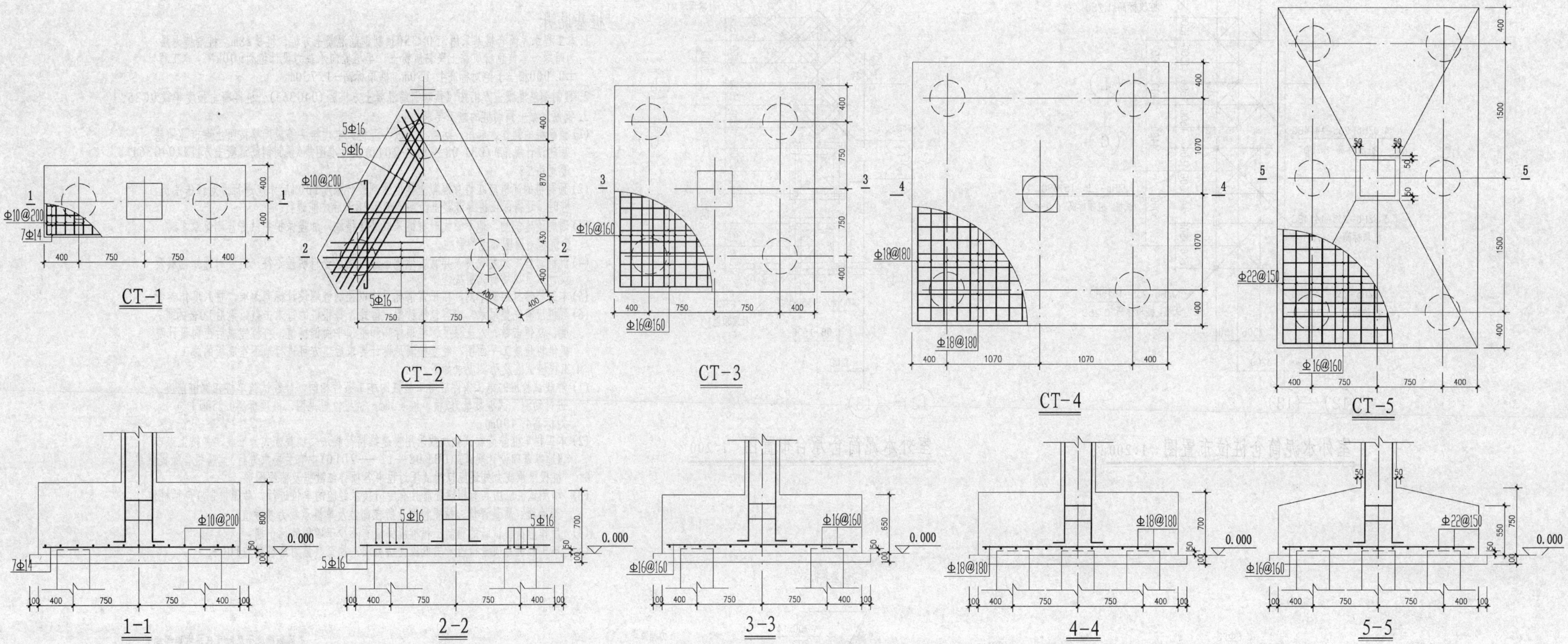

说明:

(1) 除单桩基础可以不设承台外,一般桩基础均要设置承台。承台的作用是把桩连成一个整体,并把建筑物荷载传递到桩上,因而承台应有足够的强度和刚度。

(2) 常用低桩承台的埋深应不小于600mm,与浅基础一样,承台底面应埋置在冻结深度和水流冲刷深度以下。

(3) 承台的平面尺寸一般由上部结构和桩的数量及布置形式决定,如果是墙下桩基,承台就做成条形——梁式承台;如果是柱下桩基,则宜采用板式承台(矩形或者三角形)。承台剖面形状可以做成锥形、台阶形或者平板形等。

(4) 按构造要求,承台厚度不应小于300mm,宽度不宜小于500mm,承台边缘距边桩中心的距离不应小于桩直径或者桩的边长,且边缘挑出部分不应小于150mm。对条形承台梁边缘挑出部分不应小于75mm。

(5) 为保证群桩与承台之间连接的整体性,桩顶嵌入承台的长度有一定的要求。对大直径桩不宜小于100mm;对于普通桩不宜小于50mm。混凝土桩的桩顶主筋应伸入承台内,其锚固长度不应小于30倍主筋直径。承台的混凝土标号也有一定的要求,一般不宜低于C15。

(6) 承台的配筋按计算确定,对于矩形承台配筋宜按双向均匀布置,钢筋直径不宜小于10mm,间距不应大于200mm或者小于100mm。对于三桩承台,应按三向板带均匀布置,里面3根钢筋交围成的三角形,应位于柱截面范围以内,承台底钢筋保护层厚度不宜小于70mm。

×××建筑设计研究院							
院审		专业组长		建设单位			
审核		校　对		工程项目			
设计负责人		设　计		常用承台图		设计号	
						图　号	
专业负责人		制　图				日　期	

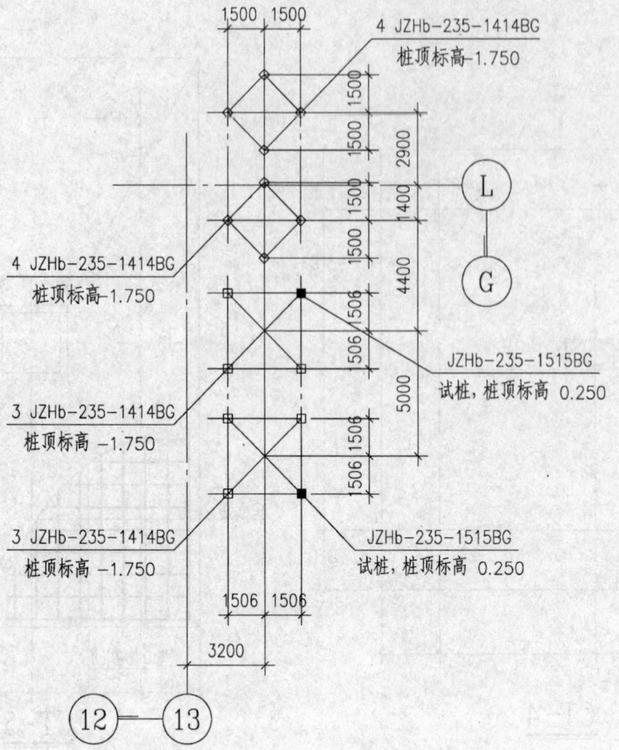

室外水泥筒仓桩位布置图 1:200

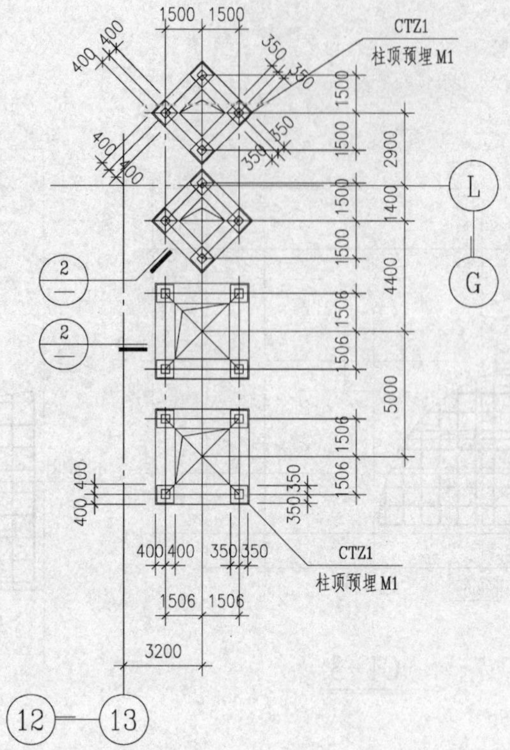

室外水泥筒仓承台布置图 1:200

桩基说明:

1. 本工程水泥筒仓桩基采用350×350预制钢筋混凝土方桩，桩长28m。桩端持力层为暗绿～草黄色粉质黏土夹黏质粉土，单桩竖向承载力设计值为900kN。本工程±0.000相当于绝对标高4.150m，桩顶标高−1.750m。
2. 预制钢筋混凝土方桩按《预制钢筋混凝土方桩》(04G361)。桩混凝土强度等级为C35。
3. 钢筋混凝土预制桩的施工要求如下。
(1) 预制桩的制作、起吊、运输、堆放、沉桩、电焊接头等应严格按照上海市《地基基础设计规范》(DBJ 08—11—2010)及标准图集《预制钢筋混凝土方桩》(04G361)要求施工。
(2) 预制桩的沉桩应在桩身混凝土强度达到设计强度100%后才能进行。对锤击法沉桩时，还需保证桩身混凝土龄期不少于28天后才能进行。
(3) 遇周围建筑物、地下管线时打桩采取必要措施，加强保护并做好监测记录，减少沉桩对周围环境的影响。
(4) 沉桩过程中如发现贯入异常或地质条件与勘察资料明显不符，应及时通知勘察及设计人员现场研究解决。
(5) 本工程停打控制原则，在正常情况下，以控制桩端设计标高为准，贯入度作参考。
(6) 沉桩应有完整记录，内容包括锤型、落距、每根桩的每米击数、最后10击的贯入度、总锤击数、入土深度、桩顶标高和桩顶平面偏移值，打桩完成后应向设计院提供桩位竣工平面图，经复核满足设计要求后，方可进行地下室底板的施工。
4. 工程桩试桩及动测要求如下。
(1) 静载试验桩的施工条件应与工程桩的施工条件相同，静载试验单桩在试桩前应进行动测。试桩数量为2根，桩长30m，试桩位置见图，桩顶标高0.250m（绝对标高4.400m）。
(2) 本工程单桩静荷载试验加载采用慢速维持荷载法，加载方式为堆载，并按上海市《地基基础设计规范》(DBJ 08—11—2010)中有关要求进行.试验报告除提供单桩极限承载力外还应包括试压过程中各项详细数据及曲线图形。
(3) 动测试桩应由具有相应资质且有专门技术经验的单位进行，动测报告应包括桩波形曲线、质量评价、缺损程度及所在部位及单桩承载力参考值。
(4) 用作静荷载试验的预制工程桩应保证有不少于四周的休止期。
(5) 本工程桩身质量检验采用低应变动测法，抽查数量为总桩数的100%。

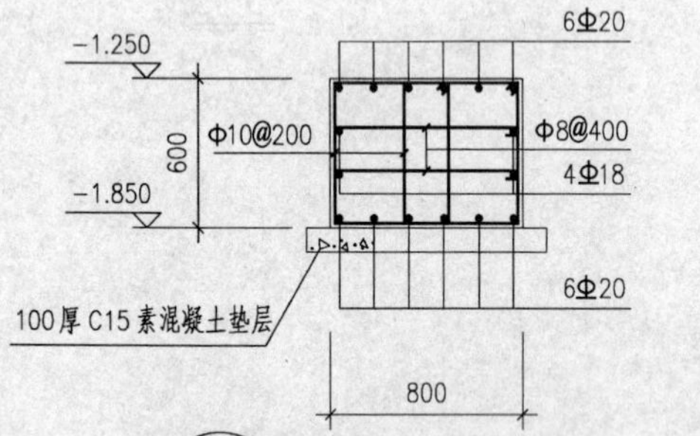

2 承台梁详图

注：承台梁纵筋相互锚入对方700

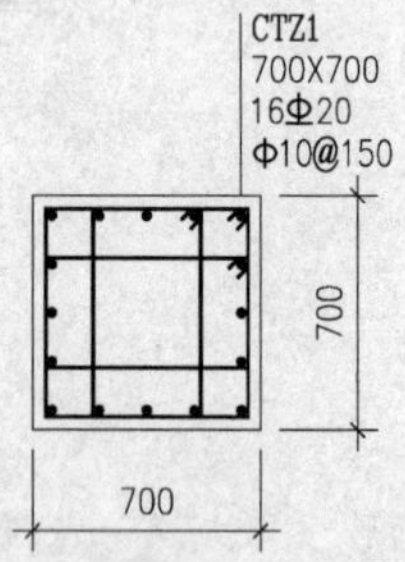

CTZ1

注：柱高度为承台梁底至0.100标高
柱纵筋锚入承台梁700

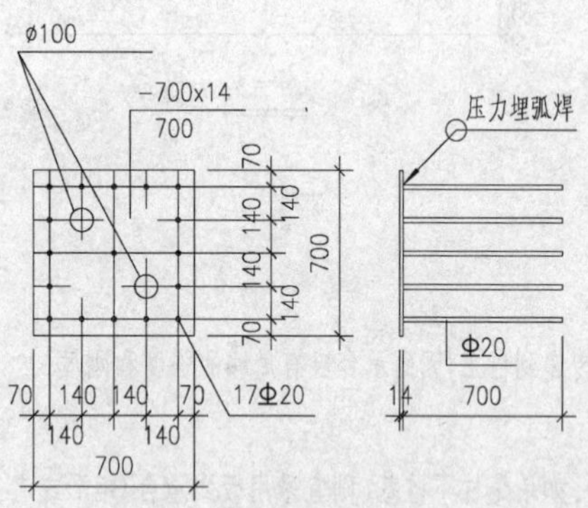

埋件M1

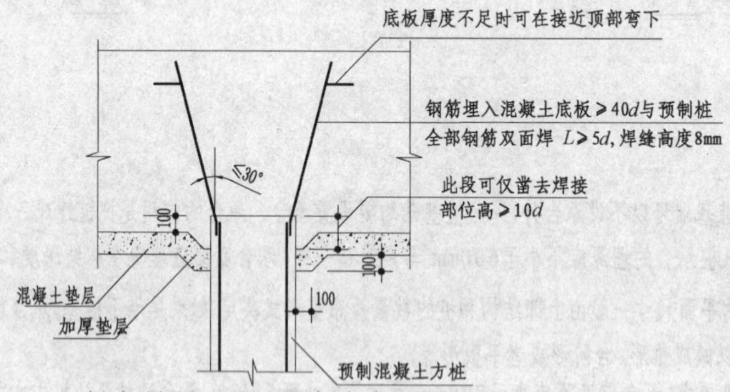

预制方桩桩顶锚入基础底板构造

×××建筑设计研究院					
院审		专业组长		建设单位	
审核		校 对		工程项目	
设计负责人		设 计		某水泥筒仓预制	设计号
					图 号
专业负责人		制 图		方桩基础	日 期

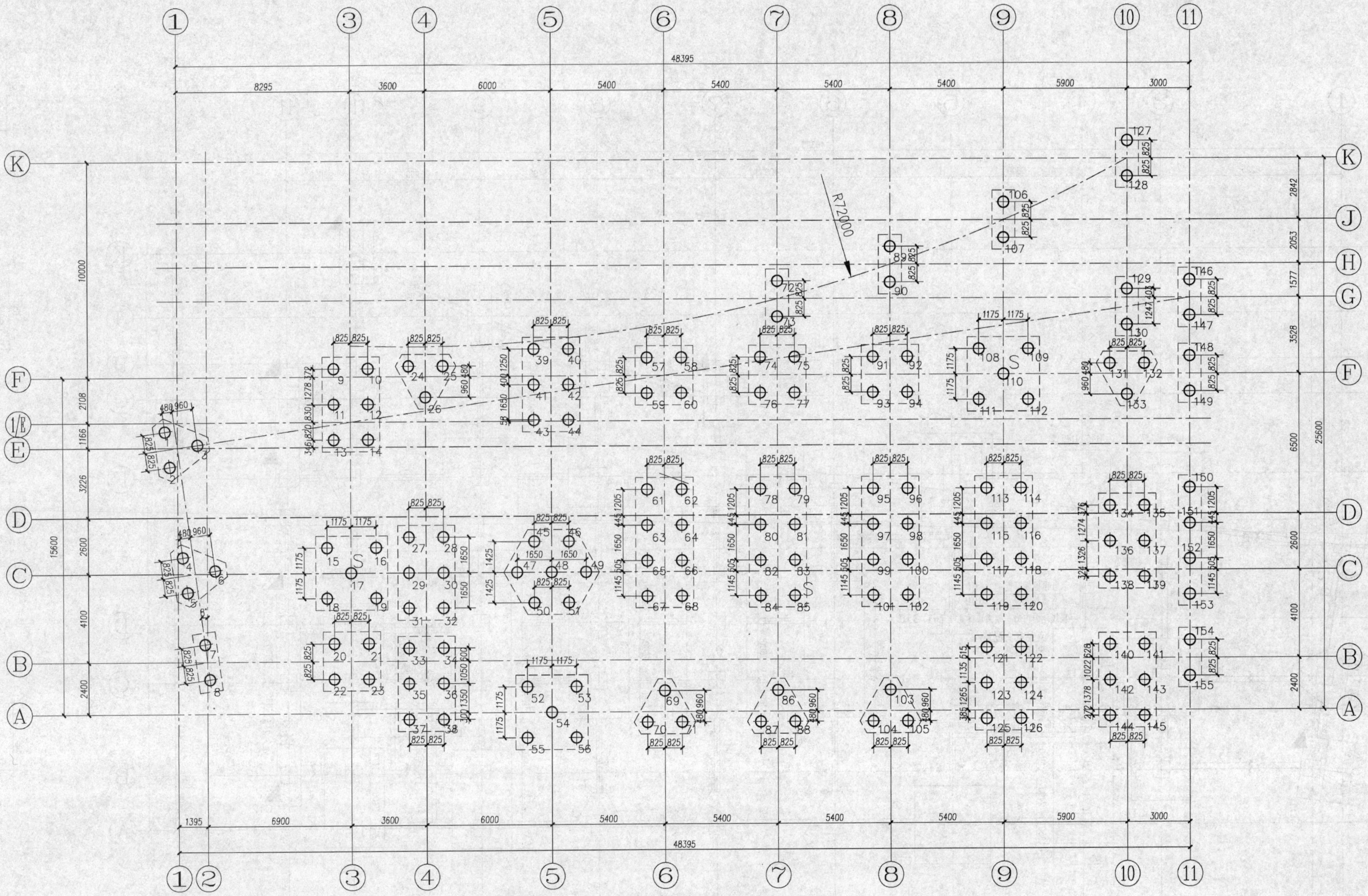

桩位平面布置图

说明:

1. 桩基采用Φ550钢筋混凝土钻孔灌注桩，二级建筑桩基。
2. 桩总数155根，桩长32.1m。其中150根桩桩顶绝对标高为2.9m(相对标高 -1.900)。
   6根(27号～32号) 桩桩顶绝对标高为23m(相对标高-2.500)。
3. 桩身混凝土强度为C35，单桩竖向承载力设计值 1250kN。

×××建筑设计研究院						
院审		专业组长		建设单位		
审核		校对		工程项目		
设计负责人		设计		上海某住宅楼 钻孔灌注桩 基础-桩位平面图	设计号	
					图号	01
专业负责人		制图			日期	

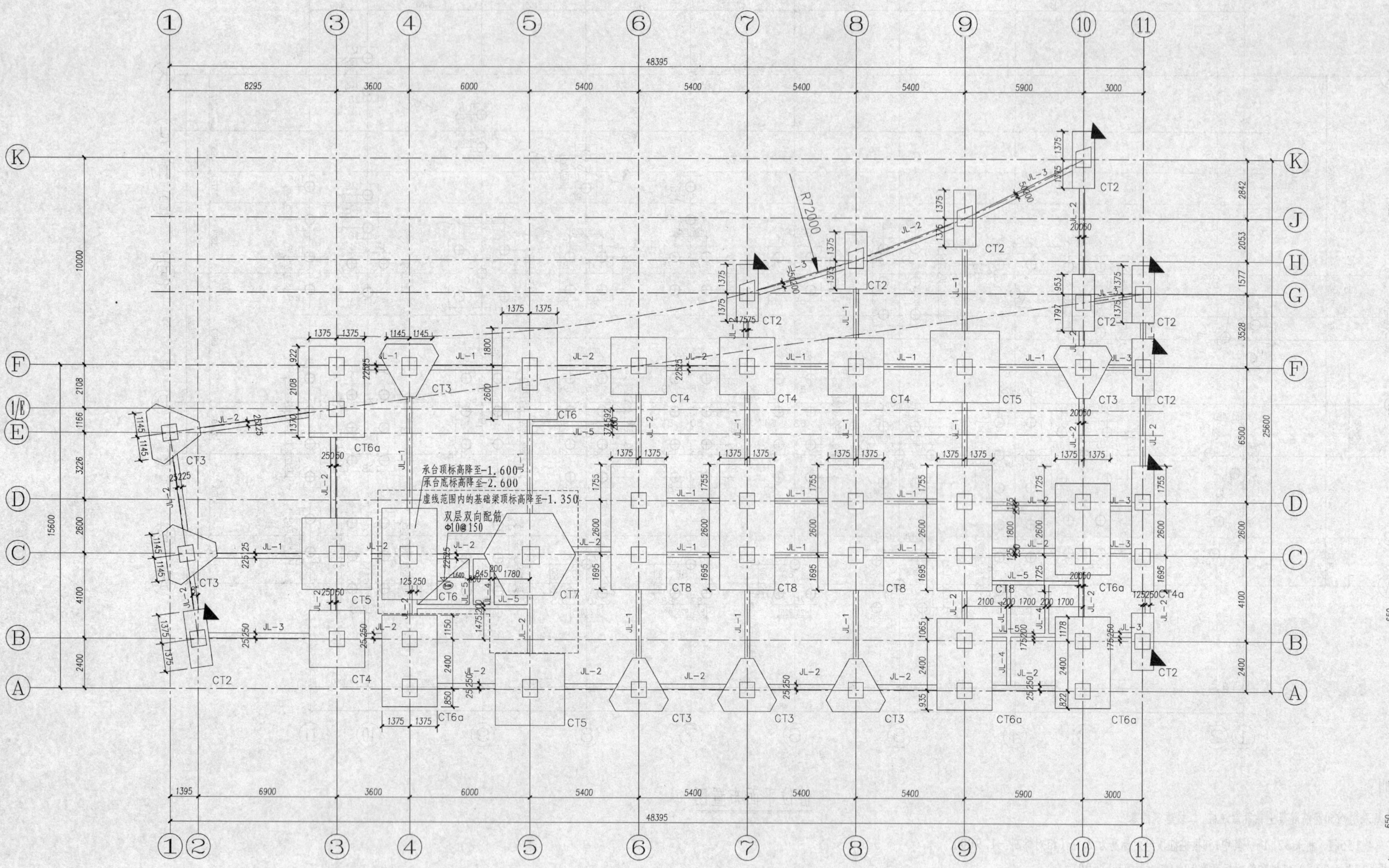

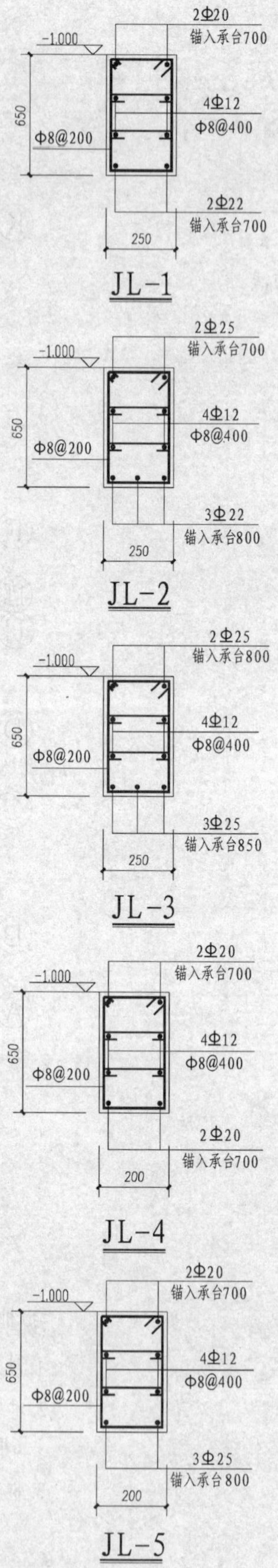

说明：基础梁遇"◣"承台时，梁上、下主筋均沿承台短边方向伸至外墙。

承台平面布置图

×××建筑设计研究院						
院审		专业组长		建设单位		
审核		校 对		工程项目		
设计负责人		设 计		上海某住宅楼	设计号	
				钻孔灌注桩	图 号	02
专业负责人		制 图		基础-承台平面图	日 期	

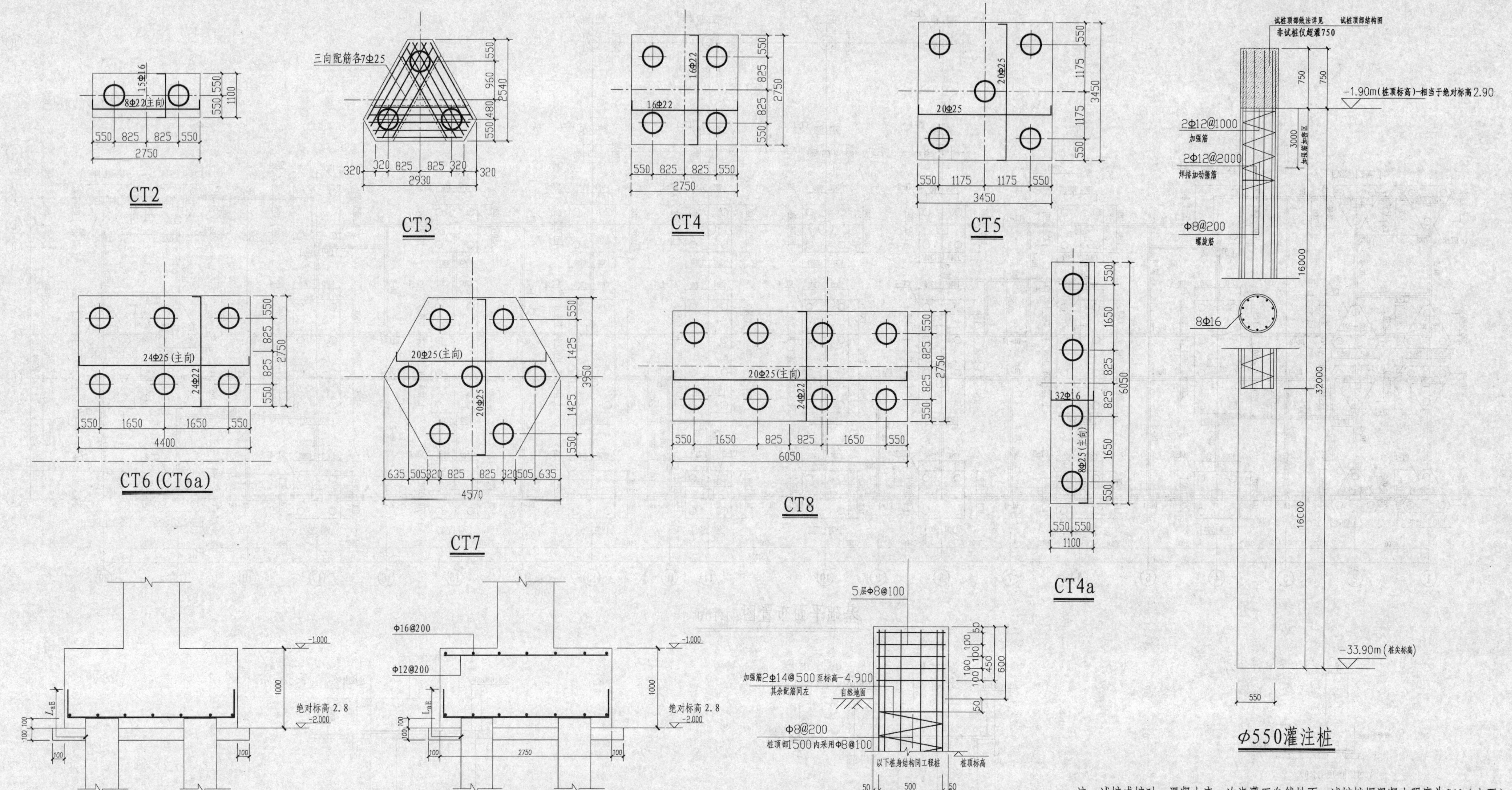

CT2　CT3　CT4　CT5　CT6(CT6a)　CT7　CT8　CT4a　Φ550灌注桩

CTn配筋示意图　CT6a配筋示意图　试桩顶部结构图

注：试桩成桩时，混凝土应一次浇灌至自然地面，试桩桩帽混凝土强度为C40（水下）此桩顶结构做法为暂定详图，应在确定试桩单位后，重新确认

钻孔灌注桩施工说明：

1. 本工程室内地坪标高 ±0.000，相当于绝对标高4.80m。
2. 采用Φ550钻孔灌注桩，桩数见桩位平面图。
3. 桩身混凝土强度等级C35（按水下混凝土进行设计施工），充盈系数不得小于1.1，保护层厚50mm。水下混凝土施工应严格按《建筑桩基技术规范》（JGJ 94—2008）进行浇注施工。
4. 钢筋：Φ，一级钢；Φ，二级钢。桩内主筋必须等强度焊接连接，加强箍与主筋焊接连接。钢筋笼制作应严格按《建筑桩基技术规范》（JGJ 94—2008）进行施工。
5. 桩上涂有阴影处，待基坑开挖后凿去混凝土，保留钢筋伸进承台。
6. 其他未注明的事项及桩的制作、验收均应严格按照《建筑桩基技术规范》（JGJ 94—2008）。
7. 施工前必须试成孔，数量不少于2根，以核对地质资料，确定所选设备、施工工艺及技术要求，如测得孔径，垂直度，孔壁稳定和回淤等指标不满足要求时，应拟定补救措施或重新考虑施工工艺。试成孔报告须设计单位认可后方可进行下一阶段施工。
8. 桩基施工一周后方可开挖基坑，开挖基坑后应对桩位进行复测，复测结果应及时抄送设计院。若有误差、超标应会同有关方面研究解决，由设计院认可。
9. 桩身质量检测要求，逐根桩进行小应变动测，动测资料列入验收内容，若发现质量问题，应由施工单位提出解决办法和补救措施，由设计院认可。
10. 静载试验做三组，试桩配置同工程桩，试桩主筋，螺旋筋，加强筋均伸至自然地坪。试桩的最终桩顶标高及静载试验的方法由甲方确定试桩单位后与设计院商定。
11. 静载试桩加载至2000kN，试之前试桩单位应与设计单位联系，制定试验方案。
12. 施工灌注桩的钻头直径应等于设计直径，不允许出现负偏差。
13. 其他未注明的事项应严格按照下列执行：上海市《地基基础设计规范》（DGJ 08—11—2010），国家《地基基础设计规范》（GB 50007—2011），国家《建筑桩基技术规范》（JGJ 94—2008）。

×××建筑设计研究院					
院审		专业组长		建设单位	
审核		校对		工程项目	
设计负责人		设计		上海某住宅楼	设计号
				钻孔灌注桩	图号 03
专业负责人		制图		基础-承台桩详图	日期

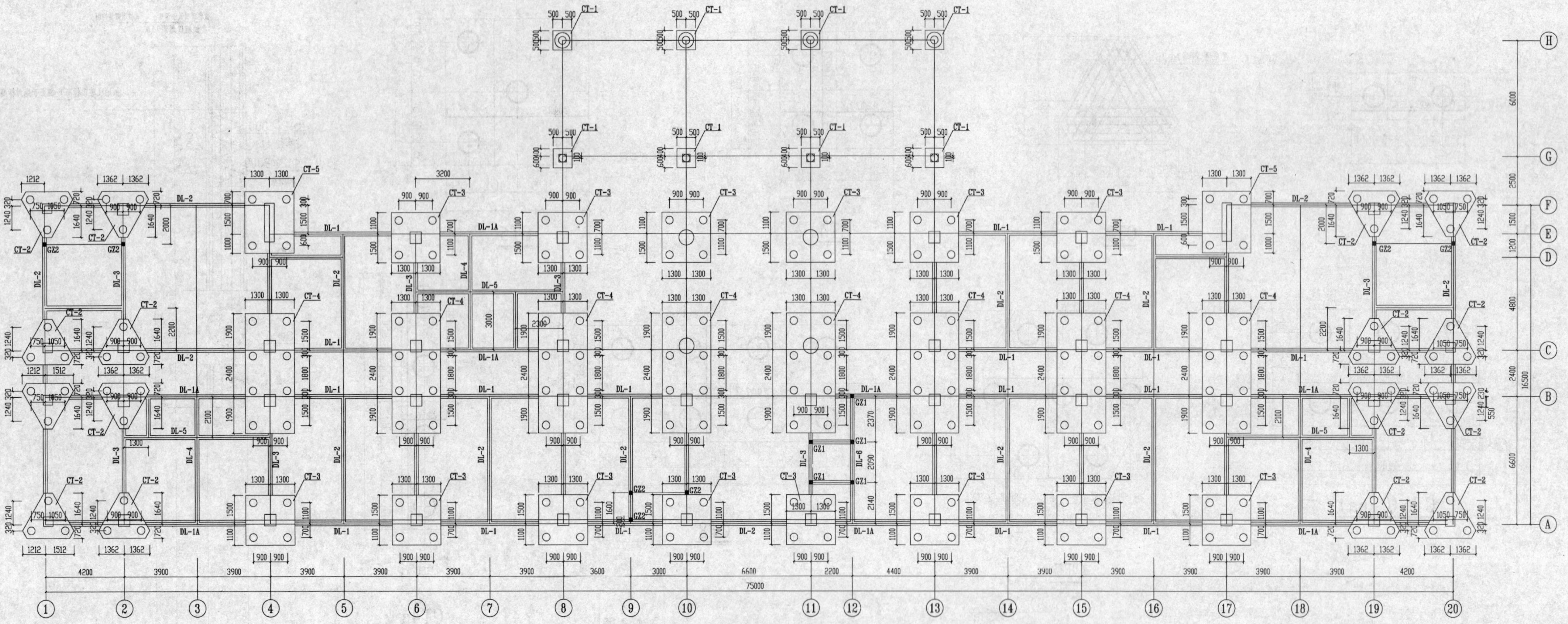

基础平面布置图 1:100

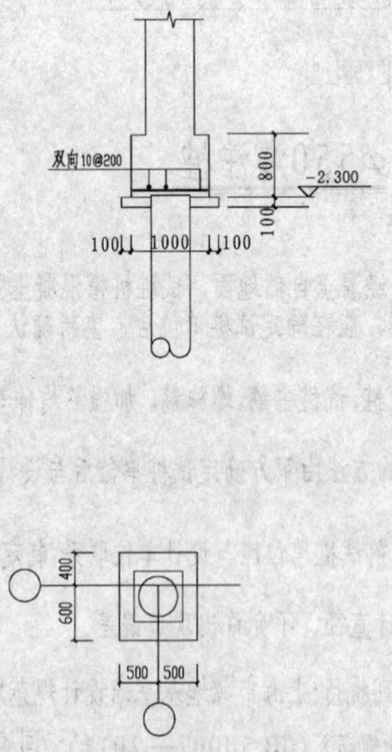

CT-1

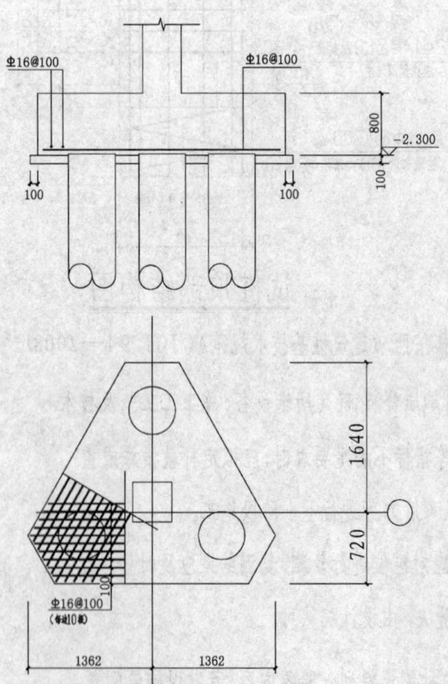

CT-2

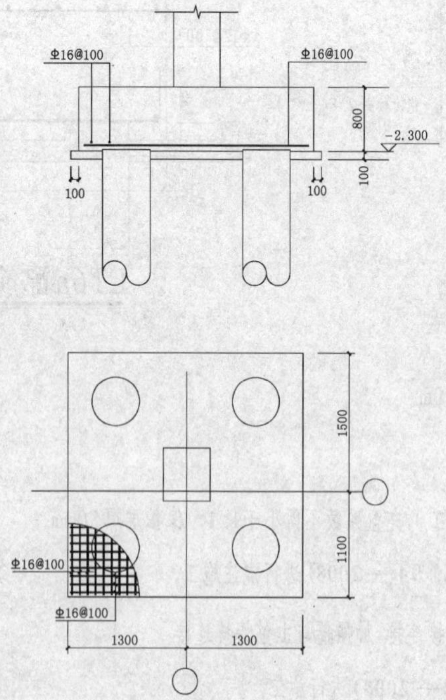

CT-3

×××建筑设计研究院						
院审		专业组长		建设单位		
审核		校对		工程项目		
设计负责人		设计		某住宅楼夯扩桩基础	设计号	
专业负责人		制图			图号	01
					日期	

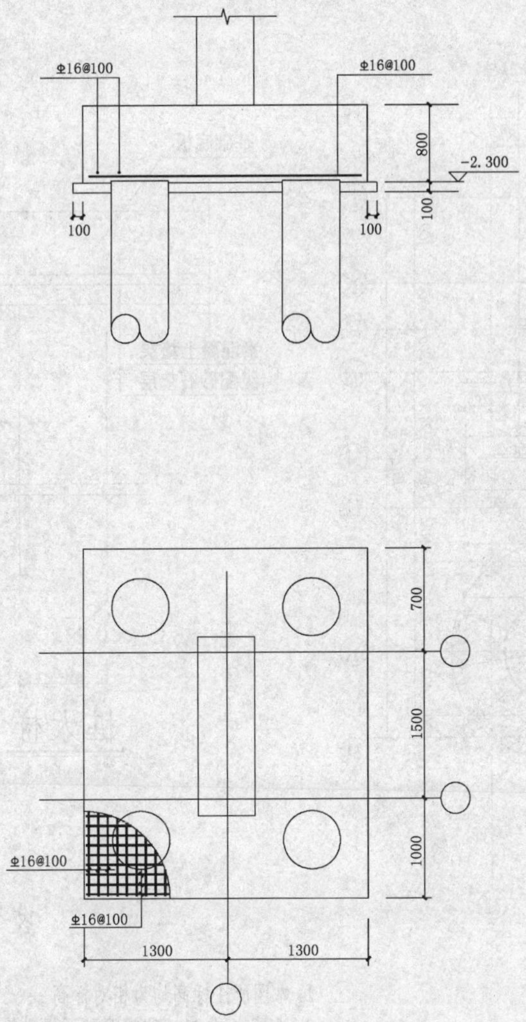

CT-5

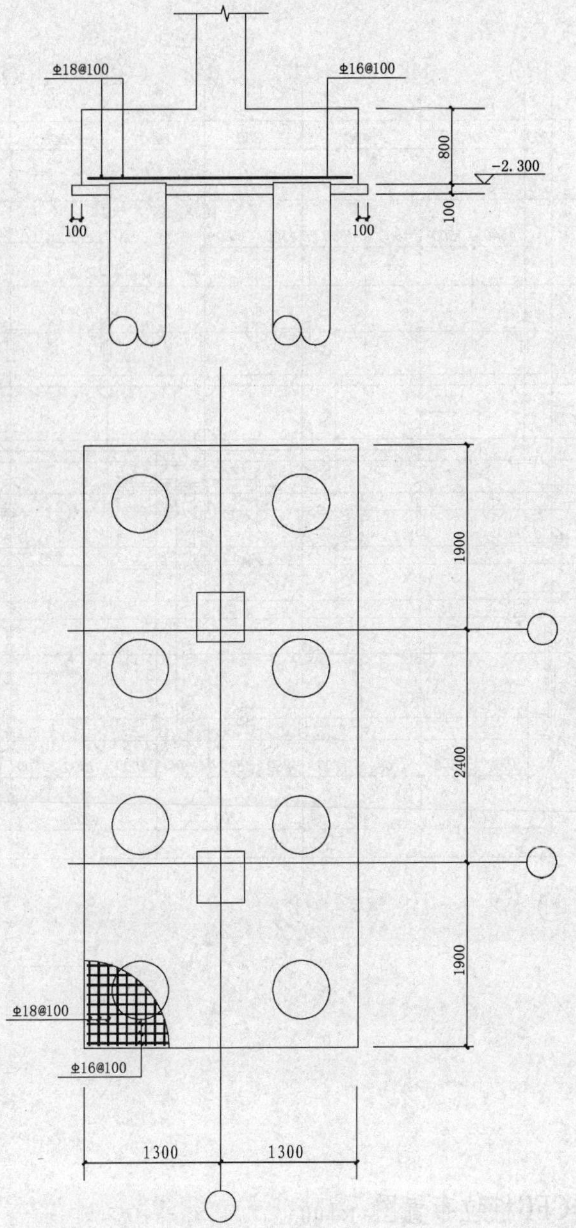

CT-4

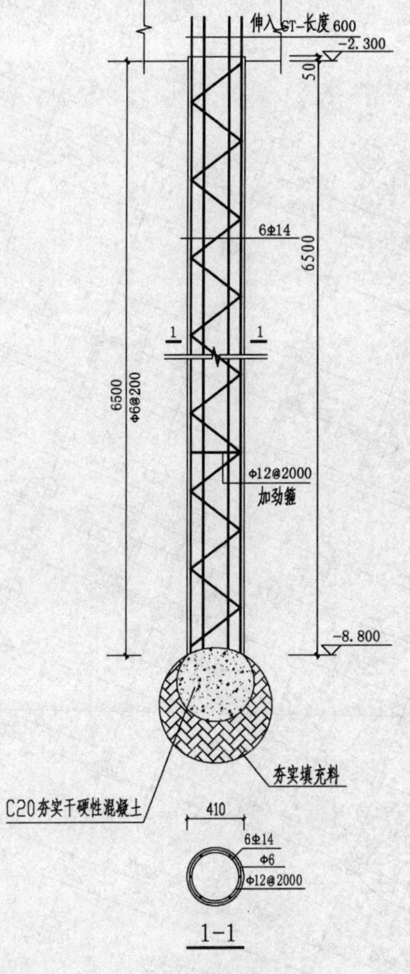

桩配筋图

基础设计说明:

1. 本工程基础设计依据甲方提供的地质资料。
2. 本工程采用复合载体夯扩桩,桩径410mm,桩长6.5m,单桩承载力特征值为850kN。
3. 钢筋笼的制作如下。
   (1) 纵向钢筋用Ⅱ级,纵向钢筋的接头应优先采用焊接;
   (2) 横向加劲箍及螺旋钢箍用Ⅰ级,纵横钢筋交接处均应焊接。
4. 夯实干硬性混凝土及填充料用量施工现场定。桩身采用C20混凝土。
   桩施工按三击贯入度30cm控制。
5. 桩基施工完毕后,须对桩进行动测和静测,静载荷试验桩个数不少于单桩总数的1%且不少于3根,
   待验桩报告提交设计单位,经设计单位验证符合设计要求后,方可进行承台的施工。
6. 本工程承台采用C25混凝土,钢筋采用Ⅰ级和Ⅱ级;垫层采用C10混凝土;未注明地梁均为DL-7。
   地梁采用C25混凝土,地梁均居轴线中;地梁纵筋锚入承台长度不少于40*d*。
7. 未尽之处均按《载体桩设计规程》(JGJ 135—2007)执行。

XXX建筑设计研究院							
院审		专业组长		建设单位			
审核		校 对		工程项目			
设计负责人		设 计		某住宅楼夯扩桩基础	设计号		
					图 号	02	
专业负责人		制 图			日 期		

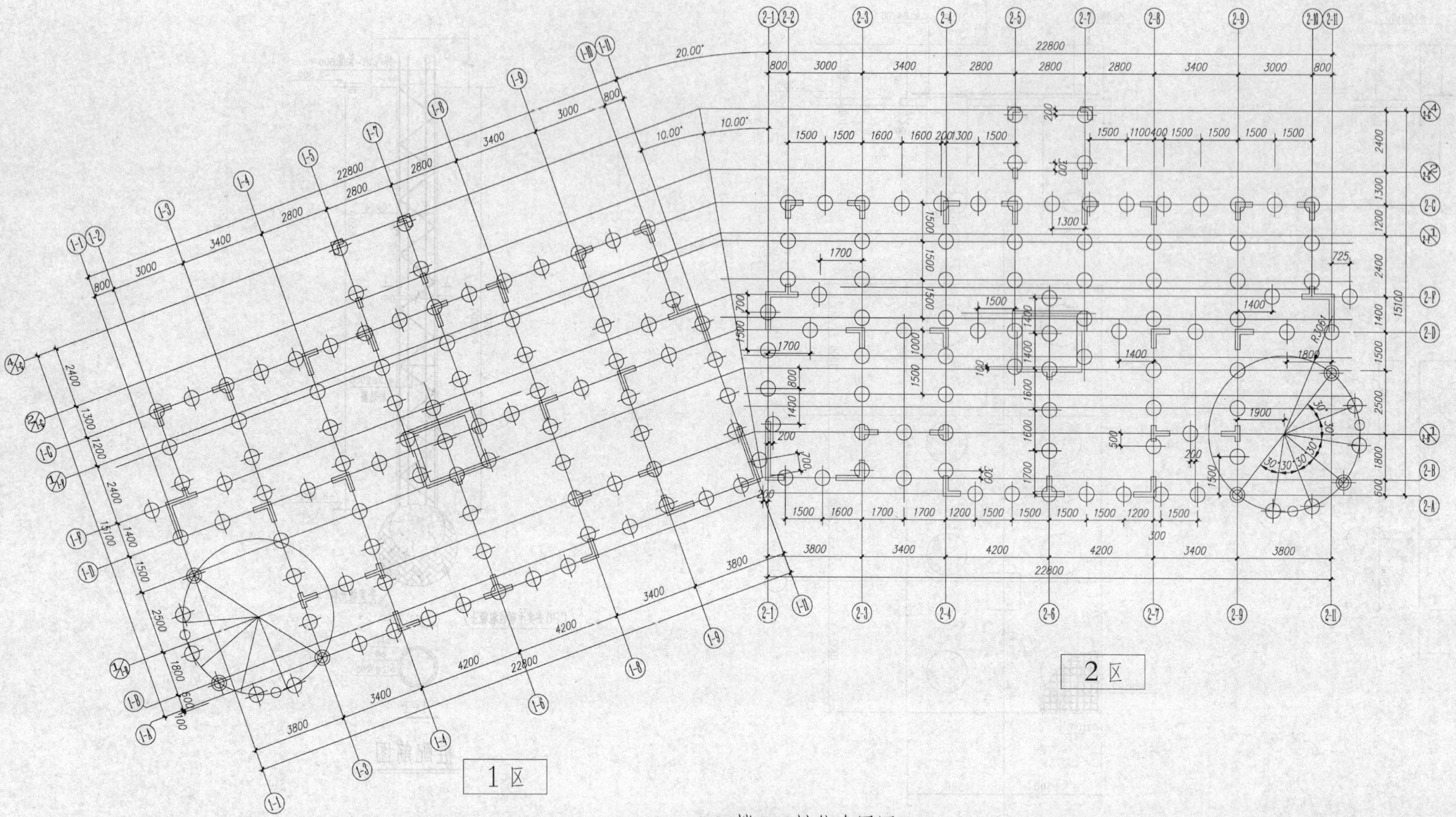

14#楼CFG桩位布置图 1:100

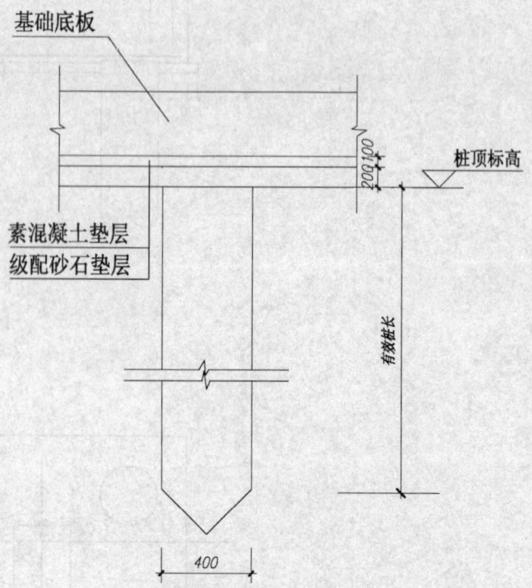

桩大样

设计说明

1. 本图所注标高均为相对标高。
2. 设计依据××工程勘察院所提供的《岩土工程地质勘察报告》。
3. 本工程采用CFG桩复合地基，桩径400，其施工及检验应符合国家桩基及复合地基等有关规范的要求，CFG桩标准的编号为Q/JY 06—1997。
4. 桩身大样详见本图，采用长螺旋成孔混凝土灌注桩，混凝土强度等级为C20。
5. 本工程桩顶设200厚级配砂石垫层，垫层应夯实。
6. 成桩后需作静载荷试验，试验桩数为总桩数的1%，且每栋楼不少于3根；采用动测法对桩身质量进行检测，数量不少于桩数的20%。
7. 本工程设计超灌长度为700mm，开槽时剔除。
8. 桩位未注尺寸均与轴线重合。
9. 1区桩定位同2区。
10. 桩共191根。
11. 一区桩端进入第8层含黏碎石土层约3.0m。有效桩长13.5m。
   二区桩端进入第8层含黏碎石土层约2m。有效桩长12.0m。
12. 基桩的单桩承载力极限标准值为900kN；特征值为450kN。
13. 因本建筑物下地地质变化大，故桩长仅供参考，承载力以试桩为准。

×××建筑设计研究院						
院审		专业组长		建设单位		
审核		校对		工程项目		
设计负责人		设计		某住宅小区14号楼CFG桩	设计号	
					图号	
专业负责人		制图			日期	

第三节 基坑支护基础知识及读图提示

一、基坑支护基本知识

建筑基坑是指为进行建筑物（包括构筑物）基础与地下室施工所开挖的地面以下的空间。基坑支护是为了保证地下结构施工及基坑周边环境的安全，对基坑侧壁及周边环境采用的支挡、加固与保护措施。

（1）支护结构选型　基坑支护结构可根据基坑周边环境、开挖深度、工程地质和水文地质、施工作业设备和施工季节条件等，选用排桩、地下连续墙、水泥土墙、逆作拱墙、土钉墙、原状土放坡或者采用上述选型的组合。支护结构的选型还应考虑结构的空间效应和受力特点，采用有利于支护结构材料受力性状的选型。在软土场地可以采用深层搅拌、注浆、间隔或者全部加固等方法对局部和整个坑底土进行加固，或者采用降水措施提高基坑内侧被动抗力。

（2）基坑开挖　基坑开挖应根据支护结构设计、降排水要求等确定开挖方案。基坑边界周围地面应设置排水沟，且避免漏水、渗水进入坑内；放坡开挖时，应对坡顶、坡面、坡脚采取降排水措施。基坑周围严禁超堆荷载。对于软土地区的基坑必须分层均衡开挖，层高不宜超过 1m。基坑开挖过程中，应采取措施防止碰撞支护结构、工程桩或者扰动基底原状土。发生异常情况应立即停止开挖。基坑开挖前应作出系统的开挖监测方案，监测方案包括监测目的、监测项目、监测报警值、监测方法及精度要求、监测点布置、监测周期、工序管理和记录制度以及信息反馈系统。

（3）常用的支护结构及适用范围具体如下。

① 排桩、地下连续墙　排桩是指以某种桩型按队列式布置组成的基坑支护结构；地下连续墙是指用机械施工方法成槽浇灌钢筋混凝土形成的地下墙体。排桩和地下连续墙适用于基坑侧壁安全等级为一级、二级、三级的基坑，悬臂式结构在软土场地中不宜大于 5m，当基坑地下水位高于基坑底面时，宜采用降水、排桩加截水帷幕。

② 水泥土墙　指由水泥土桩相互搭接形成的格栅状、壁状等形式的重力式结构。水泥土墙适用于基坑侧壁安全等级为二级、三级的基坑，水泥土桩施工范围内地基土承载力不宜大于 150kPa，基坑深度不宜大于 6m。

③ 土钉墙　采用土钉加固的基坑侧壁土体与护面等组成的支护结构。土钉墙适用于基坑侧壁安全等级为二级、三级的非软土场地，基坑深度不宜大于 12m，当地下水位高于基坑底部时，应采取降水或者截水措施。

④ 逆作拱墙　适用于基坑侧壁安全系数为二级、三级的基坑，淤泥和淤泥质场地不宜采用，拱墙轴线的矢跨比不宜小于 1/8，基坑深度不宜大于 12m，地下水位高于基坑底面时，应采取降水或者截水措施。

⑤ 放坡　基坑侧壁安全系数等级宜为三级，施工场地能够满足放坡条件，可独立或者与上述结构结合使用，当地下水位高于坡脚时，应采取降水措施。

（4）地下水控制　为保证支护结构施工、基坑挖土、地下室施工及基坑周边环境安全，必须采取有效的排水、降水、截水和回灌等地下水控制措施。地下水控制应根据场地及周边工程地质条件、水文地质条件和环境条件并结合基坑支护和基础施工方案综合分析、确定。地下水控制方法可采用集水明排、降水、截水和回灌等形式单独或组合使用。当因降水而危及基坑及周边环境安全时，宜采用集水或者回灌方法。截水后基坑中的水量或水压较大时，宜采用坑内降水。

二、基坑支护读图提示

（1）排桩　排桩是指以某种桩型按队列式布置组成的基坑支护结构。适用于基坑侧壁安全等级为一级、二级、三级的基坑，悬臂式结构在软土场中不宜大于 5m，当基坑地下水位高于基坑底面时，宜采用降水、排桩加截水帷幕。悬臂式排桩结构桩直径不宜小于 600mm，柱间距应根据排桩受力条件及桩间土稳定条件确定。排桩顶部应设置钢筋混凝土冠梁连接，冠梁宽度不宜小于桩直径。基坑开挖后，排桩的桩间土防护可采用钢丝网混凝土护面、砖砌等方法。当基坑面在实际地下水位以上且土质较好，暴露时间较短时，可不对桩间土进行防护处理。采用桩锚联合 2 支护，锚杆长度和布置应符合相关规范的要求。内支撑体系可以采用钢筋混凝土支撑或者钢结构支撑，采用钢筋混凝土支撑，混凝土强度等级不应低于 C20，钢筋混凝土支撑体系在同一平面内应整体浇注，基坑平面转角处的腰梁连接点应按钢节点设计；若采用钢支撑，其构件的连接可采用焊接或者高强螺栓连接。支护结构施工时，排桩桩位、轴线、垂直度应满足相关要求，排桩宜采取隔桩施工，并应在灌注混凝土 24h 后再进行邻桩成孔施工。锚杆施工应符合相关规范要求。内支撑体系的安装与拆除顺序，应与基坑支护结构的设计计算工况一致，必须严格遵守先支撑后开挖的原则。

（2）水泥土墙　水泥土墙指由水泥土桩相互搭接形成的格栅状、壁状等形式的重力式结构。水泥土墙适用于基坑侧壁安全等级为二级、三级的基坑，水泥土桩施工范围内地基土承载力不宜大于 150kPa，基坑深度不宜大于 6m。水泥土墙嵌固深度设计值 h_d 宜按圆弧滑动简单条分法确定。水泥土墙采用格栅布置时，水泥土的置换率对于淤泥不宜小于 0.8，淤泥质土不宜小于 0.7，一般黏性土及砂土不宜小 0.6；格栅长宽比不宜大 2。水泥土桩与桩之间的搭接宽度应根据挡土及截水要求确定，考虑截水作用时，桩的有效搭接宽度不宜小于 150mm；当不考虑截水作用时，搭接宽度不宜小于 100mm。当变形不能满足要求时，宜采用基坑内侧土体加固或水泥土墙插筋加混凝土面板及加大嵌固深度等措施。深层搅拌水泥土墙施工前，应进行成桩工艺及水泥掺入量或水泥浆的配合比试验，以确定相应的水泥掺入比或水泥浆水灰比，高压喷射注浆施工前，应通过试喷试验，确定不同土层旋喷固结体的最小直径、高压喷射施工技术参数等。深层搅拌桩和高压喷射桩水泥土墙的桩位偏差水应大于 50mm，垂直度偏差不宜大于 0.5%。当设置插筋时，桩身插筋应在桩顶搅拌完成后及时进行。插筋材料、插入长度和出露长度等均应按计算和构造要求确定。

（3）土钉墙　土钉墙系指采用土钉加固的基坑侧壁土体与护面等组成的支护结构。土钉墙适用于基坑侧壁安全等级为二级、三级的非软土场地，基坑深度不宜大于 12m，当地下水位高于基坑底部时，应采取降水或者截水措施。土钉墙设计及构造应符合下列规定：土钉墙墙面坡度不宜大于 1：0.1；土钉必须和面层有效连接，应设置承压板或加强钢筋等构造措施，承压板或加强钢筋应与土钉螺栓连接或钢筋焊接连接；土钉的长度宜为开挖深度的 0.5～1.2 倍，间距宜为 1～2m，与水平面夹角宜为 5°～20°；土钉钢筋宜采用Ⅱ级、Ⅲ级钢筋，钢筋直径宜为 16～32mm，钻孔直径宜为 70～120mm；注浆材料宜采用水泥浆或水泥砂浆，其强度等级不宜低于 M10；喷射混凝土面层宜配置钢筋网，钢筋直径宜为 6～10mm，间距宜为 150～300mm；喷射混凝土强度等级不宜低于 C20，面层厚度不宜小于 80mm；坡面上下段钢筋网搭接长度应大于 300mm。当地下水位高于基坑底面时，应采取降水或截水措施；土钉墙墙顶应采用砂浆或混凝土护面，坡顶和坡脚应设排水措施，坡面上可根据具体情况设置泄水孔。

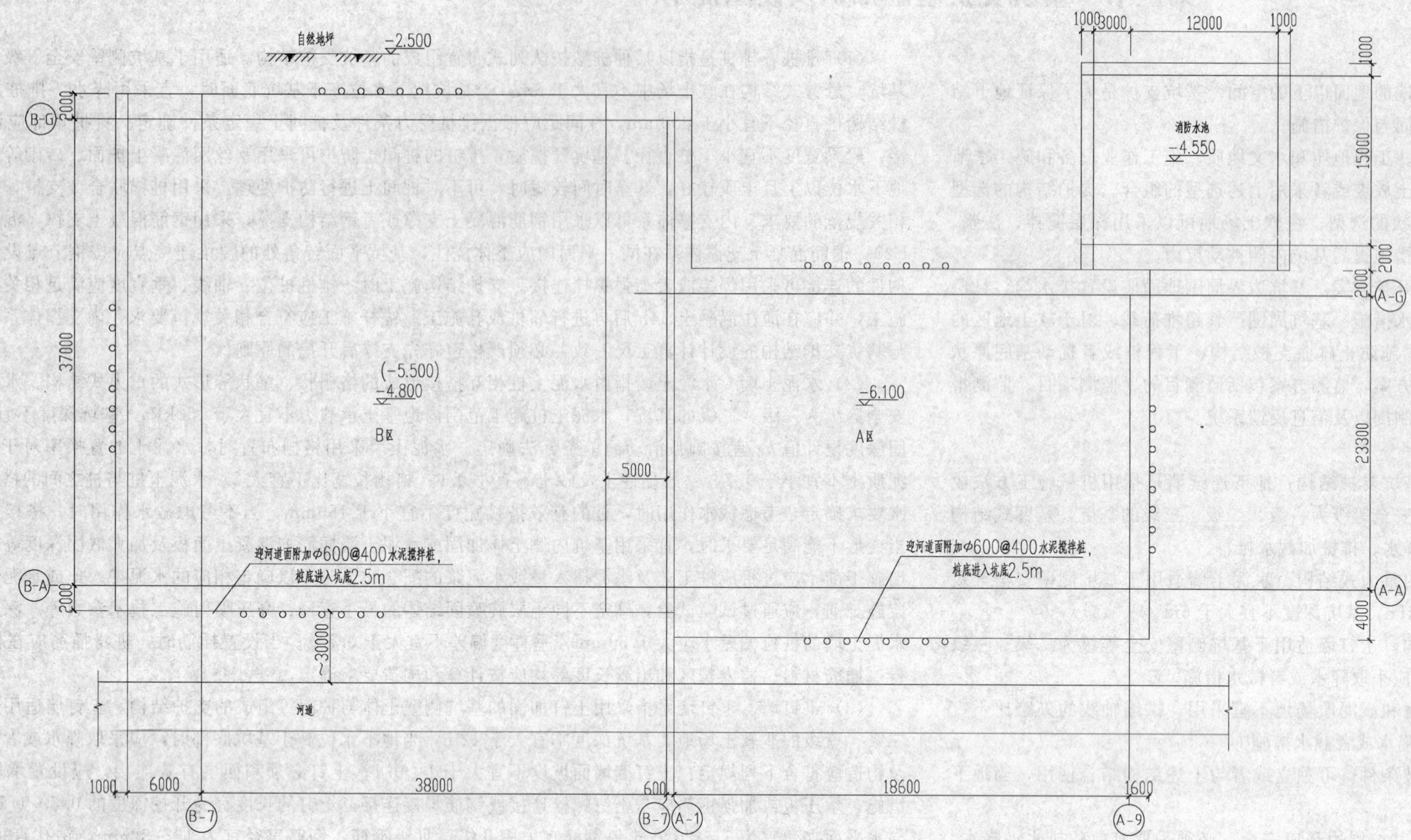

基坑支护平面布置图

说明：

1. 水池基坑围护采用土钉墙。土钉采用钢管，并沿管长设置Φ8@500注浆孔，端部封闭。注浆采用水泥浆，水灰比1:0.5，注浆压力不小于0.5。
2. A、B区基坑围护采用钻孔灌注桩。迎河道面附加水泥搅拌桩。
3. 场地排水采用明沟明渠，沿坑边每隔30m设积水坑。
4. 开挖及基础施工期间，坑边严禁堆载或通过大型运输设备。
5. 开挖及基础施工期间，应做好现场观测，并准备应急措施。
6. 所有混凝土强度等级均为C25，主筋保护层厚度均为20mm。
7. Φ表示Ⅰ级筋，Φ表示Ⅱ级筋。

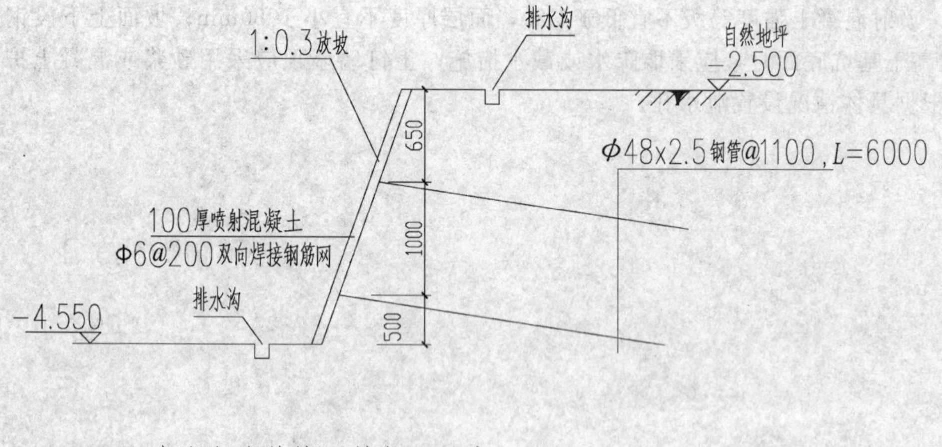

消防水池基坑围护断面示意

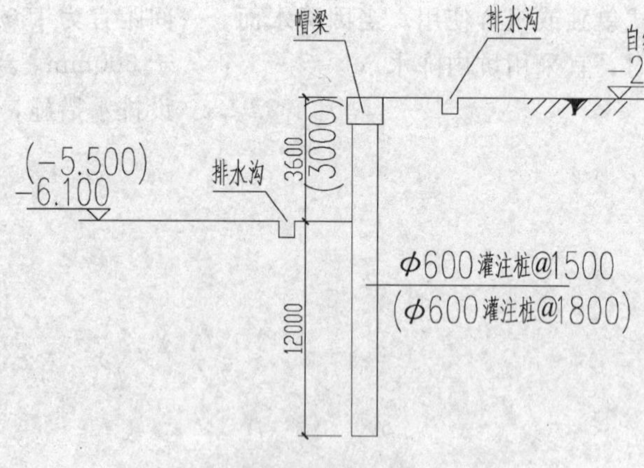

A区基坑支护示意图

(B区基坑支护示意图)

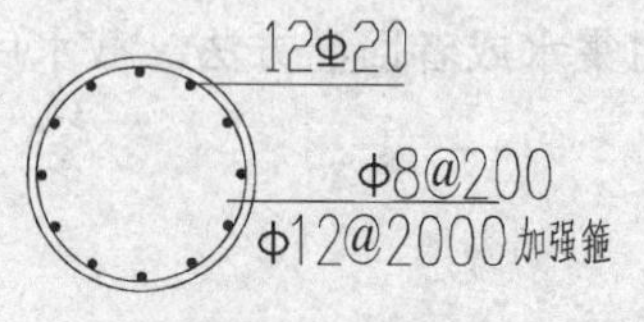

ϕ600灌注桩配筋图

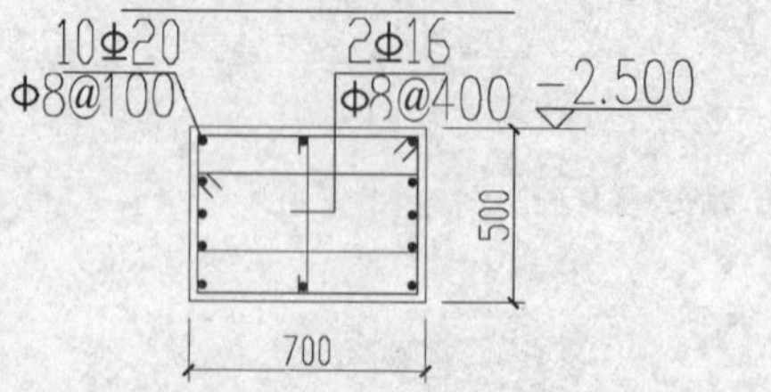

帽梁配筋图

×××建筑设计研究院						
院审		专业组长		建设单位		
审核		校对		工程项目		
设计负责人		设计		某派出所办公楼	设计号	
					图号	
专业负责人		制图		基坑支护图	日期	

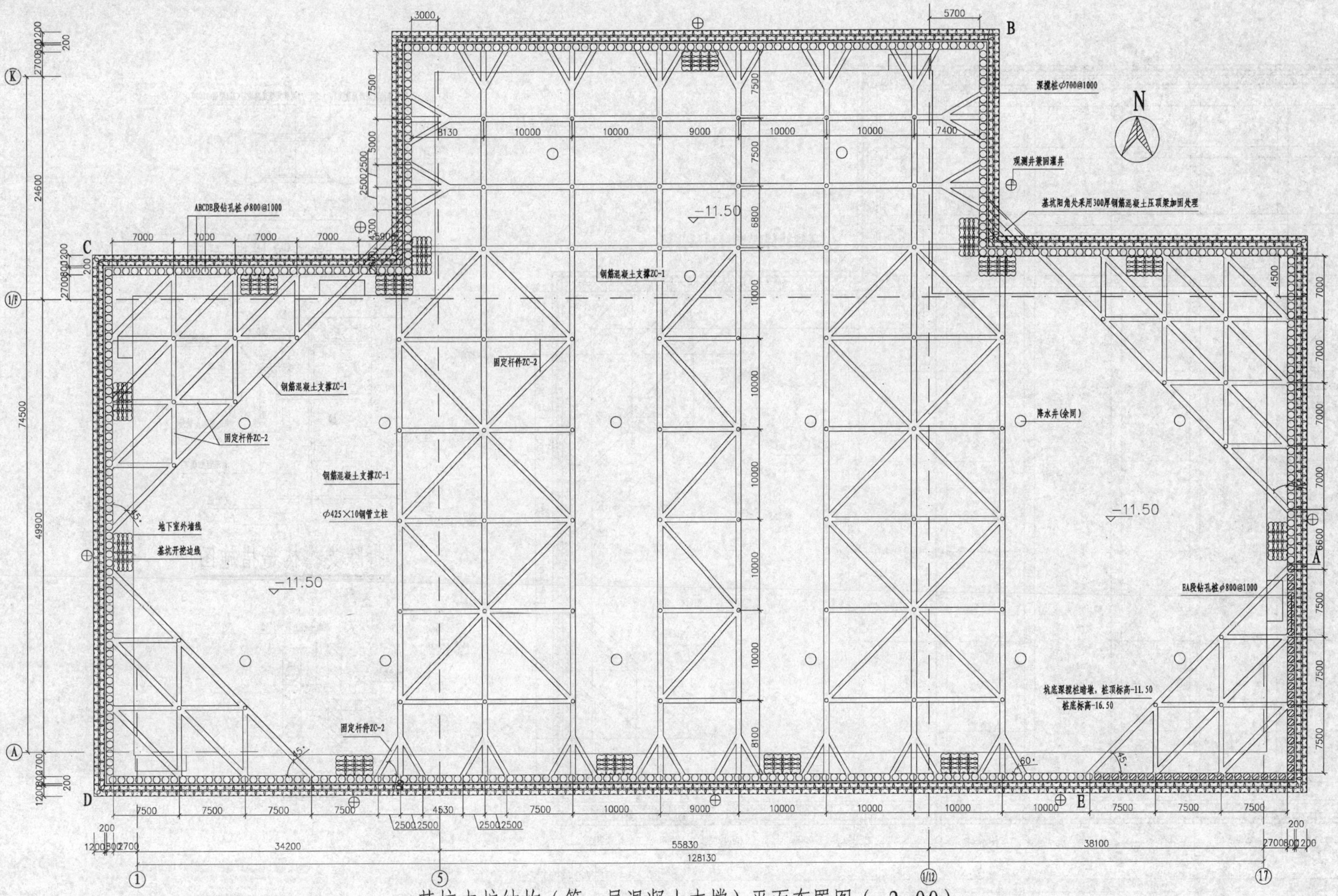

基坑支护结构（第一层混凝土支撑）平面布置图（-2.00）

基坑监测方案

一、测试内容

1. 沉降、位移观测

① 沿压顶梁顶面每隔15.0m设一位移观测点。

② 基坑北侧及西侧建筑物每栋设置8个沉降观测点。

③ 南侧临近基坑范围的道路每隔15.0m设一个沉降观测点。

④ 基坑内每根支撑立柱顶部设置一个沉降观测点。

2. 深层水平位移量测：基坑共布置8根测斜管，测斜管深度与所在位置的支护桩长相同。

3. 支撑轴力观测：选择8根左右钢管支撑，钢管支撑采用反力计法量测。

4. 桩身应力观测：选择8根左右支护灌注桩，支护灌注桩采用钢筋应力计法量测。

5. 土压力观测：基坑每边分别选择2个点，深度15.0～20.0m。

二、监测要求

1. 所有测试点，测试设备需加强保护，以防损坏。

2. 量测周期：基坑土方开挖到地下室侧壁回填。

3. 测试单位需及时向设计人员通报测试结果。

三、监测与测试的控制要求

1. 支护桩：水平位移速度不超过2mm/d；位移总量小于0.5%挖深。

2. 周围道路、支撑立柱及建筑沉降速度不超过1mm/d；周围道路沉降总量小于15mm，支撑立柱沉降总量小于10mm，房屋差异沉降不超过1/1000。

3. 桩身应力及支撑轴力：不超过设计值的80%。

四、其他

1. 各种监测点位置结合现场条件合理布置，并得到设计人员认可。

2. 基坑监测必须由基坑监测资质的单位严格按本设计要求制定。

3. 详细的基坑监测方案，并报设计人员审定确认后方可执行。

施工说明

根据业主组织专家对本支护方案评审会议的意见，本支护方案设计完善修改说明如下。

1. 本支护设计以结构设计标高±0.000（其对应绝对标高为+5.200），图中所注标高均以此为准。
2. 本方案综合考虑地质条件、周围环境、挖深等诸方面因素，支护结构方案采用：
   ①整个基坑采用钻孔灌注桩加二层支撑挡土方案；
   ②整个基坑四周外围采用双排双轴深层搅拌桩形成一个全封闭止水帷幕；
   ③坑内采用降水井疏干坑内水，坑顶做好截水沟排水系统。
3. 钻孔灌注桩：所有桩顶用圈梁锚固，桩主筋沿圆周均匀分布，桩主筋伸入圈梁长度不小于750，桩身混凝土强度等级为C30，圈梁混凝土强度等级为C30。
4. 深层搅拌桩：采用双轴深层搅拌桩机施工，前后两排桩接头错开，直径700相邻桩搭接200，采用32.5级普硅水泥,水泥掺入比13%，水灰比值0.5，送浆压力0.4～0.6MPa，相邻桩施工间隔不得超过12小时。
5. 降水井：整个基坑共布置15口管井进行降水，管井采用φ360预制混凝土管，其中滤管长为12000，井管孔壁四周采用绿豆沙填充，上部孔口2000范围内用黏土封死。
6. 立柱及立柱桩：采用φ425×10钢管立柱，下端插入钻孔灌注桩内3000，支撑下间隔11000设一立柱，立柱桩尽量利用工程桩兼作立柱桩（必须得到结构设计院认可同意）。
7. 钢筋混凝土支撑：支撑中心位置-2.00m，截面600×700，支撑内联系杆件及端部固定杆件为500×600钢筋混凝土结构，支撑间距7000～10000左右，混凝土等级均为C30，支撑安装平面垂直度小于0.003，所有支撑钢筋伸入圈梁长度不少于35d，支撑和圈梁同时浇筑，施工时应在混凝土中掺加UEA添加剂。
8. 钻孔桩、深搅桩、支撑等施工均应严格执行各自的规范、规程中的相关技术要求。
9. 支护结构达到龄期强度后，方可开挖土方。土方开挖应分层分区进行，严禁一次开挖到位或超挖，挖出的土方严禁堆放在支护结构外侧，严禁挖土设备碰撞或停放在支撑杆件上；挖至设计标高后，立即做垫层、砌砖胎模，浇筑混凝土底板，严禁基坑长时间暴露。
10. 加强对支护结构本身和邻近房屋沉降、位移的现场监测工作，及时反馈信息，以便设计人员提供相应的应急技术措施。

附注：

（1）土方开挖前应在支护桩边内侧挖一条宽1.5m，深1.5m分层厚度的应力释放沟。
（2）圈梁及支撑中的钢筋采用焊接连接，圈梁及支撑混凝土为C30。
（3）降水井位置应避开承台、地梁 、柱子等位置，若发生冲突，则只能在附近作适当调整。
（4）支撑立柱桩应避开承台、地梁、柱子等位置，若发生冲突，则只能沿着支撑轴线方向作适当调整。
（5）若地下室尺寸范围或基坑挖深发生变化，则支护方案须作相应设计调整。
（6）本图纸中尺寸除标高以米计外，其他均以毫米(mm)计。
（7）双管支撑施加预应力同步进行，且每根钢管支撑施加预应力水平向不小于900kN。
（8）在撤除支撑前，应按设计要求换撑，支撑拆除顺序为：①要求地下-2层垫层和底板浇注至支护桩边，并达到80%混凝土强度后方可拆除第二层钢管支撑。②要求地下-2层顶板完成后，在地下-2层顶板标高处设置钢筋混凝土换撑传力块后，并达到80%混凝土强度后方可拆除第一层钢筋混凝土支撑。

×××建筑设计研究院						
院审		专业组长		建设单位		
审核		校　对		工程项目		
设计负责人		设　计		某基坑支护内支撑体系	设计号	
					图　号	01
专业负责人		制　图			日　期	

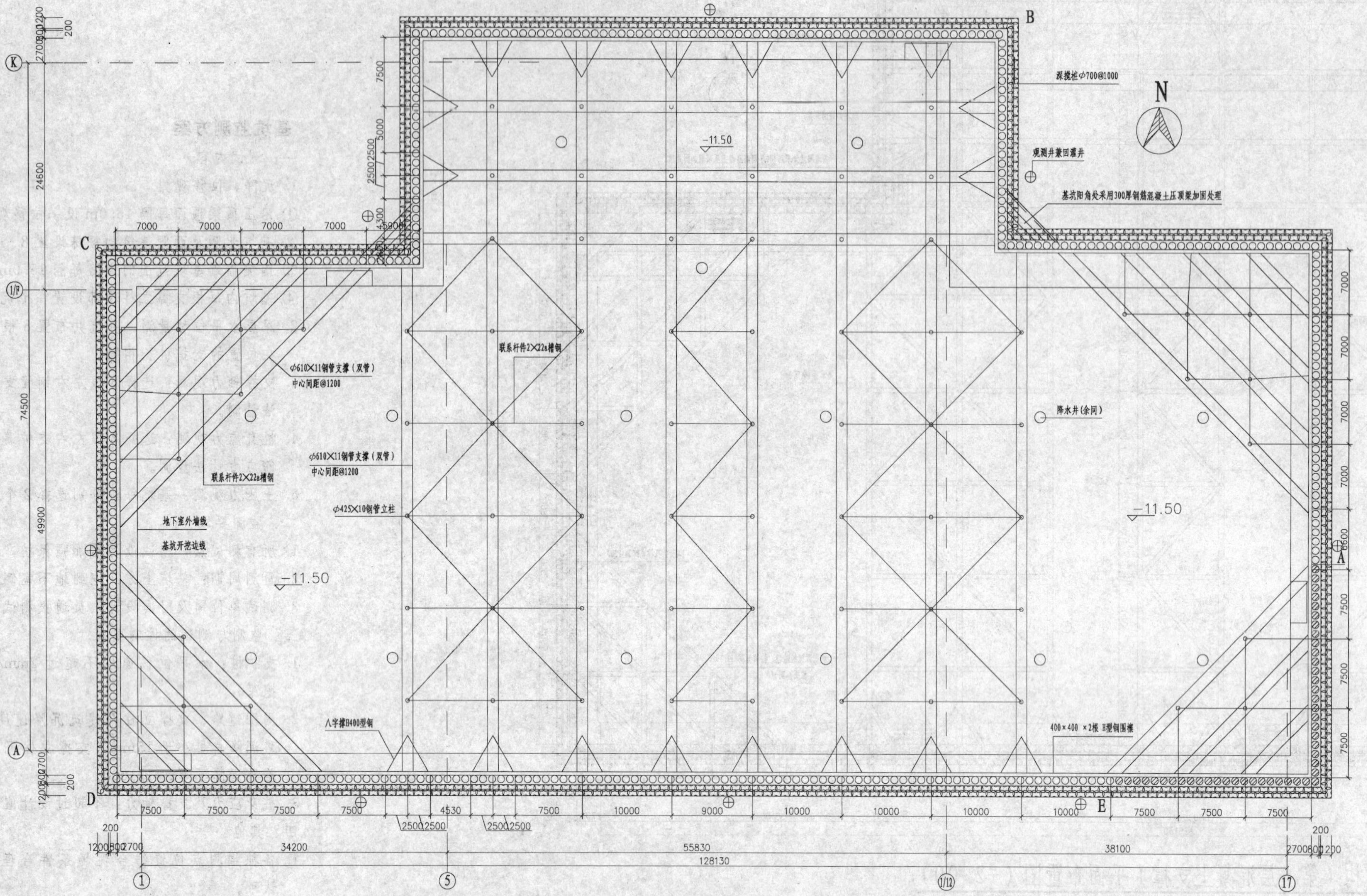

基坑支护结构（第二层钢管支撑）平面布置图（-8.00）

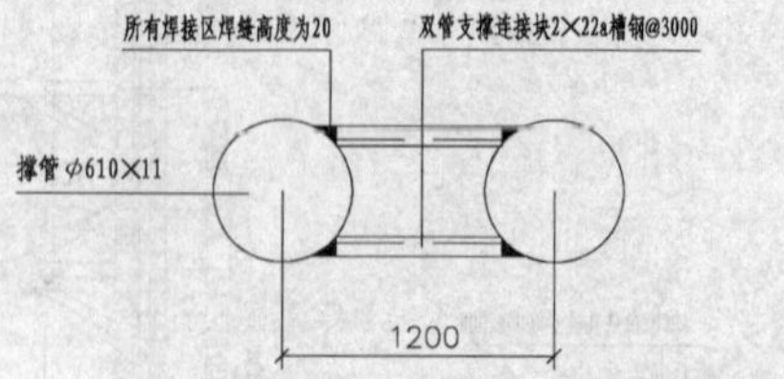

双管支撑连接横断面图

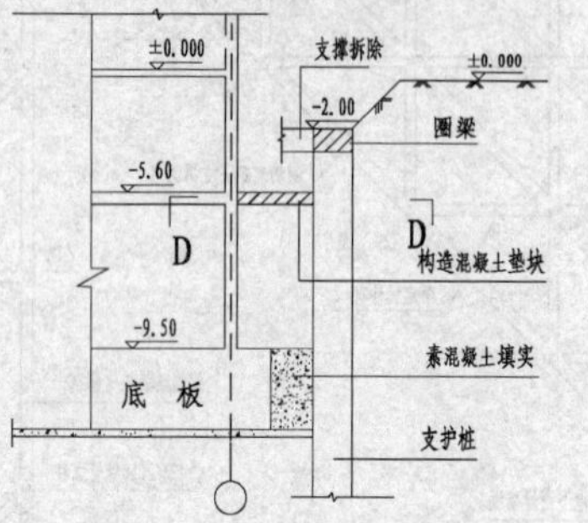

拆除支撑构造措施图

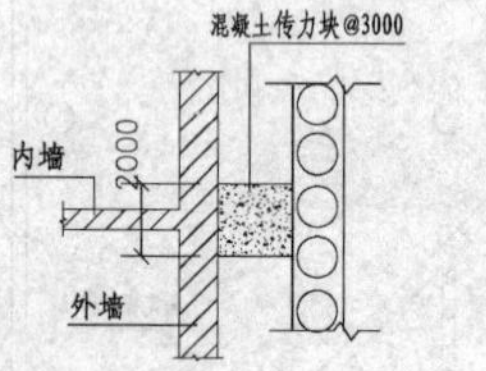

D-D

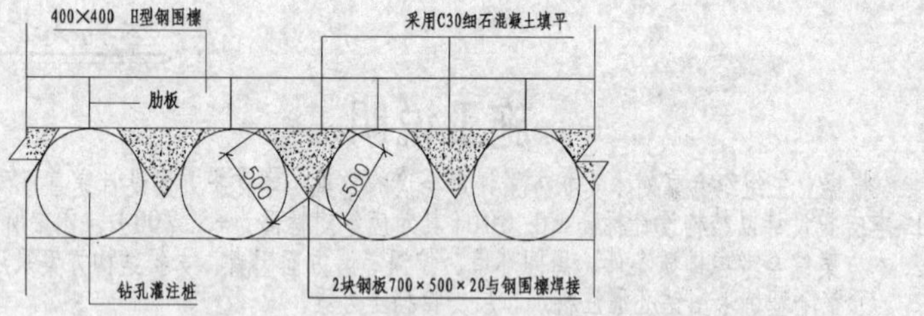

第二层钢围檩平面大样

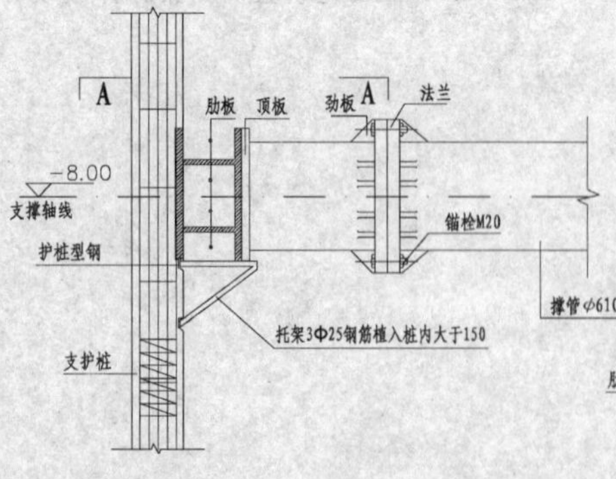

第二层钢管支撑与支护桩节点大样

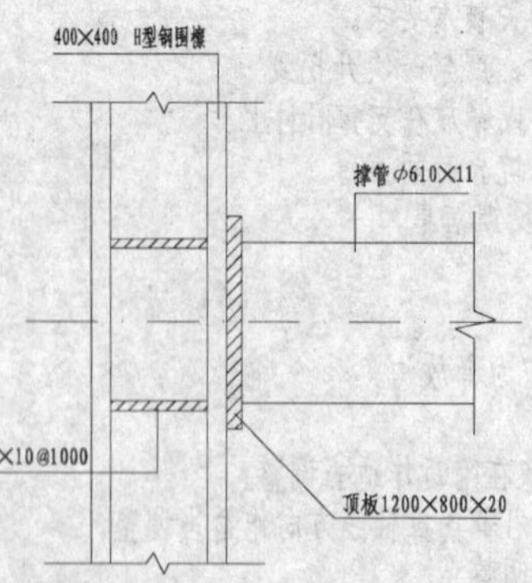

A-A

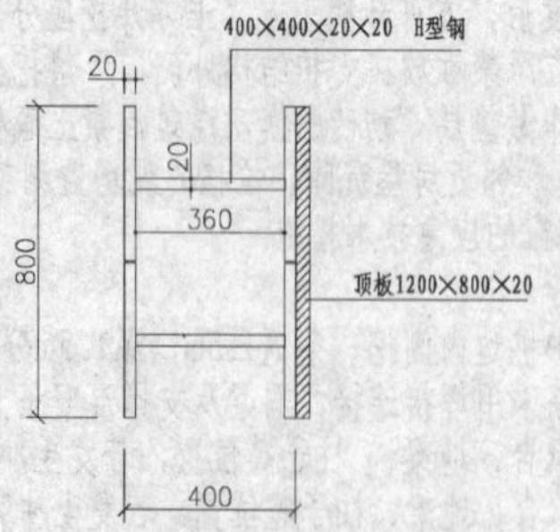

围檩大样

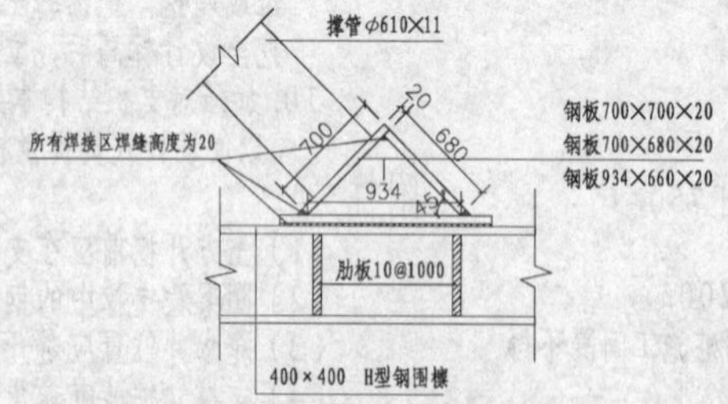

第二层角撑牛腿大样

×××建筑设计研究院					
院审		专业组长		建设单位	
审核		校　对		工程项目	
设计负责人		设　计		某基坑支护内支撑体系	设计号
专业负责人		制　图			图　号 02
					日　期

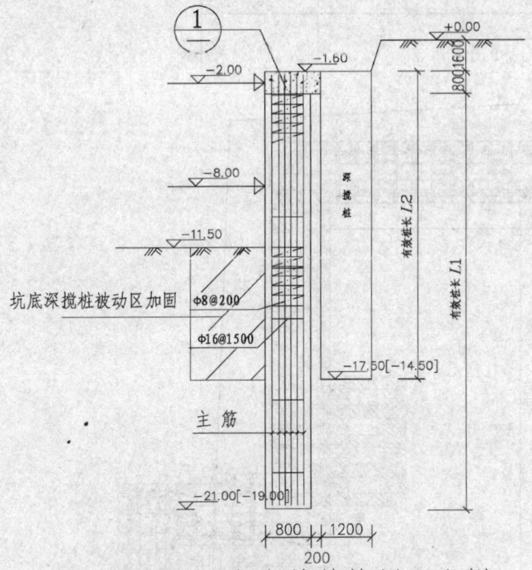

ABCDE段支护结构剖面大样

[EA段支护结构剖面大样]

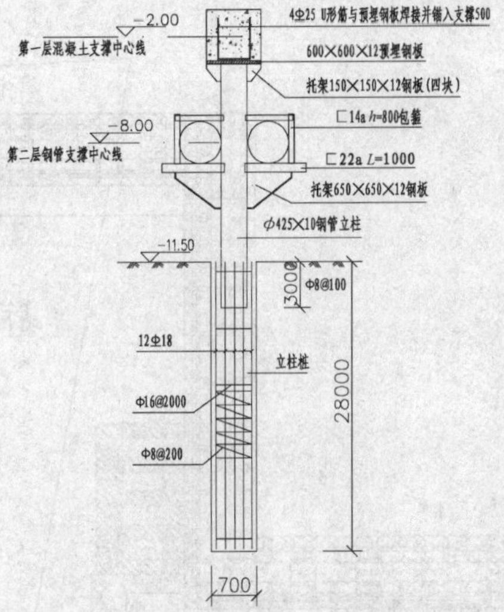

立柱与支撑节点大样

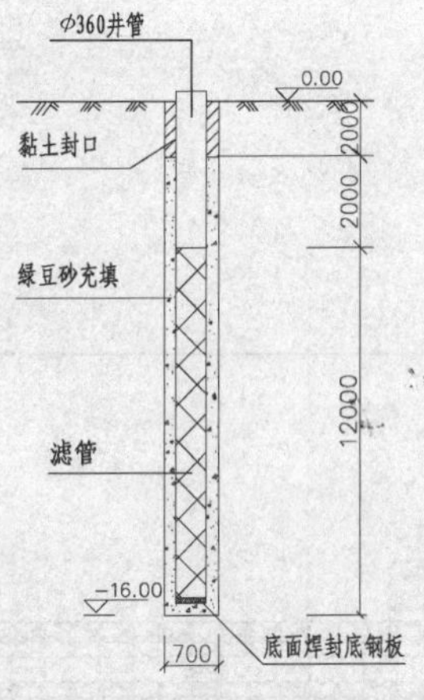

降水井大样

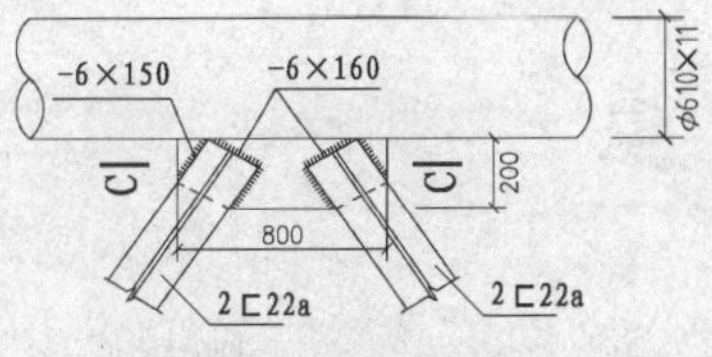

角撑与联系杆节点大样

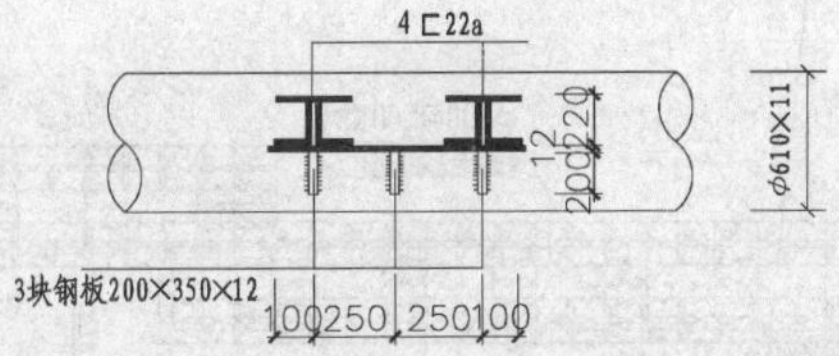

C-C

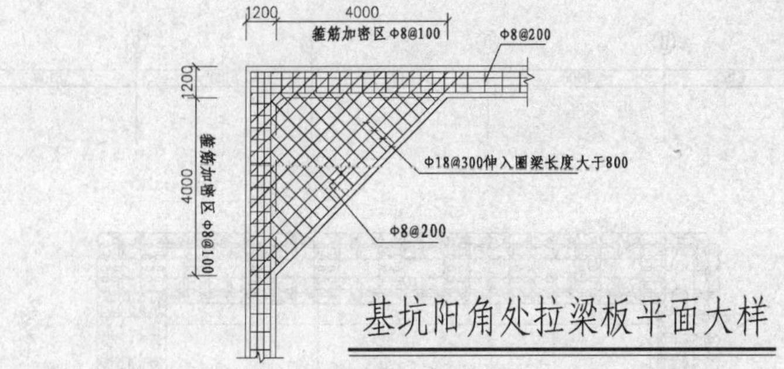

基坑阳角处拉梁板平面大样

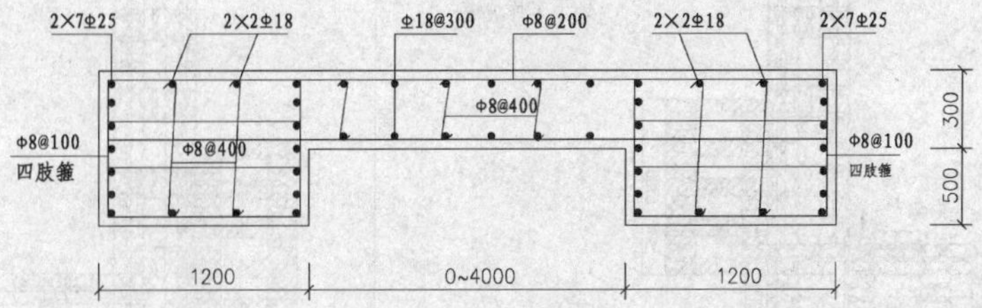

基坑阳角处拉梁板剖面大样

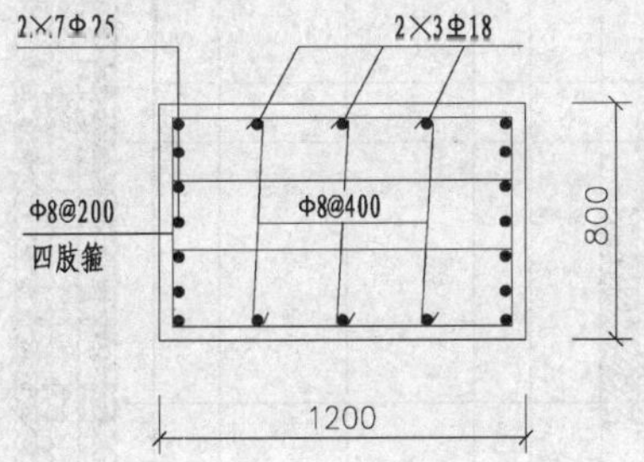

① 圈梁大样

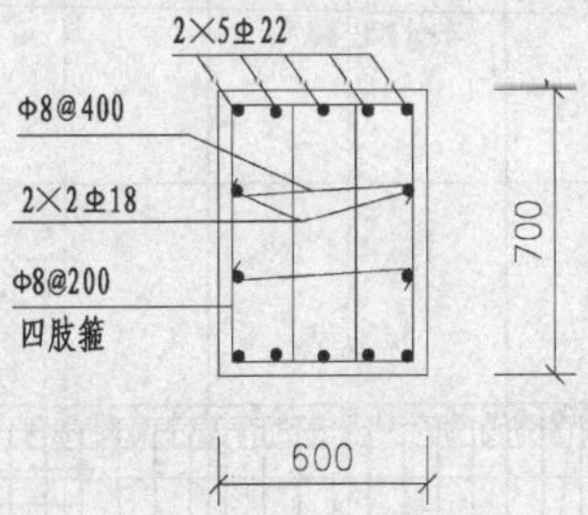

主支撑ZC-1大样

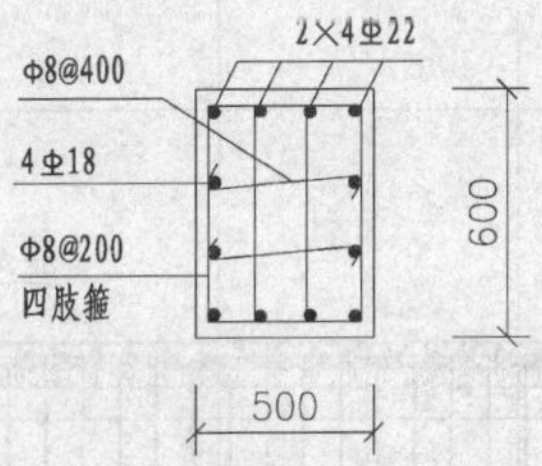

联系支撑ZC-2大样

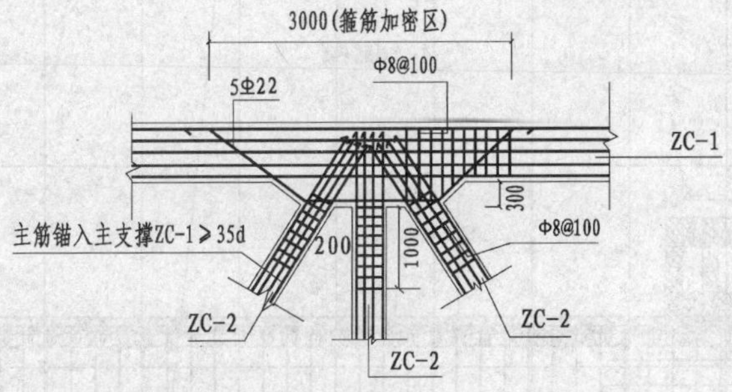

主对撑梁与联系梁节点大样

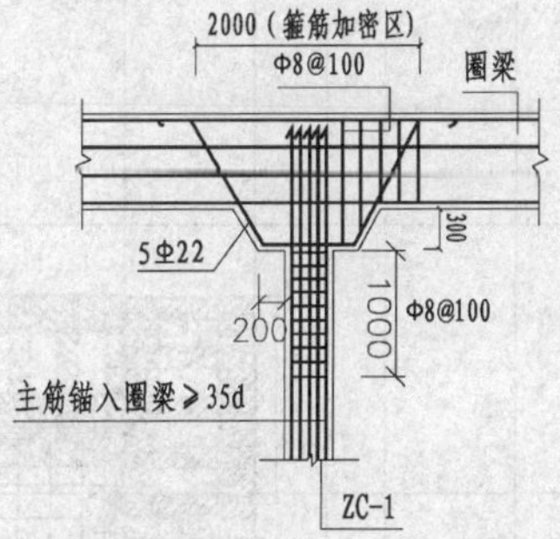

主对撑梁与圈梁节点大样

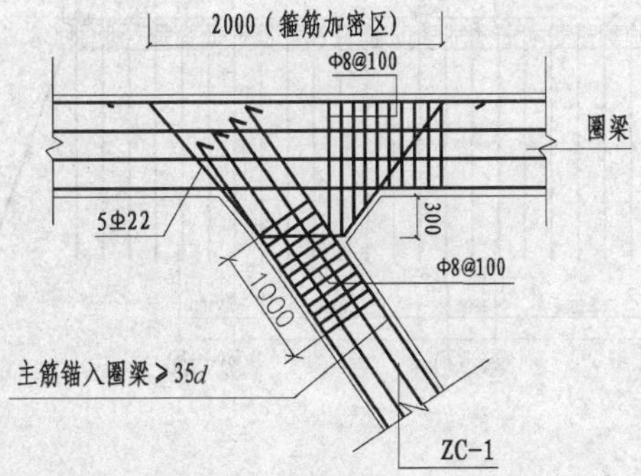

角支撑梁与圈梁节点大样

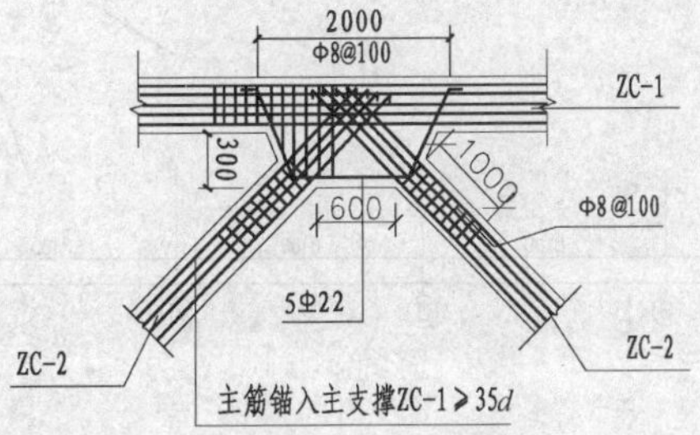

角支撑梁与联系梁节点大样

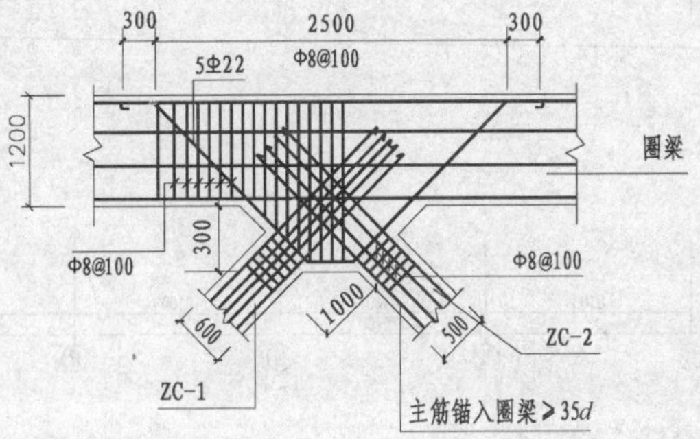

角撑、联系梁与圈梁节点大样

桩参数 / 位置	桩径 d	桩中心距	主筋 Ⅲ级钢筋	钻孔桩长 $L1$	深搅桩长 $L2$	混凝土强度
基坑 ABCDE 段	ϕ800	@1000	12Φ25	18600	15900	C30
基坑东南侧 EA 段	ϕ800	@1000	10Φ25	16600	12900	C30

×××建筑设计研究院					
院审		专业组长		建设单位	
审核		校对		工程项目	
设计负责人		设计		某基坑支护内支撑体系	设计号
					图号 03
专业负责人		制图			日期

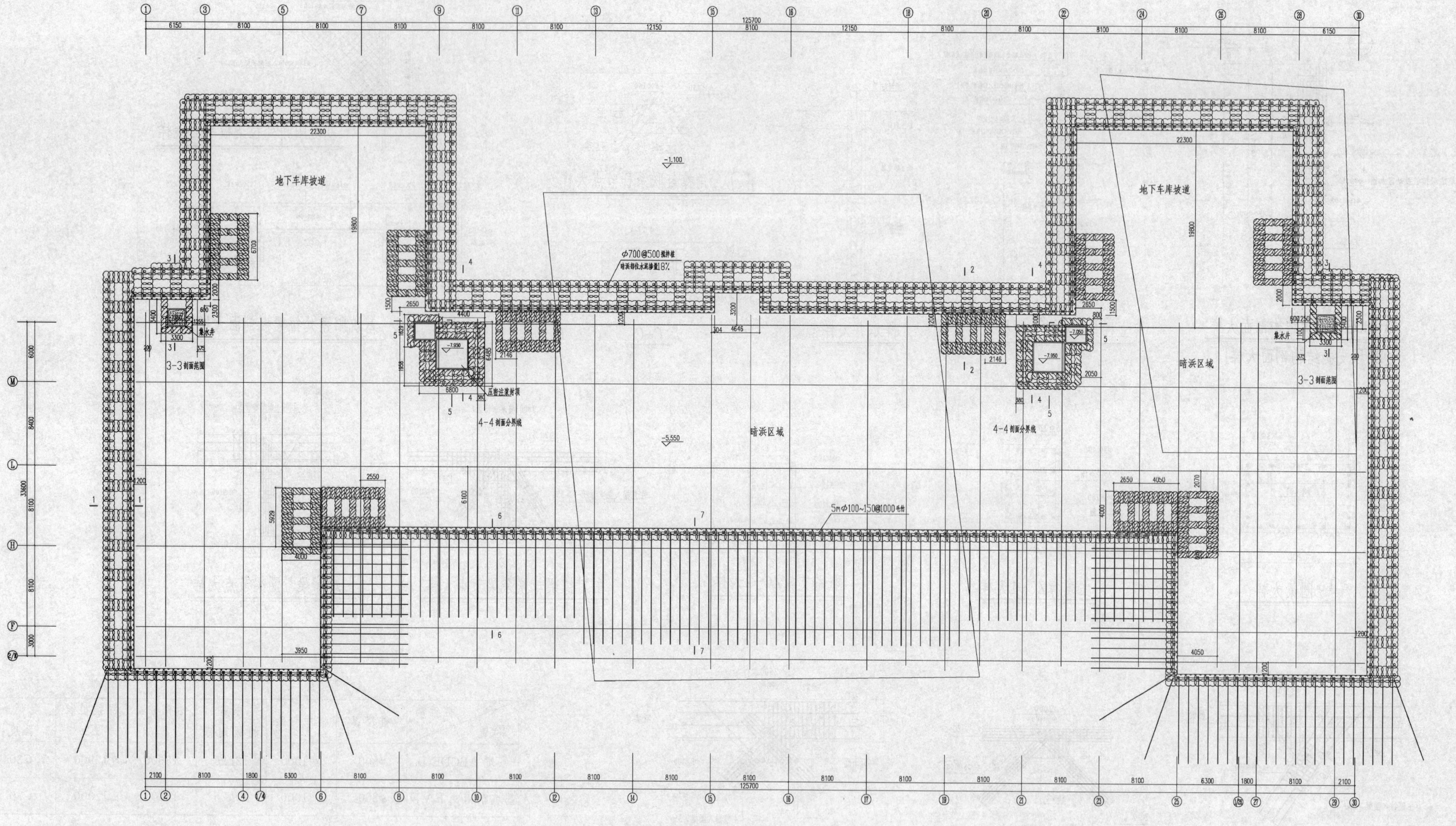

基坑围护平面图

×××建筑设计研究院							
院审		专业组长		建设单位			
审核		校　对		工程项目			
设计负责人		设　计		某住宅楼水泥土	设计号		
				搅拌桩基坑	图　号	01	
专业负责人		制　图		支护-围护平面图	日　期		

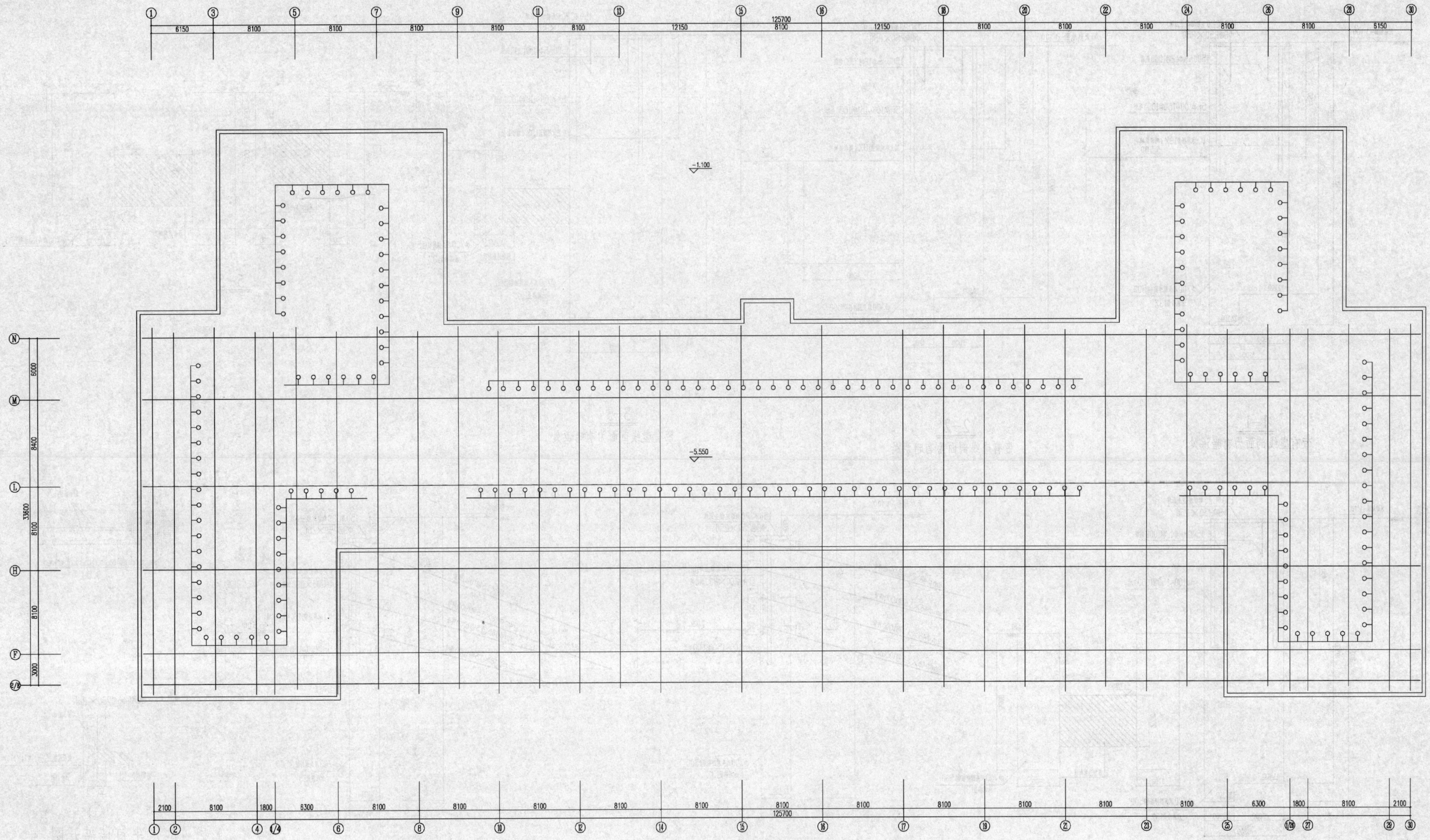

基坑降水平面图

XXX建筑设计研究院						
院审		专业组长		建设单位		
审核		校 对		工程项目		
设计负责人		设 计		某住宅楼水泥土搅拌桩基坑支护-降水平面图	设计号	
					图 号	02
专业负责人		制 图			日 期	

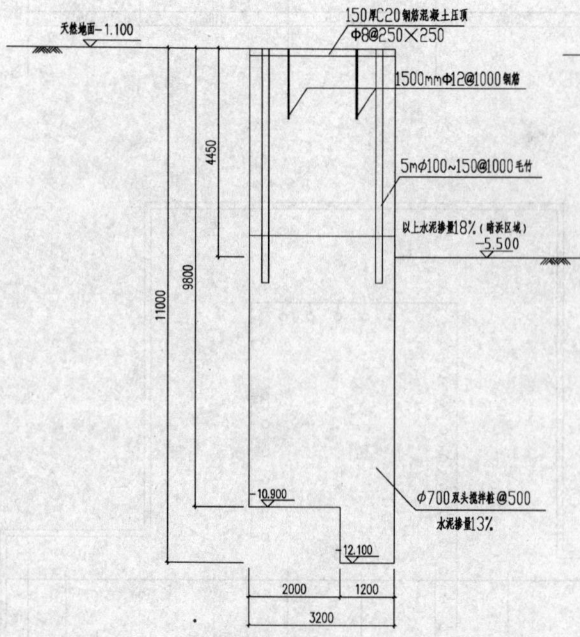

1-1

带有虚线剖面为有暗浜处

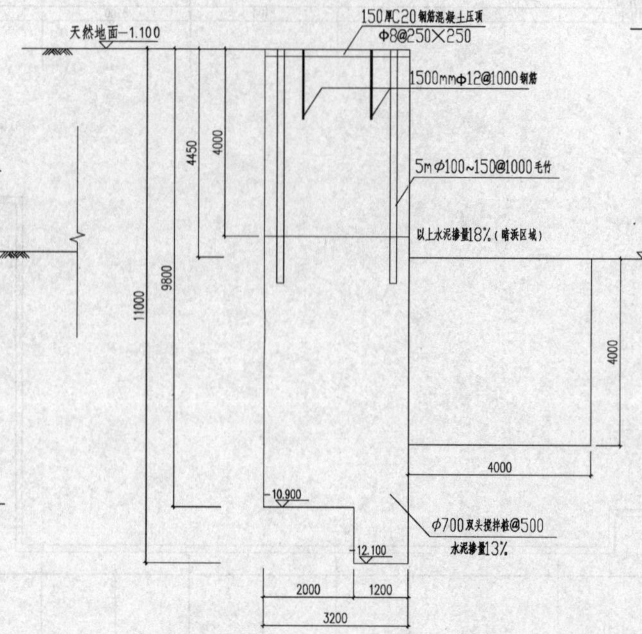

2-2

带有虚线剖面为有暗浜处

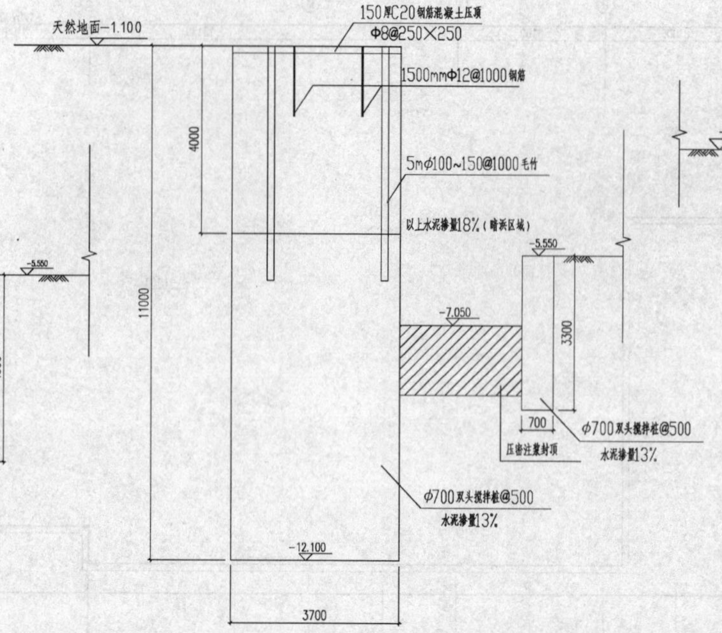

3-3

带有虚线剖面为有暗浜处

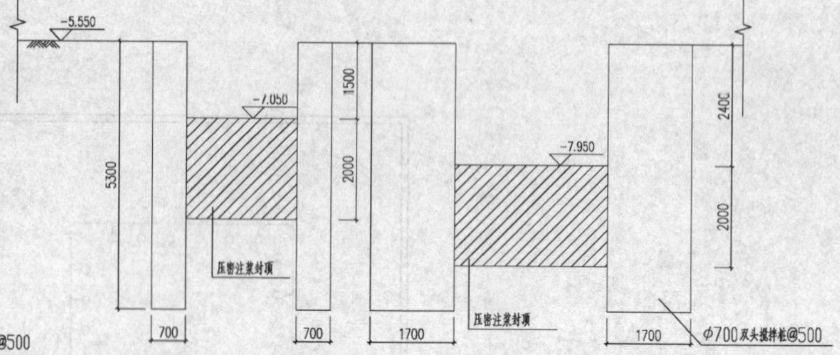

5-5

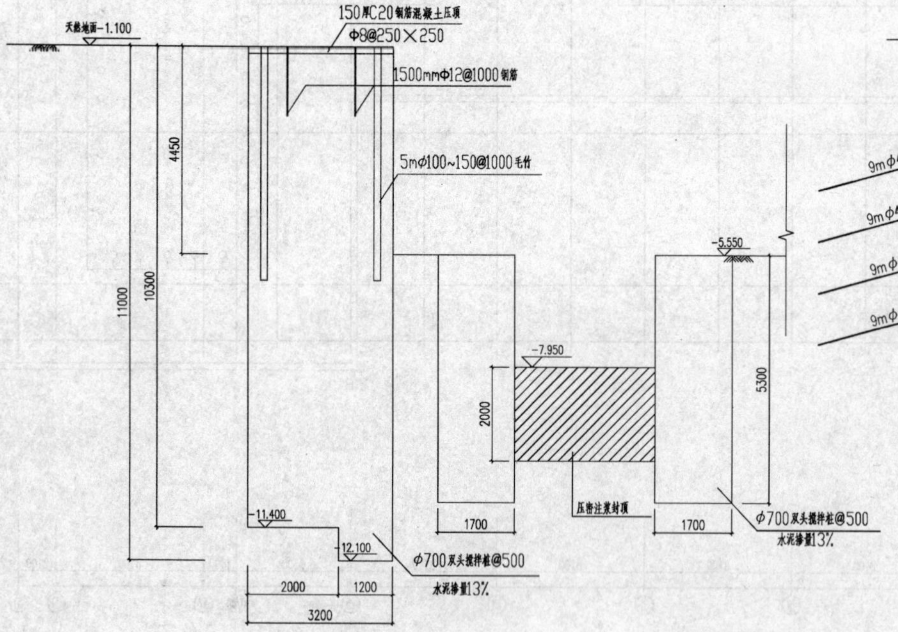

4-4

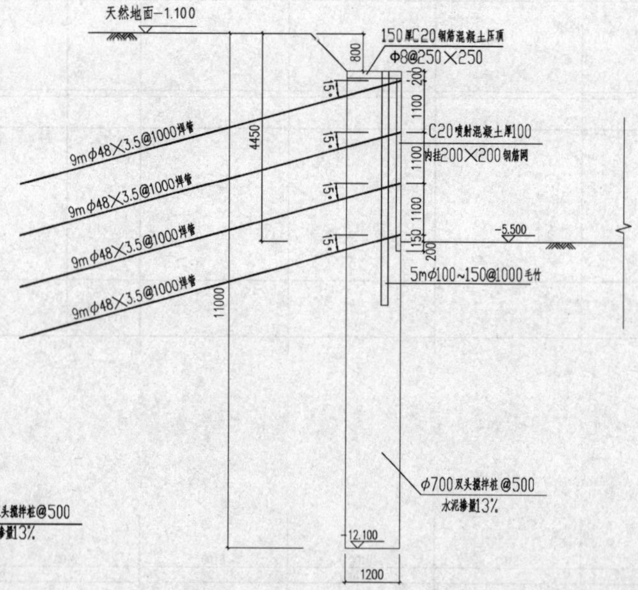

6-6

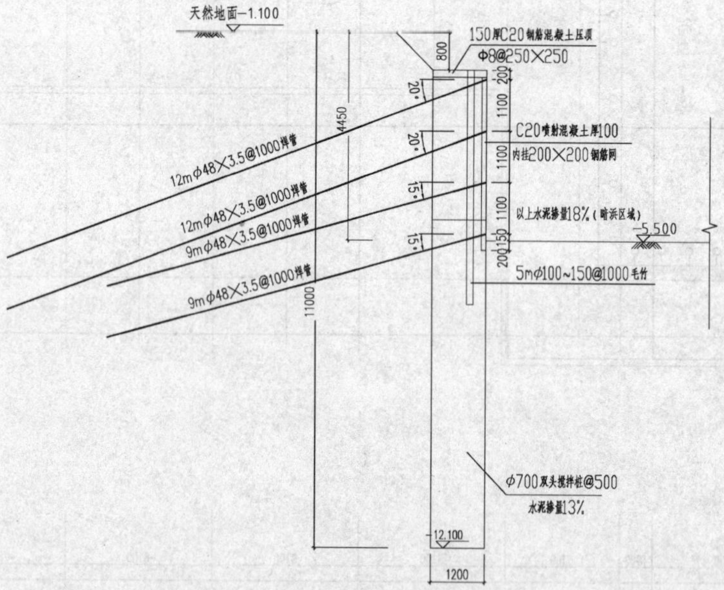

7-7

带有虚线剖面为有暗浜处

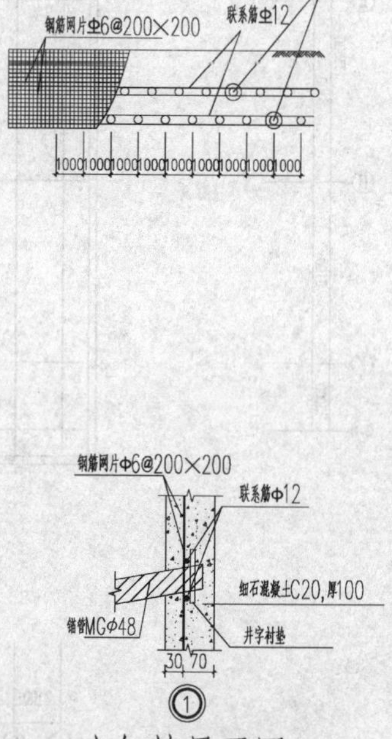

土钉墙展开图

×××建筑设计研究院						
院审		专业组长		建设单位		
审核		校　对		工程项目		
设计负责人		设　计		某住宅楼水泥土搅拌桩基坑支护-支护结构详图	设计号	
专业负责人		制　图			图　号	03
					日　期	

支护结构设计说明

1. 设计依据

(1)《建筑基坑支护技术规程》(JGJ 120—1999)。

(2)《混凝土结构设计规范》(GB 50010—2010)。

(3) ××××××商厦《岩土工程勘察报告》。

(4) ×××××××建筑设计研究院提供的地下室平面图、剖面图，基础平面图及桩位图。

(5) 其他有关设计规范和规程。

2. 设计基本技术要求

(1) 施工图尺寸单位：标高以米（m）计，其余以毫米（mm）计。

(2) 本工程标高±0.000为建筑室内标高，相当于黄海标高的数值为4.950。

(3) 本工程施工现场地面平均高程为1.950m，相对建筑标高为－3.000；

主楼基坑实际挖深6.530，附楼基坑最大挖深5.530（包括200厚块石垫层，100厚C10素混凝土垫层），本工程基坑侧壁安全等级为二级。

(4) 钢材和焊条 Φ—HPB300钢筋：$f_y=270N/mm$。

Φ—HRB335钢筋：$f_y=300N/mm$。

钢板及型钢均用Q235—B钢。

HPB300钢筋与其他钢筋或钢板焊接采用E43焊条。

HPB335钢筋焊接采用E50焊条。

(5) 混凝土强度等级及钢筋保护层厚度 基础垫层混凝土强度等级：C10。

灌注桩混凝土强度等级：C25，钢筋保护层厚度50。

梁混凝土强度等级：C25，钢筋保护层厚度30。

(6) 钢筋的最小锚固长度 $l_a=35d$。

(7) 排水沟砖砌体采用MU10黏土砖，M5水泥砂浆砌筑。

3. 支护结构地面荷载

(1) 基坑周边15m范围内堆载不得超过20kPa，支撑上严禁堆载；

(2) 严禁挖斗撞击支撑立柱，严禁超挖，距离坑底30cm以及地梁承台等局部土方宜人工挖除。

4. 深层水泥搅拌桩的要求

(1) 止水帷幕采用中500@400水泥搅拌桩，水泥采用强度等级42.5MPa普通硅酸盐水泥，水灰比小于0.55，水泥掺和比13%，内掺0.2%木钙。成桩工艺要求四次搅拌二次喷浆，提升速度<0.55m/min，应严格控制搅拌桩桩位及垂直度，保证搭接。停灰面应高于设计桩顶标高500mm。

(2) 施工中宜先施工搅拌桩再施工钻孔灌注支护桩，以减小两者之间空隙。

(3) 桩位偏差轴线和垂直轴线方向均不宜超过垂直度50mm，偏差不宜大于0.5%。

(4) 深层水泥搅拌桩质量检验。

5. 高压喷射注浆桩的要求

(1) 河道回填范围内，为避免回填土中石块对搅拌桩施工的影响，该范围内搅拌桩改用高压喷射注浆桩；

(2) 高压喷射注浆桩采用双管法施工，水泥采用强度等级42.5MPa普通硅酸盐水泥，水泥浆水灰比小于1.0；

(3) 高压浆压力不小于20MPa，内掺0.2%水玻璃，提升速度<0.55m/分钟，应严格控制搅拌桩桩位及垂直度，保护搭接。

6. 钻孔灌注桩的要求

(1) 钻孔灌注桩直径为700mm和600mm，中心距为900mm，桩长详见基护图，桩身混凝土强度等级为C25，坍落度15～20cm。

(2) 钢筋笼采用焊接，主管保护层厚度50，锚入压顶梁内750，桩顶超灌500mm，并嵌入压顶梁内50，桩位水平偏差不得大于100，竖向偏差不得大于0.5%，充盈系数>1.10。

(3) 排桩应采取隔桩施工，并应在灌注混凝土24小时后进行邻桩成孔施工。

(4) 钻孔工作结束后，应对钻孔进行全面检查（包括孔位、孔深、孔径、孔垂直度）合格后方能进行清孔，清孔后孔底沉渣应小于200mm，清孔后应即浇灌水下混凝土，不能间歇。

(5) 浇灌水下混凝土时应注意下列事项。

a. 导管埋入混凝土的深度不得小于1.0m，不宜超过5.0m。

b. 拔导管速度不宜过快，要与混凝土落入量相适应，以免管底离开混凝土面时被水渗入而造成质量事故。

c. 每根桩灌注混凝土时，应对抽管速度、相应混凝土落入量、事故等作详细记录，以备查用。

d. 质检人员对混凝土质量应进行检验，并应留试样，试件抽样每根桩一组三块。

(6) 本工程支护桩全部采用低应变动测法检测灌注桩身完整性。

7. 桩间土防护

桩间土防护采用240厚，MU10黏土砖、M7.5水泥砂浆砖砌体护面处理方法，当桩间渗水时应在护面中设泄水孔。

8. 内支撑立柱

(1) 内支撑竖向立柱上部采用井字型钢构架，8个立柱桩利用工程桩，2个采用新增ϕ700钻孔灌注桩，位置详见平面；

(2) 钢构架角钢为Q235钢，焊条为E43，缀板与角钢的焊接为围焊，焊缝高度：6mm，钢构架上部伸入支撑400mm，下部插入钻孔灌注桩内2000mm。

9. 施工步骤

(1) 基坑内开挖至－5.000标高，浇筑坑内支撑和桩顶冠梁；

(2) 支撑达到设计强度的80%后，基坑内开挖到－9.530（主楼）和－8.130（附楼），施工200厚块石垫层，浇筑100厚C10素混凝土垫层；

(3) 及时浇筑地下室底板；

(4) 地下室底板浇筑完成并达到设计强度的80%，同时用400厚C10混凝土将底板与支护桩之间空隙填实后，拆除底层支撑。

10. 施工注意事项

(1) 基坑挖土施工应做到“五边”即：边挖、边凿、边铺、边浇、边砌，坑底无垫层时间不宜超过24小时；确保基坑土体不长期暴露，提高基坑稳定性，并尽早施工地下室底板；

(2) 对于地表处的雨水和施工用水，在基坑外侧4.0m左右地面处设置贯通的地面排水沟，并沿排水沟每隔20m左右设置集水井，将地面雨水、污水集中后，排入下水管阀；

(3) 基坑内根据现场施工情况设纵横向排水沟，并每隔20m左右设坑底集中排水井，做好基坑内外有组织的排水工作；

(4) 基坑开挖过程中，发生异常情况时，应立即停止挖土并应立即查清原因并采取解决措施，经设计人员认可后方能继续挖土。

11. 施工观测

(1) 本工程处于深厚软黏土地区，施工过程中应进行监测，做到信息化施工。监测内容主要为：基坑深层土体水平移、支撑内力观测，埋设6根测试管和6组钢筋应力计。

(2) 基坑深层土体水平位移警戒值为50mm，每日水平位增量连续三天大于3mm；支撑内力警戒值为3300kN，在基坑开挖过程中应定人定期进行观测，有异常情况应进行连续观测，并及时通知各有关单位，以便及时处理。

(3) 基坑开挖前应在现场准备一定数量的钢管、型钢和草包等应急材料，发现异情后可采取基坑外卸土，回填上方或草包，设临时支撑等应急措施。

(4) 塔吊基础应另行专门设计。

×××建筑设计研究院							
院审		专业组长		建设单位			
审核		校　对		工程项目			
设计负责人		设　计		某商厦基坑支护结构设计说明		设计号	
						图　号	01
专业负责人		制　图				日　期	

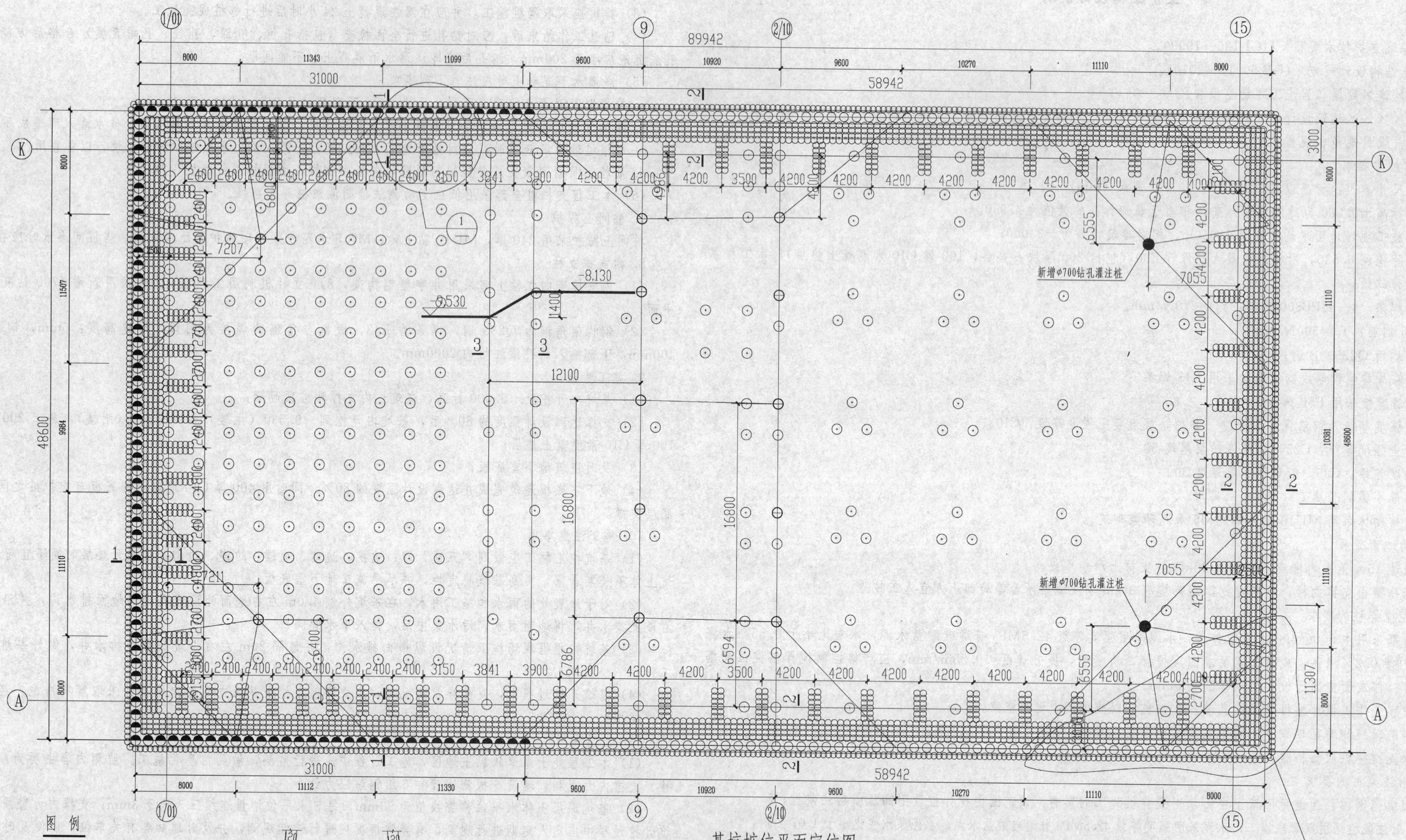

基坑桩位平面定位图

图 例

- φ700@900钻孔灌注支护桩
- φ600@900钻孔灌注支护桩
- 新增φ700钻孔灌注桩作内支撑立柱桩
- 利用φ800工程桩作内支撑立柱桩
- φ500@400深层搅拌桩
- φ800工程桩

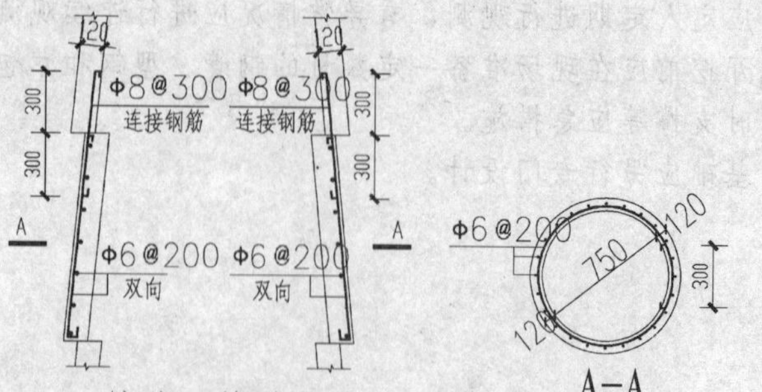

护壁配筋详图　　A-A

人工成孔护壁说明：

1. 桩护壁的混凝土强度等级为C20。
2. 第一节挖深约1.000m，浇钢筋混凝土护筒。
3. 往下施工时，以每一节为一个施工循环（即挖好每节土后，接着浇灌一节混凝土护壁）。每一节高度为1000。
4. 为保证桩的垂直度，要求每浇灌完三节护壁，须校核桩中心位置及垂直度一次。

×××建筑设计研究院							
院审		专业组长		建设单位			
审核		校对		工程项目			
设计负责人		设计		某商厦基坑		设计号	
						图号	02
专业负责人		制图		支护-桩位图		日期	

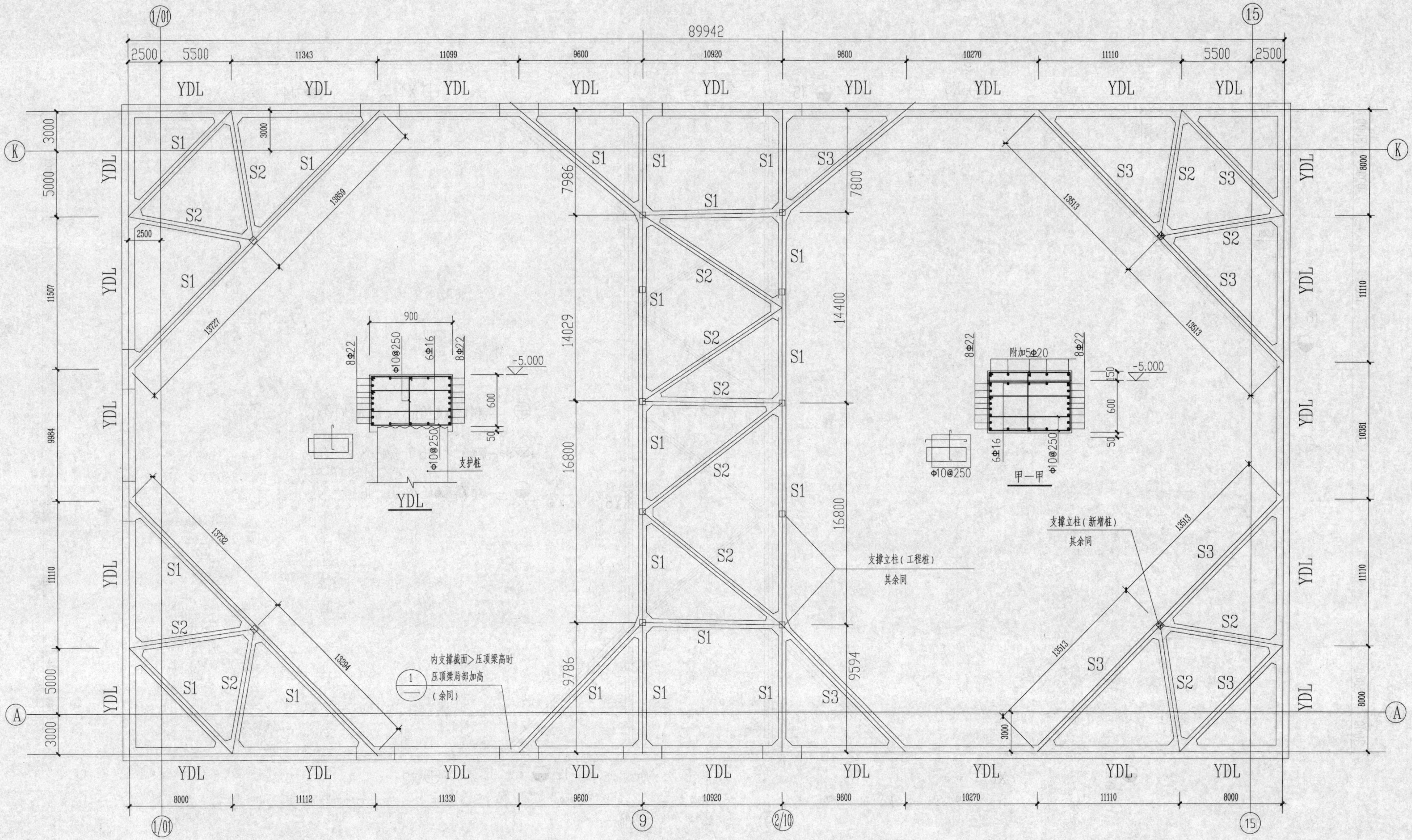

顶层基坑内支撑平面布置图

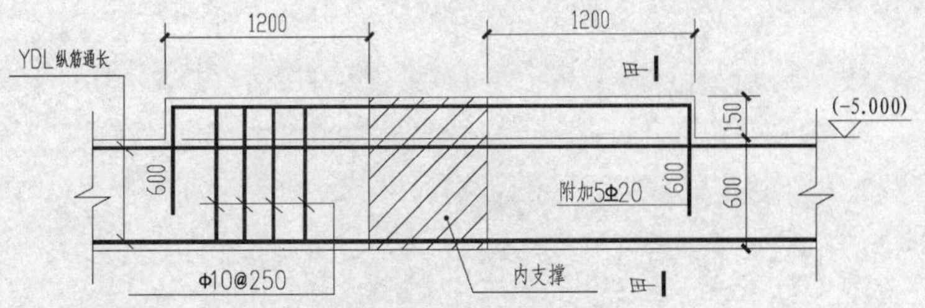

① 压顶梁（围檩）局部加高大样

说明：

1. 支撑及冠梁的箍筋在距节点2m范围内为Φ8@100，其余均为Φ8@200；
2. 内支撑立柱详基坑支护-05；
3. 内支撑节点大样详基坑支护-05。

×××建筑设计研究院					
院审		专业组长		建设单位	
审核		校对		工程项目	
设计负责人		设计		某商厦基坑支护-内支撑平面图	设计号
					图号 03
专业负责人		制图			日期

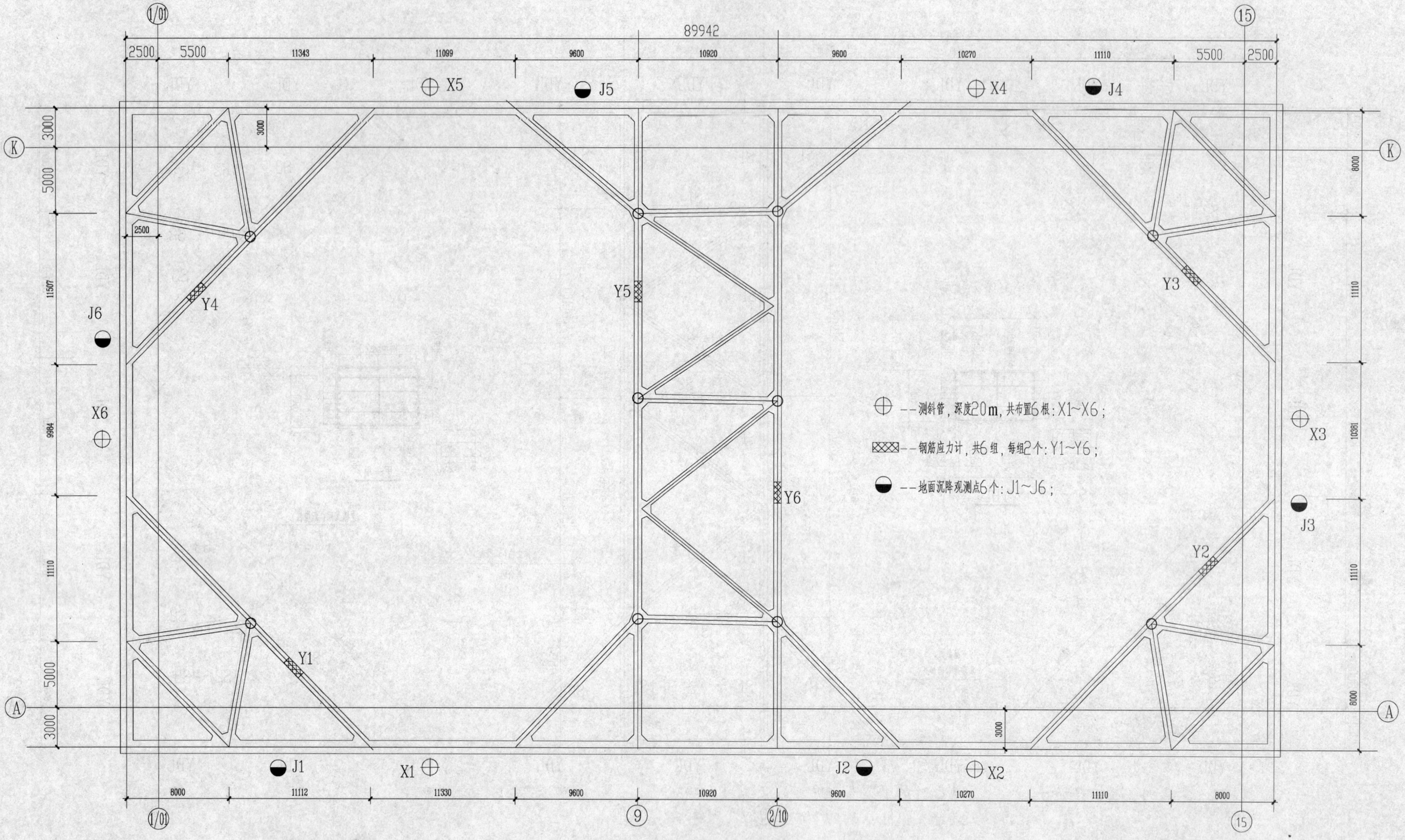

基坑监测点布置图

×××建筑设计研究院							
院审		专业组长		建设单位			
审核		校　对		工程项目			
设计负责人		设　计		某商厦基坑支护-监测点平面图	设计号		
专业负责人		制　图			图　号	04	
					日　期		

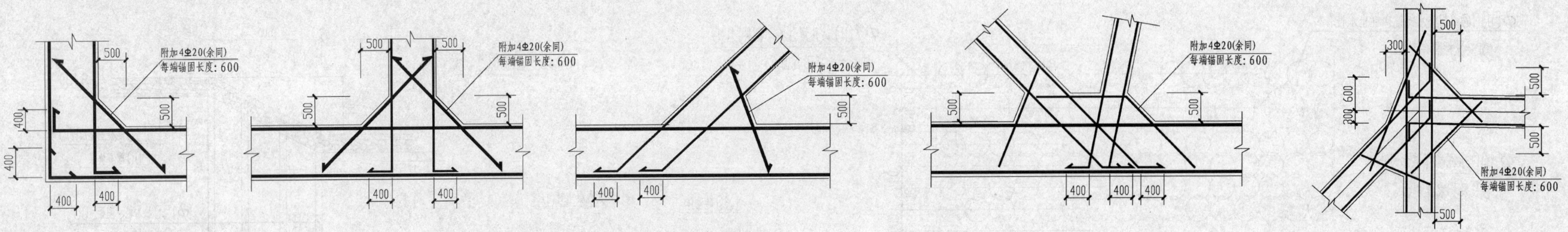

YDL与内支撑、内支撑与内支撑节点大样

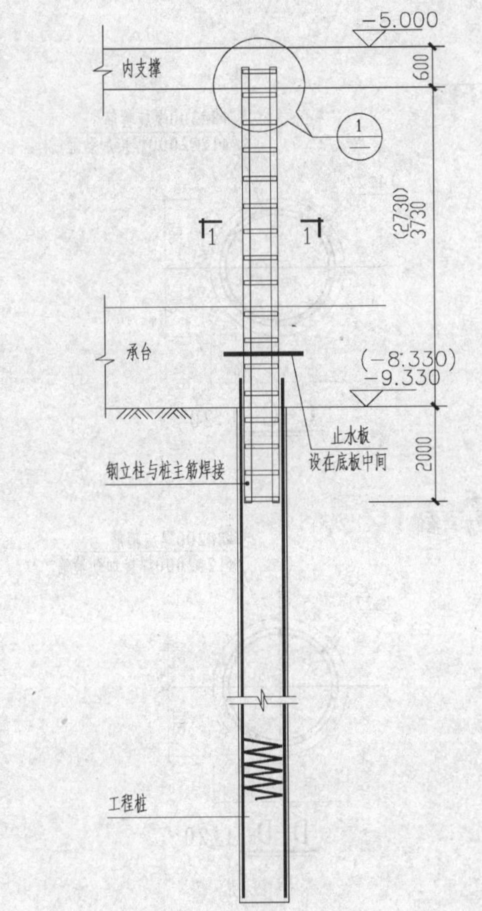

支撑立柱详图（工程桩）

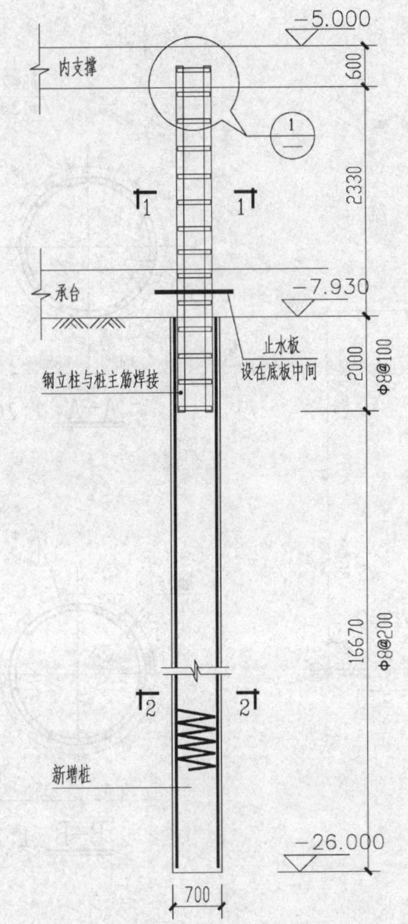

支撑立柱详图（新增桩）

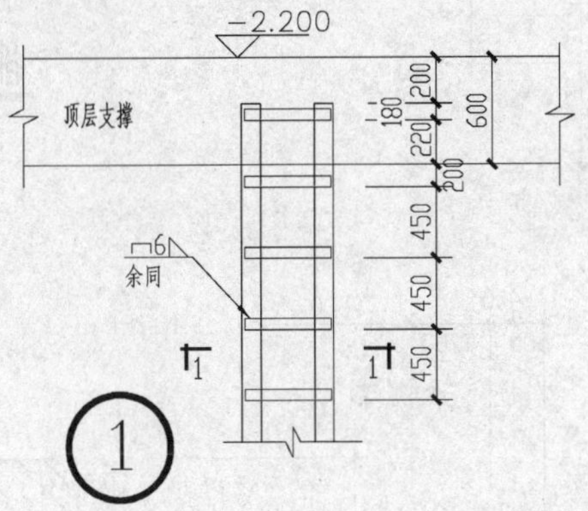

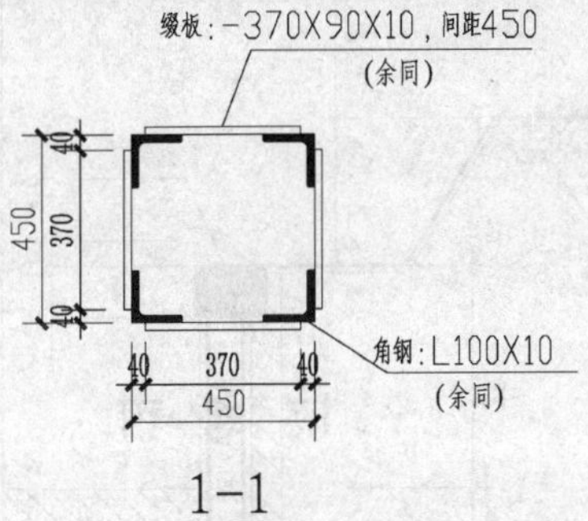

1-1

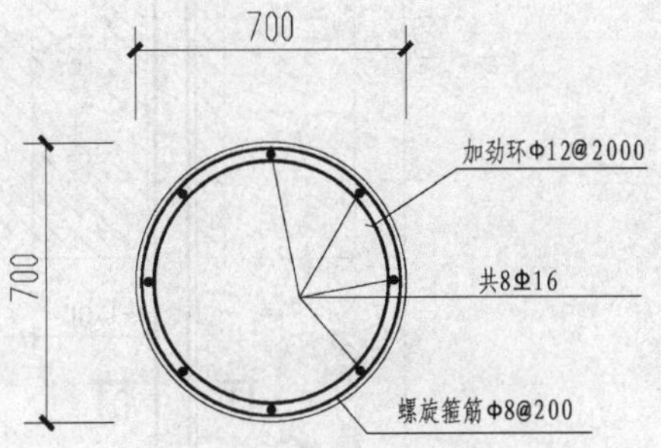

2-2

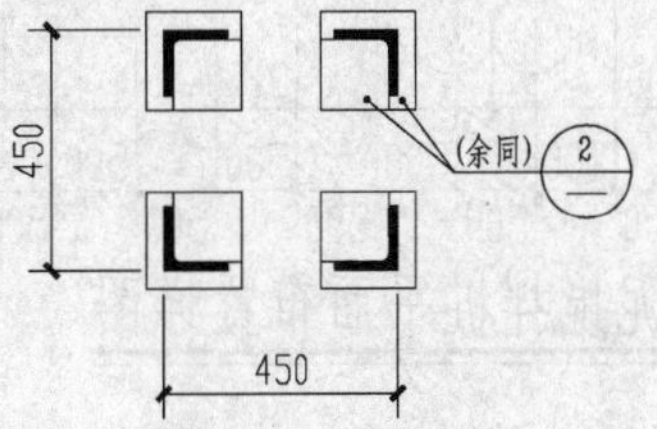

止水片大样

t=6mm

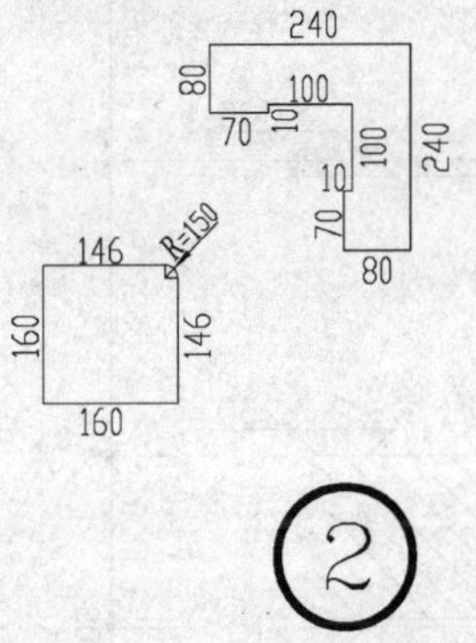

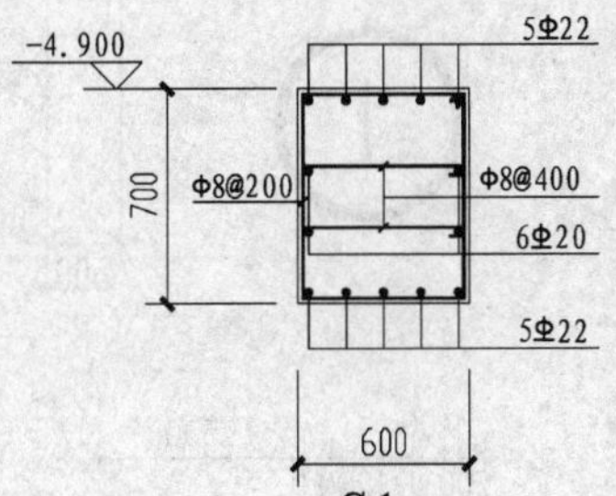

S1 1:30

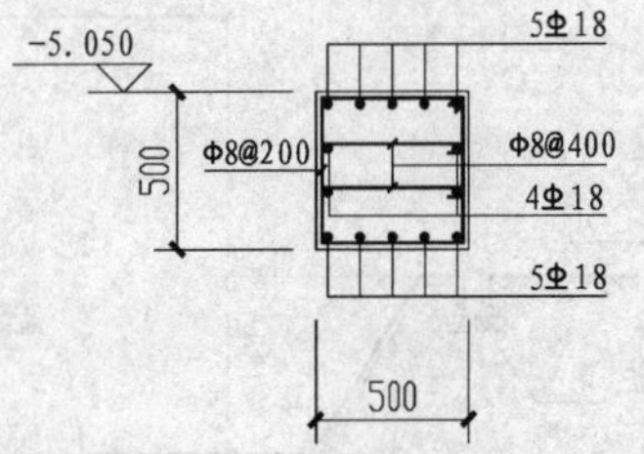

S2 1:30

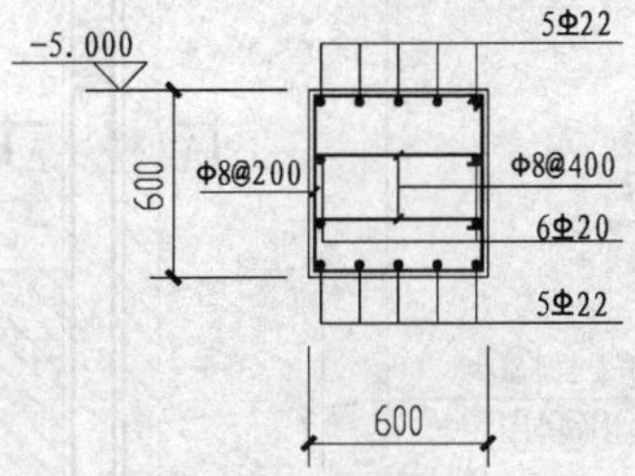

S3 1:30

×××建筑设计研究院						
院审		专业组长		建设单位		
审核		校 对		工程项目		
设计负责人		设 计		某商厦基坑支护-	设计号	
专业负责人		制 图		立柱及节点详图	图 号	05
					日 期	

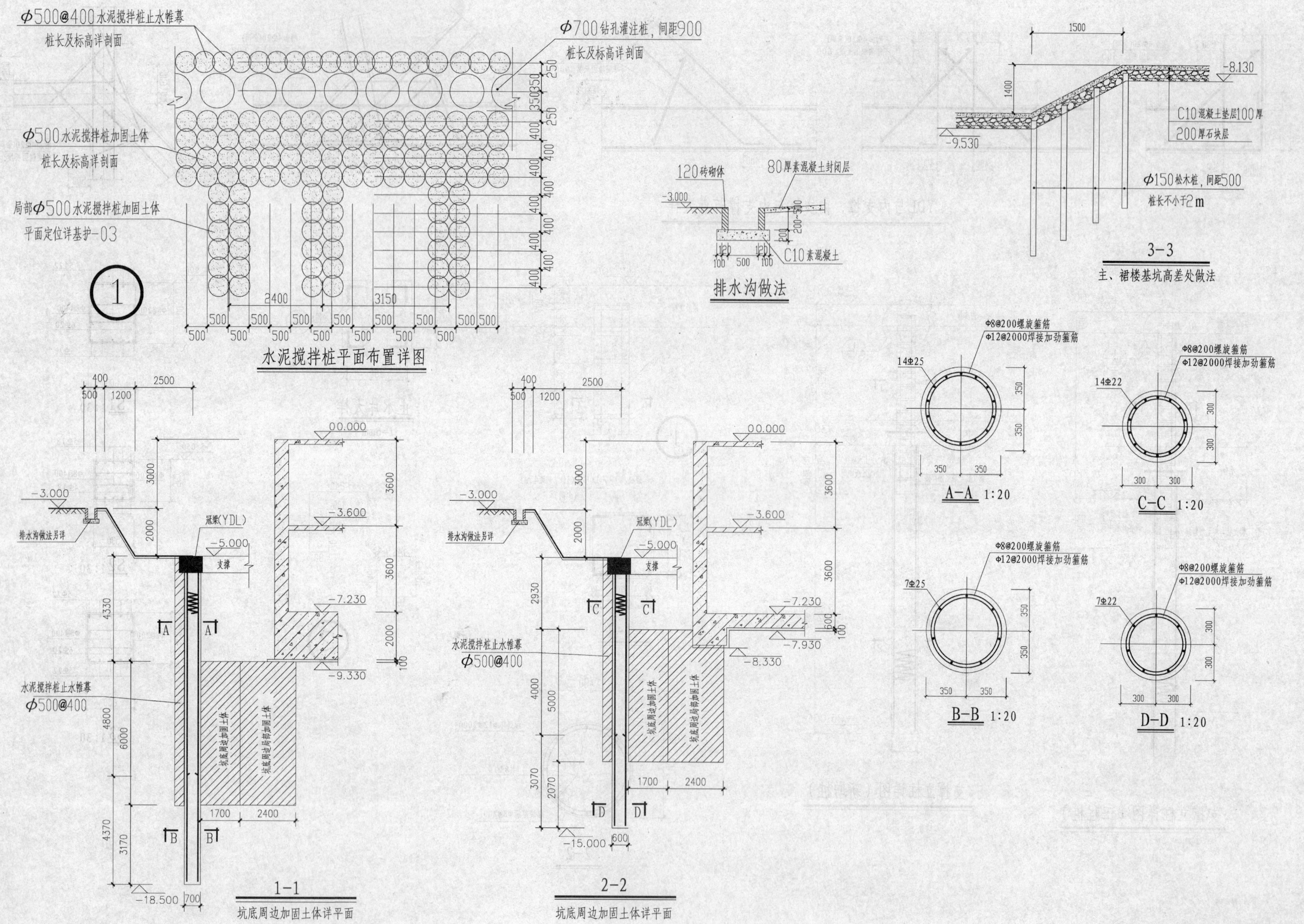

XXX建筑设计研究院					
院审		专业组长		建设单位	
审核		校 对		工程项目	
设计负责人		设 计		某商厦基坑支护-围护结构和坑底土加固详图	设计号
专业负责人		制 图			图 号 06
					日 期